Kontinuumsmechanik

Holm Altenbach

Kontinuumsmechanik

Einführung in die materialunabhängigen und materialabhängigen Gleichungen

4., korrigierte und überarbeitete Auflage

Springer Vieweg

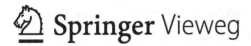

Holm Altenbach
Otto-von-Guericke-Universität
Magdeburg, Deutschland

Ursprünglich erschienen im Teubner Verlag, Leipzig, 1994, Altenbach J, Altenbach H, Einführung in die Kontinuumsmechanik

ISBN 978-3-662-57503-1 ISBN 978-3-662-57504-8 (eBook)
https://doi.org/10.1007/978-3-662-57504-8

Die Deutsche Nationalbibliothek verzeichnet diese Publikation in der Deutschen Nationalbibliografie; detaillierte bibliografische Daten sind im Internet über http://dnb.d-nb.de abrufbar.

Springer Vieweg
Ursprünglich erschienen im Teubner Verlag, Leipzig, 1994

Springer Vieweg ist ein Imprint der eingetragenen Gesellschaft Springer-Verlag GmbH, DE und ist ein Teil von Springer Nature
Die Anschrift der Gesellschaft ist: Heidelberger Platz 3, 14197 Berlin, Germany

Vorwort

Innovative Projekte der Technik erfordern vielfach solide Kenntnisse in der Kontinuumsmechanik. Die Ursache hierfür liegt in der Komplexität der Aufgabenstellungen, die oftmals nicht mehr im Rahmen klassischer Konzepte der Technischen Mechanik zu lösen sind, da es sich um Mehrfeldprobleme handelt. Darunter versteht man das Einwirken unterschiedlicher Felder (z.B. mechanischer, thermischer, elektrischer, magnetischer und chemischer) auf das Kontinuum. Auch verlangt der Übergang von geometrisch linearen zu geometrisch nichtlinearen Modellen nach Alternativen zur klassischen Beschreibung der Verzerrungsgrößen. Gleichzeitig müssen die Spannungstensoren für unterschiedliche Konfigurationen definiert werden. Besondere Aufmerksamkeit ist auf die Modellierung komplexen Materialverhaltens zu richten. Hinzu kommt, dass sich zahlreiche Teilgebiete der Physik mit den Methoden der Kontinuumsmechanik bzw. durch Analogiebetrachtungen sehr gut erschließen lassen.

In der Kontinuumsmechanik werden die Grundgleichungen in zwei große Gruppen unterteilt - die materialunabhängigen und die materialabhängigen Gleichungen. Diese werden nachfolgend diskutiert, wobei das vorliegende Buch in möglichst einfacher Weise in die Grundlagen dieses theoretisch anspruchsvollen Gebietes einführen will. Der Schwerpunkt liegt bei festen deformierbaren Körpern unter thermo-mechanischer Belastung. Die vorgestellten Konzepte lassen sich aber auch auf Fluide ohne Schwierigkeiten übertragen. Die Einbeziehung anderer Belastungen macht gleichfalls keine prinzpiellen Schwierigkeiten, wobei der Teufel meist im Detail steckt. Das Buch richtet sich hauptsächlich an Studierende des Maschinenbaus, des Bauingenieurwesens und der Werkstoffwissenschaft, aber auch an die in den Bereichen Konstruktion, Entwicklung und Forschung tätigen Ingenieure.

Vorausgesetzt werden Kenntnisse der Höheren Mathematik, der Physik, der Technischen Mechanik, der Thermodynamik, der Strömungslehre und der Werkstoffkunde, wie sie in Ingenieurstudiengängen zu Beginn der Ausbildung vermittelt werden. Die Kontinuumsmechanik sollte dann gleich im Anschluss folgen, um zur Anwendung der Bilanzgleichungen und der phänomenologischen Materialmodelle im weiteren Studium anzuregen. Gleichzeitig wird den Studierenden eine ganzheitliche Betrachtung angeboten, die die teilweise nicht mehr überschaubare Aufsplitterung in viele, scheinbar unabhängige technische Teilprobleme und deren Lösung mit Hilfe spezieller Ansätze und Theorien vermeidet.

Zur Kontinuumsmechanik gibt es bis heute unterschiedliche Lehrmeinungen, die durch zahlreiche wissenschaftliche Schulen vertreten werden. Mit dem vorliegenden Lehrbuch wird versucht, auch das Lesen von Spezialliteratur zu erleichtern, wobei die axiomatisch orientierten Darstellungen der Grundlagen dominant sind. Zahlreiche Literaturhinweise erleichtern das weiterführende und vertiefende Studium, da bei den knapp bemessenen Stundentafeln in der Ausbildung nicht mehr auf jedes Problem im Detail eingegangen werden kann. Im Gegensatz zu früheren Auflagen hat sich die Anzahl der englischsprachigen Quellen weiter erhöht.

Die vorliegende Einführung in die Kontinuumsmechanik ist insbesondere durch die Lehrbücher/Monographien von A.I. Lurie[1] [30; 31], E. Krempl[2] [28], P. Haupt[3] [23], P.A. Zhilin[4] [55; 56] und V.A. Palmov[5] [38; 39; 40; 42; 41] geprägt. Die Stoffauswahl und Darstellung sind vorrangig durch die Zielstellung bestimmt, in möglichst kompakter Form in die Grundlagen der Kontinuumsmechanik einzuführen. Daher wird auch nur das einfachste Koordinatensystem betrachtet. Ausgewählte durchgerechnete Beispiele illustrieren anschaulich die theoretischen Zusammenhänge. Fußnoten betreffen weitgehend historische Bezüge[6]. Bei der weiterführenden Literatur wird auch auf Bücher verwiesen, die heute weitgehend nur noch über Bibliotheken beschaffbar sind. Man sollte die *Klassiker* nicht ignorieren, da sie bei der Entwicklung des noch relativ jungen Lehrgebietes in der Mechanik bestimmte Entwicklungsetappen kennzeichnen.

Nach einer kurzen Einführung in Aufgaben, Betrachtungsweisen und Modelle der Kontinuumsmechanik werden zunächst die für eine Einführung notwendigen Grundzüge der Tensorrechnung in knapper Form vorangestellt. Dabei werden zwei Darstellungsformen genutzt - die invariante und die indizierte. Die Vor- und Nachteile werden hier nicht genauer diskutiert. Da für eine invariante Darstellung die Festlegung auf ein Koordinatensystem nicht notwendig ist, kann man zumindest einen Vorteil dieser Darstellung erkennen. Im Sinne einer Einführung erfolgt für die

---

[1] Anatoly Isakovich Lurie (1901-1980), Professor für Mechanik am Leningrader Polytechnischen Institut (heute St. Petersburger Staatliche Polytechnische Universität), grundlegende Beiträge zur Mechanik und Regelungstechnik

[2] Erhard Krempl (1934-2010), Professor am Rensselaer Polytechnic Institute, Troy, NY, Werkstoffmodellierung

[3] Peter Haupt (geb. 1938), Professor für Technische Mechanik/Kontinuumsmechanik an der Universität Kassel, Beiträge zur Materialtheorie

[4] Pavel Andreevich Zhilin (1942-2005), Professor für Rationale Mechanik an der St. Petersburger Staatlichen Polytechnischen Universität, Beiträge zu den Grundlagen und zu verschiedenen Teildisziplinen der Kontinuumsmechanik

[5] Vladimir Alexandrovich Palmov (geb. 1934), Professor für Mechanik an der St. Petersburger Staatlichen Polytechnischen Universität, Beiträge zur nichtlinearen Kontinuumsmechanik, Materialtheorie und Rheologie

[6] Bei den historischen Bezügen wird auf die Angabe der Nationalität bzw. der Staatsangehörigkeit der genannten Personen verzichtet, da diese in manchen Fällen nicht eindeutig bzw. durch bestimmte politische Entscheidungen definiert ist. Bei der Jahresangabe steht *jul.* für julianischer Kalender und *greg.* für gregorianischer Kalender.

indizierte Darstellung eine Beschränkung auf kartesische Koordinaten, die durch gerade, zueinander orthogonale Achsen gekennzeichnet sind. Ergänzungen und Erweiterungen können der Spezialliteratur, z.B. [26; 29; 31], entnommen werden.

Die folgenden Kapitel behandeln systematisch die materialunabhängigen Aussagen der Kontinuumsmechanik, d.h. die Kinematik, die Kinetik und die Bilanzen. Die Erhaltungssätze werden als Sonderfälle der Bilanzaussagen formuliert. Es folgen die materialabhängigen Aussagen. Ausgehend von den allgemeinen Grundsätzen der Materialtheorie werden für Festkörper und Fluide exemplarisch Konstitutivgleichungen auf deduktivem und auf induktivem Wege formuliert sowie die Methode der rheologischen Modellierung erläutert. In den abschließenden Kapiteln wird wiederum exemplarisch an den für technische Anwendungen besonders wichtigen Teilgebieten der Kontinuumsmechanik, der linearen Theorie der Elastizität und der Thermoelastizität sowie der linear-viskosen Fluide gezeigt, wie die materialunabhängigen und die materialabhängigen Gleichungen zusammengefasst und für die genannten Gebiete die Anfangs-Randwertprobleme formuliert werden können. Alle Aussagen beziehen sich auf die klassische Kontinuumsmechanik thermomechanischer Felder. Andere physikalische Felder, mehrphasige Systeme und verallgemeinerte Kontinuumsmodelle bleiben ausgeschlossen. Entsprechende weiterführende Literaturhinweise sind angegeben.

Das Buch basiert auf dem Konzept des Lehrbuchs „Einführung in die Kontinuumsmechanik“ [5], an dem der Autor mitwirkte. Dieses war der Nachfolger des Lehrbuchs von Becker und Bürger [8], welches stärker auf fluidmechanische Aspekte orientiert war. Auf Grund der zahlreichen positiven Leserbewertungen des Lehrbuchs wurde das Grundkonzept auch in der jetzt vierten Auflage beibehalten. Es wurde mehrfach an deutschen und ausländischen Hochschulen erprobt und entspricht in seinem Umfang einer einsemestrigen Lehrveranstaltung mit vier Wochenstunden Vorlesungen und zwei Wochenstunden Übungen, wobei diese durchaus im 4. oder 5. Fachsemester des Bachelor- oder Diplomprogramm ligen kann. Da im Zusammenhang mit der Umstellung auf Bachelor- und Masterstudiengänge vielfach nur Module mit weniger Stunden angeboten werden können, wurde der Stoff so aufbereitet, dass man das Buch auch zum Selbststudium einsetzen kann. Zahlreiche Korrekturen wurden eingearbeitet bzw. Änderungsvorschläge fanden Berücksichtigung.

Dem Springer-Verlag sei für die hervorragende Zusammenarbeit gedankt, insbesondere Frau Hestermann-Beyerle (sie startete dieses Projekt noch), Herrn Michael Kottusch und Frau Kollmar-Thoni. Großen Einfluss auf die Gestaltung der vierten Auflage hatten Diskussionen mit meinen Mitarbeitern, insbedondere mit Priv.-Doz.Dr.-Ing.habil. Rainer Glüge. Die kritische Durchsicht des Manuskripts, die Unterstützung bei der grafischen Gestaltung sowie die Erstellung von Beispielaufgaben hat stets zu Verbesserungen geführt. Hier muss insbesonderen Frau Dr.-Ing. Johanna Eisenträger sowie den Herren Dr.-Ing. Marcus Aßmus, M.Sc. Stefan Bergmann und M.Sc. Joachim Nordmann gedankt werden. Gleichzeitig möchte ich mich bei den zahlreichen Verfassern von Zuschriften, hauptsächlich bei Herrn Herbert Rößel aus Linz (Österreich), zum Buch bedanken - zahlreiche Fehler, insbesondere auch Druckfehler, konnten so beseitigt werden. Nicht vergessen möchte ich an dieser

Stelle meine Frau, die mich (wie schon oft) fachkundig bezüglich der Literatur, der Quellen und der biografischen Angaben beriet. Eine abschließende Durchsicht erfolgte durch meine Sekretärin, Manuela Schildt.

In den letzten Jahren erschienen zahlreiche Lehrbücher und Monografien zur Kontinuumsmechanik. Ohne Anspruch auf Vollständigkeit zu erheben, seien hier einige erwähnt. Unter den deutschsprachigen Büchern sind insbesondere die von Betten [12] (mit zahlreichen Beispielen zu Problemen der Plastizitätstheorie und Kriechmechanik), Bertram [10] (Materialmodellierung, engl. Ausgabe [11]), Capaldi [13] (biologische Materialien), Giesekus [20] (Rheologie), Greve [21] (klassische Feldtheorie deformierbarer Körper), Krawietz [27] (mit dem Schwerpunkten Rheologie und rheologische Modelle), Müller [35] (Einbeziehung von nichtthermomechanischen Problemen), Parisch [45] (Lösung mit Finiten Elemente) und Willner [53] (Anwendungen in der Kontaktmechanik) zu erwähnen. Unter den englischsprachigen Werken seien hier die Bücher von Allen [1] (mathematische Modellierung), Başar & Weichert [6] (Schwerpunkt bei nichtlinearen Effekten bei elastischen Materialien), Bechtel & Lowe [7] (Kontinuummechanik mit Anwendung auf Materialien unter mechanischen, thermo-mechanischen und weiteren Lastfällen), Bertram [9] (unter spezieller Beachtung der Besonderheiten der Plastizität), Cowin [14] (anisotrope Materialien), Eremeyev, Lebedev & Altenbach [15] (mikropolare Mechanik), Eugster [18] (geometrische Aspekte, Balkentheorien), Eringen [16; 17] (nichtklassische oder verallgemeinerte Kontinua), Freed [19] (mit dem Schwerpunkt „weiche" Festkörper), Gurtin et al. [22] (Mechanik und Thermodynamik der Kontinua), Haupt [23] (mit dem Schwerpunkt Materialtheorie), Hernández & Fontan [24] (lineare Elastizität, Plastizität, komplexes Materialverhalten), Hutter & Jöhnk [25] (Kontinuumsmechanik, Dimensionsanalyse, Turbulenz), Madeo [32] (verallgemeinerte Kontinua), Müller [36] (Festkörper, Fluide, Elektromagnetismus), Nemat-Nasser [37] (Finite Deformationen heterogener inelastischer Materialien), Palmov [38] (rheologische Modelle), Paolucci [44] (Thermoelastische Festkörper, Fluide, Viskoelastizität), Reddy [46] (Grundlagen der Kontinuumsmechanik und aktuelle Anwendungen), Romano [47] (Mathematische Hilfsmitttel zur numerischen Lösung), Rudnicki [48] (Grundlangen der Kontinuummechanik in Hinblick auf numerische Lösungsverfahren), Šilhavý [50] (Rationale Thermodynamik), Skrzypek & Ganczarski [51] (Diskussion anisotroper Materialmodelle), Tanner [52] (Rheologie) und Wu [54] (Plastizität), aufgezählt. Mit den Tagungsbänden bzw. Vorlesungskursen [2; 3; 4; 34] erhält der Leser einen Einblick in aktuelle Forschungsrichtungen. Auch wenn für viele nicht erschließbar, da in Russisch abgefasst, sollen auch die Bücher von Palmov [39; 40; 41; 42; 43] und Zhilin [56] angegeben werden. Diese gehören zu den besten russischsprachigen Lehrbüchern auf dem Gebiet der Kontinuumsmechanik bzw. behandeln Teilaspekte dieses Buches. Sie unterscheiden sich deutlich von den anderen sowjetisch-russischen Mechanikschulen (z.B. [49]) in ihrer Darstellungsart. Abschließend sei noch auf ein Buch von Maugin verwiesen [33], welches ausgewählte Grundbegriffe der Kontinuumsmechanik erklärt.

Magdeburg,
Juli 2018

Holm Altenbach

Literaturverzeichnis

1. Allen MB (2016) Continuum Mechanics: the Birthplace of Mathematical Models. Wiley, Hoboken, New Jersey
2. Altenbach H, Eremeyev VA (eds) (2012) Generalized Continua - From the Theory to EngineeringApplications. No. 541 in CISM Courses and Lectures. Springer, Wien
3. Altenbach H, Forest S, Krivtsov AM (eds) (2011) Generalized Continua as Models for Materials for Materials with Multi-Scale Effects or Under Multi-Field Actions, Advanced Structured Materials, Vol 22. Springer, Heidelberg
4. Altenbach H, Maugin GA, Erofeev V (eds) (2011) Mechanics of Generalized Continua, Advanced Structured Materials, Vol 7. Springer, Heidelberg
5. Altenbach J, Altenbach H (1994) Einführung in die Kontinuumsmechanik. Teubner, Stuttgart
6. Başar Y, Weichert D (2000) Nonlinear Continuum Mechanics of Solids. Springer, Berlin
7. Bechtel S, Lowe R. (2015) Fundamentals of Continuum Mechanics with Applications to Mechanical, Thermomechanical, and Smart Materials. Elsevier, Amsterdam
8. Becker E, Bürger W (1975) Kontinuumsmechanik. Teubner, Stuttgart
9. Bertram A (2012) Elasticity and Plasticity of Large Deformations. An Introduction, 3rd edn. Springer, Berlin
10. Bertram A, Glüge R (2015) Festkörpermechanik, 2. Aufl. Otto-von-Guericke-Universität Magdeburg, Magdeburg
11. Bertram A, Glüge R (2015) Solid Mechanics - Theory, Modeling, and Problems. Springer, Cham
12. Betten J (2001) Kontinuumsmechanik: Elastisches und inelastisches Verhalten isotroper und anisotroper Stoffe, 2. Aufl. Springer, Berlin
13. Capaldi FM (2012) Continuum Mechanics - Constitutive Modeling of Structural and Biological Materials. Cambridge University Press, Cambridge
14. Cowin SC (2013) Continuum Mechanics of Anisotropic Materials. Springer, New York
15. Eremeyev VA, Lebedev LP, Altenbach H (2012) Foundations of Micropolar Mechanics, Springer-Briefs in Applied Sciences and Technologies. Springer, Heidelberg
16. Eringen AC (1999) Microcontinuum Field Theory, Vol I. Foundations and Solids. Springer, New York
17. Eringen AC (1999) Microcontinuum Field Theory, Vol II. Fluent Media. Springer, New York
18. Eugster SR (2015) Geometric Continuum Mechanics and Induced Beam Theories, Lecture Notes in Applied and Computational Mechanics, Vol. 75. Springer, Cham
19. Freed AD (2014) Soft Solids - A Primer to the Theoretical Mechanics of Materials. Birkhäuser, Zürich
20. Giesekus H (1994) Phänomenologische Rheologie: eine Einführung. Springer, Berlin
21. Greve R (2003) Kontinuumsmechanik: Ein Grundkurs. Springer, Berlin
22. Gurtin ME, Fried E, Anand L (2013) The Mechanics and Thermodynamics of Continua. Cambridge University Press, Cambridge
23. Haupt P (2002) Continuum Mechanics and Theory of Materials, 2nd edn. Springer, Berlin
24. Hernández S, Fontan AN (2018) Linear and Non-Linear Continuum Solid Mechanics. WIT Press, Ashurst Lodge, New Forest, UK
25. Hutter K, Jöhnk K (2004) Continuum Methods of Physikal Modeling - Continuum Mechanics, Dimensional Analysis, Turbulence. Springer, Berlin
26. Itskov M (2015) Tensoralgebra and Tensor Analysis for Engineers With Applications to Continuum Mechanics, 4th edn. Mathematical Engineering, Springer, Berlin
27. Krawietz A (1986) Materialtheorie. Springer, Berlin
28. Lai WM, Rubin D, Krempl E (2010) Introduction to Continuum Mechanics, 4th edn. Butterworth-Heinemann, Amsterdam
29. Lebedev LP, Cloud MJ, Eremeyev VA (2010) Tensor Analysis with Applications in Mechanics. World Scientific, New Jersey
30. Lurie AI (1990) Nonliner Theory of Elasticity. North-Holland, Amsterdam

31. Lurie AI (2005) Theory of Elasticity. Foundations of Engineering Mechanics, Springer, Berlin
32. Madeo A (2015) Generalized Continuum Mechanics and Engineering Applications. Elsevier, Kidlington
33. Maugin GA (2017) Non-Classical Continuum Mechanics - A Dictionary, Advanced Structured Materials, Vol 51. Springer, Singapore
34. Maugin GA, Metrikine A (eds) (2010) Mechanics of Generalized Continua - One Hundred Years After the Cosserats, Advances in Mechanics and Mathematics 21. Springer, Berlin
35. Müller WH (2011) Streifzüge durch die Kontinuumstheorie. Springer, Berlin, Heidelberg
36. Müller WH (2014) An Expedition to Continuum Theory, Solid Mechanics and Its Applications, Vol 210. Springer, Dordrecht
37. Nemat-Nasser S (2004) Plasticity - A Treatise on Finite Deformation of Heterogeneous Inelastic Materials. Cambridge University Press, Cambridge
38. Palmov VA (1998) Vibrations of Elasto-plastic Bodies. Foundations of Engineering Mechanics, Springer, Berlin
39. Palmov VA (2008) Elemente der Tensoralgebra und Tensoranalysis (in Russ.). Verlag der Polytechnischen Universität, St. Petersburg
40. Palmov VA (2008) Grundgesetze der Natur (in Russ.). Verlag der Polytechnischen Universität, St. Petersburg
41. Palmov VA (2008) Konstitutivgleichungen thermoelastischer, thermoviskoser und thermoplastischer Materialien (in Russ.). Verlag der Polytechnischen Universität, St. Petersburg
42. Palmov VA (2008) Theorie der Konstitutivgleichungen in der nichtlenearen Thermomechanik deformierbarer Körper (in Russ.). Verlag der Polytechnischen Universität, St. Petersburg
43. Palmov VA (2014) Nichtlineare Mechanik der deformierbaren Körper (in Russ.). Verlag der Polytechnischen Universität, St. Petersburg
44. Paolucci S (2016) Continuum Mechanics and Thermodynamics of Matter. Cambridge University Press, New York
45. Parisch H (2003) Festkörper-Kontinuumsmechanik: Von den Grundgleichungen zur Lösung mit Finiten Elementen. Teubner, Stuttgart
46. Reddy JN (2017) Principles of Continuum Mechanics: Conservation and Balance Laws with Applications, 2nd ed. Cambridge University Press, New York
47. Romano A (2014) Continuum Mechanics using Mathematica: Fundamentals, Methods, and Applications, 2nd ed. Birkhäuser, New York
48. Rudnicki JW (2015) Fundamental of Continuum Mechanics. Wiley, Chichester
49. Sedov LI (1972) A Course in Continuum Mechanics, Vol I-IV. Wolters-Noordhoff Publishing, Groningen
50. Šilhavý M (1997) The Mechanics and Thermodynamics of Continuous Media. Springer, Heidelberg
51. Skrzypek JJ, Ganczarki AW (eds) (2015) Mechanics of Anisotropic Materials. Engineering Materials, Springer, Heidelberg
52. Tanner RI (1985) Engineering Rheology. Claredon, Oxford
53. Willner K (2003) Kontinuums- und Kontaktmechanik: Synthetische und analytische Darstellung. Springer, Berlin
54. Wu HC (2004) Continuum Mechanics and Plasticity. Chapman & Hall/CRC, Boca Raton
55. Zhilin PA (2001) Vektoren und Tensoren 2. Stufe im dreidimensionalen Raum (in Russ.). Nestor, St. Petersburg
56. Zhilin PA (2012) Rationale Kontinuumsmechanik (in Russ.). Verlag der Polytechnischen Universität, St. Petersburg

Inhaltsverzeichnis

Teil I
Grundbegriffe und mathematische Grundlagen

Ein Wissenschaftgebiet bzw. ein Lehrgebiet lässt sich nur dann optimal erschließen, wenn man die historischen Zusammenhänge bei der Entwicklung des Gebietes berücksichtigt. Daher sei zu Beginn ein kurzer und sicherlich sehr persönlicher Abriss der Geschichte der Mechanik in Hinblick auf die Kontinuumsmechanik vorangestellt, der jedoch keinen Anspruch auf Vollständigkeit erhebt. Hier und in den nachfolgenden Teilen wurde versucht, zumindest einige biografische Angaben zu Wissenschaftlern zu machen, die wesentlich die Mechanik bzw. die Kontinuumsmechanik geprägt haben. Es wird sich jedoch auf ein Minimum beschränkt, so dass hier weiterführende Quellen (Internet und Nachschlagewerke bzw. wissenschaftshistorische Abhandlungen) den Wissensdurst des Lesers stillen müssen. Auf Diskussionen zur Korrektheit bestimmter Bezeichnungen wird hier nicht eingegangen. Hierzu bedarf es eines weiteren Quellenstudiums. In einigen wenigen Fällen hat der Autor keine Angaben gefunden, so dass es hier weiterer Recherchen bedarf.

Die Kontinuumsmechanik sollte axiomatisch aufgebaut werden (6. Hilbertsches[7] Problem), was jedoch bis heute nur in Teilen gelungen ist. Ungeachtet dessen, werden nachfolgend zunächst einige grundlegende Begriffe eingeführt, so dass die Grundlagen der Kontinuumsmechanik darauf basierend formuliert werden können. Zu diesen Begriffen gehören Raum, Zeit, Körper, Masse, Homogenität und Isotropie. In den weiteren Kapiteln werden zusätzliche grundlegende Begriffe, Axiome usw. eingeführt. Diese stehen jedoch im Zusammenhang mit den Inhalten der jeweiligen Kapitel und werden folglich dort eingeführt.

Wichtiges mathematisches Hilfsmittel ist die Tensorrechnung, deren für dieses Lehrbuch wesentliche mathematische Grundlagen in kompakter Form diskutiert werden. Somit werden nur die Sachverhalte betrachtet, die für die weiteren Ableitungen notwendig sind. Gleichzeitig wird nur die einfachste Variante des Tensorkalkulus betrachtet, welche auch als direkte oder invariante Darstellung bezeichnet wird. Beim Übergang auf Indizes wird sich auf eine Darstellung für ein besonders einfaches Koordinatensystem, den geradlinigen orthogonalen Koordinaten, beschränkt. Der Verzicht auf die Darstellung in allgemeinen krummlinigen Koordinaten hat den Vorteil, dass man nur eine Basis einführen muss. Somit gibt es für die Vereinfachung ausschließlich didaktische Gründe. Eine ausführliche Darstellung der Grundlagen der Tensorrechnung unter Einschluss der Betrachtungen in der ko- und kontravarianten Basis sowie solcher Elemente wie die Christoffel[8]-, Riemann[9]-Christoffel-Symbole oder dem Ricci[10]-Tensor ist der Spezialliteratur zu entnehmen. Weiterhin wird nachfolgend meist auf die in der Fachliteratur vielfach übliche Vektor-Matrix-Schreibweise verzichtet. Sie ist für numerisch Interessierte notwendig - jedoch für die Ziele des vorliegenden Lehrbuchs nicht zwingend.

---

[7] David Hilbert (1862-1943), Mathematiker, u.a. Invariantentheorie

[8] Elwin Bruno Christoffel (1829-1900), Mathematiker, Tensoranalysis

[9] Georg Friedrich Bernhard Riemann (1826-1866), Mathematiker, Analysis, Differentialgeometrie, mathematische Physik und analytische Zahlentheorie

[10] Gregorio Ricci-Curbastro (1853-1925), Mathematiker, Tensorrechnung

Kapitel 1
Einführung

Zusammenfassung Ziel des einführenden Kapitels ist die Erläuterung der Aufgabenstellung der Kontinuumsmechanik sowie ihrer grundlegenden Annahmen und Modelle. Zur besseren Einordnung bestimmter Fakten werden zunächst wichtige historische Entwicklungsetappen der Mechanik allgemein und in Hinblick auf die Kontinuumsmechanik genannt. Möglichkeiten und Grenzen einer Kontinuumsmechanik im Kontext phänomenologischer Ansätze werden diskutiert und erste Grundbegriffe eingeführt. Weiterführende Literatur zur Geschichte ist mit [3; 4; 5; 6; 7; 8; 9; 12; 13; 17; 14; 16; 15; 18; 21; 22; 23; 24; 25; 26; 27; 28; 29; 30] gegeben.

1.1 Wichtige Entwicklungsetappen der Kontinuumsmechanik

Die Mechanik gehört zu den ältesten Wissenschaftsdisziplinen, ihre Wurzeln reichen bis in die Antike zurück. Gemeinsam mit der Mathematik bildet sie den Anfang des Bemühens der Menschen, die Naturerscheinungen zu erkunden und vorherzusagen. Ihre Wurzeln liegen in der Antike. Bereits Archimedes[1] beschäftigte sich mit grundlegenden mechanischen Fragestellungen, die Festkörper und Fluide betrafen. Daneben stammen fundamentale mathematische Erkenntnisse von ihm, z.B. die Berechnung krummliniger Flächen. Wegen seiner Untersuchungen zur Mechanik wird er heute vielfach als Begründer der Mechanik angesehen. Damit ist die Mechanik auch Wiege der klassischen Physik, die zu großen Teilen mit den Methoden der Rationalen Mechanik formuliert oder durch Analogiebetrachtungen erschlossen werden kann.

An dieser Stelle muss hervorgehoben werden, dass innerhalb der Archimedes'schen Mechanik bereits Kräfte und Momente existierten. Dabei war jedoch das Moment eine Größe, die sich über Kraft und Hebelarm definierte. Gleichzeitig war erkannt worden, dass der Bezugspunkt für den Hebel von besonderer Bedeutung ist.

[1] Archimedes von Syrakus (287-212 v. Chr.), Mathematiker und Mechaniker, u.a. Hebelgesetz und Auftriebsprinzip

H. Altenbach, *Kontinuumsmechanik*,
https://doi.org/10.1007/978-3-662-57504-8_1

Leider haben diese Erkenntnisse bis heute auch Fehleinschätzungen zur Folge. Die moderne Mechanik definiert daher als primäre Größen, Kräfte und Momente, wobei letztere auch unabhängig von Kräften existieren können.

Die nächste wichtige Entwicklungsetappe der Mechanik ist mit der Renaissance verbunden. Zunehmend gab es praktische Fragestellungen, jedoch erst die sich parallel entwickelnde Mathematik gestattete Theorien zu formulieren und Lösungen zu erhalten. Zahlreiche Beiträge sind aus den Arbeiten da Vincis[2] bekannt. Seit da Vinci ist klar, dass die Entwicklung der Mechanik auf das Engste mit Entwicklungen der Mathematik verbunden ist. So fehlte in der Renaissance die Differential- und Integralrechnung, was eine wesentliche Einschränkung für die Entwicklung der Mechanik war. Gleichzeitig kam jedoch auch die Erkenntnis auf, dass es guter und geeigneter Experimente zur Absicherung bzw. zur Vervollkommnung der Theorien bedarf.

In der nach da Vinci folgenden Zeit stand die Himmelsmechanik im Mittelpunkt. Das Studium der Planetenbewegung faszinierte die Wissenschaftler, führte aber auch zu einem fundamentalen weltanschaulichen Streit. Bedeutende Beiträge zur Himmelsmechanik stammen von Galilei[3], der für die experimentellen Studien bereits ein Teleskop einsetzte. Interessanterweise beschäftigte sich Galilei nicht nur mit himmelsmechanischen Fragestellungen. Er wandte sich auch irdischen Problemen zu und begründete unter anderem erste Überlegungen zur Festigkeit. Ungeachtet dessen dominierte in dieser Zeit das Modell des nichtdeformierbaren (starren) Körpers.

Für die Hydrostatik und Hydrodynamik wurden die Grundlagen in den Arbeiten von Torricelli[4] und Pascal[5] gelegt. Insbesondere im Zusammenhang mit den Arbeiten von Torricelli darf man nicht die Experimente Otto von Guerickes[6] vergessen.

Letzteres ist aber nicht ausreichend in der Kontinuumsmechanik. Zunächst folgte dies aus Beobachtungen zu Fluiden. So wurde von Mariotte[7] ein erstes Konstitutivgesetz aufgestellt, welches den Zusammenhang zwischen dem Druck und dem Volumen eines Gases beschreibt. Mit dem Verhalten von festen, deformierbaren Körpern beschäftigte sich u.a. Hooke[8]. Er stellte dabei den proportionalen Verlauf von Kraft und Dehnung auf, wobei er diesen Zusammenhang als Anagramm *ceiiinosssttuv* formulierte. Der Grund hierfür war urheberrechtlicher Art, da Hooke fürchtete, dass

---

[2] Leonardo da Vinci (1452-1519), u.a. Maler, Architekt und Mechaniker, konstruierte u.a. Fluggeräte und Zahnradgetriebe

[3] Galileo Galilei (1564-1641$^{\text{jul.}}$/1642$^{\text{greg.}}$), Philosoph, Mathematiker, Physiker und Astronom, Entdeckungen auf mehreren Gebieten der Naturwissenschaften, Begründer der Festigkeitslehre

[4] Evangelista Torricelli (1608-1647), Physiker und Mathematiker, Entwicklung des Quecksilberbarometers

[5] Blaise Pascal (1623-1662), Mathematiker, Physiker, Literat und christlicher Philosoph, Pascalsches Dreieck

[6] Otto von Guericke (1602-1686), Politiker, Jurist, Physiker und Erfinder, Bürgermeister von Magdeburg, Halbkugelversuch

[7] Edme Mariotte (um 1620-1684), Physiker, u.a. Kugelstoßpendel, Studien zum Verhalten von Flüssigkeiten und Gasen

[8] Robert Hooke (1635-1702$^{\text{jul.}}$/1703$^{\text{greg.}}$), Universalgelehrter, Elastizitätsgesetz

seine Erkenntnisse von anderen ohne Verweis publiziert würden. Die Entschlüsselung führte auf die lateinische Aussage *ut tensio sic vis* (wie die Dehnung, so die Kraft).

Mit Newton[9] wird im Allgemeinen die klassische Mechanik verbunden. Hauptaufgabe der klassischen Mechanik ist die Untersuchung der Bewegungen starrer Körper, die wissenschaftliche Klärung ihrer Ursachen und der damit zusammenhängenden Naturgesetze. Die Grundlagen der klassischen Mechanik veröffentlichte Newton in seinem Buch *Philosophiae Naturalis Principia Mathematica*, worin unter anderem die Axiome der Mechanik formuliert sind. Dabei ist jedoch zu beachten, dass die Newton'schen Formulierungen sich auf materielle Punkte bzw. Punkt-Körper beziehen. So bleiben von Kräften unabhängige Momente unbeachtet. Daneben führte Newton auch einen unbarmherzigen urheberrechtlichen Streit mit Leibniz[10] über die Priorität bezüglich der Integralrechnung, den Newton durch befangene Gutachter gewann. Die heute übliche Schreibweise ist jedoch die von Leibniz.

Durch Euler[11] gab es wesentliche Impulse zur Mechanik starrer und deformierbarer Körper sowie zur Hydromechanik. Dabei beruhten diese auf Anwendung einheitlicher Modelle und Methoden in unterschiedlichen Teilgebieten der Mechanik und zur Formulierung der Grundlagen einer Rationalen Mechanik. Dabei war die Unabhängigkeit von Translation und Rotation sowie Kräften und Momenten die Basis und führte schließlich zu zwei unabhängigen Bewegungsgesetzen [31]. Daneben wirkten die Arbeiten von d'Alembert[12] sowie Bernoulli[13] in dieser Richtung.

Die weitere Entwicklung der Mechanik und insbesondere ihre konsequente mathematische Ausrichtung wurde vor allem durch Lagrange[14] beeinflusst, der in seinem grundlegenden Werk „Mécanique analytique" (1788) den erreichten Erkenntnisstand der klassischen Mechanik zusammenfasste. Ein erster Abschluss in der Mechanik deformierbarer Körper wurde mit den Arbeiten von Cauchy[15] erreicht. Cauchy führte u.a. die für die Kontinuumsmechanik fundamentalen Begriffe des Spannungstensors und des Verzerrungstensors ein.

In der Zeit nach Lagrange kam es zur Herausbildung neuer, weitgehend eigenständiger Arbeitsrichtungen der Mechanik. Dazu gehören beispielsweise die Analytische Mechanik, die Kontinuumsmechanik, aber auch die Technische Mecha-

---

9 Sir Isaac Newton (1642$^{\text{jul.}}$/1643$^{\text{greg.}}$-1726$^{\text{jul.}}$/1727$^{\text{greg.}}$), Naturforscher, Arbeiten zur klassischen Mechanik und Infinitesimalrechnung

10 Gottfried Wilhelm Leibniz (1646-1716), Mathematiker, u.a. Integralrechnung, Entwicklung einer Rechenmaschine

11 Leonhard Euler (1707-1783), Mathematiker, u.a. Arbeiten zur Differential-, Integral- und Variationsrechnung, zu den Bewegungsgleichungen der Mechanik, Hydrodynamik

12 Jean-Baptiste le Rond genannt d'Alembert (1717-1783), Mathematiker und Physiker, einer der Begründer der mathematischen Kontinuumsmechanik

13 Jacob I. Bernoulli (1654$^{\text{jul.}}$/1655$^{\text{greg.}}$-1705), Mathematiker, Balkentheorie

14 Joseph-Louis Lagrange (1736-1813), geboren als Giuseppe Lodovico (Luigi) Lagrangia, Mathematiker, vergleichende Zusammenfassung der Erkenntnisse der Mechanik

15 Augustin Louis Cauchy (1789-1857), Mathematiker, elastizitätstheoretische Arbeiten, Spannungstensor

nik. Ausgangspunkt war dabei die Aufspaltung in eine theoretisch-mathematische und eine durch industrielle bzw. praktische Bedürfnisse geprägte Richtung. Dabei hatten die Vertreter der französischen Schule wie Poisson[16], Navier[17] und Cauchy besondere Verdienste. Diese brachten grundlegende mathematische Erkenntnisse in die Mechanik ein. Gleichzeitig waren sie teilweise prägend für die Etablierung Technischer Hochschulen in Frankreich (École Polytechnique), deren Modell sich nachfolgend in ganz Europa durchsetzte. Zu dieser Gruppe von Wissenschaftlern muss man auch Stokes[18] und Piola[19] rechnen, da sie wesentliche Impulse für das Verständnis über Festkörper und Fluide gaben. Parallel dazu bildeten sich Ingenieurdisziplinen wie Plastizitätstheorie und Kriechtheorie heraus. Daneben gab es spezielle strukturmechanische Ansätze wie beispielsweise die Plattentheorie nach Kirchhoff[20].

Erst in der zweiten Hälfte des 19. Jahrhunderts gab es eine Rückbesinnung auf die Arbeiten Eulers in den Publikationen von Kelvin[21], Duhem[22] und der Gebrüder Cosserat[23]. Erstmals wurde ein Kontinuumsmodell beschrieben, welches unabhängige Translationen und Rotationen sowie Kraft- und Momentenwirkungen berücksichtigt und heute vielfach als Cosserat'sches Kontinuumsmodell bezeichnet wird. Aufgrund fehlender Konstitutivgleichungen wurde es jedoch zunächst nach seiner Veröffentlichung nicht weiter beachtet.

Zu Beginn des 20. Jahrhunderts war die Kontinuumsmechanik durch die Arbeiten namhafter Mathematiker und Physiker bereits auf einem hohen theoretischen Niveau, die Nutzung ihrer wissenschaftlichen Erkenntnisse für die sich sehr schnell entwickelnden Anforderungen der Technik aber nicht befriedigend. Dies führte zunächst im Rahmen der Technischen Mechanik zu einer weiteren Aufsplitterung in „ingenieurmechanische" Arbeitsrichtungen. Festigkeitslehre, Baumechanik, Strömungsmechanik, Elastizitätstheorie, Plastizitätstheorie usw. erreichten als anwendungsorientierte Teilgebiete ein beachtliches theoretisches Niveau und gleichzeitig große Praxisrelevanz. Als Folge dieser Aufsplitterung gingen jedoch besonders in der Ingenieurausbildung häufig die wesentlichen Zusammenhänge der verschiedenen Teilgebiete verloren. Sie entwickelten sich in Lehre und Forschung als scheinbar unabhängige Wissenschaftsdisziplinen und führten zu einer ständigen Vergrößerung des Fächerspektrums in der akademischen Lehre. Damit wurde der Blick für die gemeinsamen Grundlagen zunehmend versperrt.

---

[16] Siméon Denis Poisson (1781-1840), Mathematiker und Physiker, Beiträge zur Akustik, Elastizitätstheorie und Wärme

[17] Claude Louis Marie Henri Navier (1785-1836), Mathematiker und Physiker, Balkentheorie, Elastizitätsmodul, Trägheitsmoment

[18] George Gabriel Stokes (1819-1903), Mathematiker und Physiker, Hydrodynamik

[19] Gabrio Piola (1794-1850), Mathematiker und Physiker, Elastizitätstheorie

[20] Gustav Robert Kirchhoff (1824-1887), Physiker, Beiträge zur Mechanik, Elektrizität

[21] William Thomson, 1. Baron Kelvin (1824-1907), Physiker, Thermodynamik, Elektrizitätstheorie

[22] Pierre Maurice Marie Duhem (1861-1916), Physiker und Wissenschaftstheoretiker, Beiträge zur Hydrodynamik, Elastizitätstheorie und Thermodynamik

[23] François Nicolas Cosserat (1852-1914), Bauingenieur und Mathematiker, Eugène Maurice Pierre Cosserat (1866-1931), Mathematiker und Astronom

Einen neuen Denkimpuls gab Hilbert mit seinem Hauptvortrag auf dem II. Internationalen Mathematikerkongress in Paris im Jahre 1900, in der er 23 mathematische Probleme formulierte, die nach einer Lösung verlangten. Das 6. Problem ist dabei von besonderer Bedeutung für die Kontinuumsmechanik: Wie kann die Physik axiomatisiert werden?[24] Die Lösung ist bis heute nicht gelungen. Auch in der Zeit danach blieben Arbeiten zu übergreifenden Konzepten zunächst in der Minderheit, wobei die Beiträge von Hamel[25] für nachfolgende Entwicklungen von besonderer Bedeutung waren.

In enger Wechselwirkung mit der Entwicklung der technischen Anforderungen setzte nach dem 2. Weltkrieg eine intensive disziplinäre Grundlagenforschung auf dem Gebiet der Kontinuumsmechanik ein, die insbesondere durch die Arbeiten von Truesdell[26] und Noll[27] beeinflusst wurden. Ursache hierfür waren notwendige Erweiterungen der Konstitutivgleichungen für neuartige Werkstoffe oder extreme Beanspruchungen einschließlich der Erfassung von Schädigungsprozessen, aber auch zahlreiche neue technische Aufgabenstellungen, die als gekoppelte Feldprobleme modelliert und berechnet werden mussten. Durch die Herausbildung nationaler und internationaler Schulen wurde diese Entwicklung wesentlich gefördert, sie hält bis heute an. Die Leistungsentwicklung der Computerhard- und -software und entsprechender numerischer Verfahren ermöglicht zunehmend auch die Lösung sehr komplexer Aufgaben der Kontinuumsmechanik.

1.2 Aufgaben und Modelle der Kontinuumsmechanik

Die Kontinuumsmechanik ist eine phänomenologische Feldtheorie. Ausgehend von beobachteten Phänomenen und experimentellen Erfahrungen werden mathematische Modelle für das mechanische Verhalten der Materie formuliert. Dabei wird vielfach Phänomenologie mit einem makroskopischen Beobachtermaßstab gleichgesetzt. Dies mag traditionell gerechtfertigt sein, da die makroskopische Skale wesentlich für die Formulierung zahlreicher Grundgleichungen der Kontinuumsmechanik ist. Heute werden die Methoden der Kontinuumsmechanik auch in der mesoskopischen bzw. mikroskopischen Skale eingesetzt und entsprechend modifizierte Kontinuumstheorien entwickelt, wobei die Begriffe *mesoskopisch* und *mikrosko-*

[24] Ursprünglich sollte nach Hilbert eine axiomatische Behandlung der Wahrscheinlichkeitstheorie und der Mechanik erfolgen. Ungeachtet der Entwicklungen in den letzten 100 Jahren ist eine allgemeine axiomatische Formulierung der Mechanik nicht in Sicht.

[25] Georg Karl Wilhelm Hamel (1877-1954), Mathematiker, axiomatischer Aufbau der klassischen Mechanik

[26] Clifford Ambrose Truesdell III (1919-2000), Mathematiker und Wissenschaftshistoriker, Beiträge zur Rationalen Mechanik und Thermodynamik

[27] Walter Noll (1925-2017), Mathematiker, rationale Materialbeschreibung

pisch nur intuitiv eingeführt werden[28]. Wählt man ein typisches Bauteil des Maschinenbaus als die makroskopische Skale, kann die mesokopische Skala dem Probekörper im Versuch und die mikrokopische Skale der Mikrostruktur zugeordnet werden. Wählt man die als makroskopische Skale den Probekörper selbst, stellen im Falle eines Probekörpers aus einem metallischen Werkstoff mehrere Körner die Mesoskale und das Korn selbst die Mikroskale dar.

Die Frage der Anwendungsgrenzen kann bis heute nicht eindeutig beantwortet werden. So werden entsprechend angepasste Kontinuumsmodelle auch für die Beschreibung des Verhaltens von Nanostrukturen eingesetzt. Dabei wird insbesondere die sonst bei massiven Körpern vernachlässigte Oberflächenenergie in die Analyse einbezogen. In jedem Fall gehört zu den Aufgaben der Kontinuumsmechanik auch die Lösung von Rand- bzw. Anfangs-Randwertproblemen.

Aus den Lehrbüchern der Physik ist bekannt, dass alle Materie eine diskrete Struktur hat und das Verhalten der Materie unter äußeren Einflüssen durch Wechselwirkungen von einzelnen Atomen oder Molekülen beschreibbar ist. Die Analyse einer angewandten Ingenieuraufgabe ist aber in der Regel auf diesem Modellniveau nicht durchführbar, da die notwendigen Rechenzeiten alle Grenzen, die ökonomisch vertretbar sind, übersteigen würden. Im Rahmen der Kontinuumsmechanik wird daher das diskrete Materiemodell unter Beachtung des Größenmaßstabes in ein hypothetisches phänomenologisches Materiemodell, das Kontinuum, überführt. Der diskrete Aufbau der Materie wird dabei ignoriert, d.h. es erfolgt eine Mittelung (Homogenisierung) der Materieeigenschaften. Eine derartige Mittelung erfolgt im Raum und gegebenenfalls auch in der Zeit. Homogenisierungsmethoden sind Gegenstand spezieller theoretischer Untersuchungen und werden hier nicht weiter diskutiert. Es wird aber vorausgesetzt, dass ein derartiger Prozess möglich ist. Damit wird beispielsweise die Gitterstruktur kristalliner Festkörper und die molekulare Struktur von Flüssigkeiten ignoriert und die Realität wird als Kontinuum genähert. Die wichtigste Modellvorstellung ist somit die Annahme einer stetigen Ausfüllung des Raumes mit Materie, d.h. jedes infinitesimale materielle Volumen repräsentiert genau ein Materieteilchen. Es ergibt sich damit folgende Definition für das Kontinuum:

Definition 1.1 (Kontinuum). Ein Kontinuum ist eine Punktmenge, die den Raum oder Teile des Raumes zu jedem Zeitpunkt stetig ausfüllt. Den Punkten werden bestimmte Materieeigenschaften zugeordnet.

Eine solche Definition ist sehr allgemein. Sie bildet die Grundlage der klassischen und der nichtklassischen Theorien der Kontinuumsmechanik. So sind z.B. weder die Dimension des Raumes noch die Zahl der Freiheitsgrade der Materieteilchen festgelegt. Im Rahmen der klassischen Kontinuumsmechanik (z.B. in der Elastizitätstheorie bzw. der Festigkeitslehre) wählt man üblicherweise den aus der An-

[28] Leider gibt es keine genauen Abschätzungen, auf welche Längen sich die Begriffe *makroskopisch*, *mesoskopisch* und *mikroskopisch* beziehen. Man kann folglich nur annehmen, dass mindestens eine Größenordnung dazwischen liegen sollte.

schauung folgenden dreidimensionalen Euklid'schen[29] Raum und jeder Raumpunkt hat den Freiheitsgrad 3 (translatorische Bewegungen in Richtung der Achsen eines kartesischen[30] Koordinatensystems). Denkbar sind aber beispielsweise genauso zweidimensionale Kontinua als Modelle flächenhafter Tragwerke oder Kontinua, bei denen jeder materielle Punkt neben translatorischen Freiheitsgraden noch unabhängige rotatorische besitzt. Vorstellbar ist aber auch ein dreidimensionales Kontinuum, dessen Materieteilchen den Freiheitsgrad 6 je Raumpunkt (3 Translationen und 3 Rotationen) besitzen. Dieses Modell beruht auf Analogien zur Mechanik starrer Körper und wird als Cosserat-Kontinuum, aber auch als mikropolares Kontinuum bezeichnet. Der Raumbegriff schließt auch Räume der Dimension größer 3 ein. Bekanntestes Beispiel ist der vierdimensionale Raum, bei dem neben den üblichen 3 Raumkoordinaten noch die Zeit als Koordinate einbezogen wird. Dieser Raum hat u.a. Bedeutung in der relativistischen Mechanik.

Die Annahme, dass für jeden Zeitpunkt der Euklid'sche Raum stetig mit materiellen Punkten ausgefüllt ist, führt durch die Abbildung der materiellen Punkte auf Raumpunkte zu Feldproblemen, d.h. die Größen der Kontinuumsmechanik sind im Allgemeinen Funktionen des Ortes und der Zeit. Für ihre Berechnung steht somit der bewährte mathematische Apparat der Analysis bereit. Gleichzeitig ist die Forderung der Stetigkeit der das Kontinuum beschreibenden Funktionen eine gravierende Einschränkung, insbesondere, wenn man die Stetigkeit der die Eigenschaften des Kontinuums beschreibenden Funktionen fordert. Für spezielle Anwendungen (Stoßwellen, faserverstärkte Werkstoffe) sind geeignete Modifikationen bekannt. Im allgemeinen Fall sind Zusatzüberlegungen z.B. zur Differenzierbarkeit notwendig. Eine alternative Möglichkeit ist u.a. in [1] gegeben.

Für die Materieeigenschaften der Punkte gibt es weder Einschränkungen bezüglich des Aggregatzustandes noch müssen sie trägheitsbehaftet sein. Damit umfasst die Definition gleichermaßen Festkörper und Fluide und die Feldformulierungen gelten auch für thermische, elektromagnetische und andere physikalische Felder bzw. für die Beschreibung möglicher Wechselwirkungen zwischen diesen unterschiedlichen Feldern. Die phänomenologische Beschreibung negiert dabei nicht völlig die bereits erwähnten diskreten Eigenschaften der Materie. Sie werden u.a. mit Hilfe des Curie-Neumann'schen[31,32] Prinzips einbezogen, welches beispielsweise auf die Kristallphysik bezogen wie folgt formuliert werden kann:

Satz 1.1 (Curie-Neumann'sches Prinzip). *Die Symmetrie der physikalischen Eigenschaften eines Kristalls muss die Symmetrieelemente der Punktgruppe des Kristalls enthalten.*

---

[29] Euklid von Alexandria (ca. 360- a. 280 v. Chr.), Mathematiker, Beiträge zur Arithmetik und Geometrie

[30] René Descartes (1596-1650), Philosoph, Mathematiker und Naturwissenschaftler, Begründer der analytischen Geometrie

[31] Pierre Curie (1859-1906), Physiker, Nobelpreisträger, Kristallographie, Piezoelektrizität, Magnetismus

[32] Franz Ernst Neumann (1798-1895), Physiker, einer der Begründer der theoretischen Physik

Die Frage nach den Anwendungsgrenzen der Kontinuumsmechanik ist wegen der starken Problemabhängigkeit nicht eindeutig zu beantworten. Grundlegende Voraussetzung für den Einsatz von Kontinuumsmodellen ist die Möglichkeit einer sinnvollen Mittelung der in der Realität vorhandenen diskreten Eigenschaften. Somit sind u.a. der Größenmaßstab, die Gradienten der Feldgrößen und die Prozessgeschwindigkeiten für die Auswahl und die Aussagequalität eines Kontinuumsmodells von besonderer Bedeutung. Der Einsatz phänomenologischer Modelle zur Lösung aktueller Aufgaben der Mechanik ist aber bisher keineswegs ausgeschöpft. Es gibt daher bis heute intensive Forschungsanstrengungen zur Weiterentwicklung der Kontinuumsmechanik. Schwerpunkte dieser Arbeiten sind u.a.

- Erfassung starker geometrischer und physikalischer Nichtlinearitäten,
- Modellierung und Analyse gekoppelter Feldprobleme und
- Erweiterung phänomenologischer Modelle durch Berücksichtigung signifikanter mikrostruktureller Effekte.

Auch die korrekte Formulierung und Lösbarkeit der mathematischen Modelle wird untersucht.

Für die Bewertung des Materialverhaltens heterogener Materialien mit ausgeprägt lokalen Strukturänderungen und Wechselwirkungen ist eine makroskopische Theorie im klassischen Sinn im Allgemeinen nicht ausreichend. Hierfür nutzt man heute Modelle, die das Meso- bzw. Mikroniveau einbeziehen. Dabei werden konsequent die Konzepte der Kontinuumsmechanik auf den feineren Beobachtermaßstab angewendet. Mittlerweile gibt es derartige Erweiterungen auch für Nanostrukturen.

Im Rahmen dieses Lehrbuchs der Kontinuumsmechanik ist eine Beschränkung auf die klassische Kontinuumsmechanik notwendig. Alle Ausführungen beziehen sich auf den Euklid'schen Raum und ein materieller Punkt hat den kinematischen Freiheitsgrad 3. Mögliche Erweiterungen und Verallgemeinerungen können der Spezialliteratur [2; 10; 11; 17; 19; 20] entnommen werden.

1.3 Teilgebiete der Kontinuumsmechanik

Die Gleichungen der Kontinuumsmechanik werden im Allgemeinen zunächst in zwei Hauptgruppen eingeteilt. Die erste umfasst alle materialunabhängigen Aussagen. Sie gelten gleichermaßen für Festkörper, Flüssigkeiten und Gase. Zu dieser ersten Gruppe zählen u.a. die kinematischen Beziehungen des Kontinuums, Beanspruchungsgrößen sowie die Bilanzgleichungen bzw. deren Sonderfall - die Erhaltungssätze.

Die Kinematik betrachtet die geometrischen Aspekte der Bewegungen von Kontinua. Sie formuliert Aussagen über die lokalen Eigenschaften von Deformationen. Ausgangspunkt sind bestimmte Konfigurationen materieller, stetiger Punktmengen, Verschiebungen, Geschwindigkeiten und Beschleunigungen, Verzerrungen und Verzerrungsgeschwindigkeiten, Verzerrungsmaße sowie Gradienten des Verschiebungs-, des Geschwindigkeits- und des Deformationsfeldes. Die kinematischen Gleichungen beruhen ausschließlich auf geometrischen Überlegungen. Die Ursachen der Bewegung bleiben unbeachtet. Die Wahl der Konfigurationen bestimmt entscheidend die Form der Gleichungen. In diesem Buch werden alle Aussagen bezüglich der Ausgangs- oder Referenzkonfiguration und der aktuellen Konfiguration getroffen. Dabei wird die Ausgangskonfiguration für einen willkürlichen Zeitpunkt t_0 gewählt, wobei aus pragmatischen Gründen meist $t_0 = 0$ gesetzt wird[33]. Die aktuelle Konfiguration wird dann stets für den Zeitpunkt $t > t_0$ betrachtet.

Bei den Beanspruchungsgrößen ist der Ausgangspunkt die Klassifikation der äußeren Beanspruchungen auf einen materiellen Körper. Es folgt die Untersuchung des Zusammenhangs zwischen äußeren und inneren Beanspruchungen. Formuliert werden unterschiedliche Spannungen und Spannungstensoren sowie die statischen Gleichgewichtsgleichungen. Mit Hilfe des d'Alembert'schen Prinzips lassen sich die dynamischen Gleichungen einführen.

Die Bilanzgleichungen sind allgemein geltende Prinzipien bzw. universelle Naturgesetze, die somit für alle Prozesse gültig sind. Dabei werden die zeitlichen Änderungen von Bilanzgrößen mit den Ursachen ihrer Veränderung verknüpft. Formuliert werden Bilanzgleichungen bzw. deren Sonderfall, die Erhaltungssätze, für die Masse, den Impuls, den Drehimpuls, die Energie und die Entropie.

Zum zweiten Komplex gehören alle Aussagen, die das materialabhängige Verhalten des Kontinuums, d.h. die individuelle Antwort des Materials auf Beanspruchungen, reflektieren. Es geht dabei um die systematischen Methoden der Formulierung von Gleichungen zur Beschreibung unterschiedlichen Materialverhaltens, wobei induktive und deduktive Konzepte sowie die Methode der rheologischen Modelle behandelt werden. In diesem Zusammenhang werden auch grundsätzliche Fragen wie die Unterscheidung von Festkörpern und Fluiden diskutiert.

Die Verknüpfung beider Komplexe führt auf die Formulierung von Anfangs-Randwertproblemen für die verschiedenen Aufgabenklassen der Kontinuumsmechanik. Exemplarisch werden bestimmte Aufgabenklassen dargestellt, wobei jede auf bestimmte Teilgebiete der Kontinuumsmechanik führt und diese teilweise in der Literatur auch eigenständig abgehandelt werden.

Das Lehrbuch der Kontinuumsmechanik folgt der gegebenen Gliederung. Dabei werden alle bereits genannten Größen in den entsprechenden Abschnitten definiert. Hier seien aber einige grundlegende Begriffe wie Raum, Zeit, Körper, Masse, Homogenität und Isotropie vorangestellt.

1.4 Grundlegende Begriffe in der Kontinuumsmechanik

Die nachfolgenden Grundbegriffe (Raum, Zeit, Körper, Masse, Homogenität und Isotropie) sind für das weitere Verständnis von grundlegender Bedeutung, da sie wesentlich für die Modellbildung sind.

---

[33] Man beachte, dass eine physikalische Größe wie die Zeit aus Zahlenwert und Einheit besteht. Die Wahl der Einheit spielt jedoch an dieser Stelle keine Rolle.

1.4.1 Raum

In der klassischen Mechanik gilt die Raumdefinition, die auf Newton zurückgeht:

- Der Raum ist absolut, unveränderlich und unbeeinflusst von den Vorgängen, die in ihm ablaufen.
- Der Raum ist euklidisch und dreidimensional.

Die Dimensionen des Raumes werden durch das gewählte Koordinatensystem definiert. Der Definition des Bezugspunktes eines Koordinatensystems kommt besondere Bedeutung zu. Die Wahl erfolgt meist aus der Aufgabenstellung heraus.

Definition 1.2 (Raum). Im Rahmen der klassischen Kontinuumsmechanik wird als Raum der dreidimensionale Raum $\mathbb{E}^3$ der Anschauung definiert. In $\mathbb{E}^3$ gilt die Euklid'sche Geometrie. $\mathbb{E}^3$ ist unabhängig vom jeweils betrachteten mechanischen Vorgang und vom Beobachter. Alle Punkte des Raumes sind gleichberechtigt, es gibt keinen von vornherein ausgezeichneten Punkt oder eine ausgezeichnete Richtung. Mit der Festlegung eines Raumpunktes 0 als Bezugspunkt wird der Raum vermessbar. Man kann jedem Punkt des Raumes ein Zahlentripel als Koordinaten zuordnen. Die Werte des Zahlentripels hängen von dem gewählten Bezugspunkt und dem gewählten Koordinatensystem ab.

Anmerkung 1.1. Ändern sich Bezugspunkt und/oder Koordinatensystem, ändern sich die Werte des Zahlentripels.

Anmerkung 1.2. Für die Raumdimensionen gilt:

- keine Raumdimension entspricht einem Punkt,
- eine Raumdimension entspricht einer Geraden oder einer Kurve und
- zwei Raumdimensionen entsprechen einer Fläche

1.4.2 Zeit

Die Zeit ist zur Kennzeichnung von Bewegungsabläufen von besonderer Bedeutung.

Definition 1.3 (Zeit). Zur Festlegung der Ausgangslage und der Bewegung ausgewählter Raumpunkte sind ein räumliches und ein zeitliches Bezugssystem erforderlich. Das zeitliche Bezugssystem kann man durch eine skalare Größe t, die man die Zeit nennt, definieren. t kann nur monoton zunehmen, d.h. $dt \geqslant 0$. Der Nullpunkt kann für t beliebig gewählt werden (Indifferenzprinzip).

Entsprechend den Prinzipien der Thermodynamik kann die Zeit auch als Zunahme der Entropie betrachtet werden, wobei die Entropie ein Maß für die Unordnung ist. Diese Interpretation soll aber in diesem Buch nicht weiter verfolgt werden.

Anmerkung 1.3. In der klassischen Mechanik wird auch der Begriff der absoluten Zeit verwendet, der jedoch im Zusammenhang mit der Relativitätstheorie nicht mehr gültig ist.

1.4.3 Körper

Dem Begriff Körper kommt grundlegende Bedeutung bei der Modellierung zu und soll hier stets mit dem Begriff Materie verbunden sein.

Definition 1.4 (Körper - 1. Definition). $\mathcal{G}$ sei eine kompakte Menge von Raumpunkten, die in $\mathbb{E}^3$ eine abgegrenzte, zusammenhängende Punktmenge bildet. Ordnet man jedem Raumpunkt $P \in \mathcal{G}$ Materieeigenschaften zu, wird aus dem Raumpunkt ein materieller Punkt und aus dem Gebiet $\mathcal{G}$ ein materielles Gebiet $\mathcal{B}$ (meist als Körper bezeichnet) als Menge aller materiellen Punkte. $\mathcal{B}$ hat zu jedem Zeitpunkt t ein Volumen $V(t)$, welches von der Fläche $A[V(t)]$ umhüllt wird. $\mathcal{G}$ ist zusammenhängend und beschränkt, aber $\mathcal{G}$ muss nicht einfach zusammenhängend sein. Das so definierte Gebiet kann somit auch Hohlräume haben, die nicht mit Materie gefüllt sind.

Für den Körperbegriff gilt auch folgende Definition:

Definition 1.5 (Körper - 2. Definition). Ein Körper ist ein kontinuierlich mit Materie ausgefülltes Gebiet. Jeder Punkt des Körpers ist ein materieller Punkt. Er kann durch eine Marke gekennzeichnet werden.

Anmerkung 1.4. Jedem materiellen Punkt kann ein Raumpunkt zugeordnet werden, aber nicht jedem Raumpunkt ein materieller Punkt.

Anmerkung 1.5. Ein materieller Punkt kann nicht gleichzeitig an unterschiedlichen Punkten des Raums sein.

Anmerkung 1.6. An einem Raumpunkt können nicht gleichzeitig verschiedene materielle Punkte sein.

Man bezeichnet diese Schlussfolgerungen auch als Kontinuitätsaxiom der Kontinuumsmechanik. Die umkehrbar eindeutige Zuordnung materieller Punkte auf Raumpunkte ist eine topologische Abbildung (Homöomorphismus).

1.4.4 Masse

Eine besonders wichtige Eigenschaft ist die Masse, die über die Dichte als Eigenschaft materieller Punkte definiert ist. Die Trägheit des Kontinuums wird in der Kontinuumsmechanik durch eine skalare Funktion ρ des Ortes P und der Zeit t repräsentiert. Diese Funktion wird Dichte (Massendichte) genannt und ist ein Maß für die Materiedichte

$$\rho = \rho(P, t),$$

d.h. sie stellt eine Relation aus Masse zu Volumen dar. Dabei gilt stets $\rho > 0$.

Definition 1.6 (Masse). Betrachtet man ein Kontrollvolumen dV, ist dm die entsprechende Masse. Bei stetig verteilter Masse kann ein Grenzübergang durchgeführt werden und es gilt

$$dm = \rho dV$$

Das Integral über das Volumen[34] $V(t)$ eines Körpers $\mathcal{B}$ zur Zeit t heißt dann Gesamtmasse (Masse) des Körpers

$$m(t) = \iiint\limits_V \rho(P,t)dV \equiv \int\limits_V \rho(P,t)\,dV$$

Für jede Zeit t ist die Masse für das aktuelle Volumen $V(t)$ eindeutig berechenbar (Identitätsprinzip der Masse).

1.4.5 Homogenität und Isotropie

Für die Lösung der Anfangs-Randwertprobleme der phänomenologischen Kontinuumsmechanik ist es von besonderer Bedeutung, ob die Eigenschaften der Materie als orts- und/oder richtungsabhängig modelliert werden müssen. Ein Modell realer Körper geht davon aus, dass diese eine diskrete Struktur haben und nie homogen oder isotrop sind. Die zufällige Verteilung der Eigenschaften und ihre Mittelung ermöglicht jedoch oft eine näherungsweise Analyse kontinuumsmechanischer Aufgaben mit Hilfe homogener und isotroper Modellkörper. Ferner sei hervorgehoben, dass im Rahmen der klassischen Kontinuumsmechanik alle Feldgrößen als hinreichend glatt, d.h. als hinreichend oft stetig differenzierbar, vorausgesetzt werden. Diskontinuitäten im Raum und/oder in der Zeit, wie sie z.B. bei lokalen Sprüngen ausgewählter Eigenschaften der Materie oder bei Stoßwellen auftreten, bedürfen zusätzlicher Überlegungen.

1.4.5.1 Homogenität

Definition 1.7 (Homogenität). Hat der Körper ortsunabhängige Eigenschaften, d.h. alle materiellen Punkte haben unter gleichen Bedingungen gleiche physikalische Eigenschaften, ist der Körper homogen, andernfalls inhomogen. Treten dazu unterschiedliche Phasen auf, spricht man von einem heterogenen Körper.

Anmerkung 1.7. Grundsätzlich sind auf atomarer Ebene die physikalischen Eigenschaften der Materie nicht homogen. Beispielsweise variiert die Massendichte zwischen den Strukturbausteinen. Für die meisten praktischen Probleme können die

---

[34] Nachfolgend wird das Dreifachintegral $\iiint\limits_V (\ldots)dV$ verkürzt $\int\limits_V (\ldots)dV$ dargestellt. Gleiches gilt für das Flächenintegral $\iint\limits_A (\ldots)dA$ verkürzt $\int\limits_A (\ldots)dA$.

Unterschiede vernachlässigt werden. Homogenität bedeutet dann gleichförmige Eigenschaften beispielsweise auf makroskopischen Längenskalen.

1.4.5.2 Isotropie

Die Richtungsabhängigkeit der Eigenschaften kann ein Modell wesentlich komplizierter gestalten. Daher wird oftmals zunächst von Richtungsunabhängigkeit ausgegangen.

Definition 1.8 (Isotropie). Sind die physikalischen Eigenschaften eines Körpers richtungsunabhängig, ist der Körper isotrop, anderenfalls anisotrop. Durch materielle Symmetriebedingungen können Sonderfälle der Anisotropie unterschieden werden, z.B. das monokline Materialverhalten, das orthotrope Materialverhalten, das transversal-isotrope Materialverhalten, das kubische Materialsverhalten und das isotrope Materialverhalten.

Anmerkung 1.8. Grundsätzlich sind bei Betrachtung der Mikrostruktur die physikalischen Eigenschaften der Materie lokal richtungsabhängig. Für viele praktische Probleme können die Unterschiede jedoch beim Übergang auf die Makrostruktur bzw. bei einer phänomenologischen Betrachtungsweise herausgemittelt werden.

Literaturverzeichnis

1. Altenbach H, Naumenko K, Zhilin P (2003) A micro-polar theory for binary media with application to phase-transitional flow of fiber suspensions. Continuum Mech Thermodyn 15:539 – 570
2. Altenbach H, Maugin GA, Erofeev V (eds) (2011) Mechanics of Generalized Continua, Advanced Structured Materials, Vol 7. Springer, Heidelberg
3. Becchi A, Corradi M, Foce F, Pedemonte O (eds) (2003) Essays on the History of Mechanics Book - In Memory of Clifford Ambrose Truesdell and Edoardo Benvenuto, Birkhäuser, Basel
4. Benvenuto E (1991) An Introduction to the History of Structural Mechanics, Vol I: Statics and Resistance of Solids. Springer, Berlin
5. Benvenuto E (1991) An Introduction to the History of Structural Mechanics, Vol II: Vaulted Structures and Elastic Systems. Springer, Berlin
6. Bertram A (2014) On the history of material theory - a critical review. In: Stein E (ed) The History of Theoretical, Material and Computational Mechanics - Mathematics Meets Mechanics and Engineering, Lecture Notes in Applied Mathematics and Mechanics, Vol 1. Springer, Heidelberg, pp 119 – 132
7. Bruhns OT (2014) Some remarks on the history of plasticity - Heinrich Hencky, a pioneer of the early years. In: Stein E (ed) The History of Theoretical, Material and Computational Mechanics - Mathematics Meets Mechanics and Engineering, Lecture Notes in Applied Mathematics and Mechanics, Vol 1. Springer, Heidelberg, pp 133 – 152
8. Bruhns OT (2015) The multiplicative decomposition of the deformation gradient in plasticity - origin and limitations. In: Altenbach H, Matsuda T, Okumura D (eds) From Creep Damage Mechanics to Homogenization Methods - A Liber Amicorum to celebrate the birthday of Nobutada Ohno, Advanced Structured Materials, Vol 64. Springer, Heidelberg, pp 37 – 66

9. Capecchi D, Ruta G (2015) Strength of Materials and Theory of Elasticity in 19th Century Italy - A Brief Account of the History of Mechanics of Solids and Structures, Advanced Structured Materials, Vol 52. Springer, Heidelberg
10. Eringen AC (1999) Microcontinuum Field Theory, Vol I. Foundations and Solids. Springer, New York
11. Eringen AC (2001) Microcontinuum Field Theory, Vol II. Fluent Media. Springer, New York
12. Mahrenholtz O, Gaul L (1977) Die Entwicklung der Mechanik seit Newton und ihre ingenieurmäßige Anwendung. Zeitschrift der TU Hannover 4(2):16–36
13. Mahrenholtz O, Gaul L (1978) Die Mechanik im 19. Jahrhundert. Zeitschrift der TU Hannover 5(2):38–48
14. Maugin GA (2014) Continuum Mechanics Through the Eighteenth and Nineteenth Centuries - Historical Perspectives from John Bernoulli (1727) to Ernst Hellinger (1914), Solid Mechanics and Its Applications, Vol 214. Springer, Dordrecht
15. Maugin GA (2016) Continuum Mechanics Through the Ages - from the Renaissance to the Twentieth Century - from Hydraulics to Plasticity, Solid Mechanics and Its Applications, Vol 223. Springer International
16. Maugin GA (2013) Continuum Mechanics Through the Twentieth Century: A Concise Historical Perspective, Solid Mechanics and Its Applications, Vol 196. Springer, Dordrecht
17. Maugin GA, Metrikine A (eds) (2010) Mechanics of Generalized Continua - One Hundred Years After the Cosserats, Advances in Mechanics and Mathematics 21. Springer, Berlin
18. Müller WH (2011) Streifzüge durch die Kontinuumstheorie. Springer, Berlin, Heidelberg
19. Nowacki W (1986) Theory of Asymmetric Elasticity. Pergamon Press, Oxford
20. Rubin MB (2000) Cosserat Theories: Shells, Rods and Points. Kluwer, Dordrecht
21. Russo L (2005) Die vergessene Revolution oder die Wiedergeburt des antiken Wissens. Springer, Berlin
22. Stein E (ed) (2014) The History of Theoretical, Material and Computational Mechanics - Mathematics Meets Mechanics and Engineering, Lecture Notes in Applied Mathematics and Mechanics, Vol 1. Springer, Berlin, Heidelberg
23. Szabo I (1976) Geschichte der mechanischen Prinzipien. Birkhäuser, Zürich
24. Tanner RI, Tanner E (2003) Heinrich Hencky: a rheological pioneer. Rheological Acta 42:93 - 101
25. Timoshenko SP (1983) History of Strength of Materials. Dover, New York
26. Todhunter I, Pearson K (1893) A history of the theory of elasticity and of the strength of materials from Galilei to the present time, Vol II, Pt. I: Saint-Venant to Lord Kelvin. Cambridge University Press
27. Todhunter I, Pearson K (1893) A history of the theory of elasticity and of the strength of materials from Galilei to the present time, Vol II, Pt. II: Saint-Venant to Lord Kelvin. Cambridge University Press
28. Todhunter I, Pearson K (1886) A history of the theory of elasticity and of the strength of materials from Galilei to the present time, Vol I: Galilei to Saint-Venant 1639-1850. Cambridge University Press
29. Truesdell C (1968) Essays in the History of Mechanics. Springer, Berlin
30. Truesdell C (1984) An Idiot's Fugitive Essays on Science - Methods, Criticism, Training, Circumstances. Springer, New York
31. Truesdell C (1964) Die Entwicklung des Drallsatzes. ZAMM 44(4/5):149–158

Kapitel 2
Mathematische Grundlagen der Tensoralgebra und Tensoranalysis

Zusammenfassung Die in der Kontinuumsmechanik betrachteten Größen sind Skalare, Vektoren und Tensoren, oder allgemeiner Tensoren $n$ter Stufe mit $n \geqslant 0$. Um die Einarbeitung in die Grundlagen der Kontinuumsmechanik zu erleichtern, werden nachfolgend nur kartesische Tensoren verwendet. Damit entfällt u.a. eine Unterscheidung von ko- und kontravarianten Basissystemen und von unteren und oberen Indizes. Gleichzeitig wird der Blick für das Wesentliche geschärft.

Viele Gleichungen lassen sich besonders übersichtlich in symbolischer Schreibweise formulieren. Für die Durchführung von Tensoroperationen ist aber oft eine Darstellung mit Basisvektoren oder eine verkürzte Indexschreibweise zweckmäßig. Die unterschiedlichen Schreibweisen werden zum besseren Verständnis der Gleichungen häufig parallel verwendet.

Abschnitt 2.1 fasst die wichtigsten Bezeichnungen, Definitionen und Rechenregeln zusammen. In den Abschnitten 2.2 und 2.3 folgen die Grundlagen der Tensoralgebra und -analysis. Tensorfunktionen werden in Abschn. 2.4 behandelt.

Weiterführende Literatur ist u.a. mit [3; 5; 4; 8; 9; 10; 11; 12; 13; 14; 16; 18; 20; 21] gegeben. In Analogie zu diesem Lehrbuch sind in den Büchern [3; 4; 9; 10] durchgerechnete Beispiele zu finden.

2.1 Koordinatenfreie Notation und Indexschreibweise

Die Tensorrechnung ist heute ein unverzichtbares Hilfsmittel zur Darstellung der theoretischen Grundlagen der Kontinuumsmechanik sowie bei der Lösung praktischer Aufgaben. Dabei werden zwei Darstellungsweisen verwendet:

- die direkte (symbolische, koordinatenfreie) Notation und
- die Index- bzw. Komponentennotation

Im ersten Fall werden alle relevanten Variablen, die Skalare, Vektoren oder Tensoren darstellen, im dreidimensionalen Raum definiert. Ein Skalar ist dabei unabhängig von der Orientierung des Raums, Vektoren stellen gerichtete Linienabschnitte dar,

H. Altenbach, *Kontinuumsmechanik*,
https://doi.org/10.1007/978-3-662-57504-8_2

ein Tensor zweiter Stufe ist eine endliche Summe geordneter Vektorpaare usw. In diesem Sinne lassen sich dann auch Tensoren höherer Stufe einführen. Die direkte Notation bedarf lediglich der Festlegung eines Bezugspunktes, jedoch keiner á priori Einführung eines Koordinatensystems. Sie wird daher in zahlreichen Darstellungen der Kontinuumsmechanik, der Elastizitätstheorie, der Rheologie usw. bevorzugt, vgl. [2; 7; 14; 15; 19]. Die Indexschreibweise basiert auf der á priori Einführung eines Koordinatensystems. Sie ist auf den ersten Blick benutzerfreundlicher, jedoch kann man schnell feststellen, dass jeder Wechsel des Koordinatensystems zu einer Neuberechnung der Komponenten bzw. Koordinaten führt.

2.1.1 Darstellungsformen für Skalare, Vektoren und Tensoren

Zur Unterscheidung von Skalaren (Tensoren 0. Stufe), Vektoren (Tensoren 1. Stufe) und Tensoren der Stufe $n \geqslant 2$ wird folgende symbolische Schreibweise vereinbart[1]

- Skalare: $a, b, \ldots, \alpha, \beta, \ldots, A, B, \ldots$, d.h. kleine oder große Buchstaben im Normaldruck,
- Vektoren: $\mathbf{r}, \mathbf{t}, \ldots, \boldsymbol{\rho}, \boldsymbol{\tau}, \ldots$, d.h. kleine Buchstaben im Fettdruck,
- Tensoren ($n \geqslant 2$): $\mathbf{A}$, $\mathbf{B}$, ..., $\boldsymbol{\Pi}$, $\boldsymbol{\Omega}$, ${}^{(n)}\mathbf{G}, {}^{(n)}\mathbf{F}, \ldots, {}^{(n)}\boldsymbol{\Gamma}, {}^{(n)}\boldsymbol{\Phi}, \ldots$, d.h. große Buchstaben im Fettdruck; der linke obere Index steht für die Tensorstufe und wird nur für Tensoren der Stufe $n \geqslant 3$ geschrieben.

Will man diese Größen in Indexschreibweise darstellen, ist zunächst in $\mathbb{E}^3$ ein kartesisches Koordinatensystem mit den Basiseinheitsvektoren $\mathbf{e}_1$, $\mathbf{e}_2$, $\mathbf{e}_3$ einzuführen. Dabei wird das System der Basisvektoren so gewählt, dass man ein orthonormiertes System erhält (jeder Basisvektor habe die Länge 1, Basisvektoren mit unterschiedlichen Indizes sind orthogonal zueinander). Skalare Größen werden in Indexschreibweise genauso wie in symbolischer Notation dargestellt. Für einen Vektor $\mathbf{r}$ (Tensor 1. Stufe) folgt beispielsweise

$$\sum_{i=1}^{3} r_i \mathbf{e}_i = r_1 \mathbf{e}_1 + r_2 \mathbf{e}_2 + r_3 \mathbf{e}_3,$$

für einen Tensor zweiter Stufe $\mathbf{A}$

$$\sum_{i=1}^{3} \sum_{j=1}^{3} A_{ij} \mathbf{e}_i \mathbf{e}_j = A_{11} \mathbf{e}_1 \mathbf{e}_1 + A_{12} \mathbf{e}_1 \mathbf{e}_2 + \ldots + A_{33} \mathbf{e}_3 \mathbf{e}_3,$$

für einen Tensor dritter Stufe ${}^{(3)}\mathbf{B}$

[1] Leider kann man dies nicht konsequent durchsetzen: so wird der Nullvektor nachfolgend als $\mathbf{0}$ eingeführt und für den Spannungstensor der Technischen Mechanik wird $\boldsymbol{\sigma}$ verwendet.

$$\sum_{i=1}^{3}\sum_{j=1}^{3}\sum_{k=1}^{3} B_{ijk}\mathbf{e}_i\mathbf{e}_j\mathbf{e}_k$$

und für einen Tensor 4. Stufe ${}^{(4)}\mathbf{E}$

$$\sum_{i=1}^{3}\sum_{j=1}^{3}\sum_{k=1}^{3}\sum_{l=1}^{3} E_{ijkl}\mathbf{e}_i\mathbf{e}_j\mathbf{e}_k\mathbf{e}_l$$

Es gilt die Einstein'sche[2] Summationsvereinbarung

- über doppelt auftretende Indizes wird von 1 bis 3 summiert[3]:

$$a_i b_i = a_1 b_1 + a_2 b_2 + a_3 b_3,$$

- ein Index darf in einem Term indizierter Größen nur maximal zweimal auftreten, d.h.

$$a_i b_i c_j = a_1 b_1 c_j + a_2 b_2 c_j + a_3 b_3 c_j, \quad j = 1,2,3,$$

$a_i b_i c_i$ keine Summationsvereinbarung definiert

Zur Vereinfachung indizierter Operationen werden zwei Symbole eingeführt: das Kronecker[4]-Symbol und das Levi-Civita[5]-Symbol.

Kronecker-Symbol: $\delta_{ij} = \begin{cases} 1 & i = j, \\ 0 & i \neq j, \end{cases}$

$\delta_{ii} = 3$

Levi-Civita-Symbol (Permutationssymbol) $\varepsilon_{ijk} = \begin{cases} 1 & i,j,k = (1,2,3);(2,3,1);(3,1,2), \\ -1 & i,j,k = (1,3,2);(3,2,1);(2,1,3), \\ 0 & i = j \text{ bzw. } i = k \text{ bzw. } j = k, \end{cases}$

$\varepsilon_{ijk}\varepsilon_{ijk} = 6$

Zusammenfassend kann man folgende Darstellung kartesischer Tensoren zur Basis $\mathbf{e}_i, i = 1,2,3$ geben

0. Stufe (Skalar), z.B. a,

---

[2] Albert Einstein (1879-1955), Physiker und Nobelpreisträger, bedeutende Beiträge zur Relativitätstheorie und zum photoelektrischen Effekt

[3] Im verallgemeinerten Sinn ist die Summation bis zur Anzahl der Dimensionen des Raums auszuführen.

[4] Leopold Kronecker (1823-1891), Mathematiker, Beiträge zur Algebra und Zahlentheorie

[5] Tullio Levi-Civita (1873-1941), Mathematiker, Beiträge zur Tensoralgebra

1. Stufe (Vektor), z.B. $\mathbf{r} = r_i \mathbf{e}_i$,
r_i,
2. Stufe (Dyade), z.B. $\mathbf{G} = \mathbf{ab} = a_i b_j \mathbf{e}_i \mathbf{e}_j = G_{ij} \mathbf{e}_i \mathbf{e}_j$,
$G_{ij} = a_i b_j$,
3. Stufe (Triade), z.B. ${}^{(3)}\mathbf{B} = \mathbf{abc} = a_i b_j c_k \mathbf{e}_i \mathbf{e}_j \mathbf{e}_k = B_{ijk} \mathbf{e}_i \mathbf{e}_j \mathbf{e}_k$,
$B_{ijk} = a_i b_j c_k$,
4. Stufe (Tetrade), z.B. ${}^{(4)}\mathbf{D} = \mathbf{abcd} = a_i b_j c_k d_l \mathbf{e}_i \mathbf{e}_j \mathbf{e}_k \mathbf{e}_l = D_{ijkl} \mathbf{e}_i \mathbf{e}_j \mathbf{e}_k \mathbf{e}_l$,
$D_{ijkl} = a_i b_j c_k d_l$

usw.

Schlussfolgerung 2.1. Ein Tensor $n$ter Stufe mit $n \geqslant 1$ hat im dreidimensionalen Raum $\mathbb{E}^3$ insgesamt 3^n Komponenten. Ein Tensor 0ter Stufe (Skalar) ist unabhängig von der Orientierung des Koordinatensystems, d.h. invariant gegenüber Drehungen des Koordinatensystems.

Für Tensoren gilt bei Drehung eines Koordinatensystems mit den Basisvektoren $\mathbf{e}_i$ in das Koordinatensystem mit den Basisvektoren $\mathbf{e}'_i$ folgendes Transformationsgesetz für die Koordinaten (s. Abb. 2.1)

$$\begin{aligned} a'_i &= Q_{ij} a_j, & a_i &= Q_{ji} a'_j, \\ G'_{ij} &= Q_{ik} Q_{jl} G_{kl}, & G_{ij} &= Q_{ki} Q_{lj} G'_{kl}, \\ &\ldots \end{aligned}$$

mit $Q_{ij} = \cos(\widehat{x'_i, x_j})$ und $Q_{ji} = \cos(\widehat{x_i, x'_j})$.

Schlussfolgerung 2.2. Für die 3^n Koordinaten eines Tensors $n$ter Stufe mit $n \geqslant 1$ folgen bei Drehung des Koordinatensystems 3^n lineare Transformationsgleichungen. Tensoren 0. Stufe (Skalare) sind gegenüber Koordinatentransformationen invariant.

Mit dem Drehtensor $\mathbf{Q}$, der die Eigenschaft $\mathbf{Q} \cdot \mathbf{Q}^T = \mathbf{I}$ hat ($\mathbf{I}$ ist der Einheitstensor), kann man die Transformationsgesetze auch symbolisch wie folgt schreiben

$$\begin{aligned} \mathbf{a}' &= \mathbf{Q} \cdot \mathbf{a}, & \mathbf{a} &= \mathbf{Q}^T \cdot \mathbf{a}', \\ \mathbf{G}' &= \mathbf{Q} \cdot \mathbf{G} \cdot \mathbf{Q}^T, & \mathbf{G} &= \mathbf{Q}^T \cdot \mathbf{G}' \cdot \mathbf{Q}, \\ &\ldots \end{aligned}$$

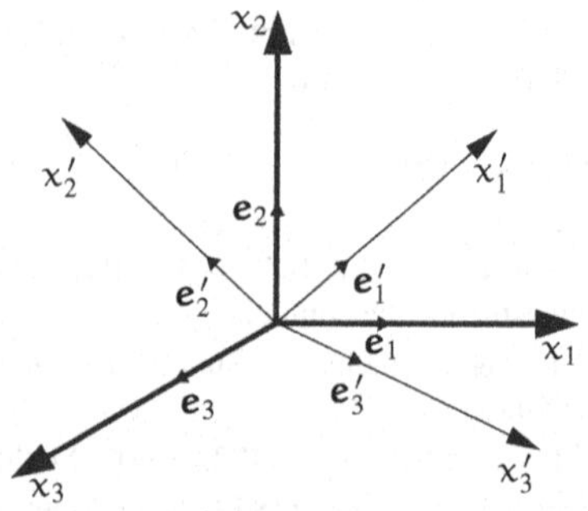

Abb. 2.1 Drehung eines kartesischen Koordinatensystems x_i mit den Basisvektoren $\mathbf{e}_i$ in das Koordinatensystem x'_i mit den Basisvektoren $\mathbf{e}'_i$

In den Abschn. 2.2 und 2.3 werden wichtige Rechenregeln beispielhaft für Tensoren 0. bis 2. Stufe formuliert. Neben der Definition eines kartesischen Tensors 2. Stufe über seine Koordinatentransformation kann dieser als linearer Operator einer Vektortransformation definiert werden. Im Falle der Vektoren $\mathbf{a}$ und $\mathbf{b}$ gilt dann

$$\mathbf{b} = \mathbf{A} \cdot \mathbf{a}$$

mit $\mathbf{A}$ als der entsprechenden Dyade.

Für den Sonderfall eines Tensors 2. Stufe können die Koordinaten auch elementar als (3, 3) Matrizen geschrieben werden

$$[G_{ij}] = [a_i b_j] = \begin{bmatrix} a_1b_1 & a_1b_2 & a_1b_3 \\ a_2b_1 & a_2b_2 & a_2b_3 \\ a_3b_1 & a_3b_2 & a_3b_3 \end{bmatrix} = \begin{bmatrix} G_{11} & G_{12} & G_{13} \\ G_{21} & G_{22} & G_{23} \\ G_{31} & G_{32} & G_{33} \end{bmatrix}$$

Die Werte der Koordinaten sind von der Wahl des Koordinatensystems abhängig.

Es gelten die nachfolgenden Manipulationsregeln für indizierte Größen

Substitution:

$$a_i = U_{ij} b_j, \qquad b_i = V_{ij} c_j$$

Mit $b_j = V_{jk} c_k$ folgt $a_i = U_{ij} V_{jk} c_k = W_{ik} c_k$ mit $W_{ik} = U_{ij} V_{jk}$.

Kontraktion (Verjüngung):

$$T_{ij} \text{ Gleichsetzen von 2 Indizes } T_{ii} = T_{11} + T_{22} + T_{33}$$

Faltung (Überschiebung):

$$\text{einfache Faltung } A_{ij} B_{kl} \Longrightarrow A_{ij} B_{jl},$$
$$\text{doppelte Faltung } A_{ij} B_{kl} \Longrightarrow A_{ij} B_{ji}$$

Faktorisierung:

$$T_{ij} n_j - \lambda n_i = 0, \qquad n_i \equiv \delta_{ij} n_j \quad \text{(Identität)},$$

$$T_{ij} n_j - \lambda \delta_{ij} n_j = 0 \Longrightarrow (T_{ij} - \lambda \delta_{ij}) n_j = 0$$

δ_{ij}-Manipulationen:

$$\delta_{ij}a_j = a_i, \qquad \delta_{ik}T_{kj} = T_{ij},$$
$$\delta_{ik}\delta_{kj} = \delta_{ij}, \qquad \delta_{ik}\delta_{kj}\delta_{jl} = \delta_{il}$$

ε_{ijk}-Manipulationen:

$$\varepsilon_{ijk}a_j a_k = 0, \quad T_{jk} = T_{kj} : \varepsilon_{ijk}T_{jk} = 0, \quad \varepsilon_{ijk}T_{jk} = T_{jk} - T_{kj}$$
$$\varepsilon_{ijk}\varepsilon_{imn} = \delta_{jm}\delta_{kn} - \delta_{jn}\delta_{km}, \quad \varepsilon_{ijk}\varepsilon_{ijn} = 2\delta_{kn}, \quad \varepsilon_{ijk}\varepsilon_{ijk} = 3! = 6$$

2.1.2 Vektoren und Tensoren

Zur Beschreibung physikalischer Vorgänge eignen sich Tensoren in besonderer Weise, da sie neben den Informationen über den Zahlenwert und die Einheit auch noch Informationen über Orientierungen im Raum enthalten. Nachfolgend werden Tensoren und ihr wichtigster Sonderfall (Vektoren) eingeführt.

2.1.2.1 Polare und axiale Vektoren

In der Mechanik muss bei der Definition von Vektoren darauf geachtet werden, dass es unterschiedliche Vektoren gibt. Die erste Gruppe bilden die polaren Vektoren, für die die meist verwendete Standarddefinition gilt (s. auch Abb. 2.2).

Definition 2.1 (Polarer Vektor). Ein polarer Vektor ist im Euklid'schen Raum als ein gerichtetes gerades Liniensegment, gekennzeichnet durch Länge und Richtung, gegeben.

Die Länge des Vektors $\boldsymbol{a}$ wird dabei mit $|\boldsymbol{a}| \equiv a$ bezeichnet, wobei $|\ldots|$ die Norm[6] oder den Betrag des Vektors bezeichnet. Die Norm des Vektors $\boldsymbol{a}$ berechnet sich mit Hilfe des Skalarproduktes $|\boldsymbol{a}| = \sqrt{\boldsymbol{a} \cdot \boldsymbol{a}}$. Folgende Eigenschaften gelten für Normen:

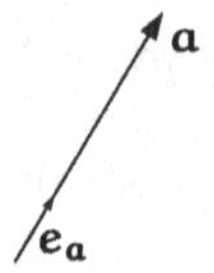

Abb. 2.2 Grafische Veranschaulichung eines polaren Vektors

[6] Für die Norm wird auch $||\ldots||$ als Symbol verwendet.

- Sie ist positiv definit, d.h. $|\mathbf{a}| \geqslant 0$.
- Für $|\mathbf{a}| = 0$ folgt $\mathbf{a} = \mathbf{0}$
- $|\mathbf{a}+\mathbf{b}| \leqslant |\mathbf{a}| + |\mathbf{b}|$.
- $|\alpha\mathbf{a}| = |\alpha||\mathbf{a}|$.

Die Richtung $\mathbf{e}_a$ erhält man wie folgt: $\mathbf{e}_a = \mathbf{a}/|\mathbf{a}|$. Zwei Vektoren sind gleich, wenn sie in ihrer Länge übereinstimmen und die gleiche Richtung haben. Der Nullvektor $\mathbf{0}$ hat die Länge 0. Polare Vektoren werden u.a. zur Beschreibung von translatorischen Bewegungen, von Kräften usw. verwendet.

In der Mechanik treten neben translatorischen auch rotatorische Bewegungen auf, neben Kräften gibt es auch Momente. Man erkennt, dass sich rotatorische Bewegungen und Momente nicht durch polare Vektoren beschreiben lassen, da beispielsweise die Bewegung um eine Achse zu charakterisieren ist. Damit werden Spinorvektoren eingeführt, d.h. gerichtete kreisförmige Liniensegmente. Derartige Vektoren lassen sich durch axiale Vektoren repräsentieren, wobei zur Unterscheidung auch der Doppelpfeil Anwendung findet (s. Abb. 2.3).

Definition 2.2 (Axialer Vektor). Ein axialer Vektor[7] ist im dreidimensionalen Euklid'schen Raum als gerichtetes geradliniges Liniensegment gegeben, dessen Länge der Länge des kreisförmigen Liniensegments entspricht und dessen Richtung sich aus der rechte-Hand-Regel ergibt.

Aus der letzten Aussage folgt, dass die Orientierung des Referenzsystems von Bedeutung ist. Es ist offensichtlich, dass man die Überlegungen zu polaren und axialen Vektoren auf Tensoren beliebiger Stufe erweitern kann.

In der Physik wird die Unterscheidung zwischen polaren und axialen Vektoren über die Punktspiegelung definiert. Für polare Vektoren tritt in diesem Fall eine Richtungsumkehr ein, für Spinorvektoren und folglich axiale Vektoren kommt es zu keiner Richtungsumkehr. Beim Rechnen mit polaren und axialen Vektoren muss man sorgfältig sein. Während einfache Rechenoperationen wie die Addition und die Subtraktion den Charakter von Vektoren nicht ändern, gilt dies beispielsweise bei Multiplikationen nicht immer. Dabei dürfen im ersten Fall nur polare (axiale) Vektoren zu polaren (axialen) Vektoren addiert (subtrahiert) werden. Man kann jedoch beispielsweise einen axialen mit einem polaren Vektor vektoriell multiplizieren. Das Kreuzprodukt zweier polarer oder zweier axialer Vektoren ist ein axialer Vektor, das Kreuzprodukt eines axialen mit einem polaren Vektor ist ein polarer Vektor. Ein bekanntes Beispiel aus der Starrkörperdynamik ist die Berechnung der translatorischen Geschwindigkeit (polarer Vektor) eines Punktes bei einer Bewegung um eine

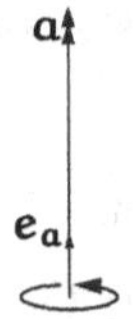

Abb. 2.3 Grafische Veranschaulichung eines axialen Vektors

[7] Man findet hierfür auch den Begriff Pseudovektor.

Achse aus dem Vektorprodukt der Winkelgeschwindigkeit (axialer Vektor) mit dem Positionsvektor (polarer Vektor).

2.1.2.2 Tensoren zweiter Stufe

Die Definition für Tensoren 2. Stufe wird in der Literatur unterschiedlich gegeben. Hier wird den Ausführungen in [16] gefolgt. Gegeben sei ein Vektorraum mit den Vektoren $\mathbf{a}$, $\mathbf{b}$, $\mathbf{c}$ usw. Aus diesen Vektoren wird eine Summe aus n formalen Produkten gebildet

$$\mathsf{T} = \mathbf{ab} + \mathbf{cd} + \mathbf{ef} + \ldots \tag{2.1}$$

Anmerkung 2.1. Das formale Produkt $\mathbf{ab}$ wird als Dyade bezeichnet, wobei auch die Schreibweise $\mathbf{a} \otimes \mathbf{b}$ verwendet wird (s.a. Definition 2.8).

Anmerkung 2.2.

Definition 2.3 (Tensor 2. Stufe). T wird als Tensor 2. Stufe bezeichnet, wenn folgende Äquivalenzbedingungen erfüllt sind

- Kommutativgesetz
  Die formale Summe hängt nicht von der Reihenfolge der Summanden ab, d.h. beispielsweise
  $$\mathbf{ab} + \mathbf{cd} = \mathbf{cd} + \mathbf{ab}$$
- Distributivgesetz
  Das Distributivgesetzes regelt die Umwandlung einer Summe in ein Produkt (Ausklammern oder Herausheben)
  $$(\mathbf{a}+\mathbf{b})\mathbf{c} = \mathbf{ac} + \mathbf{bc}, \qquad \mathbf{a}(\mathbf{b}+\mathbf{c}) = \mathbf{ab} + \mathbf{ac}$$
  Das Auflösen von Klammern durch Anwenden des Distributivgesetzes wird als Ausmultiplizieren bezeichnet. Dabei ist zwischen rechts- und linksdistributiv zu unterscheiden.
- Die Multiplikation mit einem Skalar lässt sich wie folgt ausdrücken
  $$\alpha(\mathbf{ab}) = (\alpha\mathbf{a})\mathbf{b} = \mathbf{a}(\alpha\mathbf{b})$$

Es gilt $\mathbf{ab} \neq \mathbf{ba}$ für den Fall, dass $\mathbf{b} \neq \lambda\mathbf{a}$ ist.

2.1.2.3 Tensoren höherer Stufe

Basierend auf den bisherigen Ausführungen können folgende mathematische Objekte eingeführt werden:

- Skalare α werden als Tensoren 0. Stufe bezeichnet.

- Die Summe der Vektoren $\mathbf{a}_k$
$$\mathbf{a} = \sum_k \mathbf{a}_k$$
ist ein Tensor erster Stufe.
- Die Summe der formalen Produkte der Vektoren $\mathbf{a}_k\mathbf{b}_k$ (d.h. der Dyaden)
$$\mathbf{T} = \sum_k \mathbf{a}_k\mathbf{b}_k$$
ist ein Tensor zweiter Stufe.
- Die Summe der formalen Produkte der Vektoren $\mathbf{a}_k\mathbf{b}_k\mathbf{c}_k$
$$^{(3)}\mathbf{T} = \sum_k \mathbf{a}_k\mathbf{b}_k\mathbf{c}_k$$
ist ein Tensor dritter Stufe, die Summanden selbst werden als Triaden bezeichnet.
- Die Summe der formalen Produkte der Vektoren $\mathbf{a}_k\mathbf{b}_k\mathbf{c}_k\mathbf{d}_k$
$$^{(4)}\mathbf{T} = \sum_k \mathbf{a}_k\mathbf{b}_k\mathbf{c}_k\mathbf{d}_k$$
ist ein Tensor vierter Stufe, wobei die Summanden als Tetraden bezeichnet werden.

Diese Definitionen kann man beliebig fortsetzen. In jedem Fall müssen aber Äquivalenzbedingungen wie in Abschn. 2.1.2.2 beschrieben, gelten.

Anmerkung 2.3. Im Falle von Tensoren muss zumindest auch zwischen axialen und polaren Tensoren unterschieden werden, bei Tensoren in der Schalentheorie, die auf Flächen definiert sind, kommt noch die $\mathbf{n}$-Orientierung ($\mathbf{n}$ ist die Normale zur Fläche) hinzu. Hier wird darauf nicht speziell eingegangen und auf die Spezialliteratur, z.B. [1], verwiesen.

2.2 Tensoralgebra

Nachfolgend werden wichtige Aussagen der Tensoralgebra zusammengefasst. Diese sind zum Verständnis der im Rahmen des Buches benutzten Darstellungen notwendig. Es wird sich auf die Definitionen für Tensoren 1. und 2. Stufe (Vektoren und Dyaden) beschränkt, um den Umfang nicht zu groß werden zu lassen. Verallgemeinerungen bereiten jedoch keine Schwierigkeiten.

2.2.1 Rechenregeln für Vektoren

- Addition

Definition 2.4 (Addition zweier Vektoren). Zwei Vektoren $\mathbf{a}$ und $\mathbf{b}$ vom gleichen Typ ergeben den Vektor $\mathbf{c}$

$$\mathbf{a}+\mathbf{b}=\mathbf{c}$$

In Komponenten lautet dieser Zusammenhang

$$\begin{aligned}&a_1\mathbf{e}_1+a_2\mathbf{e}_2+a_3\mathbf{e}_3+b_1\mathbf{e}_1+b_2\mathbf{e}_2+b_3\mathbf{e}_3=\\&(a_1+b_1)\mathbf{e}_1+(a_2+b_2)\mathbf{e}_2+(a_3+b_3)\mathbf{e}_3=c_1\mathbf{e}_1+c_2\mathbf{e}_2+c_3\mathbf{e}_3,\end{aligned}$$

für Koordinaten gilt

$$a_i+b_i=c_i$$

Für die Addition haben das Kommutativgesetz

$$\mathbf{a}+\mathbf{b}=\mathbf{b}+\mathbf{a},$$

das Assoziativgesetz

$$(\mathbf{a}+\mathbf{b})+\mathbf{c}=\mathbf{a}+(\mathbf{b}+\mathbf{c})$$

sowie die Existenz eines neutralen Elementes

$$\mathbf{a}+\mathbf{0}=\mathbf{a}$$

Gültigkeit. $\mathbf{0}$ ist der Nullvektor, d.h. ein Vektor mit der Länge $|\mathbf{0}|=0$.

- Multiplikation mit einem Skalar

Definition 2.5 (Multiplikation eines Vektors mit einem Skalar). Für einen beliebigen Vektor $\mathbf{a}$ und einen beliebigen Skalar α führt die Multiplikation zu

$$\alpha\mathbf{a}=\mathbf{b}$$

Es gilt für die Länge des Vektors $\mathbf{b}$:

$$|\mathbf{b}|=\sqrt{\mathbf{b}\cdot\mathbf{b}}=\sqrt{\alpha\mathbf{a}\cdot\alpha\mathbf{a}}=\sqrt{\alpha^2\mathbf{a}\cdot\mathbf{a}}=\alpha|\mathbf{a}|$$

- Mit $\alpha>0$ fallen die Richtungen von $\mathbf{a}$ und $\mathbf{b}$ zusammen,
- mit $\alpha<0$ sind die Richtungen von $\mathbf{a}$ und $\mathbf{b}$ entgegengesetzt,
- mit $|\alpha|>1$ wird $\mathbf{a}$ gestreckt,
- mit $|\alpha|<1$ wird $\mathbf{a}$ gestaucht,
- mit $|\alpha|=1$ bleibt $\mathbf{a}$ in seiner Länge erhalten ($\mathbf{a}$ und $\mathbf{b}$ sind kongruent) und
- mit $\alpha=0$ wird aus $\mathbf{a}$ der Nullvektor.

Für die Koordinaten gilt

$$\alpha a_i=b_i$$

Folgende Beziehungen sind gültig

$$\alpha(\mathbf{a}+\mathbf{b}) = \alpha\mathbf{a}+\alpha\mathbf{b}, \qquad (\alpha+\beta)\mathbf{a} = \alpha\mathbf{a}+\beta\mathbf{a}$$

- Subtraktion
  Die Subtraktion zweier Vektoren vom gleichen Typ kann jetzt mit Hilfe der Rechenregeln 1 und 2 definiert werden

$$\mathbf{a}-\mathbf{b} = \mathbf{a}+\alpha\mathbf{b} = \mathbf{c} \quad \text{mit} \quad \alpha = -1$$

  Für die Koordinaten gilt dann

$$a_i - b_i = a_i + (-1)b_i = c_i$$

- Multiplikation von Vektoren
  Hierbei sind drei Multiplikationen zu unterscheiden:
  - Skalarprodukt

    Definition 2.6 (Skalarprodukt zweier Vektoren). Für das gegebene Paar beliebiger Vektoren $\mathbf{a}$ und $\mathbf{b}$ ist das Skalarprodukt definiert als

$$\alpha = \mathbf{a}\cdot\mathbf{b} = |\mathbf{a}||\mathbf{b}|\cos\varphi$$

    Als Ergebnis erhält man einen Skalar α. $|\mathbf{a}|$ und $|\mathbf{b}|$ sind die Beträge der Vektoren $\mathbf{a}$ bzw. $\mathbf{b}$, φ ist der Winkel zwischen den Vektoren. Letzteren kann man wie folgt berechnen

$$\varphi = \arccos\frac{\mathbf{a}\cdot\mathbf{b}}{|\mathbf{a}||\mathbf{b}|}$$

    Anmerkung 2.4. Wenn $\mathbf{a}$ zu $\mathbf{b}$ orthogonal ist ($\mathbf{a}\perp\mathbf{b}$), gilt mit $\varphi = 90°$, dass $\mathbf{a}\cdot\mathbf{b} = 0$ ist. Wenn das Skalarprodukt zweier Vektoren verschwindet, sind die Vektoren zueinander orthogonal (Orthogonalitätsbedingung).

    Für die Komponenten gilt

$$\begin{aligned}
&(a_1\mathbf{e}_1 + a_2\mathbf{e}_2 + a_3\mathbf{e}_3)\cdot(b_1\mathbf{e}_1 + b_2\mathbf{e}_2 + b_3\mathbf{e}_3)\\
&= a_1\mathbf{e}_1\cdot(b_1\mathbf{e}_1 + b_2\mathbf{e}_2 + b_3\mathbf{e}_3)\\
&+ a_2\mathbf{e}_2\cdot(b_1\mathbf{e}_1 + b_2\mathbf{e}_2 + b_3\mathbf{e}_3)\\
&+ a_3\mathbf{e}_3\cdot(b_1\mathbf{e}_1 + b_2\mathbf{e}_2 + b_3\mathbf{e}_3)\\
&= a_1\mathbf{e}_1\cdot b_1\mathbf{e}_1 + a_1\mathbf{e}_1\cdot b_2\mathbf{e}_2 + a_1\mathbf{e}_1\cdot b_3\mathbf{e}_3\\
&+ a_2\mathbf{e}_2\cdot b_1\mathbf{e}_1 + a_2\mathbf{e}_2\cdot b_2\mathbf{e}_2 + a_2\mathbf{e}_2\cdot b_3\mathbf{e}_3\\
&+ a_3\mathbf{e}_3\cdot b_1\mathbf{e}_1 + a_3\mathbf{e}_3\cdot b_2\mathbf{e}_2 + a_3\mathbf{e}_3\cdot b_3\mathbf{e}_3\\
&= a_i\mathbf{e}_i\cdot b_j\mathbf{e}_j = a_i b_j\mathbf{e}_i\cdot\mathbf{e}_j
\end{aligned}$$

    Bei Verwendung des Kronecker-Symbols folgt schließlich

$$\mathbf{a}\cdot\mathbf{b} = a_i b_j\mathbf{e}_i\cdot\mathbf{e}_j = a_i b_j\delta_{ij} = a_i b_i = \alpha$$

    Letzteres ist die Darstellung für die Koordinaten

$$\alpha = a_1 b_1 + a_2 b_2 + a_3 b_3 = a_i b_i$$

Es gelten das Kommutativgesetz

$$\mathbf{a} \cdot \mathbf{b} = \mathbf{b} \cdot \mathbf{a},$$

das gemischte Assoziativgesetz

$$(r\mathbf{a}) \cdot \mathbf{b} = r(\mathbf{a} \cdot \mathbf{b}) = \mathbf{a} \cdot (r\mathbf{b})$$

und das Distributivgesetz

$$\mathbf{a} \cdot (\mathbf{b} + \mathbf{c}) = \mathbf{a} \cdot \mathbf{b} + \mathbf{a} \cdot \mathbf{c},$$
$$(\mathbf{a} + \mathbf{b}) \cdot \mathbf{c} = \mathbf{a} \cdot \mathbf{c} + \mathbf{b} \cdot \mathbf{c}$$

Anmerkung 2.5. Durch das Skalarprodukt eines Vektors mit einem Tensor wird die Stufe des Tensors um eins reduziert.

– Vektorprodukt

Definition 2.7 (Vektorprodukt zweier Vektoren). Für das gegebene Paar geordneter, beliebiger Vektoren $\mathbf{a}$ und $\mathbf{b}$ ist das Vektorprodukt definiert als

$$\mathbf{c} = \mathbf{a} \times \mathbf{b} = |\mathbf{a}||\mathbf{b}| \sin\varphi \mathbf{e}_c$$

Als Ergebnis erhält man einen Vektor $\mathbf{c}$, der orthogonal zu der durch $\mathbf{a}$ und $\mathbf{b}$ aufgespannten Ebene ist (Abb. 2.4). φ ist der Winkel der kürzesten Drehung zwischen den Vektoren von $\mathbf{a}$ nach $\mathbf{b}$.

Anmerkung 2.6. Wenn $\mathbf{a}$ zu $\mathbf{b}$ orthogonal ist ($\mathbf{a} \perp \mathbf{b}$), wird $|\mathbf{c}|$ maximal.

Anmerkung 2.7. Wenn $\mathbf{a}$ zu $\mathbf{b}$ parallel ist ($\mathbf{a} || \mathbf{b}$), gilt mit $\varphi = 0°$, dass $\mathbf{c} = \mathbf{0}$ ist. Wenn das Vektorprodukt zweier Vektoren verschwindet, sind die Vektoren zueinander parallel (Parallelitätsbedingung).

Für die Komponenten gilt

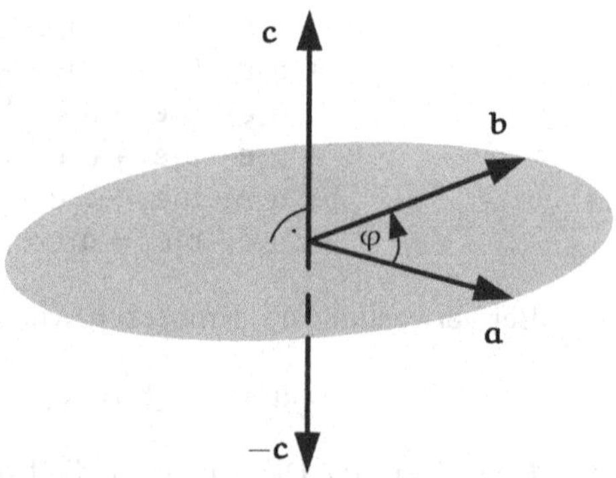

Abb. 2.4 Grafische Darstellung des Vektorprodukts

$$\begin{aligned}
&(a_1\mathbf{e}_1 + a_2\mathbf{e}_2 + a_3\mathbf{e}_3) \times (b_1\mathbf{e}_1 + b_2\mathbf{e}_2 + b_3\mathbf{e}_3) \\
&= a_1\mathbf{e}_1 \times (b_1\mathbf{e}_1 + b_2\mathbf{e}_2 + b_3\mathbf{e}_3) \\
&+ a_2\mathbf{e}_2 \times (b_1\mathbf{e}_1 + b_2\mathbf{e}_2 + b_3\mathbf{e}_3) \\
&+ a_3\mathbf{e}_3 \times (b_1\mathbf{e}_1 + b_2\mathbf{e}_2 + b_3\mathbf{e}_3) \\
&= a_1\mathbf{e}_1 \times b_1\mathbf{e}_1 + a_1\mathbf{e}_1 \times b_2\mathbf{e}_2 + a_1\mathbf{e}_1 \times b_3\mathbf{e}_3 \\
&+ a_2\mathbf{e}_2 \times b_1\mathbf{e}_1 + a_2\mathbf{e}_2 \times b_2\mathbf{e}_2 + a_2\mathbf{e}_2 \times b_3\mathbf{e}_3 \\
&+ a_3\mathbf{e}_3 \times b_1\mathbf{e}_1 + a_3\mathbf{e}_3 \times b_2\mathbf{e}_2 + a_3\mathbf{e}_3 \times b_3\mathbf{e}_3 \\
&= a_i\mathbf{e}_i \times b_j\mathbf{e}_j = a_i b_j \mathbf{e}_i \times \mathbf{e}_j
\end{aligned}$$

Bei Verwendung des Levi-Civita-Symbols folgt schließlich

$$a_i b_j \mathbf{e}_i \times \mathbf{e}_j = a_i b_j \varepsilon_{ijk} \mathbf{e}_k = c_k \mathbf{e}_k = \mathbf{c}$$

Die Darstellung für die Koordinaten lautet

$$a_i b_j \varepsilon_{ijk} = c_k$$

mit

$$\begin{aligned}
c_1 &= a_2 b_3 - a_3 b_2, \\
c_2 &= a_3 b_1 - a_1 b_3, \\
c_3 &= a_1 b_2 - a_2 b_1
\end{aligned}$$

Es gelten die Antikommutativität

$$\mathbf{a} \times \mathbf{b} = -\mathbf{b} \times \mathbf{a},$$

und das Distributivgesetz

$$\mathbf{a} \times (\mathbf{b} + \mathbf{c}) = \mathbf{a} \times \mathbf{b} + \mathbf{a} \times \mathbf{c}$$

Anmerkung 2.8. Bei Anwendung des Vektorprodukts mit einem Vektor auf einen Tensor wird die Stufe des Tensors nicht verändert.

- Dyadisches (tensorielles) Produkt

Definition 2.8 (Dyadisches Produkt zweier Vektoren). Für das gegebene Paar beliebiger Vektoren $\mathbf{a}$ und $\mathbf{b}$ ist das dyadische Produkt definiert als

$$\mathbf{ab} = \mathbf{a} \otimes \mathbf{b} = \mathbf{C}$$

Das Ergebnis ist eine Dyade. Für die Komponenten gilt

$$\begin{aligned}
a_i\mathbf{e}_i \otimes b_j\mathbf{e}_j = C_{ij}\mathbf{e}_i\mathbf{e}_j = \; & a_1 b_1 \mathbf{e}_1 \otimes \mathbf{e}_1 + a_1 b_2 \mathbf{e}_1 \otimes \mathbf{e}_2 + a_1 b_3 \mathbf{e}_1 \otimes \mathbf{e}_3 \\
& + a_2 b_1 \mathbf{e}_2 \otimes \mathbf{e}_1 + a_2 b_2 \mathbf{e}_2 \otimes \mathbf{e}_2 + a_2 b_3 \mathbf{e}_2 \otimes \mathbf{e}_3 \\
& + a_3 b_1 \mathbf{e}_3 \otimes \mathbf{e}_1 + a_3 b_2 \mathbf{e}_3 \otimes \mathbf{e}_2 + a_3 b_3 \mathbf{e}_3 \otimes \mathbf{e}_3 \\
= \; & C_{11}\mathbf{e}_1 \otimes \mathbf{e}_1 + C_{12}\mathbf{e}_1 \otimes \mathbf{e}_2 + C_{13}\mathbf{e}_1 \otimes \mathbf{e}_3 \\
& + C_{21}\mathbf{e}_2 \otimes \mathbf{e}_1 + C_{22}\mathbf{e}_2 \otimes \mathbf{e}_2 + C_{23}\mathbf{e}_2 \otimes \mathbf{e}_3 \\
& + C_{31}\mathbf{e}_3 \otimes \mathbf{e}_1 + C_{32}\mathbf{e}_3 \otimes \mathbf{e}_2 + C_{33}\mathbf{e}_3 \otimes \mathbf{e}_3
\end{aligned}$$

In Koordinaten lautet die Berechnungsvorschrift

$$a_i b_j = C_{ij}$$

Nachfolgend wird das Symbol $\otimes$ in der Regel nicht verwendet.

Anmerkung 2.9. Bei Anwendung des Tensorprodukts mit einem Vektor auf einen Tensor wird die Stufe des Tensors um eins erhöht.

2.2.2 Rechenregeln für Dyaden

Ein geordnetes Paar zweier Vektoren wird als Dyade bezeichnet. Die Darstellung in Komponenten kann dem Abschn. 2.2.1 (dyadisches Produkt) entnommen werden. Es gelten die nachfolgenden Rechenregeln, wobei sich auf die wichtigsten (im Sinne der Anwendung in diesem Buch) beschränkt wird:

- Addition

Definition 2.9 (Addition zweier Dyaden). Die Summe zweier Dyaden ist ein Tensor 2. Stufe

$$\mathbf{ab} + \mathbf{cd} = \mathbf{ef}$$

Dieses Ergebnis lässt sich auf Triaden, Tetraden usw. sinngemäß übertragen. Es gelten das Kommutativgesetz

$$\mathbf{ab} + \mathbf{cd} = \mathbf{cd} + \mathbf{ab},$$

das Assoziativgesetz

$$(\mathbf{ab} + \mathbf{cd}) + \mathbf{ef} = \mathbf{ab} + (\mathbf{cd} + \mathbf{ef})$$

sowie das Distributivgesetz

$$\mathbf{a}(\mathbf{b} + \mathbf{c}) = \mathbf{ab} + \mathbf{ac}, \quad (\mathbf{a} + \mathbf{b})\mathbf{c} = \mathbf{ac} + \mathbf{bc}$$

- Multiplikation mit einem Skalar

Definition 2.10 (Multiplikation einer Dyade mit einem Skalar). Für eine Dyade $\mathbf{ab}$ ist die Multiplikation mit einem Skalar α definiert als

$$\alpha(\mathbf{ab}) = (\alpha\mathbf{a})\mathbf{b} = \mathbf{a}(\alpha\mathbf{b})$$

Mit $\alpha = 0$ folgt die Nulldyade

$$0(\mathbf{ab}) = \mathbf{0b} = \mathbf{a0} = \mathbf{00}$$

Außerdem gilt

$$(\alpha + \beta)\mathbf{ab} = \alpha\mathbf{ab} + \beta\mathbf{ab}$$

- Transponierte eines Tensors

Definition 2.11 (Transponierte eines Tensors). Für die Transponierte T^{T} eines Tensors T gilt

$$\mathsf{T} = \mathbf{ab} \quad \Rightarrow \quad \mathsf{T}^{\mathrm{T}} = \mathbf{ba},$$

d.h. mit $\mathsf{T} = T_{ij}\mathbf{e}_i\mathbf{e}_j$ folgt $\mathsf{T}^{\mathrm{T}} = T_{ij}\mathbf{e}_j\mathbf{e}_i = T_{ji}\mathbf{e}_i\mathbf{e}_j$ und somit

$$\mathbf{e}_i \cdot (\mathsf{T} \cdot \mathbf{e}_j) = \mathbf{e}_j \cdot (\mathsf{T}^{\mathrm{T}} \cdot \mathbf{e}_i)$$

- Symmetrischer und schiefsymmetrischer Tensor

Definition 2.12 (Symmetrischer Tensor). Ein Tensor ist symmetrisch, wenn für ihn $\mathsf{T} = \mathsf{T}^{\mathrm{T}}$, d.h. $T_{ij} = T_{ji}$, erfüllt ist. Man schreibt dann auch T^{S}.

Im Speziellen ist $\mathbf{I}$ symmetrisch ($\mathbf{I} = \mathbf{I}^{\mathrm{T}}$).

Definition 2.13 (Schiefsymmetrischer Tensor). Ein Tensor ist schiefsymmetrisch, wenn für ihn $\mathsf{T} = -\mathsf{T}^{\mathrm{T}}$, d.h. $T_{ij} = -T_{ji}$, erfüllt ist. Man schreibt dann auch T^{A}.

Satz 2.1 (Zerlegung eines Tensors in symmetrischen und schiefsymmetrischen Anteil). *Jeder Tensor lässt sich eineindeutig in einen symmetrischen und einen schiefsymmetrischen Anteil zerlegen*

$$\mathsf{T} = \frac{1}{2}(\mathsf{T} + \mathsf{T}^{\mathrm{T}}) + \frac{1}{2}(\mathsf{T} - \mathsf{T}^{\mathrm{T}}) = \mathsf{T}^{\mathrm{S}} + \mathsf{T}^{\mathrm{A}}$$

- Inneres Skalarprodukt

Definition 2.14 (Inneres Skalarprodukt zweier Dyaden). Für die beiden Dyaden $\mathsf{A} = \mathbf{ab}$ und $\mathsf{B} = \mathbf{cd}$ ist das innere Skalarprodukt definiert als

$$\mathsf{A} \cdot \mathsf{B} = \mathbf{ab} \cdot \mathbf{cd} = \mathbf{a}\alpha\mathbf{d} = \alpha\mathbf{ad}$$

mit $\alpha = \mathbf{b} \cdot \mathbf{c}$.

Allgemein gilt

$$\mathsf{A} \cdot \mathsf{B} \neq \mathsf{B} \cdot \mathsf{A},$$

d.h. das innere Skalarprodukt ist nicht kommutativ im Gegensatz zum Skalarprodukt zweier Vektoren. Das innere Skalarprodukt wird auch als einfache Faltung bezeichnet.

- Doppeltes Skalarprodukt

Definition 2.15 (Doppeltes Skalarprodukt zweier Dyaden). Für die Dyaden $\mathsf{A} = \mathbf{ab}$ und $\mathsf{B} = \mathbf{cd}$ ist das doppelte Skalarprodukt definiert als

$$\mathsf{A} \cdot\cdot \mathsf{B} = \mathbf{ab} \cdot\cdot \mathbf{cd} = \mathbf{b} \cdot \mathbf{ca} \cdot \mathbf{d} = \alpha$$

Das Ergebnis ist ein Skalar[8]. Weiterhin gilt

$$\mathbf{A} \cdot\cdot\, \mathbf{a} \otimes \mathbf{b} = \mathbf{b} \cdot \mathbf{A} \cdot \mathbf{a}$$

Das doppelte Skalarprodukt wird auch als zweifache Faltung bezeichnet.

- Skalarprodukt mit einem Vektor

  Definition 2.16 (Skalarprodukt einer Dyade mit einem Vektor). Für die Dyade $\mathbf{A} = \mathbf{ab}$ und den Vektor $\mathbf{c}$ ist das linke bzw. rechte Skalarprodukt definiert als

  $$\mathbf{c} \cdot \mathbf{A} = \mathbf{c} \cdot \mathbf{a} \otimes \mathbf{b} = \beta \mathbf{b}, \qquad \mathbf{A} \cdot \mathbf{c} = \mathbf{a} \otimes \mathbf{b} \cdot \mathbf{c} = \alpha \mathbf{a}$$

  Als Ergebnis erhält man Vektoren. Man kann leicht überprüfen, dass die folgenden Beziehungen Gültigkeit haben

  $$\mathbf{c} \cdot \mathbf{A} \neq \mathbf{A} \cdot \mathbf{c}, \qquad \mathbf{c} \cdot \mathbf{A} = \mathbf{A}^{\mathrm{T}} \cdot \mathbf{c}$$

- Vektorprodukt mit einem Vektor

  Definition 2.17 (Vektorprodukt einer Dyade mit einem Vektor). Für die Dyade $\mathbf{A} = \mathbf{ab}$ und den Vektor $\mathbf{c}$ ist das linke bzw. rechte Vektorprodukt definiert als

  $$\mathbf{c} \times \mathbf{A} = \mathbf{c} \times \mathbf{a} \otimes \mathbf{b} = \mathbf{db}, \qquad \mathbf{A} \times \mathbf{c} = \mathbf{a} \otimes \mathbf{b} \times \mathbf{c} = \mathbf{af}$$

  Dabei ist $\mathbf{d} = \mathbf{c} \times \mathbf{a}$ und $\mathbf{f} = \mathbf{b} \times \mathbf{c}$.

  Es gilt

  $$\mathbf{c} \times \mathbf{A} = -[\mathbf{A}^{\mathrm{T}} \times \mathbf{c}]^{\mathrm{T}}$$

Aus den Rechenregeln für Vektoren und Dyaden folgen:

- Addition und Subtraktion in Komponenten und Koordinaten
  Hierbei ist zu beachten, dass nur Vektoren bzw. Tensoren des gleichen Typs addiert bzw. subtrahiert werden dürfen

  $$a_i \mathbf{e}_i \pm b_i \mathbf{e}_i = c_i \mathbf{e}_i, \qquad a_i \pm b_i = c_i,$$

  $$T_{ij} \mathbf{e}_i \mathbf{e}_j \pm S_{ij} \mathbf{e}_i \mathbf{e}_j = D_{ij} \mathbf{e}_i \mathbf{e}_j, \qquad T_{ij} \pm S_{ij} = D_{ij}$$

- Weitere Multiplikationsregeln
  Neben den Multiplikationsregeln können jetzt auch noch Mehrfachprodukte gebildet werden. Dabei ist insbesondere die Reihenfolge, in der die Multiplikation ausgeführt werden muss, zu beachten.

---

[8] Die hier angeführte Rechenregel wird teilweise von anderen Autoren wie folgt angegeben

$$\mathbf{A} \cdot\cdot\, \mathbf{B} = \mathbf{ab} \cdot\cdot\, \mathbf{cd} = \mathbf{a} \cdot \mathbf{cb} \cdot \mathbf{d} = \beta,$$

was allgemein zu abweichenden Endergebnissen führt (s. Lösung 2.6 im Abschn. 2.6 am Ende dieses Kapitels).

Skalarprodukte

$$
\begin{aligned}
&\mathbf{a}\cdot\mathbf{a} = (a_i\mathbf{e}_i)\cdot(a_j\mathbf{e}_j) = a_i a_j(\mathbf{e}_i\cdot\mathbf{e}_j) = a_i a_j\delta_{ij} = \sum_{i=1}^{3} a_i^2,\\
&\mathbf{a}\cdot\mathbf{b} = (a_i\mathbf{e}_i)\cdot(b_j\mathbf{e}_j) = a_i b_j(\mathbf{e}_i\cdot\mathbf{e}_j) = a_i b_j\delta_{ij} = a_i b_i,\\
&\mathbf{a}\cdot\mathbf{b} = \mathbf{b}\cdot\mathbf{a}, \quad \mathbf{e}_i\cdot\mathbf{e}_j = \delta_{ij},\\
&\mathbf{c}\cdot\mathsf{T} = \mathbf{c}\cdot(\mathbf{ab}) = (\mathbf{c}\cdot\mathbf{a})\mathbf{b} = c_k a_i b_j \mathbf{e}_k\cdot\mathbf{e}_i\mathbf{e}_j = c_k a_i b_j\delta_{ki}\mathbf{e}_j\\
&\qquad = (c_i a_i) b_j\mathbf{e}_j = c_i T_{ij}\mathbf{e}_j \qquad \text{(linkes Skalarprodukt)},\\
&\mathsf{T}\cdot\mathbf{c} = (\mathbf{ab})\cdot\mathbf{c} = a_i b_j c_k\mathbf{e}_i\mathbf{e}_j\cdot\mathbf{e}_k = a_i b_j c_k\delta_{jk}\mathbf{e}_i\\
&\qquad = a_i(b_j c_j)\mathbf{e}_i = T_{ij} c_j\mathbf{e}_i \qquad \text{(rechtes Skalarprodukt)},\\
&\mathbf{c}\cdot\mathsf{T} \neq \mathsf{T}\cdot\mathbf{c},\\
&\mathbf{c}\cdot\mathsf{T} = \mathsf{T}\cdot\mathbf{c}, \quad \text{wenn} \quad \mathsf{T}^T = \mathsf{T} \qquad \text{(symmetrischer Tensor)},\\
&\mathsf{T}\cdot\mathsf{S} = (\mathbf{ab})\cdot(\mathbf{cd}) = a_i b_j c_k d_l\mathbf{e}_i\mathbf{e}_j\cdot\mathbf{e}_k\mathbf{e}_l = a_i b_j c_k d_l\delta_{jk}\mathbf{e}_i\mathbf{e}_l\\
&\qquad = a_i(b_j c_j) d_l\mathbf{e}_i\mathbf{e}_l = T_{ij} S_{jl}\mathbf{e}_i\mathbf{e}_l,\\
&\mathsf{S}\cdot\mathsf{T} = (\mathbf{cd})\cdot(\mathbf{ab}) = c_k d_l a_i b_j\mathbf{e}_k\mathbf{e}_l\cdot\mathbf{e}_i\mathbf{e}_j = c_k d_l a_i b_j\delta_{li}\mathbf{e}_k\mathbf{e}_j\\
&\qquad = c_k(d_i a_i) b_j\mathbf{e}_k\mathbf{e}_j = S_{ki} T_{ij}\mathbf{e}_k\mathbf{e}_j,\\
&\mathsf{T}\cdot\mathsf{S} \neq \mathsf{S}\cdot\mathsf{T}
\end{aligned}
$$

Vektorprodukte

$$
\begin{aligned}
&\mathbf{a}\times\mathbf{b} = (a_i\mathbf{e}_i)\times(b_j\mathbf{e}_j) = a_i b_j(\mathbf{e}_i\times\mathbf{e}_j) = a_i b_j\varepsilon_{ijk}\mathbf{e}_k,\\
&\mathbf{a}\times\mathbf{b} = -\mathbf{b}\times\mathbf{a},\\
&\mathbf{c}\times\mathsf{T} = \mathbf{c}\times(\mathbf{ab}) = (\mathbf{c}\times\mathbf{a})\mathbf{b} = c_k a_i b_j(\mathbf{e}_k\times\mathbf{e}_i)\mathbf{e}_j = c_k a_i b_j\varepsilon_{kil}\mathbf{e}_l\mathbf{e}_j\\
&\qquad = c_k T_{ij}\varepsilon_{kil}\mathbf{e}_l\mathbf{e}_j = A_{lj}\mathbf{e}_l\mathbf{e}_j \qquad \text{(linkes Vektorprodukt)},\\
&\mathsf{T}\times\mathbf{c} = (\mathbf{ab})\times\mathbf{c} = \mathbf{a}(\mathbf{b}\times\mathbf{c}) = a_i b_j c_k\mathbf{e}_i(\mathbf{e}_j\times\mathbf{e}_k) = a_i b_j c_k\varepsilon_{jkl}\mathbf{e}_i\mathbf{e}_l\\
&\qquad = T_{ij} c_k\varepsilon_{jkl}\mathbf{e}_i\mathbf{e}_l = B_{il}\mathbf{e}_i\mathbf{e}_l \qquad \text{(rechtes Vektorprodukt)},\\
&\mathbf{c}\times\mathsf{T} \neq \mathsf{T}\times\mathbf{c}, \quad \mathbf{c}\times\mathsf{T} \neq -\mathsf{T}\times\mathbf{c},\\
&\mathsf{T}\times\mathsf{S} = (\mathbf{ab})\times(\mathbf{cd}) = a_i b_j c_k d_l\mathbf{e}_i\mathbf{e}_j\times\mathbf{e}_k\mathbf{e}_l = a_i b_j c_k d_l\mathbf{e}_i\varepsilon_{jkm}\mathbf{e}_m\mathbf{e}_l\\
&\qquad = T_{ij} S_{kl}\mathbf{e}_i\varepsilon_{jkm}\mathbf{e}_m\mathbf{e}_l = A_{iml}\mathbf{e}_i\mathbf{e}_m\mathbf{e}_l,\\
&\mathsf{S}\times\mathsf{T} = (\mathbf{cd})\times(\mathbf{ab}) = c_k d_l a_i b_j\mathbf{e}_k\mathbf{e}_l\times\mathbf{e}_i\mathbf{e}_j = c_k d_l a_i b_j\mathbf{e}_k\varepsilon_{lim}\mathbf{e}_m\mathbf{e}_j\\
&\qquad = S_{kl} T_{ij}\mathbf{e}_k\varepsilon_{lim}\mathbf{e}_m\mathbf{e}_j = B_{kmj}\mathbf{e}_k\mathbf{e}_m\mathbf{e}_j,\\
&\mathsf{T}\times\mathsf{S} \neq \mathsf{S}\times\mathsf{T},\\
&\mathsf{T}\times\mathsf{S} \neq -\mathsf{S}\times\mathsf{T}
\end{aligned}
$$

Dyadische Produkte

$$
\begin{aligned}
\mathbf{ab} &= a_i b_j \mathbf{e}_i \mathbf{e}_j = A_{ij} \mathbf{e}_i \mathbf{e}_j \quad \text{mit} \quad A_{ij} = a_i b_j,\\
\mathbf{ba} &= b_j a_i \mathbf{e}_j \mathbf{e}_i = a_j b_i \mathbf{e}_i \mathbf{e}_j = A_{ji} \mathbf{e}_i \mathbf{e}_j,\\
\mathbf{ab} &\neq \mathbf{ba},\\
\mathbf{cT} &= \mathbf{c}(\mathbf{ab}) = c_k a_i b_j \mathbf{e}_k \mathbf{e}_i \mathbf{e}_j = c_i a_j b_k \mathbf{e}_i \mathbf{e}_j \mathbf{e}_k\\
&= c_i T_{jk} \mathbf{e}_i \mathbf{e}_j \mathbf{e}_k = C_{ijk} \mathbf{e}_i \mathbf{e}_j \mathbf{e}_k \qquad \text{(linkes dyadisches Produkt)},\\
\mathbf{Tc} &= (\mathbf{ab})\mathbf{c} = a_i b_j c_k \mathbf{e}_i \mathbf{e}_j \mathbf{e}_k\\
&= T_{ij} c_k \mathbf{e}_i \mathbf{e}_j \mathbf{e}_k = D_{ijk} \mathbf{e}_i \mathbf{e}_j \mathbf{e}_k \qquad \text{(rechtes dyadisches Produkt)},\\
\mathbf{cT} &\neq \mathbf{Tc},\\
\mathbf{TS} &= (\mathbf{ab})(\mathbf{cd}) = a_i b_j c_k d_l \mathbf{e}_i \mathbf{e}_j \mathbf{e}_k \mathbf{e}_l = T_{ij} S_{kl} \mathbf{e}_i \mathbf{e}_j \mathbf{e}_k \mathbf{e}_l = E_{ijkl} \mathbf{e}_i \mathbf{e}_j \mathbf{e}_k \mathbf{e}_l,\\
\mathbf{ST} &= (\mathbf{cd})(\mathbf{ab}) = c_k d_l a_i b_j \mathbf{e}_k \mathbf{e}_l \mathbf{e}_i \mathbf{e}_j = S_{kl} T_{ij} \mathbf{e}_k \mathbf{e}_l \mathbf{e}_i \mathbf{e}_j = F_{ijkl} \mathbf{e}_i \mathbf{e}_j \mathbf{e}_k \mathbf{e}_l,\\
\mathbf{TS} &\neq \mathbf{ST}
\end{aligned}
$$

Doppelprodukte

$$
\begin{aligned}
&\mathbf{T} \cdot\cdot \mathbf{S} = \mathbf{ab} \cdot\cdot \mathbf{cd} = \mathbf{b} \cdot \mathbf{ca} \cdot \mathbf{d} = T_{ij} S_{ji} = \alpha && \text{Doppeltes Skalarprodukt}\\
&\mathbf{T}^S \cdot\cdot \mathbf{S} = \mathbf{T}^S \cdot\cdot \mathbf{S}^S,\ \mathbf{T}^A \cdot\cdot \mathbf{S} = \mathbf{T}^A \cdot\cdot \mathbf{S}^A,\ \mathbf{T}^S \cdot\cdot \mathbf{S}^A = 0 &&\\
&\mathbf{T} \times\times \mathbf{S} = \mathbf{ab} \times\times \mathbf{cd} = \mathbf{b} \times \mathbf{ca} \times \mathbf{d} = \mathbf{ef} = \mathbf{M} && \text{Doppeltes Vektorprodukt}\\
&\mathbf{T} \cdot\times \mathbf{S} = \mathbf{ab} \cdot\times \mathbf{cd} = \mathbf{b} \cdot \mathbf{ca} \times \mathbf{d} = \alpha \mathbf{f} &&\\
&\mathbf{T} \times\cdot \mathbf{S} = \mathbf{ab} \times\cdot \mathbf{cd} = \mathbf{b} \times \mathbf{ca} \cdot \mathbf{d} = \beta \mathbf{g} &&
\end{aligned}
$$

Für Vektoren und Dyaden kann man allgemein folgende Regeln formulieren

Vektor	$\cdot$	Vektor = Skalar
Dyade	$\cdot$	Dyade = Dyade (Tensor 2. Stufe)
Vektor	$\times$	Vektor = Vektor
Dyade	$\times$	Dyade = Triade (Tensor 3. Stufe)
Vektor	$\otimes$	Vektor = Dyade
Dyade	$\otimes$	Dyade = Tetrade (Tensor 4. Stufe)
Vektor	$\cdot$	Dyade = Vektor
Dyade	$\cdot\cdot$	Dyade = Skalar
Vektor	$\times$	Dyade = Dyade
Dyade	$\times\times$	Dyade = Dyade
Vektor	$\otimes$	Dyade = Triade (Tensor 3. Stufe)
Dyade	$\cdot\times$	Dyade = Vektor

Mit Hilfe des Skalarproduktes kann man für die Vektor- bzw. Tensorkoordinaten auch schreiben

$$a_i = \mathbf{e}_i \cdot \mathbf{a}, \qquad T_{ij} = \mathbf{e}_i \cdot \mathbf{T} \cdot \mathbf{e}_j$$

Die Drehung eines Koordinatensystems lässt sich mit Hilfe des Drehtensors oder alternativ durch die Drehmatrix darstellen. In diesem Fall ergeben sich die Elemente der Matrix aus den folgenden Skalarprodukten $Q_{ij} = \mathbf{e}'_i \cdot \mathbf{e}_j = \cos(\widehat{x'_i, x_j})$. Die lineare Transformation eines Vektors lässt sich gleichfalls über das Skalarprodukt definieren

$$\mathbf{T} \cdot \mathbf{a} = \mathbf{b}, \text{ d.h. } T_{ij} a_j = b_i \text{ bzw. } a_j \mathbf{e}_i \cdot \mathbf{T} \cdot \mathbf{e}_j = b_i$$

Schreibt man die Gleichung in Matrizenform, erhält man

$$\begin{bmatrix} T_{11} & T_{12} & T_{13} \\ T_{21} & T_{22} & T_{23} \\ T_{31} & T_{32} & T_{33} \end{bmatrix} \begin{bmatrix} a_1 \\ a_2 \\ a_3 \end{bmatrix} = \begin{bmatrix} b_1 \\ b_2 \\ b_3 \end{bmatrix}$$

Dabei ist steht auf der linken Seite der Gleichung eine quadratische Matrix $[T_{ij}]$, die mit dem Spaltenvektor $[a_i]$ zu verknüpfen ist. Das Ergebnis ist der Spaltenvektor $[b_j]$. Später wird gezeigt, dass in der Kontinuumsmechanik bei Verwendung der Voigt'schen[9] Notation auch Spaltenvektoren mit sechs Koordinaten zur Repräsentation von Tensoren 2. Stufe und quadratische 6×6 Matrizen zur Darstellung von Tensoren 4. Stufe eingesetzt werden. Weitere Details hierzu werden im Abschn. 8.1 und im Anhang A diskutiert.

2.2.3 Spezielle Tensoren zweiter Stufe

Nachfolgend werden einige spezielle Tensoren zweiter Stufe bzw. Größen, die aus ihnen abgeleitet werden, definiert:

- Einheitstensor I

  Definition 2.18 (Einheitstensor).

  $$\mathrm{I} = \delta_{ij} \mathbf{e}_i \mathbf{e}_j = \mathbf{e}_i \mathbf{e}_i = \mathbf{e}_1 \mathbf{e}_1 + \mathbf{e}_2 \mathbf{e}_2 + \mathbf{e}_3 \mathbf{e}_3$$

  Zu den Eigenschaften des Einheitstensors gehören

  $$\mathrm{I} \cdot \mathbf{a} = \mathbf{a} \cdot \mathrm{I} = \mathbf{a}, \quad \mathrm{I} \cdot \mathrm{T} = \mathrm{T} \cdot \mathrm{I} = \mathrm{T}, \quad \mathbf{e}_i \cdot \mathrm{I} \cdot \mathbf{e}_j = \delta_{ij}$$

  sowie

  $$\mathrm{I} \cdot\cdot\, \mathrm{I} = \mathbf{e}_i \mathbf{e}_i \cdot\cdot\, \mathbf{e}_j \mathbf{e}_j = \delta_{ij} \delta_{ij} = 3$$

  Mit dem Einheitstensor kann man die Spur eines Tensors berechnen.

---

[9] Woldemar Voigt (1850-1919), Physiker, Kristallphysik, Tensorbegriff, Voigt'sche Notation

Definition 2.19 (Spur eines Tensors). Für einen Tensor lässt sich die Spur folgendermaßen ermitteln[10]

$$\mathrm{Sp}\,\mathsf{T} \equiv \mathrm{tr}\,\mathsf{T} = \mathbf{I} \cdot\cdot\, \mathsf{T} = T_{ij}\mathbf{e}_i\mathbf{e}_j \cdot\cdot\, \delta_{kl}\mathbf{e}_k\mathbf{e}_l = T_{ij}\mathbf{e}_i\mathbf{e}_j \cdot\cdot\, \mathbf{e}_k\mathbf{e}_k = T_{ij}\delta_{ik}\delta_{jk} = T_{kk}$$

Es gilt auch

$$\mathrm{Sp}\,\mathsf{T} \equiv \mathrm{tr}\,\mathsf{T} = \mathrm{Spur}(\mathbf{ab}) = \mathbf{a} \cdot \mathbf{b}$$

Schlussfolgerung 2.3. Die Spur des Einheitstensors ist gleich 3, d.h.

$$\mathrm{Sp}\,\mathbf{I} = 3$$

- Vektorinvariante

Definition 2.20 (Vektorinvariante). Wird in der Dyaden $\mathsf{A} = \mathbf{a} \otimes \mathbf{b}$ das Symbol für das dyadische Produkt durch das Symbol für das Vektorprodukt ersetzt, erhält man die Vektorinvariante

$$\mathsf{A} = \mathbf{ab} \quad \Rightarrow \quad \mathsf{A}_\times = \mathbf{a} \times \mathbf{b}$$

- Determinante

Definition 2.21 (Determinante). Sind $\mathbf{a}$, $\mathbf{b}$ und $\mathbf{c}$ beliebige linear-unabhängige Vektoren, folgt die Determinante von T zu

$$\det \mathsf{T} = |\mathsf{T}| = \frac{(\mathsf{T} \cdot \mathbf{a}) \cdot [(\mathsf{T} \cdot \mathbf{b}) \times (\mathsf{T} \cdot \mathbf{c})]}{\mathbf{a} \cdot (\mathbf{b} \times \mathbf{c})}$$

Bei Übergang zu einem Koordinatensystem folgt für die Determinante die Darstellung

$$\det \mathsf{T} = \begin{vmatrix} T_{11} & T_{12} & T_{13} \\ T_{21} & T_{22} & T_{23} \\ T_{31} & T_{32} & T_{33} \end{vmatrix}$$

- Inverse eines Tensors

Definition 2.22 (Inverse eines Tensors). Die Inverse eines Tensors T^{-1} ist wie folgt definiert

$$\mathsf{T} \cdot \mathsf{T}^{-1} = \mathsf{T}^{-1} \cdot \mathsf{T} = \mathbf{I}$$

Ihre Berechnung erfolgt aus

$$\mathsf{T}^{-1} = \frac{\mathsf{T}^{\mathrm{adj}}}{\det \mathsf{T}} \quad \text{oder} \quad [T_{ij}]^{-1} = \frac{(-1)^{i+j} U(A_{ji})}{|T_{ij}|}$$

$\det \mathsf{T} = |T_{ij}|$ ist die Determinante von T, $U(A_{ij})$ sind die Unterdeterminanten zum Element T_{ij}, $\mathsf{T}^{\mathrm{adj}}$ ist der adjungierte Tensor zu T. Voraussetzung für die Berechnung der Inversen ist, dass die Determinante von Null verschieden ist, d.h. der Tensor muss regulär (nicht singulär) sein.

---

[10] Hierbei steht Sp für Spur und tr für den analogen englischen Begriff trace.

- Orthogonaler Tensor

Definition 2.23 (Orthogonaler Tensor). Falls

$$\mathbf{Q} \cdot \mathbf{Q}^{\mathrm{T}} = \mathbf{Q}^{\mathrm{T}} \cdot \mathbf{Q} = \mathbf{I},$$

d.h. $\mathbf{Q}^{\mathrm{T}} = \mathbf{Q}^{-1}$, ist $\mathbf{Q}$ ein orthogonaler Tensor.

Der Einheitstensor ist ein orthogonaler Tensor. Es gilt $\mathbf{I}^{\mathrm{T}} = \mathbf{I}^{-1}$.
Die Determinante von $\mathbf{Q}$ kann dabei die Werte ± 1 haben. Ist $\det \mathbf{Q} = 1$, spricht man von einem eigentlich orthogonalen Tensor, gilt $\det \mathbf{Q} = -1$ ist $\mathbf{Q}$ uneigentlich orthogonal. Im ersten Fall wird eine reine Drehung beschrieben, im zweiten eine Drehspiegelung.

- Kugeltensor T^{K} und Deviator T^{D}

Definition 2.24 (Kugeltensor). Der Kugeltensor[11] ist wie folgt definiert

$$\mathsf{T}^{\mathrm{K}} = \frac{1}{3}(\mathbf{I} \cdot\cdot \mathsf{T})\mathbf{I} = \frac{1}{3}\mathrm{Sp}\,(\mathsf{T})\mathbf{I}$$

Definition 2.25 (Deviator). Der Deviator ist wie folgt definiert

$$\mathsf{T}^{\mathrm{D}} = \mathsf{T} - \mathsf{T}^{\mathrm{K}}$$

Satz 2.2 (Zerlegung eines Tensors in Kugeltensor und Deviator). *Jeder Tensor lässt sich eineindeutig in einen Kugeltensor und einen Deviator zerlegen*

$$\mathsf{T} = \mathsf{T}^{\mathrm{K}} + \mathsf{T}^{\mathrm{D}}$$

Wendet man auf die letzte Gleichung erneut die Operation Spur an, gilt

$$\begin{aligned} \mathsf{T} \cdot\cdot \mathbf{I} &= \mathsf{T}^{\mathrm{K}} \cdot\cdot \mathbf{I} + \mathsf{T}^{\mathrm{D}} \cdot\cdot \mathbf{I} = \frac{1}{3}(\mathsf{T} \cdot\cdot \mathbf{I})(\mathbf{I} \cdot\cdot \mathbf{I}) + \mathsf{T}^{\mathrm{D}} \cdot\cdot \mathbf{I} \\ &= \mathsf{T} \cdot\cdot \mathbf{I} + \mathsf{T}^{\mathrm{D}} \cdot\cdot \mathbf{I} \end{aligned}$$

Damit folgt $\mathsf{T} \cdot\cdot \mathbf{I} = \mathsf{T}^{\mathrm{K}} \cdot\cdot \mathbf{I}$.

Schlussfolgerung 2.4. Der Deviator ist stets spurfrei, d.h.

$$\mathrm{Sp}\,\mathsf{T}^{\mathrm{D}} = 0$$

Schlussfolgerung 2.5. Die Spur des Tensors ist gleich der Spur des Kugeltensors, d.h.

$$\mathrm{Sp}\,\mathsf{T} = \mathrm{Sp}\,\mathsf{T}^{\mathrm{K}}$$

---

[11] Der Begriff Kugeltensor ergibt sich aus der geometrischen Interpretation eines Tensors zweiter Stufe als Fläche im Raum. Der Kugeltensor stellt eine Kugeloberfläche dar. Er wird auch als Axiator bezeichnet.

2.2.4 Rechenregeln für spezielle Tensoren

Für spätere Ableitungen werden einige Rechenregeln für Tensoren 2. Stufe benötigt:

- Transponiertes Produkt

$$(\mathbf{A}\cdot\mathbf{B}\cdot\mathbf{C}\cdot\ldots)^{\mathrm{T}} = \ldots\cdot\mathbf{C}^{\mathrm{T}}\cdot\mathbf{B}^{\mathrm{T}}\cdot\mathbf{A}^{\mathrm{T}},$$

$$\mathbf{A}\cdot\cdot\,\mathbf{B} = \mathbf{A}^{\mathrm{T}}\cdot\cdot\,\mathbf{B}^{\mathrm{T}},$$

$$\mathbf{A}\cdot\mathbf{a} = \mathbf{a}\cdot\mathbf{A}^{\mathrm{T}},$$

$$\mathbf{A}\times\mathbf{a} = -[\mathbf{a}\times\mathbf{A}^{\mathrm{T}}]^{\mathrm{T}},$$

$$\mathbf{I}\cdot\mathbf{A} = \mathbf{A}\cdot\mathbf{I} = \mathbf{A}$$

Sonderfälle: Falls $\mathbf{A} = \mathbf{A}^{\mathrm{T}}$ (Symmetriebedingung), ist

$$\mathbf{A}\cdot\mathbf{B} \neq (\mathbf{A}\cdot\mathbf{B})^{\mathrm{T}}, \qquad \mathbf{B}^{\mathrm{T}}\cdot\mathbf{A}\cdot\mathbf{B} = (\mathbf{B}^{\mathrm{T}}\cdot\mathbf{A}\cdot\mathbf{B})^{\mathrm{T}},$$
$$(\mathbf{A}^2)^{\mathrm{T}} = (\mathbf{A}\cdot\mathbf{A})^{\mathrm{T}} = (\mathbf{A}^{\mathrm{T}})^2$$

- Inverse eines Skalarproduktes

$$(\mathbf{A}\cdot\mathbf{B}\cdot\mathbf{C}\cdot\ldots)^{-1} = \ldots\cdot\mathbf{C}^{-1}\cdot\mathbf{B}^{-1}\cdot\mathbf{A}^{-1}$$

Sonderfälle: $(\mathbf{A}^{\mathrm{T}}\cdot\mathbf{A})^{-1} = \mathbf{A}^{-1}\cdot(\mathbf{A}^{\mathrm{T}})^{-1}, \qquad (\mathbf{A}^{\mathrm{T}})^{-1} = (\mathbf{A}^{-1})^{\mathrm{T}}$

- Determinante eines Skalarproduktes

$$\det(\mathbf{A}\cdot\mathbf{B}\cdot\mathbf{C}\cdot\ldots) = (\det\mathbf{A})(\det\mathbf{B})(\det\mathbf{C})\ldots$$

Sonderfälle: $\det(\mathbf{A}^{\mathrm{T}}) = \det\mathbf{A}, \qquad \det(\mathbf{A}^{-1}) = (\det\mathbf{A})^{-1}$

- Eigenschaften der Spur

$$\mathrm{Sp}\,\mathbf{A} = \mathrm{Sp}\,\mathbf{A}^{\mathrm{T}},$$

$$\mathrm{Sp}\,\mathbf{B} = 0, \quad \forall\mathbf{B} = -\mathbf{B}^{\mathrm{T}},$$

$$\mathrm{Sp}(\mathbf{A}\cdot\mathbf{B}) = 0, \quad \forall\mathbf{A} = \mathbf{A}^{\mathrm{T}} \quad \text{und} \quad \forall\mathbf{B} = -\mathbf{B}^{\mathrm{T}},$$

$$\mathrm{Sp}(\mathbf{A}\cdot\mathbf{B}) = \mathrm{Sp}\left(\mathbf{A}^{\mathrm{S}}\cdot\mathbf{B}\right), \quad \forall\mathbf{A} \quad \text{und} \quad \forall\mathbf{B} = \mathbf{B}^{\mathrm{T}},$$

$$\mathrm{Sp}(\alpha\mathbf{A} + \beta\mathbf{B}) = \alpha\mathrm{Sp}(\mathbf{A}) + \beta\mathrm{Sp}(\mathbf{B}),$$

$$\mathrm{Sp}(\mathbf{A}\cdot\mathbf{B}\cdot\mathbf{C}) = \mathrm{Sp}(\mathbf{B}\cdot\mathbf{C}\cdot\mathbf{A}) = \mathrm{Sp}(\mathbf{C}\cdot\mathbf{A}\cdot\mathbf{B}),$$

$$\mathrm{Sp}(\mathbf{C}^{-1}\cdot\mathbf{A}\cdot\mathbf{C}) = \mathrm{Sp}(\mathbf{A}),$$

$$\mathrm{Sp}\mathbf{A} = \sum_{i=1}^{3}\lambda_i,$$

wenn λ_i die Eigenwerte von $\mathbf{A}$ sind.

2.2.5 Eigenwertproblem für symmetrische Tensoren

In der klassischen Kontinuumsmechanik genügt es, das Eigenwertproblem und die entsprechenden Konsequenzen auf symmetrische Tensoren zu reduzieren. Für andere Kontinuumsmodelle, bei denen auch nichtsymmetrische Tensoren auftreten, ist das Eigenwertproblem nicht so einfach zu lösen. Entsprechende Diskussionen sind u.a. in [6] gegeben.

2.2.5.1 Eigenwerte und Eigenvektoren

Ist $\mathbf{a}$ ein beliebiger Vektor und $\mathbf{T}$ ein beliebiger symmetrischer Tensor 2. Stufe, ist ein Eigenwertproblem durch die folgende Gleichung definiert

$$\mathbf{T} \cdot \mathbf{a} = \lambda \mathbf{a}, \qquad \mathbf{a} \neq \mathbf{0}$$

$\mathbf{a}$ ist der Eigenvektor (auch Hauptvektor) und λ der Eigenwert (auch Hauptwert) von $\mathbf{T}$. Aus

$$\mathbf{T} \cdot (\alpha \mathbf{a}) = \alpha \mathbf{T} \cdot \mathbf{a} \qquad \text{und} \qquad \alpha(\lambda \mathbf{a}) = \lambda(\alpha \mathbf{a})$$

folgt

$$\mathbf{T} \cdot (\alpha \mathbf{a}) = \lambda(\alpha \mathbf{a}),$$

d.h. ein Eigenvektor hat keine definierte Länge und die Länge kann auch nicht ermittelt werden. Man rechnet daher zweckmäßig mit dem Einheitseigenvektor $\mathbf{n}$. Die Gleichung

$$\mathbf{T} \cdot \mathbf{a} = \lambda \mathbf{a} \quad \text{oder} \quad (\mathbf{T} - \lambda \mathbf{I}) \cdot \mathbf{a} = \mathbf{0}$$

kann auch als homogenes Gleichungssystem für $\mathbf{a}$ betrachtet werden. Für $\mathbf{n}$ folgt

$$\mathbf{T} \cdot \mathbf{n} = \lambda \mathbf{n} \quad \text{oder} \quad (\mathbf{T} - \lambda \mathbf{I}) \cdot \mathbf{n} = \mathbf{0}$$

Nichttriviale Lösungen, d.h. $\mathbf{n} \neq \mathbf{0}$, erhält man dann nur, falls die Koeffizientendeterminante des Gleichungssystems Null ist. Im Folgenden sind die wichtigsten Gleichungen zur Berechnung der Eigenwerte und Eigenvektoren zusammengefasst.

Eigenwerte und Eigenvektoren des Tensors $\mathbf{T}$

$$(\mathbf{T} - \lambda \mathbf{I}) \cdot \mathbf{n} = \mathbf{0}, \quad \mathbf{n} \cdot \mathbf{n} = 1, \qquad (T_{ij} - \lambda \delta_{ij}) n_j = 0, \quad n_j n_j = 1,$$

Charakteristische Gleichung zur Berechnung von λ

$$\det(\mathbf{T} - \lambda \mathbf{I}) = 0, \qquad \det(T_{ij} - \lambda \delta_{ij}) = 0,$$

Gleichungssystem zur Berechnung der Richtungen n_j für ein bekanntes λ

$$\begin{aligned}(T_{11}-\lambda)n_1 + \quad T_{12}n_2 + \quad T_{13}n_3 &= 0,\\ T_{21}n_1 + (T_{22}-\lambda)n_2 + \quad T_{23}n_3 &= 0,\\ T_{31}n_1 + \quad T_{32}n_2 + (T_{33}-\lambda)n_3 &= 0,\\ n_1^2 + \quad n_2^2 + \quad n_3^2 &= 1\end{aligned}$$

Charakteristische Gleichung

$$\det(\mathbf{T}-\lambda\mathbf{I}) \equiv |T_{ij}-\lambda\delta_{ij}| = 0 \quad \Longrightarrow \quad \lambda^3 - I_1(\mathbf{T})\lambda^2 + I_2(\mathbf{T})\lambda - I_3(\mathbf{T}) = 0$$

Hauptinvarianten $I_i(\mathbf{T})$ von $\mathbf{T}$

$$\begin{aligned}\text{lineare}: I_1(\mathbf{T}) &\equiv \operatorname{Sp}\mathbf{T} \equiv \mathbf{T}\cdot\cdot\mathbf{I} \equiv T_{ii},\\ \text{quadratische}: I_2(\mathbf{T}) &= \frac{1}{2}\left[I_1^2(\mathbf{T}) - I_1(\mathbf{T}^2)\right] = \frac{1}{2}(T_{ii}T_{jj} - T_{ij}T_{ji}),\\ \text{kubische}: I_3(\mathbf{T}) &= \frac{1}{3}\left[I_1(\mathbf{T}^3) + 3I_1(\mathbf{T})I_2(\mathbf{T}) - I_1^3(\mathbf{T})\right] = \det T_{ij}\end{aligned}$$

Hauptwerte (Eigenwerte) und Hauptrichtungen (Eigenrichtungen)
$\lambda_{(\alpha)}, \alpha = \mathrm{I}, \mathrm{II}, \mathrm{III}$ - Hauptwerte, Lösungen von

$$\det\left(T_{ij} - \lambda\delta_{ij}\right) = 0$$

$n_j^{(\alpha)}, \alpha = \mathrm{I}, \mathrm{II}, \mathrm{III}$ - Hauptrichtungen, Lösungen von

$$\left(T_{ij} - \lambda^{(\alpha)}\delta_{ij}\right)n_j^{(\alpha)} = 0, \qquad n_j^{(\alpha)}n_j^{(\alpha)} = 1$$

(keine Summation über α)

2.2.5.2 Hauptachsentransformation

Ein Tensor zweiter Stufe lässt sich eindeutig definieren, wenn die Werte von drei nicht-komplanaren Vektoren, d.h. die Vektoren sind linear-unabhängig, bekannt sind

$$\mathbf{T}\cdot\mathbf{e}_k = \mathbf{t}_k \quad \Longrightarrow \quad \mathbf{T} = \mathbf{t}_k\mathbf{e}_k$$

Das Skalarprodukt aus Tensor und Vektor hat zur Folge, dass der sich dabei ergebende Vektor eine Drehung und eine Streckung des ursprünglichen Vektors darstellt. Entsprechend Abschn. 2.2.5.1 lässt sich jedoch zeigen, dass es für den Tensor 2. Stufe stets solche Vektoren gibt, die ausschließlich durch eine Längenänderung gekennzeichnet sind

$$\mathsf{T} \cdot \mathbf{m} = \lambda \mathbf{m}$$

Die $\mathbf{m}$ sind dann die bereits eingeführten Eigenvektoren und die λ stellen die entsprechenden Eigenwerte dar. Ist dann weiterhin T symmetrisch, existieren maximal drei zueinander orthogonale Eigenvektoren

$$\mathbf{m}_{(i)} \cdot \mathbf{m}_{(j)} = \delta_{ij}$$

und die Eigenwerte sind reell. Es gilt dann die Darstellung

$$\mathsf{T} = \lambda_{(1)}\mathbf{m}_{(1)}\mathbf{m}_{(1)} + \lambda_{(2)}\mathbf{m}_{(2)}\mathbf{m}_{(2)} + \lambda_{(3)}\mathbf{m}_{(3)}\mathbf{m}_{(3)} \tag{2.2}$$

Die Gl. (2.2) wird auch als Spektralzerlegung eines symmetrischen Tensors 2. Stufe bezeichnet. Für den Fall, dass unter den Eigenwerten Doppelwerte oder Dreifachwerte gibt, müssen die Eigenvektoren nicht unbedingt orthogonal sein, und es gibt unendlich viele. Gilt beispielsweise $\lambda_{(1)} = \lambda_{(2)} \neq \lambda_{(3)}$, ist $\mathbf{m}_{(3)}$ eindeutig definierte Eigenrichtung. Es folgt dann

$$\mathsf{T} = \lambda_{(3)}\mathbf{m}_{(3)}\mathbf{m}_{(3)} + \lambda_{(1)}\left(\mathbf{I} - \mathbf{m}_{(3)}\mathbf{m}_{(3)}\right)$$

Man sieht, dass jeder zu $\mathbf{m}_{(3)}$ orthogonale Vektor Eigenvektor für T ist. $\lambda_{(1)}$ ist der entsprechende Eigenwert. Im Falle von drei zusammenfallenden Eigenwerten gilt

$$\mathsf{T} = \lambda \mathbf{I}$$

In diesem Fall lassen sich die Eigenrichtungen nicht weiter konkretisieren.

Es lassen sich folgende Aussagen formulieren:

Satz 2.3 (reelle Hauptwerte). *Ein symmetrischer Tensor hat nur reelle Eigenwerte (Hauptwerte).*

Satz 2.4 (Hauptachsentransformation). *Ein symmetrischer Tensor kann immer auf ein Hauptachsensystem transformiert werden.*

Satz 2.5 (Diagonalform). *Die Matrix eines Tensors hat bezüglich der Hauptachsen Diagonalform, die Diagonalelemente sind die Hauptwerte des Tensors.*

Satz 2.6 (Anzahl der Hauptwerte und Hauptrichtungen). *Ein symmetrischer Tensor hat maximal 3 verschiedene Hauptwerte und mindestens 3 orthogonale Hauptrichtungen. Die Hauptrichtungen stehen rechtwinklig aufeinander und sind eindeutig bestimmbar. Sind zwei Hauptwerte gleich, sind alle orthogonalen zu der dem dritten Hauptwert zugehörigen Richtung Richtungen auch Hauptrichtungen. Sind alle Hauptwerte gleich, ist jede Richtung Hauptrichtung.*

Abschließend seien nochmals die wichtigsten Formeln zusammengefasst.

Hauptachsentransformation (Spektralzerlegung)

$$\mathbf{T} = T_{ij}\mathbf{e}_i\mathbf{e}_j = \lambda_I \mathbf{n}_I \mathbf{n}_I + \lambda_{II} \mathbf{n}_{II} \mathbf{n}_{II} + \lambda_{III} \mathbf{n}_{III} \mathbf{n}_{III}$$

$\mathbf{n}_I, \mathbf{n}_{II}, \mathbf{n}_{III}$ - Eigenvektoren in Richtung der Hauptachsen

Charakteristische Gleichung in den Hauptwerten

$$\det(T_{ij} - \lambda\delta_{ij}) = (\lambda_I - \lambda)(\lambda_{II} - \lambda)(\lambda_{III} - \lambda) = 0$$

Hauptinvarianten in den Hauptwerten

$$\begin{aligned} I_1(\mathbf{T}) &= \lambda_I + \lambda_{II} + \lambda_{III}, \\ I_2(\mathbf{T}) &= \lambda_I\lambda_{II} + \lambda_{II}\lambda_{III} + \lambda_I\lambda_{III}, \\ I_3(\mathbf{T}) &= \lambda_I\lambda_{II}\lambda_{III} \end{aligned}$$

2.2.5.3 Satz von Cayley-Hamilton

Der Satz von Cayley[12]-Hamilton[13] gestattet in besonders einfacher Weise Formeln für höhere Potenzen von symmetrischen Tensoren 2. Stufe zu ermitteln.

Satz 2.7 (Satz von Cayley-Hamilton). *Jeder symmetrische Tensor 2. Stufe* $\mathbf{T}$ *genügt seiner charakteristischen Gleichung*

$$\mathbf{T}^3 - I_1(\mathbf{T})\mathbf{T}^2 + I_2(\mathbf{T})\mathbf{T} - I_3(\mathbf{T})\mathbf{I} = \mathbf{0}$$

Schlussfolgerung 2.6. Jede Potenz $n \geqslant 3$ des Tensors $\mathbf{T}$ kann durch seine 0., 1. und 2. Potenz ausgedrückt werden

$$\mathbf{T}^3 = I_1(\mathbf{T})\mathbf{T}^2 - I_2(\mathbf{T})\mathbf{T} + I_3(\mathbf{T})\mathbf{I}, \tag{2.3}$$

$$\begin{aligned} \mathbf{T}^4 &= I_1(\mathbf{T})\mathbf{T}^3 - I_2(\mathbf{T})\mathbf{T}^2 + I_3(\mathbf{T})\mathbf{T} \\ &= [I_1^2(\mathbf{T}) - I_2(\mathbf{T})]\mathbf{T}^2 + [I_3(\mathbf{T}) - I_1(\mathbf{T})I_2(\mathbf{T})]\mathbf{T} + I_1(\mathbf{T})I_3(\mathbf{T})\mathbf{I} \end{aligned} \tag{2.4}$$

[12] Artur Cayley (1821-1895), Mathematiker, Beiträge zur Analysis, Algebra und Geometrie

[13] William Rowan Hamilton (1805-1865), Mathematiker und Physiker, Formulierung der Bewegungsgleichungen aus einem Wirkprinzip (Hamilton'sche Mechanik)

2.2.6 *Polare Zerlegung von regulären Tensoren 2. Stufe*

Die Möglichkeit der polaren Zerlegung von Tensoren 2. Stufe ist für kinematische Analysen (vgl. Kapitel 3) von fundamentaler Bedeutung. Zunächst soll jedoch folgende Definition eingeführt werden.

Definition 2.26 (Positiv definiter symmetrischer Tensor 2. Stufe). Ein symmetrischer Tensor 2. Stufe heißt positiv definit, wenn für einen beliebigen Vektor $\mathbf{a} \neq \mathbf{0}$ gilt

$$\mathbf{a} \cdot \mathbf{T} \cdot \mathbf{a} > 0, \qquad \mathbf{T} = \mathbf{T}^{\mathrm{T}}$$

Mit Gl. (2.2) folgt unmittelbar, dass $\mathbf{T}$ nur dann positiv definit ist, wenn seine Eigenwerte positiv sind.

Für positiv definite Tensoren lassen sich auch gebrochene Potenzen eines Tensors berechnen

$$\mathbf{T}^{\alpha} = \lambda_{(1)}^{\alpha} \mathbf{m}_{(1)} \mathbf{m}_{(1)} + \lambda_{(2)}^{\alpha} \mathbf{m}_{(2)} \mathbf{m}_{(2)} + \lambda_{(3)}^{\alpha} \mathbf{m}_{(3)} \mathbf{m}_{(3)} \tag{2.5}$$

Von besonderer Bedeutung ist dabei $\alpha = 1/2$, was dem Ziehen der Quadratwurzel aus dem entsprechenden Tensor entspricht.

Satz 2.8 (Polare Zerlegung). *Jeder Tensor 2. Stufe* $\mathbf{T}$*, der regulär ist (*$\det \mathbf{T} \neq 0$*), kann wie folgt zerlegt werden*

$$\mathbf{T} = \mathbf{Q} \cdot \mathbf{U} = \mathbf{V} \cdot \mathbf{Q}$$

$\mathbf{Q}$ *ist ein orthogonaler Tensor,* $\mathbf{U}$ *und* $\mathbf{V}$ *sind symmetrische positiv definite Tensoren.*

Der Beweis ist hierfür elementar. Es gilt zunächst

$$\mathbf{T}^{\mathrm{T}} = \mathbf{U} \cdot \mathbf{Q}^{\mathrm{T}} = \mathbf{Q}^{\mathrm{T}} \cdot \mathbf{V}$$

Weiterhin folgt

$$\mathbf{T} \cdot \mathbf{T}^{\mathrm{T}} = \mathbf{V} \cdot \mathbf{Q} \cdot \mathbf{Q}^{\mathrm{T}} \cdot \mathbf{V} = \mathbf{V}^2 \quad \Longrightarrow \quad \mathbf{V} = (\mathbf{T} \cdot \mathbf{T}^{\mathrm{T}})^{1/2}$$

und

$$\mathbf{T}^{\mathrm{T}} \cdot \mathbf{T} = \mathbf{U} \cdot \mathbf{Q}^{\mathrm{T}} \cdot \mathbf{Q} \cdot \mathbf{U} = \mathbf{U}^2 \quad \Longrightarrow \quad \mathbf{U} = (\mathbf{T}^{\mathrm{T}} \cdot \mathbf{T})^{1/2}$$

Die Tensoren $\mathbf{T} \cdot \mathbf{T}^{\mathrm{T}}$ und $\mathbf{T}^{\mathrm{T}} \cdot \mathbf{T}$ sind symmetrisch und positiv-definit, z.B. gilt

$$\mathbf{a} \cdot \mathbf{T} \cdot \mathbf{T}^{\mathrm{T}} \cdot \mathbf{a} = |\mathbf{a} \cdot \mathbf{T}|^2, \quad \forall \mathbf{a} \neq \mathbf{0}, \quad \forall \mathbf{T} : \det \mathbf{T} \neq 0$$

Folglich sind $\mathbf{U}$ und $\mathbf{V}$ eindeutig definiert. Der orthogonale Tensor $\mathbf{Q}$ kann dann wie folgt berechnet werden

$$\mathbf{Q} = \mathbf{T} \cdot \mathbf{U}^{-1} = \mathbf{V}^{-1} \cdot \mathbf{T}$$

2.3 Tensoranalysis

Betrachtet werden tensorwertige Funktionen, die vom Ort und/oder der Zeit abhängen. Man spricht dann von Feldgrößen, die bei reiner Ortsabhängigkeit ein stationäres Feld, anderenfalls ein instationäres Feld beschreiben. Dabei kann es sich um Tensorfelder beliebiger Stufe handeln. Die Tensoranalysis untersucht die Regeln für die Differentiation und die Integration von Tensorfeldern. Wie bei der Tensoralgebra werden zur Vereinfachung hier nur Tensorfelder 0. bis 2. Stufe betrachtet. Ergänzende Ausführungen findet man im Abschn. 2.4.

2.3.1 Tensorwertige Funktionen einer skalaren Variablen

Für die Funktion $\mathsf{T} = \mathsf{T}(t)$ der skalaren Variablen t gilt

$$\frac{d\mathsf{T}(t)}{dt} = \lim_{\Delta t \to 0} \frac{\mathsf{T}(t+\Delta t) - \mathsf{T}(t)}{\Delta t}, \qquad \frac{d}{dt}\int \mathsf{T}(t)\, dt = \mathsf{T}(t)$$

Es gelten die bekannten Differentiations- und Integrationsregeln gewöhnlicher Funktionen einer Variablen. Die Stufe des Tensors ändert sich dabei nicht.

2.3.2 Nabla-Operator

Besondere Bedeutung hat das Nablakalkül für Tensorfelder. Grundlage ist die Definition eines linearen vektoriellen Differentialoperators, des Nabla- oder Hamilton-Operators $\boldsymbol{\nabla}$[14,15].

Definition 2.27 (Nabla-Operator $\boldsymbol{\nabla}$).

$$\boldsymbol{\nabla} = \boldsymbol{e}_i \frac{\partial(\ldots)}{\partial x_i} = (\ldots)_{,i}\boldsymbol{e}_i$$

oder falls zur Kennzeichnung der Variablen erforderlich

$$\boldsymbol{\nabla}_x = \boldsymbol{e}_i \frac{\partial(\ldots)}{\partial x_i}$$

Die Anwendung von $\boldsymbol{\nabla}$ als Gradient auf ein Tensorfeld $n$ter Stufe ergibt ein Tensorfeld der Stufe $n+1$

---

[14] Es gelten vielfach auch folgende Bezeichnungen $\boldsymbol{\nabla}(\ldots) \equiv$ grad für Gradient, $\boldsymbol{\nabla} \cdot (\ldots) \equiv$ div für Divergenz und $\boldsymbol{\nabla} \times (\ldots) \equiv$ rot (auch curl) für die Rotation. Nachfolgend wird die Nabla-Symbolik bevorzugt, wobei der Nabla-Operator wie ein Vektor behandelt wird.

[15] Das Zeichen für den Nabla-Operator geht auf Peter Guthrie Tait (1831-1901), Mathematiker, zurück.

$$\begin{aligned}\nabla\varphi &= \mathbf{e}_i\varphi_{,i},\\ \nabla\mathbf{a} &= \mathbf{e}_i\mathbf{a}_{,i} = \mathbf{e}_i a_{j,i}\mathbf{e}_j = a_{j,i}\mathbf{e}_i\mathbf{e}_j,\\ \nabla\mathbf{T} &= \mathbf{e}_i\mathbf{T}_{,i} = \mathbf{e}_i T_{jk,i}\mathbf{e}_j\mathbf{e}_k = T_{jk,i}\mathbf{e}_i\mathbf{e}_j\mathbf{e}_k\end{aligned}$$

Die Anwendung von ∇ als Divergenz auf ein Tensorfeld $n$ter Stufe ergibt ein Tensorfeld der Stufe $n-1$

$$\begin{aligned}\nabla\cdot\mathbf{a} &= \mathbf{e}_i\cdot\mathbf{a}_{,i} = \mathbf{e}_i\cdot a_{j,i}\mathbf{e}_j = a_{i,i},\\ \nabla\cdot\mathbf{T} &= \mathbf{e}_i\cdot\mathbf{T}_{,i} = \mathbf{e}_i\cdot T_{jk,i}\mathbf{e}_j\mathbf{e}_k = T_{ik,i}\mathbf{e}_k\end{aligned}$$

Die Anwendung von ∇ als Rotation auf ein Tensorfeld $n$ter Stufe ergibt ein Tensorfeld der Stufe n

$$\begin{aligned}\nabla\times\mathbf{a} &= \mathbf{e}_i\times\mathbf{a}_{,i} = \mathbf{e}_i\times a_{j,i}\mathbf{e}_j = a_{j,i}\epsilon_{ijk}\mathbf{e}_k,\\ \nabla\times\mathbf{T} &= \mathbf{e}_i\times\mathbf{T}_{,i} = \mathbf{e}_i\times T_{jk,i}\mathbf{e}_j\mathbf{e}_k = T_{jk,i}\epsilon_{ijl}\mathbf{e}_l\mathbf{e}_k\end{aligned}$$

Für die Anwendung von ∇ auf Summen, Differenzen und Produkte von Feldfunktionen gelten die bekannten Regeln der Differentialrechnung.

Die wichtigsten Nablaoperationen kann man wie folgt zusammenfassen.

Anwendung auf ein Skalarfeld

$$\nabla\varphi = \mathbf{e}_i\varphi_{,i}$$

Anwendung auf ein Vektorfeld

$$\begin{aligned}\nabla\cdot\mathbf{a} &= \frac{\partial a_j}{\partial x_i}\mathbf{e}_i\cdot\mathbf{e}_j = a_{j,i}\delta_{ij} = a_{i,i},\\ \nabla\times\mathbf{a} &= \frac{\partial a_j}{\partial x_i}\mathbf{e}_i\times\mathbf{e}_j = a_{j,i}\varepsilon_{ijk}\mathbf{e}_k,\\ \nabla\mathbf{a} &= \frac{\partial a_j}{\partial x_i}\mathbf{e}_i\mathbf{e}_j = a_{j,i}\mathbf{e}_i\mathbf{e}_j,\\ (\nabla\mathbf{a})^T &= \frac{\partial a_j}{\partial x_i}\mathbf{e}_j\mathbf{e}_i = \frac{\partial a_i}{\partial x_j}\mathbf{e}_i\mathbf{e}_j = a_{i,j}\mathbf{e}_i\mathbf{e}_j \equiv \mathbf{a}\nabla\end{aligned}$$

Anmerkung 2.10. Die Darstellung $\mathbf{a}\nabla$ wird in einigen Büchern verwendet. Dabei versteht man, dass die Differentiation von vorn wirkt, die zugehörige Basis hinten steht.

Anwendung auf ein Tensorfeld

$$\nabla\cdot\mathbf{T} = T_{jk,i}\mathbf{e}_i\cdot\mathbf{e}_j\mathbf{e}_k = T_{jk,j}\mathbf{e}_k,$$
$$\nabla\times\mathbf{T} = T_{jk,i}\mathbf{e}_i\times\mathbf{e}_j\mathbf{e}_k = T_{jk,i}\varepsilon_{ijl}\mathbf{e}_l\mathbf{e}_k,$$
$$\nabla\mathbf{T} = T_{jk,i}\mathbf{e}_i\mathbf{e}_j\mathbf{e}_k$$

Abschließend seien noch das totale Differential und die Richtungsableitungen für Skalare und Vektoren eingeführt. Mit der Definition des Gradienten einer skalaren bzw. Vektorfunktion folgt zunächst

$$d\varphi = d\mathbf{x}\cdot\nabla\varphi = \nabla\varphi\cdot d\mathbf{x}, \qquad d\varphi = dx_i\varphi_{,i} = \varphi_{,i}dx_i,$$
$$d\mathbf{a} = d\mathbf{x}\cdot\nabla\mathbf{a} = (\nabla\mathbf{a})^{\mathrm{T}}\cdot d\mathbf{x}, \qquad d\mathbf{a} = \mathbf{a}_{,i}dx_i, \qquad da_j = a_{j,i}dx_i$$

Der Einheitsvektor lässt sich dann über die Gleichung

$$d\mathbf{r} = \mathbf{e}_r dr$$

definieren, d.h.

$$\mathbf{e}_r = \frac{d\mathbf{r}}{dr}$$

ist der Einheitsvektor in Richtung des Vektors $d\mathbf{r}$. Die Richtungsableitungen in Richtung $\mathbf{e}_r$ kann man dann nach

$$\frac{d\varphi}{dr} = \nabla\varphi\cdot\mathbf{e}_r, \qquad \frac{d\mathbf{a}}{dr} = (\nabla\mathbf{a})^{\mathrm{T}}\cdot\mathbf{e}_r$$

berechnen. Außerdem gilt für die Ableitung in $\mathbf{e}_i$-Richtung

$$\varphi_{,i} = \nabla\varphi\cdot\mathbf{e}_i, \qquad \mathbf{a}_{,i} = (\nabla\mathbf{a})^{\mathrm{T}}\cdot\mathbf{e}_i$$

2.3.3 *Integralsätze*

Integralsätze dienen der Umwandlung von Oberflächen- in Volumenintegrale und umgekehrt. Sind $\varphi, \mathbf{a}, \mathbf{T}$ stetig differenzierbare Felder und ist $\mathbf{n}$ der nach außen gerichtete Normaleneinheitsvektor auf der geschlossenen Oberfläche $A(V)$ des Volumens V, können die nachfolgenden Integralsätze formuliert werden. Unter dem Begriff der klassischen Integralsätze werden der Satz von Gauß[16] und Ostrogradski[17],

[16] Johann Carl Friedrich Gauß (1777-1855), Mathematiker, Astronom, Geodät und Physiker, Wahrscheinlichkeitsrechnung, Magnetismus

[17] Michael Wassiljewitsch Ostrogradski (1801-1861$^{\text{jul.}}$/1862$^{\text{greg.}}$), Mathematiker, Mathematische Physik

der Satz von Green[18], der Satz von Stokes[19] und einige ihrer Spezialfälle zusammengefasst. Sie tragen in der Literatur aber auch andere Bezeichnungen, worauf hier nicht eingegangen werden soll.

Gradienten-Theoreme

$$\int_V \nabla\varphi \, dV = \int_{A(V)} \boldsymbol{n}\varphi \, dA, \qquad \int_V \varphi_{,i} \, dV = \int_{A(V)} n_i \varphi \, dA,$$

$$\int_V \nabla\boldsymbol{a} \, dV = \int_{A(V)} \boldsymbol{n}\boldsymbol{a} \, dA, \qquad \int_V a_{j,i} \, dV = \int_{A(V)} n_i a_j \, dA,$$

$$\int_V \nabla\mathbf{T} \, dV = \int_{A(V)} \boldsymbol{n}\mathbf{T} \, dA, \qquad \int_V T_{jk,i} \, dV = \int_{A(V)} n_i T_{jk} \, dA$$

Divergenz-Theorem

$$\int_V \nabla\cdot\boldsymbol{a} \, dV = \int_{A(V)} \boldsymbol{n}\cdot\boldsymbol{a} \, dA, \qquad \int_V a_{i,i} \, dV = \int_{A(V)} n_i a_i \, dA,$$

$$\int_V \nabla\cdot\mathbf{T} \, dV = \int_{A(V)} \boldsymbol{n}\cdot\mathbf{T} \, dA, \qquad \int_V T_{jk,j} \, dV = \int_{A(V)} n_j T_{jk} \, dA$$

Rotations-Theoreme

$$\int_V \nabla\times\boldsymbol{a} \, dV = \int_{A(V)} \boldsymbol{n}\times\boldsymbol{a} \, dA, \qquad \int_V a_{j,i}\varepsilon_{ijk} \, dV = \int_{A(V)} n_i a_j \varepsilon_{ijk} \, dA,$$

$$\int_V \nabla\times\mathbf{T} \, dV = \int_{A(V)} \boldsymbol{n}\times\mathbf{T} \, dA, \qquad \int_V T_{jk,i}\varepsilon_{ijl} \, dV = \int_{A(V)} n_i T_{jk}\varepsilon_{ijl} \, dA$$

Eine Zusammenfassung aller Integraltheoreme einschließlich daraus folgender Spezialfälle erhält man in übersichtlicher Form durch folgende Vereinbarungen.

$$\nabla\circ\mathbf{S} = \begin{cases} \nabla\mathbf{S}, \\ \nabla\cdot\mathbf{S}, \\ \nabla\times\mathbf{S}, \end{cases}$$

[18] George Green (1793-1841), Mathematiker und Physiker, Potentialtheorie, Elektromagnetismus

[19] Sir George Gabriel Stokes (1819-1903), Mathematiker und Physiker, Hydrodynamik

d.h das Symbol $\circ$ steht stellvertretend für eine der angegebenen Operationen und **S** ist ein Tensorfeld der Stufe $n \geqslant 1$.

Verallgemeinerter Integralsatz

$$\int_V \nabla \circ \mathbf{S}\, dV = \int_{A(V)} \mathbf{n} \circ \mathbf{S}\, dA$$

Anmerkung 2.11. Die Integralsätze haben in der Mechanik fundamentale Bedeutung. So lassen sich nicht nur Zusammenhänge zwischen Flächen- und Volumenintegralen herstellen, auch die zwischen Kurven- und Flächenintegralen bestehenden Zusammenhänge werden über Integralsätze definiert. Die Entwicklung der Integralsätze ist insbesondere mit den Namen von Gauß, Green, Ostrogradski und Stokes verbunden.

2.4 Tensorfunktionen

Im Zusammenhang mit der Betrachtung von Konstitutivgleichungen treten Tensorfunktionen auf, deren Behandlung Kenntnisse verlangen, die über die übliche Mathematikausbildung für Ingenieure hinausgeht. Nachfolgend werden daher ausgewählte Rechenregeln für Tensorfunktionen dargestellt. Dabei wird sich auf die einfachsten Probleme wie lineare und isotrope Funktionen tensorieller Argumente, skalarwertige Funktionen und Differentiation skalarwertiger Funktionen beschränkt.

2.4.1 Lineare Funktionen tensorieller Argumente

Bei Beschränkung des möglichen Argumentensatzes auf Tensoren der Stufe 1 und 2 sind lineare skalare, vektorielle und tensorielle Funktionen konstruierbar. Beschränkt man sich hierbei auf den homogenen Sonderfall und auf Tensorfunktionen (tensorwertige Funktionen) der maximalen Stufe 2, erhält man

$$\begin{array}{llll} \psi = \mathbf{b} \cdot \mathbf{a}, & \psi = \mathbf{B} \cdot\cdot \mathbf{D} & \text{lineare skalare Funktionen,} & \\ \mathbf{c} = \mathbf{B} \cdot \mathbf{a}, & \mathbf{c} = {}^{(3)}\mathbf{B} \cdot\cdot \mathbf{D} & \text{lineare vektorielle Funktionen,} & (2.6) \\ \mathbf{P} = {}^{(3)}\mathbf{B} \cdot \mathbf{a}, & \mathbf{P} = {}^{(4)}\mathbf{B} \cdot\cdot \mathbf{D} & \text{lineare tensorielle Funktionen} & \end{array}$$

Eine quadratische Form für den Tensor 2. Stufe **D** kann mit Hilfe der letzten Gleichung (2.6) angegeben werden

$$\psi[\mathbf{P}(\mathbf{D})] = \psi\left({}^{(4)}\mathbf{B} \cdot\cdot \mathbf{D}\right) = \left({}^{(4)}\mathbf{B} \cdot\cdot \mathbf{D}\right) \cdot\cdot \mathbf{D} = B_{klmn} D_{nm} D_{lk}$$

Da die Reihenfolge der Multiplikation mit den Tensoren $\mathbf{D}$ vertauscht werden kann, gilt stets

$$B_{klmn} = B_{mnkl}, \tag{2.7}$$

d.h. der Tensor ${}^{(4)}\mathbf{B}$ hat 45 linear unabhängige Komponenten. Fasst man weiterhin die letzte Gleichung (2.6) als lineare Abbildung eines Tensors 2. Stufe auf einen Tensor 2. Stufe auf, können weitere Symmetriebeziehungen abgeleitet werden. Ist der Tensor $\mathbf{D}$ symmetrisch ($\mathbf{D} = \mathbf{D}^T$), gilt für die Komponenten des Tensors 4. Stufe

$$P_{st} = B_{stmn} D_{nm}, \qquad B_{klmn} = B_{klnm} \tag{2.8}$$

Ist der Tensor $\mathbf{P}$ symmetrisch ($\mathbf{P} = \mathbf{P}^T$), gilt für die Komponenten des Tensors 4. Stufe

$$P_{st} = P_{ts} = B_{stmn} D_{nm}, \qquad B_{stmn} = B_{tsmn} \tag{2.9}$$

Die Auswertung der Gln. (2.7) bis (2.9) führt auf folgende Aussagen.

Schlussfolgerung 2.7. Wird ein Tensor 4. Stufe auf ein Koordinatensystem im dreidimensionalen Raum bezogen, hat er 81 Komponenten. Die Berücksichtigung der Gln. (2.8) und (2.9) hat eine Reduktion auf maximal 36, die Einbeziehung der Gl. (2.7) auf maximal 21 linear unabhängige Koordinaten zur Folge.

2.4.2 Skalarwertige Funktionen tensorieller Argumente

Beschränkt man sich auf skalarwertige Funktionen, die von Tensoren 2. Stufe abhängen, können diese wie folgt dargestellt werden

$$\psi = \psi(\mathbf{D}) = \psi(D_{11}, D_{12}, \ldots, D_{33})$$

Für die Darstellung der Ableitung kann folgende Definition der Variationsrechnung herangezogen werden.

Definition 2.28 (Darstellung der Ableitung). Für eine einmal stetig differenzierbare Funktion $f(x)$ ist die Variation durch die Ableitung darstellbar. Es gilt

$$\lim_{\delta x \to 0} \frac{f(x + \delta x) - f(x)}{\delta x} = f'(x) = f_{,x} \tag{2.10}$$

Auf skalarwertige Funktionen tensorieller Argumente erweitert bedeutet das

$$\delta\psi(D_{11}, D_{12}, \ldots, D_{33}) = \frac{\partial \psi}{\partial D_{kl}} \delta D_{kl}$$

bzw.

$$\delta\psi = \frac{\partial\psi}{\partial D_{ij}} \mathbf{e}_i \mathbf{e}_j \cdot\cdot\, \delta D_{kl} \mathbf{e}_l \mathbf{e}_k = \frac{\partial\psi}{\partial D_{ij}} \delta D_{ij} = \psi_{,\mathbf{D}} \cdot\cdot\, \delta\mathbf{D}^{\mathrm{T}} \tag{2.11}$$

$\psi_{,\mathbf{D}}$ heißt dann Ableitung der skalarwertigen Funktion nach einem Tensor 2. Stufe. Die Ableitung selbst ist ein Tensor 2. Stufe

$$\psi_{,\mathbf{D}} = \frac{\partial\psi}{\partial\mathbf{D}} = \frac{\partial\psi}{\partial D_{kl}} \mathbf{e}_k \mathbf{e}_l \tag{2.12}$$

Unter Beachtung der Gln. (2.11) und (2.12) folgt abschließend

$$\delta\psi(\mathbf{D}) = \psi(\mathbf{D} + \delta\mathbf{D}) - \psi(\mathbf{D}) = \psi_{,\mathbf{D}} \cdot\cdot\, \delta\mathbf{D}^{\mathrm{T}} \tag{2.13}$$

2.4.3 Differentiation von speziellen skalarwertigen Funktionen

Von besonderer Bedeutung bei der Ableitung materialspezifischer Gleichungen sind Ableitungen von Invarianten sowie skalarwertige Funktionen, die als Argument ein Tensorprodukt $\mathbf{D} \cdot \mathbf{D}^{\mathrm{T}}$ aufweisen. Betrachtet werden zunächst die Invarianten von Tensoren 2. Stufe. Entsprechend Gl. (2.13) erhält man definitionsgemäß

$$\delta I_1(\mathbf{D}) = I_1(\mathbf{D} + \delta\mathbf{D}) - I_1(\mathbf{D}) = I_1(\mathbf{D})_{,\mathbf{D}} \cdot\cdot\, \delta\mathbf{D}^{\mathrm{T}} \tag{2.14}$$

Berechnet man die entsprechenden 1. Invarianten, folgt

$$I_1(\mathbf{D} + \delta\mathbf{D}) - I_1(\mathbf{D}) = \mathbf{I} \cdot\cdot\, (\mathbf{D} + \delta\mathbf{D}) - \mathbf{I} \cdot\cdot\, \mathbf{D} = \mathbf{I} \cdot\cdot\, \delta\mathbf{D} = \mathbf{I} \cdot\cdot\, \delta\mathbf{D}^{\mathrm{T}} \tag{2.15}$$

Damit erhält man abschließend durch Koeffizientenvergleich in den jeweils letzten Termen der Gln. (2.14) und (2.15)

$$I_1(\mathbf{D})_{,\mathbf{D}} = \mathbf{I}$$

Analog kann man unter Ausnutzung der Rechenregeln zu den Invarianten eines Tensors 2. Stufe (vgl. Abschn. 2.2.2) folgende Ableitungen ausrechnen

$$I_1(\mathbf{D}^2)_{,\mathbf{D}} = 2\mathbf{D}^{\mathrm{T}}, \qquad I_1(\mathbf{D}^3)_{,\mathbf{D}} = 3\mathbf{D}^{2^{\mathrm{T}}}$$

Damit lassen sich unter Anwendung des Satzes von Cayley-Hamilton (Satz 2.7) auch die Ableitungen der 2. und 3. Invarianten ausrechnen

$$I_2(\mathbf{D})_{,\mathbf{D}} = I_1(\mathbf{D})\mathbf{I} - \mathbf{D}^{\mathrm{T}}, \qquad I_3(\mathbf{D})_{,\mathbf{D}} = \mathbf{D}^{2^{\mathrm{T}}} - I_1(\mathbf{D})\mathbf{D}^{\mathrm{T}} + I_2(\mathbf{D})\mathbf{I} = I_3(\mathbf{D})(\mathbf{D}^{\mathrm{T}})^{-1}$$

Für skalarwertige Funktionen der Invarianten gilt weiterhin

$$\psi[\mathrm{I}_1(\mathbf{D}),\mathrm{I}_2(\mathbf{D}),\mathrm{I}_3(\mathbf{D})]_{,\mathbf{D}} = \left(\frac{\partial\psi}{\partial \mathrm{I}_1} + \mathrm{I}_1\frac{\partial\psi}{\partial \mathrm{I}_2} + \mathrm{I}_2\frac{\partial\psi}{\partial \mathrm{I}_3}\right)\mathbf{I} - \left(\frac{\partial\psi}{\partial \mathrm{I}_2} + \mathrm{I}_1\frac{\partial\psi}{\partial \mathrm{I}_3}\right)\mathbf{D}^{\mathrm{T}} + \frac{\partial\psi}{\partial \mathrm{I}_3}\mathbf{D}^{2^{\mathrm{T}}}$$

Die Ableitung der skalarwertigen Funktion $\psi(\mathbf{D}\cdot\mathbf{D}^{\mathrm{T}})$ wird folgendermaßen gebildet: In der Definitionsgleichung (2.13) wird zunächst $\mathbf{D}$ durch $\mathbf{D}^{\mathrm{T}}$ ersetzt

$$\delta\psi = \psi_{,\mathbf{D}^{\mathrm{T}}} \cdot\cdot\, \delta\mathbf{D} = (\psi_{,\mathbf{D}^{\mathrm{T}}})^{\mathrm{T}} \cdot\cdot\, \delta\mathbf{D}^{\mathrm{T}} \tag{2.16}$$

Aus dem Koeffizientenvergleich der Gln. (2.13) und (2.16) folgt

$$\psi_{,\mathbf{D}} = (\psi_{,\mathbf{D}^{\mathrm{T}}})^{\mathrm{T}} \tag{2.17}$$

Das Produkt $\mathbf{D}\cdot\mathbf{D}^{\mathrm{T}} = \mathbf{S}$ ist ein symmetrischer Tensor (s. Beispiel 2.1 am Ende dieses Kapitels). Somit gilt

$$\begin{aligned}
\delta\psi &= \psi_{,\mathbf{S}} \cdot\cdot\, \delta\mathbf{S}^{\mathrm{T}} = \psi_{,\mathbf{D}\cdot\mathbf{D}^{\mathrm{T}}} \cdot\cdot\, \delta(\mathbf{D}\cdot\mathbf{D}^{\mathrm{T}})^{\mathrm{T}} \\
&= \psi_{,\mathbf{D}\cdot\mathbf{D}^{\mathrm{T}}} \cdot\cdot\, (\mathbf{D}\cdot\delta\mathbf{D}^{\mathrm{T}} + \delta\mathbf{D}\cdot\mathbf{D}^{\mathrm{T}}) \\
&= \psi_{,\mathbf{D}\cdot\mathbf{D}^{\mathrm{T}}}\cdot\mathbf{D} \cdot\cdot\, \delta\mathbf{D}^{\mathrm{T}} + \mathbf{D}^{\mathrm{T}}\cdot\psi_{,\mathbf{D}\cdot\mathbf{D}^{\mathrm{T}}} \cdot\cdot\, \delta\mathbf{D} \\
&= [\psi_{,\mathbf{D}\cdot\mathbf{D}^{\mathrm{T}}}\cdot\mathbf{D} + (\psi_{,\mathbf{D}\cdot\mathbf{D}^{\mathrm{T}}})^{\mathrm{T}}\cdot\mathbf{D}] \cdot\cdot\, \delta\mathbf{D}^{\mathrm{T}}
\end{aligned}$$

Unter Beachtung von Gl. (2.17) folgt damit

$$\psi_{,\mathbf{D}} = 2\psi_{,\mathbf{D}\cdot\mathbf{D}^{\mathrm{T}}}\cdot\mathbf{D} \tag{2.18}$$

Ersetzt man $\mathbf{D}$ jetzt wieder durch $\mathbf{D}^{\mathrm{T}}$, folgt mit

$$(\psi_{,\mathbf{D}^{\mathrm{T}}})^{\mathrm{T}} = \psi_{,\mathbf{D}}, \qquad (\psi_{,\mathbf{D}^{\mathrm{T}}\cdot\mathbf{D}})^{\mathrm{T}} = \psi_{,\mathbf{D}\cdot\mathbf{D}^{\mathrm{T}}}$$

abschließend

$$\psi_{,\mathbf{D}} = 2\mathbf{D}\cdot\psi_{,\mathbf{D}^{\mathrm{T}}\cdot\mathbf{D}} \tag{2.19}$$

2.4.4 Differentiation von tensorwertigen Funktionen

Betrachtet wird eine tensorwertige Funktion 2. Stufe, die selbst von einem Tensor 2. Stufe abhängt, d.h.

$$\mathbf{P} = \mathbf{P}(\mathbf{D})$$

Die Ableitung dieser Funktion nach $\mathbf{D}$, d.h. die Ableitung eines Tensors 2. Stufe nach einem Tensor 2. Stufe, lässt sich wie folgt berechnen: Ausgangspunkt ist wiederum die Definitionsgleichung (2.13), die in diesem Fall wie folgt zu modifizieren ist

$$\delta \mathbf{P} = \mathbf{P}_{,\mathbf{D}} \cdot\cdot\, \delta \mathbf{D}^{\mathrm{T}} \tag{2.20}$$

Die tensorwertige Funktion kann als

$$\mathbf{P} = P_{mn} \mathbf{e}_m \mathbf{e}_n$$

dargestellt werden. Die Koordinaten P_{mn} sind Skalare, die von einem tensoriellen Argument abhängen. Nach Abschn. 2.4.3 gilt dann

$$P_{mn,\mathbf{D}} = \frac{\partial P_{mn}}{\partial \mathbf{D}} = \frac{\partial P_{mn}}{\partial D_{kl}} \mathbf{e}_k \mathbf{e}_l$$

Gleichung (2.20) geht damit in den Ausdruck

$$\delta \mathbf{P} = P_{mn,\mathbf{D}} \mathbf{e}_m \mathbf{e}_n \cdot\cdot\, \delta \mathbf{D}^{\mathrm{T}}$$

über. Nach Einsetzen der Ableitung und Koeffizientenvergleich mit (2.20) erhält man dann

$$\mathbf{P}_{,\mathbf{D}} = \frac{\partial P_{mn}}{\partial D_{kl}} \mathbf{e}_m \mathbf{e}_n \mathbf{e}_k \mathbf{e}_l$$

2.4.5 Isotrope Funktionen tensorieller Argumente

Skalarwertige Funktionen tensorieller Argumente werden als isotrop bezeichnet, wenn

$$\psi(\mathbf{A}, \mathbf{B}, \ldots, \mathbf{a}, \mathbf{b}, \ldots, \alpha, \beta, \ldots) = \psi(\mathbf{Q} \cdot \mathbf{A} \cdot \mathbf{Q}^{\mathrm{T}}, \mathbf{Q} \cdot \mathbf{B} \cdot \mathbf{Q}^{\mathrm{T}}, \ldots, \mathbf{Q} \cdot \mathbf{a}, \mathbf{Q} \cdot \mathbf{b}, \ldots, \alpha, \beta, \ldots)$$

für alle eigentlich orthogonalen Tensoren $\mathbf{Q}$ gilt. Orthogonale Tensoren stellen Spiegelungen und Drehungen dar. Die Spiegelung erfolgt mit $\mathbf{Q} = -\mathbf{I}$, die Drehung mit dem beliebigen Winkel ω um eine frei gewählte Achse $\mathbf{e}$ kann wie folgt angegeben werden

$$\mathbf{Q} = \mathbf{I} \cos \omega + (1 - \cos \omega) \mathbf{e}\mathbf{e} + \mathbf{e} \times \mathbf{I} \sin \omega \tag{2.21}$$

Die Argumente $\mathbf{A}, \mathbf{B}, \ldots$ sind Tensoren 2. Stufe, $\mathbf{a}, \mathbf{b}, \ldots$ Vektoren und $\alpha, \beta, \ldots$ Skalare. Für tensorwertige Argumente höherer Stufe lassen sich analoge Beziehungen angeben.

Für tensorwertige Funktionen lassen sich gleichfalls Isotropieaussagen treffen. Bei Beschränkung auf tensorwertige Funktionen 2. Stufe sowie tensorwertige Argumente 2. Stufe gilt, dass die Funktion $\mathbf{P} = \mathsf{F}(\mathbf{A}, \mathbf{B}, \ldots)$ isotrop ist, wenn

$$\overline{\mathbf{P}} = \mathbf{Q} \cdot \mathsf{F}(\mathbf{A}, \mathbf{B}, \ldots) \cdot \mathbf{Q}^{\mathrm{T}} = \mathsf{F}(\mathbf{Q} \cdot \mathbf{A} \cdot \mathbf{Q}^{\mathrm{T}}, \mathbf{Q} \cdot \mathbf{B} \cdot \mathbf{Q}^{\mathrm{T}}, \ldots)$$

erfüllt ist, wobei $\mathbf{Q}$ den Ausdruck (2.21) annimmt.

Im Zusammenhang mit isotropen, tensorwertigen Funktionen gilt auch der folgende Darstellungssatz (Truesdell & Noll [19]):

Satz 2.9 (Darstellungssatz für isotrope symmetrische tensorwertige Funktionen). *Ist* $\mathsf{P} = \mathsf{F}(\mathbf{A})$ *eine polynomiale, isotrope, tensorwertige Funktion, d.h. die Komponenten von* P *sind Polynome des Grades* n *der Komponenten des symmetrischen Tensors* $\mathbf{A}$*, gilt offensichtlich*

$$\mathsf{P} = \mathsf{F}(\mathbf{A}) = \phi_0 \mathbf{I} + \phi_1 \mathbf{A} + \phi_2 \mathbf{A}^2 + \ldots + \phi_n \mathbf{A}^n,$$

wobei die Koeffizienten ϕ_k *skalarwertige Funktionen der Invarianten von* $\mathbf{A}$ *sind*

$$\phi_k = \phi_k[I_1(\mathbf{A}), I_2(\mathbf{A}), I_3(\mathbf{A})]$$

Entsprechend dem Satz von Cayley-Hamilton kann jede $n$te Potenz eines Tensors $(n \geqslant 3)$ durch seine 0., 1. und 2. Potenz ausgedrückt werden (Darstellungssatz von Rivlin [17])

$$\mathsf{P} = \mathsf{F}(\mathbf{A}) = \nu_0 \mathbf{I} + \nu_1 \mathbf{A} + \nu_2 \mathbf{A}^2,$$

wobei die Koeffizienten ν_i lediglich von den Invarianten des Argumententensors abhängen

$$\nu_i = \nu_i[I_1(\mathbf{A}), I_2(\mathbf{A}), I_3(\mathbf{A})]$$

2.5 Übungsbeispiele

Aufgabe 2.1 (Symmetrischer Tensor). Man beweise, dass für einen beliebigen Tensor D das Produkt $\mathsf{D} \cdot \mathsf{D}^T$ ein symmetrischer Tensor ist.

Aufgabe 2.2 (Levi-Civita-Symbol). Man beweise die Gültigkeit der Gleichung $\varepsilon_{ijk} a_j a_k = 0$.

Aufgabe 2.3 (Langrange-Identität). Man beweise die Lagrange-Identität

$$(\mathbf{a} \times \mathbf{b}) \cdot (\mathbf{c} \times \mathbf{d}) = \begin{vmatrix} \mathbf{a} \cdot \mathbf{c} & \mathbf{a} \cdot \mathbf{d} \\ \mathbf{b} \cdot \mathbf{c} & \mathbf{b} \cdot \mathbf{d} \end{vmatrix}$$

Aufgabe 2.4 (Multiplikationsregeln). Man berechne den Ausdruck $(\mathbf{a} \times \mathbf{b}) \cdot \mathsf{T}$.

Aufgabe 2.5 (Transponierter Tensor). Man zeige, dass $\mathsf{T} \cdot \mathbf{v} = \mathbf{v} \cdot \mathsf{T}^T$ gilt.

Aufgabe 2.6 (Doppelprodukte). Man berechne für die Tensoren

$$\mathsf{T} = 3\mathbf{e}_1\mathbf{e}_1 + 2\mathbf{e}_2\mathbf{e}_2 - 1\mathbf{e}_2\mathbf{e}_3 + 5\mathbf{e}_3\mathbf{e}_3, \; \mathsf{S} = 4\mathbf{e}_1\mathbf{e}_3 + 6\mathbf{e}_2\mathbf{e}_2 - 3\mathbf{e}_3\mathbf{e}_2 + 1\mathbf{e}_3\mathbf{e}_3$$

die Doppelprodukte $\mathsf{T} \cdot\cdot \mathsf{S}, \mathsf{T} \times \times \mathsf{S}, \mathsf{T} \cdot \times \mathsf{S}, \mathsf{T} \times \cdot \mathsf{S}$.

Aufgabe 2.7 (Orthogonalitätsbedingung). Man überprüfe die Orthogonalität der Tensoren T und S

$$\mathsf{T} = -1\mathbf{e}_1\mathbf{e}_1 + 1\mathbf{e}_2\mathbf{e}_2 + 1\mathbf{e}_3\mathbf{e}_3, \qquad \mathsf{S} = 1\mathbf{e}_1\mathbf{e}_2 - 1\mathbf{e}_2\mathbf{e}_1 + 1\mathbf{e}_3\mathbf{e}_3$$

Zusätzliche gebe man eine Interpretation wie das ursprüngliche kartesische Koordinatensystem unter Einwirkung von T und S verändert wird.

Aufgabe 2.8 (Zerlegung in Kugeltensor und Deviator). Für den Tensor

$$T = 9e_1e_1 + 4e_1e_2 + 4e_2e_1 + 6e_2e_2$$

sind Kugeltensor und Deviator zu bestimmen. Man beachte, dass der Tensor im dreidimensionalen Raum definiert ist.

Aufgabe 2.9 (Spezielle Tensoren). Man bestimme für die Tensoren

a) $T = 3e_1e_1 - 2e_1e_2 - 2e_2e_1 + 4e_2e_2 - e_2e_3 - e_3e_2 + 6e_3e_3$,
b) $M = e_1e_1 + 2e_1e_2 + 3e_1e_3 + 4e_2e_2 - e_2e_3 + e_3e_1 + e_3e_2 - 2e_3e_3$

- den transponierten Tensor,
- die Spur,
- den Kugeltensor und den Deviator sowie die Spur des Kugeltensors und des Deviators und
- den inversen Tensor

Aufgabe 2.10 (Eigenwertproblem). Der Tensor $F = F_{ij}e_ie_j$ habe folgende Form

$$F = 3e_1e_1 + 2e_1e_2 + 2e_2e_1 + 3e_2e_2 + 7e_3e_3$$

Man berechne die Hauptwerte, die Hauptrichtungen und die Hauptinvarianten sowie transformiere F auf die Hauptachsen.

Aufgabe 2.11 (Summe der Eigenwerte). Man berechne die Summe der Eigenwerte des Tensors **A**

$$A = 5e_1e_1 + 1e_1e_3 - 1e_2e_1 + 1e_2e_2 + 5e_3e_1 + 5e_3e_3$$

Aufgabe 2.12 (Charakteristische Gleichung). Die charakteristische Gleichung für einen Deviator

$$T^D = s = T - \frac{1}{3}T \cdot \cdot II$$

ist ausschließlich durch erste Invarianten darzustellen.

Aufgabe 2.13 (Grundversuche der mechanischen Werkstoffprüfung). Die folgenden Grundversuche sind aus der mechanischen Werkstoffprüfung bekannt

- Zugversuch mit $\sigma = \sigma e_1e_1$,
- Druckversuch mit $\sigma = -\sigma e_1e_1$,
- Torsionsversuch mit $\sigma = \tau(e_1e_2 + e_2e_1)$ und
- hydrostatischer Druck $\sigma = -pI$.

Dabei seien $\sigma, \tau, p > 0$. Man bestimme hierfür die Hauptspannungen und die Hauptrichtungen.

Aufgabe 2.14 (Satz von Cayley-Hamilton). Man berechne T^5 mit Hilfe des Satzes von Cayley-Hamilton aus $\mathbf{I}, \mathsf{T}$ und T^2.

Aufgabe 2.15 (Quadratwurzel aus einem Tensor 2. Stufe). Man ziehe die Quadratwurzel aus dem Tensor F entsprechend Aufgabe 2.10.

Aufgabe 2.16 (Polarer Zerlegungssatz). Man zerlege den folgenden Tensor polar

$$\mathsf{T} = 9\mathbf{e}_1\mathbf{e}_1 + \mathbf{e}_2\mathbf{e}_2 + \mathbf{e}_3\mathbf{e}_3$$

Aufgabe 2.17 (Divergenz). Man beweise die Gleichheit

$$\nabla \cdot (\alpha \mathbf{a}) = \alpha \nabla \cdot \mathbf{a} + \nabla \alpha \cdot \mathbf{a}$$

2.6 Lösungen

Lösung zur Aufgabe 2.1. Mit $\mathsf{D} = \mathbf{ab}$ gilt auch

$$\mathsf{D}^{\mathrm{T}} = (\mathbf{ab})^{\mathrm{T}} = \mathbf{ba}$$

Weiterhin erhält man

$$\mathsf{D} \cdot \mathsf{D}^{\mathrm{T}} = \mathbf{ab} \cdot \mathbf{ba} = \beta \mathbf{aa}$$

mit

$$\beta = \mathbf{b} \cdot \mathbf{b}$$

Eine Dyade ist symmetrisch, wenn sie mit ihrer transponierten zusammenfällt, d.h

$$\mathsf{D} \cdot \mathsf{D}^{\mathrm{T}} = \mathsf{D}^{\mathrm{T}} \cdot \mathsf{D}$$

Dies ist für $\beta \mathbf{aa}$ stets erfüllt.

Lösung zur Aufgabe 2.2. Beachtet man, dass für $j = k$ man $\varepsilon_{ijj} = \varepsilon_{ikk} = 0$ ist und dass $i \neq j, i \neq k$ gelten muss (sonst ist ε_{ijk} gleichfalls 0), erhält man

$$\begin{aligned}
\varepsilon_{ijk} a_j a_k &= \varepsilon_{i1k} a_1 a_k + \varepsilon_{i2k} a_2 a_k + \varepsilon_{i3k} a_3 a_k \\
&= \varepsilon_{i12} a_1 a_2 + \varepsilon_{i13} a_1 a_3 + \varepsilon_{i21} a_2 a_1 + \varepsilon_{i23} a_2 a_3 + \varepsilon_{i31} a_3 a_1 + \varepsilon_{i32} a_3 a_2 \\
&= (\varepsilon_{i12} + \varepsilon_{i21}) a_1 a_2 + (\varepsilon_{i13} + \varepsilon_{i31}) a_1 a_3 + (\varepsilon_{i23} + \varepsilon_{i32}) a_2 a_3
\end{aligned}$$

Wegen $\varepsilon_{ijk} = -\varepsilon_{ikj}$ erhält man $\varepsilon_{ijk} a_j a_k = 0$.

Schlussfolgerung 2.8. Für das Vektorprodukt $\mathbf{a} \times \mathbf{b}$ gilt

$$\mathbf{a} \times \mathbf{b} = a_i \mathbf{e}_i \times b_j \mathbf{e}_j = a_i b_j \varepsilon_{ijk} \mathbf{e}_k = \mathbf{c},$$

d.h.

$$\mathbf{a} \times \mathbf{a} = a_i a_j \varepsilon_{ijk} \mathbf{e}_k = a_j a_k \varepsilon_{jki} \mathbf{e}_i = a_k a_i \varepsilon_{kij} \mathbf{e}_j = \mathbf{0}$$

Lösung zur Aufgabe 2.3. Mit dem Levi-Civita-Symbols erhält man

$$
\begin{aligned}
(\mathbf{a} \times \mathbf{b}) \cdot (\mathbf{c} \times \mathbf{d}) &= \epsilon_{ijk} a_i b_j \epsilon_{mnk} c_m d_n \\
&= \epsilon_{ijk} \epsilon_{mnk} a_m b_n c_m d_n \\
&= (\delta_{mi}\delta_{nj} - \delta_{mj}\delta_{ni}) a_i b_j c_m d_n \\
&= a_i c_i b_j d_j - a_i d_i b_j c_j \\
&= (\mathbf{a} \cdot \mathbf{c})(\mathbf{b} \cdot \mathbf{d}) - (\mathbf{a} \cdot \mathbf{d})(\mathbf{b} \cdot \mathbf{c}) \\
&= \begin{vmatrix} \mathbf{a} \cdot \mathbf{c} & \mathbf{a} \cdot \mathbf{d} \\ \mathbf{b} \cdot \mathbf{c} & \mathbf{b} \cdot \mathbf{d} \end{vmatrix}
\end{aligned}
$$

Lösung zur Aufgabe 2.4. Nach Übergang zur kartesischen Koordinatenbasis erhält man

$$
\begin{aligned}
(a_i b_j \mathbf{e}_i \times \mathbf{e}_j) \cdot T_{mn} \mathbf{e}_m \mathbf{e}_n &= a_i b_j T_{mn} \varepsilon_{ijk} \mathbf{e}_k \cdot \mathbf{e}_m \mathbf{e}_n \\
&= a_i b_j T_{mn} \varepsilon_{ijk} \delta_{km} \mathbf{e}_n \\
&= a_i b_j T_{kn} \varepsilon_{ijk} \mathbf{e}_n \\
&= (a_i b_j T_{1n} \varepsilon_{ij1} + a_i b_j T_{2n} \varepsilon_{ij2} + a_i b_j T_{3n} \varepsilon_{ij3}) \mathbf{e}_n \\
&= [(a_2 b_3 - a_3 b_2) T_{1n} + (a_3 b_1 - a_1 b_3) T_{2n} \\
&\quad + (a_1 b_2 - a_2 b_1) T_{3n}] \mathbf{e}_n \\
&= c_n \mathbf{e}_n = \mathbf{c},
\end{aligned}
$$

d.h. $(\mathbf{a} \times \mathbf{b}) \cdot \mathbf{T} = \mathbf{c}$.

Lösung zur Aufgabe 2.5. Es gilt

$$
\begin{aligned}
\mathbf{T} \cdot \mathbf{v} &= T_{ij} \mathbf{e}_i \mathbf{e}_j \cdot v_k \mathbf{e}_k = T_{ij} v_k \mathbf{e}_i \delta_{jk} = T_{ij} v_j \mathbf{e}_i \\
&= T_{ki} v_i \mathbf{e}_k = v_i T_{ki} \mathbf{e}_k = v_i \mathbf{e}_i \cdot T_{ki} \mathbf{e}_i \mathbf{e}_k = \mathbf{v} \cdot \mathbf{T}^T \quad \text{q.e.d.}
\end{aligned}
$$

Lösung zur Aufgabe 2.6. Bei Doppelprodukten ist auf die Verknüpfungsregel zu achten. Nach der in diesem Buch gegeben Standardregel erhält man für das Doppelskalarprodukt

$$
\mathbf{T} \cdot\cdot \mathbf{S} = T_{ij} \mathbf{e}_i \mathbf{e}_j \cdot\cdot S_{kl} \mathbf{e}_k \mathbf{e}_l = T_{ij} S_{kl} \delta_{jk} \delta_{il} = T_{ij} S_{ji},
$$

d.h.

$$
T_{ij} S_{ji} = 12 + 3 + 5 = 20
$$

Schlussfolgerung 2.9. Die vereinbarte Indexverknüpfung für die doppelt skalare Multiplikation ist genau zu beachten. Führt man die Faltung nicht für die inneren und die äußeren, sondern für die jeweils ersten und zweiten Indizes durch, d.h.

$$
\mathbf{T} \cdot\cdot \mathbf{S} = T_{ij} \mathbf{e}_i \mathbf{e}_j \cdot\cdot S_{kl} \mathbf{e}_k \mathbf{e}_l = T_{ij} S_{kl} \delta_{ik} \delta_{jl} = T_{ij} S_{ij},
$$

ergibt sich statt des Wertes 20 der Wert 17!

Für das Doppelvektorprodukt folgt

$$\begin{aligned}\mathsf{T}\times\times\mathsf{S} &= T_{ij}\mathbf{e}_i\mathbf{e}_j\times\times S_{kl}\mathbf{e}_k\mathbf{e}_l = T_{ij}S_{kl}\varepsilon_{jkm}\varepsilon_{iln}\mathbf{e}_m\mathbf{e}_n\\ &= 18\mathbf{e}_3\mathbf{e}_3+9\mathbf{e}_2\mathbf{e}_3+3\mathbf{e}_2\mathbf{e}_2-8\mathbf{e}_3\mathbf{e}_1+2\mathbf{e}_1\mathbf{e}_1-4\mathbf{e}_2\mathbf{e}_1+30\mathbf{e}_1\mathbf{e}_1\\ &= 32\mathbf{e}_1\mathbf{e}_1-4\mathbf{e}_2\mathbf{e}_1+3\mathbf{e}_2\mathbf{e}_2+9\mathbf{e}_2\mathbf{e}_3-8\mathbf{e}_3\mathbf{e}_1+18\mathbf{e}_3\mathbf{e}_3\end{aligned}$$

Schlussfolgerung 2.10. Auch diesmal würde eine andere Verknüpfungsvorschrift

$$\mathsf{T}\times\times\mathsf{S} = T_{ij}\mathbf{e}_i\mathbf{e}_j\times\times S_{kl}\mathbf{e}_k\mathbf{e}_l = T_{ij}S_{kl}\mathbf{e}_i\times\mathbf{e}_k\mathbf{e}_j\times\mathbf{e}_l = T_{ij}S_{kl}\varepsilon_{ikm}\varepsilon_{jln}\mathbf{e}_m\mathbf{e}_n$$

zu einem anderen Endergebnis führen

$$\mathsf{T}\times\times\mathsf{S} = 29\mathbf{e}_1\mathbf{e}_1+3\mathbf{e}_2\mathbf{e}_2+9\mathbf{e}_2\mathbf{e}_3-8\mathbf{e}_3\mathbf{e}_1+18\mathbf{e}_3\mathbf{e}_3$$

Die beiden restlichen Beispiele werden hier nur mit der in diesem Buch vereinbarten Rechenregel gerechnet

$$\begin{aligned}\mathsf{T}\cdot\times\mathsf{S} &= T_{ij}\mathbf{e}_i\mathbf{e}_j\cdot\times S_{kl}\mathbf{e}_k\mathbf{e}_l = T_{ij}S_{kl}\delta_{jk}\varepsilon_{ilm}\mathbf{e}_m = T_{ij}S_{jl}\varepsilon_{ilm}\mathbf{e}_m,\\ &= 12\mathbf{e}_1\times\mathbf{e}_3-1\mathbf{e}_2\times\mathbf{e}_3-15\mathbf{e}_3\times\mathbf{e}_2 = -12\mathbf{e}_2+14\mathbf{e}_1\end{aligned}$$

$$\begin{aligned}\mathsf{T}\times\cdot\mathsf{S} &= T_{ij}\mathbf{e}_i\mathbf{e}_j\times\cdot S_{kl}\mathbf{e}_k\mathbf{e}_l = T_{ij}S_{kl}\varepsilon_{jkm}\delta_{il}\mathbf{e}_m = T_{ij}S_{ki}\varepsilon_{jkm}\mathbf{e}_m\\ &= -6\mathbf{e}_2\times\mathbf{e}_3-6\mathbf{e}_3\times\mathbf{e}_2+20\mathbf{e}_3\times\mathbf{e}_1 = 20\mathbf{e}_2\end{aligned}$$

Diese Beispiele zeigen, dass bei Doppelprodukten besondere Sorgfalt bezüglich der Reihenfolge der Produktbildung aufgebracht werden muss, da Vertauschen der Reihenfolge der Rechenoperationen zu unterschiedlichen Ergebnissen führen kann.

Lösung zur Aufgabe 2.7. Für orthogonale Tensoren muss gelten

$$\mathsf{T}\cdot\mathsf{T}^{\mathrm{T}} = \mathbf{I},\qquad \mathsf{S}\cdot\mathsf{S}^{\mathrm{T}} = \mathbf{I}$$

Mit

$$\mathsf{T}^{\mathrm{T}} = -1\mathbf{e}_1\mathbf{e}_1+1\mathbf{e}_2\mathbf{e}_2+1\mathbf{e}_3\mathbf{e}_3$$

erhält man das Produkt $\mathbf{T}\cdot\mathbf{T}^{\mathrm{T}}$ zu

$$\begin{aligned}\mathsf{T}\cdot\mathsf{T}^{\mathrm{T}} &= (-1\mathbf{e}_1\mathbf{e}_1+1\mathbf{e}_2\mathbf{e}_2+1\mathbf{e}_3\mathbf{e}_3)\cdot(-1\mathbf{e}_1\mathbf{e}_1+1\mathbf{e}_2\mathbf{e}_2+1\mathbf{e}_3\mathbf{e}_3)\\ &= \mathbf{e}_1\mathbf{e}_1+\mathbf{e}_2\mathbf{e}_2+\mathbf{e}_3\mathbf{e}_3 = \mathbf{I}\end{aligned}$$

Mit

$$\mathsf{S}^{\mathrm{T}} = 1\mathbf{e}_2\mathbf{e}_1-1\mathbf{e}_1\mathbf{e}_2+1\mathbf{e}_3\mathbf{e}_3$$

erhält man das Produkt $\mathbf{S}\cdot\mathbf{S}^{\mathrm{T}}$ zu

$$\begin{aligned}\mathsf{S}\cdot\mathsf{S}^{\mathrm{T}} &= (1\mathbf{e}_1\mathbf{e}_2-1\mathbf{e}_2\mathbf{e}_1+1\mathbf{e}_3\mathbf{e}_3)\cdot(1\mathbf{e}_2\mathbf{e}_1-1\mathbf{e}_1\mathbf{e}_2+1\mathbf{e}_3\mathbf{e}_3)\\ &= \mathbf{e}_1\mathbf{e}_1+\mathbf{e}_2\mathbf{e}_2+\mathbf{e}_3\mathbf{e}_3 = \mathbf{I}\end{aligned}$$

Schlussfolgerung 2.11. T und S sind orthogonale Tensoren. Berechnet man die Determinanten zu $\det\mathsf{T} = -1$ und $\det\mathbf{S} = +1$, folgt, dass nur $\mathbf{S}$ ein eigentlich orthogonaler Tensor ist.

Schlussfolgerung 2.12. Für alle orthogonalen Tensoren gilt

$$\mathsf{T}\cdot\mathsf{T}^{\mathrm{T}} = \mathbf{I}, \quad \det(\mathsf{T}\cdot\mathsf{T}^{\mathrm{T}}) = \det\mathbf{I},$$

d.h.

$$|\mathsf{T}||\mathsf{T}^{\mathrm{T}}| = |\mathbf{I}| = 1, \quad |\mathsf{T}||\mathsf{T}^{\mathrm{T}}| = |\mathsf{T}|^2 = 1, \quad |\mathsf{T}| = \pm 1$$

T bewirkt folgende Transformation der Basisvektoren

$$\mathsf{T}\cdot\mathbf{e}_1 = -\mathbf{e}_1, \qquad \mathsf{T}\cdot\mathbf{e}_2 = +\mathbf{e}_2, \qquad \mathsf{T}\cdot\mathbf{e}_3 = +\mathbf{e}_3$$

Dies entspricht einer Spiegelung an der $x_2 - x_3$-Ebene (Abb. 2.5).

S entspricht folgender Transformation der Koordinatenbasis

$$\mathsf{S}\cdot\mathbf{e}_1 = -\mathbf{e}_2,\ \mathsf{S}\cdot\mathbf{e}_2 = +\mathbf{e}_1,\ \mathsf{S}\cdot\mathbf{e}_3 = +\mathbf{e}_3,$$

d.h. $\mathbf{S}$ bewirkt eine Drehung um die x_3-Achse der Basisvektoren im Uhrzeigersinn (Abb. 2.6).

Schlussfolgerung 2.13. Für alle orthogonalen Tensoren 2. Stufe gilt

$$\det\mathsf{T} = \pm 1, \begin{cases} +1 \text{ entspricht einer Drehung} \\ -1 \text{ entspricht einer Spiegelung} \end{cases}$$

Lösung zur Aufgabe 2.8. Man erhält für den Kugeltensor

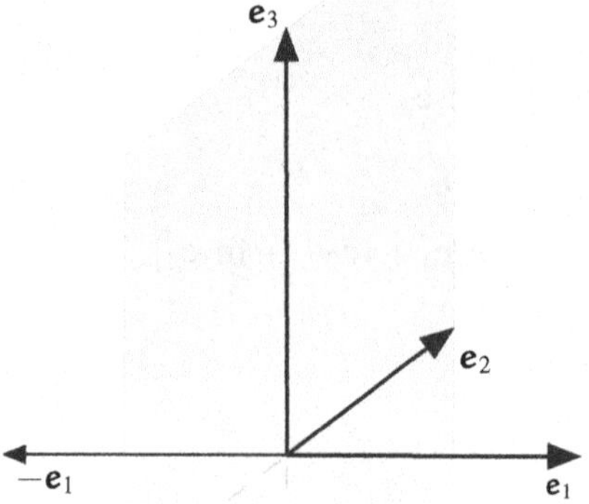

Abb. 2.5 Spiegelung der Basiskoordinaten

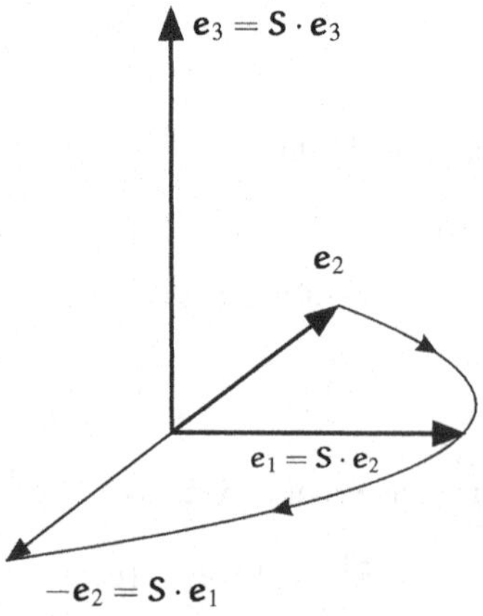

Abb. 2.6 Drehung der Basiskoordinaten

$$\mathsf{T}^{\mathrm{K}} = \frac{1}{3}(\mathbf{I} \cdot\cdot \mathsf{T})\mathbf{I} = \frac{1}{3}(9+6+0)\mathbf{I} = 5\mathbf{I}$$

und den Deviator

$$\mathsf{T}^{\mathrm{D}} = \mathsf{T} - \mathsf{T}^{\mathrm{K}} = 4\mathbf{e}_1\mathbf{e}_1 + 4\mathbf{e}_1\mathbf{e}_2 + 4\mathbf{e}_2\mathbf{e}_1 + 1\mathbf{e}_2\mathbf{e}_2 - 5\mathbf{e}_3\mathbf{e}_3$$

Schlussfolgerung 2.14. Ungeachtet der Tatsache, dass der Ausgangstensor auf der Hauptdiagonalen (Koordinaten mit gleichen Indizes) ein Nullelement hat, ist der Deviator auf der Hauptdiagonalen vollständig mit von Null verschiedenen Elementen besetzt.

Lösung zur Aufgabe 2.9. Im Fall a) mit $\mathsf{T} = 3\mathbf{e}_1\mathbf{e}_1 - 2\mathbf{e}_1\mathbf{e}_2 - 2\mathbf{e}_2\mathbf{e}_1 + 4\mathbf{e}_2\mathbf{e}_2 - 1\mathbf{e}_2\mathbf{e}_3 - 1\mathbf{e}_3\mathbf{e}_2 + 6\mathbf{e}_3\mathbf{e}_3$ erhält man

- der transponierte Tensor T^{T} zu

$$\mathsf{T}^{\mathrm{T}} = 3\mathbf{e}_1\mathbf{e}_1 - 2\mathbf{e}_1\mathbf{e}_2 - 2\mathbf{e}_2\mathbf{e}_1 + 4\mathbf{e}_2\mathbf{e}_2 - 1\mathbf{e}_2\mathbf{e}_3 - 1\mathbf{e}_3\mathbf{e}_2 + 6\mathbf{e}_3\mathbf{e}_3,$$

  d.h. $\mathsf{T} = \mathsf{T}^{\mathrm{T}}$ bzw. T ist symmetrisch.
- Die Spur ist $\mathrm{Sp}\,\mathsf{T} = \mathrm{T}_{ii} = 13$.
- Der Kugeltensor ist

$$\mathsf{T}^{\mathrm{K}} = \frac{1}{3}\mathrm{T}_{kk}\delta_{ij}\mathbf{e}_i\mathbf{e}_j = \frac{13}{3}\delta_{ij}\mathbf{e}_i\mathbf{e}_j = \frac{13}{3}\mathbf{e}_i\mathbf{e}_i = \frac{13}{3}\mathbf{I}$$

  Für den Deviator erhält man

$$\mathsf{T}^{\mathrm{D}} = \left(\mathrm{T}_{ij} - \frac{1}{3}\mathrm{T}_{kk}\delta_{ij}\right)\mathbf{e}_i\mathbf{e}_j = \left(\mathrm{T}_{ij} - \frac{13}{3}\delta_{ij}\right)\mathbf{e}_i\mathbf{e}_j$$

  bzw.

$$\mathsf{T}^{\mathrm{D}} = \left(3 - \frac{13}{3}\right)\mathbf{e}_1\mathbf{e}_1 - 2(\mathbf{e}_1\mathbf{e}_2 + \mathbf{e}_2\mathbf{e}_1) + \left(4 - \frac{13}{3}\right)\mathbf{e}_2\mathbf{e}_2 - (\mathbf{e}_2\mathbf{e}_3 + \mathbf{e}_3\mathbf{e}_2) + \left(6 - \frac{13}{3}\right)\mathbf{e}_3\mathbf{e}_3$$

  Die Spur des Kugeltensors $\mathrm{Sp}\,\mathsf{T}^{\mathrm{K}} = 13$, die des Deviators muss verschwinden $\mathrm{Sp}\,\mathsf{T}^{\mathrm{D}} = 0$.
- Für die Berechnung des inversen Tensors muss zunächst die Determinante bestimmt werden

$$\det \mathrm{T}_{ij} = \begin{vmatrix} 3 & -2 & 0 \\ -2 & 4 & -1 \\ 0 & -1 & 6 \end{vmatrix} = 3\begin{vmatrix} 4 & -1 \\ -1 & 6 \end{vmatrix} + 2\begin{vmatrix} -2 & -1 \\ 0 & 6 \end{vmatrix} = 69 - 24 = 45$$

  Die Koordinaten des inversen Tensors lauten

$$45\mathrm{T}_{11}^{-1}=+\begin{vmatrix}4&-1\\-1&6\end{vmatrix}=23,\ 45\mathrm{T}_{12}^{-1}=-\begin{vmatrix}-2&0\\-1&6\end{vmatrix}=12,\ 45\mathrm{T}_{13}^{-1}=+\begin{vmatrix}-2&0\\4&-1\end{vmatrix}=2,$$

$$45\mathrm{T}_{21}^{-1}=-\begin{vmatrix}-2&-1\\0&6\end{vmatrix}=12,\ 45\mathrm{T}_{22}^{-1}=+\begin{vmatrix}3&0\\0&6\end{vmatrix}=18,\quad 45\mathrm{T}_{23}^{-1}=-\begin{vmatrix}3&0\\-2&-1\end{vmatrix}=3,$$

$$45\mathrm{T}_{31}^{-1}=+\begin{vmatrix}-2&4\\0&-1\end{vmatrix}=2,\quad 45\mathrm{T}_{32}^{-1}=-\begin{vmatrix}3&-2\\0&-1\end{vmatrix}=3,\quad 45\mathrm{T}_{33}^{-1}=+\begin{vmatrix}3&-2\\-2&4\end{vmatrix}=8$$

Dabei ist zu beachten, dass T_{ij}^{-1} nicht die Inverse von T_{ij} ist. Abschließend erhält man

$$\begin{aligned}\mathbf{T}^{-1} &= \frac{23}{45}\mathbf{e}_1\mathbf{e}_1+\frac{4}{15}\mathbf{e}_1\mathbf{e}_2+\frac{2}{45}\mathbf{e}_1\mathbf{e}_3\\ &+\frac{4}{15}\mathbf{e}_2\mathbf{e}_1+\frac{2}{5}\mathbf{e}_2\mathbf{e}_2+\frac{1}{15}\mathbf{e}_2\mathbf{e}_3\\ &+\frac{2}{45}\mathbf{e}_3\mathbf{e}_1+\frac{1}{15}\mathbf{e}_3\mathbf{e}_2+\frac{8}{45}\mathbf{e}_3\mathbf{e}_3\end{aligned}$$

Die Kontrolle $\mathbf{T}\cdot\mathbf{T}^{-1}=\mathbf{I}$ lässt sich besonders einfach in Matrizendarstellung realisieren

$$[\mathrm{T}_{ij}]^{-1}[\mathrm{T}_{jk}]=\frac{1}{45}\begin{bmatrix}23&12&2\\12&18&3\\2&3&8\end{bmatrix}\begin{bmatrix}3&-2&0\\-2&4&-1\\0&-1&6\end{bmatrix}=\begin{bmatrix}1&0&0\\0&1&0\\0&0&1\end{bmatrix}$$

Schlussfolgerung 2.15. Für einen symmetrischen Tensor gilt $\mathbf{T}=\mathbf{T}^{\mathrm{T}}$ und die Tensoren $\mathbf{T}^{\mathrm{K}},\mathbf{T}^{\mathrm{D}}$ und $\mathbf{T}^{-1}$ sind auch symmetrisch.

Im Fall b) gilt für den Tensor

$$\mathbf{M}=1\mathbf{e}_1\mathbf{e}_1+2\mathbf{e}_1\mathbf{e}_2+3\mathbf{e}_1\mathbf{e}_3+4\mathbf{e}_2\mathbf{e}_2-1\mathbf{e}_2\mathbf{e}_3+1\mathbf{e}_3\mathbf{e}_1+1\mathbf{e}_3\mathbf{e}_2-2\mathbf{e}_3\mathbf{e}_3$$

- Der transponierte Tensor $\mathbf{M}^{\mathrm{T}}$ hat folgende Form

$$\mathbf{M}=1\mathbf{e}_1\mathbf{e}_1+2\mathbf{e}_2\mathbf{e}_1+3\mathbf{e}_3\mathbf{e}_1+4\mathbf{e}_2\mathbf{e}_2-1\mathbf{e}_3\mathbf{e}_2+1\mathbf{e}_1\mathbf{e}_3+1\mathbf{e}_2\mathbf{e}_3-2\mathbf{e}_3\mathbf{e}_3$$

- Für die Spur erhält man $\mathrm{Sp}\,\mathbf{M}=\mathrm{M}_{ii}=3$.
- Kugeltensor, Spur des Kugeltensors, Deviator und Spur des Deviators errechnen sich

$$\mathbf{M}^{\mathrm{K}}=\frac{1}{3}3\mathbf{I}=\mathbf{I},\qquad \mathrm{Sp}\,\mathbf{M}^{\mathrm{K}}=3$$

$$\mathbf{M}^{\mathrm{D}}=2\mathbf{e}_1\mathbf{e}_2+3\mathbf{e}_1\mathbf{e}_3+3\mathbf{e}_2\mathbf{e}_2-1\mathbf{e}_2\mathbf{e}_3+1\mathbf{e}_3\mathbf{e}_1+1\mathbf{e}_3\mathbf{e}_2-3\mathbf{e}_3\mathbf{e}_3,\qquad \mathrm{Sp}\,\mathbf{M}^{\mathrm{D}}=0$$

- Bei der Berechnung der Inversen ist zunächst die Determinante von $\mathbf{M}$ zu berechnen

$$\det\mathrm{M}_{ij}=\begin{vmatrix}1&2&3\\0&4&-1\\1&1&-2\end{vmatrix}=\begin{vmatrix}4&-1\\1&-2\end{vmatrix}+\begin{vmatrix}2&3\\4&-1\end{vmatrix}=-7-14=-21,$$

$$21M_{11}^{-1} = -\begin{vmatrix} 4 & -1 \\ 1 & -2 \end{vmatrix} = 7,\ 21M_{21}^{-1} = \begin{vmatrix} 0 & -1 \\ 1 & -2 \end{vmatrix} = 1,\ 21M_{31}^{-1} = -\begin{vmatrix} 0 & 4 \\ 1 & 1 \end{vmatrix} = 4,$$

$$21M_{12}^{-1} = \begin{vmatrix} 2 & 3 \\ 1 & -2 \end{vmatrix} = -7,\ 21M_{22}^{-1} = -\begin{vmatrix} 1 & 3 \\ 1 & -2 \end{vmatrix} = 5,\ 21M_{32}^{-1} = \begin{vmatrix} 1 & 2 \\ 1 & 1 \end{vmatrix} = -1,$$

$$21M_{13}^{-1} = -\begin{vmatrix} 2 & 3 \\ 4 & -1 \end{vmatrix} = 14,\ 21M_{23}^{-1} = \begin{vmatrix} 1 & 3 \\ 0 & -1 \end{vmatrix} = -1,\ 21M_{33}^{-1} = -\begin{vmatrix} 1 & 2 \\ 0 & 4 \end{vmatrix} = -4,$$

$$\begin{aligned} \mathbf{M}^{-1} = \; & \frac{1}{3}\mathbf{e}_1\mathbf{e}_1 + \frac{1}{21}\mathbf{e}_2\mathbf{e}_1 + \frac{4}{21}\mathbf{e}_3\mathbf{e}_1 \\ & -\frac{1}{3}\mathbf{e}_1\mathbf{e}_2 + \frac{5}{21}\mathbf{e}_2\mathbf{e}_2 - \frac{1}{21}\mathbf{e}_3\mathbf{e}_1 \\ & +\frac{2}{3}\mathbf{e}_1\mathbf{e}_3 - \frac{1}{21}\mathbf{e}_2\mathbf{e}_3 - \frac{4}{21}\mathbf{e}_3\mathbf{e}_3 \end{aligned}$$

Kontrolle:

$$[M_{ij}]^{-1}[M_{jk}] = \frac{1}{21}\begin{bmatrix} 7 & 1 & 4 \\ -7 & 5 & -1 \\ 14 & -1 & -4 \end{bmatrix}\begin{bmatrix} 1 & 2 & 3 \\ 0 & 4 & -1 \\ 1 & 1 & -2 \end{bmatrix} = \begin{bmatrix} 1 & 0 & 0 \\ 0 & 1 & 0 \\ 0 & 0 & 1 \end{bmatrix}$$

Lösung zur Aufgabe 2.10. Die charakteristische Gleichung erhält man aus

$$\begin{vmatrix} 3-\lambda & 2 & 0 \\ 2 & 3-\lambda & 0 \\ 0 & 0 & 7-\lambda \end{vmatrix} = 0$$

$$\Longrightarrow (3-\lambda)(3-\lambda)(7-\lambda) - 4(7-\lambda) = (7-\lambda)\left[(3-\lambda)^2 - 4\right] = 0$$

$$\Longrightarrow (7-\lambda) = 0, \qquad \lambda^2 - 6\lambda + 5 = 0$$

Die Hauptwerte (Eigenwerte) $\lambda_I, \lambda_{II}, \lambda_{III}$ sind

$$\lambda_I = 1, \qquad \lambda_{II} = 5, \qquad \lambda_{III} = 7$$

Hauptrichtungen (Einheitseigenvektoren) $\mathbf{n}^{(\alpha)}$ sind für jedes $\alpha = I, II, III$ bzw. jeden Hauptwert separat zu bestimmen:

- $\underline{\lambda_I = 1}$

$$\begin{aligned} (3-1)n_1^I + 2n_2^I + 0n_3^I &= 0, \\ 2n_1^I + (3-1)n_2^I + 0n_3^I &= 0, \\ 0n_1^I + 0n_2^I + (7-1)n_3^I &= 0, \\ (n_1^I)^2 + (n_2^I)^2 + (n_3^I)^2 &= 1 \end{aligned}$$

$$\Longrightarrow n_3^I = 0, \qquad n_1^I = -n_2^I, \qquad 2(n_1^I)^2 = 1$$

$$\Longrightarrow \mathbf{n}^{\mathrm{I}} = \frac{1}{\sqrt{2}}(\mathbf{e}_1 - \mathbf{e}_2)$$

- $\underline{\lambda_{\mathrm{II}} = 5}$

$$\begin{aligned}(3-5)n_1^{\mathrm{II}} + 2n_2^{\mathrm{II}} + 0n_3^{\mathrm{II}} &= 0,\\ 2n_1^{\mathrm{II}} + (3-5)n_2^{\mathrm{II}} + 0n_3^{\mathrm{II}} &= 0,\\ 0n_1^{\mathrm{II}} + 0n_2^{\mathrm{II}} + (7-5)n_3^{\mathrm{II}} &= 0,\\ (n_1^{\mathrm{II}})^2 + (n_2^{\mathrm{II}})^2 + (n_3^{\mathrm{II}})^2 &= 1\end{aligned}$$

$$\Longrightarrow n_3^{\mathrm{II}} = 0, \qquad n_1^{\mathrm{II}} = n_2^{\mathrm{II}}, \qquad 2(n_1^{\mathrm{II}})^2 = 1$$

$$\Longrightarrow \mathbf{n}^{\mathrm{II}} = \frac{1}{\sqrt{2}}(\mathbf{e}_1 + \mathbf{e}_2)$$

- $\underline{\lambda_{\mathrm{III}} = 7}$

$$\begin{aligned}(3-7)n_1^{\mathrm{III}} + 2n_2^{\mathrm{III}} + 0n_3^{\mathrm{III}} &= 0,\\ 2n_1^{\mathrm{III}} + (3-7)n_2^{\mathrm{III}} + 0n_3^{\mathrm{III}} &= 0,\\ 0n_1^{\mathrm{III}} + 0n_2^{\mathrm{III}} + (7-7)n_3^{\mathrm{III}} &= 0,\\ (n_1^{\mathrm{III}})^2 + (n_2^{\mathrm{III}})^2 + (n_3^{\mathrm{III}})^2 &= 1\end{aligned}$$

$$\Longrightarrow n_1^{\mathrm{III}} = 0, \qquad n_2^{\mathrm{III}} = 0, \qquad n_3^{\mathrm{III}} = 1$$

$$\Longrightarrow \mathbf{n}^{\mathrm{III}} = \mathbf{e}_3$$

Man kann die Koordinaten der Eigenvektoren in einer Modalmatrix zusammenfassen

$$[Q_{ij}] = \frac{1}{\sqrt{2}}\begin{bmatrix} 1 & 1 & 0 \\ -1 & 1 & 0 \\ 0 & 0 & \sqrt{2} \end{bmatrix}$$

Die Hauptinvarianten ergeben sich aus

$$\begin{aligned} I_1(\mathbf{F}) &= \mathrm{Sp}\,\mathbf{F} = 3+3+7 = 13,\\ I_1(\mathbf{F}) &= \lambda_{\mathrm{I}} + \lambda_{\mathrm{II}} + \lambda_{\mathrm{III}} = 1+5+7 = 13,\end{aligned}$$

$$\begin{aligned} I_2(\mathbf{F}) &= \frac{1}{2}[I_1^2(\mathbf{F}) - I_1(\mathbf{F}^2)] = \frac{1}{2}(169-75) = 47,\\ I_2(\mathbf{F}) &= \lambda_{\mathrm{I}}\lambda_{\mathrm{II}} + \lambda_{\mathrm{II}}\lambda_{\mathrm{III}} + \lambda_{\mathrm{I}}\lambda_{\mathrm{III}} = 5+7+35 = 47,\\ I_3(\mathbf{F}) &= \det\mathbf{F} = 3\cdot 3\cdot 7 - 2\cdot 2\cdot 7 = 35,\\ I_3(\mathbf{F}) &= \lambda_{\mathrm{I}}\lambda_{\mathrm{II}}\lambda_{\mathrm{III}} = 1\cdot 5\cdot 7 = 35\end{aligned}$$

Die Hauptachsentransformation für $\mathbf{F}$ führt auf

$$\mathbf{F} = F_{ij}\mathbf{e}_i\mathbf{e}_j \Longrightarrow \mathbf{F} = \lambda_{\mathrm{I}}\mathbf{n}^{\mathrm{I}}\mathbf{n}^{\mathrm{I}} + \lambda_{\mathrm{II}}\mathbf{n}^{\mathrm{II}}\mathbf{n}^{\mathrm{II}} + \lambda_{\mathrm{III}}\mathbf{n}^{\mathrm{III}}\mathbf{n}^{\mathrm{III}}$$

F hat bezogen auf die Hauptachsen die diagonale Koordinatenmatrix

$$\begin{bmatrix} 1 & 0 & 0 \\ 0 & 5 & 0 \\ 0 & 0 & 7 \end{bmatrix}$$

Anmerkung 2.12. Die Hauptachsentransformation folgt auch durch Transformation mit dem Modaltensor Q (Q ist ein orthogonaler Tensor, d.h. $\mathsf{Q}^{-1} = \mathsf{Q}^{\mathrm{T}}$)

$$\mathsf{Q}^{\mathrm{T}} \cdot \mathsf{F} \cdot \mathsf{Q}$$

Man kann das einfach durch Multiplikation der Koordinatenmatrizen überprüfen

$$\frac{1}{\sqrt{2}} \begin{bmatrix} 1 & -1 & 0 \\ 1 & 1 & 0 \\ 0 & 0 & \sqrt{2} \end{bmatrix} \cdot \begin{bmatrix} 3 & 2 & 0 \\ 2 & 3 & 0 \\ 0 & 0 & 7 \end{bmatrix} \cdot \begin{bmatrix} 1 & 1 & 0 \\ -1 & 1 & 0 \\ 0 & 0 & \sqrt{2} \end{bmatrix} \frac{1}{\sqrt{2}} = \begin{bmatrix} 1 & 0 & 0 \\ 0 & 5 & 0 \\ 0 & 0 & 7 \end{bmatrix},$$

Man erhält das bereits bekannte Ergebnis.

Lösung zur Aufgabe 2.11. Entsprechend der Eigenschaft einer Spur eines Tensors berechnet man zunächst die Spur von A

$$\mathrm{Sp}\mathsf{A} = 5 + 1 + 5 = 11,$$

woraus die Summe der Eigenwerte mit $\sum \lambda_i = 11$ folgt.

Lösung zur Aufgabe 2.12. Die charakteristische Gleichung für den Deviator lautet

$$\lambda^3 - \mathrm{I}_1\left(\mathsf{T}^{\mathrm{D}}\right)\lambda^2 + \mathrm{I}_2\left(\mathsf{T}^{\mathrm{D}}\right)\lambda - \mathrm{I}_3\left(\mathsf{T}^{\mathrm{D}}\right) = 0$$

Beachtet man die Definitionen der 1. Invarianten und die Definitionsgleichung des Deviators, gilt zunächst

$$\begin{aligned} \mathrm{I}_1\left(\mathsf{T}^{\mathrm{D}}\right) &= \mathrm{I}_1\left[\mathsf{T} - \frac{1}{3}\mathrm{I}_1(\mathsf{T})\mathbf{I}\right] = \left[\mathsf{T} - \frac{1}{3}\mathrm{I}_1(\mathsf{T})\mathbf{I}\right] \cdot\cdot\, \mathbf{I} \\ &= \mathsf{T} \cdot\cdot\, \mathbf{I} - \frac{1}{3}\mathrm{I}_1(\mathsf{T})\mathbf{I} \cdot\cdot\, \mathbf{I} = \mathrm{I}_1(\mathsf{T}) - 3\frac{1}{3}\mathrm{I}_1(\mathsf{T}) = 0 \end{aligned}$$

Damit vereinfacht sich die charakteristische Gleichung zu

$$\lambda^3 + \mathrm{I}_2\left(\mathsf{T}^{\mathrm{D}}\right)\lambda - \mathrm{I}_3\left(\mathsf{T}^{\mathrm{D}}\right) = 0$$

Die Definitionsgleichungen für die zweite und dritte Invariante liefert weiterhin

$$\begin{aligned} \mathrm{I}_2\left(\mathsf{T}^{\mathrm{D}}\right) &= \frac{1}{2}\left[\mathrm{I}_1^2\left(\mathsf{T}^{\mathrm{D}}\right) - \mathrm{I}_1\left(\mathsf{T}^{\mathrm{D}^2}\right)\right] = -\frac{1}{2}\mathrm{I}_1\left(\mathsf{T}^{\mathrm{D}^2}\right), \\ \mathrm{I}_3\left(\mathsf{T}^{\mathrm{D}}\right) &= \frac{1}{3}\left[\mathrm{I}_1\left(\mathsf{T}^{\mathrm{D}^3}\right) + 3\mathrm{I}_1\left(\mathsf{T}^{\mathrm{D}}\right)\mathrm{I}_2\left(\mathsf{T}^{\mathrm{D}}\right) - \mathrm{I}_1^3\left(\mathsf{T}^{\mathrm{D}}\right)\right] = \frac{1}{3}\mathrm{I}_1\left(\mathsf{T}^{\mathrm{D}^3}\right), \end{aligned}$$

d.h., für die charakteristische Gleichung ergibt sich

$$\lambda^3 - \frac{1}{2}\mathrm{I}_1\left(\mathsf{T}^{\mathrm{D}^2}\right)\lambda - \frac{1}{3}\mathrm{I}_1\left(\mathsf{T}^{\mathrm{D}^3}\right) = 0$$

Lösung zur Aufgabe 2.13. Die Grundversuche der mechanischen Werkstoffprüfung liefern die nachfolgenden Werte:

1. Die Hauptspannungen folgen beim Zugversuch aus

$$\det(\boldsymbol{\sigma} - \lambda\mathbf{I}) = \det(\sigma\mathbf{e}_1\mathbf{e}_1 - \lambda\mathbf{I}) = 0$$

Mit

$$\begin{vmatrix} \sigma-\lambda & 0 & 0 \\ 0 & -\lambda & 0 \\ 0 & 0 & -\lambda \end{vmatrix} = 0$$

folgt die charakteristische Gleichung

$$(\sigma - \lambda)(-\lambda)^2 = 0$$

Deren Lösungen lauten $\lambda_1 = \sigma, \lambda_{2,3} = 0$ bzw. nach der Größe sortiert ergeben sich die Hauptspannungen $\sigma_{\mathrm{I}} = \sigma, \sigma_{\mathrm{II}} = \sigma_{\mathrm{III}} = 0$. Die Zugspannung ist folglich gleichzeitig Hauptspannung.
Die Hauptrichtungen sind für jede Hauptspannung zu ermitteln. Für die größte Hauptspannung gilt

$$(\boldsymbol{\sigma} - \sigma_{\mathrm{I}}\mathbf{I}) \cdot {}^{(\mathrm{I})}\boldsymbol{n} = \mathbf{0}$$

mit der Nebenbedingung (Orthogonalitätsbedingung)

$${}^{(\mathrm{I})}\boldsymbol{n} \cdot {}^{(\mathrm{I})}\boldsymbol{n} = 1$$

Zunächst ist folgendes Gleichungssystem zu analysieren

$$\begin{aligned} (\sigma - \sigma)\,{}^{(\mathrm{I})}n_1 + 0\,{}^{(\mathrm{I})}n_2 + 0\,{}^{(\mathrm{I})}n_3 &= 0, \\ 0\,{}^{(\mathrm{I})}n_1 + (-\sigma)\,{}^{(\mathrm{I})}n_2 + 0\,{}^{(\mathrm{I})}n_3 &= 0, \\ 0\,{}^{(\mathrm{I})}n_1 + 0\,{}^{(\mathrm{I})}n_2 + (-\sigma)\,{}^{(\mathrm{I})}n_3 &= 0 \end{aligned}$$

Mit $\sigma \neq 0$ (sonst kein Zug), folgt aus der dritten Gleichung unmittelbar ${}^{(\mathrm{I})}n_3 = 0$. Damit reduziert sich die zweite Gleichung auf

$$0\,{}^{(\mathrm{I})}n_1 + (-\sigma_{\mathrm{I}})\,{}^{(\mathrm{I})}n_2 = 0$$

und es folgt ${}^{(\mathrm{I})}n_2 = 0$. Die erste Gleichung führt auf keine neue Aussage. Damit ist die Orthogonalitätsbedingung bei ${}^{(\mathrm{I})}n_2 = {}^{(\mathrm{I})}n_3 = 0$ heranzuziehen

$${}^{(\mathrm{I})}n_1^2 = 1$$

oder

$$^{(\mathrm{I})}n_1 = \pm 1$$

Aus der Aufgabenstellung wird man den positiven Wert wählen

$$^{(\mathrm{I})}n_1 = 1,$$

so dass die erste Hauptrichtung $^{(\mathrm{I})}\boldsymbol{n} = \boldsymbol{e}_1$, d.h. die Zugrichtung ist. Wegen der Doppellösung $\sigma_{\mathrm{II}} = \sigma_{\mathrm{III}} = 0$ können die beiden anderen Hauptrichtungen nicht näher bestimmt werden. Sie liegen jedoch in der zu $\boldsymbol{e}_1$ orthogonalen Ebene und sind zueinander orthogonal.

2. Für den Druckversuch $\boldsymbol{\sigma} = -\sigma\boldsymbol{e}_1\boldsymbol{e}_1$ führt eine analoge Rechnung auf $\sigma_{\mathrm{I}} = \sigma_{\mathrm{II}} = 0, \sigma_{\mathrm{III}} = -\sigma$. Als Hauptrichtung der dritten Hauptspannung wird erneut $\boldsymbol{e}_1$ identifiziert, die Doppellösung führt zu keinen weiteren Aussagen.
3. Im Falle des Torsionsversuches $\boldsymbol{\sigma} = \tau(\boldsymbol{e}_1\boldsymbol{e}_2 + \boldsymbol{e}_2\boldsymbol{e}_1)$ führt folgende Determinante

$$\begin{vmatrix} -\lambda & \tau & 0 \\ \tau & -\lambda & 0 \\ 0 & 0 & -\lambda \end{vmatrix} = 0$$

auf die charakteristische Gleichung

$$(-\lambda)\left(\lambda^2 - \tau^2\right) = 0$$

Deren Lösungen lauten $\lambda_{1,2}^2 = \tau^2, \lambda_3 = 0$. Damit sind die Hauptspannungen $\sigma_{\mathrm{I}} = \tau, \sigma_{\mathrm{II}} = 0, \sigma_{\mathrm{III}} = -\tau$.

Die Hauptrichtungen folgen aus den Lösungen für die jeweilige Hauptspannung. Mit der ersten Hauptspannung gilt

$$\begin{aligned} -\tau\,^{(\mathrm{I})}n_1 + \tau\,^{(\mathrm{I})}n_2 + 0\,^{(\mathrm{I})}n_3 &= 0, \\ \tau\,^{(\mathrm{I})}n_1 + (-\tau)\,^{(\mathrm{I})}n_2 + 0\,^{(\mathrm{I})}n_3 &= 0, \\ 0\,^{(\mathrm{I})}n_1 + 0\,^{(\mathrm{I})}n_2 + (-\tau)\,^{(\mathrm{I})}n_3 &= 0 \end{aligned}$$

Die letzte Gleichung führt direkt auf $^{(\mathrm{I})}n_3 = 0$. Die ersten beiden Gleichungen ergeben $^{(\mathrm{I})}n_1 = ^{(\mathrm{I})}n_2$, womit die Orthogonalitätsbedingung

$$^{(\mathrm{I})}n_1^2 + ^{(\mathrm{I})}n_2^2 = 2\,^{(\mathrm{I})}n_1^2 = 1$$

liefert. Deren Lösung ist

$$^{(\mathrm{I})}n_1 = \pm\frac{1}{2}\sqrt{2} = ^{(\mathrm{I})}n_2$$

Wählt man den positiven Wert, ist die erste Hauptrichtung $\boldsymbol{e}_1$ um 45° gegen den Uhrzeigersinn um $\boldsymbol{e}_3$ gedreht. Für die zweite Hauptspannung $\sigma_{\mathrm{II}} = 0$ ergibt sich

$$\begin{aligned}
0\,{}^{(\mathrm{II})}n_1 + \tau\,{}^{(\mathrm{II})}n_2 + 0\,{}^{(\mathrm{II})}n_3 &= 0,\\
\tau\,{}^{(\mathrm{II})}n_1 + 0\,{}^{(\mathrm{II})}n_2 + 0\,{}^{(\mathrm{II})}n_3 &= 0,\\
0\,{}^{(\mathrm{II})}n_1 + 0\,{}^{(\mathrm{II})}n_2 + 0\,{}^{(\mathrm{II})}n_3 &= 0
\end{aligned}$$

Aus den ersten beiden Gleichungen folgt ${}^{(\mathrm{II})}n_1 = {}^{(\mathrm{II})}n_2 = 0$. Die Orthogonalitätsbedingung liefert ${}^{(\mathrm{II})}n_3 = \pm 1$. Dies bedeutet, dass $\mathbf{e}_3$ Hauptrichtung ist. Die dritte Hauptrichtung ergibt sich aus

$$\begin{aligned}
\tau\,{}^{(\mathrm{III})}n_1 + \tau\,{}^{(\mathrm{III})}n_2 + 0\,{}^{(\mathrm{III})}n_3 &= 0,\\
\tau\,{}^{(\mathrm{III})}n_1 + \tau\,{}^{(\mathrm{III})}n_2 + 0\,{}^{(\mathrm{III})}n_3 &= 0,\\
0\,{}^{(\mathrm{III})}n_1 + 0\,{}^{(\mathrm{III})}n_2 + \tau\,{}^{(\mathrm{III})}n_3 &= 0
\end{aligned}$$

${}^{(\mathrm{III})}n_3$ muss wieder gleich 0 sein. Die beiden ersten Gleichungen liefern

$${}^{(\mathrm{III})}n_1 = -{}^{(\mathrm{III})}n_2,$$

so dass die Orthogonalitätsbedingung

$${}^{(\mathrm{III})}n_1^2 + {}^{(\mathrm{III})}n_2^2 = 2\,{}^{(\mathrm{III})}n_1^2 = 1$$

liefert. Die erste Hauptrichtung ist $\mathbf{e}_1$ um 45° mit dem Uhrzeigersinn um $\mathbf{e}_3$ gedreht.

4. Bei hydrostatischem Druck $\boldsymbol{\sigma} = -p\mathbf{I}$ ist zunächst folgende Determinante zu lösen

$$\begin{vmatrix} -p-\lambda & 0 & 0 \\ 0 & -p-\lambda & 0 \\ 0 & 0 & -p-\lambda \end{vmatrix} = 0$$

Die charakteristische Gleichung ist $(-p-\lambda)^3 = 0$ mit der Dreifachlösung

$$\sigma_{\mathrm{I}} = \sigma_{\mathrm{II}} = \sigma_{\mathrm{III}} = -p$$

In diesem Fall kann keine Hauptrichtung bestimmt werden.

Lösung zur Aufgabe 2.14. Der Wert für $\mathbf{T}^5$ lässt sich nach dem Satz von Cayley-Hamilton wie folgt ausdrücken

$$\mathbf{T}^5 = I_1(\mathbf{T})\mathbf{T}^4 - I_2(\mathbf{T})\mathbf{T}^3 + I_3(\mathbf{T})\mathbf{T}^2$$

Die Werte für $\mathbf{T}^4$ und $\mathbf{T}^3$ ergeben sich nach (2.3) und (2.4), so dass zunächst

$$\begin{aligned}
\mathbf{T}^5 &= I_1(\mathbf{T})\left[I_1(\mathbf{T})\mathbf{T}^3 - I_2(\mathbf{T})\mathbf{T}^2 + I_3(\mathbf{T})\mathbf{T}\right]\\
&\quad - I_2(\mathbf{T})\left[I_1(\mathbf{T})\mathbf{T}^2 - I_2(\mathbf{T})\mathbf{T} + I_3(\mathbf{T})\mathbf{I}\right] + I_3(\mathbf{T})\mathbf{T}^2
\end{aligned}$$

bzw.

$$\begin{aligned}\mathsf{T}^5 &= I_1(\mathsf{T})\left\{\left[I_1^2(\mathsf{T})-I_2(\mathsf{T})\right]\mathsf{T}^2+[I_3(\mathsf{T})-I_1(\mathsf{T})I_2(\mathsf{T})]\mathsf{T}+I_1(\mathsf{T})I_3(\mathsf{T})\mathbf{I}\right\}\\ &- I_2(\mathsf{T})\left[I_1(\mathsf{T})\mathsf{T}^2-I_2(\mathsf{T})\mathsf{T}+I_3(\mathsf{T})\mathbf{I}\right]+I_3(\mathsf{T})\mathsf{T}^2\end{aligned}$$

Die Zusammenfassung führt auf

$$\begin{aligned}\mathsf{T}^5 &= \left[I_1^3(\mathsf{T})-2I_2(\mathsf{T})I_1(\mathsf{T})+I_3(\mathsf{T})\right]\mathsf{T}^2\\ &+ \left[I_1(\mathsf{T})I_3(\mathsf{T})-I_1^2(\mathsf{T})I_2(\mathsf{T})+I_2^2(\mathsf{T})\right]\mathsf{T}+\left[I_1^2(\mathsf{T})I_3(\mathsf{T})-I_2(\mathsf{T})I_3(\mathsf{T})\right]\mathbf{I}\end{aligned}$$

Lösung zur Aufgabe 2.15. Das Eigenwertproblem für den Tensor F is mit Lösung 2.10 gegeben. Mit den Eigenwerten $\lambda_{\mathrm{I}} = 1, \lambda_{\mathrm{II}} = 5, \lambda_{\mathrm{III}} = 7$ und den zugehörigen Eigenvektoren

$$\boldsymbol{n}^{\mathrm{I}} = \frac{1}{\sqrt{2}}(\boldsymbol{e}_1-\boldsymbol{e}_2), \quad \boldsymbol{n}^{\mathrm{II}} = \frac{1}{\sqrt{2}}(\boldsymbol{e}_1+\boldsymbol{e}_2), \quad \boldsymbol{n}^{\mathrm{III}} = \boldsymbol{e}_3$$

folgt zunächst

$$\mathsf{F} = \boldsymbol{n}^{\mathrm{I}}\boldsymbol{n}^{\mathrm{I}} + 5\boldsymbol{n}^{\mathrm{II}}\boldsymbol{n}^{\mathrm{II}} + 7\boldsymbol{n}^{\mathrm{III}}\boldsymbol{n}^{\mathrm{III}}$$

Die Wurzel des Tensors ergibt sich damit zu

$$\mathsf{F}^{1/2} = \boldsymbol{n}^{\mathrm{I}}\boldsymbol{n}^{\mathrm{I}} + \sqrt{5}\boldsymbol{n}^{\mathrm{II}}\boldsymbol{n}^{\mathrm{II}} + \sqrt{7}\boldsymbol{n}^{\mathrm{III}}\boldsymbol{n}^{\mathrm{III}}$$

Will man jetzt den Tensor wieder in seiner ursprünglichen Basis betrachten, erhält man unter Beachtung von

$$\begin{aligned}\boldsymbol{n}^{\mathrm{I}}\boldsymbol{n}^{\mathrm{I}} &= \frac{1}{2}(\boldsymbol{e}_1-\boldsymbol{e}_2)(\boldsymbol{e}_1-\boldsymbol{e}_2) = \frac{1}{2}(\boldsymbol{e}_1\boldsymbol{e}_1-\boldsymbol{e}_1\boldsymbol{e}_2-\boldsymbol{e}_2\boldsymbol{e}_1+\boldsymbol{e}_2\boldsymbol{e}_2),\\ \boldsymbol{n}^{\mathrm{II}}\boldsymbol{n}^{\mathrm{II}} &= \frac{1}{2}(\boldsymbol{e}_1+\boldsymbol{e}_2)(\boldsymbol{e}_1+\boldsymbol{e}_2) = \frac{1}{2}(\boldsymbol{e}_1\boldsymbol{e}_1+\boldsymbol{e}_1\boldsymbol{e}_2+\boldsymbol{e}_2\boldsymbol{e}_1+\boldsymbol{e}_2\boldsymbol{e}_2),\\ \boldsymbol{n}^{\mathrm{III}}\boldsymbol{n}^{\mathrm{III}} &= \boldsymbol{e}_3\boldsymbol{e}_3\end{aligned}$$

zunächst den Ausdruck

$$\mathsf{F}^{1/2} = \frac{1}{2}(\boldsymbol{e}_1\boldsymbol{e}_1-\boldsymbol{e}_1\boldsymbol{e}_2-\boldsymbol{e}_2\boldsymbol{e}_1+\boldsymbol{e}_2\boldsymbol{e}_2)+\sqrt{5}\left[\frac{1}{2}(\boldsymbol{e}_1\boldsymbol{e}_1+\boldsymbol{e}_1\boldsymbol{e}_2+\boldsymbol{e}_2\boldsymbol{e}_1+\boldsymbol{e}_2\boldsymbol{e}_2)\right]+\sqrt{7}\boldsymbol{e}_3\boldsymbol{e}_3$$

Hieraus erhält man abschließend

$$\mathsf{F}^{1/2} = \frac{1+\sqrt{5}}{2}(\boldsymbol{e}_1\boldsymbol{e}_1+\boldsymbol{e}_2\boldsymbol{e}_2)+\frac{\sqrt{5}-1}{2}(\boldsymbol{e}_1\boldsymbol{e}_2+\boldsymbol{e}_2\boldsymbol{e}_1)+\sqrt{7}\boldsymbol{e}_3\boldsymbol{e}_3$$

Quadriert man diesen Ausdruck, gilt

$$(\mathsf{F}^{1/2})^2 = \mathsf{F}^{1/2}\cdot\mathsf{F}^{1/2} = \mathsf{F}$$

Setzt man jetzt den vorletzten Ausdruck ein

$$\left(\frac{1+\sqrt{5}}{2}(\mathbf{e}_1\mathbf{e}_1+\mathbf{e}_2\mathbf{e}_2)+\frac{\sqrt{5}-1}{2}(\mathbf{e}_1\mathbf{e}_2+\mathbf{e}_2\mathbf{e}_1)+\sqrt{7}\mathbf{e}_3\mathbf{e}_3\right)$$
$$\cdot\left(\frac{1+\sqrt{5}}{2}(\mathbf{e}_1\mathbf{e}_1+\mathbf{e}_2\mathbf{e}_2)+\frac{\sqrt{5}-1}{2}(\mathbf{e}_1\mathbf{e}_2+\mathbf{e}_2\mathbf{e}_1)+\sqrt{7}\mathbf{e}_3\mathbf{e}_3\right)$$
$$=\left(\frac{\sqrt{5}+1}{2}\right)^2(\mathbf{e}_1\mathbf{e}_1+\mathbf{e}_2\mathbf{e}_2)+\left(\frac{\sqrt{5}-1}{2}\right)^2(\mathbf{e}_1\mathbf{e}_1+\mathbf{e}_2\mathbf{e}_2)$$
$$+2\left(\frac{\sqrt{5}+1}{2}\right)\left(\frac{\sqrt{5}-1}{2}\right)(\mathbf{e}_1\mathbf{e}_2+\mathbf{e}_2\mathbf{e}_1)+7\mathbf{e}_3\mathbf{e}_3$$

Nach einigen Rechenschritten vereinfacht sich diese Ausdruck zu

$$3(\mathbf{e}_1\mathbf{e}_1+\mathbf{e}_2\mathbf{e}_2)+2(\mathbf{e}_1\mathbf{e}_2+\mathbf{e}_2\mathbf{e}_1)+7\mathbf{e}_3\mathbf{e}_3$$

Dieser entspricht dem ursprünglichen Wert des Tensors F aus Aufgabe 2.10

Schlussfolgerung 2.16. Das Quadrieren von F kann man gleichfalls über die Spektraldarstellung realisieren. Mit

$$\mathsf{F}=\mathbf{n}^{\mathrm{I}}\mathbf{n}^{\mathrm{I}}+5\mathbf{n}^{\mathrm{II}}\mathbf{n}^{\mathrm{II}}+7\mathbf{n}^{\mathrm{III}}\mathbf{n}^{\mathrm{III}}$$

folgt unmittelbar

$$\mathsf{F}^2=\mathbf{n}^{\mathrm{I}}\mathbf{n}^{\mathrm{I}}+25\mathbf{n}^{\mathrm{II}}\mathbf{n}^{\mathrm{II}}+49\mathbf{n}^{\mathrm{III}}\mathbf{n}^{\mathrm{III}}$$

Schlussfolgerung 2.17. Das Verfahren lässt sich auf beliebige Potenzen mit Ausnahme 0 anwenden.

Lösung zur Aufgabe 2.16. Die Determinante ist gleich

$$\det\mathsf{T}=9,$$

d.h. der Tensor T ist regulär. Mit

$$\mathsf{T}^{\mathrm{T}}=9\mathbf{e}_1\mathbf{e}_1+1\mathbf{e}_2\mathbf{e}_2+1\mathbf{e}_3\mathbf{e}_3$$

erhält man

$$\mathsf{V}^2=\mathsf{T}\cdot\mathsf{T}^{\mathrm{T}}=81\mathbf{e}_1\mathbf{e}_1+1\mathbf{e}_2\mathbf{e}_2+1\mathbf{e}_3\mathbf{e}_3$$

und

$$\mathsf{V}=(\mathsf{T}\cdot\mathsf{T}^{\mathrm{T}})^{1/2}=9\mathbf{e}_1\mathbf{e}_1+1\mathbf{e}_2\mathbf{e}_2+1\mathbf{e}_3\mathbf{e}_3$$

Wegen $\mathbf{Q}=\mathsf{V}^{-1}\cdot\mathsf{T}$ und

$$\mathsf{V}^{-1}=\frac{1}{9}\mathbf{e}_1\mathbf{e}_1+1\mathbf{e}_2\mathbf{e}_2+1\mathbf{e}_3\mathbf{e}_3$$

folgt der Drehtensor zu

$$\mathbf{Q}=\mathsf{V}^{-1}\cdot\mathsf{T}=\mathbf{e}_1\mathbf{e}_1+\mathbf{e}_2\mathbf{e}_2+\mathbf{e}_3\mathbf{e}_3=\mathbf{I}$$

Außerdem gilt

$$\mathsf{U}^2 = \mathsf{T}^\mathrm{T} \cdot \mathsf{T} = 81\mathbf{e}_1\mathbf{e}_1 + 1\mathbf{e}_2\mathbf{e}_2 + 1\mathbf{e}_3\mathbf{e}_3$$

und

$$\mathsf{U} = (\mathsf{T}^\mathrm{T} \cdot \mathsf{T})^{1/2} = 9\mathbf{e}_1\mathbf{e}_1 + 1\mathbf{e}_2\mathbf{e}_2 + 1\mathbf{e}_3\mathbf{e}_3$$

Wegen $\mathsf{Q} = \mathsf{T} \cdot \mathsf{U}^{-1}$ und

$$\mathsf{U}^{-1} = \frac{1}{9}\mathbf{e}_1\mathbf{e}_1 + 1\mathbf{e}_2\mathbf{e}_2 + 1\mathbf{e}_3\mathbf{e}_3$$

folgt der Drehtensor erneut zu

$$\mathsf{Q} = \mathsf{V}^{-1} \cdot \mathsf{T} = \mathbf{e}_1\mathbf{e}_1 + \mathbf{e}_2\mathbf{e}_2 + \mathbf{e}_3\mathbf{e}_3 = \mathbf{I}$$

Lösung zur Aufgabe 2.17. Der Beweis ergibt sich aus folgender Rechnung

$$\nabla \cdot (\alpha \mathbf{a}) = \frac{\partial(\alpha a_j)}{\partial x_i}\mathbf{e}_i \cdot \mathbf{e}_j = \frac{\partial \alpha}{\partial x_i}\mathbf{e}_i \cdot \mathbf{e}_j a_j + \alpha \frac{\partial a_j}{\partial x_i}\mathbf{e}_i \cdot \mathbf{e}_j = \nabla\alpha \cdot \mathbf{a} + \alpha\nabla \cdot \mathbf{a}$$

Anmerkung 2.13. Die Gleichung gilt sinngemäß auch für Tensoren höherer Stufe.

Literaturverzeichnis

1. Altenbach H, Zhilin PA (2004) The theory of simple elastic shells. In: Kienzler R, Altenbach H, Ott I (eds) Critical Review of the Theories of Plates and Shells, Lect. Notes Appl. Comp. Mech., vol 16, Springer, Berlin, pp 1–12
2. Antman SS (2005) Nonlinear Problems of Elasticity, Applied Mathematical Sciences, vol 107, 2nd edn. Springer Science+Business Media, New York
3. Betten J (1987) Tensorrechnung für Ingenieure. Teubner, Stuttgart
4. de Boer R (1982) Vektor- und Tensorrechnung für Ingenieure. Springer, Berlin
5. Bourne DE, Kendall PC (1988) Vektoranalysis. Teubner, Stuttgart
6. Eremeyev VA, Lebedev LP, Altenbach H (2012) Foundations of Micropolar Mechanics, Springer-Briefs in Applied Sciences and Technologies, vol Heidelberg. Springer, Heidelberg
7. Giesekus H (1994) Phänomenologische Rheologie: eine Einführung. Springer, Berlin
8. Itskov M (2015) Tensoralgebra and Tensor Analysis for Engineers With Applications to Continuum Mechanics, 4th edn. Mathematical Engineering, Springer, Berlin
9. Klingbeil E (1993) Tensorrechnung für Ingenieure, 2. Aufl. B.I. Wissenschaftsverlag, Mannheim
10. Lai WM, Rubin D, Krempl E (2010) Introduction to Continuum Mechanics, 4th edn. Butterworth-Heinemann, Amsterdam
11. Lebedev LP, Cloud MJ, Eremeyev VA (2010) Tensor Analysis with Applications in Mechanics. World Scientific, New Jersey
12. Lippmann H (1993) Angewandte Tensorrechnung. Springer, Berlin
13. Lurie AI (1990) Nonlinear Theory of Elasticity. North-Holland, Amsterdam
14. Lurie AI (2005) Theory of Elasticity. Foundations of Engineering Mechanics, Springer, Berlin
15. Palmov VA (1998) Vibrations of Elasto-plastic Bodies. Foundations of Engineering Mechanics, Springer, Berlin
16. Palmov VA (2008) Elemente der Tensoralgebra und Tensoranalysis (in Russ.). Verlag der Polytechnischen Universität, St. Petersburg

17. Rivlin RS (1948) Large elastic deformation of isotropic materials. iv. further developments of the general theory. Philosophical Transactions of the Royal Society of London Series A Mathematical and Physical Sciences 241(835):379–397
18. Segel LA (1987) Mathematics Applied to Continuum Mechanics. Dover, New York
19. Truesdell C, Noll W (2004) The Non-linear Field Theories of Mechanics, 3rd edn. Springer, Berlin
20. Willner K (2003) Kontinuums- und Kontaktmechanik: Synthetische und analytische Darstellung. Springer, Berlin
21. Zhilin PA (2001) Vektoren und Tensoren 2. Stufe im dreidimensionalen Raum (in Russ.). Nestor, St. Petersburg

Teil II
Materialunabhängige Gleichungen

Die materialunabhängigen Gleichungen der Kontinuumsmechanik sind universelle Aussagen und nicht auf bestimmte Materialien, Stoffe usw. beschränkt. Sie gelten gleichermaßen für Festkörper und Fluide. Ihre Formulierung beruht einzig auf der Annahme eines Kontinuumsmodells. So ist zumindest zu Beginn festzulegen, welche kinematischen Freiheitsgrade als unabhängig anzusehen sind, wie die differentielle Umgebung der materiellen Punkte ausgestaltet wird u.a.m. Damit werden bestimmte Modellklassen für Kontinua begründet.

Zunächst wird die Kinematik eines Kontinuums beschrieben. Dies geschieht auf der Basis von rein geometrischen Überlegungen sowie unter Einbeziehung der zeitlichen Änderungen. Mit diesem Konzept werden alle Größen zur Kennzeichnung einer Konfiguration und der örtlichen sowie zeitlichen Änderungen dieser Größen eingeführt. Dabei wird sich im Rahmen dieses Lehrbuchs auf die Betrachtung von zwei Konfigurationen - der Ausgangs- und der aktuellen Konfiguration beschränkt.

Der zweite wesentliche Punkt bei der Einführung der materialunabhängigen Gleichungen betrifft die äußeren und inneren Beanspruchungen. Auch in diesem Fall wird das einfachste Modell gewählt. Dies bedeutet, dass ausschließlich Kraftwirkungen betrachtet werden und unabhängige Momentenwirkungen unberücksichtigt bleiben. Besondere Aufmerksamkeit wird dabei der Darstellung der Spannungstensoren in den unterschiedlichen Konfigurationen gewidmet, wobei die verschiedenen Größen über geometrische Abbildungen ausgedrückt werden.

Den Abschluss dieses Teiles bilden die Bilanzgleichungen, wobei sich auf mechanische und thermische Felder beschränkt wird. Ausgehend von einer allgemeinen Bilanzgleichung werden spezielle Bilanzen für die Masse, den Impuls, den Drehimpuls, die Energie und die Entropie formuliert. Dabei wird auch kurz auf den Fall eingegangen, wenn die Felder nicht hinreichend glatt sind. Im Gegensatz zu anderen Standardwerken sind die Erhaltungssätze Sonderfälle der Bilanzgleichungen. Dieses lässt auch neue Interpretationen zu. Weitere Felder (elektrische, magnetische, ...) lassen sich in Analogie einbeziehen.

Kapitel 3
Kinematik des Kontinuums

Zusammenfassung Aussagen der Kinematik betreffen die geometrischen Aspekte der Bewegungen materieller Körper. In Erweiterung zur Kinematik starrer Körper schließen Bewegungen deformierbarer Körper neben der Translation und der Rotation ohne Änderung der gegenseitigen Lage materieller Punkte auch Verformungen des Körpers ein, die immer mit relativen Lageänderungen der Körperpunkte verbunden sind. Somit haben Aussagen über die lokalen Deformationen eine besondere Bedeutung. Materielle Körper weisen unterschiedliche Bewegungen auf. Es können Bewegungen als Ganzes sein, wobei sich Volumen und Gestalt nicht ändern. Unter Deformationen wird daher hier stets die Gesamtheit der Bewegungsmöglichkeiten eines Körpers verstanden, d.h. die Überlagerung von Starrkörperbewegungen und Volumen- sowie Gestaltänderungen. Sollen nur die Verformungen des Körpers betrachtet werden, d.h. von den Gesamtbewegungen der materiellen Punkte des Körpers werden alle Anteile der Starrkörperbewegungen abgezogen, wird der Begriff Verzerrung verwendet. Die Formulierung der im Abschn. 1.4 genannten kinematischen Größen erfolgt sowohl in materiellen (Lagrange'schen) als auch in räumlichen (Euler'schen) Koordinaten. Alle Gleichungen werden zunächst für große Deformationen abgeleitet. Ihre Linearisierung führt dann überschaubar auf vereinfachte lineare Beziehungen, die für viele Ingenieuranwendungen hinreichend genaue Aussagen liefern.

3.1 Materielle Körper und ihre Bewegungsmöglichkeiten

Ein Körper $\mathcal{B}$ ist nach Abschn. 1.4 eine zusammenhängende, kompakte Menge materieller Punkte, die durch die Menge der materiellen Randpunkte, d.h. der Oberfläche von $\mathcal{B}$, begrenzt wird. Materielle Körper werden in der Kontinuumsmechanik im Allgemeinen mit Hilfe des Schnittprinzips eingeführt. Durch die Vorgabe einer Begrenzung kann aus dem Kontinuum ein Körper $\mathcal{B}$ herausgeschnitten und somit das Kontinuum in den Körper und seine Umgebung zerlegt werden. Die Vorgabe der begrenzenden Oberfläche und damit des Körpers ist weitestgehend beliebig und

H. Altenbach, *Kontinuumsmechanik*,
https://doi.org/10.1007/978-3-662-57504-8_3

kann der jeweiligen Aufgabenstellung angepasst werden. Das hat besondere Bedeutung für die im Kapitel 5 formulierten Bilanzgleichungen.

Die Bewegungen materieller Körper werden beschrieben durch die Bewegungen ihrer materiellen Punkte. Dazu ist es erforderlich, die materiellen Punkte zu identifizieren. Bildet man die materiellen Punkte auf Raumpunkte des Euklid'schen Raums $\mathbb{E}^3$ ab und gibt einen raumfesten Bezugspunkt 0 vor, ist die Lage eines ausgewählten materiellen Punktes durch seinen Positions- oder Ortsvektor $\mathbf{x}(t)$ zu jedem Zeitpunkt t bestimmt. Um die einzelnen materiellen Punkte von $\mathcal{B}$ zu unterscheiden, muss jeder materielle Punkt eine ihn kennzeichnende Marke erhalten. Dazu wird folgendes vereinbart: Für eine ausgewählte Zeit $t = t_0$ hat ein materieller Punkt den Positionsvektor $\mathbf{x}(t_0) \equiv \mathbf{a}$. Dieser Positionsvektor $\mathbf{a}$ wird dem materiellen Punkt als Marke zugeordnet. t_0 kennzeichnet im Allgemeinen den natürlichen Ausgangszustand, dessen Veränderungen berechnet werden sollen und man setzt vielfach $t_0 = 0$[1].

Führt man ein kartesisches Koordinatensystem mit dem Ursprung 0 und den Basisvektoren $\mathbf{e}_i$ ein, erhält man für die Bewegungsgleichung des materiellen Punktes mit der Marke $\mathbf{a}$ die Gln. (3.1)

$$\begin{aligned}
&\mathbf{x} = x_i\mathbf{e}_i, \ \mathbf{a} = a_i\mathbf{e}_i, \ \mathbf{x}(\mathbf{a}, t_0) = \mathbf{x}_0 \equiv \mathbf{a},\\
&\mathbf{x} = \mathbf{x}(\mathbf{a}, t), \ x_i = x_i(a_j, t) - \text{Bahnkurve von } \mathbf{a},\\
&\mathbf{a} = \mathbf{a}(\mathbf{x}, t), \ a_i = a_i(x_j, t) - \text{materieller Punkt } \mathbf{a}, \text{ der zur Zeit } t \text{ am Ort } \mathbf{x} \text{ ist}
\end{aligned} \tag{3.1}$$

Hier und im Folgenden werden zur Vereinfachung der Schreibweise im Allgemeinen die Funktionsbezeichnungen und die Bezeichnungen der abhängigen Größen gleichgesetzt, z.B. $\mathbf{x} = \mathbf{x}(\mathbf{a}, t)$. Auch auf eine explizite Angabe des Parameters t_0 der Referenzzeit kann meist verzichtet werden, d.h. für die Gleichung $\mathbf{x} = \mathbf{x}(\mathbf{a}, t; t_0)$ wird vereinfacht $\mathbf{x} = \mathbf{x}(\mathbf{a}, t)$ geschrieben.

Die Abb. 3.1 zeigt die Bahnkurve von $\mathbf{a}$. Die angegebenen Koordinaten x_i bzw.

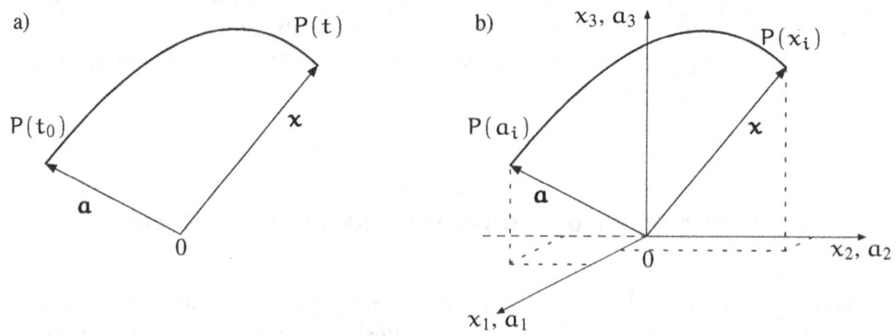

Abb. 3.1 Bahnkurve eines materiellen Punktes: a) Positionsvektoren, b) kartesische Koordinaten

[1] Die Wahl von t_0 ist nicht von prinzipieller Bedeutung, da t eine Pseudozeit (und nicht die absolute Zeit) bezeichnet. Damit erfolgt die Wahl von t_0 aus pragmatischen Überlegungen mit dem Ziel, die Lösung von Aufgaben möglichst einfach zu gestalten.

a_i heißen räumliche oder Ortskoordinaten bzw. materielle oder substantielle Koordinaten. Unter der Voraussetzung, dass die Jacobi[2]-Determinante (auch Funktionaldeterminante genannt) von Null verschieden ist

$$\det\left(\frac{\partial x_i}{\partial a_j}\right) \equiv \left|\frac{\partial x_i}{\partial a_j}\right| \neq 0, \tag{3.2}$$

gibt es einen umkehrbar eindeutigen Zusammenhang zwischen den x_i und den a_i Koordinaten

$$\mathbf{x}(\mathbf{a},t) \Longleftrightarrow \mathbf{a}(\mathbf{x},t) \text{ bzw. } x_i(a_j,t) \Longleftrightarrow a_i(x_j,t) \tag{3.3}$$

Für die weiteren Betrachtungen hat der Begriff einer Konfiguration[3] besondere Bedeutung.

Definition 3.1 (Konfiguration). Eine stetig differenzierbare und zu jedem Zeitpunkt t umkehrbar eindeutige Zuordnung materieller Punkte $\mathbf{a}$ zu Ortsvektoren $\mathbf{x}$ definiert eine Konfiguration des Körpers. Die dem Zeitpunkt $t = t_0$ zugeordnete Konfiguration heißt Referenz-, Bezugs- oder Ausgangskonfiguration, die des aktuellen Zeitpunkts t Momentan- oder aktuelle Konfiguration.

Die Lage eines Körpers zu einem Zeitpunkt t wird demnach durch seine Konfiguration bestimmt und man kann die Bewegung eines Körpers wie folgt definieren.

Definition 3.2 (Bewegung). Die Bewegung (Deformation) eines Körpers ist die stetige, zeitliche Aufeinanderfolge von Konfigurationen $\mathbf{x} = \mathbf{x}(\mathbf{a},t)$, d.h. eine einparametrige Folge von Konfigurationen mit t als Parameter. Für die materiellen Körperpunkte ist $\mathbf{a}$ der Scharparameter und t ist der Kurvenparameter für die Bahnkurven der Bewegung.

Die hier gewählte Markierung eines materiellen Punktes durch seinen Ort $\mathbf{x}(t_0) \equiv \mathbf{a}$ ist für viele Fälle zweckmäßig, stellt aber nur eine Möglichkeit einer Markierung dar. Es kann auch sinnvoll sein, für die Vektoren $\mathbf{a}$ und $\mathbf{x}$ unterschiedliche Koordinatensysteme mit unterschiedlichen Ursprüngen einzuführen. Im allgemeinsten Fall werden zwei unterschiedliche, krummlinige Koordinatensysteme für den Ausgangszustand $t = t_0$ und für den Momentanzustand definiert. Auch die Festlegung einer Referenzkonfiguration ist willkürlich und nicht an die Konfiguration zum Zeitpunkt $t = t_0$ gebunden. Für die weiteren Ableitungen wird vereinbart, dass, falls nicht ausdrücklich auf Abweichungen hingewiesen wird, immer $\mathbf{a}$ als Marke zur Kennzeichnung materieller Punkte, die Konfiguration $t = t_0$ als Referenzkonfiguration und ein einheitliches raumfestes kartesisches Koordinatensystem für die Referenz- und die Momentankonfiguration gewählt werden[4].

[2] Carl Gustav Jakob Jacobi (eigentlich Jacques Simon, 1804-1851), Mathematiker, Mathematische Physik

[3] Verschiedentlich wird statt *Konfiguration* der Begriff *Platzierung* verwendet. Eine Argumentation hierzu kann man bei Walter Noll [17] finden.

[4] Bei der Beschreibung des materialspezifischen Verhaltens werden von zahlreichen Autoren Zwischenkonfigurationen eingeführt. In diesem Zusammenhang sei auf die Spezialliteratur (z.B. [10; 18]) verwiesen.

3.2 Lagrange'sche und Euler'sche Betrachtungsweise, Zeitableitungen

Im Rahmen der Kontinuumsmechanik werden mindestens zwei Betrachtungsweisen eingeführt, wobei der Ausgangspunkt der Referenzzustand oder aktuelle Zustand ist. Das hat Auswirkungen u.a. auf die Zeitableitungen.

3.2.1 *Zwei Betrachtungsweisen*

Die den materiellen Punkten zugeordneten Eigenschaften ändern sich im Allgemeinen mit der Bewegung dieser Punkte, d.h. mit der Zeit. Für die Beschreibung solcher Veränderungen kann die Lagrange'sche oder die Euler'sche Betrachtungsweise bevorzugt werden[5].

Definition 3.3 (Lagrange'sche Betrachtungsweise). Die Änderungen der dem materiellen Punkt zugeordneten Eigenschaften werden für ein ausgewähltes Teilchen mit der Kennzeichnung $\mathbf{a}$ verfolgt. Die Eigenschaften sind dann als Funktionen von $\mathbf{a}$ und t zu formulieren, z.B.

Dichte $\rho = \rho(a_1, a_2, a_3, t)$ bzw. $\rho(\mathbf{a}, t)$,

Geschwindigkeit $\mathbf{v} = \mathbf{v}(a_1, a_2, a_3, t)$ bzw. $\mathbf{v}(\mathbf{a}, t)$,

Verzerrungstensor $\mathbf{A} = \mathbf{A}(a_1, a_2, a_3, t)$ bzw. $\mathbf{A}(\mathbf{a}, t)$

Ein Beobachter ist mit dem Teilchen verbunden und misst die Veränderungen der jeweiligen Eigenschaften. Diese können durch tensorielle Funktionen unterschiedlicher Stufe beschrieben sein.

Die Lagrange'sche Betrachtungsweise wird auch als materielle, substantielle oder referenzbezogene Betrachtungsweise bezeichnet.

Definition 3.4 (Euler'sche Betrachtungsweise). Hierbei sind die Eigenschaften jetzt als Funktionen des Ortes und der Zeit gegeben, z.B.

Dichte $\rho = \rho(x_1, x_2, x_3, t)$ bzw. $\rho(\mathbf{x}, t)$,

Geschwindigkeit $\mathbf{v} = \mathbf{v}(x_1, x_2, x_3, t)$ bzw. $\mathbf{v}(\mathbf{x}, t)$,

Verzerrungstensor $\mathbf{A} = \mathbf{A}(x_1, x_2, x_3, t)$ bzw. $\mathbf{A}(\mathbf{x}, t)$

Ein Beobachter sitzt am Ort $\mathbf{x}$ und kann zum Zeitpunkt t das Passieren eines Teilchens $\mathbf{a}$ sehen. Er misst Veränderungen, die sich für den Ort dadurch ergeben, dass zu unterschiedlichen Zeiten unterschiedliche materielle Punkte am Ort $\mathbf{x}$ sind. Die Euler'sche Betrachtungsweise gibt somit Auskunft über die zeitliche Veränderung einer Feldfunktion in einem fixierten Punkt $\mathbf{x}$, aber nicht über die Änderung der Eigenschaften eines bestimmten materiellen Teilchens $\mathbf{a}$ mit der Zeit.

Die Euler'sche Betrachtungsweise wird auch als räumliche oder lokale Betrachtungsweise bezeichnet.

---

[5] Von Truesdell [16] stammt der Hinweis, dass die Langrange'sche Betrachtungsweise auf Euler (1762) zurückgeht und die Euler'sche Betrachtungsweise von D'Alembert (1752) eingeführt wurde. Diesen Hinweis kann man beispielsweise auch in [6] finden.

Ist die Bewegungsgleichung eines materiellen Punktes bzw. eines materiellen Körpers bekannt, kann man mit den Gln. (3.3) von der einen auf die andere Betrachtungsweise übergehen. Beide Betrachtungsweisen haben ihre Berechtigung und werden in der Kontinuumsmechanik angewendet. Bei der Untersuchung von Modellen der Festkörpermechanik ist im Allgemeinen die Referenzkonfiguration zum Zeitpunkt t_0 bekannt und die Momentankonfiguration soll berechnet werden. Den deformierten Zustand erhält man durch Verfolgung der materiellen Punkte auf ihrer Bahn von der Referenz- in die Momentankonfiguration. Eine Lagrange'sche Betrachtungsweise ist daher für diese Aufgabenstellung zweckmäßig. Anders ist es bei Aufgaben der Fluidmechanik. Hier ist die Feldbetrachtung besser dem Problem angepasst. Es interessiert im Allgemeinen weniger, woher ein bestimmtes Teilchen kommt und wohin es fließt, aber man braucht Informationen z.B. über die Geschwindigkeit an einer fixierten Stelle. Es bereitet auch experimentell wenig Schwierigkeiten, Geschwindigkeiten oder Drücke eines Fluids für einen fixierten Punkt zu messen, aber die Messung der Geschwindigkeit als Funktion materieller Koordinaten ist mit erheblichem Aufwand verbunden. So überwiegt in der Fluidmechanik die Euler'sche Betrachtungsweise. Diese kann aber auch bei solchen Aufgaben wie dem stationären Fließvorgang viskoplastischer Materialien vorteilhaft sein, die z.B. den Prozess des Fließpressens modellieren, obwohl die Aufgabe formal mehr der Festkörpermechanik zugerechnet wird[6]. Ferner ist es für theoretische Ableitungen oft hilfreich, beide Betrachtungsweisen parallel einzusetzen.

Bei großen Deformationen kann es, besonders bei der Anwendung numerischer Methoden, sinnvoll sein, als deformierten Zustand eine der Momentankonfiguration inkrementell benachbarte Konfiguration zu definieren. Bei einer Lagrange'schen Betrachtungsweise hat man dann folgende Möglichkeiten:

- Als Referenzkonfiguration wird die Ausgangslage zur Zeit $t = t_0$ betrachtet (Totale Lagrange'sche Betrachtungsweise).
- Als Referenzkonfiguration wird die Momentankonfiguration gewählt (Updated Lagrange'sche Betrachtungsweise).

Beide Betrachtungsweisen sind gleichberechtigt und haben Vor- und Nachteile. Die Wahl hängt von der Aufgabenstellung ab.

3.2.2 Ableitung skalarer, vektorieller und tensorieller Funktionen nach der Zeit

Die den materiellen Punkten eines Körpers zugeschriebenen Eigenschaften können in materieller Beschreibung oder in Feldbeschreibung gegeben sein. Für eine skalare Eigenschaftsfunktion φ gilt dann unter Beachtung von Gl. (3.3)

---

[6] Dies ist auch in Einklang mit der Rheologie [7; 11], nach der jeder Körper stets Fluid- und Festkörpereigenschaften besitzt - die Frage der Signifikanz ist von entscheidender Bedeutung.

$$\varphi = \varphi(\mathbf{a},t) = \varphi(a_1,a_2,a_3,t) \qquad \text{materielle Beschreibung,}$$
$$\varphi = \varphi[\mathbf{a}(\mathbf{x},t),t] = \varphi(\mathbf{x},t) = \varphi(x_1,x_2,x_3,t) \quad \text{Feldbeschreibung}$$

Wie bereits erläutert, liefert die materielle Beschreibung den Wert von φ zur Zeit t für den materiellen Punkt $\mathbf{a}$. Die Feldbeschreibung liefert dagegen den Wert von φ zur Zeit t für den Ort $\mathbf{x}$. Analoge Formulierungen gelten ganz allgemein für Tensorfunktionen beliebiger Stufe. In Abhängigkeit von der Art der Beschreibung der Funktion φ werden zwei unterschiedliche Zeitableitungen, eine lokale Ableitung und eine materielle Ableitung, benötigt. Die lokale Ableitung

$$\frac{\partial \varphi(\mathbf{x},t)}{\partial t} = \left.\frac{\partial \varphi(\mathbf{x},t)}{\partial t}\right|_{\mathbf{x}\ \text{fest}}$$

gibt die zeitliche Änderung der Funktion φ für einen festen Ort $\mathbf{x}$ an. Die materielle Ableitung

$$\frac{\partial \varphi(\mathbf{a},t)}{\partial t} = \left.\frac{\partial \varphi(\mathbf{a},t)}{\partial t}\right|_{\mathbf{a}\ \text{fest}}$$

bestimmt die zeitliche Änderung von φ für einen bestimmten materiellen Punkt $\mathbf{a}$. Die materielle oder substantielle Ableitung wird meist mit

$$\frac{D\varphi}{Dt} \qquad \text{oder mit} \qquad \dot{\varphi}$$

bezeichnet.

Die anschauliche Interpretation ist einfach. Ein Betrachter am festen Ort $\mathbf{x}$ misst für die Größe φ eine Änderung

$$\left.\frac{\partial \varphi(\mathbf{x},t)}{\partial t}\right|_{\mathbf{x}\ \text{fest}}$$

Ein mit dem materiellen Punkt verbundener Beobachter misst die zeitliche Änderung

$$\dot{\varphi} = \left.\frac{\partial \varphi(\mathbf{a},t)}{\partial t}\right|_{\mathbf{a}\ \text{fest}}$$

Vielfach wird die materielle Ableitung auch für Größen benötigt, die als Feldgrößen vorliegen. Für eine Funktion $\varphi(\mathbf{x},t)$ erhält man unter Beachtung von $\mathbf{x} = \mathbf{x}(\mathbf{a},t)$ und

$$\left.\frac{\partial \mathbf{x}}{\partial t}\right|_{\mathbf{a}\ \text{fest}} = \dot{\mathbf{x}}(\mathbf{a}\ \text{fest},t) = \mathbf{v}(\mathbf{a},t),$$

$$\begin{aligned}\frac{D\varphi}{Dt} \equiv \dot{\varphi} = \left.\frac{\partial \varphi}{\partial t}\right|_{\mathbf{a}\ \text{fest}} &= \frac{\partial \varphi}{\partial \mathbf{x}} \cdot \left.\frac{\partial \mathbf{x}}{\partial t}\right|_{\mathbf{a}\ \text{fest}} + \left.\frac{\partial \varphi}{\partial t}\right|_{\mathbf{x}\ \text{fest}} \\ &= \left.\frac{\partial \varphi}{\partial t}\right|_{\mathbf{x}\ \text{fest}} + \mathbf{v} \cdot \left.\frac{\partial \varphi}{\partial \mathbf{x}}\right|_{\mathbf{a}\ \text{fest}}\end{aligned} \tag{3.4}$$

Mit Hilfe des Nabla-Operators $\nabla = \boldsymbol{\nabla}_{\mathbf{x}}$ kann die materielle Ableitung der Feldgröße nach der Zeit auch in koordinatenunabhängiger Schreibweise angegeben werden

$$\begin{aligned}\frac{D\varphi}{Dt} &= \left.\frac{\partial\varphi}{\partial t}\right|_{\mathbf{x}\ \text{fest}} + \mathbf{v}\cdot\nabla\varphi|_{\mathbf{a}\ \text{fest}} \\ &= \left.\frac{\partial\varphi}{\partial t}\right|_{\mathbf{x}\ \text{fest}} + \mathbf{v}\cdot\operatorname{grad}\varphi|_{\mathbf{a}\ \text{fest}}\end{aligned} \tag{3.5}$$

Für die materielle Geschwindigkeit und die materielle Beschleunigung einer Bewegung gelten folgende Aussagen.

Definition 3.5 (Materielle Zeitableitung). Die materielle Ableitung des Positionsvektors $\mathbf{x}(\mathbf{a},t)$ eines materiellen Punktes $\mathbf{a}$ ergibt den Geschwindigkeitsvektor $\mathbf{v}(\mathbf{a},t)$, die entsprechende Ableitung von $\mathbf{v}(\mathbf{a},t)$ den Beschleunigungsvektor $\mathbf{b}(\mathbf{a},t)$ dieses Punktes

$$\mathbf{v}(\mathbf{a},t) = \dot{\mathbf{x}}(\mathbf{a},t), \qquad \mathbf{b}(\mathbf{a},t) = \dot{\mathbf{v}}(\mathbf{a},t) = \ddot{\mathbf{x}}(\mathbf{a},t) \tag{3.6}$$

Die Feldbeschreibungen für die Geschwindigkeit $\mathbf{v}$ und die Beschleunigung $\mathbf{b}$ erhält man, wenn $\mathbf{a}$ durch $\mathbf{x}$ ersetzt wird

$$\mathbf{v} = \mathbf{v}[\mathbf{a}(\mathbf{x},t),t] = \mathbf{v}(\mathbf{x},t), \qquad \mathbf{b} = \mathbf{b}[\mathbf{a}(\mathbf{x},t),t] = \mathbf{b}(\mathbf{x},t) \tag{3.7}$$

Die materielle Ableitung einer Größe φ in Feldbeschreibung (Euler'sche Darstellung) kann in folgender Weise interpretiert werden:

$\left.\frac{\partial\varphi}{\partial t}\right|_{\mathbf{x}\ \text{fest}}$ ist die bereits erklärte lokale Ableitung von $\varphi(\mathbf{x},t)$,

$\mathbf{v}\cdot\boldsymbol{\nabla}_{\mathbf{x}}\varphi$ heißt konvektive Ableitung.

Schlussfolgerung 3.1. Für zeitunabhängige, d.h. stationäre Feldgrößen $\varphi = \varphi(\mathbf{x})$ ist die lokale Ableitung Null, die konvektive Ableitung aber verschieden von Null. Ist der Geschwindigkeitsvektor $\mathbf{v}$ rechtwinklig zum Gradientenvektor $\boldsymbol{\nabla}_{\mathbf{x}}\varphi$, verschwindet auch die konvektive Ableitung und es gilt

$$\frac{D\varphi}{Dt} = 0$$

Die konvektive Ableitung entspricht der zeitlichen Änderung des Funktionswertes, die ein mit dem materiellen Punkt verbundener Beobachter feststellt. Da sich zu unterschiedlichen Zeiten der Punkt an unterschiedlichen Orten aufhält, für die $\varphi(\mathbf{x})$ im Allgemeinen auch unterschiedliche Werte hat, misst der Beobachter auch bei stationären Feldgrößen eine zeitliche Änderung der Eigenschaft $\varphi(\mathbf{x})$ für den materiellen Punkt. Im Sonderfall stationärer, konstanter Felder entfällt aber auch die konvektive Ableitung.

Die materiellen Zeitableitungen $\mathrm{D}(\ldots)/\mathrm{Dt}$ für Feldgrößen sind nachfolgend übersichtlich zusammengefasst ($\nabla \equiv \nabla_{\mathbf{x}}$). Die gesonderte Kennzeichnung „$\mathbf{x}$ fest“ oder „$\mathbf{a}$ fest“ wird weggelassen.

Allgemeine Vorschrift:

$$\frac{\mathrm{D}(\ldots)}{\mathrm{D}t} = \frac{\partial(\ldots)}{\partial t} + \mathbf{v} \cdot \nabla(\ldots), \qquad \frac{\mathrm{D}(\ldots)}{\mathrm{D}t} = \frac{\partial(\ldots)}{\partial t} + v_i(\ldots)_{,i}$$

Skalare Feldgrößen

$$\frac{\mathrm{D}\varphi(\mathbf{x},t)}{\mathrm{D}t} = \frac{\partial \varphi}{\partial t} + \mathbf{v} \cdot \nabla \varphi, \qquad \frac{\mathrm{D}\varphi}{\mathrm{D}t} = \frac{\partial \varphi}{\partial t} + v_i \varphi_{,i}$$

Vektorielle Feldgrößen

$$\frac{\mathrm{D}\mathbf{a}(\mathbf{x},t)}{\mathrm{D}t} = \frac{\partial \mathbf{a}}{\partial t} + \mathbf{v} \cdot \nabla \mathbf{a}, \qquad \frac{\mathrm{D}a_i}{\mathrm{D}t} = \frac{\partial a_i}{\partial t} + v_j a_{i,j}$$

Dyadische Feldgrößen

$$\frac{\mathrm{D}\mathbf{T}(\mathbf{x},t)}{\mathrm{D}t} = \frac{\partial \mathbf{T}}{\partial t} + \mathbf{v} \cdot \nabla \mathbf{T}, \qquad \frac{\mathrm{D}T_{ij}}{\mathrm{D}t} = \frac{\partial T_{ij}}{\partial t} + v_k T_{ij,k}$$

3.3 Deformationen und Deformationsgradienten

Nach den in den Abschn. 3.1 und 3.2 eingeführten Gleichungen und Definitionen können für materielle Körper bzw. ihre materiellen Punkte die Bewegungsgleichungen formuliert und die Geschwindigkeiten sowie die Beschleunigungen berechnet werden. Dabei muss stets zwischen einer Langrange'schen oder einer Euler'schen Darstellung der Gleichungen unterschieden werden. Im Folgenden wird zunächst genauer untersucht, wie sich die Bewegungen des Körpers auf sein lokales Verhalten auswirken. Eine erste Antwort darauf erhält man, wenn man die Transformationen von Linien-, Flächen- und Volumenelementen aus der Referenzkonfiguration in die aktuelle Konfiguration verfolgen kann. Das gelingt durch Einführung des Deformationsgradienten $\mathbf{F}$, eines Tensors 2. Stufe.

Definition 3.6 (Deformationsgradient). Wird die Deformation eines Körpers von der Referenzkonfiguration in die Momentankonfiguration durch die Bewegungsgleichung

$$\mathbf{x} = \mathbf{x}(\mathbf{a},t) \qquad \text{bzw.} \qquad x_i = x_i(a_j,t)$$

beschrieben, definiert die Gleichung

$$\mathsf{F} = [\nabla_a \boldsymbol{x}(\boldsymbol{a},t)]^T \qquad \text{bzw.} \qquad F_{ij}\boldsymbol{e}_i\boldsymbol{e}_j = \frac{\partial x_i}{\partial a_j}\boldsymbol{e}_i\boldsymbol{e}_j$$

den materiellen Deformationsgradienten F.

Anmerkung 3.1. Der Begriff Deformationsgradiententensor, der überwiegend in der kontinuumsmechanischen Literatur zu finden ist, müsste eigentlich korrekterweise Tensor des Bewegungsgradienten bzw. nach Lurie [9] Tensor des Gradienten des Ortes bzw. des Gradienten des Positionsvektors genannt werden, da er diese Größen beschreibt.

Anmerkung 3.2. Der Deformationsgradiententensor ist ein sogenannter Zweifeldtensor, da er Bezug zu zwei Konfigurationen (aktuelle und Referenzkonfiguration) hat.

F bewirkt eine Transformation eines materiellen Linienelementes $d\boldsymbol{a}$ der Referenzkonfiguration in ein materielles Linienelement $d\boldsymbol{x}$ der Momentankonfiguration, d.h.

$$\mathsf{F} \cdot d\boldsymbol{a} = d\boldsymbol{x}$$

Schlussfolgerung 3.2. Wenn sich zwei Deformationen ausschließlich durch eine Translation unterscheiden, haben sie den gleichen Deformationsgradienten.

Die Transformationseigenschaft des Deformationsgradiententensors kann man leicht zeigen. Aus $\boldsymbol{x} = \boldsymbol{x}(\boldsymbol{a},t)$ folgt

$$d\boldsymbol{x} = dx_i\boldsymbol{e}_i = \frac{\partial x_i}{\partial a_j}da_j\boldsymbol{e}_i = \frac{\partial x_i}{\partial a_j}\boldsymbol{e}_i(\boldsymbol{e}_j \cdot \boldsymbol{e}_k)da_k$$

Man erhält damit

$$d\boldsymbol{x} = \mathsf{F} \cdot d\boldsymbol{a}, \qquad dx_i = F_{ij}da_j \tag{3.8}$$

Mit der Ableitung des aktuellen Positionsvektors nach dem Referenzpositionsvektor

$$\nabla_a \boldsymbol{x} = \boldsymbol{e}_i\frac{\partial \boldsymbol{x}}{\partial a_i} = \frac{\partial x_j}{\partial a_i}\boldsymbol{e}_i\boldsymbol{e}_j \tag{3.9}$$

folgt die Gleichung für den Deformationsgradienten in Lagrange'scher Darstellung (materieller Deformationsgradientent)

$$\mathsf{F}(\boldsymbol{a},t) = [\nabla_a \boldsymbol{x}(\boldsymbol{a},t)]^T \quad \text{oder auch} \quad \mathsf{F}(\boldsymbol{a},t) = [\operatorname{grad} \boldsymbol{x}(\boldsymbol{a},t)]^T$$

Für die Rücktransformation des Elementes $d\boldsymbol{x}$ in das Element $d\boldsymbol{a}$ benötigt man den inversen Deformationsgradienten

$$d\boldsymbol{a} = \mathsf{F}^{-1} \cdot d\boldsymbol{x}, \qquad da_i = F^{-1}_{ij}dx_j \tag{3.10}$$

Dabei gilt

$$\mathsf{F}^{-1} = \frac{\partial a_i}{\partial x_j}\boldsymbol{e}_i\boldsymbol{e}_j = [\nabla_x \boldsymbol{a}(\boldsymbol{x},t)]^T$$

Man erkennt, dass F^{-1} dem Deformationsgradienten in Euler'scher Darstellung (räumlicher Deformationsgradienten) entspricht.

Die Abb. 3.2 veranschaulicht die Transformation von Linienelementen aus der Referenzkonfiguration in die Momentankonfiguration. $\mathbf{a}$ und $\mathbf{x}$ sind die Ortsvektoren materieller Punkte zur Zeit t_0 und t, die Vektoren $d\mathbf{x}$ und $d\mathbf{a}$ geben die Lage beliebiger Punkte in einer differentiellen Umgebung an. In der Zeit t ändert der Körper seine Lage im Raum. Alle materiellen Punkte können dabei eine andere Position einnehmen. Die Gesamtbewegung des Körpers besteht dann aus den Starrkörperbewegungen, der Translation und der Rotation, sowie aus den Verformungen des Körpers durch relative Lageänderungen seiner Körperpunkte, den Verzerrungen.

Somit erfährt auch ein materieller Linienvektor $d\mathbf{a}$ während der Bewegung der differentiell benachbarten Körperpunkte von der Referenz- in die Momentankonfiguration eine Translation und eine Rotation sowie eine Streckung oder Stauchung. Dieser Zusammenhang wird durch den Deformationsgradienten bestimmt

$$d\mathbf{x} = \mathsf{F} \cdot d\mathbf{a}, \qquad d\mathbf{a} = \mathsf{F}^{-1} \cdot d\mathbf{x}$$

Der Deformationsgradient ist im Allgemeinen ein unsymmetrischer Tensor. Treten allerdings keine Starrkörperbewegungen auf, geht der Deformationsgradient in einen Verzerrungstensor über und ist dann symmetrisch.

Die Deformation, und somit auch der Deformationsgradient, sind vom betrachteten materiellen Punkt abhängig. Nur für den Sonderfall, dass die Bewegungsgleichung $x_i(a_j, t)$ in a_j linear ist, wird der Deformationsgradient für alle materiellen Punkte gleich und man spricht von einer homogenen oder affinen Transformation.

Der Deformationsgradient liefert auch den Zusammenhang zwischen Flächen- bzw. Volumenelementen in der Referenz- und in der Momentankonfiguration. Ein Flächenelement dA_0 in der Referenzkonfiguration habe die Abmessung $d\mathbf{a}_1 d\mathbf{a}_2$ (Abb. 3.3). Unter Berücksichtigung der Orientierung von Flächenelementen kann man dann schreiben

$$d\mathbf{A}_0 = d\mathbf{a}_1 \times d\mathbf{a}_2$$

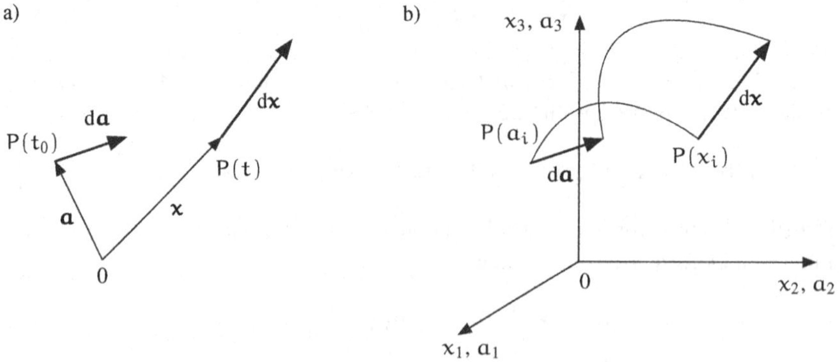

Abb. 3.2 Transformation von Linienelementen aus der Referenzkonfiguration in die Momentankonfiguration

Bei der Bewegung in die Momentankonfiguration geht ein Flächenelement $d\mathbf{A}_0$ in ein Element $d\mathbf{A}$ über

$$d\mathbf{A} = d\mathbf{x}_1 \times d\mathbf{x}_2 = (\mathbf{F} \cdot d\mathbf{a}_1) \times (\mathbf{F} \cdot d\mathbf{a}_2)$$

Unter Beachtung von

$$(\mathbf{F} \cdot d\mathbf{a}_1) \times (\mathbf{F} \cdot d\mathbf{a}_2) = (\det \mathbf{F})(\mathbf{F}^T)^{-1} \cdot (d\mathbf{a}_1 \times d\mathbf{a}_2)$$

erhält man

$$d\mathbf{A} = (\det \mathbf{F})(\mathbf{F}^{-1})^T \cdot d\mathbf{A}_0 \tag{3.11}$$

Für ein Volumenelement mit den Abmessungen $d\mathbf{a}_1, d\mathbf{a}_2, d\mathbf{a}_3$ gilt

$$dV_0 = |(d\mathbf{a}_1 \times d\mathbf{a}_2) \cdot d\mathbf{a}_3|$$

In der aktuellen Konfiguration gilt

$$dV = |[(\mathbf{F} \cdot d\mathbf{a}_1) \times (\mathbf{F} \cdot d\mathbf{a}_2)] \cdot (\mathbf{F} \cdot d\mathbf{a}_3)|$$

und unter Beachtung der Definition 2.21 folgt

$$|[(\mathbf{F} \cdot d\mathbf{a}_1) \times (\mathbf{F} \cdot d\mathbf{a}_2)] \cdot (\mathbf{F} \cdot d\mathbf{a}_3)| = |\det \mathbf{F}||(d\mathbf{a}_1 \times d\mathbf{a}_2) \cdot d\mathbf{a}_3|,$$

d.h.

$$dV = |\det \mathbf{F}| dV_0 \tag{3.12}$$

Es folgt immer $\det \mathbf{F} > 0$, falls man Stetigkeit bezüglich der Zeit t voraussetzt und beachtet, dass für $t = t_0$ $\det \mathbf{F} = 1$ ist. Für die Ableitungen wurden die folgenden Identitäten genutzt:

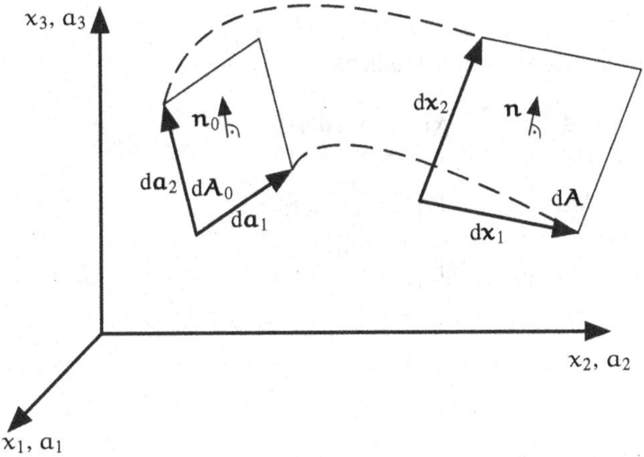

Abb. 3.3 Flächenelement in der Referenzkonfiguration und der Momentankonfiguration

- Für beliebige linear-unabhängige Vektoren $\mathbf{a}$, $\mathbf{b}$ und $\mathbf{c}$ gilt

$$(\det \mathbf{F})[(\mathbf{a} \times \mathbf{b}) \cdot \mathbf{c}] = [(\mathbf{F} \cdot \mathbf{a}) \times (\mathbf{F} \cdot \mathbf{b})] \cdot (\mathbf{F} \cdot \mathbf{c}) = \left(\mathbf{F}^{\mathrm{T}} \cdot [(\mathbf{F} \cdot \mathbf{a}) \times (\mathbf{F} \cdot \mathbf{b})]\right) \cdot \mathbf{c} \quad (3.13)$$

  Dies ergibt sich unmittelbar aus Definition 2.21.
- Für alle Vekoren $\mathbf{a}$ und $\mathbf{b}$, die nicht zueinander parallel sind, gilt

$$\begin{aligned} (\det \mathbf{F})(\mathbf{a} \times \mathbf{b}) &= \mathbf{F}^{\mathrm{T}} \cdot [(\mathbf{F} \cdot \mathbf{a}) \times (\mathbf{F} \cdot \mathbf{b})], \\ (\mathbf{F} \cdot \mathbf{a}) \times (\mathbf{F} \cdot \mathbf{b}) &= (\det \mathbf{F})(\mathbf{F}^{\mathrm{T}})^{-1}(\mathbf{a} \times \mathbf{b}) \end{aligned} \quad (3.14)$$

  Diese Beziehungen lassen sich durch Multiplikation mit $\mathbf{c}$ auf die Definition 2.21 zurückführen.

Man erkennt aus den hier angegebenen Transformationsgleichungen für Linien-, Flächen- und Volumenelemente die fundamentale Bedeutung des Deformationsgradienten für die Kontinuumsmechanik. Er beschreibt die lokalen kinematischen Eigenschaften infolge der Bewegung von Körpern.

Eine grundlegende Aufgabe der Kontinuumsmechanik ist die Berechnung der Verzerrungen in materiellen Körpern. Diese rufen innere Kräfte hervor. Sie bilden folglich die Grundlage für die Formulierung von Konstitutivgleichungen. Will man die Verzerrungen berechnen, müssen jedoch zunächst die Anteile infolge der Starrkörperbewegungen aus den Deformationsgrößen abgetrennt werden. Auf diese Weise erhält man über den Deformationsgradienten einen Zugang zu den verschiedenen Verzerrungstensoren, die in der Theorie endlicher Verzerrungen verwendet werden. Theoretischer Ausgangspunkt hierfür ist die polare Zerlegung von $\mathbf{F}$ in ein Produkt zweier Faktoren, die eine lokale Trennung der Deformation in eine Rotation und eine Streckung (Stauchung) ermöglicht. Darauf wird im Abschn. 3.5 näher eingegangen.

Zusammenfassend ergeben sich zum Deformationsgradienten folgende Gleichungen.

Deformationsgleichungen und Deformationsgradienten

$$\begin{aligned} \mathbf{x} &= \mathbf{x}(\mathbf{a}, t), & x_i &= x_i(a_j, t), \\ \mathbf{a} &= \mathbf{a}(\mathbf{x}, t), & a_i &= a_i(x_j, t), \\ \mathbf{F} &= (\nabla_a \mathbf{x})^{\mathrm{T}}, & F_{ij} &= \frac{\partial x_i}{\partial a_j}, \\ \mathbf{F}^{-1} &= (\nabla_x \mathbf{a})^{\mathrm{T}}, & F_{ij}^{-1} &= \frac{\partial a_i}{\partial x_j}, \\ (\mathbf{F}^{-1})^{\mathrm{T}} &= (\mathbf{F}^{\mathrm{T}})^{-1} \end{aligned}$$

Transformation von Linien-, Flächen- und Volumenelementen

$$
\begin{aligned}
d\mathbf{x} &= \mathbf{F}\cdot d\mathbf{a}, & d\mathbf{a} &= \mathbf{F}^{-1}\cdot d\mathbf{x},\\
d\mathbf{A} &= (\det\mathbf{F})\mathbf{F}^{-1}\cdot d\mathbf{A}_0, & d\mathbf{A}_0 &= (\det\mathbf{F})^{-1}\mathbf{F}\cdot d\mathbf{A},\\
dV &= (\det\mathbf{F})dV_0, & dV_0 &= (\det\mathbf{F})^{-1}dV,\\
d\mathbf{A} &= d\mathbf{x}_1\times d\mathbf{x}_2, & d\mathbf{A}_0 &= d\mathbf{a}_1\times d\mathbf{a}_2,\\
dV &= |(d\mathbf{x}_1\times d\mathbf{x}_2)\cdot d\mathbf{x}_3|, & dV_0 &= |(d\mathbf{a}_1\times d\mathbf{a}_2)\cdot d\mathbf{a}_3|,\\
\det\mathbf{F} &> 0, & \det\mathbf{F} &= 1 \text{ für } t = t_0
\end{aligned}
$$

3.4 Geschwindigkeitsfelder, Geschwindigkeitsgradient

Neben dem Deformationsgradienten $\mathbf{F}$, der die lokalen Deformationen für Linien-, Flächen- und Volumenelemente beschreibt, spielt in der Kontinuumsmechanik auch der Geschwindigkeitsgradient $\mathbf{L}$ eine besondere Rolle. Im Folgenden wird gezeigt, dass mit Hilfe von $\mathbf{L}$ die Änderungsgeschwindigkeiten materieller Linien-, Flächen- und Volumenelemente, d.h. ihre Zeitableitungen berechnet werden.

Zunächst sollen aber einige Aussagen über Geschwindigkeitsfelder zusammengefasst werden. Die Geschwindigkeit $\mathbf{v}(\mathbf{a},t)$ eines materiellen Punktes $\mathbf{a}$ ist durch die folgenden Gleichungen definiert

$$\mathbf{v}(\mathbf{a},t) = \frac{D}{Dt}\mathbf{x}(\mathbf{a},t) \equiv \dot{\mathbf{x}}(\mathbf{a},t) = \frac{\partial}{\partial t}\mathbf{x}(\mathbf{a},t),$$

da $\mathbf{a}$ fest ist (Lagrange'sche Betrachtung). Mit Hilfe der umkehrbar eindeutigen Zuordnung Gl. (3.3)

$$\mathbf{x}(\mathbf{a},t) \Longleftrightarrow \mathbf{a}(\mathbf{x},t)$$

erhält man die räumliche Darstellung für $\mathbf{v}$, d.h. das Geschwindigkeitsfeld

$$\mathbf{v}[\mathbf{a}(\mathbf{x},t),t] = \mathbf{v}(\mathbf{x},t)$$

Das durch $\mathbf{v}(\mathbf{x},t)$ bestimmte Geschwindigkeitsfeld gibt Auskunft darüber, welche Geschwindigkeit ein beliebiger materieller Punkt hat, wenn er den Ort $\mathbf{x}$ passiert. Damit gilt für die Beschleunigung

$$\mathbf{b} = \dot{\mathbf{v}} = \frac{\partial^2}{\partial t^2}\mathbf{x}(\mathbf{a},t) = \ddot{\mathbf{x}}(\mathbf{a},t)$$

Für die Euler'sche Betrachtung ergibt sich zunächst aus $\mathbf{a}(\mathbf{x},t)$, dass während der Bewegung im inkrementellen Zeitschritt dt die Verschiebung $d\mathbf{x}$ realisiert wird, jedoch die Lagrange'sche Koordinate $\mathbf{a}$ konstant bleibt, d.h. $d\mathbf{a} = \mathbf{0}$

$$\mathrm{d}\boldsymbol{a} = (\nabla_a \boldsymbol{x})^{\mathrm{T}} \cdot \mathrm{d}\boldsymbol{x} + \frac{\partial \boldsymbol{x}}{\partial t}\mathrm{d}t = \boldsymbol{0}$$

Es folgt zunächst

$$\mathrm{d}\boldsymbol{a} = \mathrm{d}\boldsymbol{x} \cdot \nabla_a \boldsymbol{x} + \frac{\partial \boldsymbol{x}}{\partial t}\mathrm{d}t = \boldsymbol{0}$$

und somit

$$\mathrm{d}\boldsymbol{x} = -\frac{\partial \boldsymbol{x}}{\partial t} \cdot (\nabla_a \boldsymbol{x})^{-1}\mathrm{d}t$$

Für die Geschwindigkeit folgt damit

$$\boldsymbol{v} = \boldsymbol{v}(\boldsymbol{x}, t) = \frac{\mathrm{d}\boldsymbol{x}}{\mathrm{d}t} = -\frac{\partial \boldsymbol{x}}{\partial t} \cdot (\nabla_a \boldsymbol{x})^{-1} = -\left[(\nabla_a \boldsymbol{x})^{-1}\right]^{\mathrm{T}} \cdot \frac{\partial \boldsymbol{x}}{\partial t}$$

Analog gilt

$$\mathrm{d}\boldsymbol{v} = (\nabla_a \boldsymbol{v})^{\mathrm{T}} \cdot \mathrm{d}\boldsymbol{x} + \frac{\partial \boldsymbol{v}}{\partial t}\mathrm{d}t = \boldsymbol{0}$$

bzw.

$$\boldsymbol{b} = \boldsymbol{b}(\boldsymbol{x}, t) = \frac{\mathrm{d}\boldsymbol{v}}{\mathrm{d}t} = \frac{\mathrm{d}\boldsymbol{x}}{\mathrm{d}t} \cdot \nabla_a \boldsymbol{v} + \frac{\partial \boldsymbol{v}}{\partial t} = \frac{\partial \boldsymbol{v}}{\partial t} + \boldsymbol{v} \cdot \nabla_a \boldsymbol{v}$$

Insbesondere für die Kinematik von Fluiden ist oft eine genauere Analyse von Geschwindigkeitsfeldern erforderlich. Dabei werden Bahnlinien, Stromlinien und Streichlinien berechnet. Diese Begriffe werden im Folgenden kurz erläutert.

Definition 3.7 (Bahnlinie). Bahnlinien sind die von materiellen Punkten in der Zeit t durchlaufenen Bahnkurven.

Man erhält sie bei gegebenem Geschwindigkeitsfeld $\boldsymbol{v}(\boldsymbol{x}, t)$ durch die Integration des Differentialgleichungssystems 1. Ordnung

$$\frac{\mathrm{d}\boldsymbol{x}(t)}{\mathrm{d}t} = \boldsymbol{v}(\boldsymbol{x}, t), \qquad \boldsymbol{x}(t_0) = \boldsymbol{a}$$

zu

$$\boldsymbol{x} = \boldsymbol{x}(\boldsymbol{a}, t)$$

t ist Kurvenparameter, $\boldsymbol{a}$ Scharparameter der Bahnkurven. t_0 ist der für alle Bahnlinien gewählte gleiche Anfangsparameter. Die Vektordifferentialgleichung zeigt, dass die Geschwindigkeit der materiellen Punkte überall tangential zu ihrer Bahn ist. Eine Bahnlinie ist somit der geometrische Ort aller Raumpunkte, die ein materieller Punkt während seiner Bewegung durchläuft. Dies entspricht der Lagrange'schen Betrachtungsweise.

Definition 3.8 (Stromlinie). Für eine feste Zeit t wird durch $\boldsymbol{v}(\boldsymbol{x}, t)$ jedem Raumpunkt eine Richtung $\dot{\boldsymbol{x}}(\boldsymbol{x}, t)$ zugeordnet, falls nicht $\boldsymbol{v} \equiv \boldsymbol{0}$. Die Kurven, deren Tangentenrichtungen mit den Richtungen der Geschwindigkeitskurven übereinstimmen, heißen Stromlinien.

Sie sind die Integralkurven des Geschwindigkeitsfeldes zur Zeit t und vermitteln für jeweils einen festen Zeitpunkt ein anschauliches Bild des Verlaufs einer Strömung.

Stromlinien entsprechen somit einer Feldbeschreibung, d.h. einer Euler'schen Darstellung. Mit der Linienkoordinate s als Kurvenparameter und der Anfangsbedingung $\mathbf{x}(s = s_0) = \mathbf{x}_0$ als Scharparameter erhält man die Parameterdarstellung der Stromlinie $\mathbf{x} = \mathbf{x}(s, \mathbf{x}_0)$ durch Integration der Vektordifferentialgleichung

$$\frac{d\mathbf{x}(s)}{ds} = \frac{\mathbf{v}(\mathbf{x}, t)}{|\mathbf{v}|}, \qquad t = \text{const.},$$

denn es gilt

$$\frac{d\mathbf{x}}{|d\mathbf{x}|} = \frac{d\mathbf{x}}{ds} = \frac{\mathbf{v}}{|\mathbf{v}|},$$

d.h. der Tangenteneinheitsvektor der Stromlinie ist gleich dem aus dem Geschwindigkeitsvektor folgenden Einheitsvektor. Für den Sonderfall

$$\mathbf{v}(\mathbf{x}, t) = \alpha(\mathbf{x}, t)\tilde{\mathbf{v}}(\mathbf{x})$$

mit dem Skalarfeld α stimmen Bahnkurve und Stromlinie überein. Auch für alle stationären Geschwindigkeitsfelder $\mathbf{v} = \mathbf{v}(\mathbf{x})$ fallen beide Kurven zusammen. Stromlinie und Bahnlinie berühren sich im Raumpunkt $\mathbf{x}(t)$, an dem sich der materielle Punkt auf seiner Bahn zum festen Zeitpunkt der betrachteten Stromlinie gerade befindet, da der Geschwindigkeitsvektor dort tangential zu seiner Bahn ist. Abbildung 3.4 zeigt anschaulich diesen Sonderfall. Man sieht, dass auf der Bahnkurve immer der gleiche materielle Punkt P_1 verfolgt wird, der sich zu unterschiedlichen Zeiten an unterschiedlichen Orten befindet, auf der Stromlinie dagegen zu einer festen Zeit sich an unterschiedlichen Orten unterschiedliche Punkte befinden. Die Bahn-

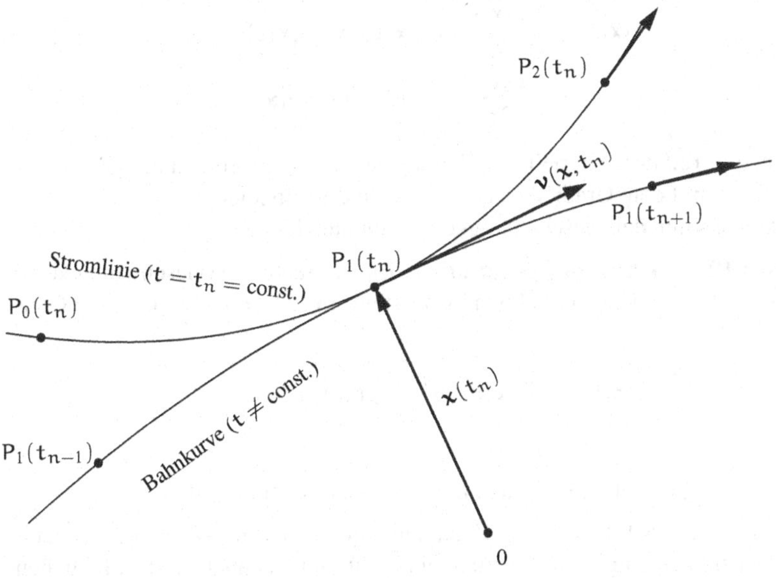

Abb. 3.4 Stromlinie und Bahnkurve

kurve ist somit die Verbindungslinie aller Orte, an denen sich ein spezieller materieller Punkt zu unterschiedlichen Zeiten befindet, die Stromlinie dagegen die Verbindungslinie der Orte, an denen sich zur gleichen Zeit unterschiedliche materielle Punkte befinden.

Definition 3.9 (Streichlinie). Die Streichlinie verbindet für eine feste Zeit t alle materiellen Punkte, die zu einer beliebigen Zeit τ einen festen Ort $\boldsymbol{\xi}$ passiert haben oder passieren werden.

Ist wieder das Geschwindigkeitsfeld $\mathbf{v} = \mathbf{v}(\mathbf{x}, t)$ gegeben, berechnet man meist die Bahnkurve $\mathbf{x} = \mathbf{x}(\mathbf{a}, t)$ und danach $\mathbf{a} = \mathbf{a}(\mathbf{x}, t)$. Ersetzt man in der letzten Gleichung $\mathbf{x}$ durch $\boldsymbol{\xi}$ und t durch τ, erhält man die materiellen Punkte $\mathbf{a}$, die zur Zeit τ am Ort $\boldsymbol{\xi}$ waren. Die Bahnkoordinaten für diese Punkte erhält man durch Einsetzen der entsprechenden $\mathbf{a}$ in die Bahnkurvengleichung

$$\mathbf{x} = \mathbf{x}[\mathbf{a}(\boldsymbol{\xi}, \tau), t] = \mathbf{x}(\boldsymbol{\xi}, \tau, t = \text{const.})$$

Für feste t ist τ Kurvenparameter einer Raumkurve, die durch den fixierten Punkt $\boldsymbol{\xi}$ geht. Diese Raumkurve ist die Streichlinie, d.h. der geometrische Ort aller materiellen Punkte, die zu einer fixierten Zeit $t = \text{const.}$ den Punkt $\boldsymbol{\xi}$ passiert haben ($\tau < t$) oder noch passieren werden ($\tau > t$).

Für die weiteren Betrachtungen wird vorausgesetzt, dass das Geschwindigkeitsfeld $\mathbf{v} = \mathbf{v}(\mathbf{x}, t)$ bekannt ist. Die materielle Ableitung von $\mathbf{v}$ liefert das Beschleunigungsfeld $\mathbf{b}(\mathbf{x}, t)$

$$\mathbf{b}(\mathbf{x}, t) = \frac{D\mathbf{v}(\mathbf{x}, t)}{Dt} \equiv \dot{\mathbf{v}}(\mathbf{x}, t)$$

mit

$$\begin{aligned}
\dot{\mathbf{v}}(\mathbf{x}, t) &= \frac{\partial \mathbf{v}(\mathbf{x}, t)}{\partial t} + \mathbf{v}(\mathbf{x}, t) \cdot \nabla_{\mathbf{x}} \mathbf{v}(\mathbf{x}, t) \\
&= \frac{\partial \mathbf{v}(\mathbf{x}, t)}{\partial t} + \mathbf{v}(\mathbf{x}, t) \cdot \operatorname{grad} \mathbf{v}(\mathbf{x}, t)
\end{aligned}$$

Der konvektive Teil der materiellen Ableitung ist das Skalarprodukt des Geschwindigkeitsvektors mit dem Gradienten des Geschwindigkeitsfeldes.

Man definiert nun den Geschwindigkeitsgradienten L.

Definition 3.10 (Geschwindigkeitsgradienten). Der räumliche Geschwindigkeitsgradient $\mathbf{L}$ eines gegebenen Geschwindigkeitsfeldes $\mathbf{v} = \mathbf{v}(\mathbf{x}, t)$ ist durch die Gleichung

$$\begin{aligned}
\mathbf{L}(\mathbf{x}, t) &= [\nabla_{\mathbf{x}} \mathbf{v}(\mathbf{x}, t)]^{\mathrm{T}} \equiv [\operatorname{grad} \mathbf{v}(\mathbf{x}, t)]^{\mathrm{T}}, \\
L_{ij} &= v_{i,j}
\end{aligned}$$

gegeben. $\mathbf{L}$ ist ein Tensor 2. Stufe, d.h. $\mathbf{L}(\mathbf{x}, t)$ beschreibt ein Dyadenfeld.

Mit Hilfe des Tensors $\mathbf{L}$ können die Zeitableitungen materieller Linien-, Flächen-, und Volumenelemente in der Momentankonfiguration berechnet werden. Es gelten die folgenden Gleichungen

$$(\mathrm{d}\boldsymbol{x})^{\cdot} = \mathbf{L} \cdot \mathrm{d}\boldsymbol{x}, \tag{3.15}$$

$$(\mathrm{d}\boldsymbol{A})^{\cdot} = [(\mathrm{div}\boldsymbol{v})\mathbf{I} - \mathbf{L}^{\mathrm{T}}] \cdot \mathrm{d}\boldsymbol{A}, \tag{3.16}$$

$$(\mathrm{d}V)^{\cdot} = (\mathrm{div}\boldsymbol{v})\mathrm{d}V \tag{3.17}$$

Für den Beweis der Gl. (3.15) geht man von folgenden Beziehungen aus

$$v_i(a_j,t) = v_i[x_k(a_j,t),t], \qquad a_i = a_i(x_j,t),$$

$$\frac{\partial v_i}{\partial a_j} = \frac{\partial v_i}{\partial x_k}\frac{\partial x_k}{\partial a_j} = L_{ik}F_{kj}$$

oder in symbolischer Schreibweise

$$(\nabla_a \boldsymbol{v})^{\mathrm{T}} = (\nabla_x \boldsymbol{v})^{\mathrm{T}} \cdot (\nabla_a \boldsymbol{x})^{\mathrm{T}} = \mathbf{L} \cdot \mathbf{F} \tag{3.18}$$

Ferner gilt mit

$$\nabla\left[\frac{\partial}{\partial t}(\ldots)\right] = \frac{\partial}{\partial t}[\nabla(\ldots)],$$

$$(\nabla_a \boldsymbol{v})^{\mathrm{T}} = (\nabla_a \dot{\boldsymbol{x}})^{\mathrm{T}} = [(\nabla_a \boldsymbol{x})^{\cdot}]^{\mathrm{T}} = \dot{\mathbf{F}} \tag{3.19}$$

und mit Gl. (3.18) auch

$$\dot{\mathbf{F}}(\boldsymbol{a},t) = \mathbf{L}(\boldsymbol{x},t) \cdot \mathbf{F}(\boldsymbol{a},t) \tag{3.20}$$

oder

$$\mathbf{L}(\boldsymbol{x},t) = \dot{\mathbf{F}} \cdot \mathbf{F}^{-1} \tag{3.21}$$

Der Tensor $\mathbf{L}$ kann auch in Lagrange'scher Darstellung angegeben werden. Aus den Gln. (3.18) und (3.20) erhält man

$$\nabla_a \boldsymbol{v}(\boldsymbol{a},t) = \mathbf{L}(\boldsymbol{x},t) \cdot \mathbf{F}(\boldsymbol{a},t) = \dot{\mathbf{F}}(\boldsymbol{a},t),$$

und wenn man in Gl. (3.21), wie üblich, $\mathbf{F}$ in materiellen Koordinaten ausdrückt

$$\mathbf{L}[\boldsymbol{a}(\boldsymbol{x},t),t] = \mathbf{L}(\boldsymbol{a},t) = \dot{\mathbf{F}}(\boldsymbol{a},t) \cdot \mathbf{F}^{-1}(\boldsymbol{a},t)$$

Damit folgt abschließend

$$\mathrm{d}\boldsymbol{x} = \mathbf{F} \cdot \mathrm{d}\boldsymbol{a}, \qquad \mathrm{d}\boldsymbol{a} = \mathbf{F}^{-1} \cdot \mathrm{d}\boldsymbol{x},$$

$$(\mathrm{d}\boldsymbol{x})^{\cdot} = \dot{\mathbf{F}} \cdot \mathrm{d}\boldsymbol{a} = \dot{\mathbf{F}} \cdot \mathbf{F}^{-1} \cdot \mathrm{d}\boldsymbol{x} = \mathbf{L} \cdot \mathrm{d}\boldsymbol{x} \qquad \text{q.e.d.}$$

Eine einfache Herleitung für das Linienelement erhält man auf folgendem Wege

$$\boldsymbol{x} = \boldsymbol{x}(\boldsymbol{a},t),$$

$$\mathrm{d}\boldsymbol{x} = (\nabla_a \boldsymbol{x})^{\mathrm{T}} \cdot \mathrm{d}\boldsymbol{a},$$

$$(\mathrm{d}\boldsymbol{x})^{\cdot} = (\nabla_a \boldsymbol{v})^{\mathrm{T}} \cdot \mathrm{d}\boldsymbol{a} = \mathbf{L}[\boldsymbol{v}(\boldsymbol{a},t)] \cdot \mathrm{d}\boldsymbol{a}$$

Geht man für $\mathbf{v}$ von der materiellen zur räumlichen Darstellung über, gilt analog

$$(\mathrm{d}\mathbf{x})^{\cdot} = \mathbf{v}(\mathbf{x}+\mathrm{d}\mathbf{x},t) - \mathbf{v}(\mathbf{x},t) = (\nabla_{\mathbf{x}}\mathbf{v})^{\mathrm{T}} \cdot \mathrm{d}\mathbf{x} = \mathbf{L}[\mathbf{v}(\mathbf{x},t)] \cdot \mathrm{d}\mathbf{x}$$

Man erkennt auch hier wieder den Zusammenhang:

$$(\nabla_{\mathbf{x}}\mathbf{v})^{\mathrm{T}} \cdot \mathbf{F} = (\nabla_{\mathbf{a}}\mathbf{v})^{\mathrm{T}}$$

Für den Nachweis der Gl. (3.17) benötigt man die für alle invertierbaren Tensoren 2. Stufe geltende Identität

$$\frac{\mathrm{d}}{\mathrm{d}\mathbf{T}}(\det\mathbf{T}) = (\det\mathbf{T})\left(\mathbf{T}^{\mathrm{T}}\right)^{-1}$$

Damit wird

$$\begin{aligned}
(\mathrm{d}V)^{\cdot} &= [(\det\mathbf{F})\mathrm{d}V_0]^{\cdot} = \frac{\mathrm{d}}{\mathrm{d}\mathbf{F}}(\det\mathbf{F}) \cdot\cdot\, \dot{\mathbf{F}}\mathrm{d}V_0 \\
&= (\det\mathbf{F})(\mathbf{F}^{\mathrm{T}})^{-1} \cdot\cdot\, \dot{\mathbf{F}}\mathrm{d}V_0 = \mathrm{Sp}\,(\dot{\mathbf{F}} \cdot \mathbf{F}^{-1})(\det\mathbf{F})\mathrm{d}V_0 \\
&= \mathrm{Sp}\,(\mathbf{L})\mathrm{d}V = (\mathrm{div}\mathbf{v})\mathrm{d}V,
\end{aligned}$$

was zu beweisen war.

Aus $(\mathrm{d}V)^{\cdot} = (\mathrm{div}\mathbf{v})\mathrm{d}V$ erhält man einen Ausdruck für die Zeitableitung der Jacobi-Determinante, der zum Nachweis der Gl. (3.16) benötigt wird

$$(\mathrm{d}V)^{\cdot} = [(\det\mathbf{F})\mathrm{d}V_0]^{\cdot} = (\det\mathbf{F})^{\cdot}\mathrm{d}V_0 = (\det\mathbf{F})^{\cdot}(\det\mathbf{F})^{-1}\mathrm{d}V$$

Mit $(\mathrm{d}V)^{\cdot} = (\mathrm{div}\mathbf{v})\mathrm{d}V$ folgt dann

$$(\det\mathbf{F})^{\cdot} = (\det\mathbf{F})\,\mathrm{div}\mathbf{v} \tag{3.22}$$

Ausgangspunkt zum Beweis der Gl. (3.16) ist die Gl. (3.11)

$$\mathrm{d}\mathbf{A} = (\det\mathbf{F})\left(\mathbf{F}^{-1}\right)^{\mathrm{T}} \cdot \mathrm{d}\mathbf{A}_0$$

Man erhält unter Nutzung von Gl. (3.22)

$$\begin{aligned}
(\mathrm{d}\mathbf{A})^{\cdot} &= \left\{(\det\mathbf{F})^{\cdot}\left(\mathbf{F}^{\mathrm{T}}\right)^{-1} + (\det\mathbf{F})\left[\left(\mathbf{F}^{\mathrm{T}}\right)^{-1}\right]^{\cdot}\right\} \cdot \mathrm{d}\mathbf{A}_0 \\
&= (\det\mathbf{F})\left[(\mathrm{div}\mathbf{v})\left(\mathbf{F}^{\mathrm{T}}\right)^{-1} - \left(\mathbf{F}^{\mathrm{T}}\right)^{-1} \cdot \dot{\mathbf{F}}^{\mathrm{T}} \cdot \left(\mathbf{F}^{\mathrm{T}}\right)^{-1}\right] \cdot \mathrm{d}\mathbf{A}_0
\end{aligned}$$

Dabei wurde folgende Gleichung benutzt

$$\left[\left(\mathsf{F}^{\mathrm{T}}\right)^{-1}\cdot\mathsf{F}^{\mathrm{T}}=\mathrm{I}\right]^{\cdot},$$

$$\left[\left(\mathsf{F}^{\mathrm{T}}\right)^{-1}\right]^{\cdot}\cdot\mathsf{F}^{\mathrm{T}}+\left(\mathsf{F}^{\mathrm{T}}\right)^{-1}\cdot\dot{\mathsf{F}}^{\mathrm{T}}=0,$$

$$\left[\left(\mathsf{F}^{\mathrm{T}}\right)^{-1}\right]^{\cdot}=-\left(\mathsf{F}^{\mathrm{T}}\right)^{-1}\cdot\dot{\mathsf{F}}^{\mathrm{T}}\cdot\left(\mathsf{F}^{\mathrm{T}}\right)^{-1}$$

Ersetzt man noch $\mathrm{d}\boldsymbol{A}_0$ durch $(\det\mathsf{F})^{-1}\mathsf{F}^{\mathrm{T}}\cdot\mathrm{d}\boldsymbol{A}$, ist Gl. (3.16) bewiesen

$$(\mathrm{d}\boldsymbol{A})^{\cdot}=\left[(\mathrm{div}\boldsymbol{v})\mathbf{I}-\left(\dot{\mathsf{F}}\cdot\mathsf{F}^{-1}\right)^{\mathrm{T}}\right]\cdot\mathrm{d}\boldsymbol{A}=\left[(\mathrm{div}\boldsymbol{v})\mathbf{I}-\mathsf{L}^{\mathrm{T}}\right]\cdot\mathrm{d}\boldsymbol{A}\qquad\text{q.e.d.}$$

Zum materiellen Deformationsgradienten $\mathsf{F}(\boldsymbol{a},t)$ und zum räumlichen Geschwindigkeitsgradienten $\mathsf{L}(\boldsymbol{x},t)$ kann man folgende zusammenfassende Aussagen treffen:

- F wirkt auf die Menge der materiellen Linienelemente in der Referenzkonfiguration und transformiert diese in die Momentankonfiguration.
- L wirkt auf die Menge der materiellen Linienelemente in der Momentankonfiguration und bestimmt ihre Veränderungsrate (Änderungsgeschwindigkeit).

F und L liefern somit wesentliche Informationen über die lokalen Eigenschaften von Deformationen. Die wichtigsten Gleichungen sind nachfolgend noch einmal zusammengefasst.

Geschwindigkeit und Geschwindigkeitsgradienten

$$\begin{aligned}
\boldsymbol{v}(\boldsymbol{a},t)&=\dot{\boldsymbol{x}}(\boldsymbol{a},t), & v_i(a_j,t)&=\dot{x}_i(a_j,t),\\
\boldsymbol{v}[\boldsymbol{a}(\boldsymbol{x}),t]&=\boldsymbol{v}(\boldsymbol{x},t), & v_i[a_j(x_k),t]&=v_i(x_j,t),\\
\mathsf{L}(\boldsymbol{x},t)&=[\nabla_x\boldsymbol{v}(\boldsymbol{x},t)]^{\mathrm{T}}, & L_{ij}(x_k,t)&=v_{i,j}(x_k,t),\\
\mathsf{L}\cdot\mathsf{F}&=(\nabla_a\boldsymbol{v})^{\mathrm{T}}=\dot{\mathsf{F}}, & L_{ij}F_{jk}&=\frac{\partial v_i}{\partial a_j}=v_{i,j}\frac{\partial x_j}{\partial a_k}=\dot{F}_{ik}
\end{aligned}$$

Zeitableitungen für Linien-, Flächen- und Volumenelemente

$$\begin{aligned}
(\mathrm{d}\boldsymbol{x})^{\cdot}&=\mathsf{L}\cdot\mathrm{d}\boldsymbol{x}=\dot{\mathsf{F}}\cdot\mathrm{d}\boldsymbol{a}, & (\mathrm{d}x_i)^{\cdot}&=L_{ij}\mathrm{d}x_j=\dot{F}_{ij}\mathrm{d}a_j,\\
(\mathrm{d}\boldsymbol{A})^{\cdot}&=\left[(\mathrm{div}\boldsymbol{v})\mathbf{I}-\mathsf{L}^{\mathrm{T}}\right]\cdot\mathrm{d}\boldsymbol{A}, & (\mathrm{d}A_i)^{\cdot}&=[v_{k,k}\delta_{ij}-L_{ji}]\mathrm{d}A_i,\\
(\mathrm{d}V)^{\cdot}&=(\mathrm{div}\boldsymbol{v})\mathrm{d}V, & (\mathrm{d}V)^{\cdot}&=v_{k,k}\mathrm{d}V
\end{aligned}$$

3.5 Verzerrungen und Verzerrungsmaße

Da der in Abschn. 3.3 eingeführte Deformationsgradienten F sich auf den gesamten Bewegungsvorgang bezieht, d.h. auch lokale Starrkörperdeformationen enthält, ist er als Maß für die Formänderungen, d.h. die Verzerrungen eines Körpers, ungeeignet. Es ist daher erforderlich, entweder vom Deformationsgradienten die lokalen

Starrkörperanteile abzuspalten oder ein anderes, geeignetes Maß für die Verzerrungen zu definieren.

Einen Zugang zu den Verzerrungen durch Abspaltung lokaler Starrkörperanteile von F gibt die multiplikative Zerlegung des Tensors F mit Hilfe des polaren Zerlegungssatzes für Tensoren.

Satz 3.1 (Polarer Zerlegungssatz). *Jeder reguläre Tensor 2. Stufe* $\mathbf{M}$ *mit* $\det\mathbf{M} > 0$ *kann eindeutig durch eine polare Zerlegung in positiv definite symmetrische Tensoren* $\mathbf{U}$ *oder* $\mathbf{V}$ *und einen eigentlich orthogonalen Tensor* $\mathbf{R}$ *dargestellt werden*

$$\mathbf{M} = \mathbf{R} \cdot \mathbf{U} = \mathbf{V} \cdot \mathbf{R}$$

$\mathbf{R} \cdot \mathbf{U}$ *heißt dann rechte und* $\mathbf{V} \cdot \mathbf{R}$ *linke polare Zerlegung (Dekomposition).*

Der Deformationsgradient F ist regulär, denn nach Gl. (3.12) gilt immer $\det\mathsf{F} \neq 0$. Damit ist für F eine polare Zerlegung möglich

$$\mathsf{F} = \mathbf{R} \cdot \mathbf{U} = \mathbf{V} \cdot \mathbf{R} \tag{3.23}$$

Dabei gelten folgende Aussagen

- $\mathbf{R}$ ist ein eigentlich orthogonaler Tensor, d.h. $\mathbf{R} \cdot \mathbf{R}^{\mathrm{T}} = \mathbf{R}^{\mathrm{T}} \cdot \mathbf{R} = \mathbf{I}; \det\mathbf{R} = +1$.
- $\mathbf{U}$ und $\mathbf{V}$ sind symmetrische, positiv definite Tensoren, d.h.

  $$\mathbf{U} = \mathbf{U}^{\mathrm{T}}, \qquad \mathbf{V} = \mathbf{V}^{\mathrm{T}}, \qquad (\mathbf{U} \cdot \mathbf{a}) \cdot \mathbf{a} > 0, \qquad (\mathbf{V} \cdot \mathbf{b}) \cdot \mathbf{b} > 0$$

  $\mathbf{a}, \mathbf{b}$ sind beliebige, von $\mathbf{0}$ verschiedene Vektoren.
- $\mathbf{U}, \mathbf{V}, \mathbf{R}$ sind eindeutig aus F bestimmbar.
- Die Eigenwerte der Tensoren $\mathbf{U}$ und $\mathbf{V}$ sind identisch. Ist $\boldsymbol{\eta}$ Eigenvektor von $\mathbf{U}$, dann ist $\mathbf{R} \cdot \boldsymbol{\eta}$ Eigenvektor von $\mathbf{V}$.

Diese Aussagen sollen zunächst überprüft werden. Für den Deformationsgradienten gilt $(\mathsf{F} \cdot \mathbf{a}) \cdot (\mathsf{F} \cdot \mathbf{a}) = \mathbf{a} \cdot \left(\mathsf{F}^{\mathrm{T}} \cdot \mathsf{F}\right) \cdot \mathbf{a} > 0$ für alle $\mathbf{a} \neq \mathbf{0}$, d.h. $\mathsf{F}^{\mathrm{T}} \cdot \mathsf{F}$ ist ein symmetrischer positiv definiter Tensor. Dann sind die Tensoren $\mathbf{U} = \left(\mathsf{F}^{\mathrm{T}} \cdot \mathsf{F}\right)^{1/2}$ und $\mathbf{U}^{-1}$ auch symmetrisch und positiv definit.

Der Nachweis der Orthogonalität für $\mathbf{R}$ ergibt sich wie folgt

$$\begin{aligned}
\mathbf{R} \cdot \mathbf{R}^{\mathrm{T}} &= \left(\mathsf{F} \cdot \mathbf{U}^{-1}\right) \cdot \left(\mathsf{F} \cdot \mathbf{U}^{-1}\right)^{\mathrm{T}} = \mathsf{F} \cdot \mathbf{U}^{-2} \cdot \mathsf{F}^{\mathrm{T}} = \mathsf{F} \cdot \left(\mathbf{U}^{2}\right)^{-1} \cdot \mathsf{F}^{\mathrm{T}} \\
&= \mathsf{F} \cdot \left(\mathsf{F}^{\mathrm{T}} \cdot \mathsf{F}\right)^{-1} \cdot \mathsf{F}^{\mathrm{T}} = \mathsf{F} \cdot \left[\mathsf{F}^{-1} \cdot \left(\mathsf{F}^{\mathrm{T}}\right)^{-1}\right] \cdot \mathsf{F}^{\mathrm{T}} = \left(\mathsf{F} \cdot \mathsf{F}^{-1}\right) \cdot \left[\left(\mathsf{F}^{\mathrm{T}}\right)^{-1} \cdot \mathsf{F}^{\mathrm{T}}\right] \\
&= \mathbf{I} \cdot \mathbf{I} = \mathbf{I}
\end{aligned}$$

Mit $\det\mathsf{F} > 0$ ist auch $\det\mathbf{U}^{-1} > 0$ und es folgt $\det\mathbf{R} = \det\mathsf{F}\det\mathbf{U}^{-1} > 0$. Die Orthogonalitätsbedingung $\mathbf{R} \cdot \mathbf{R}^{\mathrm{T}} = \mathbf{I}$ führt auf $\det\left(\mathbf{R} \cdot \mathbf{R}^{\mathrm{T}}\right) = (\det\mathbf{R})^2 = +1$ und damit hier auf $\det\mathbf{R} = +1$. Eigentlich orthogonale Tensoren $\mathbf{R}$ bewirken stets eine starre Drehung, uneigentlich orthogonale $\mathbf{R}$ mit $\det\mathbf{R} = -1$ dagegen eine einfache Spiegelung [13]. Der Nachweis der Eindeutigkeit ist einfach, denn aus $\mathsf{F} = \mathbf{R} \cdot \mathbf{U} = \mathbf{R}_1 \cdot \mathbf{U}_1$

folgt $(\mathbf{R}\cdot\mathbf{U})^{\mathrm{T}} = (\mathbf{R}_1\cdot\mathbf{U}_1)^{\mathrm{T}}$ und mit

$$\mathbf{U}=\mathbf{U}^{\mathrm{T}}, \qquad \mathbf{U}_1=\mathbf{U}_1^{\mathrm{T}}, \qquad \mathbf{U}\cdot\mathbf{R}^{\mathrm{T}}=\mathbf{U}_1\cdot\mathbf{R}_1^{\mathrm{T}}$$

Damit wird

$$\begin{aligned}\mathbf{U}^2 &= \mathbf{U}\cdot(\mathbf{R}^{\mathrm{T}}\cdot\mathbf{R})\cdot\mathbf{U} = (\mathbf{U}\cdot\mathbf{R}^{\mathrm{T}})\cdot(\mathbf{R}\cdot\mathbf{U})\\ &= (\mathbf{U}_1\cdot\mathbf{R}_1^{\mathrm{T}})\cdot(\mathbf{R}_1\cdot\mathbf{U}_1) = \mathbf{U}_1\cdot(\mathbf{R}_1^{\mathrm{T}}\cdot\mathbf{R}_1)\cdot\mathbf{U}_1 = \mathbf{U}_1^2\end{aligned}$$

d.h. $\mathbf{U}=\mathbf{U}_1$. Der Beweis für die 2. Zerlegung verläuft analog. Für $\mathbf{F}=\mathbf{V}\cdot\mathbf{R}$ mit $\mathbf{V}=\left(\mathbf{F}\cdot\mathbf{F}^{\mathrm{T}}\right)^{1/2}$ folgt

$$\begin{aligned}\mathbf{V}^2 &= \mathbf{F}\cdot\mathbf{F}^{\mathrm{T}} = (\mathbf{R}\cdot\mathbf{U})\cdot(\mathbf{R}\cdot\mathbf{U})^{\mathrm{T}} = \mathbf{R}\cdot\mathbf{U}^2\cdot\mathbf{R}^{\mathrm{T}} = (\mathbf{R}\cdot\mathbf{U})\cdot(\mathbf{R}^{\mathrm{T}}\cdot\mathbf{R})\cdot(\mathbf{U}\cdot\mathbf{R}^{\mathrm{T}})\\ &= (\mathbf{R}\cdot\mathbf{U}\cdot\mathbf{R}^{\mathrm{T}})\cdot(\mathbf{R}\cdot\mathbf{U}\cdot\mathbf{R}^{\mathrm{T}}) = (\mathbf{R}\cdot\mathbf{U}\cdot\mathbf{R}^{\mathrm{T}})^2,\\ \mathbf{V} &= \mathbf{R}\cdot\mathbf{U}\cdot\mathbf{R}^{\mathrm{T}} \Longrightarrow \mathbf{V}\cdot\mathbf{R} = \mathbf{R}\cdot\mathbf{U}\cdot(\mathbf{R}^{\mathrm{T}}\cdot\mathbf{R}) = \mathbf{R}\cdot\mathbf{U} = \mathbf{F}\end{aligned}$$

Sind ferner $\boldsymbol{\eta}$ und λ Eigenvektor und Eigenwert von $\mathbf{U}$, dann gilt $\lambda\boldsymbol{\eta} = \mathbf{U}\cdot\boldsymbol{\eta}$ und damit auch

$$\lambda(\mathbf{R}\cdot\boldsymbol{\eta}) = (\mathbf{R}\cdot\mathbf{U})\cdot\boldsymbol{\eta} = (\mathbf{V}\cdot\mathbf{R})\cdot\boldsymbol{\eta} = \mathbf{V}\cdot(\mathbf{R}\cdot\boldsymbol{\eta}),$$

d.h. $\mathbf{U}$ und $\mathbf{V}$ haben den gleichen Eigenwert λ, und $\boldsymbol{\eta}$ bzw. $\mathbf{R}\cdot\boldsymbol{\eta}$ sind die Eigenvektoren von $\mathbf{U}$ bzw. $\mathbf{V}$.

Definition 3.11 (Ähnliche Tensoren). Tensoren 2. Stufe $\mathbf{U}$ und $\mathbf{V}$ heißen einander ähnlich, wenn sie gleiche Eigenwerte haben.

Für ähnliche Tensoren gilt immer eine Ähnlichkeitstransformation

$$\mathbf{U}=\mathbf{Q}^{-1}\cdot\mathbf{V}\cdot\mathbf{Q}, \qquad \mathbf{V}=\mathbf{Q}\cdot\mathbf{U}\cdot\mathbf{Q}^{-1},$$

wobei $\mathbf{Q}$ ein beliebiger, invertierbarer Tensor ist. Im vorliegenden Fall ist $\mathbf{R}$ ein orthogonaler Tensor, d.h. es gilt $\mathbf{R}^{-1}=\mathbf{R}^{\mathrm{T}}$. Somit ist

$$\mathbf{V}=\mathbf{R}\cdot\mathbf{U}\cdot\mathbf{R}^{\mathrm{T}}$$

eine Ähnlichkeitstransformation. Es lässt sich auch zeigen, dass aus der Ähnlichkeit zweier Tensoren $\mathbf{U}$ und $\mathbf{V}$ auch die Ähnlichkeit für $\mathbf{U}^n$ und $\mathbf{V}^n$ folgt.

Die polare Zerlegung von $\mathbf{F}$ macht anschaulich deutlich, dass lokale Deformationen, d.h. Deformationen des betrachteten materiellen Punktes und seiner infinitesimalen Umgebung, immer als Resultat zweier aufeinanderfolgender Tensoroperationen dargestellt werden können. Der Tensor $\mathbf{R}$ bewirkt eine starre Drehung. Im Unterschied zum starren Körper liefert $\mathbf{R}$ aber nicht die globale Drehung des starren Körpers, sondern $\mathbf{R}$ ist im allgemeinen Fall von Punkt zu Punkt verschieden und gibt somit nur Informationen über die starren Drehungen eines materiellen Linienelementes im betrachteten Punkt. $\mathbf{U}$ und $\mathbf{V}$ bewirken eine reine Dilatation, d.h. eine Dehnung (Streckung oder Stauchung) in Richtung der Hauptachsen von $\mathbf{U}$ und $\mathbf{V}$. Man erkennt aus der Beziehung (3.23), dass die Reihenfolge der Operationen auswechselbar ist. Die in allgemeinen Deformationen enthaltenen Starrkörpertranslationen gehen aufgrund der Gradientenbildung $\mathbf{F} = (\nabla_a \mathbf{x})^T$ nicht in die Zerlegung von $\mathbf{F}$ ein.

Mit der Anwendung des Zerlegungssatzes auf $\mathbf{F}$ gelten für die Transformation des Linienelements $d\mathbf{a}$ in das Linienelement $d\mathbf{x}$ folgende Gleichungen

$$d\mathbf{x} = \mathbf{F} \cdot d\mathbf{a} = \mathbf{R} \cdot (\mathbf{U} \cdot d\mathbf{a}) = \mathbf{V} \cdot (\mathbf{R} \cdot d\mathbf{a}),$$
$$dx_i = F_{ij} da_j = R_{ik} U_{kj} da_j = V_{ik} R_{kj} da_j$$

Dies kann anschaulich interpretiert werden (Abb. 3.5). Es gilt:

- Streckung oder Stauchung von $d\mathbf{a}$ durch den Tensor $\mathbf{U}$

$$\mathbf{U} \cdot d\mathbf{a} = d\boldsymbol{\xi}, \qquad U_{ij} da_j = d\xi_i$$

- Starre Drehung von $d\boldsymbol{\xi}$ durch den Tensor $\mathbf{R}$

$$\mathbf{R} \cdot d\boldsymbol{\xi} = d\mathbf{x}, \qquad R_{ij} d\xi_j = dx_i$$

- Starre Drehung von $d\mathbf{a}$ durch den Tensor $\mathbf{R}$

$$\mathbf{R} \cdot d\mathbf{a} = d\boldsymbol{\eta}, \qquad R_{ij} da_j = d\eta_i$$

- Streckung oder Stauchung von $d\boldsymbol{\eta}$ durch den Tensor $\mathbf{V}$

$$\mathbf{V} \cdot d\boldsymbol{\eta} = d\mathbf{x}, \qquad V_{ij} d\eta_j = dx_i$$

Die starren Drehungen im Punkt P_0 sind, unabhängig von der Reihenfolge der Tensoroperationen, gleich. Die Tensoren $\mathbf{U}$ und $\mathbf{V}$ bewirken im Allgemeinen eine Längen- und eine Richtungsänderung von $d\mathbf{a}$. Stimmen aber die Richtungen von $d\mathbf{a}$ bzw. von $d\boldsymbol{\eta}$ mit den Hauptachsenrichtungen von $\mathbf{U}$ bzw. $\mathbf{V}$ überein, bewirken die-

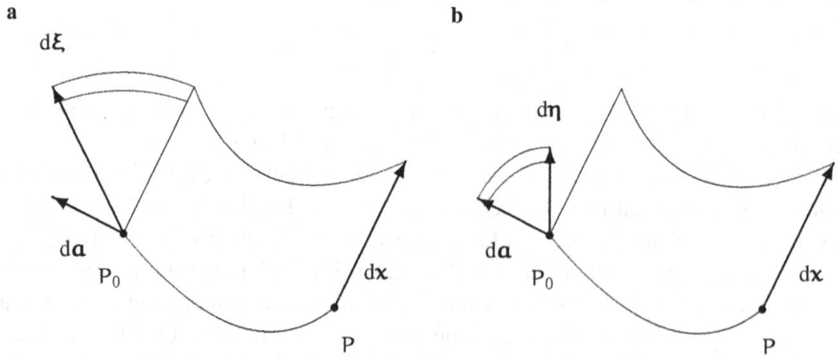

Abb. 3.5 Transformation von Linienelementen der Referenzkonfiguration mit Hilfe des Deformationsgradienten: **a** $\mathbf{F} = \mathbf{R} \cdot \mathbf{U}$, **b** $\mathbf{F} = \mathbf{V} \cdot \mathbf{R}$

se Tensoren nur Längenänderungen, d.h. für einen infinitesimalen Würfel, dessen Kantenrichtungen den Hauptachsenrichtungen entsprechen, eine reine Dilatation. Die Transformation des gedrehten und gedehnten Linienelementes da von P_0 zum Punkt P erfordert dann nur noch eine Starrkörpertranslation, die auf die lokalen Werte von F und damit auch auf U, V und R keinen Einfluss hat. Die folgende Abb. 3.6 zeigt noch einmal diese Zusammenhänge. Die polare Zerlegung von F führt somit auf folgende Deformationstensoren

$$\begin{aligned} \mathsf{U} &= \left(\mathsf{F}^{\mathrm{T}} \cdot \mathsf{F}\right)^{1/2} && \text{Rechtsstrecktensor,} \\ \mathsf{V} &= \left(\mathsf{F} \cdot \mathsf{F}^{\mathrm{T}}\right)^{1/2} && \text{Linksstrecktensor,} \\ \mathsf{C} &= \mathsf{U}^2 = \mathsf{F}^{\mathrm{T}} \cdot \mathsf{F} && \text{Rechts-Cauchy-Green-Tensor,} \\ \mathsf{B} &= \mathsf{V}^2 = \mathsf{F} \cdot \mathsf{F}^{\mathrm{T}} && \text{Links-Cauchy-Green-Tensor} \end{aligned} \tag{3.24}$$

Der Tensor C wird auch als Green'scher Deformationstensor bezeichnet, B trägt auch die Bezeichnung Finger'scher[7] Deformationstensor. Die zugehörigen Inversen C^{-1} und B^{-1} sind der Piola'sche und der Cauchy'sche Deformationstensor. Sie sind wie folgt definiert

$$\begin{aligned} \mathsf{C}^{-1} &= (\mathsf{F}^{\mathrm{T}} \cdot \mathsf{F})^{-1} \\ \mathsf{B}^{-1} &= (\mathsf{F} \cdot \mathsf{F}^{\mathrm{T}})^{-1} \end{aligned}$$

Eine besonders anschauliche Darstellung der lokalen Deformationen liefert folgende Überlegung. Man betrachtet eine differentielle Umgebung eines Punktes P_0 der Referenzkonfiguration in Form einer Kugel mit dem Radius dr. Der Vektor vom Kugelmittelpunkt zur Kugeloberfläche soll genau dem Linienelementvektor da entsprechen, die Punkte auf der Kugelfläche genügen dann der Gleichung $\mathsf{da} \cdot \mathsf{da} = \mathrm{dr}^2$, d.h.

$$\frac{a_1^2}{\mathrm{dr}^2} + \frac{a_2^2}{\mathrm{dr}^2} + \frac{a_3^2}{\mathrm{dr}^2} = 1$$

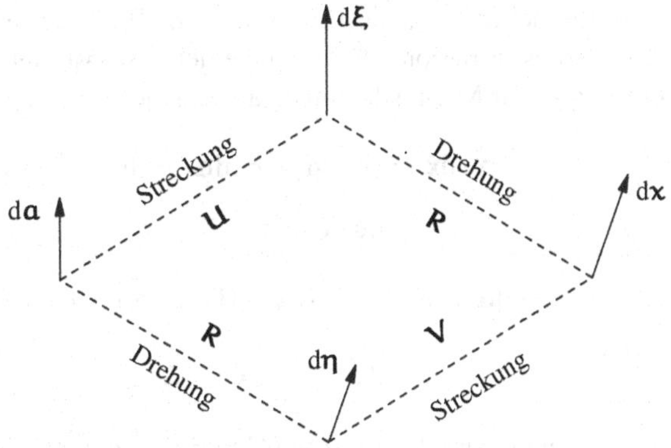

Abb. 3.6 Mögliche Transformationsschritte für die Transformation von da in dx

[7] Josef Finger (1841-1925), Physiker und Mathematiker, Analytische Mechanik

Aus der Transformationsbeziehung zwischen $\mathrm{d}\boldsymbol{a}$ und $\mathrm{d}\boldsymbol{x}$

$$\mathrm{d}\boldsymbol{a} = \mathbf{F}^{-1} \cdot \mathrm{d}\boldsymbol{x} = (\mathbf{V} \cdot \mathbf{R})^{-1} \cdot \mathrm{d}\boldsymbol{x} = \mathbf{R}^{\mathrm{T}} \cdot \mathbf{V}^{-1} \cdot \mathrm{d}\boldsymbol{x}$$

folgt

$$\begin{aligned}(\mathrm{d}\boldsymbol{a})^2 &= \mathrm{d}\boldsymbol{a} \cdot \mathrm{d}\boldsymbol{a} \\ &= (\mathbf{R}^{\mathrm{T}} \cdot \mathbf{V}^{-1} \cdot \mathrm{d}\boldsymbol{x}) \cdot (\mathbf{R}^{\mathrm{T}} \cdot \mathbf{V}^{-1} \cdot \mathrm{d}\boldsymbol{x}) \\ &= \mathrm{d}\boldsymbol{x} \cdot [\mathbf{V}^{-1} \cdot (\mathbf{R} \cdot \mathbf{R}^{\mathrm{T}}) \cdot \mathbf{V}^{-1}] \cdot \mathrm{d}\boldsymbol{x} \\ &= \mathrm{d}\boldsymbol{x} \cdot \mathbf{V}^{-2} \cdot \mathrm{d}\boldsymbol{x}\end{aligned}$$

Die Gleichung für die Kugeloberfläche kann somit auch in der Form

$$\mathrm{d}\boldsymbol{x} \cdot \mathbf{V}^{-2} \cdot \mathrm{d}\boldsymbol{x} = \mathrm{d}r^2$$

dargestellt werden. Transformiert man $\mathbf{V}$ auf Hauptachsen und sind $\lambda_{\mathrm{I}}, \lambda_{\mathrm{II}}$ und λ_{III} die Hauptwerte von $\mathbf{V}$, hat $\mathbf{V}^{-2}$ die gleichen Hauptachsen und die Eigenwerte $\lambda_i^{-2}, i = \mathrm{I}, \mathrm{II}, \mathrm{III}$. Bezogen auf das Hauptachsensystem von $\mathbf{V}$ wird daher die Kugeloberfläche in der Referenzkonfiguration in die Oberfläche eines Ellipsoides in der Momentankonfiguration deformiert

$$\mathrm{d}\boldsymbol{x} \cdot \mathbf{V}^{-2} \cdot \mathrm{d}\boldsymbol{x} = \mathrm{d}r^2, \qquad \mathrm{d}x_i V_{ij} \mathrm{d}x_j = \mathrm{d}r^2,$$

$$V_{ij} = \begin{cases} 0, & i \neq j \\ \dfrac{1}{\lambda_i^2}, & i = j \end{cases} \Longrightarrow \frac{\mathrm{d}x_1^2}{(\lambda_{\mathrm{I}}\mathrm{d}r)^2} + \frac{\mathrm{d}x_2^2}{(\lambda_{\mathrm{II}}\mathrm{d}r)^2} + \frac{\mathrm{d}x_3^2}{(\lambda_{\mathrm{III}}\mathrm{d}r)^2} = 1$$

Für die Ableitung allgemeiner Theoreme ist die polare Zerlegung von $\mathbf{F}$ in die Tensoren $\mathbf{U}, \mathbf{V}$ und $\mathbf{R}$ ein wichtiger Ausgangspunkt. Die Strecktensoren $\mathbf{U}$ und $\mathbf{V}$ werden aber im Allgemeinen nicht als Formänderungsmaße verwendet, da zu ihrer Berechnung Wurzeloperationen, d.h. irrationale mathematische Operationen erforderlich sind. Einfacher ist es, die Tensoren $\mathbf{C}$ und $\mathbf{B}$ zu verwenden. Dies bedeutet, nicht von einer Transformation der Linienelemente selbst, sondern von ihren Quadraten als Grundlage für Maßfestlegungen auszugehen

$$\begin{aligned}\mathrm{d}\boldsymbol{x} \cdot \mathrm{d}\boldsymbol{x} &= (\mathbf{F} \cdot \mathrm{d}\boldsymbol{a}) \cdot (\mathbf{F} \cdot \mathrm{d}\boldsymbol{a}) = \mathrm{d}\boldsymbol{a} \cdot \left(\mathbf{F}^{\mathrm{T}} \cdot \mathbf{F}\right) \cdot \mathrm{d}\boldsymbol{a} \\ &= \mathrm{d}\boldsymbol{a} \cdot \mathbf{C} \cdot \mathrm{d}\boldsymbol{a},\end{aligned} \tag{3.25}$$

$$\begin{aligned}\mathrm{d}\boldsymbol{a} \cdot \mathrm{d}\boldsymbol{a} &= \left(\mathbf{F}^{-1} \cdot \mathrm{d}\boldsymbol{x}\right) \cdot \left(\mathbf{F}^{-1} \cdot \mathrm{d}\boldsymbol{x}\right) = \mathrm{d}\boldsymbol{x} \cdot \left[\left(\mathbf{F}^{-1}\right)^{\mathrm{T}} \cdot \mathbf{F}^{-1}\right] \cdot \mathrm{d}\boldsymbol{x} \\ &= \mathrm{d}\boldsymbol{x} \cdot \mathbf{B}^{-1} \cdot \mathrm{d}\boldsymbol{x}\end{aligned} \tag{3.26}$$

Man erkennt, dass die Tensoren $\mathbf{C}$ und $\mathbf{B}^{-1}$ eigene Metriken erzeugen.

Alle eingeführten Deformationstensoren sind regulär, symmetrisch und positiv definit. Es gelten folgende Identitäten

$$\mathbf{V} = \mathbf{R} \cdot \mathbf{U} \cdot \mathbf{R}^{\mathrm{T}}, \qquad \mathbf{B} = \mathbf{R} \cdot \mathbf{C} \cdot \mathbf{R}^{\mathrm{T}} \tag{3.27}$$

Die Tensoren $\mathbf{U}$ und $\mathbf{V}$ bzw. $\mathbf{C}$ und $\mathbf{B}$ sind somit ähnliche Tensoren, d.h. sie haben gleiche Eigenwerte.

Die Determinanten der Strecktensoren und damit auch der Cauchy-Green-Tensoren hängen wie folgt mit der Jacobi-Determinante zusammen

$$\begin{aligned} \det \mathbf{U} &= \det \mathbf{V} = \det \mathbf{F}, \\ \det \mathbf{C} &= \det \mathbf{B} = (\det \mathbf{F})^2 \end{aligned} \tag{3.28}$$

In der Referenzkonfiguration ist $\mathbf{F} = \mathbf{I}$ und damit sind auch die eingeführten Deformationstensoren gleich dem Einheitstensor

$$\mathbf{x} = \mathbf{a}: \quad \mathbf{F} = \mathbf{U} = \mathbf{V} = \mathbf{B} = \mathbf{C} = \mathbf{B}^{-1} = \mathbf{I} \tag{3.29}$$

Ein Verzerrungsmaß hat die Zielstellung, die Abweichungen der Deformation eines verformbaren Körpers von der eines starren Körpers zu quantifizieren. Bei der Bewegung eines starren Körpers bleiben die relativen Längen und Winkel der Linienelemente erhalten. Die Gesamtbewegung ergibt sich aus der Superposition der Translation und der Rotation des Körpers. Damit kann die Bewegungsgleichung in folgender Form geschrieben werden

$$\mathbf{x}(\mathbf{a}, t) = \mathbf{Q}(t) \cdot (\mathbf{a} - \mathbf{a}_M) + \mathbf{c}(t) \tag{3.30}$$

$\mathbf{a}_M$ ist das Massenzentrum des Körpers in der Referenzkonfiguration, $\mathbf{c}(t)$ die zeitabhängige Translation und $\mathbf{Q}(t)$ ein allein von der Zeit abhängiger, orthogonaler Drehtensor, der die globale Starrkörperdrehung beschreibt. Der Deformationsgradient für die Starrkörperbewegung ist damit

$$\mathbf{F}(\mathbf{a}, t) = [\nabla_a \mathbf{x}(\mathbf{a}, t)]^{\mathrm{T}} = \mathbf{Q}(t) \tag{3.31}$$

$\mathbf{F}$ ist also für jeden Punkt gleich, d.h. homogen und orthogonal, $\mathbf{F} = \mathbf{F}(t)$ und $\mathbf{F} \cdot \mathbf{F}^{\mathrm{T}} = \mathbf{F}^{\mathrm{T}} \cdot \mathbf{F} = \mathbf{I}, \mathbf{F}^{\mathrm{T}} = \mathbf{F}^{-1}$. Damit gilt auch für Starrkörperbewegungen wieder $\mathbf{U} = \mathbf{V} = \mathbf{B} = \mathbf{C} = \mathbf{B}^{-1} = \mathbf{I}$. Erst wenn eine Deformation von der Starrkörperbewegung abweicht, treten lokal unterschiedliche Verformungen auf, die mit Hilfe der eingeführten Tensoren quantifiziert werden können.

Für viele Anwendungen, insbesondere für die Formulierung von Konstitutivgleichungen, ist es günstig, ein Verzerrungsmaß einzuführen, das für die Referenzkonfiguration und für reine Starrkörperdeformationen den Wert Null und nicht den Wert Eins annimmt. Im Rahmen der verschiedenen Möglichkeiten, Verzerrungstensoren für große Deformationen zu definieren, die die genannte Eigenschaft aufweisen, hat sich der Green'sche (oder auch Lagrange'sche) Verzerrungstensor besonders bewährt

$$\mathbf{G}(\mathbf{a}, t) = \frac{1}{2}[\mathbf{C}(\mathbf{a}, t) - \mathbf{I}] = \frac{1}{2}(\mathbf{F}^{\mathrm{T}} \cdot \mathbf{F} - \mathbf{I}) = \frac{1}{2}\left(\mathbf{U}^2 - \mathbf{I}\right) \tag{3.32}$$

Dafür sprechen folgende Gründe:

- G ist ein symmetrischer Tensor.
- G kann auch durch eine polare Zerlegung von F definiert werden und führt zu einer einfachen und anschaulichen Deutung der lokalen Verzerrungen von Linienelementen $\mathbf{dx}$ der Momentankonfiguration in Bezug auf die Referenzkonfiguration.

Einen direkten Zugang für ein mögliches Verzerrungsmaß erhält man durch den Vergleich der Metrik des verformten Zustandes mit der Metrik des unverformten Zustandes. Dabei ist es mathematisch einfacher, die Differenz der Quadrate der Linienelemente statt die der Linienelemente unmittelbar als Maß für die Verzerrungen im lokalen Bereich zu nehmen.

$$ds^2 - ds_0^2 = \mathbf{dx} \cdot \mathbf{dx} - \mathbf{da} \cdot \mathbf{da} = dx_i dx_i - da_i da_i \tag{3.33}$$

Anmerkung 3.3. Eine Starrkörperbewegung ist hinreichend und notwendig dadurch charakterisiert, dass dieses Maß für alle Punkte den Wert Null ergibt.

Unter Beachtung der Beziehungen

$$\begin{aligned} ds^2 &= dx_i dx_i = F_{ij} F_{ik} da_j da_k = C_{jk} da_j da_k \\ &= \mathbf{dx} \cdot \mathbf{dx} = \mathbf{da} \cdot (\mathsf{F}^T \cdot \mathsf{F}) \cdot \mathbf{da} = \mathbf{da} \cdot \mathbf{C} \cdot \mathbf{da}, \end{aligned} \tag{3.34}$$

$$ds_0^2 = da_i da_i = \delta_{jk} da_j da_k = \mathbf{da} \cdot \mathbf{da} = \mathbf{da} \cdot \mathbf{I} \cdot \mathbf{da} \tag{3.35}$$

erhält man

$$\begin{aligned} ds^2 - ds_0^2 &= (C_{jk} - \delta_{jk}) da_j da_k = 2 G_{jk} da_j da_k \\ &= \mathbf{da} \cdot (\mathbf{C} - \mathbf{I}) \cdot \mathbf{da} = 2\mathbf{da} \cdot \mathbf{G} \cdot \mathbf{da} \end{aligned} \tag{3.36}$$

Analog folgert man aus

$$\begin{aligned} ds_0^2 &= da_i da_i = [F_{ij}]^{-1} [F_{ik}]^{-1} dx_j dx_k = [B_{jk}]^{-1} dx_j dx_k \\ &= \mathbf{da} \cdot \mathbf{da} = \mathbf{dx} \cdot [(\mathsf{F}^{-1})^T \cdot \mathsf{F}^{-1}] \cdot \mathbf{dx} = \mathbf{dx} \cdot \mathbf{B}^{-1} \cdot \mathbf{dx}, \end{aligned} \tag{3.37}$$

$$ds^2 = dx_i dx_i = \delta_{jk} dx_j dx_k = \mathbf{dx} \cdot \mathbf{dx} = \mathbf{dx} \cdot \mathbf{I} \cdot \mathbf{dx} \tag{3.38}$$

die folgende Beziehung

$$\begin{aligned} ds^2 - ds_0^2 &= \left(\delta_{jk} - [B_{jk}]^{-1}\right) dx_j dx_k = 2 A_{jk} dx_j dx_k \\ &= \mathbf{dx} \cdot (\mathbf{I} - \mathbf{B}^{-1}) \cdot \mathbf{dx} = 2\mathbf{dx} \cdot \mathbf{A} \cdot \mathbf{dx} \end{aligned} \tag{3.39}$$

Dabei ist A der Almansi-Euler-Hamel'sche Verzerrungstensor

$$\mathsf{A} = \frac{1}{2}(\mathbf{I} - \mathbf{B}^{-1})$$

Mit $\mathbf{B} = \mathbf{V}^2$ folgt auch

$$\mathbf{A} = \frac{1}{2}(\mathbf{I} - \mathbf{V}^{-2}) = \frac{1}{2}\left[\mathbf{I} - (\mathbf{F} \cdot \mathbf{F}^{\mathrm{T}})^{-2}\right]$$

Auch dieser Tensor ist wie $\mathbf{G}$ symmetrisch.

Ausgehend von den Metriken in Lagrange'scher (L.D.) und in Euler'scher (E.D.) Darstellung für die Referenzkonfiguration

$$\begin{aligned} ds_0^2 &= \delta_{ij} da_i da_j &&= d\mathbf{a} \cdot \mathbf{I} \cdot d\mathbf{a} \quad &&\text{(L.D.)},\\ ds_0^2 &= [B_{ij}]^{-1} dx_i dx_j &&= d\mathbf{x} \cdot \mathbf{B}^{-1} \cdot d\mathbf{x} \quad &&\text{(E.D.)} \end{aligned} \tag{3.40}$$

und für die Momentankonfiguration

$$\begin{aligned} ds^2 &= C_{ij} da_i da_j &&= d\mathbf{a} \cdot \mathbf{C} \cdot d\mathbf{a} \quad &&\text{(L.D.)},\\ ds^2 &= \delta_{ij} dx_i dx_j &&= d\mathbf{x} \cdot \mathbf{I} \cdot d\mathbf{x} \quad &&\text{(E.D.)} \end{aligned} \tag{3.41}$$

erhält man die Metriktensoren in der Referenzkonfiguration

$$\begin{aligned} \delta_{ij} \mathbf{e}_i \mathbf{e}_j &= \mathbf{I} \quad &&\text{(L.D.)},\\ [B_{ij}]^{-1} \mathbf{e}_i \mathbf{e}_j &= \mathbf{B}^{-1} \quad &&\text{(E.D.)} \end{aligned} \tag{3.42}$$

und für die Momentankonfiguration

$$\begin{aligned} C_{ij} \mathbf{e}_i \mathbf{e}_j &= \mathbf{C} \quad &&\text{(L.D.)},\\ \delta_{ij} \mathbf{e}_i \mathbf{e}_j &= \mathbf{I} \quad &&\text{(E.D.)} \end{aligned} \tag{3.43}$$

Die durch polare Zerlegung des Deformationsgradienten $\mathbf{F} = (\nabla_a \mathbf{x})^{\mathrm{T}}$ oder durch direkte Berechnung der Differenz $ds^2 - ds_0^2$ der Quadrate der Linienelemente der Momentan- und der Referenzkonfiguration abgeleiteten Deformations- bzw. Verzerrungstensoren sind im Folgenden noch einmal zusammengestellt.

Strecktensoren

- Rechtsstrecktensor

$$\mathbf{U} = \left(\mathbf{F}^{\mathrm{T}} \cdot \mathbf{F}\right)^{1/2} = \left[\nabla_a \mathbf{x} \cdot (\nabla_a \mathbf{x})^{\mathrm{T}}\right]^{1/2}$$

- Linksstrecktensor

$$\mathbf{V} = \left(\mathbf{F} \cdot \mathbf{F}^{\mathrm{T}}\right)^{1/2} = \left[(\nabla_a \mathbf{x})^{\mathrm{T}} \cdot \nabla_a \mathbf{x}\right]^{1/2}$$

Deformationsmaßtensoren (Deformationstensoren)

- Rechts-Cauchy-Green-Tensor (Green'scher Deformationstensor)

$$\mathbf{C} = \mathbf{U}^2 = \mathbf{F}^T \cdot \mathbf{F} = \nabla_a \mathbf{x} \cdot \nabla_a \mathbf{x}^T$$

- Piola'scher[8] Deformationstensor

$$\mathbf{C}^{-1} = \left(\mathbf{F}^T \cdot \mathbf{F}\right)^{-1} = (\nabla_x \mathbf{a})^T \cdot \nabla_x \mathbf{a}$$

- Links-Cauchy-Green-Tensor (Finger'scher Deformationstensor)

$$\mathbf{B} = \mathbf{V}^2 = \mathbf{F} \cdot \mathbf{F}^T = (\nabla_a \mathbf{x})^T \cdot \nabla_a \mathbf{x}$$

- Cauchy'scher Deformationstensor

$$\mathbf{B}^{-1} = \left(\mathbf{F} \cdot \mathbf{F}^T\right)^{-1} = (\nabla_x \mathbf{a}) \cdot (\nabla_x \mathbf{a})^T$$

Verzerrungstensoren

- Green-Lagrange'scher Verzerrungstensor

$$\mathbf{G} = \frac{1}{2}(\mathbf{C} - \mathbf{I})$$

- Almansi-Euler-Hamel'scher Verzerrungstensor

$$\mathbf{A} = \frac{1}{2}\left(\mathbf{I} - \mathbf{B}^{-1}\right)$$

- Überführung von $\mathbf{A}$ in $\mathbf{G}$ und von $\mathbf{G}$ in $\mathbf{A}$

$$ds^2 - ds_0^2 = d\mathbf{a} \cdot 2\mathbf{G} \cdot d\mathbf{a} = d\mathbf{x} \cdot 2\mathbf{A} \cdot d\mathbf{x}$$

$$\mathbf{G} = \mathbf{F}^T \cdot \mathbf{A} \cdot \mathbf{F}, \qquad \mathbf{A} = \left(\mathbf{F}^T\right)^{-1} \cdot \mathbf{G} \cdot \mathbf{F}^{-1}$$

Die so definierten Deformationstensoren gehen für die Referenzkonfiguration bei Starrkörperbewegungen in den Einheitstensor $\mathbf{I}$ über. Die Verzerrungstensoren sind in diesen Fällen gleich dem Nulltensor $\mathbf{0}$.

Im Weiteren werden lokale Verzerrungen bei großen Deformationen genauer analysiert. Zielstellung dieser Betrachtungen ist es, für die Elemente des Green-Lagrange'schen Verzerrungstensors $\mathbf{G}$ eine physikalische Deutung zu finden. Betrachtet werden wieder Linienelemente $d\mathbf{a}$ und $d\mathbf{x}$ in der Referenz- und in der aktuellen Konfiguration mit $d\mathbf{x} = \mathbf{F} \cdot d\mathbf{a}$. Aus der Festigkeitslehre ist bekannt, dass sich die Dehnung als Quotient der Differenz aus aktueller und Ausgangslänge, d.h. als relative Längenänderung darstellen lässt. Im Rahmen der Kontinuumsmechanik kann man diesen Ansatz weiterentwickeln. Die relative Längenänderung (Dehnung) wird durch die Gl. (3.44) definiert

$$\varepsilon = \frac{|\mathrm{d}\mathbf{x}| - |\mathrm{d}\mathbf{a}|}{|\mathrm{d}\mathbf{a}|} = \frac{|\mathrm{d}\mathbf{x}|}{|\mathrm{d}\mathbf{a}|} - 1 = \kappa - 1 \tag{3.44}$$

Definition 3.12 (Nenndehnung). Der Quotient ε aus der Differenz der Beträge der Linienelemente in der Momentan- und der Referenzkonfiguration $|\mathrm{d}\mathbf{x}| - |\mathrm{d}\mathbf{a}|$ und der Länge des Linienelementes in der Referenzkonfiguration $|\mathrm{d}\mathbf{a}|$ heißt lokale Dehnung (auch Nenndehnung). Der Quotient κ der Elementlängen in der Momentan- und der Referenzkonfiguration heißt lokale Streckung.

Damit sind für die Linienelemente alle bei einer Deformation von der Referenz- in die Momentankonfiguration auftretenden Längenänderungen messbar. Dabei ist ε im Falle einer Streckung größer 0, im Falle einer Stauchung kleiner 0. Für den Fall, dass keine Längenänderung eintritt, ist $\varepsilon = 0$.

Als nächstes betrachtet man im Punkt P_0 zwei zueinander orthogonale materielle Linienelemente $\mathrm{d}\mathbf{a}_1$ und $\mathrm{d}\mathbf{a}_2$, d.h. in der Referenzkonfiguration gilt $\mathrm{d}\mathbf{a}_1 \cdot \mathrm{d}\mathbf{a}_2 = 0$. Bei der Deformation in die Momentankonfiguration verändern sich im Allgemeinen die Längen und die Richtungen der Elemente $\mathrm{d}\mathbf{a}_1$ und $\mathrm{d}\mathbf{a}_2$. Sie werden somit im Punkt P nicht mehr orthogonal sein. Bezeichnet man die Abweichung von der Orthogonalität mit γ_{12} entsprechend Abb. 3.7, erhält man folgende Gleichung zur Berechnung von γ_{12}

$$\begin{aligned}
\mathrm{d}\mathbf{x}_1 \cdot \mathrm{d}\mathbf{x}_2 &= |\mathrm{d}\mathbf{x}_1||\mathrm{d}\mathbf{x}_2|\cos(\mathrm{d}\mathbf{x}_1, \mathrm{d}\mathbf{x}_2) \\
&= |\mathrm{d}\mathbf{x}_1||\mathrm{d}\mathbf{x}_2|\cos\left(\frac{\pi}{2} - \gamma_{12}\right) \\
&= |\mathrm{d}\mathbf{x}_1||\mathrm{d}\mathbf{x}_2|\sin\gamma_{12}
\end{aligned}$$

Damit gilt

$$\sin\gamma_{12} = \frac{\mathrm{d}\mathbf{x}_1 \cdot \mathrm{d}\mathbf{x}_2}{|\mathrm{d}\mathbf{x}_1||\mathrm{d}\mathbf{x}_2|} \tag{3.45}$$

Die Längen- und Winkeländerungen können für jedes materielle Linienelement mit Hilfe des Verzerrungstensors $\mathbf{G}$ angegeben werden. Ausgangspunkt ist die Gleichung

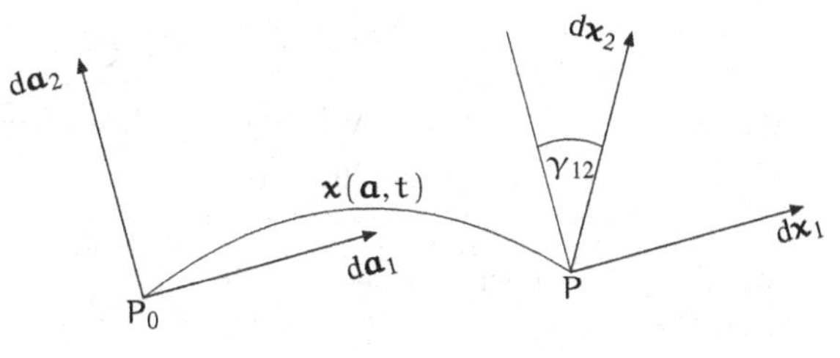

Abb. 3.7 Änderung des Winkels zwischen den Linienelementen $\mathrm{d}\mathbf{a}_1$, $\mathrm{d}\mathbf{a}_2$ im Punkt P_0 bei einer Deformation

$$\mathrm{d}\boldsymbol{a}_1 \cdot \frac{1}{2}\left(\mathbf{F}^{\mathrm{T}} \cdot \mathbf{F} - \mathbf{I}\right) \cdot \mathrm{d}\boldsymbol{a}_2 = \frac{1}{2}\left[\left(\mathrm{d}\boldsymbol{a}_1 \cdot \mathbf{F}^{\mathrm{T}}\right) \cdot \left(\mathbf{F} \cdot \mathrm{d}\boldsymbol{a}_2\right) - \mathrm{d}\boldsymbol{a}_1 \cdot \mathrm{d}\boldsymbol{a}_2\right],$$

$$\mathrm{d}\boldsymbol{a}_1 \cdot \mathbf{G} \cdot \mathrm{d}\boldsymbol{a}_2 = \frac{1}{2}\left(\mathrm{d}\boldsymbol{x}_1 \cdot \mathrm{d}\boldsymbol{x}_2 - \mathrm{d}\boldsymbol{a}_1 \cdot \mathrm{d}\boldsymbol{a}_2\right) \tag{3.46}$$

$\mathrm{d}\boldsymbol{a}_1$ und $\mathrm{d}\boldsymbol{a}_2$ sind beliebige Linienelemente im Punkt P_0 der Referenzkonfiguration. Um die einzelnen Längen- und Winkeländerungen als Koordinaten von $\mathbf{G}$ zu identifizieren, bietet sich folgender Weg an. Man wählt zunächst $\mathrm{d}\boldsymbol{a}_1 = \mathrm{d}\boldsymbol{a}_2 = \mathrm{d}\boldsymbol{a}$, $\mathrm{d}\boldsymbol{a} = |\mathrm{d}\boldsymbol{a}|\boldsymbol{e}$ sowie $\boldsymbol{x}_1 = \boldsymbol{x}_2 = \boldsymbol{x}$. Aus Gl. (3.46) folgt dann

$$\begin{aligned}\mathrm{d}\boldsymbol{a} \cdot \mathbf{G} \cdot \mathrm{d}\boldsymbol{a} &= \frac{1}{2}\left[(|\mathrm{d}\boldsymbol{x}|)^2 - (|\mathrm{d}\boldsymbol{a}|)^2\right] = \frac{1}{2}\left[\frac{|\mathrm{d}\boldsymbol{x}|^2}{|\mathrm{d}\boldsymbol{a}|^2} - \frac{|\mathrm{d}\boldsymbol{a}|^2}{|\mathrm{d}\boldsymbol{a}|^2}\right]|\mathrm{d}\boldsymbol{a}|^2 \\ &\overset{(3.44)}{=} \frac{1}{2}\left[(1+\varepsilon)^2 - 1\right]|\mathrm{d}\boldsymbol{a}|^2,\end{aligned} \tag{3.47}$$

Für den Einheitsvektor $\boldsymbol{e}$ in Richtung des Vektors $\boldsymbol{a}$ ergibt Gl. (3.47)

$$\boldsymbol{e} \cdot \mathbf{G} \cdot \boldsymbol{e} = \frac{1}{2}\left(\varepsilon^2 + 2\varepsilon\right),$$

d.h.

$$\varepsilon = \sqrt{1 + 2\boldsymbol{e} \cdot \mathbf{G} \cdot \boldsymbol{e}} - 1 \tag{3.48}$$

Führt man die Annahme kleiner Dehnungen ein, d.h. $\varepsilon \ll 1$, kann ε^2 vernachlässigt werden, und es folgt unmittelbar $\varepsilon = \boldsymbol{e} \cdot \mathbf{G} \cdot \boldsymbol{e}$. Man beachte, dass die Verschiebungen trotzdem groß bleiben können.

Wählt man jetzt wieder zwei orthogonale Linienelemente

$$\mathrm{d}\boldsymbol{a}_1 = |\mathrm{d}\boldsymbol{a}_1|\boldsymbol{e}_1, \qquad \mathrm{d}\boldsymbol{a}_2 = |\mathrm{d}\boldsymbol{a}_2|\boldsymbol{e}_2, \qquad \boldsymbol{e}_1 \cdot \boldsymbol{e}_2 = 0,$$

erhält man

$$\mathrm{d}\boldsymbol{a}_1 \cdot \mathbf{G} \cdot \mathrm{d}\boldsymbol{a}_2 = \frac{1}{2}\mathrm{d}\boldsymbol{x}_1 \cdot \mathrm{d}\boldsymbol{x}_2 = \frac{1}{2}|\mathrm{d}\boldsymbol{x}_1||\mathrm{d}\boldsymbol{x}_2|\sin\gamma_{12}$$

und mit

$$|\mathrm{d}\boldsymbol{x}_1| = |\mathrm{d}\boldsymbol{a}_1|(1+\varepsilon_1), \qquad |\mathrm{d}\boldsymbol{x}_2| = |\mathrm{d}\boldsymbol{a}_2|(1+\varepsilon_2)$$

$$\begin{aligned}\mathrm{d}\boldsymbol{a}_1 \cdot \mathbf{G} \cdot \mathrm{d}\boldsymbol{a}_2 &= \frac{1}{2}[(1+\varepsilon_1)(1+\varepsilon_2)|\mathrm{d}\boldsymbol{a}_1||\mathrm{d}\boldsymbol{a}_2|]\sin\gamma_{12}, \\ \boldsymbol{e}_1 \cdot \mathbf{G} \cdot \boldsymbol{e}_2 &= \frac{1}{2}[(1+\varepsilon_1)(1+\varepsilon_2)]\sin\gamma_{12},\end{aligned}$$

$$\sin\gamma_{12} = \frac{2\boldsymbol{e}_1 \cdot \mathbf{G} \cdot \boldsymbol{e}_2}{\sqrt{1 + 2\boldsymbol{e}_1 \cdot \mathbf{G} \cdot \boldsymbol{e}_1}\sqrt{1 + 2\boldsymbol{e}_2 \cdot \mathbf{G} \cdot \boldsymbol{e}_2}} \tag{3.49}$$

Sind jetzt $\varepsilon_1, \varepsilon_2 \ll 1$, gilt unmittelbar

$$\boldsymbol{e}_1 \cdot \mathbf{G} \cdot \boldsymbol{e}_2 = \frac{1}{2}(1 + \varepsilon_1 + \varepsilon_2 + \varepsilon_1\varepsilon_2)\sin\gamma_{12} \approx \frac{1}{2}(1 + \varepsilon_1 + \varepsilon_2)\sin\gamma_{12} \approx \frac{1}{2}\sin\gamma_{12}$$

Die Gleitungen können dabei groß sein. Sind sie selbst klein, gilt näherungsweise $\sin\gamma_{12} \approx \gamma_{12}$.

Die Gln. (3.48) für die Dehnung (Normalverzerrung) und (3.49) für die Gleitung (Schubverzerrung) stellen den Zusammenhang dieser Verzerrungen mit den Koordinaten des Green-Lagrange'schen Verzerrungstensors dar. Für Starrkörperbewegungen gilt für den Deformationsgradienten $\mathsf{F}^{\mathrm{T}} \cdot \mathsf{F} = \mathbf{I}$, d.h. F ist ein orthogonaler Tensor und $\mathbf{G} \equiv \mathbf{0}$. Alle Längen und Winkel bleiben unverändert.

Für viele Aufgaben der Kontinuumsmechanik ist die Volumendehnung eine charakteristische Größe.

Definition 3.13 (Volumendehnung). Der Quotient aus der Differenz der materiellen Volumenelemente $\mathrm{d}V$ und $\mathrm{d}V_0$ der Momentan- und der Referenzkonfiguration und dem Element $\mathrm{d}V_0$ heißt Volumendehnung ε_V

$$\varepsilon_V = \frac{\mathrm{d}V - \mathrm{d}V_0}{\mathrm{d}V_0} \tag{3.50}$$

Mit $\mathrm{d}V = (\det\mathsf{F})\mathrm{d}V_0$ folgt

$$\frac{\mathrm{d}V - \mathrm{d}V_0}{\mathrm{d}V_0} = \frac{(\det\mathsf{F} - 1)\mathrm{d}V_0}{\mathrm{d}V_0} = \det\mathsf{F} - 1$$

Für ε_V kann man auch schreiben

$$\varepsilon_V = \det\mathsf{F} - 1 = \sqrt{\det(\mathsf{F}^{\mathrm{T}} \cdot \mathsf{F})} - 1 = \sqrt{\det\mathbf{C}} - 1 = \sqrt{\det(2\mathbf{G} + \mathbf{I})} - 1 \tag{3.51}$$

Führt man für $\mathbf{G}$ eine Hauptachsentransformation durch, d.h.

$$\mathbf{G} = \lambda_{\mathrm{I}}\boldsymbol{e}_{\mathrm{I}}\boldsymbol{e}_{\mathrm{I}} + \lambda_{\mathrm{II}}\boldsymbol{e}_{\mathrm{II}}\boldsymbol{e}_{\mathrm{II}} + \lambda_{\mathrm{III}}\boldsymbol{e}_{\mathrm{III}}\boldsymbol{e}_{\mathrm{III}},$$

erhält man

$$\begin{aligned}\det(\mathbf{I} + 2\mathbf{G}) &= (1 + 2\lambda_{\mathrm{I}})(1 + 2\lambda_{\mathrm{II}})(1 + 2\lambda_{\mathrm{III}}) \\ &= 1 + 2(\lambda_{\mathrm{I}} + \lambda_{\mathrm{II}} + \lambda_{\mathrm{III}}) + 4(\lambda_{\mathrm{I}}\lambda_{\mathrm{II}} + \lambda_{\mathrm{I}}\lambda_{\mathrm{III}} + \lambda_{\mathrm{II}}\lambda_{\mathrm{III}}) + 8\lambda_{\mathrm{I}}\lambda_{\mathrm{II}}\lambda_{\mathrm{III}} \\ &= 1 + 2I_1(\mathbf{G}) + 4I_2(\mathbf{G}) + 8I_3(\mathbf{G})\end{aligned}$$

und damit

$$\varepsilon_V = \sqrt{1 + 2I_1(\mathbf{G}) + 4I_2(\mathbf{G}) + 8I_3(\mathbf{G})} - 1 \tag{3.52}$$

Definition 3.14 (Volumenerhaltend). Eine Bewegung heißt volumenerhaltend oder isochor, falls $\varepsilon_V \equiv 0$.

Mit Gl. (3.51) folgt zunächst $\det\mathsf{F} = 1$. Für die Invarianten von $\mathbf{G}$ gilt dann die Zwangsbedingung

$$I_1(\mathbf{G}) + 2I_2(\mathbf{G}) + 4I_3(\mathbf{G}) = 0 \tag{3.53}$$

Entsprechend Gl. (3.51) kann $\varepsilon_V = 0$ auch durch $\det\mathsf{F} = 1$ ausgedrückt werden.

Das mit der Gl. (3.44) eingeführte Dehnungsmaß ε hat einen wesentlichen Nachteil. Die Summe zweier aufeinanderfolgender Dehnungen mit den Längenänderungen $\triangle l_1$ und $\triangle l_2$ ist nicht gleich der Dehnung, die sich bei einer stetigen Verlängerung um $(\triangle l_1 + \triangle l_2)$ ergibt

$$\begin{aligned}
\varepsilon_1 + \varepsilon_2 &= \frac{\triangle l_1}{l_0} + \frac{\triangle l_2}{(l_0 + \triangle l_1)} = \frac{(\triangle l_1)l_0 + (\triangle l_2)l_0 + (\triangle l_1)^2}{l_0(l_0 + \triangle l_1)},\\
\varepsilon_{1+2} &= \frac{\triangle l_1 + \triangle l_2}{l_0} = \frac{(\triangle l_1)l_0 + (\triangle l_2)l_0 + (\triangle l_1)^2 + (\triangle l_1)(\triangle l_2)}{l_0(l_0 + \triangle l_1)},\\
\varepsilon_1 + \varepsilon_2 &\neq \varepsilon_{1+2}
\end{aligned}$$

Dieser Unterschied ist nur für finite Deformationen bedeutsam, für infinitesimale Deformationen gilt

$$\varepsilon_1 + \varepsilon_2 \approx \varepsilon_{1+2} \approx \frac{\triangle l_1 + \triangle l_2}{l_0}$$

Bei finiten Deformationen kann es daher zweckmäßig sein, ein anderes Dehnungsmaß einzuführen, das heute allgemein als Hencky'sches[9] oder logarithmisches Dehnungsmaß ε^{H} bezeichnet wird

$$d\varepsilon^{H} = \frac{dl}{l}, \qquad \varepsilon^{H} = \int\limits_{l_0}^{l} \frac{d\tilde{l}}{\tilde{l}} = \ln\frac{l}{l_0} = \ln\kappa = \ln(1+\varepsilon) \tag{3.54}$$

Man kann leicht prüfen, dass für ε^{H} auch bei finiten Deformationen

$$\varepsilon_1^{H} + \varepsilon_2^{H} = \varepsilon_{1+2}^{H}$$

ist

$$\begin{aligned}
\varepsilon_1^{H} + \varepsilon_2^{H} &= \ln\frac{l_0 + \triangle l_1}{l_0} + \ln\frac{l_0 + \triangle l_1 + \triangle l_2}{l_0 + \triangle l_1} = \ln\frac{l_0 + \triangle l_1 + \triangle l_2}{l_0},\\
\varepsilon_{1+2}^{H} &= \ln\frac{l_0 + \triangle l_1 + \triangle l_2}{l_0}
\end{aligned}$$

Eine tensorielle Verallgemeinerung des Hencky'schen Dehnungsmaßes ist möglich und sinnvoll (s. auch [1; 4; 2; 3]). Das Hencky'sche Dehnungsmaß eignet sich besonders für die Deformationsanalyse hochkompressibler Körper und zur Beschreibung der Deformationen für plastische und viskose Materialien.

Die hier abgeleiteten Tensoren zur Messung lokaler Verzerrungen sind nur eine Auswahl aus den unterschiedlichen Möglichkeiten. Von Rivlin[10] und Ericksen[11] stammt der folgende Satz [12].

---

[9] Heinrich Hencky (1885-1951), Ingenieur, Plastizitätstheorie

[10] Ronald Samuel Rivlin (1915-2005), Physiker und Mathematiker, Beiträge zur Rheologie und zum Gummiverhalten

[11] Jerald LaVerne Ericksen (geb. 1924), Mathematiker, Tensoranalysis, Fluidmechanik, Mechanik der Kristalle

Satz 3.2. *Jede isotrope Tensorfunktion 2. Stufe des Green'schen Deformationstensors* C *oder des Cauchy'schen Deformationstensors* B^{-1}*, die eindeutig invertierbar ist, kann als Verzerrungsmaß in Lagrange'schen Koordinaten* $\mathbf{a}$ *oder Euler'schen Koordinaten* $\mathbf{x}$ *definiert werden.*

Dieser Satz bildet die Grundlage für die Verallgemeinerung des Green'schen bzw. des Almansi'schen Verzerrungstensors. Die bekanntesten Verzerrungstensoren haben die nachfolgende allgemeine Form.

Verallgemeinerte Formulierung von Verzerrungstensoren

$$\mathsf{G}_{(n)} = \frac{1}{2n}(\mathsf{U}^{2n} - \mathbf{I}) = \frac{1}{2n}(\mathsf{C}^{n} - \mathbf{I}) \qquad \text{(L.D.)},$$

$$\mathsf{A}_{(n)} = \frac{1}{2n}(\mathbf{I} - \mathsf{V}^{-2n}) = \frac{1}{2n}(\mathbf{I} - \mathsf{B}^{-n}) \qquad \text{(E.D.)}$$

Diese Verzerrungstensoren wurden u.a. in den Arbeiten von Seth[12] [14] und Hill[13] [8] diskutiert. Man nennt sie daher auch Seth-Hill-Familie der verallgemeinerten Verzerrungsmaße bzw. Doyle-Ericksen Tensoren [5]. Für $n = 1$ erhält man den Green-Lagrange'schen Verzerrungstensor G (L.D.) und den Almansi[14]-Euler'schen Verzerrungstensor A (E.D.). $n = 1/2$ führt auf den Biot'schen[15] Verzerrungstensor

$$\sqrt{\mathsf{C}} - \mathbf{I} \equiv \mathsf{U} - \mathbf{I} \qquad \text{(L.D.)}$$

bzw.

$$\mathbf{I} - \sqrt{\mathsf{B}^{-1}} \equiv \mathbf{I} - \mathsf{V}^{-1} \qquad \text{(E.D.)}$$

Die Bezeichnungen Cauchy'scher und Swainger'scher Verzerrungstensor werden in diesem Zusammenhang gleichfalls verwendet. Für $n = -1$ erhält man den Lagrange-Karni-Reiner[16]-Verzerrungstensor

$$\frac{1}{2}\left[\left(\mathsf{B}^{-1}\right)^{-1} - \mathbf{I}\right] = \frac{1}{2}(\mathsf{B} - \mathbf{I}) \qquad \text{(L.D.)} \tag{3.55}$$

bzw. den Euler-Karni-Reiner-Verzerrungstensor

$$\frac{1}{2}\left(\mathbf{I} - \mathsf{C}^{-1}\right) \qquad \text{(E.D.)} \tag{3.56}$$

Von besonderem Interesse ist noch der Fall $n = 0$. Der Hencky'sche (logarithmische, natürliche oder wahre) Verzerrungstensor H ergibt sich mit (s. beispielsweise [3])

[12] Bhoj Raj Seth (1907-1979), Mathematiker und Mechaniker, Elastizitätstheorie

[13] Rodney Hill (1921-2011), Mathematiker, Plastizitätstheorie

[14] Emilio Almansi (1869-1948), Mathematiker, Rationale Mechanik

[15] Maurice Anthony Biot (1905-1985), Physiker, Mechanik poröser Medien

[16] Markus Reiner (1886-1976), Bauingenieur, Rheologie

$$\mathsf{G}_{(0)} = \ln \mathsf{U} = \frac{1}{2}\mathsf{C} \equiv \mathsf{H}$$

Alternativ gilt

$$\mathsf{A}_{(0)} = \ln \mathsf{V} = \frac{1}{2}\mathsf{B}$$

Damit gilt für die tensorielle Verallgemeinerung der Hencky'schen Dehnung:

- Lagrange'sche Darstellung

$$\begin{aligned}\mathsf{H}(\mathbf{a},t) = \ln \mathsf{U} = \frac{1}{2}\ln\left(\mathsf{F}^{\mathrm{T}}\cdot\mathsf{F}\right) &= \frac{1}{2}\ln \mathsf{C} = -\frac{1}{2}\ln \mathsf{C}^{-1}\\ &= \frac{1}{2}\ln(\mathbf{I}+2\mathsf{G}) = -\frac{1}{2}\ln(\mathbf{I}+2\mathsf{G})^{-1}\end{aligned}$$

- Euler'sche Darstellung

$$\begin{aligned}\mathsf{H}(\mathbf{x},t) = \ln \mathsf{V} = \frac{1}{2}\ln\left(\mathsf{F}\cdot\mathsf{F}^{\mathrm{T}}\right) &= \frac{1}{2}\ln \mathsf{B} = -\frac{1}{2}\ln \mathsf{B}^{-1}\\ &= -\frac{1}{2}\ln(\mathbf{I}-2\mathsf{A}) = \frac{1}{2}\ln(\mathbf{I}-2\mathsf{A})^{-1}\end{aligned}$$

Es sei hervorgehoben, dass die so definierten logarithmischen Verzerrungstensoren gegenüber den anderen finiten Verzerrungstensoren den Vorteil haben, dass sie wie ein infinitesimaler, linearisierter Verzerrungstensor additiv in einen Volumenänderungsanteil (Kugelanteil) und einen Gestaltänderungsanteil (Deviatoranteil) aufgespalten werden können.

Die Verzerrungstensoren folgen auch durch Vorwärtsrotation von G in die Momentankonfiguration

$$\mathsf{R}\cdot\mathsf{G}\cdot\mathsf{R}^{\mathrm{T}} = \frac{1}{2}(\mathsf{B}-\mathbf{I}) \tag{3.57}$$

oder durch Rückwärtsrotation von A in die Referenzkonfiguration

$$\mathsf{R}^{\mathrm{T}}\cdot\mathsf{A}\cdot\mathsf{R} = \frac{1}{2}\left(\mathbf{I}-\mathsf{C}^{-1}\right), \tag{3.58}$$

und es gelten die Zusammenhänge

$$\begin{aligned}\mathsf{F}^{-1}\cdot\left[\frac{1}{2}(\mathsf{B}-\mathbf{I})\right]\cdot\left(\mathsf{F}^{\mathrm{T}}\right)^{-1} &= \frac{1}{2}\left(\mathbf{I}-\mathsf{C}^{-1}\right),\\ \mathsf{F}\cdot\left[\frac{1}{2}\left(\mathbf{I}-\mathsf{C}^{-1}\right)\right]\cdot\mathsf{F}^{\mathrm{T}} &= \frac{1}{2}(\mathsf{B}-\mathbf{I})\end{aligned} \tag{3.59}$$

Die Operationen

$$\mathsf{F}^{-1}\cdot(\ldots)\cdot\left(\mathsf{F}^{\mathrm{T}}\right)^{-1}, \qquad \mathsf{F}\cdot(\ldots)\cdot\mathsf{F}^{\mathrm{T}}$$

nennt man nach Marsden[17] und Hughes[18] pull-back- und push-forward-Operationen. Sie verbinden materielle und räumliche Tensorgrößen.

Alle so definierten Verzerrungstensoren sind finite Verzerrungsmaße. Die Verzerrungen sind dimensionslos, haben den Wert Null für alle Punkte mit $d\mathbf{a} = d\mathbf{x}$ (Starrkörperbewegungen) und führen für infinitesimale Verzerrungen auf gleiche Verzerrungswerte. Interessant ist noch der Vergleich der linearen Dehnungen

$$\frac{|d\mathbf{x}| - |d\mathbf{a}|}{|d\mathbf{a}|} = \frac{|d\mathbf{x}|}{|d\mathbf{a}|} - 1 = \kappa(\mathbf{a}) - 1 \qquad \text{(L.D.)},$$
$$\frac{|d\mathbf{a}| - |d\mathbf{x}|}{|d\mathbf{x}|} = \frac{|d\mathbf{a}|}{|d\mathbf{x}|} - 1 = \kappa^{-1}(\mathbf{x}) - 1 \qquad \text{(E.D.)},$$

$$\kappa(\mathbf{a}) > 1 > \kappa^{-1}(\mathbf{x}) \qquad \text{Verlängerung},$$
$$\kappa(\mathbf{a}) < 1 < \kappa^{-1}(\mathbf{x}) \qquad \text{Verkürzung},$$

$$0 < \kappa, \kappa^{-1} < \infty$$

Unter Beachtung der Gln. (3.34) und (3.37) folgt

$$\kappa^2(\mathbf{a}) = \frac{|d\mathbf{x}|^2}{|d\mathbf{a}|^2} = \frac{d\mathbf{a} \cdot \mathbf{C} \cdot d\mathbf{a}}{|d\mathbf{a}|^2}, \qquad [\kappa^{-1}(\mathbf{x})]^2 = \frac{|d\mathbf{a}|^2}{|d\mathbf{x}|^2} = \frac{d\mathbf{x} \cdot \mathbf{B}^{-1} \cdot d\mathbf{x}}{|d\mathbf{x}|^2}$$

Zum Vergleich der Dehnungswerte wird ein Körper nur in einer Richtung i deformiert und die zugehörige Dehnung mit ε_i bezeichnet. Für unterschiedliche Verzerrungsmaße erhält man unterschiedliche Gleichungen für ε_i.

Dehnungsmaße

$$\text{Green-Lagrange}: \varepsilon_i^G = \frac{1}{2}(\kappa_i^2 - 1),$$
$$\text{Almansi-Euler}: \varepsilon_i^A = \frac{1}{2}[1 - (\kappa_i^{-1})^2],$$
$$\text{Cauchy}: \varepsilon_i^C = \kappa_i - 1,$$
$$\text{Swainger}: \varepsilon_i^S = 1 - \kappa_i^{-1},$$
$$\text{Hencky}: \varepsilon_i^H = \ln \kappa_i$$
$$\left(\kappa = \frac{|d\mathbf{x}|}{|d\mathbf{a}|} = \frac{ds}{ds_0}\right)$$

[17] Jerrold Eldon Marsden (1942-2010), Mathematiker, Differentialgeometrie, geometrische Mechanik

[18] Thomas Joseph Robert Hughes (geb. 1943), Numerische Mechanik

Diese unterschiedlichen Dehnungsmaße ergeben für gleiche physikalische Sachverhalte ganz unterschiedliche ε-Werte. Soll z.B. die Länge auf den doppelten Wert gestreckt werden, erhält man folgende ε-Werte

$$\varepsilon^{G} = 1.5, \quad \varepsilon^{A} = 0.375, \quad \varepsilon^{C} = 1, \quad \varepsilon^{S} = 0.5, \quad \varepsilon^{H} = 0,69$$

Für eine Stauchung auf den halben Wert der ursprünglichen Länge wird

$$\varepsilon^{G} = -0.375, \quad \varepsilon^{A} = -1.5, \quad \varepsilon^{C} = -0.5, \quad \varepsilon^{S} = -1, \quad \varepsilon^{H} = -0,69$$

Die Dehnungsmaße von Cauchy und Swainger sind lineare Maße, die vor allem in der linearen Elastizitätstheorie benutzt werden. Die nichtlinearen Dehnungsmaße von Green und Almansi werden in der finiten Elastizitätstheorie eingesetzt und das Dehnungsmaß nach Hencky findet man vorrangig in der Plastizitätstheorie. Eine grafische Darstellung ε über κ ist auf Abb. 3.8 gegeben.

In Abhängigkeit von bestimmten Anforderungen aus der Sicht der Formulierung von Konstitutivgleichungen oder spezieller Testbedingungen wurden z.B. von Biot, Mooney[19], Oldroyd[20], Signorini[21] u.a. weitere Verzerrungsmaße vorgeschlagen, auf die hier nicht eingegangen wird.

Anmerkung 3.4. Unabhängig von der gewählten Definition eines Verzerrungsmaßes sind Verzerrungstensoren für klassische Kontinua symmetrisch und von 2. Stufe. Die Diagonalelemente der Matrix der Koordinaten eines Verzerrungstensors re-

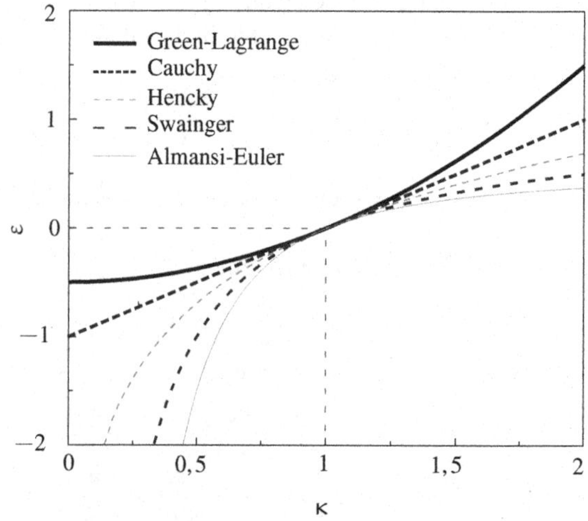

Abb. 3.8 Grafische Darstellung ε über κ

19 Melvin Mooney (1893-1968), Physiker, Rheologie

20 James Gardner Oldroyd (1921-1982), Mathematiker, Viskoelastisches Verhalten von nicht-Newton'schen Fluiden

21 Antonio Signorini (1888-1963), Mathematiker und Bauingenieur, Finite Elastizität, Thermoelastizität

präsentieren die normalen Verzerrungen, d.h. Längenänderungen oder Dilatationen, die Nichtdiagonalglieder die Schubverzerrungen, d.h. die Distorsionen.

Wie alle symmetrischen Tensoren 2. Stufe können Verzerrungstensoren bezüglich ihrer Hauptachsen auf diagonale Tensoren transformiert werden, die Diagonalglieder sind dann die Streckungen/Stauchungen in Richtung der Hauptachsen. Auch die additive Zerlegung in einen Kugeltensor und einen Deviator ist immer möglich. Bei finiten Verzerrungen ist allerdings die aus der Theorie infinitesimaler Verzerrungen bekannte Interpretation der Tensorsummanden als Volumendilatation und Volumendistorsion nicht möglich, d.h. die physikalische Interpretation von Kugeltensor und Deviatortensor bleibt offen. Nur für das Hencky'sche Verzerrungsmaß kann man die physikalische Interpretation aus der Theorie infinitesimaler Verzerrungen auf finite Verzerrungen übertragen.

3.6 Deformations-, Rotations- und Verzerrungsgeschwindigkeiten

Ausgangspunkt für die Analyse der Verzerrungsgeschwindigkeiten ist der räumliche Geschwindigkeitstensor, für den unter Beachtung von Gl. (3.21) gilt

$$\mathbf{L}(\mathbf{x},t) = [\nabla_{\mathbf{x}}\mathbf{v}(\mathbf{x},t)]^{\mathrm{T}} = L_{ij}\mathbf{e}_i\mathbf{e}_j = \dot{\mathbf{F}}\cdot\mathbf{F}^{-1}$$

Für $\mathbf{L}$ gilt

$$(\mathrm{d}\mathbf{x})^{\cdot} = \mathbf{L}\cdot\mathrm{d}\mathbf{x} \Longrightarrow \mathrm{d}\mathbf{v} = \mathbf{L}\cdot\mathrm{d}\mathbf{x}, \qquad \mathrm{d}v_i = L_{ij}\mathrm{d}x_j,$$

d.h. mit Hilfe von $\mathbf{L}$ kann die Relativgeschwindigkeit eines materiellen Punktes Q am Ort $\mathbf{x}+\mathrm{d}\mathbf{x}$ gegenüber einem materiellen Punkt P an der Stelle $\mathbf{x}$ angegeben werden. $\mathbf{L}$ ist ein Tensor 2. Stufe, der additiv in einen symmetrischen und einen antisymmetrischen Tensor zerlegt werden kann

$$\begin{aligned}\mathbf{L} &= \frac{1}{2}(\mathbf{L}+\mathbf{L}^{\mathrm{T}}) + \frac{1}{2}(\mathbf{L}-\mathbf{L}^{\mathrm{T}})\\ &= \frac{1}{2}\left[(\nabla_{\mathbf{x}}\mathbf{v})^{\mathrm{T}}+\nabla_{\mathbf{x}}\mathbf{v}\right] + \frac{1}{2}\left[(\nabla_{\mathbf{x}}\mathbf{v})^{\mathrm{T}}-\nabla_{\mathbf{x}}\mathbf{v}\right]\\ &= \mathbf{D} + \mathbf{W},\end{aligned}$$

$$L_{ij} = D_{ij} + W_{ij} = \frac{1}{2}(v_{i,j}+v_{j,i}) + \frac{1}{2}(v_{i,j}-v_{j,i})$$

Definition 3.15 (Streckgeschwindigkeitstensor). Der symmetrische Anteil

$$\mathbf{D} = \frac{1}{2}(\mathbf{L}+\mathbf{L}^{\mathrm{T}})$$

des Geschwindigkeitsgradienten $\mathbf{L}$ heißt Streckgeschwindigkeitstensor (auch Deformationsgeschwindigkeitstensor). Die Koordinaten von $\mathbf{D}$ können den Änderungsgeschwindigkeiten für die Längen und die Winkel materieller Linienelemente zugeordnet werden.

Definition 3.16 (Drehgeschwindigkeitstensor). Der antisymmetrische Anteil

$$\mathbf{W} = \frac{1}{2}\left(\mathbf{L} - \mathbf{L}^{\mathrm{T}}\right)$$

des Geschwindigkeitsgradienten $\mathbf{L}$ heißt Drehgeschwindigkeitstensor oder Spintensor. Die Koordinaten von $\mathbf{W}$ können den Drehgeschwindigkeiten materieller Linienelemente zugeordnet werden.

$d\mathbf{x} = |d\mathbf{x}|\mathbf{e}$ sei ein Linienelement in der Momentankonfiguration

$$|d\mathbf{x}|^2 = ds^2 = d\mathbf{x} \cdot d\mathbf{x}$$

und wird materiell nach t abgeleitet

$$2|d\mathbf{x}||d\mathbf{x}|^{\cdot} = \frac{D(ds^2)}{Dt} = d\mathbf{x} \cdot d\mathbf{x}^{\cdot} + d\mathbf{x}^{\cdot} \cdot d\mathbf{x} = 2d\mathbf{x} \cdot d\mathbf{x}^{\cdot}$$

Damit erhält man unter Beachtung von

$$d\mathbf{x} \cdot (\mathbf{L} \cdot d\mathbf{x}) = \left(\mathbf{L}^{\mathrm{T}} \cdot d\mathbf{x}\right) \cdot d\mathbf{x},$$

$$d\mathbf{x} \cdot \left[\frac{1}{2}(\mathbf{L} \cdot d\mathbf{x}) + \frac{1}{2}\left(\mathbf{L}^{\mathrm{T}} \cdot d\mathbf{x}\right)\right] = d\mathbf{x} \cdot \left[\frac{1}{2}\left(\mathbf{L} + \mathbf{L}^{\mathrm{T}}\right)\right] \cdot d\mathbf{x} = d\mathbf{x} \cdot \mathbf{D} \cdot d\mathbf{x},$$

$$|d\mathbf{x}||d\mathbf{x}|^{\cdot} = d\mathbf{x} \cdot d\mathbf{x}^{\cdot} = d\mathbf{x} \cdot \mathbf{L} \cdot d\mathbf{x} = d\mathbf{x} \cdot \mathbf{D} \cdot d\mathbf{x},$$

d.h.

$$\frac{D(ds^2)}{Dt} = 2d\mathbf{x} \cdot \mathbf{D} \cdot d\mathbf{x} \tag{3.60}$$

und

$$\frac{|d\mathbf{x}|^{\cdot}}{|d\mathbf{x}|} = \frac{d\mathbf{x}}{|d\mathbf{x}|} \cdot \mathbf{D} \cdot \frac{d\mathbf{x}}{|d\mathbf{x}|} = \mathbf{e} \cdot \mathbf{D} \cdot \mathbf{e} \tag{3.61}$$

Schlussfolgerung 3.3. In der differentiellen Umgebung eines materiellen Punktes P der aktuellen Konfiguration hängt die zeitliche Änderung des Abstandsquadrates

$$(d\mathbf{x} \cdot d\mathbf{x})^{\cdot} = \frac{D(ds^2)}{Dt} = 2d\mathbf{x} \cdot \mathbf{D} \cdot d\mathbf{x}$$

nur vom Tensor $\mathbf{D}$ ab.

Betrachtet man jetzt wieder zwei materielle Linienelemente $d\mathbf{a}_1$ und $d\mathbf{a}_2$, die in der Referenzkonfiguration einen rechten Winkel einschließen, d.h.

$$d\mathbf{a}_1 \cdot d\mathbf{a}_2 = 0$$

Bei ihrer Transformation in die aktuelle Konfiguration

$$\mathbf{dx}_1 = \mathbf{F} \cdot \mathbf{da}_1, \qquad \mathbf{dx}_2 = \mathbf{F} \cdot \mathbf{da}_2$$

änderte sich nach Abb. 3.7 der rechte Winkel um γ_{12} und es gilt

$$|\mathbf{dx}_1||\mathbf{dx}_2|\sin\gamma_{12} = \mathbf{dx}_1 \cdot \mathbf{dx}_2$$

Die materielle Ableitung nach der Zeit liefert

$$\begin{aligned}
\dot{\gamma}_{12}\cos\gamma_{12}|\mathbf{dx}_1||\mathbf{dx}_2| + \sin\gamma_{12}(|\mathbf{dx}_1||\mathbf{dx}_2|)^{\cdot} &= (\mathbf{dx}_1)^{\cdot} \cdot \mathbf{dx}_2 + \mathbf{dx}_1 \cdot (\mathbf{dx}_2)^{\cdot} \\
&= (\mathbf{L} \cdot \mathbf{dx}_1) \cdot \mathbf{dx}_2 + \mathbf{dx}_1 \cdot (\mathbf{L} \cdot \mathbf{dx}_2) \\
&= \mathbf{dx}_1 \cdot \left[(\mathbf{L}^{\mathrm{T}} + \mathbf{L})\right] \cdot \mathbf{dx}_2 \\
&= 2\mathbf{dx}_1 \cdot \mathbf{D} \cdot \mathbf{dx}_2
\end{aligned}$$

Nimmt man für die Elemente $\mathbf{dx}_1, \mathbf{dx}_2$ Orthogonalität in der aktuellen Konfiguration an, ist $\mathbf{dx}_1 \cdot \mathbf{dx}_2 = 0$ und $\gamma_{12} = 0$, und man erhält

$$\dot{\gamma}_{12}|\mathbf{dx}_1||\mathbf{dx}_2| = 2\mathbf{dx}_1 \cdot \mathbf{D} \cdot \mathbf{dx}_2$$

bzw.

$$\dot{\gamma}_{12} = 2\mathbf{e}_1 \cdot \mathbf{D} \cdot \mathbf{e}_2 \tag{3.62}$$

Schlussfolgerung 3.4. Die Längen- und Winkeländerungsgeschwindigkeiten materieller Linienelemente gegebener Richtungen sind durch den Deformationsgeschwindigkeitstensor $\mathbf{D}$ bestimmt

$$\frac{|\mathbf{dx}|^{\cdot}}{|\mathbf{dx}|} = \mathbf{e} \cdot \mathbf{D} \cdot \mathbf{e}, \qquad \dot{\gamma}_{ij} = 2\mathbf{e}_i \cdot \mathbf{D} \cdot \mathbf{e}_j$$

Für $\mathbf{D} = \mathbf{0}$ gibt es weder Änderungsgeschwindigkeiten für Längen noch für die Winkel. Die Deformation in der differentiellen Umgebung von P entspricht dann einer Starrkörperbewegung.

Wegen $\mathbf{L} = \dot{\mathbf{F}} \cdot \mathbf{F}^{-1} = \mathbf{D} + \mathbf{W}$ wird die Starrkörperrotation allein durch $\mathbf{W}$ bestimmt. Da Translationen durch den Deformationsgradienten $\mathbf{F}$ nicht erfasst werden können, bestimmt $\mathbf{W}$ die Rotationsgeschwindigkeit eines materiellen Elementes. Das lässt sich wie folgt zeigen. Die Richtungsänderungsgeschwindigkeit eines materiellen Elementes $\mathbf{dx} = |\mathbf{dx}|\mathbf{e}$ erhält man durch die materielle Zeitableitung des Einheitsvektors $\mathbf{e}$ in Richtung des materiellen Elementes $\mathbf{dx}$

$$\mathbf{e} = \frac{\mathbf{dx}}{|\mathbf{dx}|} \Longrightarrow \dot{\mathbf{e}} = \frac{(\mathbf{dx})^{\cdot}}{|\mathbf{dx}|} - \frac{|\mathbf{dx}|^{\cdot}\mathbf{dx}}{|\mathbf{dx}|^2} = \mathbf{L} \cdot \mathbf{e} - (\mathbf{e} \cdot \mathbf{D} \cdot \mathbf{e})\mathbf{e}$$

Beachtet man $\mathbf{L} = \mathbf{D} + \mathbf{W}$, folgt

$$\begin{aligned}
\dot{\mathbf{e}} &= \mathbf{W} \cdot \mathbf{e} + \mathbf{D} \cdot \mathbf{e} - (\mathbf{e} \cdot \mathbf{D} \cdot \mathbf{e})\mathbf{e} \\
&= \mathbf{W} \cdot \mathbf{e} + \mathbf{D} \cdot \mathbf{e} - \lambda\mathbf{e}
\end{aligned} \tag{3.63}$$

Nimmt man nun an, $\mathbf{e}$ sei ein Eigenvektor von $\mathbf{D}$, gilt $\mathbf{D} \cdot \mathbf{e} = \lambda \mathbf{e}$, d.h. $\mathbf{D} \cdot \mathbf{e} - \lambda \mathbf{e} = \mathbf{0}$, und man erhält

$$\dot{\mathbf{e}} = \mathbf{W} \cdot \mathbf{e} \tag{3.64}$$

Schlussfolgerung 3.5. Für alle materiellen Linienelemente $\mathrm{d}\mathbf{x}$ der Momentankonfiguration, deren Richtung mit der Richtung eines Eigenvektors von $\mathbf{D}$ übereinstimmt, gilt $\dot{\mathbf{e}} = \mathbf{W} \cdot \mathbf{e}$. $\mathbf{W}$ bewirkt somit eine Gesamtrotation von $\mathrm{d}\mathbf{x}$.

Es gilt dann entsprechend Abschn. 2.2.3 die folgende allgemeine Aussage:

Satz 3.3 (Dualer Vektor). *Für einen schiefsymmetrischen Tensor gilt* $\mathbf{A} = -\mathbf{A}^{\mathrm{T}}$, *d.h.* $A_{ij} = -A_{ji}$. *Ein solcher Tensor hat Elemente mit dem Wert 0, wenn* $i = j$ *gilt, die übrigen Elemente sind paarweise antisymmetrisch. Man kann daher einem solchen Tensor mit*

$$\mathbf{a} = -\frac{1}{2}\mathbf{A}_{\times} = -\frac{1}{2}A_{ij}(\mathbf{e}_i \times \mathbf{e}_j)$$

einen dualen axialen Vektor $\mathbf{a}$ *zuordnen.*

Für $\mathbf{W}$ folgt dann $2\mathbf{w} = -W_{ij}(\mathbf{e}_i \times \mathbf{e}_j)$ und mit

$$\begin{aligned}
\mathbf{W} \cdot \mathbf{a} = \frac{1}{2}(\mathbf{L} - \mathbf{L}^{\mathrm{T}}) \cdot \mathbf{a} &= \frac{1}{2}\left[(\nabla_{\mathbf{x}}\mathbf{v})^{\mathrm{T}} - (\nabla_{\mathbf{x}}\mathbf{v})\right] \cdot \mathbf{a} \\
&= \frac{1}{2}\left[(\operatorname{grad}\mathbf{v})^{\mathrm{T}} - (\operatorname{grad}\mathbf{v})\right] \cdot \mathbf{a} \\
&= \frac{1}{2}[\nabla_{\mathbf{x}} \times \mathbf{v}(\mathbf{x}, t)]^{\mathrm{T}} \times \mathbf{a} = \frac{1}{2}(\operatorname{rot}\mathbf{v}) \times \mathbf{a} \\
&= \mathbf{w} \times \mathbf{a},
\end{aligned} \tag{3.65}$$

d.h. $\mathbf{w} = (1/2)\operatorname{rot}\mathbf{v}(\mathbf{x}, t)$ ist der axiale Vektor zu $\mathbf{W}$. $\mathbf{w}$ hat als Wirbelvektor besondere Bedeutung für Fluide.

Damit hat man eine anschauliche Deutung für die Wirkung von $\mathbf{W}$. Beachtet man die Beziehungen

$$(\mathrm{d}\mathbf{x})^{\cdot} = \mathbf{L} \cdot \mathrm{d}\mathbf{x} = \mathbf{D} \cdot \mathrm{d}\mathbf{x} + \mathbf{W} \cdot \mathrm{d}\mathbf{x} = \mathbf{D} \cdot \mathrm{d}\mathbf{x} + \mathbf{w} \times \mathrm{d}\mathbf{x},$$

erkennt man

$$\mathbf{W} \cdot \mathrm{d}\mathbf{x} = \mathbf{w} \times \mathrm{d}\mathbf{x}, \tag{3.66}$$

d.h. $\mathbf{W}$ ist ein Drehgeschwindigkeitstensor. Der $\mathbf{W}$ zugeordnete Vektor $\mathbf{w}$ der Winkelgeschwindigkeit ist

$$\mathbf{w} = \frac{1}{2}\operatorname{rot}\mathbf{v} = \frac{1}{2}\nabla_{\mathbf{x}} \times \mathbf{v} \tag{3.67}$$

Felder, für die überall $\mathbf{W} = \mathbf{0}$ ist, heißen daher auch drehfrei oder wirbelfrei (irrotational).

Schlussfolgerung 3.6. Die additive Dekomposition $\mathbf{L} = \mathbf{D} + \mathbf{W}$ bestätigt, dass die für die lokale Deformation eines materiellen Linienelementes geltende Hintereinanderschaltung einer Streckung/Stauchung und einer lokalen Starrkörperdrehung auch für die Deformationsraten gilt. Für den Sonderfall einer reinen Starrkörperbewegung ist $\mathbf{D} = \mathbf{0}$ und $\mathbf{W} = \dot{\mathbf{Q}}(t) \cdot \mathbf{Q}^{\mathrm{T}}(t)$. Für isochore Deformationen, die durch verschwindende Volumenänderungen definiert sind, ist

$$\mathrm{Sp}\,\mathbf{D} = \frac{1}{2}\left[\mathrm{Sp}\,(\nabla_{\mathbf{x}}\boldsymbol{v})^{\mathrm{T}} + \mathrm{Sp}\,(\nabla_{\mathbf{x}}\boldsymbol{v})\right] = \mathrm{Sp}\,(\nabla_{\mathbf{x}}\boldsymbol{v}) = \nabla_{\mathbf{x}} \cdot \boldsymbol{v} = \mathrm{div}\,\boldsymbol{v} = 0$$

Der Sonderfall einer reinen Starrkörperbewegung wird im Übungsbeispiel 3.13 nochmals aufgegriffen.

Da für den Betrag eines materiellen Linienelementes $\mathrm{d}\mathbf{a}$ der Referenzkonfiguration keine Änderungsrate auftritt, ist

$$\frac{\mathrm{D}(\mathrm{d}s_0)}{\mathrm{D}t} = 0 \qquad \text{bzw.} \qquad \frac{\mathrm{D}(\mathrm{d}s_0)^2}{\mathrm{D}t} = 0,$$

und es gilt die folgende Gleichung

$$\frac{\mathrm{D}}{\mathrm{D}t}(\mathrm{d}s^2 - \mathrm{d}s_0^2) = \frac{\mathrm{D}}{\mathrm{D}t}(\mathrm{d}s)^2 = 2\mathrm{d}\mathbf{x} \cdot \mathbf{D} \cdot \mathrm{d}\mathbf{x} \tag{3.68}$$

Der symmetrische Tensor 2. Stufe $\mathbf{D}$ wirkt also in der aktuellen Konfiguration und repräsentiert die Änderungsgeschwindigkeit des Verzerrungsmaßes $(\mathrm{d}s^2 - \mathrm{d}s_0^2)$.

Eine Formulierung für die Referenzkonfiguration erhält man wie folgt

$$\frac{\mathrm{D}}{\mathrm{D}t}\left(\mathrm{d}s^2 - \mathrm{d}s_0^2\right) = \frac{\mathrm{D}}{\mathrm{D}t}\mathrm{d}s^2 = 2\mathrm{d}\mathbf{x} \cdot \mathbf{D} \cdot \mathrm{d}\mathbf{x},$$

$$\begin{aligned}
\mathrm{d}\mathbf{x} \cdot \mathbf{D} \cdot \mathrm{d}\mathbf{x} &= (\mathbf{F} \cdot \mathrm{d}\mathbf{a}) \cdot \mathbf{D} \cdot (\mathbf{F} \cdot \mathrm{d}\mathbf{a}) = \mathrm{d}\mathbf{a} \cdot \left[\left(\mathbf{F}^{\mathrm{T}} \cdot \mathbf{D} \cdot \mathbf{F}\right)\right] \cdot \mathrm{d}\mathbf{a}, \\
\mathbf{F}^{\mathrm{T}} \cdot \mathbf{D} \cdot \mathbf{F} &= \mathbf{F}^{\mathrm{T}} \cdot \left[\frac{1}{2}\left(\mathbf{L} + \mathbf{L}^{\mathrm{T}}\right)\right] \cdot \mathbf{F} = \mathbf{F}^{\mathrm{T}} \cdot \left\{\frac{1}{2}\left[\dot{\mathbf{F}} \cdot \mathbf{F}^{-1} + \left(\mathbf{F}^{-1}\right)^{\mathrm{T}} \dot{\mathbf{F}}^{\mathrm{T}}\right]\right\} \cdot \mathbf{F} \\
&= \frac{1}{2}\left[\mathbf{F}^{\mathrm{T}} \cdot \dot{\mathbf{F}} \cdot \left(\mathbf{F}^{-1} \cdot \mathbf{F}\right) + \mathbf{F}^{\mathrm{T}} \cdot \left(\mathbf{F}^{-1}\right)^{\mathrm{T}} \cdot \dot{\mathbf{F}}^{\mathrm{T}} \cdot \mathbf{F}\right]
\end{aligned}$$

Wegen $\mathbf{F}^{-1} \cdot \mathbf{F} = \mathbf{F}^{\mathrm{T}} \cdot \left(\mathbf{F}^{-1}\right)^{\mathrm{T}} = \mathbf{I}$ gilt dann

$$\mathbf{F}^{\mathrm{T}} \cdot \mathbf{D} \cdot \mathbf{F} = \frac{1}{2}\left(\mathbf{F}^{\mathrm{T}} \cdot \dot{\mathbf{F}} + \dot{\mathbf{F}}^{\mathrm{T}} \cdot \mathbf{F}\right) = \frac{1}{2}\left(\mathbf{F}^{\mathrm{T}} \cdot \mathbf{F}\right)^{\cdot} \equiv \frac{1}{2}\left(\mathbf{F}^{\mathrm{T}} \cdot \mathbf{F} - \mathbf{I}\right)^{\cdot} = \frac{1}{2}(\mathbf{C} - \mathbf{I})^{\cdot} = \dot{\mathbf{G}}$$

und damit

$$\frac{\mathrm{D}}{\mathrm{D}t}(\mathrm{d}s^2 - \mathrm{d}s_0^2) = 2\mathrm{d}\mathbf{a} \cdot \dot{\mathbf{G}} \cdot \mathrm{d}\mathbf{a} \tag{3.69}$$

$\dot{\mathbf{G}}$ ist der materielle oder Green-Lagrange'sche Verzerrungsgeschwindigkeitstensor.

Für den Zusammenhang zwischen dem Tensor $\mathbf{D}$ und dem Almansi-Euler'schen Verzerrungsgeschwindigkeitstensor $\dot{\mathbf{A}}$ kann man folgende Gleichung ableiten

$$\begin{aligned}\frac{D}{Dt}(ds^2 - ds_0^2) &= 2\frac{D}{Dt}(d\mathbf{x}\cdot\mathbf{A}\cdot d\mathbf{x})\\ &= 2[(d\mathbf{x})^{\cdot}\cdot\mathbf{A}\cdot d\mathbf{x} + d\mathbf{x}\cdot\dot{\mathbf{A}}\cdot d\mathbf{x} + d\mathbf{x}\cdot\mathbf{A}\cdot(d\mathbf{x})^{\cdot}]\\ &= 2d\mathbf{x}\cdot\left(\dot{\mathbf{A}} + \mathbf{L}^T\cdot\mathbf{A} + \mathbf{A}\cdot\mathbf{L}\right)]\cdot d\mathbf{x}\end{aligned}$$

$$\mathbf{D} = \dot{\mathbf{A}} + \mathbf{L}^T\cdot\mathbf{A} + \mathbf{A}\cdot\mathbf{L} \tag{3.70}$$

Der räumliche Streckgeschwindigkeitstensor $\mathbf{D}$ und der räumliche Verzerrungsgeschwindigkeitstensor $\dot{\mathbf{A}}$ liefern somit bei finiten Deformationen unterschiedliche Werte. Im Rahmen einer linearen Theorie wird

$$\mathbf{D} \approx \dot{\mathbf{A}}$$

Abschließend seien die wichtigsten Ergebnisse des Abschn. 3.6 noch einmal in Formeln zusammengefasst.

Geschwindigkeitsgradient

$$\mathbf{L}(\mathbf{x},t) = [\nabla_x \mathbf{v}(\mathbf{x},t)]^T = L_{ij}\mathbf{e}_i\mathbf{e}_j,$$
$$\mathbf{L}(\mathbf{x},t) = \frac{1}{2}(\mathbf{L}+\mathbf{L}^T) + \frac{1}{2}(\mathbf{L}-\mathbf{L}^T) = \mathbf{D}+\mathbf{W}$$

Streck- oder Deformationsgeschwindigkeitstensor

$$\mathbf{D} = \frac{1}{2}\left[(\nabla_x\mathbf{v})^T + (\nabla_x\mathbf{v})\right] = \frac{1}{2}(v_{i,j}+v_{j,i})\mathbf{e}_i\mathbf{e}_j$$

Drehgeschwindigkeits- oder Spintensor

$$\mathbf{W} = \frac{1}{2}\left[(\nabla_x\mathbf{v})^T - (\nabla_x\mathbf{v})\right] = \frac{1}{2}(v_{i,j}-v_{j,i})\mathbf{e}_i\mathbf{e}_j$$

Relative Längen- und Winkeländerungsgeschwindigkeit

$$\frac{|d\mathbf{x}|^{\cdot}}{|d\mathbf{x}|} = \mathbf{e}\cdot\mathbf{D}\cdot\mathbf{e}, \quad \dot{\gamma}_{ij} = 2\mathbf{e}_i\cdot\mathbf{D}\cdot\mathbf{e}_j$$

Starrkörperdrehung des Linienelementes $d\mathbf{x} = |d\mathbf{x}|\mathbf{e}$

$$\dot{\mathbf{e}} = \mathbf{W} \cdot \mathbf{e} = \mathbf{w} \times \mathbf{e} = \frac{1}{2}(\nabla_{\mathbf{x}} \times \mathbf{v}) \times \mathbf{e}$$

Änderungsgeschwindigkeiten des Verzerrungsmaßes $ds^2 - ds_0^2$

$$\frac{D}{Dt}(ds^2 - ds_0^2) = 2d\mathbf{x} \cdot \mathbf{D} \cdot d\mathbf{x} \quad \text{(E.D.)}$$
$$= 2d\mathbf{a} \cdot \dot{\mathbf{G}} \cdot d\mathbf{a} \quad \text{(L.D.)}$$
$$= 2d\mathbf{x} \cdot [\dot{\mathbf{A}} + \mathbf{L}^T \cdot \mathbf{A} + \mathbf{A} \cdot \mathbf{L}] \cdot d\mathbf{x} \quad \text{(E.D)},$$

$$\dot{\mathbf{G}} = \mathbf{F}^T \cdot \mathbf{D} \cdot \mathbf{F}, \quad \mathbf{D} = (\mathbf{F}^T)^{-1} \cdot \dot{\mathbf{G}} \cdot \mathbf{F}^{-1}$$

3.7 Verschiebungsvektor und Verschiebungsgradient

In den vorherigen Abschnitten wurden die kinematischen Großen bezüglich der absoluten Position in der aktuellen Konfiguration eingeführt. Alternativ kann man auch die Verschiebungen bezüglich der Referenzkonfiguration verwenden. Nachfolgend wird die Kinematik des deformierbaren Körpers mit Hilfe des Verschiebungsvektors und des Verschiebungsgradienten formuliert (s. Abb. 3.9):

- Verschiebungsvektor (L.D.) $\mathbf{u}(\mathbf{a},t) = \mathbf{x}(\mathbf{a},t) - \mathbf{a}, u_i(a_j,t) = x_i(a_j,t) - a_i$,
- Verschiebungsvektor (E.D.) $\mathbf{u}(\mathbf{x},t) = \mathbf{x} - \mathbf{a}(\mathbf{x},t), u_i(x_j,t) = x_i - a_i(x_j,t)$,

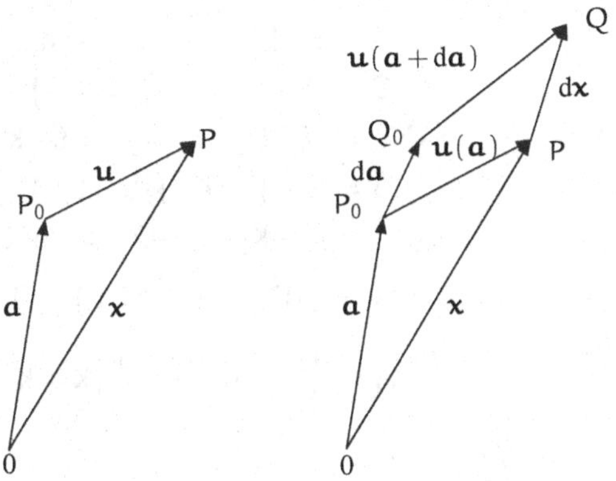

Abb. 3.9 Verschiebung eines materiellen Punktes oder zweier differentiell benachbarter materieller Punkte aus der Referenzkonfiguration in die Momentankonfiguration)

- Einführung des Verschiebungsgradienten

$$\begin{array}{lll} P_0(\mathbf{a}) & \Longrightarrow P(\mathbf{x}): & \mathbf{x} = \mathbf{a} + \mathbf{u}(\mathbf{a}, t), \\ Q_0(\mathbf{a} + d\mathbf{a}) & \Longrightarrow Q(\mathbf{x} + d\mathbf{x}): & \mathbf{x} + d\mathbf{x} = \mathbf{a} + d\mathbf{a} + \mathbf{u}(\mathbf{a} + d\mathbf{a}, t) \end{array} \tag{3.71}$$

Im Ergebnis der Subtraktion der Gln. (3.71) erhält man

$$d\mathbf{x} = d\mathbf{a} + \mathbf{u}(\mathbf{a} + d\mathbf{a}, t) - \mathbf{u}(\mathbf{a}, t)$$

Für ein beliebiges Vektorfeld $\mathbf{b}$ gilt

$$\mathbf{b}(\mathbf{a} + d\mathbf{a}) - \mathbf{b}(\mathbf{a}) = d\mathbf{b}(\mathbf{a}) = [\nabla_a \mathbf{b}(\mathbf{a})]^T \cdot d\mathbf{a}$$

Damit wird

$$d\mathbf{x} = d\mathbf{a} + (\nabla_a \mathbf{u})^T \cdot d\mathbf{a} = (\mathbf{I} + \mathbf{J}) \cdot d\mathbf{a} \tag{3.72}$$

Definition 3.17 (Verschiebungsgradient). Der durch

$$\mathbf{J} \equiv [\nabla_a \mathbf{u}(\mathbf{a}, t)]^T$$

definierte Tensor heißt materieller Verschiebungsgradient (L.D.). Entsprechend gilt für den räumlichen Verschiebungsgradient (E.D.)

$$\mathbf{K} \equiv [\nabla_x \mathbf{u}(\mathbf{x}, t)]^T$$

Betrachtet man die Gleichungen

$$\begin{array}{lll} \mathbf{u}(\mathbf{a}, t) = \mathbf{x}(\mathbf{a}, t) - \mathbf{a} \Longrightarrow (\nabla_a \mathbf{u})^T = (\nabla_a \mathbf{x})^T - \mathbf{I}, & & \mathbf{J} = \mathbf{F} - \mathbf{I}, \\ \mathbf{u}(\mathbf{x}, t) = \mathbf{x} - \mathbf{a}(\mathbf{x}, t) \Longrightarrow (\nabla_x \mathbf{u})^T = \mathbf{I} - (\nabla_x \mathbf{a})^T, & & \mathbf{K} = \mathbf{I} - \mathbf{F}^{-1}, \end{array}$$

können alle bisher abgeleiteten kinematischen Tensoren auch mit Hilfe des Verschiebungsvektors $\mathbf{u}$ sowie die Verschiebungsgradienten $\mathbf{J}$ und $\mathbf{K}$ ausgedrückt werden. Die folgende Zusammenstellung zeigt das beispielhaft.

Kinematische Tensoren durch $\mathbf{J}$ bzw. $\mathbf{K}$ ausgedrückt

$$\begin{aligned} \mathbf{F} &= \mathbf{I} + \mathbf{J}, \qquad \mathbf{F}^{-1} = \mathbf{I} - \mathbf{K}, \\ \mathbf{C} &= (\mathbf{I} + \mathbf{J})^T \cdot (\mathbf{I} + \mathbf{J}) = \mathbf{I} + \mathbf{J} + \mathbf{J}^T + \mathbf{J}^T \cdot \mathbf{J}, \\ \mathbf{C}^{-1} &= (\mathbf{I} - \mathbf{K}) \cdot (\mathbf{I} - \mathbf{K})^T = \mathbf{I} - \mathbf{K} - \mathbf{K}^T + \mathbf{K} \cdot \mathbf{K}^T, \\ \mathbf{B} &= (\mathbf{I} + \mathbf{J}) \cdot (\mathbf{I} + \mathbf{J})^T = \mathbf{I} + \mathbf{J} + \mathbf{J}^T + \mathbf{J} \cdot \mathbf{J}^T, \\ \mathbf{B}^{-1} &= (\mathbf{I} - \mathbf{K})^T \cdot (\mathbf{I} - \mathbf{K}) = \mathbf{I} - \mathbf{K} - \mathbf{K}^T + \mathbf{K}^T \cdot \mathbf{K}, \\ \mathbf{G} &= \frac{1}{2}(\mathbf{C} - \mathbf{I}) = \frac{1}{2}(\mathbf{J} + \mathbf{J}^T + \mathbf{J} \cdot \mathbf{J}^T), \\ \mathbf{A} &= \frac{1}{2}(\mathbf{I} - \mathbf{B}^{-1}) = \frac{1}{2}(\mathbf{K} + \mathbf{K}^T - \mathbf{K}^T \cdot \mathbf{K}) \end{aligned}$$

Wie der Deformationsgradient $\mathbf{F}$ liefert auch der Verschiebungsgradient $\mathbf{J}$ Aussagen zur Transformation von materiellen Linienelementen aus der Referenzkonfiguration in die Momentankonfiguration. Aus

$$\mathrm{d}\mathbf{x} = \mathrm{d}\mathbf{a} + (\nabla_a \mathbf{u})^{\mathrm{T}} \cdot \mathrm{d}\mathbf{a} = \mathrm{d}\mathbf{a} + \mathbf{J} \cdot \mathrm{d}\mathbf{a} = \mathrm{d}\mathbf{a} + (\mathbf{F} - \mathbf{I}) \cdot \mathrm{d}\mathbf{a} = \mathbf{F} \cdot \mathrm{d}\mathbf{a}$$

folgt

$$\mathrm{d}\mathbf{x} = \mathbf{F} \cdot \mathrm{d}\mathbf{a} = (\mathbf{I} + \mathbf{J}) \cdot \mathrm{d}\mathbf{a},$$

d.h. falls $(\nabla_a \mathbf{u})^{\mathrm{T}} = \mathbf{J} = \mathbf{0}$ ist, folgt $\mathrm{d}\mathbf{x} = \mathrm{d}\mathbf{a}$ und es gibt nur Starrkörperbewegungen. Verzerrungen werden ausschließlich durch $\mathbf{J}$ erfasst.

Die Deformationstensoren $\mathbf{B}, \mathbf{B}^{-1}, \mathbf{C}, \mathbf{C}^{-1}$ und die Verzerrungstensoren $\mathbf{G}, \mathbf{A}$ sind in den Koordinaten des Verschiebungsgradienten nichtlinear. Für $\mathbf{G}$ und $\mathbf{A}$ sind die Gleichungen ausführlich angegeben.

$$\mathbf{G} = \frac{1}{2}\left[(\nabla_a \mathbf{u})^{\mathrm{T}} + (\nabla_a \mathbf{u}) + (\nabla_a \mathbf{u}) \cdot (\nabla_a \mathbf{u})^{\mathrm{T}}\right] = G_{ij} \mathbf{e}_i \mathbf{e}_j,$$

$$G_{ij} = \frac{1}{2}\left(\frac{\partial u_i}{\partial a_j} + \frac{\partial u_j}{\partial a_i} + \frac{\partial u_k}{\partial a_i}\frac{\partial u_k}{\partial a_j}\right),$$

$$\mathbf{A} = \frac{1}{2}\left[(\nabla_x \mathbf{u})^{\mathrm{T}} + (\nabla_x \mathbf{u}) - (\nabla_x \mathbf{u}) \cdot (\nabla_x \mathbf{u})^{\mathrm{T}}\right] = A_{ij} \mathbf{e}_i \mathbf{e}_j,$$

$$A_{ij} = \frac{1}{2}\left(\frac{\partial u_i}{\partial x_j} + \frac{\partial u_j}{\partial x_i} - \frac{\partial u_k}{\partial x_i}\frac{\partial u_k}{\partial x_j}\right)$$

Man bezeichnet diese Nichtlinearität als geometrisch nichtlineare Formulierung. Sie ist bei finiten Deformationen stets zu beachten. Im Abschn. 3.8 wird erläutert, wie die Gleichungen bei infinitesimalen Deformationen linearisiert werden können.

Die Formulierung der kinematischen Gleichungen der Kontinuumsmechanik auf der Grundlage der Verschiebungsvektoren und -gradienten ist vor allem in der klassischen Elastizitätstheorie üblich. Bei großen Deformationen wird vielfach darauf verzichtet.

3.8 Geometrische Linearisierung der kinematischen Gleichungen

Für viele Anwendungsbereiche sind die auftretenden Deformationen von vornherein sehr klein oder sie müssen aus Gründen der Sicherheit und der funktionellen Zuverlässigkeit beschränkt werden. Man kann für diese Aufgaben die kinematischen Gleichungen der Kontinuumsmechanik durch eine „geometrische Linearisierung“ vereinfachen.

Die Größe einer Deformation wird mittels der Norm des Verschiebungsgradienten J gemessen[22]

$$\delta = ||\mathbf{J}|| = \sqrt{\mathrm{Sp}\,(\mathbf{J}\cdot\mathbf{J}^{\mathrm{T}})} \tag{3.73}$$

Eine Deformation wird somit als klein definiert, wenn die Norm von $\mathbf{J}$, ausgedrückt durch eine positive Zahl δ, klein ist. Für kleine δ-Werte sind notwendigerweise auch alle Komponenten von $\mathbf{J}$ klein. Kleine δ-Werte schließen somit kleine Verzerrungen und kleine Rotationen ein. Die Verschiebungen selbst können bei der so gewählten Definition der Größe einer Deformation klein oder groß sein.

Eine Funktion von $\mathbf{J}$ ist von der Ordnung $\mathcal{O}(\delta)$ mit $\mathcal{O}$ als dem entsprechenden Landau-Symbol[23,24], falls für jede positive Zahl M und $\delta \to 0$ gilt

$$||\mathcal{O}(\delta)|| < M\delta \tag{3.74}$$

Definition 3.18 (Infinitesimale Deformation). Eine Deformation heißt klein oder infinitesimal, falls $\delta \ll 1$. Anderenfalls spricht man von großen oder finiten Deformationen.

Aus Gl. (3.73) folgt

$$\mathbf{J} \sim \mathcal{O}(\delta) \quad \text{und} \quad \mathbf{J}^{\mathrm{T}} \sim \mathcal{O}(\delta) \tag{3.75}$$

Für alle positiven ganzen Zahlen m, n gilt $\mathcal{O}(\delta^m)\mathcal{O}(\delta^n) = \mathcal{O}(\delta^{m+n})$, sodass das Produkt $\mathbf{J}\cdot\mathbf{J}^{\mathrm{T}}$ von höherer Ordnung klein ist

$$\mathbf{J}\cdot\mathbf{J}^{\mathrm{T}} \sim \mathcal{O}(\delta^2) \tag{3.76}$$

Definition 3.19 (Konsistente geometrische Linearisierung). Bei einer konsistenten geometrischen Linearisierung werden alle Terme der Ordnung $\mathcal{O}(\delta^n)$, $n \geqslant 2$, gegenüber den Termen der Größenordnung $\mathcal{O}(\delta)$ vernachlässigt.

Mit den hier getroffenen Vereinbarungen erhält man

$$\mathbf{J} \sim \mathcal{O}(\delta), \qquad \mathbf{J}^{\mathrm{T}} \sim \mathcal{O}(\delta), \qquad (\mathbf{J}+\mathbf{J}^{\mathrm{T}}) \sim \mathcal{O}(\delta) \tag{3.77}$$

Für die materiellen finiten Deformations- und Verzerrungstensoren (L.D.) können dann mit Hilfe von $\mathbf{G}^* = (1/2)\left(\mathbf{J}+\mathbf{J}^{\mathrm{T}}\right)$ folgende Abschätzungen gegeben werden.

$$\begin{aligned} \mathbf{U} &= \mathbf{I}+\mathbf{G}^*+\mathcal{O}(\delta^2), & \mathbf{V} &= \mathbf{I}+\mathbf{G}^*+\mathcal{O}(\delta^2), \\ \mathbf{C} &= \mathbf{I}+2\mathbf{G}^*+\mathcal{O}(\delta^2), & \mathbf{B} &= \mathbf{I}+2\mathbf{G}^*+\mathcal{O}(\delta^2), \quad \mathbf{G} = \mathbf{G}^*+\mathcal{O}(\delta^2) \end{aligned} \tag{3.78}$$

Ferner gilt

$$\mathbf{F} = \mathbf{I}+\mathbf{J}, \qquad \mathbf{F}^{-1} = (\mathbf{I}+\mathbf{J})^{-1} = \mathbf{I}-\mathbf{J}+\mathcal{O}(\delta^2), \tag{3.79}$$

[22] Die nachfolgende Norm entspricht der Verallgemeinerung einer euklidischen Norm bzw. L2-Norm für Vektoren im Falle von Tensoren.

[23] Edmund Landau (1877-1938), Mathematiker, analytische Zahlentheorie

[24] Nach anderen Quellen ist das Symbol mit der Bachmann-Landau Notation verbunden (Paul Gustav Heinrich Bachmann (1837-1920), Mathematiker).

$$
\begin{aligned}
\mathbf{R} = \mathbf{F}\cdot\mathbf{U}^{-1} &= (\mathbf{I}+\mathbf{J})\cdot\left[\mathbf{I}+\mathbf{G}^*+\mathcal{O}\left(\delta^2\right)\right]^{-1} = (\mathbf{I}+\mathbf{J})\cdot\left[\mathbf{I}-\mathbf{G}^*+\mathcal{O}\left(\delta^2\right)\right] \\
&= \mathbf{I}+\mathbf{J}-\frac{1}{2}\left(\mathbf{J}+\mathbf{J}^{\mathrm{T}}\right)+\mathcal{O}\left(\delta^2\right) = \mathbf{I}+\frac{1}{2}\left(\mathbf{J}-\mathbf{J}^{\mathrm{T}}\right)+\mathcal{O}\left(\delta^2\right) \qquad (3.80)\\
&= \mathbf{I}+\mathbf{R}^*+\mathcal{O}\left(\delta^2\right),
\end{aligned}
$$

$$
\det\mathbf{F} = 1+\det\mathbf{J}+\mathcal{O}\left(\delta^2\right) = 1+\det\mathbf{G}^*+\mathcal{O}(\delta^2)
$$

Aus $\mathbf{G}^* = (1/2)\left(\mathbf{J}+\mathbf{J}^{\mathrm{T}}\right)$ und $\mathbf{R}^* = (1/2)\left(\mathbf{J}-\mathbf{J}^{\mathrm{T}}\right)$ folgt die Gleichung

$$
\begin{aligned}
\mathbf{J} &= \mathbf{G}^*+\mathbf{R}^*, \\
(\nabla_a\mathbf{u})^{\mathrm{T}} &= \frac{1}{2}\left[(\nabla_a\mathbf{u})^{\mathrm{T}}+(\nabla_a\mathbf{u})\right]+\frac{1}{2}\left[(\nabla_a\mathbf{u})^{\mathrm{T}}-(\nabla_a\mathbf{u})\right]
\end{aligned}
\qquad (3.81)
$$

Schlussfolgerung 3.7. Der Verschiebungsgradient $\mathbf{J}$ kann bei infinitesimalen Deformationen als Summe des linearisierten Verzerrungstensors $\mathbf{G}^*$ und des linearisierten Drehtensors $\mathbf{R}^*$ dargestellt werden. Bei kleinen Verzerrungen entspricht somit die additive Aufspaltung des Verschiebungsgradienten in einen symmetrischen Anteil und einen antisymmetrischen Anteil einer Zerlegung der Deformation in Verzerrungen und lokale Starrkörperdrehungen. Bei finiten Deformationen ist eine solche additive Zerlegung nicht möglich. An ihre Stelle tritt dann die polare Tensorzerlegung.

Für die finiten Deformations- und Verzerrungstensoren (E.D.) gelten analoge linearisierte Gleichungen

$$
\begin{aligned}
\mathbf{C}^{-1} &= \mathbf{I}-\mathbf{K}-\mathbf{K}^{\mathrm{T}}+\mathcal{O}\left(\delta^2\right), \\
\mathbf{B}^{-1} &= \mathbf{I}-\mathbf{K}-\mathbf{K}^{\mathrm{T}}+\mathcal{O}\left(\delta^2\right), \\
\mathbf{A} &= \frac{1}{2}\left(\mathbf{I}-\mathbf{B}^{-1}\right) = \frac{1}{2}\left(\mathbf{K}+\mathbf{K}^{\mathrm{T}}\right)+\mathcal{O}\left(\delta^2\right) = \mathbf{A}^*+\mathcal{O}\left(\delta^2\right)
\end{aligned}
\qquad (3.82)
$$

Der Almansi-Euler-Tensor $\mathbf{A}$ geht bei der geometrischen Linearisierung in den klassischen linearen Euler'schen Verzerrungstensor

$$
\mathbf{A}^* = \frac{1}{2}\left(\mathbf{K}+\mathbf{K}^{\mathrm{T}}\right)
$$

über. Auch hier gilt

$$
\begin{aligned}
\mathbf{K} &= \mathbf{A}^*+\mathbf{\Omega}^*, \\
(\nabla_x\mathbf{u})^{\mathrm{T}} &= \frac{1}{2}\left[(\nabla_x\mathbf{u})^{\mathrm{T}}+(\nabla_x\mathbf{u})\right]+\frac{1}{2}\left[(\nabla_x\mathbf{u})^{\mathrm{T}}-(\nabla_x\mathbf{u})\right],
\end{aligned}
\qquad (3.83)
$$

d.h. der räumliche Verschiebungsgradient kann bei einer geometrischen Linearisierung additiv in den Cauchy'schen räumlichen Verzerrungstensor

$$
\mathbf{A}^* = \frac{1}{2}\left(\frac{\partial u_i}{\partial x_j}+\frac{\partial u_j}{\partial x_i}\right)\mathbf{e}_i\mathbf{e}_j
$$

und den räumlichen Drehtensor

$$\boldsymbol{\Omega}^* = \frac{1}{2}\left(\frac{\partial u_i}{\partial x_j} - \frac{\partial u_j}{\partial x_i}\right)\boldsymbol{e}_i\boldsymbol{e}_j$$

zerlegt werden. Beachtet man noch, dass bei kleinen Verschiebungsgradienten für die Ableitungen von Tensoren beliebiger Stufe nach den Lagrange'schen Koordinateon a_i mit

$$\frac{\partial u_i}{\partial a_j} = \frac{\partial x_i}{\partial a_j} - \delta_{ij} \ll 1, \quad \frac{\partial x_i}{\partial a_j} \approx \delta_{ij}$$

gilt, folgt

$$\frac{\partial T[\boldsymbol{a}(\boldsymbol{x})]}{\partial a_i} = \frac{\partial T}{\partial x_k}\frac{\partial x_k}{\partial a_i} \approx \frac{\partial T}{\partial x_k}\delta_{ik},$$

und man erhält

$$\frac{\partial T}{\partial a_i} \approx \frac{\partial T}{\partial x_i} \tag{3.84}$$

Schlussfolgerung 3.8. Im Rahmen einer geometrisch linearen Theorie braucht nicht zwischen einer Lagrange'schen und einer Euler'schen Darstellung unterschieden werden. Die linearisierten Verzerrungs- und Drehtensoren sowie die Verschiebungsgradienten in (L.D.) und (E.D.) stimmen dann überein

$$\mathbf{G}^* = \mathbf{A}^* + \mathcal{O}\left(\delta^2\right), \qquad \mathbf{R}^* = \boldsymbol{\Omega}^* + \mathcal{O}\left(\delta^2\right), \qquad \mathbf{J} = \mathbf{K} + \mathcal{O}\left(\delta^2\right)$$

Üblicherweise werden der lineare Cauchy'schen Verzerrungstensors und der Drehtensor wie folgt eingeführt

$$\boldsymbol{\varepsilon} = \frac{1}{2}\left[(\boldsymbol{\nabla}_x\boldsymbol{u})^{\mathrm{T}} + (\boldsymbol{\nabla}_x\boldsymbol{u})\right], \qquad \boldsymbol{\omega} = \frac{1}{2}\left[(\boldsymbol{\nabla}_x\boldsymbol{u})^{\mathrm{T}} - (\boldsymbol{\nabla}_x\boldsymbol{u})\right]$$

Die Koordinaten des linearen Cauchy'schen Verzerrungstensors werden in der Elastizitätstheorie meist mit ε_{ij}, die des Drehtensors mit ω_{ij} bezeichnet, d.h. für die Koordinaten gelten die Gleichungen

$$\begin{aligned} \varepsilon_{ij} &= \frac{1}{2}\left(\frac{\partial u_i}{\partial x_j} + \frac{\partial u_j}{\partial x_i}\right), \quad && \varepsilon_{ij}, i = j && \text{Dehnungen,} \\ & && 2\varepsilon_{ij} = \gamma_{ij}, i \neq j && \text{Gleitungen,} \\ \omega_{ij} &= \frac{1}{2}\left(\frac{\partial u_i}{\partial x_j} - \frac{\partial u_j}{\partial x_i}\right) \end{aligned} \tag{3.85}$$

Für die Koordinatenmatrix

$$[\Omega_{ij}^*] = [\omega_{ij}] = \begin{bmatrix} 0 & \omega_{12} & \omega_{13} \\ -\omega_{12} & 0 & \omega_{23} \\ -\omega_{13} & -\omega_{23} & 0 \end{bmatrix}$$

ergibt sich dann die folgende Interpretation. Dem schiefsymmetrischen Tensor $\omega_{ij} = -\omega_{ji}$ kann wieder ein axialer Vektor $\boldsymbol{\omega}^{\mathrm{ax}}$ zugeordnet werden

$$\begin{aligned} \Omega^*_{ij} &\equiv \omega_{ij} = -\varepsilon_{ijk}\omega^{ax}_k, & \omega^{ax}_1 &= \frac{1}{2}(u_{3,2} - u_{2,3}),\\ \omega^{ax}_i &= -\frac{1}{2}\varepsilon_{ijk}\omega_{jk} = \frac{1}{2}\varepsilon_{ijk}u_{k,j}, & \omega^{ax}_2 &= \frac{1}{2}(u_{1,3} - u_{3,1}),\\ \boldsymbol{\omega}^{ax} &= \frac{1}{2}\mathrm{rot}\,\mathbf{u} = \frac{1}{2}\nabla \times \mathbf{u}, & \omega^{ax}_3 &= \frac{1}{2}(u_{2,1} - u_{1,2}) \end{aligned} \tag{3.86}$$

Dies entspricht genau den infinitesimalen Drehungen um die Koordinatenachsen. Betrachtet man als Beispiel die x_1, x_2-Ebene, d.h. die Drehung um die x_3-Achse, erhält man ω_3 entsprechend Abb. 3.10.

Für infinitesimale Verzerrungen gilt

$$\mathbf{G} \approx \mathbf{G}^* \approx \mathbf{A} \approx \mathbf{A}^*$$

Der infinitesimale Cauchy'sche Verzerrungstensor $\mathbf{A}^*$ ist symmetrisch, er kann somit auf Hauptachsen transformiert werden

$$[\mathbf{A}^*]_{\mathbf{n}^{I},\mathbf{n}^{II},\mathbf{n}^{III}} = \begin{bmatrix} A_I & 0 & 0 \\ 0 & A_{II} & 0 \\ 0 & 0 & A_{III} \end{bmatrix}$$

$n^i, i = I, II, III$ sind die Einheitsvektoren in Richtung der Hauptachsen, die Hauptdehnungen werden mit A_i, $i = I, II, III$ bezeichnet. Die drei materiellen Linienelemente $ds_0^I, ds_0^{II}, ds_0^{III}$ in Richtung der Hauptachsen haben nach der Deformation die Längen ds^I, ds^{II}, ds^{III}, d.h.

$$ds^i = (1 + A_i)ds_0^i, \qquad i = I, II, III$$

Für ein Volumenelement $dV_0 = ds_0^I ds_0^{II} ds_0^{III}$ ergibt sich dann die Volumendifferenz

$$dV - dV_0 = dV_0(A_I + A_{II} + A_{III}) + \text{ Glieder höherer Ordnung}$$

und damit eine relative Volumenänderung (Dilatation)

$$\frac{dV - dV_0}{dV_0} = A_I + A_{II} + A_{III} = \varepsilon_V \tag{3.87}$$

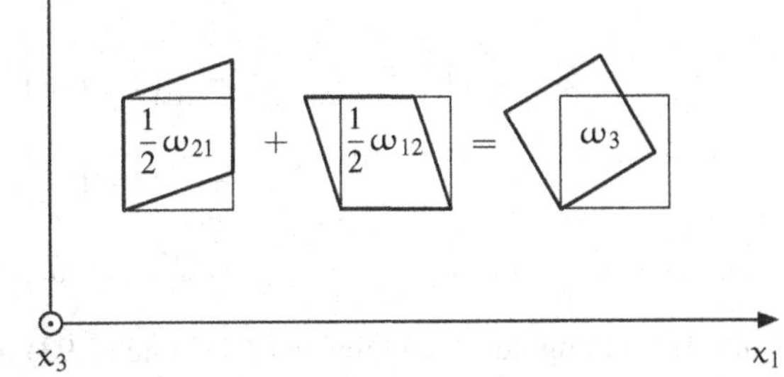

Abb. 3.10 Lokale Starrkörperdrehung eines Elements in der x_1, x_2-Ebene

Mit $A_{I} + A_{II} + A_{III} = A^*_{ii} = u_{i,i} = \boldsymbol{\nabla} \cdot \mathbf{u}$ folgt auch

$$\varepsilon_V = \operatorname{div} \mathbf{u} = \nabla \cdot \mathbf{u} \tag{3.88}$$

Durch eine additive Aufspaltung des Verzerrungstensors $\mathbf{A}^*$ in einen Kugeltensor und einen Deviator erhält man

$$\begin{aligned}
\mathbf{A}^* &= \frac{1}{3}(\operatorname{Sp}\mathbf{A}^*)\mathbf{I} + \left[\mathbf{A}^* - \frac{1}{3}(\operatorname{Sp}\mathbf{A}^*)\mathbf{I}\right] \\
&= \frac{1}{3}(\operatorname{div}\mathbf{u})\mathbf{I} + \left[\mathbf{A}^* - \frac{1}{3}(\operatorname{div}\mathbf{u})\mathbf{I}\right] \\
&= \frac{1}{3}(\mathbf{A}^* \cdot\cdot \mathbf{I})\mathbf{I} + \left[\mathbf{A}^* - \frac{1}{3}(\mathbf{A}^* \cdot\cdot \mathbf{I})\mathbf{I}\right]
\end{aligned} \tag{3.89}$$

bzw.

$$A^*_{ij} = \underset{\text{(Dilatation)}}{\frac{1}{3}A^*_{kk}\delta_{ij}} + \underset{\text{(Distorsion)}}{\left(A^*_{ij} - \frac{1}{3}A^*_{kk}\delta_{ij}\right)}$$

Der Kugeltensor repräsentiert die gesamte Volumendehnung (Dilatation) des Volumenelementes, die Gestaltänderung (Distorsion) wird allein durch den Deviatoranteil bestimmt. Eine derartige additive Aufspaltung des Tensors in einen Dilatations- und einen Distorsionstensor ist auf infinitesimale Verzerrungen beschränkt. Eine Ausnahme bildet das Hencky'sche Dehnungsmaß, für das auch bei großen Deformationen die additive Aufspaltung in den Kugeltensor und den Deviator die physikalische Bedeutung einer Volumen- und einer Gestaltänderung behält.

Die geometrische Linearisierung kann auch auf den Geschwindigkeitsgradienten und die Streck- und Drehgeschwindigkeitstensoren angewendet werden und liefert somit auch für diese Größen asymptotische Näherungen

$$\mathbf{L} = \dot{\mathbf{F}} \cdot \mathbf{F}^{-1} = \dot{\mathbf{J}} \cdot \left[\mathbf{I} - \mathbf{J} + \mathcal{O}(\delta^2)\right] = \dot{\mathbf{J}} + \mathcal{O}(\delta^2), \tag{3.90}$$

$$\mathbf{D} = \frac{1}{2}\left(\dot{\mathbf{F}} + \dot{\mathbf{F}}^{\mathrm{T}}\right) = \frac{1}{2}\left(\dot{\mathbf{J}} + \dot{\mathbf{J}}^{\mathrm{T}}\right) + \mathcal{O}(\delta^2), \tag{3.91}$$

$$\mathbf{W} = \frac{1}{2}\left(\dot{\mathbf{F}} - \dot{\mathbf{F}}^{\mathrm{T}}\right) = \frac{1}{2}\left(\dot{\mathbf{J}} - \dot{\mathbf{J}}^{\mathrm{T}}\right) + \mathcal{O}(\delta^2) \tag{3.92}$$

Im Rahmen der geometrischen Linearisierung ist der räumliche Strecktensor $\mathbf{D}$ asymptotisch gleich dem Verzerrungsgeschwindigkeitstensor $\dot{\mathbf{G}}$

$$\begin{aligned}
\dot{\mathbf{G}} = \frac{1}{2}\left(\dot{\mathbf{F}}^{\mathrm{T}} \cdot \mathbf{F} + \mathbf{F}^{\mathrm{T}} \cdot \dot{\mathbf{F}}\right) &= \frac{1}{2}\left(\dot{\mathbf{J}}^{\mathrm{T}} \cdot \mathbf{F} + \mathbf{F}^{\mathrm{T}} \cdot \dot{\mathbf{J}}\right), \\
&= \frac{1}{2}\left(\dot{\mathbf{J}} + \dot{\mathbf{J}}^{\mathrm{T}}\right) + \mathcal{O}(\delta^2), \\
&= \dot{\mathbf{G}}^* + \mathcal{O}(\delta^2) = \dot{\mathbf{A}}^* + \mathcal{O}(\delta^2),
\end{aligned} \tag{3.93}$$

Unter Beachtung der Beziehungen (3.91) und (3.93) folgt

$$\dot{\mathsf{G}}^* \approx \mathsf{D} \approx \dot{\mathsf{A}}^*$$

Bei der Entwicklung geometrisch linearer Feldtheorien ist stets darauf zu achten, dass alle Größen und Gleichungen konsistent linearisiert werden. Im Teil III wird gezeigt, dass sich geometrische und physikalische Linearisierung nicht bedingen, sondern dass eine geometrische Linearisierung auch für physikalisch nichtlineare Konstitutivgleichungen sinnvoll sein kann und umgekehrt. Man vermeidet daher möglichst die Anwendung allgemeiner geometrisch und physikalisch nichtlinearer Grundgleichungen der Kontinuumsmechanik.

Abschließend seien die wichtigsten Gleichungen noch einmal zusammengefasst.

Geometrische Linearisierung kinematischer Gleichungen

$$\mathbf{a} \approx \mathbf{x}, \quad \nabla_a \approx \nabla_x \Longrightarrow (\nabla_a \mathbf{u})^T \approx (\nabla_x \mathbf{u})^T \Longrightarrow \mathsf{J} \approx \mathsf{K},$$

$$\mathsf{F} = \mathsf{I} + \mathsf{J} \approx \mathsf{I} + \mathsf{K}, \qquad \mathsf{F}^{-1} = \mathsf{I} - \mathsf{J} \approx \mathsf{I} - \mathsf{K},$$

$$\begin{aligned}
\mathsf{C} \approx \mathsf{B} &\approx \mathsf{I} + \left[(\nabla_a \mathbf{u})^T + (\nabla_a \mathbf{u})\right] \\
&= \mathsf{I} + \mathsf{J} + \mathsf{J}^T \qquad = \mathsf{C}^* \qquad = \mathsf{B}^*, \\
\mathsf{C}^{-1} \approx \mathsf{B}^{-1} &\approx \mathsf{I} - \left[(\nabla_a \mathbf{u})^T + (\nabla_a \mathbf{u})\right] \\
&= \mathsf{I} - \mathsf{J} - \mathsf{J}^T \qquad = (\mathsf{C}^*)^{-1} = (\mathsf{B}^*)^{-1}, \\
\mathsf{U} \approx \mathsf{V} &\approx \mathsf{I} + \frac{1}{2}\left[(\nabla_a \mathbf{u})^T + (\nabla_a \mathbf{u})\right] \\
&= \mathsf{I} + \frac{1}{2}\left(\mathsf{J} + \mathsf{J}^T\right) \qquad = \mathsf{U}^* = \mathsf{V}^*, \\
\mathsf{G} \approx \mathsf{A} &\approx \frac{1}{2}\left[(\nabla_a \mathbf{u})^T + (\nabla_a \mathbf{u})\right] \\
&= \frac{1}{2}\left(\mathsf{J} + \mathsf{J}^T\right) \qquad = \mathsf{G}^* = \mathsf{A}^* \\
\mathsf{R} \approx \Omega &\approx \frac{1}{2}\left[(\nabla_a \mathbf{u})^T - (\nabla_a \mathbf{u})\right] \\
&= \frac{1}{2}\left(\mathsf{J} - \mathsf{J}^T\right) \qquad = \mathsf{R}^* = \Omega^*, \\
\mathsf{J} \approx \mathsf{K} &\approx \frac{1}{2}\left[(\nabla_a \mathbf{u})^T + (\nabla_a \mathbf{u})\right] \\
&+ \frac{1}{2}\left[(\nabla_a \mathbf{u})^T - (\nabla_a \mathbf{u})\right] \qquad = \mathsf{A}^* + \Omega^* \approx \mathsf{G}^* + \mathsf{R}^*, \\
\mathsf{L} &\approx \dot{\mathsf{J}},
\end{aligned}$$

$$\mathsf{D} \approx \frac{1}{2}\left(\dot{\mathsf{J}} + \dot{\mathsf{J}}^T\right), \qquad \mathsf{W} \approx \frac{1}{2}\left(\dot{\mathsf{J}} - \dot{\mathsf{J}}^T\right), \qquad \dot{\mathsf{G}} \approx \dot{\mathsf{A}} \approx \dot{\mathsf{G}}^* = \dot{\mathsf{A}}^*,$$

$(\ldots)^*$ linearisierte Größe; $\mathsf{A} \approx \mathsf{A}^* \to \mathsf{A} = \mathsf{A}^* + \mathcal{O}(\delta^2)$

3.9 Übungsbeispiele

Aufgabe 3.1 (Bewegungen). Man interpretiere die folgenden Bewegungen

a) $\mathbf{x}(\mathbf{a},t) = \mathbf{a} + kta_2\mathbf{e}_1$
b) $\mathbf{x}(\mathbf{a},t) = \mathbf{a} + kt\mathbf{a}$

Die Referenzkonfiguration ist der Einheitswürfel, der bei der Bewegung im Koordinatenursprung fixiert ist.

Aufgabe 3.2 (Bewegungsgleichung). Man prüfe, ob für die Bewegungsgleichung $\mathbf{x}(\mathbf{a},t)$ mit

$$\begin{aligned} x_1(a_j,t) &= a_1 e^t + a_3\left(e^t - 1\right), \\ x_2(a_j,t) &= a_2 + a_3\left(e^t - e^{-t}\right), \\ x_3(a_j,t) &= a_3 \end{aligned}$$

die Jacobi-Determinante von Null verschieden ist und formuliere gegebenenfalls die Gleichung $\mathbf{a}(\mathbf{x},t)$.

Aufgabe 3.3 (Geschwindigkeits- und Beschleunigungsfeld). Ein starrer Körper rotiere mit einer konstanten Winkelgeschwindigkeit $\boldsymbol{\omega}(\mathbf{x}) = \omega_3\mathbf{e}_3$ um die x_3-Achse. Man berechne das Geschwindigkeits- und Beschleunigungsfeld $\mathbf{v}(\mathbf{x},t)$ bzw. $\mathbf{b}(\mathbf{x},t)$.

Aufgabe 3.4 (Beschleunigungsfeld). Man berechne für ein gegebenes Geschwindigkeitsfeld $\mathbf{v}(\mathbf{x},t) = \mathbf{x}/(1+t)$ das zugehörige Beschleunigungsfeld $\mathbf{b} = \mathbf{b}(\mathbf{x},t)$ und bestimme die Bahnkurve $\mathbf{x} = \mathbf{x}(\mathbf{a},t)$ für einen materiellen Punkt $\mathbf{a}$.

Aufgabe 3.5 (Temperaturfeld). Ein materieller Punkt bewege sich auf gegebener Bahn

$$x_i = x_i(a_j,t): \quad x_1 = a_1 + 2a_2 t, \quad x_2 = a_1 t + a_2, \quad x_3 = 3a_3,$$

in einem stationären Temperaturfeld $\Theta = \Theta(x_i) = 2x_1 + 3x_2$. Man beschreibe das Temperaturfeld in materiellen Koordinaten und berechne die Geschwindigkeit sowie die Temperaturänderung für einen speziellen materiellen Punkt.

Aufgabe 3.6 (Gradient des Ortes). Man zeige, dass die Deformationsgradienten in Lagrange'scher und in Euler'scher Darstellung einander inverse Tensoren sind.

Aufgabe 3.7 (Transformation von Volumenelementen). Das infinitesimale Volumenelement in der Referenzkonfiguration dV_0 habe die Kantenvektoren
$d\mathbf{a}_1 = da_{11}\mathbf{e}_1$, $d\mathbf{a}_2 = da_{22}\mathbf{e}_2$, $d\mathbf{a}_3 = da_{33}\mathbf{e}_3$,
das Volumenelement dV in der Momentankonfiguration die Kantenvektoren
$d\mathbf{x}_1 = dx_{1i}\mathbf{e}_i$, $d\mathbf{x}_2 = dx_{2j}\mathbf{e}_j$, $d\mathbf{x}_3 = dx_{3k}\mathbf{e}_k$.
Man überprüfe die Transformation $dV = (\det\mathbf{F})dV_0$ mit Hilfe der Indexschreibweise.

Aufgabe 3.8 (Materielle Ableitung der Jacobi-Determinante). Man bilde die materielle Ableitung für die Jacobi-Determinante.

Aufgabe 3.9 (Geschwindigkeitsfeld). Man berechne für eine gegebene Deformation $\mathbf{x}(\mathbf{a},t) = (a_1 + \alpha t a_2)\mathbf{e}_1 + a_2\mathbf{e}_2 + a_3\mathbf{e}_3$

a) das räumliche und das materielle Geschwindigkeitsfeld
b) den räumlichen und den materiellen Geschwindigkeitsgradienten
c) die Änderungsgeschwindigkeiten $(d\mathbf{x})^{\cdot}, (d\mathbf{A})^{\cdot}$ und $(dV)^{\cdot}$ von $d\mathbf{x}, d\mathbf{A}$ und dV

Aufgabe 3.10 (Deformations- und Verzerrungstensoren). Man formuliere für folgende Deformationen die Deformations- und Verzerrungstensoren

a) Starrkörperdeformation
b) Reine Verzerrung
c) Isochore Deformation
d) Homogene Deformationen

mit den Sonderfällen

α) Gleichmäßige Dilatation (sphärische oder isotrope Deformation)
β) Einfache Dehnung
γ) Einfacher Schub

Aufgabe 3.11 (Verzerrungstensoren). Ein rechteckiger Gummiblock habe die in Abb. 3.11 angegebene Lage a) (Referenzkonfiguration). Nach der Deformation hat er die Lage b) (Momentankonfiguration). Der Positionsvektor $\mathbf{x} = \mathbf{x}(\mathbf{a})$ für die materiellen Punkte des Körpers habe in der Lage b) die Koordinaten (L.D.)

$$x_1 = a_1 + \frac{k}{h^2}a_2^2, \quad x_2 = a_2, \quad x_3 = a_3$$

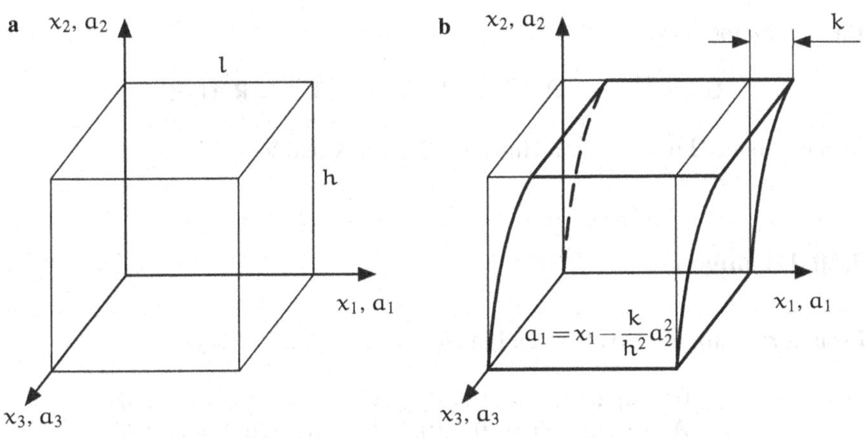

Abb. 3.11 Gummiblock: **a** Referenzkonfiguration, **b** Momentankonfiguration

Man formuliere den verformten Zustand in (E.D.), berechne die Koordinaten des Verschiebungsfeldes in (L.D.) und (E.D.) und der nichtlinearen und der linearen Lagrange'schen und Almansi'schen Verzerrungstensoren.

Aufgabe 3.12 (Koeffizientenmatrix). Gegeben ist ein Verschiebungsfeld in räumlichen Koordinaten

$$\mathbf{u}(\mathbf{x}) = x_1^2\mathbf{e}_1 + x_3^2\mathbf{e}_2 + x_2^2\mathbf{e}_3$$

Man berechne

a) die Koeffizientenmatrix von $(\nabla_x \mathbf{u})^T \equiv \mathbf{K}$ zur Basis $\mathbf{e}_i$,
b) $(\nabla_x \mathbf{u})^T \cdot \mathbf{u}, (\nabla_x \mathbf{u})^T \times \mathbf{u}, (\nabla_x \mathbf{u})^T \mathbf{u}$,
c) grad $\mathbf{u}$, div $\mathbf{u}$, rot $\mathbf{u}$

Aufgabe 3.13 (Räumlicher Geschwindigkeitstensor). Für den räumlichen Geschwindigkeitstensor gelte die additive Dekomposition

$$\mathbf{L} = \mathbf{D} + \mathbf{W}$$

Man zeige, dass für den Sonderfall einer reinen Starrkörperbewegung $\mathbf{D} = \mathbf{0}$ und $\mathbf{W} = \dot{\mathbf{Q}}(t) \cdot \mathbf{Q}^T(t)$ gilt.

Aufgabe 3.14 (Polare Zerlegung des Deformationsgradienten). Für den Deformationsgradienten $\mathbf{F}$ ist die polare Dekomposition entsprechend einer Idee aus [15] durchzuführen. Für jeden invertierbaren Tensor 2. Stufe $\mathbf{F}$ gilt zunächst

$$\mathbf{F} = \mathbf{R} \cdot \mathbf{U} = \mathbf{V} \cdot \mathbf{R}$$

mit

$$\mathbf{R} \cdot \mathbf{R}^T = \mathbf{R}^T \cdot \mathbf{R} = \mathbf{I}$$

Folglich ist

$$\mathbf{U}^2 = \mathbf{C} = \mathbf{F}^T \cdot \mathbf{F}, \qquad \mathbf{V}^2 = \mathbf{B} = \mathbf{F} \cdot \mathbf{F}^T$$

Damit folgt formal

$$\mathbf{U} = \mathbf{C}^{1/2}, \qquad \mathbf{R} = \mathbf{F} \cdot \mathbf{U}^{-1}, \qquad \mathbf{V} = \mathbf{B}^{1/2} = \mathbf{R} \cdot \mathbf{U} \cdot \mathbf{R}^T$$

Man bestimme $\mathbf{U}$ und $\mathbf{U}^{-1}$ mit Hilfe von $\mathbf{C}$ sowie $\mathbf{R}$ und $\mathbf{V}$.

3.10 Lösungen

Lösung zur Aufgabe 3.1. Für den Einheitswürfel 0ABCDEFG gilt

$$\begin{aligned}
t = 0 \quad & 0: (a_1, a_2, a_3) = (0,0,0), && D: (a_1, a_2, a_3) = (1,0,0),\\
& A: (a_1, a_2, a_3) = (0,1,0), && E: (a_1, a_2, a_3) = (1,1,0),\\
& B: (a_1, a_2, a_3) = (0,1,1), && F: (a_1, a_2, a_3) = (1,1,1),\\
& C: (a_1, a_2, a_3) = (0,0,1), && G: (a_1, a_2, a_3) = (1,0,1)
\end{aligned}$$

a) Im Fall der ersten Bewegungsgleichung erhält man

$$t>0 \quad \begin{aligned} 0:&\ (a_1,a_2,a_3) = (0,0,0), & D:&\ (a_1,a_2,a_3) = (1,0,0),\\ A:&\ (a_1,a_2,a_3) = (kt,1,0), & E:&\ (a_1,a_2,a_3) = (1+kt,1,0),\\ B:&\ (a_1,a_2,a_3) = (kt,1,0), & F:&\ (a_1,a_2,a_3) = (1+kt,1,1),\\ C:&\ (a_1,a_2,a_3) = (0,0,1), & G:&\ (a_1,a_2,a_3) = (1,0,1) \end{aligned}$$

Damit wird aus dem Würfel ein Parallelepiped mit gleicher Kantenlänge in Folge einer Schubdeformation.

b) Im Fall der zweiten Bewegungsgleichung erhält man

$$t>0 \quad \begin{aligned} 0:&\ (a_1,a_2,a_3) = (0,0,0),\\ A:&\ (a_1,a_2,a_3) = (0,1+kt,0),\\ B:&\ (a_1,a_2,a_3) = (0,1+kt,1+kt),\\ C:&\ (a_1,a_2,a_3) = (0,0,1+kt),\\ D:&\ (a_1,a_2,a_3) = (1+kt,0,0),\\ E:&\ (a_1,a_2,a_3) = (1+kt,1+kt,0),\\ F:&\ (a_1,a_2,a_3) = (1+kt,1+kt,1+kt),\\ G:&\ (a_1,a_2,a_3) = (1+kt,0,1+kt) \end{aligned}$$

Damit erfährt der Würfel eine Volumendehnung, er bleibt dabei ein Würfel.

Die Lösungen sind in Abb. 3.12 dargestellt.

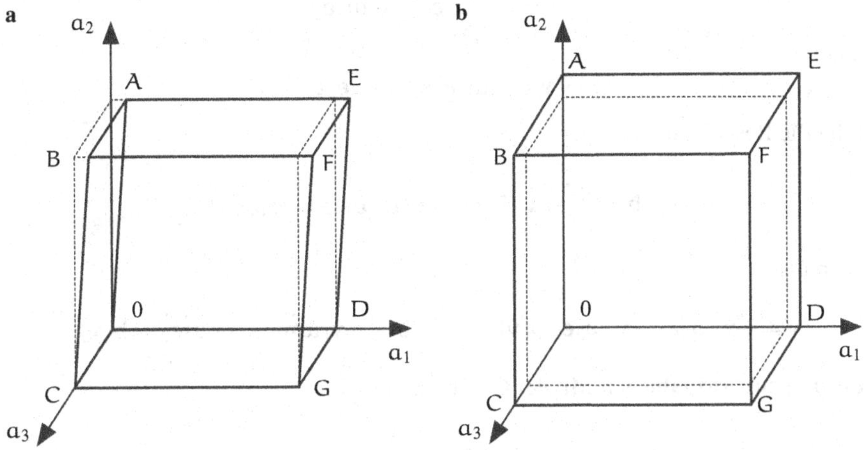

Abb. 3.12 Grafische Darstellung der Lösung 3.1: a) Schub, b) Volumendehnung

Lösung zur Aufgabe 3.2. Die Jacobi-Determinante wird elementar berechnet

$$\left|\frac{\partial x_i}{\partial a_j}\right| = \begin{vmatrix} e^t & 0 & e^t-1 \\ 0 & 1 & e^t-e^{-t} \\ 0 & 0 & 1 \end{vmatrix} = e^t \neq 0$$

Damit können die Langrange'schen Koordinaten der Bewegung angegeben werden

$$
\begin{aligned}
a_3(x_j,t) &= x_3, \\
a_2(x_j,t) &= x_2 - x_3\left(e^t - e^{-t}\right), \\
a_1(x_j,t) &= x_1 e^{-t} - x_3\left(1 - e^{-t}\right)
\end{aligned}
$$

Die Jacobi-Determinante ist von Null verschieden, die Funktionen $\mathbf{x}(\mathbf{a},t)$ und $\mathbf{a}(\mathbf{x},t)$ sind somit umkehrbar eindeutig zugeordnet.

Lösung zur Aufgabe 3.3. Das Geschwindigkeitsfeld folgt aus

$$
\begin{aligned}
\boldsymbol{v} = \boldsymbol{\omega} \times \mathbf{x} &= \omega_3 \mathbf{e}_3 \times x_i \mathbf{e}_i = \omega_3 x_i \mathbf{e}_3 \times \mathbf{e}_i = \omega_3 x_i \varepsilon_{3ik} \mathbf{e}_k \\
&= -\omega_3 x_2 \mathbf{e}_1 + \omega_3 x_1 \mathbf{e}_2
\end{aligned}
$$

Die Koordinaten sind damit

$$
v_1 = -x_2\omega_3, \quad v_2 = x_1\omega_3, \quad v_3 = 0
$$

Die Beschleunigung ergibt sich aus

$$
\frac{D\boldsymbol{v}}{Dt} = \frac{\partial \boldsymbol{v}}{\partial t} + \boldsymbol{v} \cdot \nabla \boldsymbol{v}
$$

Mit

$$
\boldsymbol{v} = -x_2\omega_3 \mathbf{e}_1 + x_1\omega_3 \mathbf{e}_2
$$

und

$$
\nabla \boldsymbol{v} = -\omega_3 \mathbf{e}_2 \mathbf{e}_1 + \omega_3 \mathbf{e}_1 \mathbf{e}_2
$$

folgt die Beschleunigung

$$
\mathbf{b} = \frac{\partial \boldsymbol{v}}{\partial t} + \boldsymbol{v} \cdot \nabla \boldsymbol{v} = -x_1\omega_3^2 \mathbf{e}_1 - x_2\omega_3^2 \mathbf{e}_2
$$

Damit ist

$$
\boldsymbol{v} = -x_2\omega_3 \mathbf{e}_1 + x_1\omega_3 \mathbf{e}_2 = \boldsymbol{v}(\mathbf{x}), \qquad \mathbf{b} = -x_1\omega_3^2 \mathbf{e}_1 - x_2\omega_3^2 \mathbf{e}_2 = \mathbf{b}(\mathbf{x})
$$

Lösung zur Aufgabe 3.4. Mit der Geschwindigkeit

$$
\boldsymbol{v}(\mathbf{x},t) = \frac{\mathbf{x}}{1+t}
$$

folgt die Beschleunigung

$$
\mathbf{b}(\mathbf{x},t) = \frac{D\boldsymbol{v}}{Dt} = \frac{\partial \boldsymbol{v}}{\partial t} + \boldsymbol{v} \cdot \nabla \boldsymbol{v} = \frac{-\mathbf{x}}{(1+t)^2} + \frac{\mathbf{x}}{(1+t)^2} = \mathbf{0}
$$

Die Bahnkurve ergibt sich aus

$$\boldsymbol{v} = \dot{\boldsymbol{x}} = \frac{\boldsymbol{x}}{1+t}$$

Der Übergang zur Darstellung in Komponenten führt auf

$$v_i = \frac{dx_i}{dt} = \frac{x_i}{1+t}$$

Die Integration lautet dann

$$\int\limits_{x_{i_0}=a_i}^{x_i} \frac{dx_i}{x_i} = \int\limits_{t_0=0}^{t} \frac{dt}{1+t}$$

und man erhält

$$\ln\left(\frac{x_i}{a_i}\right) = \ln\left(\frac{1+t}{1}\right)$$

bzw.

$$x_i = (1+t)a_i$$

für $x_i \geqslant a_i$. Die Zusammenfassung der drei Gleichungen führt auf $\boldsymbol{x} = (1+t)\boldsymbol{a}$. Das entsprechende Geschwindigkeitsfeld verschwindet und für das Beschleunigungsfeld gilt $\boldsymbol{b}(\boldsymbol{x},t) \equiv \boldsymbol{0}$. Die Gleichung der Bahnkurve ist $\boldsymbol{x}(\boldsymbol{a},t) = (1+t)\boldsymbol{a}$.

Lösung zur Aufgabe 3.5. Es gilt

$$\begin{aligned}
\Theta(x_i) &= \Theta[x_i(a_j,t)], \\
\Theta(a_j,t) &= 2(a_1+2a_2t)+3(a_1t+a_2) = (2+3t)a_1+(3+4t)a_2, \\
v_i(a_j,t) &= \dot{x}_i(a_j,t): \quad v_1 = 2a_2,\ v_2 = a_1, \quad v_3 = 0, \\
\frac{D\Theta(a_j,t)}{Dt} &= 3a_1+4a_2
\end{aligned}$$

Schlussfolgerung 3.9. Auch im stationären Temperaturfeld ändert sich die Temperatur eines materiellen Punktes bei seiner Bewegung entlang der Bahnkurve.

Lösung zur Aufgabe 3.6. Man kann direkt ausrechnen

$$\begin{aligned}
(\nabla_{\boldsymbol{a}}\boldsymbol{x})^T \cdot (\nabla_{\boldsymbol{x}}\boldsymbol{a})^T &= \frac{\partial x_i}{\partial a_j}\boldsymbol{e}_i\boldsymbol{e}_j \cdot \frac{\partial a_k}{\partial x_l}\boldsymbol{e}_k\boldsymbol{e}_l = \frac{\partial x_i}{\partial a_j}\frac{\partial a_k}{\partial x_l}\delta_{jk}\boldsymbol{e}_i\boldsymbol{e}_l \\
&= \frac{\partial x_i}{\partial a_j}\frac{\partial a_j}{\partial x_l}\boldsymbol{e}_i\boldsymbol{e}_l = \frac{\partial x_i}{\partial x_l}\boldsymbol{e}_i\boldsymbol{e}_l = \delta_{il}\boldsymbol{e}_i\boldsymbol{e}_l = \boldsymbol{I} \quad \text{q.e.d.}
\end{aligned}$$

Lösung zur Aufgabe 3.7. Es gilt zunächst

$$\begin{aligned}
dV_0 &= (d\boldsymbol{a}_1 \times d\boldsymbol{a}_2)\cdot d\boldsymbol{a}_3 = (da_{11}\boldsymbol{e}_1 \times da_{22}\boldsymbol{e}_2)\cdot da_{33}\boldsymbol{e}_3 \\
&= (\boldsymbol{e}_1 \times \boldsymbol{e}_2)\cdot \boldsymbol{e}_3 da_{11}da_{22}da_{33} = (\boldsymbol{e}_3\cdot\boldsymbol{e}_3)da_{11}da_{22}da_{33} = da_{11}da_{22}da_{33}
\end{aligned}$$

In der aktuellen Konfiguration erhält man

$$\begin{aligned}
\mathrm{d}V &= (\mathrm{d}\mathbf{x}_1 \times \mathrm{d}\mathbf{x}_2)\cdot \mathrm{d}\mathbf{x}_3 = (\mathrm{d}x_{1i}\mathbf{e}_i \times \mathrm{d}x_{2j}\mathbf{e}_j)\cdot \mathrm{d}x_{3k}\mathbf{e}_k \\
&= (\mathbf{e}_i \times \mathbf{e}_j)\cdot \mathbf{e}_k \mathrm{d}x_{1i}\mathrm{d}x_{2j}\mathrm{d}x_{3k} = \varepsilon_{ijl}(\mathbf{e}_l \cdot \mathbf{e}_k)\mathrm{d}x_{1i}\mathrm{d}x_{2j}\mathrm{d}x_{3k} \\
&= \varepsilon_{ijl}\delta_{lk}\mathrm{d}x_{1i}\mathrm{d}x_{2j}\mathrm{d}x_{3k} = \varepsilon_{ijk}\mathrm{d}x_{1i}\mathrm{d}x_{2j}\mathrm{d}x_{3k} \\
&= \varepsilon_{ijk}F_{ip}\mathrm{d}a_{1p}F_{jq}\mathrm{d}a_{2q}F_{kr}\mathrm{d}a_{3r} = \varepsilon_{ijk}F_{i1}\mathrm{d}a_{11}F_{j2}\mathrm{d}a_{22}F_{k3}\mathrm{d}a_{33} \\
&= \varepsilon_{ijk}F_{i1}F_{j2}F_{k3}\mathrm{d}a_{11}\mathrm{d}a_{22}\mathrm{d}a_{33}
\end{aligned}$$

Mit

$$\varepsilon_{ijk}F_{i1}F_{j2}F_{k3} = \det \mathbf{F}$$

folgt

$$\mathrm{d}V = \det \mathbf{F}\, \mathrm{d}V_0 \quad \text{q.e.d.}$$

Lösung zur Aufgabe 3.8. Die Jacobi-Determinante ist entsprechend Gl. (3.2) definiert und mit den Gln. (3.8) und (3.9) kann sie wie folgt ausgedrückt werden

$$\det\left[\frac{\partial x_i}{\partial a_j}\right] = \det \boldsymbol{\nabla}_a \mathbf{x} = \det \mathbf{F}^T = \det \mathbf{F}$$

Die letzte Identität folgt aus den Rechenregeln der Abschn. 2.2.4. Es gilt dann weiterhin mit der Kettenregel

$$\frac{\partial}{\partial t}(\det \mathbf{F}) = \frac{\partial \det \mathbf{F}}{\partial \mathbf{F}} \cdot\cdot \frac{\mathrm{D}\mathbf{F}^T}{\mathrm{D}t}$$

Im Abschn. 2.4.3 wurde die Identität

$$\frac{\partial \det \mathbf{F}}{\partial \mathbf{F}} = \det \mathbf{F} (\mathbf{F}^T)^{-1}$$

formuliert. Wegen

$$\frac{\mathrm{D}\mathbf{F}}{\mathrm{D}t} = \mathbf{L}\cdot \mathbf{F}$$

folgt abschließend

$$\begin{aligned}
\frac{\mathrm{D}}{\mathrm{D}t}(\det \mathbf{F}) &= \det \mathbf{F}(\mathbf{F}^T)^{-1} \cdot\cdot (\mathbf{L}\cdot \mathbf{F})^T \\
&= \det \mathbf{F}(\mathbf{F}^T)^{-1} \cdot\cdot (\mathbf{F}^T \cdot \mathbf{L}^T)
\end{aligned}$$

In Indexschreiweise folgt aus

$$\det[F_{ij}] \equiv \det\left[\frac{\partial x_i}{\partial a_j}\right], \qquad x_i = x_i(a_1, a_2, a_3, t), \qquad a_i = a_i(x_1, x_2, x_3, t)$$

zunächst die Ableitung der Jacobi-Determinante in der Form

$$
\begin{aligned}
(\det[F_{ij}])^{\cdot} &= \frac{\partial}{\partial F_{kl}}\left(\det[F_{ij}]\right)\frac{DF_{lk}}{Dt}\\
&= \frac{\partial}{\partial F_{kl}}\left(\det[F_{ij}]\right)\frac{\partial^2 x_l}{\partial a_k \partial t}\\
&= \frac{\partial}{\partial F_{kl}}\left(\det[F_{ij}]\right)\frac{\partial v_l}{\partial a_k}
\end{aligned}
$$

Geht man von der materiellen Geschwindigkeit $\boldsymbol{v} = \boldsymbol{v}(\boldsymbol{a}, t)$ zur räumlichen Geschwindigkeit $\boldsymbol{v} = \boldsymbol{v}(\boldsymbol{x}, t)$ über, gilt auch

$$
\left(\det[F_{ij}]\right)^{\cdot} = \frac{\partial}{\partial F_{kl}}\left(\det[F_{ij}]\right)\frac{\partial v_l}{\partial x_m}\frac{\partial x_m}{\partial a_k} = \frac{\partial}{\partial F_{kl}}\left(\det[F_{ij}]\right)\frac{\partial v_l}{\partial x_m}F_{km}
$$

Wegen

$$
\frac{\partial}{\partial F_{kl}}\left(\det[F_{ij}]\right)F_{km} = \det[F_{ij}]\delta_{lm}
$$

folgt

$$
(\det[F_{ij}])^{\cdot} = \det[F_{ij}]\delta_{lm}\frac{\partial v_l}{\partial x_m} = \det[F_{ij}]v_{m,m}
$$

Lösung zur Aufgabe 3.9. Mit den Größen

$$
\begin{aligned}
\boldsymbol{x}(\boldsymbol{a}, t) &= (a_1 + \alpha t a_2)\boldsymbol{e}_1 + a_2\boldsymbol{e}_2 + a_3\boldsymbol{e}_3,\\
x_1 &= a_1 + \alpha t a_2; \quad x_2 = a_2; \quad x_3 = a_3,\\
a_1 &= x_1 - \alpha t x_2; \quad a_2 = x_2; \quad a_3 = x_3,\\
\boldsymbol{a}(\boldsymbol{x}, t) &= (x_1 - \alpha t x_2)\boldsymbol{e}_1 + x_2\boldsymbol{e}_2 + x_3\boldsymbol{e}_3
\end{aligned}
$$

erhält man

a) das räumliche und das materielle Geschwindigkeitsfeld

$$
\begin{aligned}
\boldsymbol{v}(\boldsymbol{a}, t) &= \dot{\boldsymbol{x}}(\boldsymbol{a}, t) = \alpha a_2\boldsymbol{e}_1,\\
\boldsymbol{v}(\boldsymbol{x}, t) &= -\alpha x_2\boldsymbol{e}_1
\end{aligned}
$$

b) den räumlichen und den materiellen Geschwindigkeitsgradienten

$$
\begin{aligned}
[\nabla_{\boldsymbol{a}}\boldsymbol{v}(\boldsymbol{a}, t)]^{\mathrm{T}} &= \alpha\boldsymbol{e}_1\boldsymbol{e}_2,\\
[\nabla_{\boldsymbol{x}}\boldsymbol{v}(\boldsymbol{x}, t)]^{\mathrm{T}} &= -\alpha\boldsymbol{e}_1\boldsymbol{e}_2
\end{aligned}
$$

c) die Änderungsgeschwindigkeiten

$$
\begin{aligned}
(\mathrm{d}\boldsymbol{x})^{\cdot} &= \mathbf{L}\cdot\mathrm{d}\boldsymbol{x} = -\alpha\boldsymbol{e}_1\boldsymbol{e}_2\cdot\mathrm{d}x_i\boldsymbol{e}_i = -\alpha\boldsymbol{e}_1\mathrm{d}x_2,\\
(\mathrm{d}\boldsymbol{A})^{\cdot} &= \left[(\operatorname{div}\boldsymbol{v})\mathbf{I} - \mathbf{L}^{\mathrm{T}}\right]\cdot\mathrm{d}\boldsymbol{A} = (\mathbf{0}\alpha\boldsymbol{e}_2\boldsymbol{e}_1)\cdot\mathrm{d}\boldsymbol{A} = \alpha\boldsymbol{e}_2\mathrm{d}A_1,\\
(\mathrm{d}V)^{\cdot} &= 0
\end{aligned}
$$

Lösung zur Aufgabe 3.10. Folgende Aussagen können getroffen werden

a) Notwendiges und hinreichendes Kriterium für eine Starrkörperdeformation ist, dass die Längen aller materiellen Linienelemente bei der Deformation konstant bleiben. Damit erhält man

$$\mathbf{F}^{-1} = \mathbf{F}^{\mathrm{T}}, \qquad \mathbf{U} = \mathbf{V} = \mathbf{I}, \qquad \mathbf{B} = \mathbf{C} = \mathbf{B}^{-1} = \mathbf{C}^{-1} = \mathbf{I},$$
$$\mathbf{G} = \mathbf{A} = \mathbf{0}$$

b) Eine reine Verzerrung ist dadurch charakterisiert, dass sich bei der Deformation die Verzerrungshauptachsen nicht ändern. Voraussetzung dafür ist, dass der Rotationstensor $\mathbf{R}$ gleich dem Einheitstensor ist ($\mathbf{R} = \mathbf{I}$). Mit

$$\mathbf{F} = \mathbf{R} \cdot \mathbf{U} = \mathbf{V} \cdot \mathbf{R} = \mathbf{R} \cdot \mathbf{C}^{1/2} = \mathbf{B}^{1/2} \cdot \mathbf{R}$$

folgt dann

$$\mathbf{F} = \mathbf{U} = \mathbf{V} = \mathbf{C}^{1/2} = \mathbf{B}^{1/2}$$

Anmerkung 3.5. Aus der Voraussetzung, dass die Verzerrungshauptachsen nicht rotieren, kann nicht gefolgert werden, dass beliebige materielle Linienelemente auch nicht rotieren.

c) Wenn alle Volumenelemente eines Körpers konstant bleiben, heißt die Deformation isochor. Die Jacobi-Determinante hat dann den Wert 1 und es gilt

$$\det \mathbf{F} = 1, \qquad \mathrm{d}V = \mathrm{d}V_0 = \text{const.}, \qquad \varepsilon_V = 0$$

d) Haben alle Körperelemente bei einer Deformation das gleiche Transformationsgesetz

$$\mathbf{x} = \mathbf{F} \cdot \mathbf{a}, \qquad \mathbf{a} = \mathbf{F}^{-1} \cdot \mathbf{x}, \qquad \det \mathbf{F} \neq 1,$$

ist $\mathbf{F}$ unabhängig von $\mathbf{x}$ bzw. $\mathbf{a}$ und die Deformation heißt homogen.

Sonderfälle

α) Sind bei einer homogenen Deformation alle Hauptdehnungen gleich, heißt die Deformation isotrop

$$F_{ij} = \begin{cases} 0 & i \neq j \\ \lambda & i = j \end{cases}; \quad x_i = \lambda a_i, i = 1,2,3$$

Für $\lambda > 1$ wird ein materielles Linienelement gedehnt, für $\lambda < 1$ gestaucht, und zwar in Richtung a_i. Die Hauptdehnungen sind $\lambda - 1$, die Hauptachsen haben die Richtung der $\mathbf{e}_i$. Aus

$$[F_{ij}] = \begin{bmatrix} \lambda & 0 & 0 \\ 0 & \lambda & 0 \\ 0 & 0 & \lambda \end{bmatrix}$$

folgt für die Deformationstensoren

$$\mathbf{B} = \mathbf{C} = \lambda^2 \mathbf{I}, \qquad \mathbf{B}^{-1} = \mathbf{C}^{-1} = \lambda^{-2} \mathbf{I}$$

und die Verzerrungstensoren

$$\mathbf{G} = \frac{1}{2}(\lambda^2 - 1)\mathbf{I}, \qquad \mathbf{A} = \frac{1}{2}(1 - \lambda^{-2})\mathbf{I}$$

Diese Tensoren haben folgende Hauptinvarianten

$$\begin{aligned}
\mathrm{I}_1(\mathbf{C}) &= \mathrm{Sp}\,\mathbf{C} = 3\lambda^2, \qquad \mathrm{I}_1(\mathbf{B}^{-1}) = \mathrm{Sp}\,\mathbf{B}^{-1} = 3\lambda^{-2},\\
\mathrm{I}_2(\mathbf{C}) &= \frac{1}{2}\left[(\mathrm{Sp}\,\mathbf{C})^2 - \mathrm{Sp}\,\mathbf{C}^2\right] = 3\lambda^4,\\
\mathrm{I}_2(\mathbf{B}^{-1}) &= \frac{1}{2}\left\{\left(\mathrm{Sp}\,\mathbf{B}^{-1}\right)^2 - \mathrm{Sp}\left[\left(\mathbf{B}^{-1}\right)^2\right]\right\} = 3\lambda^{-4},\\
\mathrm{I}_3(\mathbf{C}) &= \det\mathbf{C} = \lambda^6, \qquad \mathrm{I}_3\left(\mathbf{B}^{-1}\right) = \det\mathbf{B}^{-1} = \lambda^{-6},
\end{aligned}$$

$$\begin{aligned}
\mathrm{I}_1(\mathbf{G}) &= \mathrm{Sp}\,\mathbf{G} = \frac{3}{2}(\lambda^2 - 1), \qquad \mathrm{I}_1(\mathbf{A}) = \mathrm{Sp}\,\mathbf{A} = \frac{3}{2}(1 - \lambda^{-2}),\\
\mathrm{I}_2(\mathbf{G}) &= \frac{1}{2}\left[(\mathrm{Sp}\,\mathbf{G})^2 - \mathrm{Sp}\,\mathbf{G}^2\right] = \frac{3}{4}(\lambda^2 - 1)^2,\\
\mathrm{I}_2(\mathbf{A}) &= \frac{1}{2}\left[(\mathrm{Sp}\,\mathbf{A})^2 - \mathrm{Sp}\,\mathbf{A}^2\right] = \frac{3}{4}(1 - \lambda^{-2})^2,\\
\mathrm{I}_3(\mathbf{G}) &= \det\mathbf{G} = \frac{1}{8}(\lambda^2 - 1)^3, \qquad \mathrm{I}_3(\mathbf{A}) = \det\mathbf{A} = \frac{1}{8}(1 - \lambda^{-2})^3
\end{aligned}$$

β) $\mathbf{F}$ habe jetzt die Koeffizientenmatrix

$$[\mathrm{F}_{ij}] = \begin{bmatrix} \lambda & 0 & 0 \\ 0 & c\lambda & 0 \\ 0 & 0 & c\lambda \end{bmatrix}$$

c ist eine positive Konstante. $c = 1$ führt auf den Sonderfall der gleichmäßigen Dilatation. $c = \lambda^{-1}$ führt auf den Sonderfall einer einachsigen Dehnung, d.h.

$$[\mathrm{F}_{ij}] = \begin{bmatrix} \lambda & 0 & 0 \\ 0 & 1 & 0 \\ 0 & 0 & 1 \end{bmatrix} \Longrightarrow [\mathrm{C}_{ij}] = [\mathrm{B}_{ij}] = \begin{bmatrix} \lambda^2 & 0 & 0 \\ 0 & 1 & 0 \\ 0 & 0 & 1 \end{bmatrix}$$

Für $c \neq 1, c \neq \lambda^{-1}, c > 0$ erhält man für die Deformationstensoren $\mathbf{C}$ und $\mathbf{B}^{-1}$

$$[\mathrm{C}_{ij}] = \begin{bmatrix} \lambda^2 & 0 & 0 \\ 0 & (c\lambda)^2 & 0 \\ 0 & 0 & (c\lambda)^2 \end{bmatrix}, \qquad [\mathrm{B}_{ij}]^{-1} = \begin{bmatrix} \lambda^{-2} & 0 & 0 \\ 0 & (c\lambda)^{-2} & 0 \\ 0 & 0 & (c\lambda)^{-2} \end{bmatrix}$$

und die Verzerrungstensoren $\mathbf{G}$ und $\mathbf{A}$ haben die Koeffizientenmatrizen

$$[G_{ij}] = \frac{1}{2}\begin{bmatrix} \lambda^2-1 & 0 & 0 \\ 0 & (c\lambda)^2-1 & 0 \\ 0 & 0 & (c\lambda)^2-1 \end{bmatrix},$$

$$[A_{ij}] = \frac{1}{2}\begin{bmatrix} 1-\lambda^{-2} & 0 & 0 \\ 0 & 1-(c\lambda)^{-2} & 0 \\ 0 & 0 & 1-(c\lambda)^{-2} \end{bmatrix}$$

γ) Eine homogene Deformation mit $\mathbf{x} = \mathbf{F}\cdot\mathbf{a}$ und $\mathbf{F} = \mathbf{I} + \kappa\mathbf{S}$ heißt einfacher Schub. κ ist eine Konstante und $\mathbf{S}$ hat die Koeffizientenmatrix

$$[S_{ij}] = \begin{bmatrix} 0 & 1 & 0 \\ 0 & 0 & 0 \\ 0 & 0 & 0 \end{bmatrix} \Longrightarrow [F_{ij}] = \begin{bmatrix} 1 & \kappa & 0 \\ 0 & 1 & 0 \\ 0 & 0 & 1 \end{bmatrix}$$

Für die Deformations- und Verzerrungstensoren gilt dann

$$[C_{ij}] = \begin{bmatrix} 1 & \kappa & 0 \\ \kappa & 1+\kappa^2 & 0 \\ 0 & 0 & 1 \end{bmatrix}, \qquad [B_{ij}]^{-1} = \begin{bmatrix} 1+\kappa^2 & -\kappa & 0 \\ -\kappa & 1 & 0 \\ 0 & 0 & 1 \end{bmatrix},$$

$$[G_{ij}] = \begin{bmatrix} 0 & \kappa/2 & 0 \\ \kappa/2 & \kappa^2/2 & 0 \\ 0 & 0 & 0 \end{bmatrix}, \qquad [A_{ij}] = \begin{bmatrix} 0 & \kappa/2 & 0 \\ \kappa/2 & \kappa^2/2 & 0 \\ 0 & 0 & 0 \end{bmatrix}$$

Der einfache Schub ist eine isochore Deformation, denn mit

$$\det\mathbf{C} = 1 \Rightarrow \det\mathbf{F} = 1 \Rightarrow dV = dV_0$$

Lösung zur Aufgabe 3.11. Es gilt

$$\begin{aligned} \mathbf{x} = \mathbf{x}(\mathbf{a}): &\quad x_1 = a_1 + (k/h^2)a_2^2, \quad x_2 = a_2, \quad x_3 = a_3, \\ \mathbf{a} = \mathbf{a}(\mathbf{x}): &\quad a_1 = x_1 - (k/h^2)x_2^2, \quad a_2 = x_2, \quad a_3 = x_3 \end{aligned}$$

Aus $\mathbf{u} = \mathbf{x} - \mathbf{a}$ folgt für die Koordinaten des Verschiebungsfeldes

$$\begin{aligned} \mathbf{u} = \mathbf{u}(\mathbf{a}): &\quad u_1 = (k/h^2)a_2^2, \quad u_2 = 0, \quad u_3 = 0, \\ \mathbf{u} = \mathbf{u}(\mathbf{x}): &\quad u_1 = (k/h^2)x_2^2, \quad u_2 = 0, \quad u_3 = 0 \end{aligned}$$

Nichtlineare Verzerrungstensoren

$$\begin{aligned} \mathbf{G} &= \frac{1}{2}\left[(\nabla_a\mathbf{u})^T + (\nabla_a\mathbf{u}) + (\nabla_a\mathbf{u})\cdot(\nabla_a\mathbf{u})^T\right], \\ \mathbf{A} &= \frac{1}{2}\left[(\nabla_x\mathbf{u})^T + (\nabla_x\mathbf{u}) + (\nabla_x\mathbf{u})\cdot(\nabla_x\mathbf{u})^T\right], \\ G_{ij} &= \frac{1}{2}\left(\frac{\partial u_i}{\partial a_j} + \frac{\partial u_j}{\partial a_i} + \frac{\partial u_k}{\partial a_i}\frac{\partial u_k}{\partial a_j}\right) \end{aligned}$$

$$G_{11} = 0, \quad G_{12} = (k/h^2)a_2, \quad G_{13} = 0,$$
$$G_{21} = (k/h^2)a_2, \quad G_{22} = 0, \quad G_{23} = 0,$$
$$G_{31} = 0, \quad G_{32} = 0, \quad G_{33} = 0,$$

$$A_{11} = 0, \quad A_{12} = (k/h^2)x_2, \quad A_{13} = 0,$$
$$A_{21} = (k/h^2)x_2, \quad A_{22} = 0, \quad A_{23} = 0,$$
$$A_{31} = 0, \quad A_{32} = 0, \quad A_{33} = 0$$

Lineare Verzerrungstensoren

$$\mathbf{G}^* \approx \mathbf{A}^* = \frac{1}{2}\left[(\boldsymbol{\nabla}_a \mathbf{u})^\mathsf{T} + (\boldsymbol{\nabla}_a \mathbf{u})\right],$$
$$G^*_{ij} \approx A^*_{ij} = \frac{1}{2}\left(\frac{\partial u_i}{\partial x_j} + \frac{\partial u_j}{\partial x_i}\right),$$

$$A^*_{11} = 0, \quad A^*_{12} = (k/h^2)x_2, \quad A^*_{13} = 0,$$
$$A^*_{21} = (k/h^2)x_2, \quad A^*_{22} = 0, \quad A^*_{23} = 0,$$
$$A^*_{31} = 0, \quad A^*_{32} = 0, \quad A^*_{33} = 0$$

Lösung zur Aufgabe 3.12. Die Teilaufgaben haben die folgenden Lösungen:

a) Es gilt zunächst

$$(\boldsymbol{\nabla}_x \mathbf{u})^\mathsf{T} = \left[\frac{\partial}{\partial x_i}\mathbf{e}_i \cdot (x_1^2 \mathbf{e}_1 + x_3^2 \mathbf{e}_2 + x_2^2 \mathbf{e}_3)\right]^\mathsf{T} = K_{ij}\mathbf{e}_i\mathbf{e}_j = \mathbf{K}$$

Mit

$$\boldsymbol{\nabla}_x \mathbf{u} = 2x_1\mathbf{e}_1\mathbf{e}_1 + 2x_3\mathbf{e}_3\mathbf{e}_2 + 2x_2\mathbf{e}_2\mathbf{e}_3$$

folgt

$$(\boldsymbol{\nabla}_x \mathbf{u})^\mathsf{T} = 2x_1\mathbf{e}_1\mathbf{e}_1 + 2x_3\mathbf{e}_2\mathbf{e}_3 + 2x_2\mathbf{e}_3\mathbf{e}_2 = \mathbf{K}$$

b) Für $(\boldsymbol{\nabla}_x \mathbf{u})^\mathsf{T} \cdot \mathbf{u}$ erhält man folgende Rechnung

$$\begin{aligned}(\boldsymbol{\nabla}_x \mathbf{u})^\mathsf{T} \cdot \mathbf{u} = \mathbf{K} \cdot \mathbf{u} &= (2x_1\mathbf{e}_1\mathbf{e}_1 + 2x_3\mathbf{e}_2\mathbf{e}_3 + 2x_2\mathbf{e}_3\mathbf{e}_2) \cdot (x_1^2\mathbf{e}_1 + x_3^2\mathbf{e}_2 + x_2^2\mathbf{e}_3)\\ &= 2x_1\mathbf{e}_1\mathbf{e}_1 \cdot x_1^2\mathbf{e}_1 + 2x_2\mathbf{e}_3\mathbf{e}_2 \cdot x_3^2\mathbf{e}_2 + 2x_3\mathbf{e}_2\mathbf{e}_3 \cdot x_2^2\mathbf{e}_3\\ &= 2x_1^3\mathbf{e}_1 + 2x_2^2x_3\mathbf{e}_2 + 2x_2x_3^2\mathbf{e}_3\end{aligned}$$

Für $(\boldsymbol{\nabla}_x \mathbf{u})^\mathsf{T} \times \mathbf{u}$ erhält man in Analogie zum vorhergehenden Ergebnis

$$\begin{aligned}(\nabla_{\mathbf{x}}\mathbf{u})^{\mathrm{T}}\times\mathbf{u} &= (2x_1\mathbf{e}_1\mathbf{e}_1+2x_3\mathbf{e}_2\mathbf{e}_3+2x_2\mathbf{e}_3\mathbf{e}_2)\times(x_1^2\mathbf{e}_1+x_3^2\mathbf{e}_2+x_2^2\mathbf{e}_3)\\ &= 2x_1\mathbf{e}_1\mathbf{e}_1\times(x_3^2\mathbf{e}_2+x_2^2\mathbf{e}_3)+2x_3\mathbf{e}_2\mathbf{e}_3\times(x_1^2\mathbf{e}_1+x_3^2\mathbf{e}_2)\\ &\quad+2x_2\mathbf{e}_3\mathbf{e}_2\times(x_1^2\mathbf{e}_1+x_2^2\mathbf{e}_3)\\ &= 2x_1\mathbf{e}_1(x_3^2\mathbf{e}_3-x_2^2\mathbf{e}_2)+2x_3\mathbf{e}_2(x_1^2\mathbf{e}_2-x_3^2\mathbf{e}_1)\\ &\quad+2x_2\mathbf{e}_3(-x_1^2\mathbf{e}_3+x_2^2\mathbf{e}_1)\\ &= -2x_1x_2^2\mathbf{e}_1\mathbf{e}_2+2x_1x_3^2\mathbf{e}_1\mathbf{e}_3-2x_3^3\mathbf{e}_2\mathbf{e}_1\\ &\quad+2x_3x_1^2\mathbf{e}_2\mathbf{e}_2+2x_2^3\mathbf{e}_3\mathbf{e}_1-2x_2x_1^2\mathbf{e}_3\mathbf{e}_3\end{aligned}$$

c) Für grad $\mathbf{u}$ gilt

$$\operatorname{grad}\mathbf{u}=\nabla_{\mathbf{x}}\mathbf{u}=2x_1\mathbf{e}_1\mathbf{e}_1+2x_3\mathbf{e}_3\mathbf{e}_2+2x_2\mathbf{e}_2\mathbf{e}_3$$

div $\mathbf{u}$ erhält man wie folgt

$$\operatorname{div}\mathbf{u}=\nabla_{\mathbf{x}}\cdot\mathbf{u}=2x_1$$

rot $\mathbf{u}$ errechnet sich aus

$$\operatorname{rot}\mathbf{u}=\nabla_{\mathbf{x}}\times\mathbf{u}=2x_1\mathbf{e}_1\times\mathbf{e}_1+2x_3\mathbf{e}_3\times\mathbf{e}_2+2x_2\mathbf{e}_2\times\mathbf{e}_3=2(x_2-x_3)\mathbf{e}_1$$

Lösung zur Aufgabe 3.13. Ausgangspunkt des Beweises ist zunächst die additive Dekomposition

$$\mathsf{L}=\mathsf{D}+\mathsf{W}=\frac{1}{2}(\mathsf{L}+\mathsf{L}^{\mathrm{T}})+\frac{1}{2}(\mathsf{L}-\mathsf{L}^{\mathrm{T}})$$

sowie

$$\mathsf{L}=\dot{\mathsf{F}}\cdot\mathsf{F}^{-1}$$

mit

$$d\mathbf{x}=\mathsf{F}\cdot d\mathbf{a}$$

Bei einer Starrkörperbewegung ist $d\mathbf{x}=d\mathbf{a}$ und folglich $\mathsf{F}=\mathbf{I}$. Mit $\dot{\mathsf{F}}=\mathbf{0}$ folgen $\mathsf{L}=\mathbf{0}$ und $\mathsf{D}=\mathbf{0}$. Mit

$$\mathsf{L}=\dot{\mathsf{F}}\cdot\mathsf{F}^{-1}=\mathsf{D}+\mathsf{W}$$

erhält man unter Beachtung von $\mathsf{D}=\mathbf{0}$ weiterhin $\mathsf{L}=\dot{\mathsf{F}}\cdot\mathsf{F}^{-1}=\mathsf{W}$. Da bei einer Starrkörperdeformation $\mathsf{F}=\mathsf{Q}(t)$ ist, ergibt sich abschließend

$$\mathsf{W}=\dot{\mathsf{Q}}\cdot\mathsf{Q}^{-1}$$

bzw. wegen $\mathsf{Q}^{\mathrm{T}}=\mathsf{Q}^{-1}$

$$\mathsf{W}=\dot{\mathsf{Q}}\cdot\mathsf{Q}^{\mathrm{T}}$$

Lösung zur Aufgabe 3.14. Mit $\lambda_i\,(i=1,2,3)$ seien die Eigenwerte von U bezeichnet. Damit sind die λ_i^2 die Eigenwerte von C. Entsprechend dem Satz von Cayley-Hamilton gilt

$$\mathsf{U}^3-I_1(\mathsf{U})\mathsf{U}^2+I_2(\mathsf{U})\mathsf{U}-I_3(\mathsf{U})\mathbf{I}=\mathbf{0} \qquad (3.94)$$

mit den Invarianten

$$
\begin{aligned}
I_1(\mathbf{U}) &= \lambda_1 + \lambda_2 + \lambda_3,\\
I_2(\mathbf{U}) &= \lambda_1\lambda_2 + \lambda_2\lambda_3 + \lambda_3\lambda_1,\\
I_3(\mathbf{U}) &= \lambda_1\lambda_2\lambda_3
\end{aligned}
$$

Multipliziert man (3.94) mit $\mathbf{U}$, erhält man

$$\mathbf{U}^4 - I_1(\mathbf{U})\mathbf{U}^3 + I_2(\mathbf{U})\mathbf{U}^2 - I_3(\mathbf{U})\mathbf{U} = \mathbf{0}$$

bzw.

$$\mathbf{U}^4 - I_1(\mathbf{U})[I_1(\mathbf{U})\mathbf{U}^2 - I_2(\mathbf{U})\mathbf{U} + I_3(\mathbf{U})\mathbf{I}] + I_2(\mathbf{U})\mathbf{U}^2 - I_3(\mathbf{U})\mathbf{U} = \mathbf{0}$$

Ersetzt man $\mathbf{U}^4 = \mathbf{C}^2$ und $\mathbf{U}^2 = \mathbf{C}$, folgt

$$\mathbf{C}^2 - [I_1^2(\mathbf{U}) - I_2(\mathbf{U})]\mathbf{C} + [I_1(\mathbf{U})I_2(\mathbf{U}) - I_3(\mathbf{U})]\mathbf{U} - I_1(\mathbf{U})I_3(\mathbf{U})\mathbf{I} = \mathbf{0}$$

und

$$\mathbf{U} = [I_1(\mathbf{U})I_2(\mathbf{U}) - I_3(\mathbf{U})]^{-1}[-\mathbf{C}^2 + [I_1^2(\mathbf{U}) - I_2(\mathbf{U})]\mathbf{C} + I_1(\mathbf{U})I_3(\mathbf{U})\mathbf{I}] = \mathbf{C}^{1/2} \tag{3.95}$$

Damit wird die Quadratwurzel direkt berechnet.

Die Berechnung von $\mathbf{U}^{-1}$ erfolgt analog. Gleichung (3.94) wird mit $\mathbf{U}^{-1}$ multipliziert

$$\mathbf{U}^2 - I_1(\mathbf{U})\mathbf{U} + I_2(\mathbf{U})\mathbf{I} - I_3(\mathbf{U})\mathbf{U}^{-1} = \mathbf{0}$$

Dann wird wieder $\mathbf{U}^2 = \mathbf{C}$ gesetzt, $\mathbf{U}$ selbst folgt aus Gl. (3.95). Damit erhält man

$$\mathbf{U}^{-1} = I_3^{-1}(I_1I_2 - I_3)^{-1}\{[I_1I_2 - I_3(I_1^2 + I_2)]\mathbf{I} - [I_3 + I_1(I_1^2 - 2I_2)]\mathbf{C} + I_1\mathbf{C}^2\}$$

Aus Platzgründen wurde das Argument $\mathbf{U}$ der Invarianten weggelassen. Der Drehtensor $\mathbf{R}$ und der Strecktensor $\mathbf{V}$ lassen sich durch formales Einsetzen in

$$\mathbf{R} = \mathbf{F}\cdot\mathbf{U}^{-1},$$

und

$$\mathbf{V} = \mathbf{B}^{1/2} = \mathbf{R}\cdot\mathbf{U}\cdot\mathbf{R}^{\mathrm{T}}$$

bestimmen.

Literaturverzeichnis

1. Arghavani J, Auricchio F, Naghdabadi R (2011) A finite strain kinematic hardening constitutive model based on Hencky strain: General framework, solution algorithm and application to shape memory alloys. Int Journal of Plasticity 27:940 – 961
2. Bruhns OT (2014) Some remarks on the history of plasticity - Heinrich Hencky, a pioneer of the early years. In: Stein E (ed) The History of Theoretical, Material and Computational

Mechanics - Mathematics Meets Mechanics and Engineering, Lecture Notes in Applied Mathematics and Mechanics, vol 1, Springer, Heidelberg, pp 133 – 152
3. Bruhns OT (2015) The multiplicative decomposition of the deformation gradient in plasticity - origin and limitations. In: Altenbach H, Matsuda T, Okumura D (eds) From Creep Damage Mechanics to Homogenization Methods - A Liber Amicorum to celebrate the birthday of Nobutada Ohno, Advanced Structured Materials, vol 64, Springer, Heidelberg, chap 3, pp 37 – 66
4. Bruhns OT, Xiao H, Meyers A (2001) Constitutive inequalities for an isotropic elastic strain-energy function based on Hencky's logarithmic strain tensor. Proc of the Royal Society: Mathematical, Physical and Engineering Sciences 457(2013):2207–2226
5. Doyle TC, Ericksen JL (1956) Non-linear elasticity. Advances in Applied Mechanics 4:53 – 115
6. Freed AD (2014) Soft Solids - A primer to the Theoretical Mechanics of Materials. Birkhäuser, Zürich
7. Giesekus H (1994) Phänomenologische Rheologie: eine Einführung. Springer, Berlin
8. Hill R (1968) On constitutive inequalities for simple materials - I. Journal of the Mechanics and Physics of Solids 16(4):229 – 242
9. Lurie AI (2005) Theory of Elasticity. Foundations of Engineering Mechanics, Springer, Berlin
10. Parisch H (2003) Festkörper-Kontinuumsmechanik: Von den Grundgleichungen zur Lösung mit Finiten Elementen. Teubner, Stuttgart
11. Reiner M (1968) Rheologie. Fachbuchverlag, Leipzig
12. Rivlin RS, Ericksen JL (1955) Stress-deformation-relation for isotropic material. Arch Mech Anal 4:323 – 425
13. Schade H, Neemann K (2009) Tensoranalysis, 3. Aufl. de Gruyter Lehrbuch, Walter de Gruyter, Berlin
14. Seth BR (1961) Generalized strain measure with applications to physical problems. Tech. rep., Madison Mathematics Research Center
15. Ting TCT (1985) Determination of $\mathbf{C}^{1/2}$, $\mathbf{C}^{-1/2}$ and more general isotropic tensor functions of $\mathbf{C}$. J Elasticity 15:319 – 323
16. Truesdell C (1977) A First Course in Rational Continuum Mechanics, Pure and Applied Mathematics, vol 1. Academic Press, New York
17. Truesdell C, Noll W (2004) The Non-linear Field Theories of Mechanics, 3rd edn. Springer, Berlin
18. Wriggers P (2001) Nichtlineare Finite-Element-Methoden. Springer, Berlin

Kapitel 4
Kinetische Größen und Gleichungen

Zusammenfassung Die Aussagen der Kinetik der Kontinua sind, wie die der Kinematik, unabhängig von den speziellen Materialeigenschaften der betrachteten Körper. Sie gelten somit gleichermaßen für alle Festkörper und Fluide. Ausgangspunkt dieses Kapitels ist die Klassifikation der äußeren Belastungen auf einen materiellen Körper und die Analyse von Festkörpern oder Fluiden auf die Wirkung dieser Belastungen. Dazu wird der Spannungsbegriff eingeführt und es werden verschiedene Möglichkeiten zur Definition von Spannungsvektoren sowie Spannungstensoren diskutiert. Durch die Beschränkung der Betrachtungen auf klassische Punktkontinua, bei denen Wechselwirkungen zwischen materiellen Punkten ausschließlich durch Zentralkräfte erfasst werden, können die kinetischen Größen und Gleichungen wesentlich vereinfacht werden. Notwendige Verallgemeinerungen z.B. für polare Kontinua können der Spezialliteratur [2; 3; 4; 5; 7; 9; 10; 11] entnommen werden. Die Ableitung der statischen Gleichgewichtsbedingungen und der Bewegungsgleichungen für klassische Kontinua bildet den Übergang zu den Bilanzgleichungen der Kontinuumsmechanik im nächsten Kapitel. Die Verbindung der kinetischen Größen mit den kinematischen über Konstitutivgleichungen führt auf materialabhängige Aussagen, die erst im Teil III diskutiert werden.

4.1 Klassifikation der äußeren Belastungen

Alle auf einen Körper wirkenden Kräfte haben den Charakter von Körper- oder Volumenkräften und von Oberflächenkräften. Ihre Ursachen können rein mechanischer, aber auch thermischer, elektromagnetischer oder anderer Art sein. Hier werden zunächst nur mechanische Belastungen betrachtet.

Nimmt man an, dass nicht nur Kräfte, sondern auch davon unabhängige Momente auftreten, kann man für die äußeren Belastungen folgende Einteilung vornehmen:

- Körper- oder Volumenlasten (Kräfte und Momente),
- Oberflächenlasten (Kräfte und Momente)

H. Altenbach, *Kontinuumsmechanik*,
https://doi.org/10.1007/978-3-662-57504-8_4

Die Belastungen werden im Allgemeinen als stetig verteilte Funktionen im Volumen oder auf der Oberfläche betrachtet. Sie entsprechen unseren Erfahrungen und sind somit Modellabbildungen der physikalischen Realität. Es bereitet aber keine Schwierigkeiten, von diesen Modellen mit Hilfe mathematischer Überlegungen Grenzfälle in der Form von konzentrierten Lasten einzuführen. Hierzu gehören Einzelkräfte und Linienkräfte sowie Einzelmomente und Linienmomente. Dabei wird die Tatsache ausgenutzt, dass die Ordnung der drei Dimensionen im Raum bzw. der zwei Dimensionen auf einer Fläche nicht mehr gleich sind. Linienlasten sind folglich Flächenlasten, bei denen eine Dimension im Vergleich zur zweiten vernachlässigbar ist. Entsprechendes gilt für Punktlasten. Damit sind Linien- und Punktlasten nicht in der Realität anzutreffen, jedoch hilfreich bei der Vereinfachung bestimmter Aufgaben. Es sind aber auch Fälle bekannt, in denen derartige Vereinfachungen zu zusätzlichen Problemen führen. Es is immer besondere Sorgfalt hinsichtlich der Einheiten geboten, da nur die Einzelkraft in der Einheit N (Newton) angegeben wird. Bei Linien-, Flächen- und Volumenlasten ergeben sich entsprechend N/m, N/m^2 und N/m^3 (immer bezogen auf die Einheiten im SI-System).

Ein Körper habe eine bestimmte stetige Massendichteverteilung $\rho(\mathbf{x})$. Die Körper- oder Volumenlasten sind stetige Funktionen, die in jedem materiellen Punkt des Körpers wirken, sie haben Feldeigenschaften. Gravitations-, Trägheits- und Coriolis[1]-Kräfte stellen u.a. Volumenkräfte dar. Die Quellen solcher Kraftfelder liegen außerhalb des Körpers, man spricht von äußeren Volumenkräften. Analog kann man sich äußere Quellen für Volumenmomentenfelder vorstellen.

4.1.1 Volumenkraftdichte

Volumenkräfte können auf die Volumeneinheit oder auf die Masseneinheit bezogen werden.

Definition 4.1 (Volumenkraft). Die Volumenkraft ist eine Kraft, die im gesamten Volumen eines Körpers an jedem seiner materiellen Punkte angreift.

Sind $\mathbf{k}^{\mathrm{V}}$ die auf die Volumeneinheit und $\mathbf{k}^{\mathrm{m}} \equiv \mathbf{k}$ die auf die Masseneinheit bezogene Kraftdichte (im Folgenden wird stets $\mathbf{k}$ für $\mathbf{k}^{\mathrm{m}}$ geschrieben), dann gilt

$$\rho(\mathbf{x},t)\mathbf{k}(\mathbf{x},t) = \mathbf{k}^{\mathrm{V}} \tag{4.1}$$

mit der skalaren Feldgröße ρ und den vektoriellen Feldgrößen $\mathbf{k}$ und $\mathbf{k}^{\mathrm{V}}$:

$\mathbf{k}(\mathbf{x},t)$	Massenkraftdichte,
$\mathbf{k}^{\mathrm{V}}(\mathbf{x},t)$	Volumenkraftdichte,
$\rho(\mathbf{x},t)$	Massendichte

[1] Gaspard Gustave de Coriolis (1792-1843), Mathematiker und Physiker, Beiträge zur Kinetik und zur Wirtschaftsmathematik

Die Volumenkraftdichten, die mit der Gewichtskraft, der Fliehkraft oder allgemein mit Potentialkräften verbunden sind, lassen sich beispielsweise wie folgt darstellen:

- die Gewichtskraft
$$\rho \mathbf{k} = -\rho g \mathbf{e}_3$$
g ist die Erdbeschleunigung, $\mathbf{e}_3$ ist der entsprechende Basisvektor, der der Erdbeschleunigung entgegengesetzt gerichtet ist
- die Fliehkraft
$$\rho \mathbf{k} = -\rho \boldsymbol{\omega} \times (\boldsymbol{\omega} \times \mathbf{x})$$
$\boldsymbol{\omega}$ ist die Winkelbeschleunigung
- allgemeine Potentialkraft
$$\rho \mathbf{k} = -\rho \nabla_{\mathbf{x}} \Pi$$
Das entsprechende Kraftpotential Π lautet für die Beispiele Gewichtskraft und Fliehkraft
$$\Pi = \mathbf{e}_3 \cdot \mathbf{x} g \qquad \text{bzw.} \qquad \Pi = -\frac{1}{2}|\boldsymbol{\omega} \times \mathbf{x}|^2$$

Für Volumenmomente gilt analog die Gleichung

$$\rho(\mathbf{x},t)\mathbf{l}^{\mathrm{m}}(\mathbf{x},t) = \rho(\mathbf{x},t)\mathbf{l}(\mathbf{x},t) = \mathbf{l}^{\mathrm{V}} \tag{4.2}$$

mit $\mathbf{l}^{\mathrm{m}}(\mathbf{x},t)$ als Massenmomentdichte und $\mathbf{l}^{\mathrm{V}}(\mathbf{x},t)$ als Volumenmomentdichte.

4.1.2 Oberflächenkraftdichte

Äußere Oberflächenkräfte wirken immer auf eine Fläche. Kontaktkräften gehören als wichtiger Anwendungsfall zu den Oberflächenkräften.

Definition 4.2 (Oberflächenkraft). Eine Oberflächenkraft ist eine äußere Kraft, die nur an der Oberfläche des Körpers angreift, auf den sie wirkt.

Die Fläche kann entweder die Oberfläche $A(V)$ des Gesamtkörpers, aber auch eine gemeinsame Grenzfläche von Teilkörpern bzw. zwei verschiedenen Körpern sein. In Analogie zu den Oberflächenkräften kann man Oberflächenmomente einführen. Die Oberflächenkräfte und -momente lassen sich dann zu den Oberflächenlasten zusammenfassen. Äußere Oberflächenlasten gibt es auch im Grenzflächenbereich von Festkörper und Fluid, z.B. der hydrostatische Druck eines Fluids auf einen im Fluid befindlichen Festkörper. Oberflächenkräfte pro Flächeneinheit führen auf Spannungsvektoren $\mathbf{t}$, Oberflächenmomente pro Flächeneinheit auf Momentenspannungsvektoren $\boldsymbol{\mu}$. In Anlehnung an die Definition der mechanischen Spannung in der Technischen Mechanik [1; 6] sind sie durch folgende Grenzwerte definiert

$$\mathbf{t} = \lim_{\triangle A \to 0} \frac{\triangle \mathbf{f}}{\triangle A}, \qquad \boldsymbol{\mu} = \lim_{\triangle A \to 0} \frac{\triangle \mathbf{m}}{\triangle A} \tag{4.3}$$

$\triangle \mathbf{f}$ und $\triangle \mathbf{m}$ sind die auf die Oberfläche $\triangle A$ entfallenden resultierenden Kraft- und Momentenvektoren, wobei zu beachten ist, dass der Ausschnitt der Oberfläche $\triangle A$ orientiert ist: $\triangle \mathbf{A} = \mathbf{n}\triangle A$. Dabei gibt der der Normaleneinheitsvektor $\mathbf{n}$ die Orientierung an. Man erkennt, dass die resultierenden Kraft- und Momentenvektoren nicht nur von ihrer Lage auf der Oberfläche, sondern auch von der Orientierung des Flächenelementes abhängen (s. Abb. 4.1)

$$\mathbf{t} = \mathbf{t}(\mathbf{x}, \mathbf{n}, t), \qquad \boldsymbol{\mu} = \boldsymbol{\mu}(\mathbf{x}, \mathbf{n}, t) \tag{4.4}$$

Die auf den Körper wirkende resultierende äußere Gesamtkraft $\mathbf{f}^R$ erhält man durch Integration der äußeren Volumen- und Oberflächenkräfte

$$\mathbf{f}^R = \int_V \rho \mathbf{k} \, dV + \int_A \mathbf{t} \, dA \tag{4.5}$$

Einzelkräfte werden entweder gesondert addiert oder die Integrale werden als Stieltjes[2]-Integrale betrachtet, die auch Einzelkräfte mit umfassen. Für das resultierende Gesamtmoment aller äußeren Volumen- und Oberflächenkräfte in Bezug auf den Koordinatenursprung 0 und den entsprechenden Volumen- und Oberflächenmomente gilt

$$\mathbf{m}_0^R = \int_V \rho(\mathbf{l}^m + \mathbf{x} \times \mathbf{k}) \, dV + \int_A (\boldsymbol{\mu} + \mathbf{x} \times \mathbf{t}) \, dA \tag{4.6}$$

Im Rahmen der klassischen Mechanik werden Momente allgemein als Kräftepaare definiert. Für die klassische Kontinuumsmechanik geht dann für den materiellen Punkt mit $dV \to 0$ auch der Hebelarm des Kräftepaares gegen Null. Es gibt somit im klassischen Kontinuumsmodell weder Volumenmomentendichten noch Momentenspannungsvektoren. Momentendichtefelder und Momentenspannungen sind erst für polare Kontinua zu berücksichtigen. Für die klassische Kontinuumsmechanik, d.h. für nichtpolare Festkörper- oder Fluidmodelle, erhält man die Gl. (4.6) in einer vereinfachten Form ohne Volumen- und Oberflächenmomente

$$\mathbf{m}_0^R = \int_V \rho(\mathbf{x} \times \mathbf{k}) \, dV + \int_A (\mathbf{x} \times \mathbf{t}) \, dA \tag{4.7}$$

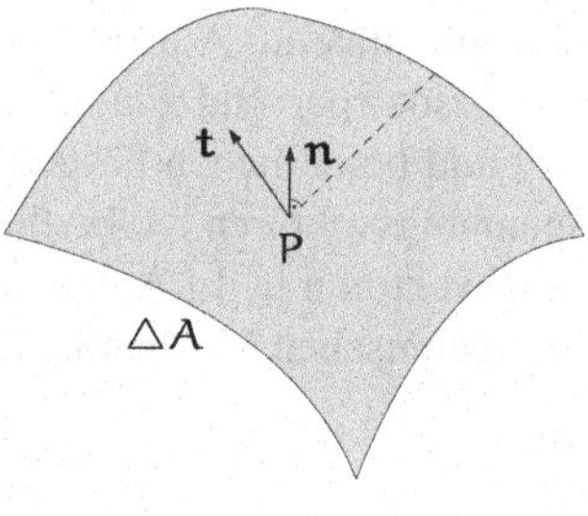

Abb. 4.1 Flächenelement mit Spannungsvektor und Normale in einem Punkt

[2] Thomas Jean Stieltjes (1856-1894), Mathematiker, Analysis

4.2 Cauchy'scher Spannungsvektor und Spannungstensor

Als Folge äußerer Krafteinwirkungen entsteht im Inneren des Körpers ein Beanspruchungszustand. Als Maß für die Beanspruchung in einem Punkt des Körpers gilt die dort herrschende Spannung. Ausgangspunkt für eine solche Vereinbarung ist das Spannungsprinzip von Euler-Cauchy.

Definition 4.3 (Spannungsprinzip von Euler-Cauchy). Als Folge äußerer Kräfte existiert auf jeder Fläche des Körpers (Schnittfläche zwischen Teilkörpern oder äußere Begrenzungsfläche A) mit einem Flächennormaleneinheitsvektor $\mathbf{n}(\mathbf{x}, t)$ ein Vektorfeld von Spannungsvektoren $\mathbf{t}(\mathbf{x}, \mathbf{n}, t)$. Fällt die Fläche mit der Oberfläche des Körpers zusammen, sind die Spannungsvektoren $\mathbf{t}(\mathbf{x}, \mathbf{n}, t)$ gleich den aus den Oberflächenkräften folgenden Spannungsvektoren (tractions).

Die Vernachlässigung der Mikrostruktur eines realen Körpers und die Annahme einer stetigen Verteilung seiner Materie hat auch für die Spannungen als Maß innerer Beanspruchungen die Konsequenz, dass Mittelwerte für ein materielles Volumenelement berechnet werden.

Spannungen innerhalb eines Körpers werden mit Hilfe von Schnittbetrachtungen ermittelt. Abbildung 4.2 veranschaulicht zunächst das Schnittprinzip. Analysiert man jetzt nach den Regeln der Statik die Wirkungen im Inneren des Körpers, erhält man die in Abb. 4.3 dargestellte Situation. $\Delta \mathbf{f}$ ist der resultierende Kraftvektor und $\Delta \mathbf{m}$ der resultierende Momentenvektor auf dem Flächenelement ΔA, $\mathbf{n}$ ist der Normaleneinheitsvektor zum Flächenelement. Entsprechend den Gln. (4.3) erhält man den Spannungs- bzw. den Momentenspannungsvektor

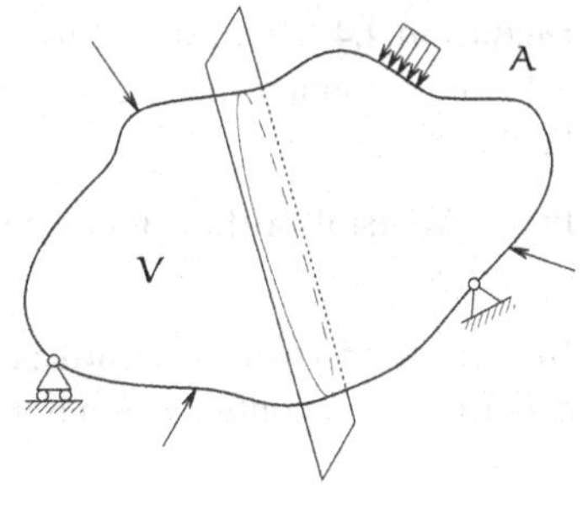

Abb. 4.2 Beliebiger Schnitt durch einen durch äußere Beanspruchungen belasteten Körper

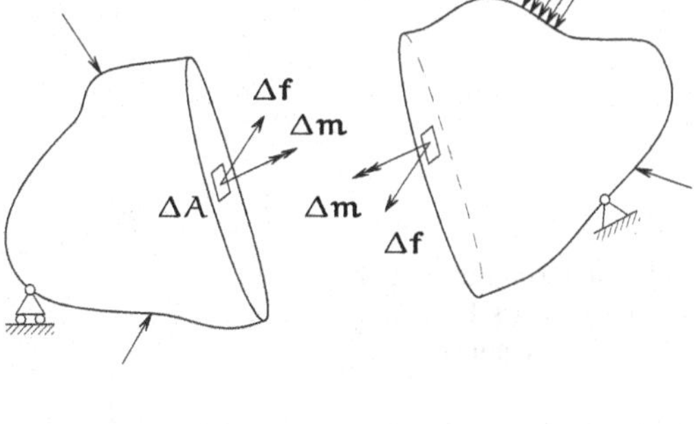

Abb. 4.3 Beanspruchungen im Inneren eines Körpers (polares Kontinuum)

$$\mathbf{t}(\mathbf{x},\mathbf{n},t) = \lim_{\triangle A \to 0} \frac{\Delta \mathbf{f}}{\Delta A}, \qquad \boldsymbol{\mu}(\mathbf{x},\mathbf{n},t) = \lim_{\triangle A \to 0} \frac{\Delta \mathbf{m}}{\Delta A}$$

Beachtet man weiterhin die Argumente zur Vernachlässigung der inneren Momente, folgt die in Abb. 4.4 dargestellte Situation. Da für klassische Kontinua auch keine Oberflächenmomente betrachtet werden, gilt $\boldsymbol{\mu} \equiv \mathbf{0}$, und es bleibt nur der Spannungsvektor $\mathbf{t}$.

Schlussfolgerung 4.1. Als Maß für die innere Kraft im Punkt P eines Körpers wird der Spannungsvektor

$$\mathbf{t}(\mathbf{x},\mathbf{n},t) = \lim_{\triangle A \to 0} \frac{\Delta \mathbf{f}}{\Delta A}$$

eingeführt. Im Allgemeinen ist $\mathbf{t}$ abhängig vom Ort, von der Zeit und von der Orientierung der Schnittfläche. Jedes Schnittflächenelement in einem Punkt P mit der gleichen Tangentialebene hat den gleichen Vektor $\mathbf{n}$ und führt damit zum gleichen Spannungsvektor $\mathbf{t}$, d.h. unterschiedliche Oberflächenkrümmungen im Punkt P haben keinen Einfluss auf $\mathbf{t}$, solange $\mathbf{n}$ sich nicht verändert (Cauchy'sches Spannungsprinzip). Für jeden Punkt des Körpers gilt $\mathbf{t}(\mathbf{n}) = -\mathbf{t}(-\mathbf{n})$ (Cauchy'sches Lemma), d.h. übt der Teilkörper A auf den Teilkörper B im Punkt P die Spannung $\mathbf{t}$ aus, ist die Wirkung von B auf A gleich der Spannung $-\mathbf{t}$ (actio = reactio). Die Spannungsvektoren haben dann den gleichen Betrag, aber entgegengesetzte Richtung.

Der Spannungsvektor $\mathbf{t}$ ist also nicht nur vom Ortsvektor $\mathbf{x}$ und der Zeit t abhängig, sondern auch vom Vektor $\mathbf{n}$, der die Orientierung der Schnittfläche im betrachteten Punkt P angibt. Der Vektor $\mathbf{t}$ beschreibt somit kein eigentliches Vektorfeld, da er wegen beliebig vieler Schnittflächen in P den Spannungszustand in diesem Punkt nicht eindeutig angibt.

Definition 4.4 (Spannungszustand). Die Gesamtheit aller denkbaren Spannungsvektoren für einen materiellen Punkt P definiert den Spannungszustand in diesem Punkt.

In der Werkstoffprüfung unterscheidet man zwei unterschiedliche Spannungsdefinitionen.

Definition 4.5 (Nennspannungen). Die aktuelle Kraft wird auf eine Schnittfläche in der Referenzkonfiguration bezogen.

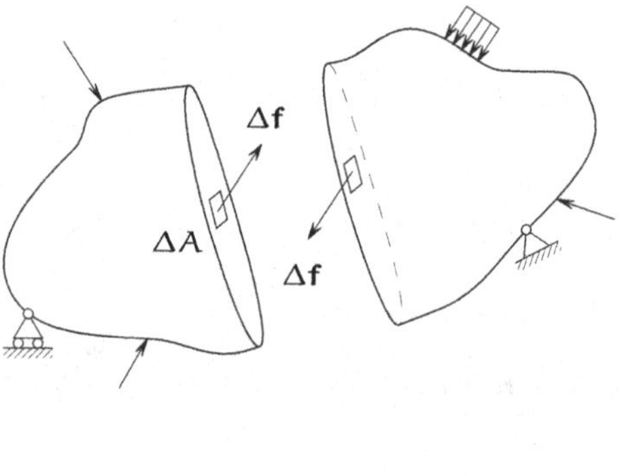

Abb. 4.4 Beanspruchungen im Inneren eines Körpers (klassisches Kontinuum)

Die Nennspannungen werden auch als technische Spannungen bezeichnet.

Definition 4.6 (wahre Spannungen). Die aktuelle Kraft wird auf eine Schnittfläche in der aktuellen Konfiguration bezogen.

In der Kontinuumsmechanik hat man weitere Möglichkeiten für die Definition von Spannungsvektoren, da sowohl die Kräfte als auch die Schnittflächen unabhängig voneinander in der Referenz- oder in der Momentankonfiguration betrachtet werden können und z.B. unter Beachtung der polaren Zerlegung des Deformationsgradiententensors auch Zwischenkonfigurationen möglich sind. Im Folgenden wird zunächst die Cauchy'sche Spannungsdefinition verwendet.

Definition 4.7 (Cauchy'scher Spannungsvektor). Der Cauchy'sche Spannungsvektor ist ein wahrer Spannungsvektor. Die aktuelle Kraft wird auf eine aktuelle Schnittfläche bezogen. Die Gesamtheit der Cauchy'schen Spannungsvektoren für einen Punkt P bestimmt den wahren Spannungszustand für diesen Punkt.

Ein im Punkt P einer Schnittfläche wirkender Spannungsvektor $\mathbf{t}$ kann in der durch $\mathbf{t}$ und $\mathbf{n}$ aufgespannten Ebene zerlegt werden (Abb. 4.5). Dabei ist $\mathbf{n} \equiv \mathbf{e}_n$ der Einheitsvektor in Normalenrichtung, $\mathbf{e}_t$ - der Einheitsvektor in Tangentenrichtung

$$\mathbf{t} = t_n \mathbf{e}_n + t_t \mathbf{e}_t, \qquad t_n = \mathbf{t} \cdot \mathbf{e}_n, \qquad t_t = \sqrt{t^2 - t_n^2} = \mathbf{t} \cdot \mathbf{e}_t \tag{4.8}$$

Der Spannungsvektor hat dann eine normale und eine tangentiale Komponente. Bei Oberflächenspannungen kann es zweckmäßiger sein, eine Zerlegung von $\mathbf{t}$ in die Koordinatenrichtungen $\mathbf{e}_i$ des Basissystems vorzunehmen

$$\mathbf{t} = t_i \mathbf{e}_i, \qquad t_i = \mathbf{t} \cdot \mathbf{e}_i = t \cos(\mathbf{t}, \mathbf{e}_i) \tag{4.9}$$

Die Gesamtheit aller Spannungsvektoren in einem Punkt P charakterisiert den von $\mathbf{n}$ unabhängigen Spannungszustand. Es kann nun gezeigt werden, dass bereits drei Spannungsvektoren bezüglich nicht komplanarer Schnittflächen durch P den Spannungszustand in diesem Punkt eindeutig festlegen. Dies führt auf den Cauchy'schen Spannungstensor zur Beschreibung des wahren Spannungszustandes in einem Körper, d.h. der Spannungszustand wird durch ein Tensorfeld dargestellt.

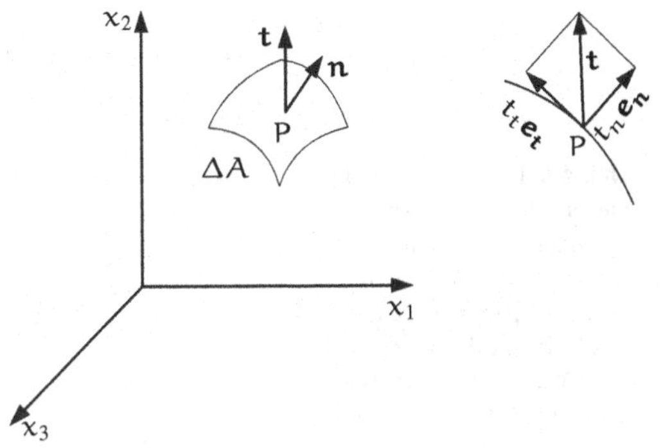

Abb. 4.5 Zerlegung des Spannungsvektors mit $t_t = \mathbf{t} \cdot \mathbf{e}_t$ und $t_n = \mathbf{t} \cdot \mathbf{e}_n$

Betrachtet wird nun ein differentielles Volumenelemenet im Punkt P in der Form eines Tetraeders (Abb. 4.6). Drei zueinander orthogonale Flächen des differentiellen Tetraeders liegen in den Ebenen $x_1 = 0, x_2 = 0$ und $x_3 = 0$, die vierte Fläche hat eine beliebige Orientierung $\boldsymbol{n}$. Für $dV \to 0$ gehen alle Flächen durch den Punkt P. Weiter gelten folgende Vereinbarungen:

- $\boldsymbol{t}_i$ sind die Spannungsvektoren auf den Schnittflächen $x_i = \text{const.}$, d.h. mit den Normaleneinheitsvektoren $\boldsymbol{n}_i \equiv \boldsymbol{e}_i, i = 1,2,3$

$$\boldsymbol{t}_i = T_{i1}\boldsymbol{e}_1 + T_{i2}\boldsymbol{e}_2 + T_{i3}\boldsymbol{e}_3 = T_{ij}\boldsymbol{e}_j \tag{4.10}$$

- T_{ij} sind die Koordinaten des Spannungsvektors $\boldsymbol{t}_i$. Der erste Index (i) kennzeichnet die Schnittfläche mit dem Normaleneinheitsvektor $\boldsymbol{n}_i$. Der zweite Index (j) kennzeichnet die Richtung der Komponenten eines Spannungsvektors $\boldsymbol{t}_i$ in Bezug auf die Basiseinheitsvektoren $\boldsymbol{e}_j, j = 1,2,3$. Für „positive Schnittflächen" gilt $\boldsymbol{n}_j = \boldsymbol{e}_j$ und die Komponenten $T_{ij}\boldsymbol{e}_j$ von $\boldsymbol{t}_i$ haben die Richtung der positiven Koordinaten. Für „negative Schnittflächen" gilt $\boldsymbol{n}_j = -\boldsymbol{e}_j$ und die Komponenten von $\boldsymbol{t}_i$ zeigen in Richtung der negativen Koordinaten.

Für das differentielle Volumenelement (Abb. 4.6) können nun Gleichgewichtsbedingungen formuliert werden. Beachtet man die Beziehungen

$$dA_i = n_i dA, \qquad n_i = \boldsymbol{n} \cdot \boldsymbol{e}_i = \cos(\boldsymbol{n}, \boldsymbol{e}_i), \quad i = 1,2,3, \tag{4.11}$$

erhält man beispielsweise die Gleichgewichtsbedingung für die x_2-Richtung

$$t_2 dA = T_{22} n_2 dA + T_{32} n_3 dA + T_{12} n_1 dA$$

Analoge Gleichungen gelten für $t_1 dA$ und $t_3 dA$ und man erhält allgemein

$$t_i = T_{ji} n_j, \; i = 1,2,3 \Longleftrightarrow \boldsymbol{t}(\boldsymbol{x}, \boldsymbol{n}, t) = \boldsymbol{n} \cdot \boldsymbol{T}(\boldsymbol{x}, t) \tag{4.12}$$

Damit sind alle Koordinaten $t_i = \boldsymbol{t} \cdot \boldsymbol{e}_i$ des Vektors $\boldsymbol{t}(\boldsymbol{x}, \boldsymbol{n}, t)$ einer beliebigen Schnittfläche im Punkt P aus den Koordinaten von drei Spannungsvektoren für drei zueinander orthogonale Schnittflächen in P berechenbar.

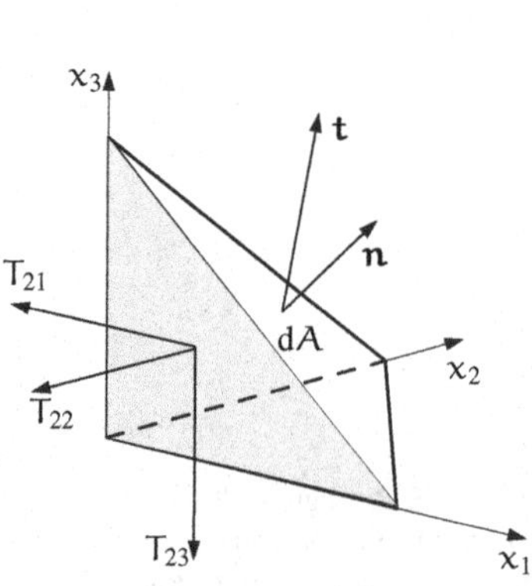

Abb. 4.6 Differentielles Tetraedervolumenelement dV im Punkt P. Allgemeine Schnittfläche $d\boldsymbol{A} = \boldsymbol{n}dA$ mit dem Spannungsvektor $\boldsymbol{t}(\boldsymbol{n})$, Schnittfläche $x_2 = 0$ mit den Komponenten des Spannungsvektors $\boldsymbol{t}_2(-\boldsymbol{e}_2)$

Schlussfolgerung 4.2. Der Spannungsvektor $\mathbf{t}_n = \mathbf{t}$ im Punkt $\mathbf{x}$ einer gegebenen Schnittfläche mit dem Normalenvektor $\mathbf{n}$ ist vollständig durch drei Spannungsvektoren $\mathbf{t}_{\mathbf{e}_i} \equiv \mathbf{t}_i$ bestimmt, die auf den drei Koordinatenflächen wirken, die sich gegenseitig in $\mathbf{x}$ durchdringen. Der Spannungsvektor $\mathbf{t}_n$ ist dann eine lineare Funktion von $\mathbf{n}$.

Die Gleichung (vollständige Ableitung beispielsweis in [8])

$$\mathbf{t}(\mathbf{x},\mathbf{n},t) = \mathbf{n} \cdot \mathbf{T}(\mathbf{x},t) \qquad \text{Cauchy'sches Fundamentaltheorem}^3 \qquad (4.13)$$

beschreibt den Zusammenhang des von $\mathbf{n}$ abhängigen Spannungsvektors $\mathbf{t}$ mit dem von $\mathbf{n}$ unabhängigen Spannungstensor $\mathbf{T}$. Der Spannungszustand in $\mathbf{x}$ ist somit entweder durch drei Spannungsvektoren $\mathbf{t}_{\mathbf{e}_i} \equiv \mathbf{t}_i$ oder durch neun Tensorkomponenten $T_{ij}\mathbf{e}_i\mathbf{e}_j$ eindeutig bestimmt. Spannungskomponenten rechtwinklig zur Schnittfläche heißen Normalspannungen, Spannungskomponenten in der Schnittfläche heißen Tangential- oder Schubspannungen.

Für die Tensorkoordinaten $T_{ij} \equiv \sigma_{ij}$ gilt dann

- $i = j$ Normalspannungskoordinaten des Tensors,
- $i \neq j$ Schubspannungskoordinaten des Tensors

Die Spannungen heißen positiv, wenn ihre Komponenten für ein positives Schnittufer in Richtung der positiven Koordinatenachsen und für ein negatives Schnittufer in Richtung der negativen Koordinatenachsen zeigen. Abbildung 4.7 zeigt dies beispielhaft für die Flächen x_1 = const. und x_2 = const. eines infinitesimalen Würfels im Punkt P. Zusammenfassend ergeben sich für den Cauchy'schen Spannungstensor

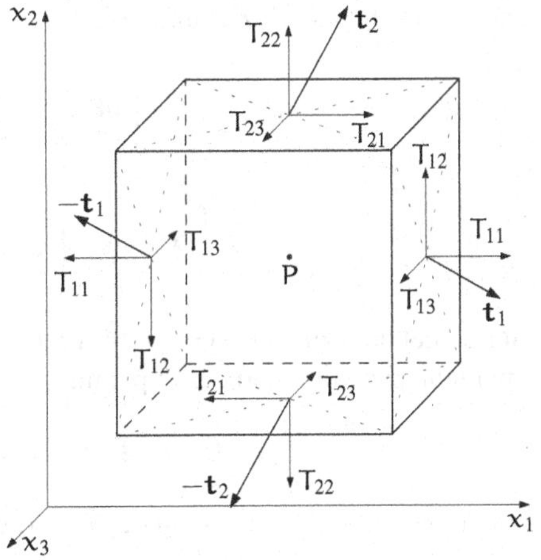

Abb. 4.7 Definition positiver Spannungen für die Schnittflächen x_1 = const. und x_2 = const. eines infinitesimalen Würfels

[3] Man trifft in der Literatur auch $\mathbf{t}(\mathbf{x},\mathbf{n},t) = \mathbf{T}(\mathbf{x},t) \cdot \mathbf{n}$ an. Dabei wird argumentiert, dass der Ausdruck eine lineare Abbildung zwischen zwei Vektorräumen darstellt. Cauchy selbst erhielt seine Gleichung aus Gleichgewichtsbetrachtungen am differentiellen Tetraederelement, da lineare Abbildungen von Vektorräumen nicht bekannt waren. Beide Aussagen sind gleichwertig, wenn $\mathbf{T}$ symmetrisch ist.

folgende Gleichungen:

Cauchy'scher Spannungsvektor und -tensor

$$\mathbf{t}(\mathbf{x},\mathbf{n},t) = \lim_{\Delta A \to 0} \frac{\Delta \mathbf{f}(\mathbf{x},t)}{\Delta A(\mathbf{x},\mathbf{n},t)},$$

$$\mathbf{t} = t_n \mathbf{e}_n + t_t \mathbf{e}_t, \qquad t_n = \mathbf{t}\cdot\mathbf{e}_n, \qquad t_t = \mathbf{t}\cdot\mathbf{e}_t = \sqrt{t^2 - t_n^2}, \qquad \mathbf{e}_n \equiv \mathbf{n},$$

$$\mathbf{t} = t_i \mathbf{e}_i, \qquad t_i = \mathbf{t}\cdot\mathbf{e}_i,$$

$$\mathbf{t}(\mathbf{x},\mathbf{n},t) = \mathbf{n}\cdot\mathbf{T}(\mathbf{x},t), \qquad t_i = T_{ji} n_j, \quad T_{ji} \equiv \sigma_{ji},$$

$$T_{ji} = \mathbf{e}_j \cdot \mathbf{T} \cdot \mathbf{e}_i$$

Vor einer Verallgemeinerung der Spannungsdefinition sollen zunächst die Gleichgewichtsbedingungen und die Bewegungsgleichungen mit Hilfe der bisher eingeführten Größen formuliert und der Cauchy'sche Spannungstensor genauer analysiert werden.

4.3 Gleichgewichtsbedingungen und Bewegungsgleichungen

Greifen an einem Körper Oberflächenkräfte $\mathbf{t}dA$ und Volumenkräfte $\rho\mathbf{k}dV$ an, die für den Gesamtkörper im statischen Gleichgewicht sind, gelten nach den Gln. (4.5) und (4.7) folgende Beziehungen

$$\int_V \rho\mathbf{k}\, dV + \int_A \mathbf{t}\, dA = \mathbf{0}, \tag{4.14}$$

$$\int_V (\mathbf{x}\times\rho\mathbf{k})\, dV + \int_A (\mathbf{x}\times\mathbf{t})\, dA = \mathbf{0} \tag{4.15}$$

Betrachtet man zunächst Gl. (4.14) und beachtet den Zusammenhang zwischen dem Spannungsvektor $\mathbf{t}$ und dem Spannungstensor $\mathbf{T}$

$$\mathbf{t} = \mathbf{n}\cdot\mathbf{T} \qquad \text{bzw.} \qquad t_i = T_{ji} n_j,$$

erhält man durch Anwendung des Divergenztheorems aus Abschn. 2.3.3

$$\int_A \mathbf{t}\, dA = \int_A \mathbf{n}\cdot\mathbf{T}\, dA = \int_V \nabla_{\mathbf{x}}\cdot\mathbf{T}\, dV \tag{4.16}$$

Damit folgt mit Gl. (4.14)

$$\int_V (\rho \mathbf{k} + \nabla_{\mathbf{x}} \cdot \mathrm{T})\, dV = \mathbf{0} \tag{4.17}$$

Gleichung (4.17) stellt das integrale Gleichgewicht für ein beliebiges Kontinuum dar. Damit gilt diese Gleichung auch für jedes beliebig kleine Kontrollvolumen V des Körpers. Im Grenzfall $V \to 0$ erhält man dann bei vorausgesetzter Stetigkeit und hinreichender Glattheit des Integranden die differentielle Gleichgewichtsgleichung

$$\nabla_{\mathbf{x}} \cdot \mathrm{T} + \rho \mathbf{k} = \mathbf{0} \qquad \text{bzw.} \qquad \operatorname{div} \mathrm{T} + \rho \mathbf{k} = \mathbf{0} \tag{4.18}$$

oder

$$\mathrm{T}_{ji,j} + \rho k_i = 0 \tag{4.19}$$

Ergänzt man die Gl. (4.14) im Sinne von Newton/d'Alembert noch durch Trägheitskräfte $-\ddot{\mathbf{x}}dM = -\ddot{\mathbf{x}}\rho dV$, gilt

$$\int_V \rho \mathbf{k}\, dV + \int_A \mathbf{T}\, dA - \int_V \ddot{\mathbf{x}}\rho\, dV = \mathbf{0},$$

d.h.

$$\int_V (\rho \mathbf{k} + \nabla_{\mathbf{x}} \cdot \mathrm{T} - \rho \ddot{\mathbf{x}})\, dV = \mathbf{0}, \tag{4.20}$$

und nach den gleichen Überlegungen wie beim statischen Gleichgewicht folgt

$$\begin{aligned} \rho \ddot{\mathbf{x}} &= \nabla_{\mathbf{x}} \cdot \mathrm{T} + \rho \mathbf{k} \qquad \text{bzw.} \qquad \rho \ddot{\mathbf{x}} = \operatorname{div} \mathrm{T} + \rho \mathbf{k}, \\ \rho \ddot{x}_i &= \mathrm{T}_{ji,j} + \rho k_i \end{aligned} \tag{4.21}$$

Schlussfolgerung 4.3. Für jeden materiellen Punkt gelten die Gleichgewichtsbedingungen

$$\nabla_{\mathbf{x}} \cdot \mathrm{T} + \rho \mathbf{k} = \mathbf{0}$$

Bei fehlenden Volumenkräften vereinfacht sich die Gleichgewichtsaussage zu

$$\nabla_{\mathbf{x}} \cdot \mathrm{T} = \mathbf{0}$$

Bei Aufgaben der Kinetik müssen zusätzlich zu den Volumenkräften $\rho\mathbf{k}dV$ noch Trägheitskräfte $-\ddot{\mathbf{x}}\rho dV$ berücksichtigt werden und man erhält die Bewegungsgleichungen des Kontinuums

$$\rho \ddot{\mathbf{x}} = \nabla_{\mathbf{x}} \cdot \mathrm{T} + \rho \mathbf{k} \qquad \text{1. Cauchy-Euler'sches Bewegungsgesetz} \tag{4.22}$$

Es wird später gezeigt (Abschn. 5.2.2), dass die Gl. (4.22) eine lokale Formulierung der Impulsbilanzgleichung ist.

Jetzt muss noch die Aussage der Gl. (4.15) für den Spannungstensor T untersucht werden. Die Gleichung formuliert in Ergänzung zum Kräftegleichgewicht das Momentengleichgewicht für den Körper bezüglich des Koordinatenursprungs 0. Gleichung (4.15) ergibt für $\mathbf{t} = \mathbf{n} \cdot \mathbf{T}$

$$\int_V (\mathbf{x} \times \rho\mathbf{k})\, dV + \int_A [\mathbf{x} \times (\mathbf{n} \cdot \mathbf{T})]\, dA = \mathbf{0}$$

Mit dem Divergenz-Theorem (s. Abschn. 2.3.3), welches in der Literatur auch als Satz von Gauß und Ostrogradski bezeichnet wird,

$$\int_A [\mathbf{x} \times (\mathbf{n} \cdot \mathbf{T})]\, dA = -\int_A [\mathbf{n} \cdot (\mathbf{T} \times \mathbf{x})]\, dA = -\int_V [\nabla_{\mathbf{x}} \cdot (\mathbf{T} \times \mathbf{x})]\, dV$$

und der Identität

$$\nabla_{\mathbf{x}} \cdot (\mathbf{T} \times \mathbf{x}) = (\nabla_{\mathbf{x}} \cdot \mathbf{T}) \times \mathbf{x} + \mathbf{T} \times \cdot (\nabla_{\mathbf{x}} \mathbf{x})^{\mathrm{T}} = -\mathbf{x} \times (\nabla_{\mathbf{x}} \cdot \mathbf{T}) + \mathbf{T} \times \cdot \mathbf{I}$$

sowie

$$\mathbf{T} \times \cdot \mathbf{I} = -\mathbf{I} \cdot \times \mathbf{T}$$

nimmt die Momentengleichgewichtsgleichung folgende Form an

$$\int_V \{[\mathbf{x} \times (\nabla_{\mathbf{x}} \cdot \mathbf{T} + \rho\mathbf{k})] + \mathbf{I} \cdot \times \mathbf{T}\}\, dV = \int_V [\mathbf{x} \times (\nabla_{\mathbf{x}} \cdot \mathbf{T} + \rho\mathbf{k})]\, dV + \int_V \mathbf{I} \cdot \times \mathbf{T}\, dV = \mathbf{0} \tag{4.23}$$

Mit Gl. (4.18) verschwindet das erste Integral und mit der vorausgesetzten Stetigkeit für den Integranden des zweiten Integrals kann wieder ein beliebig kleines Kontrollvolumen betrachtet werden, sodass für den Grenzübergang $dV \to 0$ auch $\mathbf{I} \cdot \times \mathbf{T} = \mathbf{0}$ folgt. Die Gleichung $\mathbf{I} \cdot \times \mathbf{T}$ kann allgemein nur für symmetrische Tensoren Null sein, d.h. der Cauchy'sche Spannungstensor ist symmetrisch (später wird gezeigt, dass dies als Folge des 2. Cauchy-Euler'schen Bewegungsgesetzes aufgefasst werden kann)

$$\mathbf{T} = \mathbf{T}^{\mathrm{T}} \tag{4.24}$$

Anmerkung 4.1. Die Symmetrie des Spannungstensors ist folglich keine a priori Annahme, sondern eine Konsequenz des gewählten Kontinuumsmodells. Lässt man Kontinua mit unabhängigen Volumenmomenten und Flächenmomenten zu, kann die Symmetrie nicht nachgewiesen werden. In der klassischen Kontinuumsmechanik wird oft die Symmetrie des Cauchy'schen Spannungstensors als Axiom eingeführt (Boltzmann'sches[4] Axiom).

Anmerkung 4.2. Das Ergebnis der Herleitung ändert sich nicht, wenn Trägheitskräfte einbezogen werden.

Schlussfolgerung 4.4. Der Cauchy'sche Spannungstensor ist für den Fall, dass keine Momentenspannungen im Kontinuum auftreten, ein symmetrischer Tensor. Mit $\mathbf{T} = \mathbf{T}^{\mathrm{T}}$ gilt auch $\mathbf{n} \cdot \mathbf{T} = \mathbf{T} \cdot \mathbf{n}$ und

[4] Ludwig Boltzmann (1844-1906), Physiker und Philosoph, Thermodynamik, Statistische Mechanik

$$\nabla_{\mathbf{x}} \cdot \mathbf{T} + \rho \mathbf{k} = \nabla_{\mathbf{x}} \cdot \mathbf{T}^{\mathrm{T}} + \rho \mathbf{k} = \mathbf{0}$$

Damit gelten für den Cauchy'schen Spannungstensor zusammenfassend folgende Gleichungen

$$\begin{array}{lll} \nabla_{\mathbf{x}} \cdot \mathbf{T} + \rho \mathbf{k} = \mathbf{0}, & T_{ji,j} + \rho k_i = 0, & \text{Statik} \\ \nabla_{\mathbf{x}} \cdot \mathbf{T} + \rho \mathbf{k} = \rho \ddot{\mathbf{x}}, & T_{ji,j} + \rho k_i = \rho \ddot{x}_i, & \text{Kinetik} \\ \mathbf{T} = \mathbf{T}^{\mathrm{T}}, & T_{ij} = T_{ji} & \end{array}$$

Vorgegebene Oberflächenkräfte $\bar{\mathbf{t}}$ (Kraftrandbedingungen) werden in der Form $\mathbf{n} \cdot \mathbf{T} = \bar{\mathbf{t}}, \mathbf{x} \in A$ als Ergänzung der Gleichgewichtsbedingungen angegeben. Für die Lösung der Bewegungsgleichungen werden noch Anfangsbedingungen benötigt.

Mit den Gln. (4.22) und (4.24) wird auch der Zusammenhang zwischen dem Cauchy'schen Spannungszustand in einem beliebigen materiellen Punkt des Körpers und dem dazugehörigen Verschiebungsfeld angegeben.

$$\nabla_{\mathbf{x}} \cdot \mathbf{T} + \rho \mathbf{k} = \rho \frac{D^2 \mathbf{u}}{Dt^2}, \qquad \mathbf{T} = \mathbf{T}^{\mathrm{T}},$$

$$T_{ji,j} + \rho k_i = \rho \frac{D^2 u_i}{Dt^2}, \qquad T_{ij} = T_{ji}$$

Die Aufspaltung von $\mathbf{T}$ in einen Kugeltensor und einen Deviator hat besonders für isotrope Kontinua Bedeutung

$$\begin{aligned} \mathbf{T} &= \frac{1}{3}(\mathbf{T} \cdot\cdot \mathbf{I})\mathbf{I} + \left(\mathbf{T} - \frac{1}{3}(\mathbf{T} \cdot\cdot \mathbf{I})\mathbf{I}\right), \\ T_{ij} &= \frac{1}{3} T_{kk} \delta_{ij} + \left(T_{ij} - \frac{1}{3} T_{kk} \delta_{ij}\right), \\ \mathbf{T} &= \quad \mathbf{T}^{\mathrm{K}} \quad + \quad \mathbf{T}^{\mathrm{D}} \end{aligned}$$

Der Kugeltensor für einen hydrostatischen Spannungszustand

$$\mathbf{T} = -p\mathbf{I}$$

mit dem für jedes Volumenelement gleichen hydrostatischen Druck p hat die Form

$$\mathbf{T}^{\mathrm{K}} = -p\mathbf{I}$$

und für den Deviator erhält man

$$\mathbf{T}^{\mathrm{D}} = -p\mathbf{I} + p\mathbf{I} = \mathbf{0}$$

Ferner folgt aus $\mathbf{t} = \mathbf{n} \cdot \mathbf{T}$ auch $\mathbf{t} = -p\mathbf{n}$.

Schlussfolgerung 4.5. Für den hydrostatischen Spannungszustand $\mathbf{T} = -p\mathbf{I}$ hat jeder Spannungsvektor $\mathbf{t}$ die Richtung des Normalenvektors $\boldsymbol{n}$ der Schnittfläche, d.h. jeder Normalenvektor ist Eigenvektor zum Eigenwert $-p$. Für isotrope Kontinua bewirkt der Kugeltensor nur Volumenänderungen, der Deviator nur Gestaltänderungen. Bei anisotropen Kontinua kann aber ein hydrostatischer Spannungszustand auch Gestaltänderungen herbeiführen.

Die Symmetrie von $\mathbf{T}$ ist Voraussetzung für die Hauptachsentransformation des Cauchy'schen Spannungstensors. Das Ergebnis einer Hauptachsentransformation von $\mathbf{T}$ ist, dass $\mathbf{T} \cdot \boldsymbol{n} = \mathbf{t}$ und $\boldsymbol{n}$ kollineare Vektoren sind. In den Hauptebenen wirken dann nur Normal- und keine Schubspannungen. Für einen hydrostatischen Spannungszustand ist somit jedes Koordinatensystem ein Hauptachsensystem. Die Berechnung der Hauptwerte und Hauptrichtungen für Cauchy'sche Spannungstensoren erfolgt nach den im Abschn. 2.2 angegebenen Gleichungen. Die wichtigsten Aussagen werden hier noch einmal kurz zusammengefasst:

- Formulierung des Eigenwertproblems

$$(\mathbf{T} - \sigma\mathbf{I}) \cdot \boldsymbol{n} = \mathbf{0}, \qquad (T_{ij} - \sigma\delta_{ij})n_j = 0_i \tag{4.25}$$

- Bedingungsgleichung für nichttriviale Lösungen

$$\det(\mathbf{T} - \sigma\mathbf{I}) = 0, \qquad \det(T_{ij} - \sigma\delta_{ij}) = 0 \tag{4.26}$$

- Charakteristische Gleichung

$$\sigma^3 - I_1(\mathbf{T})\sigma^2 + I_2(\mathbf{T})\sigma - I_3(\mathbf{T}) = 0 \tag{4.27}$$

- Invarianten des Spannungstensors

$$\begin{aligned} I_1(\mathbf{T}) &= T_{ii} = \mathbf{T} \cdot\cdot \mathbf{I}, \\ I_2(\mathbf{T}) &= \frac{1}{2}\left[I_1(\mathbf{T}^2) - I_1^2(\mathbf{T})\right] = \frac{1}{2}(T_{ii}T_{jj} - T_{ij}T_{ji}), \\ I_3(\mathbf{T}) &= \det(T_{ij}) = \det\mathbf{T} \end{aligned} \tag{4.28}$$

- Hauptrichtungen $\boldsymbol{n}^{(\alpha)}$ zu den Hauptspannungen $\sigma_{(\alpha)}, \alpha = \mathrm{I}, \mathrm{II}, \mathrm{III}$ (keine Summation über α)

$$(\mathbf{T} - \sigma_{(\alpha)}\mathbf{I}) \cdot \boldsymbol{n}^{(\alpha)} = \mathbf{0}, \qquad (T_{ij} - \sigma_{(\alpha)}\delta_{ij})n_j^{(\alpha)} = 0_i$$

  mit der Nebenbedingung

$$\boldsymbol{n}^{(\alpha)} \cdot \boldsymbol{n}^{(\alpha)} = 1, \qquad n_k^{(\alpha)} n_k^{(\alpha)} = 1$$

Alle Hauptspannungen sind reell, für $\sigma_{\mathrm{I}} \neq \sigma_{\mathrm{II}} \neq \sigma_{\mathrm{III}}$ sind die Hauptrichtungen eindeutig bestimmbar und zueinander orthogonal. Ordnet man die Hauptspannungen in der Reihenfolge $\sigma_{\mathrm{I}} > \sigma_{\mathrm{II}} > \sigma_{\mathrm{III}}$, ergibt sich für die maximale Schubspannung der Wert $(1/2)(\sigma_{\mathrm{I}} - \sigma_{\mathrm{III}})$. Der Spannungstensor $\mathbf{T}$ kann auf Hauptachsen transformiert werden und hat dann Diagonalform mit den Hauptspannungen als Diagonalelemente. Man kann ferner folgende Spannungszustände unterscheiden:

- Sind zwei Hauptspannungen Null, liegt einfacher oder einachsiger Zug oder Druck vor.
- Ist nur eine Hauptspannung Null, heißt der Spannungszustand eben oder zweiachsig.

Für die Hauptspannungen $\sigma_{(\alpha)}$ des Kugeltensors $\mathbf{T}^{\mathrm{K}}$ gilt

$$\sigma_{I} = \sigma_{II} = \sigma_{III} = \frac{1}{3}\mathbf{T} \cdot\cdot \mathbf{I} = \frac{1}{3}T_{kk} = -p$$

Der Tensor hat Diagonalform, jede Richtung ist Hauptrichtung.

Für den Spannungsdeviator gelten folgende Aussagen

$$\mathbf{T}^{\mathrm{D}} = \mathbf{T} - \frac{1}{3}(\mathbf{T} \cdot\cdot \mathbf{I})\mathbf{I} \qquad \text{bzw.} \qquad T_{ij}^{D} = T_{ij} - \frac{1}{3}T_{kk}\delta_{ij} \tag{4.29}$$

Für $i = j$ erhält man, falls alle Normalspannungen gleich sind,

$$T_{ii}^{D} = T_{ii} - \frac{1}{3}T_{kk}\delta_{ii} = T_{ii} - \frac{1}{3}T_{ii}3 = 0 \tag{4.30}$$

(keine Summation über i), d.h. der Kugeltensor (hydrostatischer Spannungszustand) ist ein reiner dreiachsiger Normalspannungszustand, der Deviator ein reiner Schubspannungszustand. Im allgemeinen Fall folgt aus

$$T_{ij}^{D} = T_{ij} - \frac{1}{3}\delta_{ij}T_{kk}$$

für den Deviator

$$T_{ij}^{D} = T_{ij} \quad \text{für} \quad i \neq j, \qquad T_{ij}^{D} = T_{ij} - \frac{1}{3}T_{kk}\delta_{ij} \quad \text{für} \quad i = j \tag{4.31}$$

Die Hauptspannungen des Deviatortensors werden aus der charakteristischen Gleichung berechnet, d.h. aus

$$\left(\sigma^{D}\right)^{3} - I_{1}\left(\mathbf{T}^{D}\right)\left(\sigma^{D}\right)^{2} + I_{2}\left(\mathbf{T}^{D}\right)\sigma^{D} - I_{3}\left(\mathbf{T}^{D}\right) = 0 \tag{4.32}$$

mit den Invarianten

$$I_{1}\left(\mathbf{T}^{D}\right) = T_{ii}^{D} = 0, \qquad I_{2}\left(\mathbf{T}^{D}\right) = -\frac{1}{2}T_{ij}^{D}T_{ji}^{D}, \qquad I_{3}\left(\mathbf{T}^{D}\right) = \det\left(T_{ij}^{D}\right) \tag{4.33}$$

Die charakteristische Gleichung vereinfacht sich somit zu

$$\left(\sigma^{D}\right)^{3} + I_{2}\left(\mathbf{T}^{D}\right)\sigma^{D} - I_{3}\left(\mathbf{T}^{D}\right) = 0$$

Schreibt man $-I_{2}\left(\mathbf{T}^{D}\right)$ ausführlich

$$\begin{aligned}
-\mathrm{I}_2\left(\mathbf{T}^{\mathrm{D}}\right) &= \frac{1}{2}\left[\left(T_{11}^{\mathrm{D}}\right)^2+\left(T_{22}^{\mathrm{D}}\right)^2+\left(T_{33}^{\mathrm{D}}\right)^2+\left(T_{12}^{\mathrm{D}}\right)^2+\left(T_{23}^{\mathrm{D}}\right)^2+\left(T_{31}^{\mathrm{D}}\right)^2\right] \\
&= \frac{1}{6}\left[(T_{11}-T_{22})^2+(T_{22}-T_{33})^2+(T_{33}-T_{11})^2\right]+T_{12}^2+T_{23}^2+T_{31}^2 \\
&= \frac{3}{2}T_{\text{Oktaeder}}^2, \qquad (4.34)
\end{aligned}$$

erkennt man den Zusammenhang mit der sogenannten Oktaederschubspannung T_{Oktaeder}, die für die Beurteilung von Versagenszuständen eine besondere Rolle spielt

$$\begin{aligned}
T_{\text{Oktaeder}} &= \frac{1}{3}\sqrt{(T_{11}-T_{22})^2+(T_{22}-T_{33})^2+(T_{33}-T_{11})^2+6(T_{12}^2+T_{23}^2+T_{31}^2)} \\
&= \frac{1}{3}\sqrt{(\sigma_{\mathrm{I}}-\sigma_{\mathrm{II}})^2+(\sigma_{\mathrm{II}}-\sigma_{\mathrm{III}})^2+(\sigma_{\mathrm{III}}-\sigma_{\mathrm{I}})^2} \\
&= \frac{1}{3}\sqrt{2\mathrm{I}_1^2(\mathbf{T})-6\mathrm{I}_2(\mathbf{T})} \qquad (4.35)
\end{aligned}$$

4.4 Spannungsvektoren und Spannungstensoren nach Piola-Kirchhoff

Die bisherige Beschreibung des Spannungsvektors und des Spannungstensors erfolgte ausschließlich in Euler'schen Koordinaten. Bei dem nach Cauchy definierten wahren Spannungsvektor und wahren Spannungstensor wird ein aktueller Kraftvektor auf ein aktuelles orientiertes Flächenelement bezogen. Man bleibt somit konsequent in der Momentankonfiguration. Analog zu den Deformations- bzw. Verzerrungstensoren können Spannungen aber nicht nur auf die Momentankonfiguration bezogen werden. Es erweist sich für zahlreiche Anwendungen besonders in der Festkörpermechanik als günstiger, die Spannungsgrößen in Lagrange'schen Koordinaten zu formulieren und zumindest die Volumenelemente und die Flächenelemente auf die Referenzgeometrie zu beziehen. Es müssen dann die Transformationsgleichungen (3.11) und (3.12)

$$dV = \det\mathbf{F}\,dV_0, \qquad d\mathbf{A} = \det\mathbf{F}\left(\mathbf{F}^{-1}\right)^{\mathrm{T}}\cdot d\mathbf{A}_0, \qquad dA_j = \frac{\rho_0}{\rho}(F_{ij})^{-1}dA_{0i}$$

berücksichtigt werden.

Definition 4.8 (1. Piola-Kirchhoff'scher Spannungsvektor). Bezieht man den aktuellen differentiellen Kraftvektor $d\mathbf{f}$ auf ein orientiertes differentielles Flächenelement $d\mathbf{A}_0 = \mathbf{n}_0 dA_0$ in der Referenzkonfiguration, erhält man einen Nennspannungsvektor

$${}^{\mathrm{I}}\mathbf{t} = \lim_{\Delta A_0 \to 0}\frac{\Delta\mathbf{f}}{\Delta A_0}$$

Der zugehörige Tensor ${}^{\mathrm{I}}\mathbf{P}$, der den Spannungszustand in einem materiellen Punkt der Referenzkonfiguration, d.h. in Lagrange'schen Koordinaten, beschreibt, heißt 1. Piola-Kirchhoff'scher oder auch Lagrange'scher Spannungstensor[5]. ${}^{\mathrm{I}}\mathbf{P}(\mathbf{a},t)$ ist ein Nennspannungstensor.

Wie der Deformationsgradiententensor $\mathbf{F}$, der einen Linienelementvektor $d\mathbf{a}$ der Referenzkonfiguration mit dem zugehörigen Vektor $d\mathbf{x}$ in der aktuellen Konfiguration verbindet, verknüpft der Tensor ${}^{\mathrm{I}}\mathbf{P}$ einen aktuellen Kraftvektor $d\mathbf{f}$ mit einem orientierten Flächenelement $d\mathbf{A}_0$ der Referenzkonfiguration. ${}^{\mathrm{I}}\mathbf{P}$ ist somit wie $\mathbf{F}$ ein Doppelfeldtensor. Aus

$$\mathbf{t}dA = d\mathbf{f}$$

und

$${}^{\mathrm{I}}\mathbf{t}dA_0 = d\mathbf{f}$$

folgt zunächst

$$\mathbf{t}dA = {}^{\mathrm{I}}\mathbf{t}dA_0 = d\mathbf{f} \tag{4.36}$$

bzw.

$$\mathbf{t} = {}^{\mathrm{I}}\mathbf{t}\frac{dA_0}{dA} = {}^{\mathrm{I}}\mathbf{t}\frac{d\mathbf{A}_0 \cdot \mathbf{n}_0}{d\mathbf{A} \cdot \mathbf{n}}$$

Mit $d\mathbf{A} = \det\mathbf{F}\left(\mathbf{F}^{-1}\right)^{\mathrm{T}} \cdot d\mathbf{A}_0$ erhält man dann

$$\mathbf{t} = {}^{\mathrm{I}}\mathbf{t}\frac{dA_0}{dA} = {}^{\mathrm{I}}\mathbf{t}\frac{d\mathbf{A}_0 \cdot \mathbf{n}_0}{\det\mathbf{F}\left(\mathbf{F}^{-1}\right)^{\mathrm{T}} \cdot d\mathbf{A}_0 \cdot \mathbf{n}} = {}^{\mathrm{I}}\mathbf{t}(\det\mathbf{F})^{-1}\frac{d\mathbf{A}_0 \cdot \mathbf{n}_0}{d\mathbf{A}_0 \cdot \mathbf{F}^{-1} \cdot \mathbf{n}}$$

Wegen $\mathbf{F}^{-1} \cdot \mathbf{n} = \mathbf{n}_0$ ergibt sich abschließend

$$\mathbf{t} = {}^{\mathrm{I}}\mathbf{t}(\det\mathbf{F})^{-1}\frac{d\mathbf{A}_0 \cdot \mathbf{n}_0}{d\mathbf{A}_0 \cdot \mathbf{n}_0} = {}^{\mathrm{I}}\mathbf{t}(\det\mathbf{F})^{-1}$$

Bezieht man den aktuellen Kraftvektor $d\mathbf{f}$ auf das Ausgangselement $d\mathbf{A}_0$, folgt entsprechend

$$df_i = {}^{\mathrm{I}}P_{ji}dA_{0j}, \qquad {}^{\mathrm{I}}t_i = {}^{\mathrm{I}}P_{ji}n_{0j}, \qquad dA_{0j} = dA_0 n_{0j} \tag{4.37}$$

Der Tensor ${}^{\mathrm{I}}\mathbf{P} = {}^{\mathrm{I}}P_{ij}\mathbf{e}_i\mathbf{e}_j$ ist, wie noch näher gezeigt wird, im Gegensatz zum Tensor $\mathbf{T} = T_{ij}\mathbf{e}_i\mathbf{e}_j$ im Allgemeinen nicht symmetrisch. Unter Beachtung der Transformationsgleichung für das Flächenelement

$$dA_{0j} = (\det\mathbf{F})^{-1}F_{ij}dA_i$$

erhält man den Zusammenhang zwischen dem Cauchy'schen und dem 1. Piola-Kirchhoff'schen Spannungstensor

[5] Die Bezeichnungen der Spannungstensoren nach Piola und Kirchhoff ist historisch nicht unumstritten - ausführlich kann man über die Terminologie und ihre historische Einordnung in [12] nachlesen.

$$\begin{aligned} \mathbf{t} &= \mathbf{n}\cdot\mathbf{T}, & {}^{I}\mathbf{t} &= \mathbf{n}_0\cdot{}^{I}\mathbf{P}, \\ t_i &= T_{ji}n_j, & {}^{I}t_i &= {}^{I}P_{ji}n_{0j}, \end{aligned} \tag{4.38}$$

$$\begin{aligned} \mathbf{T} &= (\det\mathbf{F})^{-1}\mathbf{F}\cdot{}^{I}\mathbf{P}, & {}^{I}\mathbf{P} &= (\det\mathbf{F})\mathbf{F}^{-1}\cdot\mathbf{T}, \\ T_{ij} &= (\det\mathbf{F})^{-1}F_{ik}\,{}^{I}P_{kj}, & {}^{I}P_{ij} &= (\det\mathbf{F})(F_{ik})^{-1}T_{kj} \end{aligned} \tag{4.39}$$

Formuliert man jetzt das Kraft- und das Momentengleichgewicht in der Referenzkonfiguration, erhält man analog zu den Gln. (4.14) bis (4.24) die Bewegungsgleichungen in Lagrange'schen Koordinaten

$$\int_{A_0} \mathbf{n}_0\cdot{}^{I}\mathbf{P}\,dA_0 + \int_{V_0} \rho_0\mathbf{k}_0\,dV_0 - \int_{V_0} \ddot{\mathbf{x}}\rho_0\,dV_0 = \mathbf{0}, \tag{4.40}$$

$$\int_{A_0} \left[\mathbf{a}\times(\mathbf{n}_0\cdot{}^{I}\mathbf{P})\right] dA_0 + \int_{V_0} (\mathbf{a}\times\rho_0\mathbf{k}_0)\,dV_0 = \mathbf{0}, \tag{4.41}$$

$$\ddot{\mathbf{x}}\rho_0 = \nabla_{\mathbf{a}}\cdot{}^{I}\mathbf{P} + \rho_0\mathbf{k}_0, \qquad {}^{I}\mathbf{P}\cdot\mathbf{F}^{T} = \mathbf{F}\cdot{}^{I}\mathbf{P}^{T} \tag{4.42}$$

Das Momentengleichgewicht liefert die Symmetrie für ${}^{I}\mathbf{P}\cdot\mathbf{F}^{T}$, aber nicht für ${}^{I}\mathbf{P}$ selbst. Dies kann man auch aus der Symmetrie des Cauchy'schen Spannungstensors unter Beachtung der ersten Gleichung aus (4.39) ableiten. Es gilt

$$\mathbf{T} = (\det\mathbf{F})^{-1}\,{}^{I}\mathbf{P}\cdot\mathbf{F}^{T}$$

und

$$\mathbf{T}^{T} = (\det\mathbf{F})^{-1}({}^{I}\mathbf{P}\cdot\mathbf{F}^{T})^{T}$$

Mit

$$({}^{I}\mathbf{P}\cdot\mathbf{F}^{T})^{T} = (\mathbf{F}^{T})^{T}\cdot{}^{I}\mathbf{P}^{T} = \mathbf{F}\cdot{}^{I}\mathbf{P}^{T} = {}^{I}\mathbf{P}\cdot\mathbf{F}^{T}$$

ist dann die spezielle Symmetrie bewiesen.

Ein unsymmetrischer Nennspannungstensor ${}^{I}\mathbf{P}$ ist für die Verknüpfungen von Spannungs- und Verzerrungstensoren in Konstitutivgleichungen nicht immer günstig. ${}^{I}\mathbf{P}$ wird daher zweckmäßig so modifiziert, dass man wieder einen symmetrischen Spannungstensor erhält. Man führt dazu einen „fiktiven Kraftvektor" ein

$$d\mathbf{f}_0 = \mathbf{F}^{-1}\cdot d\mathbf{f}, \qquad df_{0i} = (F_{ij})^{-1}df_j \tag{4.43}$$

Man erkennt, dass dieser fiktive Kraftvektor $d\mathbf{f}_0$ mit dem Kraftvektor $d\mathbf{f}$ der aktuellen Konfiguration durch die gleiche Transformation verbunden ist, wie ein Linienelement $d\mathbf{a}$ der Referenzkonfiguration mit dem zugeordneten $d\mathbf{x}$ der Momentankonfiguration ($d\mathbf{a} = \mathbf{F}^{-1}\cdot d\mathbf{x}$). Mit dem so transformierten Kraftvektor $d\mathbf{f}$ wird mit

$$df_{0i} = {}^{II}P_{ji}dA_{0j} \tag{4.44}$$

ein Pseudospannungstensor ${}^{II}\mathbf{P}$ eingeführt.

Definition 4.9 (2. Piola-Kirchhoff'schen Spannungsvektor). Wird der Kraftvektor $d\mathbf{f}_0 = \mathbf{F}^{-1} \cdot d\mathbf{f}$ auf ein orientiertes Flächenelement $d\mathbf{A}_0$ der Ausgangskonfiguration bezogen, erhält man einen Pseudospannungsvektor ${}^{II}\mathbf{t}$ mit einem zugeordneten Pseudospannungstensor

$$ {}^{II}\mathbf{P} = {}^{I}\mathbf{P} \cdot \left(\mathbf{F}^{-1}\right)^T \qquad \text{bzw.} \qquad {}^{II}P_{ji} = F_{ik}^{-1}\,{}^{I}P_{jk} $$

Man bezeichnet die Pseudospannungsgrößen als 2. Piola-Kirchhoff'schen Spannungsvektor bzw. Spannungstensor. Diese Spannungsgrößen haben keine direkte physikalische Interpretation, sie entsprechen aber der in der aktuellen Konfiguration gegebenen Zuordnung $d\mathbf{f} = \mathbf{T} \cdot d\mathbf{A}$ in eine entsprechende Zuordnung $d\mathbf{f}_0 = {}^{II}\mathbf{P} \cdot d\mathbf{A}_0$ in der Referenzkonfiguration.

${}^{II}\mathbf{P}$ ist im Unterschied zu ${}^{I}\mathbf{P}$ ein symmetrischer Tensor. Mit den Gleichungen

$$ \begin{aligned} {}^{II}\mathbf{P} &= {}^{I}\mathbf{P} \cdot \left(\mathbf{F}^{-1}\right)^T, & {}^{I}\mathbf{P} &= {}^{II}\mathbf{P} \cdot \mathbf{F}^T, \\ {}^{II}P_{ij} &= {}^{I}P_{ik}(F_{jk})^{-1}, & {}^{I}P_{ij} &= {}^{II}P_{ik}F_{jk} \end{aligned} \tag{4.45} $$

erhält man unter Beachtung des Zusammenhanges von $\mathbf{T}$ und ${}^{I}\mathbf{P}$ nach Gl. (4.39) auch den Zusammenhang zwischen den Tensoren $\mathbf{T}$ und ${}^{II}\mathbf{P}$

$$ \begin{aligned} {}^{II}\mathbf{P} &= (\det\mathbf{F})\mathbf{F}^{-1} \cdot \mathbf{T} \cdot \left(\mathbf{F}^{-1}\right)^T, & {}^{II}P_{ij} &= (\det\mathbf{F})(F_{ik})^{-1}(F_{jl})^{-1}T_{kl}, \\ \mathbf{T} &= (\det\mathbf{F})^{-1}\mathbf{F} \cdot {}^{II}\mathbf{P} \cdot \mathbf{F}^T, & T_{ij} &= (\det\mathbf{F})^{-1}F_{ik}(F_{jl})^{-1}\,{}^{II}P_{kl} \end{aligned} \tag{4.46} $$

Aus

$$ \left[\mathbf{F}^{-1} \cdot \mathbf{T} \cdot (\mathbf{F}^{-1})^T\right]^T = \mathbf{F}^{-1} \cdot \mathbf{T}^T \cdot (\mathbf{F}^{-1})^T = \mathbf{F}^{-1} \cdot \mathbf{T} \cdot (\mathbf{F}^{-1})^T $$

folgt

$$ {}^{II}\mathbf{P} = ({}^{II}\mathbf{P})^T \qquad \text{bzw.} \qquad {}^{II}P_{ij} = {}^{II}P_{ji} \tag{4.47} $$

Beachtet man die Beziehung

$$ \frac{\rho_0}{\rho} = \det\mathbf{F}(\mathbf{a}, t) $$

kann man auch schreiben

$$ {}^{II}\mathbf{P}(\mathbf{a}) = \frac{\rho_0}{\rho}(\nabla_a \mathbf{x})^T \cdot \mathbf{T}(\mathbf{x}) \cdot (\nabla_a \mathbf{x}), \qquad \mathbf{T}(\mathbf{x}) = \frac{\rho_0}{\rho}(\nabla_x \mathbf{a})^T \cdot {}^{II}\mathbf{P}(\mathbf{a}) \cdot (\nabla_x \mathbf{a}) $$

bzw.

$$ {}^{II}P_{ij} = \frac{\rho_0}{\rho}F_{ik}^{-1}T_{kl}F_{jl}^{-1}, \qquad T_{kl} = \frac{\rho_0}{\rho}F_{ki}\,{}^{II}P_{ij}F_{lj} $$

Bei bekannten Cauchy'schen Spannungen T_{kl} (Euler'sche Darstellung der Spannungen) erhält man die 2. Piola-Kirchhoff'schen Spannungen (Lagrange'sche Darstellung der Spannungen) durch eine rein kinematische Transformation. Aus der

Symmetrie von T_{mn} folgt die Symmetrie für ${}^{II}P_{ij}$. Die Spannungstensoren $\mathbf{T}$ und ${}^{II}\mathbf{P}$ sind somit symmetrische Tensoren, ${}^{I}\mathbf{P}$ ist ein unsymmetrischer Tensor.

Auf die Definition weiterer Tensoren wird verzichtet. Es sei jedoch darauf hingewiesen, dass bei der Verknüpfung von Spannungs- und Verzerrungstensoren ihre physikalische Zuordnung durch die sogenannte Elementararbeit dW bzw. die spezifische innere Leistung beachtet werden muss. Man spricht auch von konjugierten (Energie bzw. Leistung) Tensoren. Im Kapitel 5 folgen noch kurze Bemerkungen dazu. Hier sei nur auf folgende, für die Anwendung bei Festkörperproblemen besonders interessante Zuordnungen hingewiesen. Geometrisch lineare Aufgaben werden allgemein mit dem klassischen linearen Euler'schen Verzerrungstensor und dem Cauchy'schen Spannungstensor formuliert. Für große Verschiebungen, aber kleine Verzerrungen werden meist der Green-Lagrange'sche Verzerrungstensor und der 2. Piola-Kirchhoff'sche Spannungstensor eingesetzt. Für den Fall kleiner Verzerrungen kann man bei der für numerische Lösungen nichtlinearer Aufgaben oft benutzten „updated Lagrange"-Formulierung auch den Almansi-Euler-Verzerrungstensor und den Cauchy'schen Spannungstensor wie bei linearen Aufgaben einsetzen. Der Cauchy'sche und der 2. Piola-Kirchhoff'sche Spannungstensor sowie der Green-Lagrange'sche und der Almansi-Euler'sche Verzerrungstensor sind auch sogenannte objektive Tensoren. Sie erfüllen bei der Formulierung von Konstitutivgleichungen das Prinzip der materiellen Objektivität. Darauf wird bei der Formulierung materialabhängiger Gleichungen näher eingegangen (s. Abschn. 6.2.2).

Abschließend seien die wichtigsten Ergebnisse und Gleichungen noch einmal tabellarisch zusammengefasst.

Äußere Kraftfelder

$\mathbf{k}^m(\mathbf{x},t) \equiv \mathbf{k}(\mathbf{x},t)$,	$\mathbf{k}_0^m(\mathbf{a},t) \equiv \mathbf{k}_0(\mathbf{a},t)$	Massenkraftdichte,
$\mathbf{k}^V(\mathbf{x},t)$,	$\mathbf{k}_0^V(\mathbf{a},t)$	Volumenkraftdichte,
$\mathbf{t}(\mathbf{x},t)$,	$\mathbf{t}_0(\mathbf{a},t)$	Oberflächenkraftdichte

Resultierende äußere Kraft

$$\mathbf{f}^R(\mathbf{x},t) = \int_V \rho(\mathbf{x},t)\mathbf{k}(\mathbf{x},t)\,dV + \int_A \mathbf{t}(\mathbf{x},\mathbf{n},t)\,dA,$$

$$\mathbf{f}^R(\mathbf{a},t) = \int_{V_0} \rho_0(\mathbf{a})\mathbf{k}_0(\mathbf{a},t)\,dV_0 + \int_{A_0} \mathbf{t}_0(\mathbf{a},\mathbf{n}_0,t)\,dA_0$$

Resultierendes äußeres Moment bezogen auf den Punkt 0

$$\mathbf{m}_0^R(\mathbf{x},t) = \int_V [\mathbf{x} \times \rho(\mathbf{x},t)\mathbf{k}(\mathbf{x},t)]\, dV + \int_A [\mathbf{x} \times \mathbf{t}(\mathbf{x},\mathbf{n},t)]\, dA,$$

$$\mathbf{m}_0^R(\mathbf{a},t) = \int_{V_0} [\mathbf{a} \times \rho_0(\mathbf{a})\mathbf{k}_0(\mathbf{a},t)]\, dV_0 + \int_{A_0} [\mathbf{a} \times \mathbf{t}_0(\mathbf{a},\mathbf{n}_0,t)]\, dA_0$$

Spannungsvektoren

$$\mathbf{t}(\mathbf{x},\mathbf{n},t) = \mathbf{n}(\mathbf{x},t) \cdot \mathsf{T}(\mathbf{x},t) \qquad \text{Cauchy,}$$

$$^{I}\mathbf{t}(\mathbf{a},\mathbf{n}_0,t) = \mathbf{n}_0(\mathbf{a},t) \cdot {}^{I}\mathsf{P}(\mathbf{a},t) \qquad \text{Piola-Kirchhoff (1.),}$$

$$^{II}\mathbf{t}(\mathbf{a},\mathbf{n}_0,t) = \mathbf{n}_0(\mathbf{a},t) \cdot {}^{II}\mathsf{P}(\mathbf{a},t) \qquad \text{Piola-Kirchhoff (2.),}$$

Spannungstensoren

$$\mathsf{T}(\mathbf{a},t) = (\det \mathsf{F}(\mathbf{a},t))^{-1}\mathsf{F}(\mathbf{a},t) \cdot {}^{I}\mathsf{P}(\mathbf{a},t),$$

$$^{I}\mathsf{P}(\mathbf{a},t) = (\det \mathsf{F}(\mathbf{a},t))\mathsf{F}^{-1}(\mathbf{a},t) \cdot \mathsf{T}(\mathbf{a},t),$$

$$\mathsf{T}(\mathbf{a},t) = (\det \mathsf{F}(\mathbf{a},t))^{-1}\mathsf{F}(\mathbf{a},t) \cdot {}^{II}\mathsf{P}(\mathbf{a},t) \cdot \mathsf{F}^{T}(\mathbf{a},t),$$

$$^{II}\mathsf{P}(\mathbf{a},t) = (\det \mathsf{F}(\mathbf{a},t))\mathsf{F}^{-1}(\mathbf{a},t) \cdot \mathsf{T}(\mathbf{a},t) \cdot [\mathsf{F}^{T}(\mathbf{a},t)]^{-1},$$

$$^{II}\mathsf{P}(\mathbf{a},t) = {}^{I}\mathsf{P}(\mathbf{a},t) \cdot [\mathsf{F}^{T}(\mathbf{a},t)]^{-1} = \mathsf{F}^{-1}(\mathbf{a},t) \cdot {}^{I}\mathsf{P}(\mathbf{a},t),$$

$$^{I}\mathsf{P}(\mathbf{a},t) = \mathsf{F}(\mathbf{a},t) \cdot {}^{II}\mathsf{P}(\mathbf{a},t) = {}^{II}\mathsf{P}(\mathbf{a},t) \cdot \mathsf{F}^{T}(\mathbf{a},t)$$

Gleichgewicht und Bewegungsgleichungen

$$\nabla_{\mathbf{x}} \cdot \mathsf{T}(\mathbf{x},t) + \rho(\mathbf{x},t)\mathbf{k}(\mathbf{x},t) = \mathbf{0},$$

$$\nabla_{\mathbf{x}} \cdot \mathsf{T}(\mathbf{x},t) + \rho(\mathbf{x},t)\mathbf{k}(\mathbf{x},t) = \rho(\mathbf{x},t)\ddot{\mathbf{x}}(\mathbf{x},t) = \rho(\mathbf{x},t)\ddot{\mathbf{u}}(\mathbf{x},t),$$

$$\mathsf{T}(\mathbf{x},t) = \mathsf{T}^{T}(\mathbf{x},t),$$

$$\nabla_{\mathbf{a}} \cdot {}^{I}\mathsf{P}(\mathbf{a},t) + \rho_0(\mathbf{a})\mathbf{k}_0(\mathbf{a},t) = \mathbf{0},$$

$$\nabla_{\mathbf{a}} \cdot {}^{I}\mathsf{P}(\mathbf{a},t) + \rho_0(\mathbf{a})\mathbf{k}_0(\mathbf{a},t) = \rho_0(\mathbf{a})\ddot{\mathbf{x}}(\mathbf{a},t) = \rho_0(\mathbf{a})\ddot{\mathbf{u}}(\mathbf{a},t),$$

$$\mathsf{F} \cdot {}^{I}\mathsf{P}^{T}(\mathbf{a},t) = {}^{I}\mathsf{P}(\mathbf{a},t) \cdot \mathsf{F}^{T},$$

$$\nabla_{\mathbf{a}} \cdot \left[{}^{II}\mathsf{P}(\mathbf{a},t) \cdot \mathsf{F}^{T}\right] + \rho_0(\mathbf{a})\mathbf{k}_0(\mathbf{a},t) = \mathbf{0},$$

$$\nabla_{\mathbf{a}} \cdot \left[{}^{II}\mathsf{P}(\mathbf{a},t) \cdot \mathsf{F}^{T}\right] + \rho_0(\mathbf{a})\mathbf{k}_0(\mathbf{a},t) = \rho_0(\mathbf{a})\ddot{\mathbf{x}}(\mathbf{a},t) = \rho_0(\mathbf{a})\ddot{\mathbf{u}}(\mathbf{a},t),$$

$$^{II}\mathsf{P}^{T}(\mathbf{a},t) = {}^{II}\mathsf{P}(\mathbf{a},t)$$

4.5 Übungsbeispiele

Aufgabe 4.1 (Spannungsvektor).
In einem Punkt P des Kontinuums ist der Spannungszustand durch folgenden Tensor gegeben

$$\mathsf{T} = 7\mathbf{e}_1\mathbf{e}_1 - 2\mathbf{e}_1\mathbf{e}_3 + 5\mathbf{e}_2\mathbf{e}_2 - 2\mathbf{e}_3\mathbf{e}_1 + 4\mathbf{e}_3\mathbf{e}_3$$

Man berechne den Spannungsvektor $\mathbf{t}$ für die durch den Normaleneinheitsvektor

$$\mathbf{n} = \frac{2}{3}\mathbf{e}_1 - \frac{2}{3}\mathbf{e}_2 + \frac{1}{3}\mathbf{e}_3$$

bestimmte Schnittebene.

Aufgabe 4.2 (Drehung des Spannungstensors). Ein Spannungstensor $\mathsf{T} = \mathsf{T}_{ij}\mathbf{e}_i\mathbf{e}_j$ hat im kartesischen Koordinatensystem $\mathbf{x}$ die Koordinaten

$$[\mathsf{T}_{ij}] = \begin{bmatrix} 2 & -2 & 0 \\ -2 & \sqrt{2} & 0 \\ 0 & 0 & -\sqrt{2} \end{bmatrix}$$

Man berechne die Koordinaten für ein gedrehtes Koordinatensystem $\mathbf{x}'$, das durch die Drehmatrix

$$[\mathsf{Q}_{ij}] = \begin{bmatrix} 1 & 0 & 0 \\ 0 & \sqrt{2}/2 & -\sqrt{2}/2 \\ 0 & \sqrt{2}/2 & \sqrt{2}/2 \end{bmatrix}$$

gegeben ist.

Aufgabe 4.3 (maximale Schubspannung). Eine Probe wird biaxial belastet, wobei in einer Richtung mit der Zugspannung σ und in der dazu orthogonalen Richtung mit der Druckspannung $-\sigma$. Man gebe den Spannungstensor für ein um die dritte orthogonale Richtung um 45° entgegen Uhrzeigersinn gedrehtes Koordinatensystem an.

Aufgabe 4.4 (maximale Schubspannung). Für einen Spannungstensor T im Punkt P seien die Hauptspannungen $\sigma_{I}, \sigma_{II}, \sigma_{III}$ und die dazugehörigen Hauptrichtungen $\mathbf{n}^{I}, \mathbf{n}^{II}, \mathbf{n}^{III}$ bekannt. Man berechne die maximale Schubspannung und die zugeordnete Richtung.

Aufgabe 4.5 (maximale Schubspannung, Drehung der Koordinatenachsen). In einem Punkt P ist der Spannungstensor T durch die folgenden Komponenten gegeben

$$\mathsf{T} = \mathsf{T}_{ij}\mathbf{e}_i\mathbf{e}_j = 5\mathbf{e}_1\mathbf{e}_1 - 6\mathbf{e}_2\mathbf{e}_2 - 12\mathbf{e}_2\mathbf{e}_3 - 12\mathbf{e}_3\mathbf{e}_2 + \mathbf{e}_3\mathbf{e}_3$$

a) Welchen Wert hat die maximale Schubspannung im Punkt P?
b) Man berechne die Komponenten des Spannungstensors im Punkt P für ein in die Hauptspannungsebenen gedrehtes Koordinatensystem $\mathbf{x}'$ und für ein in die Hauptschubspannungsebene gedrehtes Koordinatensystem $\mathbf{x}''$.

Aufgabe 4.6 (Piola-Kirchhoff'sche Spannungstensoren). Der aktuelle Deformationszustand eines Körpers ist durch den Positionsvektor

$$x = x(a), \qquad x = \left[4a_1, -\frac{1}{2}a_2, -\frac{1}{2}a_3\right]$$

gekennzeichnet. Der Cauchy'sche Spannungstensor $T = T(x)$ hat die Koordinaten

$$[T_{ij}] = \begin{bmatrix} 1 & 0 & 0 \\ 0 & 0 & 0 \\ 0 & 0 & 0 \end{bmatrix}$$

Wie lauten die Koordinaten des zugeordneten 1. und 2. Piola-Kirchhoff'schen Tensors.

Aufgabe 4.7 (Cauchy-Euler'schen Bewegungsgleichungen). Man leite die 1. und die 2. Cauchy-Euler'sche Bewegungsgleichung für den 2. Piola-Kirchhoff'schen Spannungstensor ab.

Aufgabe 4.8 (Piola-Kirchhoff'sche Spannungstensor). Ein Körper befindet sich in der Momentankonfiguration

$$x = x(a) = \frac{1}{2}a_1 e_1 - \frac{1}{2}a_3 e_2 - 4a_2 e_3$$

im Gleichgewichtszustand. Der Cauchy'sche Spannungstensor hat nur eine von Null verschiedene Spannungskomponente

$$T = 40 e_3 e_3$$

Man berechne

a) den 1. Piola-Kirchhoff'schen Spannungstensor ${}^{I}P$,
b) den 2. Piola-Kirchhoff'schen Spannungstensor ${}^{II}P$ und
c) die Spannungsvektoren ${}^{I}t$ und ${}^{II}t$, die den ${}^{I}P$ und ${}^{II}P$ für die Schnittebene der Momentankonfiguration mit dem Normaleneinheitsvektor $n = e_3$ zugeordnet sind.
d) Man diskutiere die erhaltenen Ergebnisse.

4.6 Lösungen

Lösung zur Aufgabe 4.1. Ausgangspunkt ist die Beziehung zwischen Spannungsvektor und -tensor

$$t(x, n) = n \cdot T$$

Man erhält damit den Spannungsvektor

$$\mathbf{t} = \left(\frac{2}{3}\mathbf{e}_1 - \frac{2}{3}\mathbf{e}_2 + \frac{1}{3}\mathbf{e}_3\right) \cdot (7\mathbf{e}_1\mathbf{e}_1 - 2\mathbf{e}_1\mathbf{e}_3 + 5\mathbf{e}_2\mathbf{e}_2 - 2\mathbf{e}_3\mathbf{e}_1 + 4\mathbf{e}_3\mathbf{e}_3)$$

Die Ausmultiplikation führt auf

$$\mathbf{t} = 4\mathbf{e}_1 - \frac{10}{3}\mathbf{e}_2$$

Lösung zur Aufgabe 4.2. Die Transformationsgleichung für den Spannungstensor lautet

$$T'_{ij} = Q_{ik}Q_{jl}T_{kl} = Q_{ik}T_{kl}Q_{lj}$$

Danach erhält man

$$[T'_{ij}] = \begin{bmatrix} 1 & 0 & 0 \\ 0 & \sqrt{2}/2 & -\sqrt{2}/2 \\ 0 & \sqrt{2}/2 & \sqrt{2}/2 \end{bmatrix} \begin{bmatrix} 2 & -2 & 0 \\ -2 & \sqrt{2} & 0 \\ 0 & 0 & -\sqrt{2} \end{bmatrix} \begin{bmatrix} 1 & 0 & 0 \\ 0 & \sqrt{2}/2 & -\sqrt{2}/2 \\ 0 & \sqrt{2}/2 & \sqrt{2}/2 \end{bmatrix}^T$$

$\det(\mathbf{Q}) = 1$, d.h. die Eigenschaft des Drehtensors ist erfüllt. Der Tensor beschreibt eine 45°-Drehung um die x-Achse in kartesischen Koordinaten. Die weitere Rechnung ergibt zunächst

$$[Q_{ik}T_{kl}] = \begin{bmatrix} 2 & -2 & 0 \\ -\sqrt{2} & 1 & 1 \\ -\sqrt{2} & 0 & -1 \end{bmatrix}$$

Abschließend folgt

$$[T'_{ij}] = [Q_{ik}T_{kl}Q_{lj}] = \begin{bmatrix} \sqrt{2} & -\sqrt{2} & -\sqrt{2} \\ -\sqrt{2} & 0 & \sqrt{2} \\ -\sqrt{2} & \sqrt{2} & 0 \end{bmatrix}$$

Damit sind die Koordinaten des Tensors $\mathbf{T}' = T'_{ij}\mathbf{e}'_i\mathbf{e}'_j$ bekannt. Die Drehung ist auf Abb. 4.8 visualisiert.

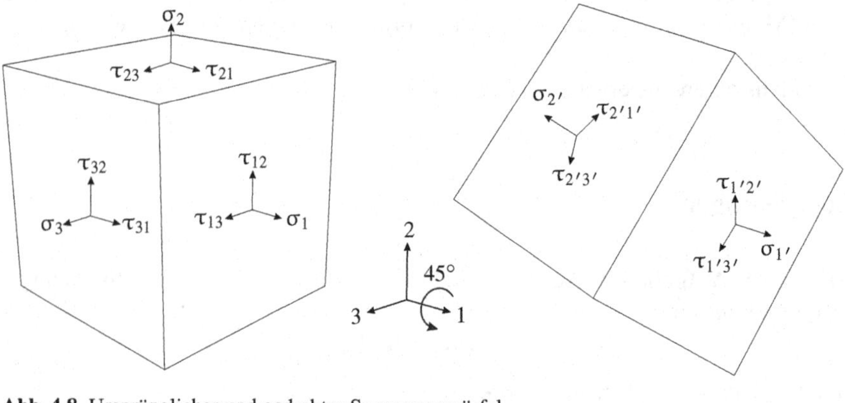

Abb. 4.8 Ursprünglicher und gedrehter Spannungswürfel

Lösung zur Aufgabe 4.3. Das Ausgangskoordinatensystem sei durch $\boldsymbol{e}_i$, das gedrehte durch $\boldsymbol{e}'_i$ gekennzeichnet. Im Ausgangssystem sei $\boldsymbol{e}_1$ die Zugrichtung, $\boldsymbol{e}_2$ die Druckrichtung. Damit erhält man folgenden Spannungstensor

$$\mathbf{T} = \sigma(\boldsymbol{e}_1\boldsymbol{e}_1 - \boldsymbol{e}_2\boldsymbol{e}_2)$$

Gedreht wird 45° um die Achse $\boldsymbol{e}_3 = \boldsymbol{e}'_3$ entgegen dem Uhrzeigersinn. Der Drehtensor folgt dann aus

$$\mathbf{Q}(\varphi\boldsymbol{e}_3) = (1 - \cos\varphi)\boldsymbol{e}_3\boldsymbol{e}_3 + \cos\varphi\mathbf{I} + \sin\varphi\boldsymbol{e}_3 \times \mathbf{I}$$

mit $\varphi = \pi/4$

$$\mathbf{Q} = \frac{1}{2}\sqrt{2}(\boldsymbol{e}_1\boldsymbol{e}_1 - \boldsymbol{e}_1\boldsymbol{e}_2 + \boldsymbol{e}_2\boldsymbol{e}_2 + \boldsymbol{e}_2\boldsymbol{e}_1) + \boldsymbol{e}_3\boldsymbol{e}_3$$

Der transponierte Drehtensor ist damit

$$\mathbf{Q}^{\mathrm{T}} = \frac{1}{2}\sqrt{2}(\boldsymbol{e}_1\boldsymbol{e}_1 - \boldsymbol{e}_2\boldsymbol{e}_1 + \boldsymbol{e}_2\boldsymbol{e}_2 + \boldsymbol{e}_1\boldsymbol{e}_2) + \boldsymbol{e}_3\boldsymbol{e}_3$$

Der Spannungstensor im gedrehten System folgt aus

$$\mathbf{T}' = \mathbf{Q} \cdot \mathbf{T} \cdot \mathbf{Q}^{\mathrm{T}}$$

Die Rechnung führt auf

$$\mathbf{T}' = \sigma(\boldsymbol{e}_1\boldsymbol{e}_2 + \boldsymbol{e}_2\boldsymbol{e}_1)$$

Der ursprüngliche Spannungszustand ist einem Schubspannungszustand im gedrehten System äquivalent.

Lösung zur Aufgabe 4.4. Die Hauptrichtungen bilden ein orthonormales Basissystem, wenn man für $\boldsymbol{n}^i \equiv \boldsymbol{e}_i$, $i = 1,2,3$ setzt. Die Vektoren $\boldsymbol{e}_i$ sind die Einheitsvektoren eines kartesischen Koordinatensystems. Der Einheitsnormalenvektor $\boldsymbol{n}$ für eine beliebige Schnittfläche durch P hat dann die allgemeine Form

$$\boldsymbol{n} = n_1\boldsymbol{e}_1 + n_2\boldsymbol{e}_2 + n_3\boldsymbol{e}_3$$

Den zu $\mathbf{T}$ gehörende Spannungsvektor

$$\boldsymbol{t} = n_1\sigma_{\mathrm{I}}\boldsymbol{e}_1 + n_2\sigma_{\mathrm{II}}\boldsymbol{e}_2 + n_3\sigma_{\mathrm{III}}\boldsymbol{e}_3$$

dieser Schnittfläche kann man nach Gl. (4.8) in eine normale und eine tangentiale Komponente zerlegen

$$\boldsymbol{t} = t_{\boldsymbol{n}}\boldsymbol{e}_{\boldsymbol{n}} + t_{\boldsymbol{t}}\boldsymbol{e}_{\boldsymbol{t}}, \qquad t_{\boldsymbol{n}} = \boldsymbol{n} \cdot \boldsymbol{t} = n_i^2\sigma_i, \quad t_{\boldsymbol{t}}^2 = \boldsymbol{t}^2 - t_{\boldsymbol{n}}^2 \qquad (\boldsymbol{t}^2 = \boldsymbol{t} \cdot \boldsymbol{t}),$$

und man erhält

$$t_{\boldsymbol{t}}^2 = n_i^2\sigma_i^2 - (n_i^2\sigma_i)^2$$

Für gegebene σ_i-Werte ist t_t^2 eine Funktion der Koordinaten n_i des Einheitsnormalenvektors $\mathbf{n}$. Gesucht ist daher zunächst das Maximum für $t_t^2(n_i)$ mit der Nebenbedingung $n_i n_i = 1$. Die notwendige Bedingung dafür ist

$$dt_t^2 = \frac{\partial t_t^2}{\partial n_i} dn_i = 0$$

Wegen der Unabhängigkeit aller dn_i gelten dann die Bedingungsgleichungen für einen Extremwert

$$\frac{\partial t_t^2}{\partial n_i} = 0 \quad \text{mit der Nebenbedingung} \quad n_i n_i = 1$$

Die Anwendung der Lagrange'schen Multiplikatorenmethode ergibt

$$\frac{\partial}{\partial n_i}\left[t_t^2(n_i) - \lambda(n_i^2 - 1)\right] = 0, \quad \frac{\partial t_t^2}{\partial n_i} - 2\lambda n_i = 0, \quad i = 1,2,3,$$

d.h. man erhält vier Gleichungen für die Berechnung der 4 Unbekannten n_1, n_2, n_3, λ

$$\begin{aligned}
2n_1[\sigma_I^2 - 2(\sigma_I n_1^2 + \sigma_{II} n_2^2 + \sigma_{III} n_3^2)\sigma_I] &= n_1\lambda,\\
2n_2[\sigma_{II}^2 - 2(\sigma_I n_1^2 + \sigma_{II} n_2^2 + \sigma_{III} n_3^2)\sigma_{II}] &= n_2\lambda,\\
2n_3[\sigma_{III}^2 - 2(\sigma_I n_1^2 + \sigma_{II} n_2^2 + \sigma_{III} n_3^2)\sigma_{III}] &= n_3\lambda,\\
n_1^2 + n_2^2 + n_3^2 &= 1
\end{aligned}$$

Aus den Gleichungen folgen zwei Gruppen von Lösungen für die n_i. Die Funktion $t_t^2 = t_t^2(n_1, n_2, n_3)$ hat für diese Lösungen stationäre Werte und die Nebenbedingung wird erfüllt

a) $(n_1, n_2, n_3) : (\pm 1, 0, 0); (0, \pm 1, 0); (0, 0, \pm 1)$,
b) $(n_1, n_2, n_3) : (\pm 1/\sqrt{2}, \pm 1/\sqrt{2}, 0); (\pm 1/\sqrt{2}, 0, \pm 1/\sqrt{2}); (0, \pm 1/\sqrt{2}, \pm 1/\sqrt{2})$

Für die durch die Lösung a) bestimmten Schnittebenen ist jeweils $t_t^2 = t_t = 0$ und t_t^2 hat für diese Schnittebenen den minimalen Wert 0. Für die durch die Lösung b) bestimmten Schnittebenen gilt

$$1.\ \mathbf{n} = \pm\frac{1}{\sqrt{2}}\mathbf{e}_1 \pm \frac{1}{\sqrt{2}}\mathbf{e}_2 \Longrightarrow t_t^2 = \frac{1}{4}(\sigma_I - \sigma_{II})^2,$$

$$2.\ \mathbf{n} = \pm\frac{1}{\sqrt{2}}\mathbf{e}_1 \pm \frac{1}{\sqrt{2}}\mathbf{e}_3 \Longrightarrow t_t^2 = \frac{1}{4}(\sigma_I - \sigma_{III})^2,$$

$$3.\ \mathbf{n} = \pm\frac{1}{\sqrt{2}}\mathbf{e}_2 \pm \frac{1}{\sqrt{2}}\mathbf{e}_3 \Longrightarrow t_t^2 = \frac{1}{4}(\sigma_{II} - \sigma_{III})^2$$

Die maximale Schubspannung ist dann

$$\max(t_t) = \max\left(\frac{1}{2}|\sigma_I - \sigma_{II}|, \frac{1}{2}|\sigma_I - \sigma_{III}|, \frac{1}{2}|\sigma_{II} - \sigma_{III}|\right)$$

oder

$$t_{t_{max}} = \frac{1}{2}(t_{n_{max}} - t_{n_{min}})$$

Im Allgemeinen ordnet man die Hauptspannungen in der Reihenfolge

$$\sigma_I \geqslant \sigma_{II} \geqslant \sigma_{III} \quad \Longrightarrow \quad t_{t_{max}} \equiv \tau_{max} = \frac{1}{2}(\sigma_I - \sigma_{III})$$

Für die Schnittfläche mit $\tau = \tau_{max}$ erhält man die Normalspannung

$$t_n \equiv \frac{1}{2}(t_{n_{max}} + t_{n_{min}}) \Longrightarrow \frac{1}{2}(\sigma_I + \sigma_{III})$$

Die durch die Lösung a) bestimmten Schnittebenen sind die Hauptspannungsebenen, die durch die Lösung b) bestimmten Schnittebenen sind gegenüber jeweils zwei Hauptspannungsebenen um 45° geneigt.

Lösung zur Aufgabe 4.5. Die Hauptspannungen berechnen sich aus

$$\begin{vmatrix} 5-\sigma & 0 & 0 \\ 0 & -6-\sigma & -12 \\ 0 & -12 & 1-\sigma \end{vmatrix} = 0,$$

$$(5-\sigma)[(6+\sigma)(1-\sigma)+144] = 0 \Longrightarrow \sigma_1 = 10, \quad \sigma_2 = 5, \quad \sigma_3 = -15$$

Die maximale Schubspannung beträgt dann

$$\tau_{max} = \frac{1}{2}(\sigma_1 - \sigma_3) = 12,5$$

In Bezug auf das Hauptachsensystem x_1', x_2', x_3' mit den Basisvektoren $\mathbf{e}_1', \mathbf{e}_2', \mathbf{e}_3'$ nimmt der Tensor $\mathbf{T}$ folgende Form an

$$\mathbf{T}' = 10\mathbf{e}_1'\mathbf{e}_1' + 5\mathbf{e}_2'\mathbf{e}_2' - 15\mathbf{e}_3'\mathbf{e}_3'$$

Für das Koordinatensystem x_i'' erhält man mit

$$(n_1, n_2, n_3) = (\pm\frac{1}{\sqrt{2}}, 0, \pm\frac{1}{\sqrt{2}})$$

eine Drehung der x_1'- und der x_3'-Achse um 45°, für x_2'' gilt $x_2'' = x_2'$. Transformiert man den Tensor $\mathbf{T}'$ der Hauptspannungen in den Tensor $\mathbf{T}''$, erhält man für die Tensorkoordinaten die Transformationsgleichung $T_{ij}'' = Q_{ik} T_{kl}' Q_{lj}$ mit den Koordinatenmatrizen

$$[T_{kl}'] = \begin{bmatrix} 10 & 0 & 0 \\ 0 & 5 & 0 \\ 0 & 0 & -15 \end{bmatrix}, [Q_{ik}] = \begin{bmatrix} \frac{\sqrt{2}}{2} & 0 & \frac{\sqrt{2}}{2} \\ 0 & 1 & 0 \\ -\frac{\sqrt{2}}{2} & 0 & \frac{\sqrt{2}}{2} \end{bmatrix}, [Q_{lj}] = \begin{bmatrix} \frac{\sqrt{2}}{2} & 0 & -\frac{\sqrt{2}}{2} \\ 0 & 1 & 0 \\ \frac{\sqrt{2}}{2} & 0 & \frac{\sqrt{2}}{2} \end{bmatrix}$$

Damit ist der Spannungstensor im Punkt P bezüglich der Koordinaten x_i'' wie folgt definiert

$$\mathsf{T}'' = -2,5\mathbf{e}_1\mathbf{e}_1 - 12,5\mathbf{e}_1\mathbf{e}_3 + 5\mathbf{e}_2\mathbf{e}_2 - 12,5\mathbf{e}_3\mathbf{e}_1 - 2,5\mathbf{e}_3\mathbf{e}_3$$

Zur anschaulichen Deutung seien die Koordinatenmatrizen der Tensoren T, T' und T'' noch einmal nebeneinandergestellt

$$[T_{kl}] = \begin{bmatrix} 5 & 0 & 0 \\ 0 & -6 & -12 \\ 0 & -12 & 1 \end{bmatrix}, \quad [T'_{kl}] = \begin{bmatrix} 10 & 0 & 0 \\ 0 & 5 & 0 \\ 0 & 0 & -15 \end{bmatrix}, \quad [T''_{kl}] = \begin{bmatrix} -2,5 & 0 & -12,5 \\ 0 & 5 & 0 \\ -12,5 & 0 & -2,5 \end{bmatrix}$$

Lösung zur Aufgabe 4.6. Es gelten die Transformationsgleichungen

$${}^{\mathrm{I}}\mathsf{P} = (\det \mathsf{F})\mathsf{F}^{-1} \cdot \mathsf{T}, \qquad {}^{\mathrm{II}}\mathsf{P} = {}^{\mathrm{I}}\mathsf{P} \cdot (\mathsf{F}^{-1})^{\mathrm{T}}$$

Damit erhält man

$$\mathsf{F} = 4\mathbf{e}_1\mathbf{e}_1 - \frac{1}{2}\mathbf{e}_2\mathbf{e}_2 - \frac{1}{2}\mathbf{e}_3\mathbf{e}_3 \qquad \text{Diagonaltensor,}$$

$$\mathsf{F}^{-1} = \frac{1}{4}\mathbf{e}_1\mathbf{e}_1 - 2\mathbf{e}_2\mathbf{e}_2 - 2\mathbf{e}_3\mathbf{e}_3 \qquad \text{Diagonaltensor,}$$

$$\det \mathsf{F} = \begin{vmatrix} 4 & 0 & 0 \\ 0 & -\frac{1}{2} & 0 \\ 0 & 0 & -\frac{1}{2} \end{vmatrix} = +1,$$

$${}^{\mathrm{I}}\mathsf{P} = 1\left(\frac{1}{4}\mathbf{e}_1\mathbf{e}_1 - 2\mathbf{e}_2\mathbf{e}_2 - 2\mathbf{e}_3\mathbf{e}_3\right) \cdot (1\mathbf{e}_1\mathbf{e}_1) = \frac{1}{4}\mathbf{e}_1\mathbf{e}_1,$$

$${}^{\mathrm{II}}\mathsf{P} = \left(\frac{1}{4}\mathbf{e}_1\mathbf{e}_1 - 2\mathbf{e}_2\mathbf{e}_2 - 2\mathbf{e}_3\mathbf{e}_3\right) \cdot \left(\frac{1}{4}\mathbf{e}_1\mathbf{e}_1\right) = \frac{1}{16}\mathbf{e}_1\mathbf{e}_1$$

Die Piola-Kirchhoff'schen Spannungstensoren haben damit die Koordinatenmatrizen

$$[{}^{\mathrm{I}}P_{ij}] = \begin{bmatrix} \frac{1}{4} & 0 & 0 \\ 0 & 0 & 0 \\ 0 & 0 & 0 \end{bmatrix}, \qquad [{}^{\mathrm{II}}P_{ij}] = \begin{bmatrix} \frac{1}{16} & 0 & 0 \\ 0 & 0 & 0 \\ 0 & 0 & 0 \end{bmatrix}$$

Lösung zur Aufgabe 4.7. Ausgangspunkt für die Ableitung sind die entsprechenden Bewegungsgleichungen für den 1. Piola-Kirchhoff'schen Spannungstensor und die Transformationsgleichungen zwischen ${}^{\mathrm{I}}\mathsf{P}$ und ${}^{\mathrm{II}}\mathsf{P}$

$$\nabla_{\mathbf{a}} \cdot {}^{\mathrm{I}}\mathsf{P} + \rho_0\mathbf{k}_0 = \rho_0\ddot{\mathbf{x}}, \qquad {}^{\mathrm{I}}\mathsf{P} = \mathsf{F} \cdot {}^{\mathrm{II}}\mathsf{P}, \qquad {}^{\mathrm{I}}\mathsf{P} \cdot \mathsf{F}^{\mathrm{T}} = \mathsf{F}^{\mathrm{T}} \cdot {}^{\mathrm{I}}\mathsf{P}, \qquad {}^{\mathrm{I}}\mathsf{P}^{\mathrm{T}} = {}^{\mathrm{II}}\mathsf{P}^{\mathrm{T}} \cdot \mathsf{F}^{\mathrm{T}}$$

Damit erhält man

$$\nabla_{\mathbf{a}} \cdot (\mathsf{F} \cdot {}^{\mathrm{II}}\mathsf{P}) + \rho_0\mathbf{k}_0 = \rho_0\ddot{\mathbf{x}}, \qquad \mathsf{F} \cdot {}^{\mathrm{II}}\mathsf{P} \cdot \mathsf{F}^{\mathrm{T}} = \mathsf{F}^{\mathrm{T}} \cdot {}^{\mathrm{II}}\mathsf{P} \cdot \mathsf{F} = \mathsf{F} \cdot {}^{\mathrm{II}}\mathsf{P}^{\mathrm{T}} \cdot \mathsf{F}^{\mathrm{T}} \Longrightarrow {}^{\mathrm{II}}\mathsf{P} = {}^{\mathrm{II}}\mathsf{P}^{\mathrm{T}}$$

Die 1. Gleichung ist die allgemeine Cauchy'sche Bewegungsgleichung in Langrangeschen Koordinaten und dem Spannungstensor ${}^{II}\mathbf{P}$, die 2. Gleichung liefert die Symmetrieaussage für ${}^{II}\mathbf{P}$.

Lösung zur Aufgabe 4.8. Es gilt zunächst

$$\mathbf{x}(\mathbf{a}) = \frac{1}{2}a_1\mathbf{e}_1 - \frac{1}{2}a_3\mathbf{e}_2 + 4a_2\mathbf{e}_3 \quad \Rightarrow \quad \mathbf{a}(\mathbf{x}) = 2x_1\mathbf{e}_1 + \frac{1}{4}x_3\mathbf{e}_2 - 2x_2\mathbf{e}_3,$$

$$\mathbf{F} = (\nabla_a\mathbf{x})^{\mathrm{T}} = \frac{1}{2}\mathbf{e}_1\mathbf{e}_1 - \frac{1}{2}\mathbf{e}_2\mathbf{e}_3 + 4\mathbf{e}_3\mathbf{e}_2, \quad \mathbf{F}^{-1} = 2\mathbf{e}_1\mathbf{e}_1 + \frac{1}{4}\mathbf{e}_2\mathbf{e}_3 - 2\mathbf{e}_3\mathbf{e}_2,$$

$$\det\mathbf{F} = 1$$

Damit wird

a) ${}^{I}\mathbf{P} = \det\mathbf{F}\mathbf{F}^{-1}\cdot\mathbf{T} = -1(2\mathbf{e}_1\mathbf{e}_1 - \frac{1}{4}\mathbf{e}_2\mathbf{e}_3 - 2\mathbf{e}_3\mathbf{e}_2)\cdot 40\mathbf{e}_3\mathbf{e}_3 = 10\mathbf{e}_2\mathbf{e}_3$
b) ${}^{II}\mathbf{P} = \mathbf{F}^{-1}\cdot{}^{I}\mathbf{P}^{\mathrm{T}} = (2\mathbf{e}_1\mathbf{e}_1 + \frac{1}{4}\mathbf{e}_2\mathbf{e}_3 - 2\mathbf{e}_3\mathbf{e}_2)\cdot 10\mathbf{e}_3\mathbf{e}_2 = 2.5\mathbf{e}_2\mathbf{e}_2$
c) Das Flächenelement $\mathrm{d}\mathbf{A}_0 = \mathrm{d}\mathbf{a}_1 \times \mathrm{d}\mathbf{a}_2$ mit $\mathrm{d}\mathbf{a}_1 = \mathrm{d}a_1\mathbf{e}_1, \mathrm{d}\mathbf{a}_2 = \mathrm{d}a_2\mathbf{e}_2$ hat die Flächennormale $\mathbf{n}_0 \equiv \mathbf{e}_3$, d.h. $\mathrm{d}\mathbf{A}_0 = \mathrm{d}A_0\mathbf{n}_0 \equiv \mathrm{d}A_0\mathbf{e}_3$. Transformiert man $\mathrm{d}\mathbf{A}_0$ in die Momentankonfiguration, gilt

$$\mathrm{d}\mathbf{x}_1 = \mathbf{F}\cdot\mathrm{d}\mathbf{a}_1, \qquad \mathrm{d}\mathbf{x}_2 = \mathbf{F}\cdot\mathrm{d}\mathbf{a}_2$$

$$\mathrm{d}\mathbf{A} = (\mathbf{F}\cdot\mathrm{d}\mathbf{a}_1)\times(\mathbf{F}\cdot\mathrm{d}\mathbf{a}_2) = \mathrm{d}A_0[(\mathbf{F}\cdot\mathrm{d}\mathbf{e}_1)\times(\mathbf{F}\cdot\mathrm{d}\mathbf{e}_2)],$$

d.h.

$$\mathrm{d}\mathbf{A} = \mathrm{d}A\mathbf{n} = \mathrm{d}A_0[(\mathbf{F}\cdot\mathrm{d}\mathbf{e}_1)\times(\mathbf{F}\cdot\mathrm{d}\mathbf{e}_2)]$$

Der Normaleneinheitsvektor $\mathbf{n}$ des Flächenelements $\mathrm{d}\mathbf{A}$ der aktuellen Konfiguration ist rechtwinklig zu $\mathbf{F}\cdot\mathrm{d}\mathbf{e}_1$ und $\mathbf{F}\cdot\mathrm{d}\mathbf{e}_2$ und man erhält

$$(\mathbf{F}\cdot\mathrm{d}\mathbf{e}_1)\cdot\mathrm{d}A\mathbf{n} = (\mathbf{F}\cdot\mathrm{d}\mathbf{e}_1)\cdot\mathrm{d}A\mathbf{n} = 0,$$

$$(\mathbf{F}\cdot\mathrm{d}\mathbf{e}_3)\cdot\mathrm{d}\mathbf{A} = \mathrm{d}A_0(\mathbf{F}\cdot\mathrm{d}\mathbf{e}_3)\cdot[(\mathbf{F}\cdot\mathrm{d}\mathbf{e}_1)\times(\mathbf{F}\cdot\mathrm{d}\mathbf{e}_2)]$$

Beachtet man die für beliebige Vektoren $\mathbf{a},\mathbf{b}$ und $\mathbf{c}$ geltende Beziehung

$$\mathbf{a}\cdot(\mathbf{b}\times\mathbf{c}) = \mathbf{b}\cdot(\mathbf{c}\times\mathbf{a}) = \mathbf{c}\cdot(\mathbf{a}\times\mathbf{b}) = \begin{vmatrix} a_1 & a_2 & a_3 \\ b_1 & b_2 & b_3 \\ c_1 & c_2 & c_3 \end{vmatrix}$$

folgt $(\mathbf{F}\cdot e_3)\cdot(\mathbf{F}\cdot e_1)\times(\mathbf{F}\cdot e_2) = \det\mathbf{F}$ und damit

$$(\mathbf{F}\cdot e_3)\cdot\mathrm{d}A\mathbf{n} = \mathrm{d}A_0\det\mathbf{F}, \qquad \mathbf{e}_3\cdot\mathbf{F}^{\mathrm{T}}\cdot\mathbf{n} = \frac{\mathrm{d}A_0}{\mathrm{d}A}\det\mathbf{F}$$

Der Vektor $\mathbf{F}^{\mathrm{T}}\cdot\mathbf{n}$ hat somit die Richtung $\mathbf{e}_3$, d.h.

$$\mathbf{F}^{\mathrm{T}}\cdot\mathbf{n} = \frac{\mathrm{d}A_0}{\mathrm{d}A}\det\mathbf{F}\mathbf{e}_3, \qquad \mathrm{d}A\mathbf{n} = \mathrm{d}A_0(\det\mathbf{F})(\mathbf{F}^{\mathrm{T}})^{-1}\cdot\mathbf{e}_3$$

Das Flächenelement in der Momentankonfiguration hat einen Normalenvektor $\boldsymbol{n}$ mit der Richtung $(\mathsf{F}^{\mathrm{T}})^{-1}\cdot\boldsymbol{e}_3$ und dem Betrag $\mathrm{d}A = \mathrm{d}A_0(\det\mathsf{F})|(\mathsf{F}^{\mathrm{T}})^{-1}\cdot\boldsymbol{e}_3|$. Hat dieses Flächenelement $\mathrm{d}\boldsymbol{A}_0$ nicht eine Normalenrichtung $\boldsymbol{e}_3$ sondern einen beliebigen Richtungsvektor $\boldsymbol{n}_0$, gilt analog

$$\mathrm{d}A\boldsymbol{n} = \mathrm{d}A_0(\det\mathsf{F})(\mathsf{F}^{\mathrm{T}})^{-1}\cdot\boldsymbol{n}, \qquad \mathrm{d}A_0\boldsymbol{n}_0 = \mathrm{d}A(\det\mathsf{F})^{-1}\mathsf{F}^{\mathrm{T}}\cdot\boldsymbol{n}$$

Im vorliegenden Fall ist

$$\det\mathsf{F} = 1, \quad \boldsymbol{n} = e_3, \quad \mathsf{F}^{\mathrm{T}}\cdot\boldsymbol{e}_3 = 4\boldsymbol{e}_2,$$

d.h.

$$\mathrm{d}A_0\boldsymbol{n}_0 = 4\boldsymbol{e}_2 \Longrightarrow \boldsymbol{n}_0 = \boldsymbol{e}_2 \Longrightarrow {}^{\mathrm{I}}\mathbf{t} = \boldsymbol{n}_0\cdot{}^{\mathrm{I}}\mathsf{P} = 10\boldsymbol{e}_3, {}^{\mathrm{II}}\mathbf{t} = \boldsymbol{n}_0\cdot{}^{\mathrm{II}}\mathsf{P} = 2{,}5\boldsymbol{e}_2$$

d) Die Vektoren $\mathbf{t} = \boldsymbol{n}\cdot\mathsf{T} = 40\boldsymbol{e}_3$ und ${}^{\mathrm{I}}\mathbf{t} = 10\boldsymbol{e}_3$ haben die gleiche Richtung. Da das Flächenelement $\mathrm{d}\boldsymbol{A}_0$ viermal so groß ist wie $\mathrm{d}\boldsymbol{A}$, ist der Wert von ${}^{\mathrm{I}}\mathbf{t}$ viermal kleiner als der von $\mathbf{t}$. ${}^{\mathrm{II}}\mathbf{t} = 2{,}5\boldsymbol{e}_2$ hat eine andere Richtung und einen anderen Betrag als $\mathbf{t}$.

Literaturverzeichnis

1. Altenbach H (2018) Holzmann Meyer Schumpich Technische Mechanik Festigkeitslehre, 13. Aufl. Springer, Wiesbaden
2. E, Cosserat F (1909) Théorie des corps déformables. A. Herman et fils, Paris
3. Eringen AC (1999) Microcontinuum Field Theory, Vol I. Foundations and Solids. Springer, New York
4. Eringen AC (1999) Microcontinuum Field Theory, Vol II. Fluent Media. Springer, New York
5. Green AE, Rivlin RS (1964) Multipolar continuum mechanics. Arch J Rat Mech Anal 17:205 - 217
6. Gross D, Hauger W, Schröder J, Wall WA (2008) Technische Mechanik, Bd. 2: Elastostatik, 9. Aufl. Springer, Berlin
7. Maugin GA, Metrikine A (eds) (2010) Mechanics of Generalized Continua - One Hundred Years After the Cosserats, Advances in Mechanics and Mathematics 21. Springer, Berlin
8. Naumenko K, Altenbach H (2016) Modeling High Temperature Materials Behavior for Structural Analysis, Part I: Continuum Mechanics Foundations and Constitutive Models, Advanced Structured Materials, Vol. 28. Springer Nature
9. Nowacki W (1985) Theory of Asymmetric Elasticity. Pergamon Press, Oxford
10. Rubin MB (2000) Cosserat Theories: Shells, Rods and Points. Kluwer, Dordrecht
11. Schaefer H (1967) Das Cosserat-Kontinuum. ZAMM 77(8):485 – 498
12. Truesdell C, Noll W (2004) The Non-linear Field Theories of Mechanics, 3rd edn. Springer, Berlin

Kapitel 5
Bilanzgleichungen

Zusammenfassung Die Bilanzgleichungen beschreiben allgemeingültige Prinzipien bzw. universelle Naturgesetze unabhängig von den speziellen Kontinuumseigenschaften. Sie gelten somit für alle Materialmodelle der Kontinuumsmechanik. Bilanzgleichungen werden zunächst in integraler Form als globale Aussagen für den Gesamtkörper angegeben. Für hinreichend glatte Felder der zu bilanzierenden Größen können aber auch lokale Formulierungen in der Form von Differentialgleichungen, die sich auf einen beliebig kleinen Teil des Körpers beziehen, gewählt werden. Bleibt bei einem zu bilanzierenden Prozess die Bilanzgröße unverändert erhalten, haben Bilanzgleichungen den Charakter von Erhaltungssätzen. Die Bilanzgleichungen werden im vorliegenden Kapitel in folgenden Schritten erarbeitet. Zunächst werden allgemeine Aussagen und allgemeine Strukturen der Gleichungen diskutiert, die Transporttheoreme behandelt und auf Besonderheiten kontinuierlicher Felder mit Sprungrelationen hingewiesen. Danach werden die mechanischen Bilanzgleichungen bzw. Erhaltungssätze für die Masse, den Impuls, den Drehimpuls und die Energie formuliert. Abschließend erfolgt eine Erweiterung der Bilanzgleichungen auf thermodynamische Probleme. Dazu werden zunächst die grundlegenden thermomechanischen Begriffe und Beziehungen definiert. Ausgehend von den Hauptsätzen der Thermodynamik erfolgt dann die Ableitung der erweiterten Energiebilanzen und der Aussagen zur Entropie. Diese insgesamt fünf Bilanzformulierungen bilden die Grundlage der materialunabhängigen Beschreibung der Deformationen von Festkörpern bzw. Strömungen von Fluiden. Alle Erweiterungen auf andere physikalische Felder bleiben unberücksichtigt.

5.1 Allgemeine Formulierung von Bilanzgleichungen

Für die Ableitung von Bilanzgleichungen der Kontinuumsmechanik erweist es sich als zweckmäßig, einige allgemeine Aussagen voranzustellen. Dazu gehören Begriffsbildungen, Strukturen allgemeiner globaler und lokaler Gleichungen, materielle Zeitableitungen für durch Integrale definierte Funktionen, aber auch eine kurze

H. Altenbach, *Kontinuumsmechanik*,
https://doi.org/10.1007/978-3-662-57504-8_5

Diskussion über die notwendige Ergänzung von Bilanzaussagen für nichtkontinuierliche Felder. Die nachfolgenden Aussagen können mit Hilfe der Spezialliteratur (z.B. [5; 7; 9; 11; 13]) vertieft werden. Analoge Aussagen lassen sich auch für zwei- und eindimensionale bzw. verallgemeinerte Kontinua treffen, s. u.a. [1; 3; 10].

5.1.1 Globale und lokale Gleichungen für stetige Felder

Aufgabe der Kontinuumsmechanik als einer Feldtheorie ist die Bestimmung des Skalarfeldes der Dichte $\rho = \rho(\mathbf{a}, t)$, des Vektorfeldes der Bewegung $\mathbf{x} = \mathbf{x}(\mathbf{a}, t)$ und, bei einer thermodynamischen Erweiterung, des Skalarfeldes der Temperatur $\Theta = \Theta(\mathbf{a}, t)$ für alle materiellen Punkte $\mathbf{a}$ als Funktionen der Zeit t. Im Folgenden wird gezeigt, dass alle dafür möglichen materialunabhängigen Aussagen auch mit Hilfe von Bilanzgleichungen formuliert werden können.

Definition 5.1 (Bilanzgleichungen). Bilanzgleichungen sind grundlegende Erfahrungssätze der Kontinuumsmechanik, die den Zusammenhang zwischen dem Zustand bestimmter, den materiellen Körper (Kontinuum) kennzeichnender Größen und den äußeren Einwirkungen auf diesen Körper ausdrücken. Bilanzgleichungen, die die Konstanz (Erhaltung) dieser Größen beinhalten, heißen auch Erhaltungssätze. Bilanzgleichungen können für Körpermodelle unterschiedlicher Dimension und auch für andere physikalische Felder angegeben werden.

Anmerkung 5.1. Für den Fall zwei- bzw. eindimensionaler Kontinua oder anderer physikalischer Felder erhöht sich die Anzahl der Bilanzgleichungen im Rahmen der hier getroffenen nicht.

Anmerkung 5.2. Betrachtet man Kontinua auf verschiedenen Längenskalen können auch mehr Bilanzen auftreten (s. beispielsweise [8]).

Die Formulierung von Bilanzgleichungen beruht auf der Voraussetzung, dass man einen materiellen Körper durch einen Schnitt von seiner Umgebung trennen kann. Ein solcher Schnitt muss nicht real geführt werden, und er ist nicht von vornherein eindeutig bestimmt. Die Lage eines „gedachten Schnittes“ und damit die Trennung eines Gesamtsystems in einen betrachteten Körper und seine äußere Umgebung sind somit willkürlich. Die Wirkung der äußeren Umgebung auf den Körper wird durch die Änderung physikalischer Größen, die den Zustand des materiellen Körpers charakterisieren, ausgedrückt. Solche Zustandsänderungen können bei rein mechanischen Modellen nur durch äußere Kräfte, bei thermodynamischen Modellen auch durch Temperaturwirkungen, verursacht werden.

Den momentanen Zustand eines Körpers kann man bei dreidimensionalen Modellen mathematisch durch Volumenintegrale über die Dichteverteilungen der mechanischen und/oder thermischen Größen erfassen. Die Wirkung der äußeren Umgebung muss dagegen durch Volumen- und Oberflächenintegrale über die Volumen- und/oder Oberflächendichten von „Belastungen“ ausgedrückt werden. Die Volumen- und Oberflächenintegrale können sich auf die Referenz- oder die Momentankonfiguration beziehen.

Die allgemeine Struktur einer Bilanzgleichung kann man dann wie folgt erklären. $\Psi(\mathbf{x},t)$ und $\Psi_0(\mathbf{a},t)$ seien die Dichteverteilungen einer skalaren mechanischen Feldgröße bezüglich der Volumenelemente dV und dV_0 der Momentan- und der Referenzkonfiguration. Die Integration über den Körper ergibt dann eine additive (extensive) Größe $Y(t)$

$$Y(t) = \int_V \Psi(\mathbf{x},t)\,dV = \int_{V_0} \Psi_0(\mathbf{a},t)\,dV_0 \tag{5.1}$$

Mit $dV = (\det\mathbf{F})dV_0$ gilt $\Psi_0(\mathbf{a},t) = (\det\mathbf{F})\Psi(\mathbf{x},t)$. Die materielle Zeitableitung der Funktion $Y(t)$ entspricht physikalisch der Änderungsgeschwindigkeit (Änderungsrate) des durch $\Psi(\mathbf{x},t)$ gekennzeichneten Gesamtzustandes des Körpers. Diese Änderungsgeschwindigkeit muss offensichtlich mit der Wirkung der äußeren Umgebung auf den Körper bilanziert, d.h. im Gleichgewicht, sein. Für die Momentankonfiguration gilt

$$\frac{D}{Dt}Y(t) = \frac{D}{Dt}\int_V \Psi(\mathbf{x},t)\,dV = \int_A \Phi(\mathbf{x},t)\,dA + \int_V \Xi(\mathbf{x},t)\,dV \tag{5.2}$$

und für die Referenzkonfiguration

$$\frac{D}{Dt}Y(t) = \frac{D}{Dt}\int_{V_0} \Psi_0(\mathbf{a},t)\,dV_0 = \int_{A_0} \Phi_0(\mathbf{a},t)\,dA_0 + \int_{V_0} \Xi_0(\mathbf{a},t)\,dV_0 \tag{5.3}$$

Φ und Φ_0 sind skalare Oberflächendichten der äußeren Einwirkungen auf den Körper in der Momentan- und in der Referenzkonfiguration, Ξ und Ξ_0 sind die entsprechenden skalaren Volumendichten. Ausgangspunkt für die Bilanzierung der Änderungsgeschwindigkeit einer Feldgröße und der Wirkung äußerer Kräfte ist im Allgemeinen die Momentankonfiguration. Durch die Transformation der Oberflächen- und der Volumenintegrale erhält man dann die Bilanzaussagen für die Referenzkonfiguration. Die Oberflächendichtewirkungen sind verbunden mit Zu- oder Abflüssen der entsprechenden Größen durch die Oberfläche des Körpers. Die Volumendichten repräsentieren eine äußere Volumendichtezufuhr und die Erzeugung (Quellen) oder den Verlust (Senken) der Bilanzgröße innerhalb eines Körpers.

Die für skalare Felder formulierten Bilanzaussagen können ohne Schwierigkeiten auf Vektor- oder Tensorfelder erweitert werden. Für die weiteren Überlegungen müssen folgende Hinweise beachtet werden.

Anmerkung 5.3. Die Oberflächendichtefunktionen Φ bezogen auf die Momentankonfiguration sind nicht nur Funktionen des Ortes $\mathbf{x}$ und der Zeit t, sondern sie hängen auch von der Orientierung des dem Punkt $\mathbf{x}$ zugeordneten Oberflächenelementes $d\mathbf{A} = \mathbf{n}(\mathbf{x},t)dA$, d.h. von deren Normalen $\mathbf{n}$ ab. Dieser Hinweis gilt für Tensorfelder ${}^{(n)}\boldsymbol{\Phi} = {}^{(n)}\boldsymbol{\Phi}(\mathbf{x},\mathbf{n},t)$ beliebiger Stufe $n \geqslant 0$. Die Aussage kann gleichfalls auf die Oberflächendichten in der Referenzkonfiguration übertragen werden ${}^{(n)}\boldsymbol{\Phi}_0 = {}^{(n)}\boldsymbol{\Phi}_0(\mathbf{a},\mathbf{n}_0,t)$, $d\mathbf{A}_0 = \mathbf{n}_0(\mathbf{a},t)dA_0$.

Anmerkung 5.4. Für die $\boldsymbol{n}$- bzw. $\boldsymbol{n}_0$-Abhängigkeit der Oberflächendichtefunktionen $\boldsymbol{\Phi}$ bzw. $\boldsymbol{\Phi}_0$ gilt das Cauchy'sche Fundamentaltheorem (4.13)

$$^{(n)}\boldsymbol{\Phi}(\boldsymbol{x},\boldsymbol{n},t) = \boldsymbol{n}\cdot{}^{(n+1)}\tilde{\boldsymbol{\Phi}}(\boldsymbol{x},t), \qquad {}^{(n)}\boldsymbol{\Phi}_0(\boldsymbol{a},\boldsymbol{n}_0,t) = \boldsymbol{n}_0\cdot{}^{(n+1)}\tilde{\boldsymbol{\Phi}}_0(\boldsymbol{a},t), \tag{5.4}$$

d.h. die Abhängigkeit der Oberflächendichtefunktionen von $\boldsymbol{n}$ bzw. von $\boldsymbol{n}_0$ ist immer linear. Die Beweisführung erfolgt wie für die Oberflächenkräfte im Kapitel 4. Ist $^{(n)}\boldsymbol{\Phi}(\boldsymbol{x},t)$ ein Tensor $n$ter Stufe, dann ist $^{(n+1)}\tilde{\boldsymbol{\Phi}}(\boldsymbol{x},t)$ ein Tensor $(n+1)$ter Stufe.

Anmerkung 5.5. Für Oberflächendichtefunktionen gilt immer das Gegenwirkungsprinzip (actio = reactio). Zwei Oberflächendichten, die auf eine Oberfläche in einem gemeinsamen materiellen Punkt wirken, deren Oberflächenorientierungen aber durch entgegengesetzt wirkende Normaleneinheitsvektoren $\boldsymbol{n}$ und $-\boldsymbol{n}$ bzw. $\boldsymbol{n}_0$ und $-\boldsymbol{n}_0$ gegeben sind, haben stets den gleichen Betrag, aber ein entgegengesetztes Vorzeichen

$$\boldsymbol{\Phi}(\boldsymbol{n}) = -\boldsymbol{\Phi}(-\boldsymbol{n}), \qquad \boldsymbol{\Phi}_0(\boldsymbol{n}_0) = -\boldsymbol{\Phi}_0(-\boldsymbol{n}_0) \tag{5.5}$$

Bilanzgleichungen für die Formulierung des Gleichgewichts zwischen den Änderungen des Zustands eines Körpers und den diese Änderungen verursachenden Flüsse von Oberflächenkraftdichten bzw. der Produktion oder dem Verlust innerer Volumendichten haben damit für die Momentankonfiguration folgende Struktur

$$\frac{\mathrm{D}}{\mathrm{D}t}\int\limits_V {}^{(n)}\boldsymbol{\Psi}(\boldsymbol{x},t)\,\mathrm{d}V = \int\limits_A \boldsymbol{n}(\boldsymbol{x},t)\cdot{}^{(n+1)}\boldsymbol{\Phi}(\boldsymbol{x},t)\,\mathrm{d}A + \int\limits_V {}^{(n)}\boldsymbol{\Xi}(\boldsymbol{x},t)\,\mathrm{d}V \tag{5.6}$$

Entsprechend gilt für die Referenzkonfiguration

$$\begin{aligned}\frac{\mathrm{D}}{\mathrm{D}t}\int\limits_{V_0} {}^{(n)}\boldsymbol{\Psi}_0(\boldsymbol{a},t)\,\mathrm{d}V_0 &\equiv \frac{\partial}{\partial t}\int\limits_{V_0} {}^{(n)}\boldsymbol{\Psi}_0(\boldsymbol{a},t)\,\mathrm{d}V_0 \\ &= \int\limits_{A_0} \boldsymbol{n}_0(\boldsymbol{a},t)\cdot{}^{(n+1)}\boldsymbol{\Phi}_0(\boldsymbol{a},t)\,\mathrm{d}A_0 + \int\limits_{V_0} {}^{(n)}\boldsymbol{\Xi}_0(\boldsymbol{a},t)\,\mathrm{d}V_0\end{aligned} \tag{5.7}$$

$^{(n)}\boldsymbol{\Psi}$ und $^{(n)}\boldsymbol{\Psi}_0$ sowie $^{(n)}\boldsymbol{\Xi}$ und $^{(n)}\boldsymbol{\Xi}_0$ sind Tensorfelder $n$ter Stufe $(n \geqslant 0)$, $^{(n+1)}\boldsymbol{\Phi}$ und $^{(n+1)}\boldsymbol{\Phi}_0$ sind dann Tensorfelder der Stufe $(n+1)$.

Die Ableitung der Beziehungen zwischen Oberflächen- und Volumengrößen der aktuellen und der Referenzkonfiguration erfolgt mit Hilfe der bekannten Transformationsgleichungen (s. Abschn. 3.3)

$$\begin{aligned}\boldsymbol{n} = \det\boldsymbol{F}\frac{\mathrm{d}A_0}{\mathrm{d}A}\left(\boldsymbol{F}^{-1}\right)^{\mathrm{T}}\cdot\boldsymbol{n}_0 &\Longleftrightarrow \boldsymbol{n}_0 = (\det\boldsymbol{F})^{-1}\frac{\mathrm{d}A}{\mathrm{d}A_0}\boldsymbol{F}^{\mathrm{T}}\cdot\boldsymbol{n}, \\ \mathrm{d}\boldsymbol{A} = \det\boldsymbol{F}\left(\boldsymbol{F}^{-1}\right)^{\mathrm{T}}\cdot\mathrm{d}\boldsymbol{A}_0 &\Longleftrightarrow \mathrm{d}\boldsymbol{A}_0 = (\det\boldsymbol{F})^{-1}\boldsymbol{F}^{\mathrm{T}}\cdot\mathrm{d}\boldsymbol{A}, \\ \mathrm{d}V = \det\boldsymbol{F}\mathrm{d}V_0 &\Longleftrightarrow \mathrm{d}V_0 = (\det\boldsymbol{F})^{-1}\mathrm{d}V\end{aligned} \tag{5.8}$$

Damit erhält man z.B. aus

$$\boldsymbol{\Phi}_0 \cdot \mathrm{d}\boldsymbol{A}_0 = \boldsymbol{\Phi} \cdot \mathrm{d}\boldsymbol{A} = \boldsymbol{\Phi} \cdot \det \mathsf{F} \left(\mathsf{F}^{-1}\right)^{\mathrm{T}} \cdot \mathrm{d}\boldsymbol{A}_0 \tag{5.9}$$

die Verknüpfung für $\boldsymbol{\Phi}_0$ und $\boldsymbol{\Phi}$

$$\boldsymbol{\Phi}_0 = (\det \mathsf{F})\boldsymbol{\Phi} \cdot \left(\mathsf{F}^{-1}\right)^{\mathrm{T}}, \qquad \boldsymbol{\Phi}_0 = \boldsymbol{\Phi}_0(\boldsymbol{a}, \boldsymbol{n}_0, t), \qquad \boldsymbol{\Phi} = \boldsymbol{\Phi}(\boldsymbol{x}, \boldsymbol{n}, t) \tag{5.10}$$

und aus $\Xi_0 \mathrm{d}V_0 = \Xi \mathrm{d}V = \Xi(\det \mathsf{F})\mathrm{d}V_0$ die entsprechende Verknüpfung von Ξ_0 und Ξ

$$\Xi_0 = (\det \mathsf{F})\Xi, \qquad \Xi_0 = \Xi_0(\boldsymbol{a}, t), \qquad \Xi = \Xi(\boldsymbol{x}, t) \tag{5.11}$$

Für die Aufstellung spezieller Bilanzgleichungen ist es oft günstiger, wie bei den äußeren Kräften statt mit Volumenkraftdichten mit Massenkraftdichten zu rechnen. Behält man die bisherige Bezeichnung der Dichtefunktionen $\boldsymbol{\Psi}$ und Ξ bei, versteht jetzt aber darunter Massedichtefunktionen, kann man die globalen mechanischen Bilanzgleichungen für die Momentankonfiguration stets in folgender Form schreiben

$$\frac{\mathrm{D}}{\mathrm{D}t} \int_m \boldsymbol{\Psi}(\boldsymbol{x}, t)\, \mathrm{d}m \equiv \frac{\mathrm{D}}{\mathrm{D}t} \int_V \boldsymbol{\Psi}(\boldsymbol{x}, t)\rho\, \mathrm{d}V = \int_A \boldsymbol{n} \cdot \boldsymbol{\Phi}(\boldsymbol{x}, t)\, \mathrm{d}A + \int_V \Xi(\boldsymbol{x}, t)\rho\, \mathrm{d}V \tag{5.12}$$

In Gl. (5.12) sind $\boldsymbol{\Psi}(\boldsymbol{x}, t)$ und $\Xi(\boldsymbol{x}, t)$ Tensorfelder gleicher Stufe n ($n \geqslant 0$), $\boldsymbol{\Phi}(\boldsymbol{x}, t)$ ist ein Tensorfeld der Stufe $(n + 1)$, $\boldsymbol{n}(\boldsymbol{x}, t)$ ist die äußere Normale auf A, $m(\boldsymbol{x}, t)$, die Masse ist eine stetige Funktion des Volumens. Die allgemeine Bilanzgleichung (5.12) kann man physikalisch folgendermaßen interpretieren.

Schlussfolgerung 5.1. Die Änderungsgeschwindigkeit einer Bilanzgröße $\boldsymbol{\Psi}(\boldsymbol{x}, t)$ ist gleich der Summe des Zu- und des Abflusses über die Fläche A des Körpers und dem Zuwachs oder dem Verlust der Bilanzgröße im Körper.

Damit erhält man folgende Zuordnungen:

- $\boldsymbol{\Phi}(\boldsymbol{x}, t)$ Fluss der Bilanzgröße $\boldsymbol{\Psi}(\boldsymbol{x}, t)$ durch A in Richtung $\boldsymbol{n}$,
- $\Xi(\boldsymbol{x}, t)$ positiver oder negativer Zuwachs der Bilanzgröße $\boldsymbol{\Psi}(\boldsymbol{x}, t)$ in V

Es sei besonders hervorgehoben, dass der Zuwachs oder der Verlust Ξ der Bilanzgröße $\boldsymbol{\Psi}$ unterschiedliche physikalische Ursachen haben kann. Ξ kann sowohl eine „Produktionsdichte" durch Quellen und Senken in V oder eine durch Fernwirkung hervorgerufene „Zufuhrdichte" sein. Für die Formulierung der allgemeinen Bilanzgleichung spielt aber die physikalische Ursache von Ξ keine Rolle.

Anmerkung 5.6. Die allgemeine Bilanzgleichung wird alternativ auch wie folgt formuliert. Mit der Bilanzgröße $\mathcal{G}(t)$, dem Produktionsterm $\mathcal{P}(t)$, dem Zuführungsterm $\mathcal{Z}(t)$ sowie dem Fluss $\mathcal{F}(t)$ erhält man [6]

$$\frac{\mathrm{D}}{\mathrm{D}t}\mathcal{G} = \mathcal{P}(t) + \mathcal{Z}(t) + \mathcal{F}(t)$$

Ein Beispiel für $\mathcal{P}$ ist die Wärmeproduktion in Folge radioaktiven Zerfalls, ein Zuführungsterm ist beispielsweise die Änderung des Impulses in Folge Gravitationswirkungen und der Fluss entspricht u.a. dem Wärmetransport durch die Oberfläche. Die Bilanzgleichung (5.12) lässt sich dann modifizieren. Für die aktuelle Konfiguration gilt zunächst

$$\mathcal{G}(t) = \int_V \Psi(\mathbf{x},t)\rho \, dV, \qquad \mathcal{F}(t) = \int_A \mathbf{n} \cdot \mathbf{\Phi}(\mathbf{x},t) \, dA$$

Das letzte Volumenintegral wird in zwei Anteile aufgespalten

$$\mathcal{P}(t) = \int_V \Xi_1(\mathbf{x},t)\rho \, dV, \qquad \mathcal{Z}(t) = \int_V \Xi_2(\mathbf{x},t)\rho \, dV,$$

sodass abschließend die Bilanzgleichung

$$\int_V \Psi(\mathbf{x},t)\rho \, dV = \int_A \mathbf{n} \cdot \mathbf{\Phi}(\mathbf{x},t) \, dA + \int_V \Xi_1(\mathbf{x},t)\rho \, dV + \int_V \Xi_2(\mathbf{x},t)\rho \, dV$$

folgt. Man erkennt sofort den Zusammenhang mit der Gl. (5.12). Details sowie die Darstellung in der Referenzkonfiguration sind u.a. in [6] gegeben. Für hinreichend glatte Felder kann man unmittelbar die lokale Bilanzgleichung angeben.

Sind die Stetigkeitsanforderungen des Divergenz-Theorems (s. Abschn. 2.3.3) durch die Dichtefunktion Ψ erfüllt, erhält man durch Anwendung des Theorems auf Gl. (5.12)

$$\frac{D}{Dt}\int_V \Psi(\mathbf{x},t)\rho \, dV = \int_V \nabla_{\mathbf{x}} \cdot \mathbf{\Phi}(\mathbf{x},t) \, dV + \int_V \Xi(\mathbf{x},t)\rho \, dV \tag{5.13}$$

und mit $dV \to 0$ folgt die lokale Formulierung der allgemeinen Bilanzgleichung

$$\frac{D}{Dt}[\Psi(\mathbf{x},t)\rho] = \nabla_{\mathbf{x}} \cdot \mathbf{\Phi}(\mathbf{x},t) + \Xi(\mathbf{x},t)\rho \tag{5.14}$$

Transformiert man die Gleichungen in die Referenzkonfiguration, gilt global

$$\begin{aligned}\frac{\partial}{\partial t}\int_{V_0} \Psi_0(\mathbf{a},t)\rho_0 \, dV_0 &= \int_{A_0} \mathbf{n}_0 \cdot \mathbf{\Phi}_0(\mathbf{a},t) \, dA_0 + \int_{V_0} \Xi_0(\mathbf{a},t)\rho_0 \, dV_0 \\ &= \int_{V_0} [\nabla_{\mathbf{a}} \cdot \mathbf{\Phi}_0(\mathbf{a},t) + \Xi_0(\mathbf{a},t)\rho_0] \, dV_0\end{aligned}$$

und lokal

$$\frac{\partial}{\partial t}[\Psi_0(\mathbf{a},t)\rho_0] = \nabla_{\mathbf{a}} \cdot \mathbf{\Phi}_0(\mathbf{a},t) + \Xi(\mathbf{a},t)\rho_0 \tag{5.15}$$

Zusammenfassend gelten für genügend glatte Felder die folgenden Bilanzgleichungen.

Allgemeine Bilanzgleichungen in der aktuellen Konfiguration

$$\frac{D}{Dt}\int_V \boldsymbol{\Psi}(\boldsymbol{x},t)\rho(\boldsymbol{x},t)\,dV = \int_A \boldsymbol{n}(\boldsymbol{x},t)\cdot\boldsymbol{\Phi}(\boldsymbol{x},t)\,dA + \int_V \boldsymbol{\Xi}(\boldsymbol{x},t)\rho(\boldsymbol{x},t)\,dV,$$

$$\frac{D}{Dt}\int_V \Psi_{ij\ldots k}\rho\,dV = \int_A n_l\Phi_{lij\ldots k}\,dA + \int_V \Xi_{ij\ldots k}\rho\,dV,$$

$$\frac{D}{Dt}\int_V \boldsymbol{\Psi}(\boldsymbol{x},t)\rho(\boldsymbol{x},t)\,dV = \int_V [\boldsymbol{\nabla}_{\boldsymbol{x}}\cdot\boldsymbol{\Phi}(\boldsymbol{x},t) + \boldsymbol{\Xi}(\boldsymbol{x},t)\rho(\boldsymbol{x},t)]\,dV,$$

$$\frac{D}{Dt}\int_V \Psi_{ij\ldots k}\rho\,dV = \int_V \Phi_{lij\ldots k,l}\,dV + \int_V \Xi_{ij\ldots k}\rho\,dV,$$

$$\frac{D}{Dt}[\boldsymbol{\Psi}(\boldsymbol{x},t)\rho(\boldsymbol{x},t)] = \boldsymbol{\nabla}_{\boldsymbol{x}}\cdot\boldsymbol{\Phi}(\boldsymbol{x},t) + \boldsymbol{\Xi}(\boldsymbol{x},t)\rho(\boldsymbol{x},t),$$

$$\frac{D}{Dt}[\Psi_{ij\ldots k}\rho] = \Phi_{lij\ldots k,l} + \Xi_{ij\ldots k}\rho$$

Mit

$$\boldsymbol{\Psi}(\boldsymbol{x},t)\to\boldsymbol{\Psi}_0(\boldsymbol{a},t),\quad \boldsymbol{\Phi}(\boldsymbol{x},t)\to\boldsymbol{\Phi}_0(\boldsymbol{a},t),\quad \boldsymbol{\Xi}(\boldsymbol{x},t)\to\boldsymbol{\Xi}_0(\boldsymbol{a},t),$$

$$\boldsymbol{n}(\boldsymbol{x},t)\to\boldsymbol{n}_0(\boldsymbol{a},t),\quad \rho(\boldsymbol{x},t)\to\rho_0(\boldsymbol{a},t),\quad A\to A_0,\quad V\to V_0$$

und $D/Dt \to \partial/\partial t$, $\partial/\partial\boldsymbol{x} \to \partial/\partial\boldsymbol{a}$ erhält man die entsprechenden Gleichungen für die Referenzkonfiguration.

5.1.2 Integration von Volumenintegralen mit zeitabhängigen Integrationsbereichen - Transporttheorem

Ausgangspunkt für die Ableitung des Transporttheorems ist wieder die Gl. (5.1)

$$Y(t) = \int_V \Psi(\boldsymbol{x},t)\,dV = \int_{V_0} \Psi_0(\boldsymbol{a},t)\,dV_0,\qquad \Psi_0 = (\det\mathbf{F})\Psi$$

Es werden zunächst skalare Felder Ψ bzw. Ψ_0 betrachtet. $Y(t)$ kann in zweierlei Hinsicht von t abhängen. In der Momentankonfiguration können sowohl die Dichtefunktion Ψ, als auch das Volumen V des materiellen Körpers Funktionen der Zeit sein. In der Referenzkonfiguration hängt nur Ψ_0 von t ab, V_0 ist eine konstante, zeitunabhängige Größe. Bildet man die materielle Zeitableitung

$$\dot{Y}(t) \equiv \frac{DY(t)}{Dt} = \frac{D}{Dt}\int\limits_V \Psi(\mathbf{x},t)\, dV = \frac{\partial}{\partial t}\int\limits_{V_0} \Psi_0(\mathbf{a},t)\, dV_0, \tag{5.16}$$

erhält man für die Referenzkonfiguration sofort mit $V_0 = \text{const.}$

$$\frac{\partial}{\partial t}\int\limits_{V_0} \Psi_0(\mathbf{x},t)\, dV_0 = \int\limits_{V_0} \frac{\partial}{\partial t}\Psi_0(\mathbf{x},t)\, dV_0 \tag{5.17}$$

Für die Momentankonfiguration müssen entweder die Regeln für materielle Ableitungen von Feldgrößen in Euler'scher Darstellung beachtet werden - Gln. (3.4) bzw. (3.5) - oder man transformiert das Integral vor der Ableitung in die Referenzkonfiguration. Im letzteren Fall erhält man

$$Y(t) = \int\limits_V \Psi(\mathbf{x},t)\, dV = \int\limits_{V_0} \Psi(\mathbf{a},t)[\det \mathbf{F}(\mathbf{a},t)]\, dV_0, \tag{5.18}$$

$$\dot{Y}(t) = \int\limits_{V_0} \left[\frac{\partial \Psi(\mathbf{a},t)}{\partial t}\det \mathbf{F}(\mathbf{a},t) + \Psi(\mathbf{a},t)\frac{\partial}{\partial t}\det \mathbf{F}(\mathbf{a},t)\right] dV_0 \tag{5.19}$$

Beachtet man Gl. (3.22), d.h. $(\det \mathbf{F})^{\cdot} = (\det \mathbf{F})\,\mathrm{div}\boldsymbol{v} = (\det \mathbf{F})\boldsymbol{\nabla}_{\mathbf{a}} \cdot \boldsymbol{v}$, folgt

$$\dot{Y}(t) = \int\limits_{V_0} \left[\frac{\partial \Psi(\mathbf{a},t)}{\partial t} + \Psi(\mathbf{a},t)\boldsymbol{\nabla}_{\mathbf{a}} \cdot \boldsymbol{v}\right] [\det \mathbf{F}(\mathbf{a},t)]\, dV_0 \tag{5.20}$$

und mit

$$\frac{\partial \Psi(\mathbf{a},t)}{\partial t} = \frac{D\Psi(\mathbf{x},t)}{Dt}$$

ergibt sich für das wieder in die Momentankonfiguration transformierte Integral

$$\dot{Y}(t) = \frac{D}{Dt}\int\limits_V \Psi(\mathbf{x},t)\, dV = \int\limits_V \left[\dot{\Psi}(\mathbf{x},t) + \Psi(\mathbf{x},t)\boldsymbol{\nabla}_{\mathbf{x}} \cdot \boldsymbol{v}(\mathbf{x},t)\right] dV \tag{5.21}$$

Beachtet man die materielle Ableitung

$$\dot{\Psi}(\mathbf{x},t) = \frac{\partial \Psi(\mathbf{x},t)}{\partial t} + \boldsymbol{v}(\mathbf{x},t) \cdot \boldsymbol{\nabla}_{\mathbf{x}}\Psi(\mathbf{x},t)$$

und die Identität (Produktregel)

$$\boldsymbol{\nabla}_{\mathbf{x}} \cdot (\Psi\boldsymbol{v}) = \Psi(\boldsymbol{\nabla}_{\mathbf{x}} \cdot \boldsymbol{v}) + \boldsymbol{v} \cdot (\boldsymbol{\nabla}_{\mathbf{x}}\Psi),$$

folgt

$$\frac{D}{Dt}\int\limits_V \Psi(\mathbf{x},t)\, dV = \int\limits_V \left[\frac{\partial \Psi(\mathbf{x},t)}{\partial t} + \boldsymbol{\nabla}_{\mathbf{x}} \cdot (\Psi\boldsymbol{v})\right] dV \tag{5.22}$$

Die Gl. (5.21) erhält man auch aus

$$\frac{\mathrm{D}}{\mathrm{Dt}}\int\limits_V \Psi\,\mathrm{dV} = \int\limits_V (\Psi\,\mathrm{dV})^{\cdot} = \int\limits_V \left[\dot{\Psi}\,\mathrm{dV} + \Psi(\mathrm{dV})^{\cdot}\right] = \int\limits_V (\dot{\Psi} + \Psi\boldsymbol{\nabla}_{\mathbf{x}}\cdot\boldsymbol{\nu})\,\mathrm{dV}$$

Fasst man die bisherigen Ableitungen zusammen, kann man das Reynolds'sche[1] Transporttheorem in folgenden Formen angeben

$$\frac{\mathrm{D}}{\mathrm{Dt}}\int\limits_V \Psi(\mathbf{x},t)\,\mathrm{dV} = \int\limits_V \left[\frac{\mathrm{D}\Psi(\mathbf{x},t)}{\mathrm{Dt}} + \Psi(\mathbf{x},t)\boldsymbol{\nabla}_{\mathbf{x}}\cdot\boldsymbol{\nu}(\mathbf{x},t)\right]\mathrm{dV}, \tag{5.23}$$

$$\begin{aligned}\frac{\mathrm{D}}{\mathrm{Dt}}\int\limits_V \Psi(\mathbf{x},t)\,\mathrm{dV} &= \int\limits_V \left\{\frac{\partial}{\partial t}\Psi(\mathbf{x},t) + \boldsymbol{\nabla}_{\mathbf{x}}\cdot[\Psi(\mathbf{x},t)\boldsymbol{\nu}(\mathbf{x},t)]\right\}\mathrm{dV}\\ &= \int\limits_V \frac{\partial}{\partial t}\Psi(\mathbf{x},t)\,\mathrm{dV} + \int\limits_A \boldsymbol{n}\cdot[\Psi(\mathbf{x},t)\boldsymbol{\nu}(\mathbf{x},t)]\,\mathrm{dA}\end{aligned} \tag{5.24}$$

In der zweiten Gleichung wurde das Volumenintegral über $\boldsymbol{\nabla}_{\mathbf{x}}\cdot(\Psi\boldsymbol{\nu})$ mit Hilfe des Divergenz-Theorems (Abschn. 2.3.3) in ein Oberflächenintegral umgewandelt.

Schlussfolgerung 5.2. Aus dem Reynolds'schen Transportheorem folgt, dass die materielle Änderungsgeschwindigkeit des Volumenintegrals über eine Bilanzgröße $\Psi(\mathbf{x},t)$ in zwei Anteile aufgespalten werden kann:

- ein Volumenintegral über die lokale Ableitung der Bilanzgröße und
- ein Oberflächenintegral über die Flussgeschwindigkeit der Bilanzgröße Ψ durch die Oberfläche $A(V)$ zu einem gegebenen Zeitpunkt t.

Das Volumenintegral erfasst somit die Zeitabhängigkeit des Integranden, das Oberflächenintegral die des Integrationsbereichs. Alle abgeleiteten Gleichungen können ohne Schwierigkeiten auf Bilanzgrößen erweitert werden, die durch Tensorfelder $\boldsymbol{\Psi}(\mathbf{x},t)$ beliebiger Stufe definiert sind. Man erhält dann z.B. als Transportgleichung

$$\frac{\mathrm{D}}{\mathrm{Dt}}\int\limits_V \boldsymbol{\Psi}(\mathbf{x},t)\,\mathrm{dV} = \int\limits_V \frac{\partial}{\partial t}\boldsymbol{\Psi}(\mathbf{x},t)\,\mathrm{dV} + \int\limits_A \boldsymbol{n}\cdot[\boldsymbol{\Psi}(\mathbf{x},t)\boldsymbol{\nu}(\mathbf{x},t)]\,\mathrm{dA} \tag{5.25}$$

Ist $\boldsymbol{\Psi}(\mathbf{x},t)$ eine tensorwertige Funktion beliebiger Stufe $n \geqslant 0$, die im gesamten Volumen des Körpers eindeutig, beschränkt und einmal stetig differenzierbar ist, gilt

[1] Osborne Reynolds (1842-1912), Physiker, reibungsbehaftete Strömungsvorgänge

$$\frac{D}{Dt}\int\limits_V \Psi(\mathbf{x},t)\,dV = \int\limits_V \left[\frac{D}{Dt}\Psi(\mathbf{x},t) + \Psi(\mathbf{x},t)\nabla_{\mathbf{x}}\cdot\boldsymbol{v}(\mathbf{x},t)\right] dV$$
$$= \int\limits_V \left\{\frac{\partial}{\partial t}\Psi(\mathbf{x},t) + \nabla_{\mathbf{x}}\cdot[\Psi(\mathbf{x},t)\boldsymbol{v}(\mathbf{x},t)]\right\} dV$$
$$= \int\limits_V \frac{\partial}{\partial t}\Psi(\mathbf{x},t)\,dV + \int\limits_A \boldsymbol{n}\cdot[\Psi(\mathbf{x},t)\boldsymbol{v}(\mathbf{x},t)]\,dA$$

Die Transformation in die Referenzkonfiguration erfolgt wie bei skalaren Feldern.

Da die Bilanzgrößen häufig als Massendichten in die Bilanzgleichungen eingehen, sei auf folgende Modifikation des Transporttheorems hingewiesen. $\Psi(\mathbf{x},t)$ sei jetzt ein Tensordichtefeld pro Masseneinheit. Das Volumenintegral ist dann

$$\mathrm{Y}(t) = \int\limits_m \Psi(\mathbf{x},t)\,dm = \int\limits_V \Psi(\mathbf{x},t)\rho(\mathbf{x},t)\,dV \tag{5.26}$$

Die Zeitableitung wird nun wie folgt gebildet

$$\frac{D}{Dt}\int\limits_V (\Psi\rho)\,dV = \int\limits_V \left[\frac{\partial}{\partial t}(\Psi\rho) + \nabla_{\mathbf{x}}\cdot(\boldsymbol{v}\Psi\rho)\right] dV = \int\limits_V \frac{\partial}{\partial t}(\Psi\rho)\,dV + \int\limits_A \boldsymbol{n}\cdot(\boldsymbol{v}\Psi\rho)\,dA$$

Wie im Abschn. 5.2.1 gezeigt wird, ist

$$\int\limits_V \left[\frac{\partial}{\partial t}(\Psi\rho) + \nabla_{\mathbf{x}}\cdot(\boldsymbol{v}\Psi\rho)\right] dV = \int\limits_V \left[\rho\frac{\partial\Psi}{\partial t} + \Psi\frac{\partial\rho}{\partial t} + \Psi(\nabla_{\mathbf{x}}\cdot\rho\boldsymbol{v}) + \rho\boldsymbol{v}\cdot\nabla_{\mathbf{x}}\Psi\right] dV$$
$$= \int\limits_V \left\{\rho\frac{\partial\Psi}{\partial t} + \Psi\underbrace{\left[\frac{\partial\rho}{\partial t} + (\nabla_{\mathbf{x}}\cdot\boldsymbol{v}\rho)\right]}_{=0} + \rho\boldsymbol{v}\cdot\nabla_{\mathbf{x}}\Psi\right\} dV$$
$$= \int\limits_V \rho\left(\frac{\partial\Psi}{\partial t} + \boldsymbol{v}\cdot\nabla_{\mathbf{x}}\Psi\right) dV = \int\limits_V \frac{D}{Dt}\Psi\,\rho\,dV$$

Der Ausdruck in der eckigen Klammer ist Null, da er physikalisch die Massenerhaltung bzw. die Kontinuitätsgleichung darstellt. Damit gilt für tensorielle Massendichtefunktionen Ψ

$$\frac{D}{Dt}\int\limits_V \Psi\rho\,dV = \int\limits_V \frac{D\Psi}{Dt}\rho\,dV \qquad \text{bzw.} \qquad \frac{D}{Dt}\int\limits_m \Psi\,dm = \int\limits_m \frac{D\Psi}{Dt}\,dm \tag{5.27}$$

Anmerkung 5.7. Bilanzgleichungen können auch für ein- oder zweidimensionale Kontinua formuliert werden. Es sind dann entsprechende Transportgleichungen für Linien- und Flächenintegrale anzugeben. Die Ableitung erfolgt in gleicher Weise wie für Volumenintegrale, allerdings unter Beachtung der Transformationsgleichungen für Linien- und Flächenelemente.

Abschließend seien die wichtigsten Gleichungen zu den materiellen Ableitungen von Volumen-, Oberflächen- und Linienintegralen noch einmal in der Indexschreibweise zusammengefasst.

Volumenintegrale tensorieller Feldgrößen

$$Y_{ij\dots k}(t) = \int_V \Psi_{ij\dots k}(\mathbf{x},t)\,dV,$$

$$\begin{aligned}
\dot{Y}_{ij\dots k}(t) &= \frac{D}{Dt}\int_V \Psi_{ij\dots k}(\mathbf{x},t)\,dV = \int_V \frac{D}{Dt}\left[\Psi_{ij\dots k}(\mathbf{x},t)\,dV\right] \\
&= \int_V \left[\dot{\Psi}_{ij\dots k}(\mathbf{x},t) + \Psi_{ij\dots k}(\mathbf{x},t)v_{l,l}\right] dV \\
&= \int_V \frac{\partial}{\partial t}\left\{\Psi_{ij\dots k}(\mathbf{x},t) + \left[v_l\Psi_{ij\dots k}(\mathbf{x},t)\right]_{,l}\right\} dV,
\end{aligned}$$

$$\frac{D}{Dt}\int_V \Psi_{ij\dots k}(\mathbf{x},t)\,dV = \int_V \frac{\partial}{\partial t}\Psi_{ij\dots k}(\mathbf{x},t)\,dV + \int_A v_l\Psi_{ij\dots k}(\mathbf{x},t)dA_l$$

Flächenintegrale tensorieller Feldgrößen

$$Y_{ij\dots k}(t) = \int_A \Psi_{ij\dots k}(\mathbf{x},t)dA_l, \qquad dA_l = n_l dA = \mathbf{e}_l \cdot d\mathbf{A},$$

$$\begin{aligned}
\frac{D}{Dt}\int_A \Psi_{ij\dots k}(\mathbf{x},t)dA_l = \int_A \Big\{ &\left[\dot{\Psi}_{ij\dots k}(\mathbf{x},t) + \Psi_{ij\dots k}(\mathbf{x},t)v_{m,m}\right] dA_l \\
&- \Psi_{ij\dots k}(\mathbf{x},t)v_{m,l}dA_m \Big\}
\end{aligned}$$

Linienintegrale tensorieller Feldgrößen

$$Y_{ij\dots k}(t) = \int_C \Psi_{ij\dots k}(\mathbf{x},t)dx_l, \qquad dx_l = \mathbf{e}_l \cdot d\mathbf{x},$$

$$\frac{D}{Dt}\int_C \Psi_{ij\dots k}(\mathbf{x},t)\,dx_l = \int_A \left[\dot{\Psi}_{ij\dots k}(\mathbf{x},t)\,dx_l + v_{l,m}\Psi_{ij\dots k}(\mathbf{x},t)dx_m\right]$$

5.1.3 Einfluss von Sprungbedingungen

Alle bisherigen Ableitungen gingen von der Voraussetzung hinreichend glatter physikalischer Felder aus. Unstetigkeiten, wie sie mit plötzlichen Änderungen von Feldgrößen beispielsweise um endliche Werte verbunden sind und somit entlang ausgewählter Schnitte zu Sprungrelationen führen können, wurden ausgeschlossen. Das hat wichtige Konsequenzen. Die Reynolds'schen Transporttheoreme können uneingeschränkt in allen bisher abgeleiteten Formen angewendet werden und für Oberflächenintegrale der Form

$$\int_A \boldsymbol{n} \cdot \boldsymbol{\Phi} \, \mathrm{d}A$$

gilt das Divergenztheorem

$$\int_A \boldsymbol{n} \cdot \boldsymbol{\Phi} \, \mathrm{d}A = \int_V \nabla_{\mathrm{x}} \cdot \boldsymbol{\Phi} \, \mathrm{d}V$$

Für stetige Felder sind globale und lokale Bilanzformulierungen gleichwertig. Man kann in Abhängigkeit der zu lösenden Aufgabe und vom Lösungsweg entscheiden, welche Form der Bilanzgleichungen man wählt.

Die für stetige Felder angegebenen allgemeinen Strukturgleichungen für Bilanzen (vgl. Gln. (5.12) bis (5.15)) können Sprungrelationen, die zu Unstetigkeitsflächen führen, nicht erfassen. Sie müssen daher durch Zusatzterme ergänzt werden. Dabei geht man von folgenden Überlegungen aus. Das Volumen $V(t)$ einer beliebigen Bilanzgröße $\Psi(\boldsymbol{x}, t)$ sei durch eine Schnittfläche $S(t)$ in zwei Teilvolumina V_1 undV_2 geteilt. Die Schnittfläche $S(t)$ sei stetig, jedes Element von S habe eine eindeutige Orientierung $\boldsymbol{n}_S$ (Abb. 5.1). $S(t)$ bewegt sich mit der Zeit durch $V(t)$, alle Sprünge der Bilanzgröße treten an der Schnittfläche S auf. Die Geschwindigkeiten $\tilde{\boldsymbol{v}}(\tilde{\boldsymbol{x}}, t)$ für die lokalen Punkte $\tilde{\boldsymbol{x}}$ auf S unterscheiden sich von den Geschwindigkeiten $\boldsymbol{v}(\boldsymbol{x}, t)$ der zugeordneten Punkte $\boldsymbol{x}$ von V. Bei der Annäherung an einen Punkt der Oberfläche von S aus dem Teilvolumen 2 oder 1 hat die Bilanzgröße Ψ einen unterschiedlichen Grenzwert Ψ_2 oder Ψ_1. Die Differenz dieser Grenzwerte $[[\Psi]] = \Psi_2 - \Psi_1$ ist von Null verschieden und ergibt die Sprungrelationen für

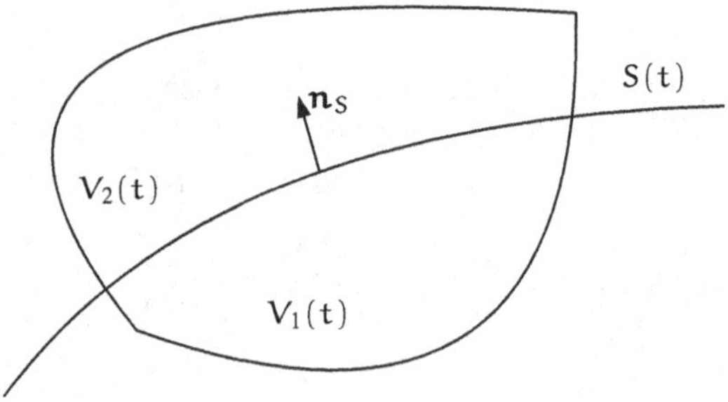

Abb. 5.1 Sprungrelationen entlang einer Schnittfläche

das Feld Ψ entlang S. Im Allgemeinen wird eine Beschränktheit der Sprunggröße und ihre stetige Abhängigkeit von $\mathbf{x}$ und t vorausgesetzt. Die lokale Formulierung der allgemeinen Bilanzgleichung für stetige Felder entsprechend Gl. (5.14) ist dann durch eine Sprungbedingung in der Form

$$\left[\![\boldsymbol{\Psi}(\boldsymbol{v}-\tilde{\boldsymbol{v}})-\boldsymbol{\Phi}]\!\right]\cdot\boldsymbol{n}_S \qquad (5.28)$$

zu ergänzen. Einzelheiten hierzu können [2; 4; 7; 12] entnommen werden.

5.2 Mechanische Bilanzgleichungen

Schließt man zunächst thermodynamische Aufgabenstellungen aus, besteht die Aufgabe der Kontinuumsmechanik in der Bestimmung der Felder der Dichte ρ und der Bewegung $\mathbf{x}$ für alle materiellen Punkte eines Körpers und damit auch für den Körper selbst. Die Felder sind im Allgemeinen Funktionen der Zeit t. Alle bisher diskutierten materialunabhängigen Aussagen der Kinematik und der Kinetik können mit der Dichte und der Bewegungen analysiert werden. Man erhält jedoch mit Hilfe der Bilanzgleichungen ein unterbestimmtes System von Gleichungen zur Berechnung des Verschiebungs-, Verzerrungs- und Spannungszustandes eines Körpers, das durch materialabhängige Gleichungen ergänzt werden muss. Darauf wird im Teil III eingegangen. Globale Bilanzgleichungen beziehen sich auf den Gesamtkörper, lokale Bilanzgleichungen auf materielle Volumenelemente. Unter den hier geltenden Voraussetzungen stetiger Felder sind globale und lokale Bilanzgleichungen gleichwertig. Es gilt somit uneingeschränkt das Axiom der lokalen Wirkung.

Axiom der lokalen Wirkung[2]: Der Zustand eines Körpers zur Zeit t ist für jeden seiner materiellen Punkte allein durch den Zustand der Feldgrößen zur Zeit t und in der unmittelbaren Umgebung des jeweiligen materiellen Punktes bestimmt. Alle Bilanzaussagen (aber auch konstitutive Annahmen) gelten für jeden beliebigen Teil eines Körpers.

Im Folgenden werden im Allgemeinen beide Formulierungen angegeben.

5.2.1 *Massenbilanz - Massenerhaltungssatz*

Die Masse ist eine der charakteristischen Eigenschaften eines materiellen Körpers. Sie ist die Ursache der Trägheit und der Gravitation. Die Masse eines Körpers ist durch das Volumenintegral über das Dichtefeld bestimmt

$$m = \int\limits_V \rho(\mathbf{x},t)\,dV = \int\limits_{V_0} \rho_0(\mathbf{a})\,dV_0 \qquad (5.29)$$

[2] Dieses Axiom wird erneut in der Materialtheorie (Kap. 6) behandelt.

Die Gleichheit der Integrale beinhaltet die Aussage der globalen Massenerhaltung.

Definition 5.2 (Massenerhaltung). Bei fehlendem Masseaustausch über die Oberfläche und fehlendem Zuwachs oder Verlust von Masse im Inneren bleibt die Gesamtmasse eines Körpers für alle Zeiten konstant.

Mit ρdV und $\rho_0 dV_0$ sind die Masse eines materiellen Punktes nach und vor einer Deformation definiert. Sind diese gleich, erhält man $\rho \det \mathsf{F} = \rho_0$. Es folgt damit

$$\frac{\rho_0}{\rho} = \det \mathsf{F},$$

d.h. man kann die Jacobi-Determinante durch ρ_0/ρ ausdrücken. Der Massenerhaltungssatz gilt auch lokal.

Satz 5.1 (Massenerhaltungssatz). *Die Masse* $dm = \rho(\mathbf{x}, t)dV$ *eines materiellen Volumens* dV *ist zu allen Zeiten konstant*

$$dm = \rho(\mathbf{x}, t)dV = \rho_0(\mathbf{a})dV_0 = \mathit{const.}$$

Der Massenerhaltungssatz kennzeichnet die Stetigkeit der Masseverteilung für ein Kontinuum mit stetiger Anordnung materieller Punkte.

Geht man von der allgemeinen Bilanzgleichung (5.12) aus, erhält man mit $\boldsymbol{\Psi} \to 1$ (Skalarfeld), $\boldsymbol{\Phi} = 0$ (kein Masseaustausch über die umhüllende Oberfläche A) und $\Xi \to 0$ (keine innere Masseänderung durch Produktion oder Zufuhr)

$$\frac{Dm}{Dt} = \frac{D}{Dt} \int\limits_V \rho(\mathbf{x}, t)\, dV = \frac{\partial}{\partial t} \int\limits_{V_0} \rho_0(\mathbf{a})\, dV_0 = 0 \tag{5.30}$$

Für die lokale Formulierung folgt dann

$$\frac{D}{Dt}(dm) = \frac{D}{Dt}(\rho dV) = \frac{\partial}{\partial t}(\rho_0 dV_0) = 0 \tag{5.31}$$

Schlussfolgerung 5.3. Ein materielles Element mit der Masse dm, dem Volumen dV und der Dichte ρ kann zwar sein Volumen und seine Dichte ändern, aber nicht seine Masse.

Mit den Gln. (5.22) und (5.31) erhält man den globalen Massenerhaltungssatz in Euler'scher Darstellung

$$\begin{aligned} \frac{D}{Dt} \int\limits_V \rho(\mathbf{x}, t)\, dV &= \int\limits_V [\dot{\rho}(\mathbf{x}, t) + \rho(\mathbf{x}, t) \boldsymbol{\nabla}_{\mathbf{x}} \cdot \boldsymbol{v}]\, dV \\ &= \int\limits_V \left\{ \frac{\partial}{\partial t} \rho(\mathbf{x}, t) + \boldsymbol{\nabla}_{\mathbf{x}} \cdot [\rho(\mathbf{x}, t)\boldsymbol{v}] \right\} dV \end{aligned} \tag{5.32}$$

Daraus folgt der lokale Massenerhaltungssatz in Euler'scher Darstellung

$$\frac{D}{Dt}\rho(\mathbf{x},t) + \rho(\mathbf{x},t)\nabla_{\mathbf{x}} \cdot \boldsymbol{v}(\mathbf{x},t) = \frac{\partial}{\partial t}\rho(\mathbf{x},t) + \nabla_{\mathbf{x}} \cdot [\rho(\mathbf{x},t)\boldsymbol{v}] = 0 \tag{5.33}$$

Die Gleichung

$$\frac{D\rho}{Dt} + \rho\nabla_{\mathbf{x}} \cdot \boldsymbol{v} = 0 \quad \text{bzw.} \quad \frac{D\rho}{Dt} + \rho\,\mathrm{div}\boldsymbol{v} = 0 \quad \text{bzw.} \quad \frac{D\rho}{Dt} + \rho v_{i,i} = 0 \tag{5.34}$$

heißt Kontinuitätsgleichung. Sie kann auch in der Form

$$\frac{\partial\rho}{\partial t} + \nabla_{\mathbf{x}} \cdot (\rho\boldsymbol{v}) = 0 \tag{5.35}$$

geschrieben werden. Sie liefert noch einige interessante Aussagen. Aus $\rho dV = \rho_0 dV_0$ folgt

$$\frac{D\rho_0}{Dt} = \frac{1}{dV_0}(\rho dV)^{\cdot} = \frac{1}{dV_0}[\dot{\rho}dV + \rho(dV)^{\cdot}] = \frac{1}{dV_0}[\dot{\rho} + \rho\,\mathrm{div}\,\boldsymbol{v}]dV = 0$$

Für $\rho_0 = \rho \det \mathbf{F}$ folgt $(\rho \det \mathbf{F})^{\cdot} = 0$. Mit $\dot{\rho} = 0$ erhält man $\mathrm{div}\,\boldsymbol{v} = \nabla_{\mathbf{x}} \cdot \boldsymbol{v} = 0$.

Schlussfolgerung 5.4. Die Massendichte ρ_0 der Referenzkonfiguration ist immer zeitunabhängig, d.h. $\dot{\rho}_0 = \partial\rho_0/\partial t = 0$. Die materielle Ableitung der mit ρ multiplizierten Jacobi-Determinante ist stets Null. Für einen inkompressiblen (dichtebeständigen) Körper gilt mit $\dot{\rho} = 0$ auch $\mathrm{div}\,\boldsymbol{v} = 0$. Das Geschwindigkeitsfeld eines dichtebeständigen Körpers ist somit quellenfrei.

In Gl. (5.33) kann man das Volumenintegral über $\nabla_{\mathbf{x}} \cdot (\rho\boldsymbol{v})$ in ein Oberflächenintegral umwandeln. Die globale Massenbilanzgleichung hat dann die Form

$$\int_V \frac{\partial\rho}{\partial t}\, dV + \int_A \boldsymbol{n} \cdot (\rho\boldsymbol{v})\, dA = 0 \tag{5.36}$$

Sind V ein raumfestes „Kontrollvolumen“, das der Körper zur Zeit t ausfüllt, und A die entsprechende raumfeste Oberfläche, dann liefert Gl. (5.36) folgende Aussage:

Schlussfolgerung 5.5. Die zeitliche Änderung der in einem Kontrollvolumen enthaltenen Masse ist gleich der über A pro Zeiteinheit in V einströmenden Masse.

Mit $\boldsymbol{n} \cdot (\rho\boldsymbol{v})dA$ ist die pro Zeiteinheit über ein Flächenelement dA in Richtung $\boldsymbol{n}$ fließende Masse gegeben. Da $\boldsymbol{n}$ positiv nach außen gerichtet ist, entspricht $-\boldsymbol{n}$ der Einströmrichtung.

Abschließend seien die wichtigsten Gleichungen zur Massenbilanz noch einmal zusammengefasst, wobei sich auf die Massenerhaltung beschränkt wird.

Massenerhaltung

$$\frac{\mathrm{D}m}{\mathrm{D}t} = \frac{\mathrm{D}}{\mathrm{D}t}\int\limits_V \rho(\boldsymbol{x},t)\,\mathrm{d}V = \frac{\partial}{\partial t}\int\limits_{V_0} \rho_0(\boldsymbol{a})\,\mathrm{d}V_0 = 0,$$

$$\frac{\mathrm{D}}{\mathrm{D}t}(\mathrm{d}m) = \frac{\mathrm{D}}{\mathrm{D}t}(\rho\,\mathrm{d}V) = \frac{\partial}{\partial t}(\rho_0\,\mathrm{d}V_0) = 0,$$

$$\int\limits_V (\dot{\rho} + \rho\boldsymbol{\nabla}_{\boldsymbol{x}}\cdot\boldsymbol{v})\,\mathrm{d}V = \int\limits_V \left[\frac{\partial\rho}{\partial t} + \boldsymbol{\nabla}_{\boldsymbol{x}}\cdot(\rho\boldsymbol{v})\right]\mathrm{d}V,$$

$$\frac{\mathrm{D}\rho}{\mathrm{D}t} + \rho\boldsymbol{\nabla}_{\boldsymbol{x}}\cdot\boldsymbol{v} = \frac{\partial\rho}{\partial t} + \boldsymbol{\nabla}_{\boldsymbol{x}}\cdot(\rho\boldsymbol{v}) = 0,$$

$$\rho_0 = \rho\det\mathbf{F}, \quad (\rho\det\mathbf{F})^{\cdot} = 0$$

5.2.2 Impulsbilanz

Für den Impulsvektor $\mathbf{p}$ eines Körpers gilt folgende Definitionsgleichung

$$\mathbf{p}(\boldsymbol{x},t) = \int\limits_m \boldsymbol{v}(\boldsymbol{x},t)\,\mathrm{d}m = \int\limits_V \boldsymbol{v}(\boldsymbol{x},t)\rho(\boldsymbol{x},t)\,\mathrm{d}V \tag{5.37}$$

Der Impulsvektor $\mathbf{p}$ verbindet die Geschwindigkeits- und die Masseverteilung eines Körpers. Er ist eine globale Größe zur Beschreibung des kinetischen Zustandes eines Körpers. Die globale Impulsbilanz wird auch als 1. Euler-Cauchy'sches Bewegungsgesetz bezeichnet und kann mit dem 2. Newton'schen Grundgesetz und seiner Anwendung auf Kontinuua in Zusammenhang gebracht werden.

Satz 5.2 (Impulsbilanz). *Die zeitliche Änderungsgeschwindigkeit des Gesamtimpulses $\mathbf{p}(\boldsymbol{x},t)$ bei der Deformation eines Körpers ist gleich der Summe aller auf den Körper von außen wirkenden Oberflächen- und Volumenkräfte.*

Damit hat die räumliche Impulsbilanzgleichung folgendes Aussehen

$$\frac{\mathrm{D}}{\mathrm{D}t}\int\limits_V \boldsymbol{v}(\boldsymbol{x},t)\rho(\boldsymbol{x},t)\,\mathrm{d}V = \int\limits_A \mathbf{t}(\boldsymbol{x},\boldsymbol{n},t)\,\mathrm{d}A + \int\limits_V \mathbf{k}(\boldsymbol{x},t)\rho(\boldsymbol{x},t)\,\mathrm{d}V \tag{5.38}$$

Die Impulsbilanzgleichung (5.38) folgt aus der allgemeinen Bilanzgleichung (5.12) mit $\boldsymbol{\Psi} = \boldsymbol{v}, \boldsymbol{\Phi} = \mathbf{T}$ und $\boldsymbol{\Xi} = \mathbf{k}$

$$\frac{\mathrm{D}}{\mathrm{D}t}\int\limits_V \boldsymbol{v}\rho\,\mathrm{d}V = \int\limits_A \boldsymbol{n}\cdot\mathbf{T}\,\mathrm{d}A + \int\limits_V \mathbf{k}\rho\,\mathrm{d}V \tag{5.39}$$

Für die Referenzkonfiguration gilt dann die materielle Impulsbilanzgleichung

$$\frac{\partial}{\partial t}\int\limits_{V_0} \mathbf{v}(\mathbf{a},t)\rho_0(\mathbf{a})\, dV_0 = \int\limits_{A_0} {}^{\mathrm{I}}\mathbf{t}(\mathbf{a},\mathbf{n}_0,t)\, dA_0 + \int\limits_{V_0} \mathbf{k}_0(\mathbf{a},t)\rho_0(\mathbf{a})\, dV_0 \tag{5.40}$$

und mit

$${}^{\mathrm{I}}\mathbf{t} = \mathbf{n}_0 \cdot {}^{\mathrm{I}}\mathbf{P}$$

erhält man

$$\frac{\partial}{\partial t}\int\limits_{V_0} \mathbf{v}(\mathbf{a},t)\rho_0(\mathbf{a})\, dV_0 = \int\limits_{A_0} \mathbf{n}_0(\mathbf{a}) \cdot {}^{\mathrm{I}}\mathbf{P}(\mathbf{a},t)\, dA_0 + \int\limits_{V_0} \mathbf{k}_0(\mathbf{a},t)\rho_0(\mathbf{a})\, dV_0 \tag{5.41}$$

Gleichung (5.10) führt dann unter Beachtung der Symmetrie des Tensors $\mathbf{T}$ auf den bekannten Zusammenhang zwischen dem Cauchy'schen Spannungstensor $\mathbf{T}$ und dem 1. Piola-Kirchhoff-Tensor ${}^{\mathrm{I}}\mathbf{P}$

$${}^{\mathrm{I}}\mathbf{P} = (\det \mathbf{F})\mathbf{F}^{-1} \cdot \mathbf{T}$$

Die Anwendung des Divergenz-Theorems (Abschn. 2.3.3) auf die Gln. (5.39) und (5.41) liefert

$$\frac{D}{Dt}\int\limits_{V} \mathbf{v}(\mathbf{x},t)\rho(\mathbf{x},t)\, dV = \int\limits_{V} [\nabla_{\mathbf{x}} \cdot \mathbf{T}(\mathbf{x},t) + \mathbf{k}(\mathbf{x},t)\rho(\mathbf{x},t)]\, dV, \tag{5.42}$$

$$\frac{\partial}{\partial t}\int\limits_{V_0} \mathbf{v}(\mathbf{a},t)\rho_0(\mathbf{a})\, dV_0 = \int\limits_{V_0} \left[\nabla_{\mathbf{a}} \cdot {}^{\mathrm{I}}\mathbf{P}(\mathbf{a},t) + \mathbf{k}_0(\mathbf{a},t)\rho_0(\mathbf{a})\right] dV_0 \tag{5.43}$$

Vor dem Übergang zur lokalen Formulierung sei noch Gl. (5.27) betrachtet und es folgt mit

$$\frac{D}{Dt}\int\limits_{V} \mathbf{v}\rho\, dV = \int\limits_{V} \frac{D\mathbf{v}}{Dt}\rho\, dV \tag{5.44}$$

die lokale Impulsbilanzgleichung in der Form

$$\nabla_{\mathbf{x}} \cdot \mathbf{T}(\mathbf{x},t) + \rho(\mathbf{x},t)\mathbf{k}(\mathbf{x},t) = \rho(\mathbf{x},t)\frac{D\mathbf{v}(\mathbf{x},t)}{Dt}, \tag{5.45}$$

$$\nabla_{\mathbf{a}} \cdot {}^{\mathrm{I}}\mathbf{P}(\mathbf{a},t) + \rho_0(\mathbf{a})\mathbf{k}_0(\mathbf{a},t) = \rho_0(\mathbf{a})\frac{\partial \mathbf{v}(\mathbf{a},t)}{\partial t} \tag{5.46}$$

Die lokale Impulsbilanz führt somit wieder auf die bekannten Bewegungsgleichungen für das klassische Kontinuum, die im Kap. 4 abgeleitet wurden.

Der Impulserhaltungssatz ist einer der wichtigsten Erhaltungssätze der Physik und besagt, dass der Gesamtimpuls in einem abgeschlossenen System konstant ist. „Abgeschlossenes System" bedeutet, dass das System keine Wechselwirkungen mit seiner Umgebung hat. Dieser Sonderfall gilt sowohl in der klassischen Mechanik als auch in der speziellen Relativitätstheorie und der Quantenmechanik. Er besagt, dass die zeitliche Änderungsgeschwindigkeit des Gesamtimpulses $\mathbf{p}(\mathbf{x},t)$ bei der Deformation eines Körpers verschwindet. Die Impulserhaltung gilt unabhängig von der Erhaltung der Energie und ist etwa bei der Beschreibung von Stoßprozessen von grundlegender Bedeutung. Der Gesamtimpuls aller Stoßpartner vor und nach dem Stoß muss gleich sein. Dabei spielt es keine Rolle, ob die kinetische Energie beim Stoß erhalten bleibt (elastischer Stoß) oder ob dies nicht der Fall ist (inelastischer Stoß).

Wie bei der Massenbilanz soll abschließend die Bilanzaussage durch Anwendung des Reynolds'schen Transporttheorems (5.24) umgeformt werden

$$\frac{D}{Dt}\int_V \mathbf{v}(\mathbf{x},t)\rho(\mathbf{x},t)\,dV = \int_V \frac{\partial}{\partial t}[\mathbf{v}(\mathbf{x},t)\rho(\mathbf{x},t)]\,dV + \int_A [\mathbf{v}(\mathbf{x},t)\rho(\mathbf{x},t)][\mathbf{v}(\mathbf{x},t)\cdot\mathbf{n}]\,dA \tag{5.47}$$

Diese Gleichung kann wie folgt interpretiert werden.

Schlussfolgerung 5.6. Das Integral

$$\frac{D}{Dt}\int_V \mathbf{v}(\mathbf{x},t)\rho(\mathbf{x},t)\,dV$$

entspricht der resultierenden Kraft, die auf die im Kontrollvolumen V zur Zeit t fixierte Masse wirkt. Diese ist gleich der Summe der zeitlichen Änderung des Impulses im Kontrollvolumen V und der pro Zeiteinheit über A ausfließenden Größe $\mathbf{v}\rho$. Diese Formulierung der Impulsbilanzgleichung wird generell in der Fluidmechanik bevorzugt.

Damit stehen für die Impulsbilanz folgende Gleichungen zur Verfügung.

Impuls

$$\mathbf{p} = \int_m \mathbf{v}\,dm = \int_V \mathbf{v}\rho\,dV = \int_{V_0} \mathbf{v}\rho_0\,dV_0$$

Globale Impulsbilanz

$$\frac{D\mathbf{p}}{Dt} = \int_A \mathbf{n}\cdot\mathbf{T}\,dA + \int_V \mathbf{k}\rho\,dV,$$

$$\frac{\partial\mathbf{p}}{\partial t} = \int_{A_0} \mathbf{n}_0\cdot{}^{I}\mathbf{P}\,dA_0 + \int_{V_0} \mathbf{k}_0\rho_0\,dV_0$$

Lokale Impulsbilanz

$$\nabla_x \cdot \mathsf{T} + \rho \mathbf{k} = \rho \frac{\mathrm{D}\boldsymbol{v}}{\mathrm{D}t}, \qquad \mathsf{T}_{ij,i} + \rho k_j = \rho \frac{\mathrm{D}v_j}{\mathrm{D}t},$$

$$\nabla_a \cdot {}^{\mathrm{I}}\mathbf{P} + \rho_0 \mathbf{k}_0 = \rho_0 \frac{\partial \boldsymbol{v}}{\partial t}, \qquad {}^{\mathrm{I}}P_{ij,i} + \rho_0 k_{0j} = \rho_0 \frac{\partial v_j}{\partial t},$$

$$\nabla_a \cdot \left({}^{\mathrm{II}}\mathbf{P} \cdot \mathbf{F}^{\mathrm{T}}\right) + \rho_0 \mathbf{k}_0 = \rho_0 \frac{\partial \boldsymbol{v}}{\partial t}, \qquad \left({}^{\mathrm{II}}P_{ik}F_{jk}\right)_{,i} + \rho_0 k_{0j} = \rho_0 \frac{\partial v_j}{\partial t}$$

5.2.3 *Drehimpulsbilanz*

Die Gl. (5.48) definiert den globalen Drehimpuls- oder Drallvektor $\mathbf{l}$

$$\mathbf{l}_O(\mathbf{x},t) = \int_V \mathbf{x} \times \rho(\mathbf{x},t)\boldsymbol{v}(\mathbf{x},t)\,\mathrm{d}V \tag{5.48}$$

Der Drehimpuls ist wie der Impuls eine globale Größe zur Beschreibung des kinetischen Zustands eines Körpers. Die Bilanzaussage führt auf die 2. Euler-Cauchy'sche Bewegungsgleichung und kann zunächst folgendermaßen formuliert werden.

Satz 5.3 (Drehimpulsbilanz). *Die Änderungsgeschwindigkeit des Gesamtdrehimpulses des Körpers $\mathbf{l}_O(\mathbf{x},t)$ in Bezug auf einen gewählten Punkt O ist gleich dem Gesamtmoment aller von außen auf den Körper wirkenden Oberflächen- und Volumenkräfte bezüglich des gleichen Punktes O.*

Die räumliche Drehimpulsbilanzgleichung hat damit folgende Form

$$\begin{aligned}\frac{\mathrm{D}}{\mathrm{D}t}\int_V [\mathbf{x} \times \rho(\mathbf{x},t)\boldsymbol{v}(\mathbf{x},t)]\,\mathrm{d}V &= \int_V [\mathbf{x} \times \rho(\mathbf{x},t)\mathbf{k}(\mathbf{x},t)]\,\mathrm{d}V + \int_A [\mathbf{x} \times \mathbf{t}(\mathbf{x},\mathbf{n},t)]\,\mathrm{d}A \\ &= \int_V [\mathbf{x} \times \rho(\mathbf{x},t)\mathbf{k}(\mathbf{x},t)]\,\mathrm{d}V + \int_A [\mathbf{x} \times \mathbf{n} \cdot \mathsf{T}(\mathbf{x},t)]\,\mathrm{d}A\end{aligned} \tag{5.49}$$

Beachtet man die Identität

$$\mathbf{x} \times \mathbf{n} \cdot \mathsf{T} = -\mathbf{n} \cdot \mathsf{T} \times \mathbf{x},$$

folgt aus Gl. (5.49) unmittelbar

$$\frac{\mathrm{D}}{\mathrm{D}t}\int_V \mathbf{x} \times \rho \boldsymbol{v}\,\mathrm{d}V = -\int_A \mathbf{n} \cdot \mathsf{T} \times \mathbf{x}\,\mathrm{d}A + \int_V \mathbf{x} \times \rho \mathbf{k}\,\mathrm{d}V \tag{5.50}$$

Die Gl. (5.50) stimmt mit der allgemeinen Bilanzgleichung (5.12) vollständig überein, wenn für $\Psi = (\mathbf{x} \times \mathbf{v}), \Phi = -(\mathsf{T} \times \mathbf{x})$ und $\Xi = (\mathbf{x} \times \mathrm{k})$ gesetzt wird. Sie kann weiter umgeformt werden. Betrachtet man zunächst das Oberflächenintegral, lässt sich eine Umformung in ein Volumenintegral nach folgender Rechnung vornehmen

$$
\begin{aligned}
-\int_A \mathbf{n} \cdot \mathsf{T} \times \mathbf{x} \, dA &= -\int_V \nabla_x \cdot (\mathsf{T} \times \mathbf{x}) \, dV = -\int_V \left(\nabla_x \cdot \mathsf{T} \times \mathbf{x} - \mathbf{e}_i \cdot \mathsf{T} \times \frac{\partial \mathbf{x}}{\partial x_i} \right) dV \\
&= \int_V \left(\mathbf{x} \times \nabla_x \cdot \mathsf{T} + \mathbf{e}_i \cdot \mathsf{T} \times \frac{\partial \mathbf{x}}{\partial x_i} \right) dV = \int_V (\mathbf{x} \times \nabla_x \cdot \mathsf{T} + \mathbf{I} \cdot \times \mathsf{T}) \, dV
\end{aligned}
$$

Die materielle Zeitableitung des Volumenintegrals in Gl. (5.50) ergibt sich aus

$$
\begin{aligned}
\frac{D}{Dt} \int_V (\mathbf{x} \times \rho \mathbf{v}) \, dV &= \int_V \frac{D}{Dt} \left(\mathbf{x} \times \rho \mathbf{v} \, dV \right) \\
&= \int_V (\mathbf{x} \times \mathbf{v})(\rho dV)^{\cdot} + \int_V \rho \mathbf{v} \times \mathbf{v} \, dV + \int_V \rho \mathbf{x} \times \dot{\mathbf{v}} \, dV
\end{aligned}
$$

Die beiden ersten Volumenintegrale verschwinden aufgrund der vorausgesetzten Massenerhaltung $(\rho dV)^{\cdot} = 0$ und $\rho \mathbf{v} \times \mathbf{v} = \mathbf{0}$. Damit gilt abschließend

$$
\frac{D}{Dt} \int_V (\mathbf{x} \times \rho \mathbf{v}) \, dV = \int_V \mathbf{x} \times \rho \dot{\mathbf{v}} \, dV \tag{5.51}
$$

Fasst man die Zwischenrechnungen zusammen, ergibt sich für die räumliche Drehimpulsbilanzgleichung

$$
\int_V [\mathbf{x} \times (\rho \dot{\mathbf{v}} - \nabla_x \cdot \mathsf{T} - \rho \mathbf{k}) + \mathbf{I} \cdot \times \mathsf{T}] \, dV = \mathbf{0} \tag{5.52}
$$

Mit der Bewegungsgleichung (5.45) verschwindet der Ausdruck in der runden Klammer. Damit reduziert sich die Drehimpulsbilanzgleichung auf folgende Forderung

$$
\int_V (\mathbf{I} \cdot \times \mathsf{T}) \, dV = \mathbf{0} \tag{5.53}
$$

bzw. als lokale Form

$$
\mathbf{I} \cdot \times \mathsf{T} = \mathbf{0} \tag{5.54}
$$

Die Gl. (5.54) ist die bereits bekannte Symmetrieaussage für den Cauchy'schen Spannungstensor $\mathsf{T} = \mathsf{T}^T$

$$
\mathbf{I} \cdot \times \mathsf{T} = \mathbf{e}_i \cdot \mathsf{T} \times \mathbf{e}_i = T_{il} \varepsilon_{lik} \mathbf{e}_k = \mathbf{0} \Longleftrightarrow T_{ij} = T_{ji}
$$

Anmerkung 5.8. Die Symmetrie des Spannungstensor muss nicht postuliert werden. Sie folgt aus der Analyse des Gesamtmodells.

Anmerkung 5.9. Die materielle Formulierung der Drehimpulsbilanz führt unter Berücksichtigung der Gln. (4.42) und (4.47) auf die Symmetrieaussagen für den 1. und den 2. Piola-Kirchhoff'schen Spannungstensor. Man erkennt, dass der 1. Piola-Kirchhoff'sche Spannungstensor nur bei Annahme von Inkompressibilität symmetrisch wird.

Der Sonderfall, der Drehimpulserhaltungssatz, gehört zu den Erhaltungssätzen der Mechanik und besagt, dass der Gesamtdrehimpuls in abgeschlossenen Systemen konstant ist. Dies gilt nur für abgeschlossene Systeme, die nur ideell, d.h. z.B. reibungsfrei, existieren.

Zusammenfassend gelten damit die folgenden Drehimpulsbilanzgleichungen.

Drehimpuls

$$\mathbf{l}_O = \int_V \mathbf{x} \times \mathbf{v} \rho \, dV$$

Globale Drehimpulsbilanz

$$\begin{aligned}
\frac{D\mathbf{l}_O}{Dt} &= \int_A \mathbf{x} \times \mathbf{n} \cdot \mathbf{T} \, dA + \int_V \mathbf{x} \times \rho \mathbf{k} \, dV \\
&= \int_A -\mathbf{n} \cdot (\mathbf{x} \times \mathbf{T}) \, dA + \int_V \mathbf{x} \times \rho \mathbf{k} \, dV \\
&= \int_V [\mathbf{x} \times \nabla_{\mathbf{x}} \cdot \mathbf{T} + \mathbf{I} \cdot \times \mathbf{T} + \mathbf{x} \times \rho \mathbf{k}] \, dV
\end{aligned}$$

Lokale Drehimpulsbilanz

$$\mathbf{T} = \mathbf{T}^T, \qquad {}^{I}\mathbf{P} \cdot \mathbf{F}^T = \mathbf{F}^T \cdot {}^{I}\mathbf{P}, \qquad {}^{II}\mathbf{P} = {}^{II}\mathbf{P}^T$$

5.2.4 Mechanische Energiebilanz

Wirken auf einen Körper äußere Oberflächen- und Volumenkräfte, wird am Körper Arbeit geleistet, durch die eine Deformation hervorgerufen wird. Als Folge der am

Körper geleisteten Arbeit nimmt dieser Energie auf. Ein Teil dieser gesamten mechanischen Energie $\mathcal{W}$ wird für die Deformation als kinetische Energie $\mathcal{K}$, d.h. als Bewegungsenergie, verbraucht. Die Differenz der Gesamtenergie und der kinetischen Energie ist dann die verbleibende innere Energie $\mathcal{U}$, die bei Festkörpern der Verzerrungsenergie und bei Fluiden der Energie entspricht, die eine viskose Dissipation während der Strömung ermöglicht. Es gilt dann folgende Bilanzaussage.

Satz 5.4 (Energiebilanz 1). *Die Änderungsgeschwindigkeit der Gesamtenergie eines Körpers ist gleich der Leistung aller Oberflächen- und Volumenkräfte am Körper, die eine Deformation verursachen.*

Mit den Definitionsgleichungen

$$\mathcal{K} = \frac{1}{2}\int_V \mathbf{v}\cdot\mathbf{v}\rho \, dV \qquad \text{kinetische Energie des Körpers,} \tag{5.55}$$

$$\mathcal{U} = \int_V u\rho \, dV \qquad \text{innere Energie des Körpers,} \tag{5.56}$$

$$(\mathcal{K}+\mathcal{U}) \qquad \text{mechanische Gesamtenergie des Körpers und} \tag{5.57}$$

$$\mathcal{P}_a = \int_A \mathbf{t}\cdot\mathbf{v} \, dA + \int_V \mathbf{k}\cdot\mathbf{v}\rho \, dV \qquad \text{Leistung der äußeren Kräfte} \tag{5.58}$$

Mit $(1/2)\mathbf{v}\cdot\mathbf{v}$ und u als entsprechende spezifische Energien oder Energiedichten, erhält man die Bilanzgleichung in der Form

$$\frac{D}{Dt}\left(\mathcal{K}+\mathcal{U}\right) = \mathcal{P}_a,$$

$$\begin{aligned}\frac{D}{Dt}\int_V \left(\frac{1}{2}\mathbf{v}\cdot\mathbf{v}+u\right)\rho \, dV &= \int_A \mathbf{t}\cdot\mathbf{v} \, dA + \int_V \mathbf{k}\cdot\mathbf{v}\rho \, dV \\ &= \int_A \mathbf{n}\cdot\mathbf{T}\cdot\mathbf{v} \, dA + \int_V \mathbf{k}\cdot\mathbf{v}\rho \, dV\end{aligned} \tag{5.59}$$

Gleichung (5.59) folgt aus der allgemeinen Bilanzgleichung (5.12) mit

$$\Psi \to \frac{1}{2}\mathbf{v}\cdot\mathbf{v}+u, \quad \mathbf{\Phi} = \mathbf{T}\cdot\mathbf{v}, \quad \Xi \to \mathbf{k}\cdot\mathbf{v}$$

Geht man von der lokalen räumlichen Impulsbilanzgleichung (5.45) aus

$$\rho\dot{\mathbf{v}} = \nabla_{\mathbf{x}}\cdot\mathbf{T} + \rho\mathbf{k}$$

und multipliziert diese Gleichung skalar mit $\mathbf{v}$

$$\rho\dot{\boldsymbol{v}}\cdot\boldsymbol{v} = \boldsymbol{\nabla}_{\boldsymbol{x}}\cdot\mathbf{T}\cdot\boldsymbol{v} + \rho\mathbf{k}\cdot\boldsymbol{v},$$

erhält man mit der Produktregel

$$\boldsymbol{\nabla}_{\boldsymbol{x}}\cdot(\mathbf{T}\cdot\boldsymbol{v}) = \boldsymbol{\nabla}_{\boldsymbol{x}}\cdot\mathbf{T}\cdot\boldsymbol{v} + \mathbf{T}\cdot\cdot(\boldsymbol{\nabla}_{\boldsymbol{x}}\boldsymbol{v})^{\mathrm{T}} \tag{5.60}$$

und

$$\dot{\boldsymbol{v}}\cdot\boldsymbol{v} = \frac{\mathrm{D}}{\mathrm{D}t}\left(\frac{1}{2}\boldsymbol{v}\cdot\boldsymbol{v}\right)$$

abschließend

$$\rho\frac{\mathrm{D}}{\mathrm{D}t}\left(\frac{1}{2}\boldsymbol{v}\cdot\boldsymbol{v}\right) = \boldsymbol{\nabla}_{\boldsymbol{x}}\cdot(\mathbf{T}\cdot\boldsymbol{v}) - \mathbf{T}\cdot\cdot(\boldsymbol{\nabla}_{\boldsymbol{x}}\boldsymbol{v})^{\mathrm{T}} + \rho\mathbf{k}\cdot\boldsymbol{v} \tag{5.61}$$

Unter der Voraussetzung der Gültigkeit der lokalen Impulsbilanzgleichung ist Gl. (5.61) eine Identität. Für stetig differenzierbare Felder kann man über $\mathrm{d}V$ integrieren und erhält

$$\int\limits_V \rho\frac{\mathrm{D}}{\mathrm{D}t}\left(\frac{1}{2}\boldsymbol{v}\cdot\boldsymbol{v}\right)\mathrm{d}V = \int\limits_V \left[\boldsymbol{\nabla}_{\boldsymbol{x}}\cdot(\mathbf{T}\cdot\boldsymbol{v}) - \mathbf{T}\cdot\cdot(\boldsymbol{\nabla}_{\boldsymbol{x}}\boldsymbol{v})^{\mathrm{T}} + \rho\mathbf{k}\cdot\boldsymbol{v}\right]\,\mathrm{d}V \tag{5.62}$$

Bei Anwendung des Massenerhaltungssatzes $(\rho\mathrm{d}V)^{\cdot} = 0$ und des Divergenztheorems auf das Volumenintegral über $\boldsymbol{\nabla}_{\boldsymbol{x}}\cdot(\mathbf{T}\cdot\boldsymbol{v})$ ergibt sich

$$\frac{\mathrm{D}}{\mathrm{D}t}\int\limits_V\left(\frac{1}{2}\boldsymbol{v}\cdot\boldsymbol{v}\right)\rho\,\mathrm{d}V + \int\limits_V \mathbf{T}\cdot\cdot(\boldsymbol{\nabla}_{\boldsymbol{x}}\boldsymbol{v})^{\mathrm{T}}\,\mathrm{d}V = \int\limits_A \boldsymbol{n}\cdot(\mathbf{T}\cdot\boldsymbol{v})\,\mathrm{d}A + \int\limits_V \mathbf{k}\cdot\boldsymbol{v}\rho\,\mathrm{d}V \tag{5.63}$$

Vergleicht man die Gln. (5.59) und (5.63) erhält man

$$\frac{\mathrm{D}}{\mathrm{D}t}\int\limits_V u\rho\,\mathrm{d}V = \int\limits_V \mathbf{T}\cdot\cdot(\boldsymbol{\nabla}_{\boldsymbol{x}}\boldsymbol{v})^{\mathrm{T}}\,\mathrm{d}V = \mathcal{P}_{\mathrm{i}} \tag{5.64}$$

$\mathcal{P}_{\mathrm{i}}$ ist die Spannungsleistung. Damit ist die Änderungsgeschwindigkeit der inneren Energie $\mathcal{U}$ des Körpers gleich der Spannungsleistung $\mathcal{P}_{\mathrm{i}}$. Die Bilanzgleichung kann damit wie folgt formuliert werden.

Definition 5.3 (Energiebilanz 2). Die Änderungsrate der kinetischen Energie und die Leistung der inneren Kräfte (Spannungen) sind gleich der Leistung aller äußeren Kräfte.

Der Ausdruck

$$\frac{1}{\rho}\mathbf{T}\cdot\cdot(\boldsymbol{\nabla}_{\boldsymbol{x}}\boldsymbol{v})^{\mathrm{T}} = \frac{1}{\rho}\mathbf{T}\cdot\cdot\mathbf{L} \tag{5.65}$$

kennzeichnet die spezifische Spannungsleistung pro Masseeinheit bzw. die Spannungsleistungsdichte. Der Cauchy'sche Spannungstensor $\mathbf{T}$ ist symmetrisch, der Geschwindigkeitsgradient $\mathbf{L}$ kann additiv in den symmetrischen Streckgeschwindigkeitstensor $\mathbf{D}$ und den antisymmetrischen Spintensor $\boldsymbol{W}$ aufgespalten werden.

Damit gilt auch

$$\frac{1}{\rho}\mathbf{T}\cdot\cdot\mathbf{L} = \frac{1}{\rho}\mathbf{T}\cdot\cdot(\mathbf{D}+\mathbf{W}) = \frac{1}{\rho}\mathbf{T}\cdot\cdot\mathbf{D} \tag{5.66}$$

Für die globale räumliche Bilanzgleichung gilt folglich

$$\frac{\mathrm{D}}{\mathrm{D}t}\int\limits_V \left(\frac{1}{2}\boldsymbol{v}\cdot\boldsymbol{v}\right)\rho\,\mathrm{d}V = \int\limits_A \boldsymbol{n}\cdot(\mathbf{T}\cdot\boldsymbol{v})\,\mathrm{d}A + \int\limits_V \left(\mathbf{k}\cdot\boldsymbol{v} - \frac{1}{\rho}\mathbf{T}\cdot\cdot\mathbf{D}\right)\rho\,\mathrm{d}V \tag{5.67}$$

Diese Gleichung folgt aus Gl. (5.12) mit

$$\Psi \to \frac{1}{2}\boldsymbol{v}\cdot\boldsymbol{v}; \quad \boldsymbol{\Phi} = \mathbf{T}\cdot\boldsymbol{v}; \quad \Xi \to \mathbf{k}\cdot\boldsymbol{v} - \frac{1}{\rho}\mathbf{T}\cdot\cdot\mathbf{D} \tag{5.68}$$

Für die materielle Formulierung der Bilanzgleichungen drückt man die Spannungsleistung mit Hilfe des Green'schen Verzerrungsgeschwindigkeitstensors $\dot{\mathbf{G}}$ und des 2. Piola-Kirchhoff'schen Spannungstensors aus. Mit

$$\dot{\mathbf{G}} = \frac{\mathrm{D}}{\mathrm{D}t}\left[\frac{1}{2}\left(\mathbf{F}^{\mathrm{T}}\cdot\mathbf{F} - \mathbf{I}\right)\right] = \mathbf{F}^{\mathrm{T}}\cdot\mathbf{D}\cdot\mathbf{F}$$

und $\rho\det\mathbf{F} = \rho_0$ erhält man die spezifische Spannungsleistung in der Referenzkonfiguration

$$\begin{aligned}\frac{1}{\rho}\mathbf{T}\cdot\cdot\mathbf{D} &= \frac{1}{\rho_0}(\det\mathbf{F})\mathbf{T}\cdot\cdot\left[\left(\mathbf{F}^{-1}\right)^{\mathrm{T}}\cdot\dot{\mathbf{G}}\cdot\mathbf{F}^{-1}\right]\\ &= \frac{1}{\rho_0}(\det\mathbf{F})\left[\mathbf{F}^{-1}\cdot\mathbf{T}\cdot\left(\mathbf{F}^{-1}\right)^{\mathrm{T}}\right]\cdot\cdot\dot{\mathbf{G}} = \frac{1}{\rho_0}\,{}^{\mathrm{II}}\mathbf{P}\cdot\cdot\dot{\mathbf{G}},\end{aligned}$$

d.h.

$$\frac{1}{\rho(\boldsymbol{x},t)}\mathbf{T}(\boldsymbol{x},t)\cdot\cdot\mathbf{D}(\boldsymbol{x},t) = \frac{1}{\rho_0(\boldsymbol{a})}\,{}^{\mathrm{II}}\mathbf{P}(\boldsymbol{a},t)\cdot\cdot\dot{\mathbf{G}}(\boldsymbol{a},t) \tag{5.69}$$

Die globale Bilanzgleichung für die Referenzkonfiguration lautet dann

$$\frac{\partial}{\partial t}\int\limits_{V_0}\left(\frac{1}{2}\boldsymbol{v}\cdot\boldsymbol{v}\right)\rho_0\,\mathrm{d}V_0 = \int\limits_{A_0}\boldsymbol{n}_0\cdot({}^{\mathrm{II}}\mathbf{P}\cdot\boldsymbol{v})\,\mathrm{d}A_0 + \int\limits_{V_0}\left(\mathbf{k}_0\cdot\boldsymbol{v} - \frac{1}{\rho_0}\,{}^{\mathrm{II}}\mathbf{P}\cdot\cdot\dot{\mathbf{G}}\right)\rho_0\,\mathrm{d}V_0 \tag{5.70}$$

Aus den Gln. (5.67) bzw. (5.70) kann man erkennen, dass das Volumenintegral auf der rechten Gleichungsseite sowohl einen Zufuhr- als auch einen Produktionsterm enthält. Im Unterschied zu den Bilanzgleichungen der Masse, des Impulses und des Drehimpulses ist die mechanische Energie daher im Allgemeinen keine konservative Größe.

Bezeichnet man die Leistung aller von außen wirkenden Kräfte mit

$$\mathcal{P}_{\mathrm{a}} = \frac{\mathrm{D}\mathcal{W}_{\mathrm{a}}}{\mathrm{D}t} \qquad \mathcal{W}_{\mathrm{a}} \text{ Arbeit der äußeren Kräfte,}$$

die Leistung aller inneren Kräfte mit

$$\mathcal{P}_i = \frac{D\mathcal{W}_i}{Dt} \qquad \mathcal{W}_i \text{ Formänderungsarbeit}$$

und die kinetische Energie mit $\mathcal{K}$, erhält man Gl. (5.67) in folgender Form

$$\frac{D}{Dt}\left(\mathcal{W}_a\right) = \frac{D}{Dt}\left(\mathcal{K} + \mathcal{W}_i\right) \tag{5.71}$$

bzw.

$$\mathcal{P}_a = \dot{\mathcal{K}} + \mathcal{P}_i \tag{5.72}$$

Definition 5.4 (Energieänderung). Die Leistung aller äußeren Kräfte ist gleich der Änderung der mechanischen Energie des Körpers.

Definition 5.5 (Konservatives mechanisches System). Ein mechanisches System heißt konservativ, wenn sich die Leistung der äußeren Kräfte und die Spannungsleistung als lokale Zeitableitungen skalarwertiger Funktionen ausdrücken lassen.

Sind $\mathcal{W}_P(t)$ die potentielle Energie der äußeren Kräfte und $\mathcal{W}_F$ die Formänderungs- oder Verzerrungsenergie der inneren Kräfte, muss für konservative Systeme gelten

$$\mathcal{P}_a(t) = -\frac{D\mathcal{W}_P(t)}{Dt}, \qquad \mathcal{P}_i(t) = \frac{D\mathcal{W}_F(t)}{Dt} \tag{5.73}$$

$\mathcal{W}_P$ wird durch die aktuelle Lage des Körpers definiert, $\mathcal{W}_F$ hängt vom aktuellen Verzerrungszustand ab. Für konservative Aufgaben der Kontinuumsmechanik erhält man mit $\mathcal{W}_K(t) \equiv \mathcal{K}(t)$ die Aussage

$$\begin{aligned} \frac{D}{Dt}\left[\mathcal{W}_K(t) + \mathcal{W}_P(t) + \mathcal{W}_F(t)\right] &= 0, \\ W_K(t) + W_P(t) + W_F(t) &= \text{const.} \end{aligned} \tag{5.74}$$

Satz 5.5 (Energieerhaltungssatz). *Die mechanische Gesamtenergie eines Körpers bleibt bei seiner Bewegung erhalten.*

Interessant sind auch noch die folgenden Umformungen der Gl. (5.59)

$$\begin{aligned} \frac{D}{Dt}\int_V \left(\frac{1}{2}\boldsymbol{v}\cdot\boldsymbol{v} + u\right)\rho\, dV &= \int_V \frac{D}{Dt}\left[\left(\frac{1}{2}\boldsymbol{v}\cdot\boldsymbol{v} + u\right)\rho\, dV\right] \\ &= \int_V \frac{D}{Dt}\left(\frac{1}{2}\boldsymbol{v}\cdot\boldsymbol{v} + u\right)\rho\, dV + \int_V \left(\frac{1}{2}\boldsymbol{v}\cdot\boldsymbol{v} + u\right)\frac{D}{Dt}(\rho\, dV) \\ &= \int_V \dot{\boldsymbol{v}}\cdot\boldsymbol{v}\rho\, dV + \int_V \dot{u}\rho\, dV, \end{aligned} \tag{5.75}$$

$$\int_A \mathbf{n} \cdot (\mathbf{T} \cdot \mathbf{v})\, dA = \int_V \nabla_x \cdot (\mathbf{T} \cdot \mathbf{v})\, dV = \int_V \nabla_x \cdot \mathbf{T} \cdot \mathbf{v} + \mathbf{T} \cdot\cdot (\nabla_x \mathbf{v})^T\, dV \tag{5.76}$$

Einsetzen in Gl. (5.59) liefert

$$\int_V \left[\dot{u}\rho - \mathbf{T} \cdot\cdot (\nabla_x \mathbf{v})^T + (\rho\dot{\mathbf{v}} - \nabla_x \cdot \mathbf{T} - \rho\mathbf{k}) \cdot \mathbf{v} \right] dV = 0 \tag{5.77}$$

Diese Gleichung gilt für beliebig kleine Volumina des Körpers. Da nach Gl. (5.54) der in runde Klammern gesetzte Ausdruck im Integranden verschwindet, erhält man die lokale Energiebilanzgleichung in räumlicher Darstellung in folgender Form

$$\dot{u}\rho = \mathbf{T} \cdot\cdot (\nabla_x \mathbf{v})^T = \mathbf{T} \cdot\cdot \mathbf{D} \tag{5.78}$$

u entspricht bei rein mechanischen Bilanzgleichungen der inneren Energiedichte, die rechte Seite ist die entsprechende mechanische Leistung (Spannungsleistung), die mit der Deformation eines Festkörpers oder Fluids verbunden ist.

Bei der Transformation in die Referenzkonfiguration folgt

$$\rho_0 \dot{u} = {}^{II}\mathbf{P} \cdot\cdot \dot{\mathbf{G}} \tag{5.79}$$

Aus den Gln. (5.78) und (5.79) erhält man

$$\dot{u} = \frac{1}{\rho} \mathbf{T} \cdot\cdot \mathbf{D}, \qquad \dot{u} = \frac{1}{\rho_0}\, {}^{II}\mathbf{P} \cdot\cdot \dot{\mathbf{G}} \tag{5.80}$$

Die jeweiligen rechten Seiten der Gln. (5.80) definieren die spezifische innere Leistung (Spannungsleistung in Euler'scher und Lagrange'scher Darstellung. Man bezeichnet $(\mathbf{T}, \mathbf{D})$ und $({}^{II}\mathbf{P}, \dot{\mathbf{G}})$ als äquivalente konjugierte Verknüpfung von Spannungstensoren mit den zeitlichen Ableitungen von Verzerrungstensoren. Solche Verknüpfungen haben für die Materialtheorie eine große Bedeutung. Es ist aus dieser Sicht günstig, solche Konjugationstensorpaare zu wählen, die nicht nur über die spezifische Spannungsleistung, sondern zusätzlich auch durch eine einfache Konstitutivgleichung verknüpft sind. So wird z.B. später gezeigt, dass für linear elastisches Materialverhalten und finite Deformationen eine Verknüpfung zwischen ${}^{II}\mathbf{P}$ und $\mathbf{G}$ auch in folgender Form besteht

$${}^{II}\mathbf{P} = {}^{(4)}\mathbf{E} \cdot\cdot \mathbf{G} \tag{5.81}$$

${}^{(4)}\mathbf{E}$ ist ein vierstufiger Materialtensor.

Natürlich kann man auch eine konjugierte kinematische Größe zum Spannungstensor ${}^{I}\mathbf{P}(\mathbf{a}, t)$ angeben. Ausgangspunkt ist die Gleichung

$$\frac{1}{\rho} \mathbf{T} \cdot\cdot (\nabla_x \mathbf{v})^T \Longrightarrow \frac{1}{\rho} [(\det \mathbf{F})^{-1} \mathbf{F} \cdot {}^{I}\mathbf{P}] \cdot\cdot (\nabla_x \mathbf{v})^T$$

Beachtet man die Beziehungen

$$\frac{D}{Dt}(d\mathbf{x}) = (\nabla_x \boldsymbol{v})^T \cdot d\mathbf{x}, \qquad \frac{D}{Dt}(\mathbf{F}\cdot d\boldsymbol{a}) = (\nabla_x \boldsymbol{v})^T \cdot (\mathbf{F}\cdot d\boldsymbol{a}),$$
$$\frac{D\mathbf{F}}{Dt} = (\nabla_x \boldsymbol{v})^T \cdot \mathbf{F}, \qquad (\nabla_x \boldsymbol{v})^T = \frac{D\mathbf{F}}{Dt}\cdot \mathbf{F}^{-1},$$

erhält man

$$\frac{1}{\rho}\mathbf{T} \cdot\cdot (\nabla_x \boldsymbol{v})^T = \left[\frac{1}{\rho}(\det \mathbf{F})^{-1}\mathbf{F}\cdot{}^{I}\mathbf{P}\right] \cdot\cdot \left(\frac{D\mathbf{F}}{Dt}\cdot \mathbf{F}^{-1}\right),$$

und mit den Identitäten

$$\mathrm{Sp}\,(\mathbf{A}\cdot\mathbf{B}\cdot\mathbf{C}\cdot\mathbf{D}) = \mathrm{Sp}\,(\mathbf{B}\cdot\mathbf{C}\cdot\mathbf{D}\cdot\mathbf{A}) = \mathrm{Sp}\,(\mathbf{C}\cdot\mathbf{D}\cdot\mathbf{A}\cdot\mathbf{B})$$

sowie

$$\det \mathbf{F} = \frac{\rho_0}{\rho}$$

folgt

$$\frac{1}{\rho}\mathbf{T} \cdot\cdot (\nabla_x \boldsymbol{v})^T = \frac{1}{\rho_0}\,{}^{I}\mathbf{P} \cdot\cdot \dot{\mathbf{F}},$$

d.h.

$$\dot{u} = \frac{1}{\rho_0}\,{}^{I}\mathbf{P} \cdot\cdot \dot{\mathbf{F}} \tag{5.82}$$

$({}^{I}\mathbf{P}, \dot{\mathbf{F}})$ ist auch eine äquivalente konjugierte Verknüpfung eines Spannungstensors mit der materiellen Ableitung einer kinematischen Größe. $({}^{I}\mathbf{P}, \dot{\mathbf{F}})$ bezieht sich auf die Referenzkonfiguration.

Die wichtigsten Energiebilanzen sind nachfolgend zusammengefasst.

Mechanische Energiebilanzgleichungen

$$\frac{D}{Dt}\int_V \left(\frac{1}{2}\boldsymbol{v}\cdot\boldsymbol{v} + u\right)\rho\, dV = \int_A \mathbf{t}\cdot\boldsymbol{v}\, dA + \int_V \mathbf{k}\cdot\boldsymbol{v}\rho\, dV = \int_A \boldsymbol{n}\cdot\mathbf{T}\cdot\boldsymbol{v}\, dA + \int_V \mathbf{k}\cdot\boldsymbol{v}\rho\, dV,$$
$$\frac{D}{Dt}\int_V \frac{1}{2}\boldsymbol{v}\cdot\boldsymbol{v}\rho\, dV = \int_A \boldsymbol{n}\cdot\mathbf{T}\cdot\boldsymbol{v}\, dA + \int_V \rho\left(\mathbf{k}\cdot\boldsymbol{v} - \frac{1}{\rho}\mathbf{T}\cdot\cdot\mathbf{D}\right) dV,$$
$$\frac{D}{Dt}\int_V u\rho\, dV = \int_V \mathbf{T}\cdot\cdot(\nabla_x \boldsymbol{v})^T\, dV = \int_V \mathbf{T}\cdot\cdot\mathbf{D}\, dV,$$

$$\frac{\partial}{\partial t}\int_{V_0}\left(\frac{1}{2}\boldsymbol{v}\cdot\boldsymbol{v}\right)\rho_0\, dV_0 = \int_{A_0} \boldsymbol{n}_0\cdot({}^{II}\mathbf{P}\cdot\boldsymbol{v})\, dA_0 + \int_{V_0}\left(\mathbf{k}_0\cdot\boldsymbol{v} - \frac{1}{\rho_0}\,{}^{II}\mathbf{P}\cdot\cdot\dot{\mathbf{G}}\right)\rho_0\, dV_0,$$

$$\rho\dot{u} = \mathbf{T}\cdot\cdot\mathbf{D}, \qquad \rho_0\dot{u} = {}^{II}\mathbf{P}\cdot\cdot\dot{\mathbf{G}}, \qquad \rho_0\dot{u} = {}^{I}\mathbf{P}\cdot\cdot\dot{\mathbf{F}},$$
$$\frac{D}{Dt}\left[\mathcal{W}_K(t) + \mathcal{W}_P(t) + \mathcal{W}_F(t)\right] = 0$$

5.3 Thermodynamische Erweiterungen der Bilanzgleichungen

Kontinua unterliegen in zahlreichen Anwendungsfällen auch nichtmechanischen Einflüssen. Dazu zählen insbesondere thermische, elektro-magnetische und chemische Einflüsse. Die Beschreibung der Veränderungen im Kontinuum ist dann möglich, wenn entsprechende Feldvariablen definiert sind und gleichzeitig eine „Bilanzierung" des Zusammenwirkens der unterschiedlichen Felder möglich ist. Aus der Erfahrung ist bekannt, dass alle Bewegungen von Kontinua von thermischen Erscheinungen begleitet sind. Es treten örtlich und zeitlich unterschiedliche Temperaturen auf und es fließen Wärmeströme. Bei realen Prozessen bleibt daher die mechanische Energie im Allgemeinen nicht konstant. Fast alle äußeren Kräfte sind wegen des Auftretens von Reibung nicht konservativ und können daher nicht aus einem Potential abgeleitet werden. Da vielfach auch innere Reibungsprozesse ablaufen, d.h. Dissipation auftritt, wird die mechanische Leistung der inneren Kräfte nicht voll als mechanische Energie gespeichert, es gibt auch andere Energieformen. Lässt man neben der mechanischen Energie noch thermische Einflüsse zu, wird im Körper sowohl mechanische als auch thermische Energie gespeichert. Im Körper gibt es dann auch Wärmezufuhr und Wärmeverlust, über die Körperoberfläche fließen Wärmeströme. Es kommt zu einer Kopplung von mechanischen und thermischen Größen. Im nachfolgenden Kapitel wird exemplarisch die Erweiterung der Kontinuumsbetrachtungen auf solche gekoppelten mechanischen und thermischen Felder vorgenommen. Dabei werden schwerpunktmäßig die Hauptsätze der Kontinuumsthermodynamik und die sich aus ihnen ergebenden Konsequenzen diskutiert. Es ist von besonderer Bedeutung, dass mechanische Energie vollständig in thermische Energie umgesetzt werden kann, die Umkehrung aber nicht gilt.

5.3.1 Vorbemerkungen und Notationen

Für die Abschn. 5.3.2 und 5.3.3 werden einige Grundbegriffe der Thermodynamik benötigt. Hier erfolgt eine Interpretation aus der Sicht der Kontinuumsmechanik. Ausgangspunkt der Betrachtungen ist erneut das Kontinuumsvolumen sowie die im Abschn. 5.1 diskutierten Aussagen zur allgemeinen Bilanzgleichung. Im Sinne der Thermodynamik stellt das Kontinuum, welches das Volumen V einnimmt, ein thermodynamisches System dar, dessen Eigenschaften durch die Angabe eines Satzes makroskopischer Variablen eindeutig und vollständig beschreibbar sind. Beispiele für derartige makroskopische Variablen sind die Energie, das Volumen, die Teilchenanzahl usw. Die umhüllende Fläche A (Oberfläche) stellt eine Abgrenzung des Kontinuums gegenüber der Umgebung dar (Systemgrenze), wobei die Oberfläche unterschiedliche Eigenschaften bezüglich ihrer Durchlässigkeit besitzen kann. Man unterscheidet isolierte (abgeschlossene), geschlossene und offene Systeme. Für isolierte Systeme setzt man voraus, dass es keinerlei Wechselwirkungen mit der Umgebung gibt, d.h. die Oberfläche ist für jegliche Austauschprozesse undurchlässig. Im Kontinuum ablaufende Prozesse werden als adiabat bezeichnet.

Es gibt keine Wärmeübergänge und keinen Wärmeaustausch mit der Umgebung. Zustandsänderungen adiabater Systeme sind bei Ausschluss innerer Wärmequellen nur durch mechanische Arbeit möglich. Eine Konsequenz dieser Idealisierung ist, dass die Gesamtenergie im eingeschlossenen Kontinuum konstant ist und folglich der Makrozustand über mindestens eine Erhaltungsgröße und einen Erhaltungssatz beschrieben werden kann. Für geschlossene Systeme wird vorausgesetzt, dass ein Energieaustausch stattfinden kann (Temperaturausgleich mit der Umgebung), jedoch ein Materieaustausch nicht möglich ist. Die Energie ist damit keine Erhaltungsgröße, und folglich muss z.B. eine Bilanz für die Änderung der Gesamtenergie infolge Energieaustausch über die Oberfläche formuliert werden. Die Masse eines geschlossenen System ist jedoch konstant. Für offene Systeme wird angenommen, dass Energie- und Materieaustausch möglich sind. Damit sind die Energie und die Teilchenanzahl bzw. die Masse keine Erhaltungsgrößen. Offene Systeme werden in der Fluidmechanik auch als Kontrollräume bezeichnet. Über die Verbindung zwischen Energie und Temperatur sowie Teilchenzahl und chemisches Potential lässt sich in diesem Fall der Makrozustand kennzeichnen. Offene Systeme werden bei den folgenden Betrachtungen ausgeschlossen.

Jedem materiellen Punkt des Volumens wird im Rahmen der thermodynamischen Betrachtungen mindestens eine weitere nichtmechanische Eigenschaft zugeordnet: die absolute Temperatur Θ. Sie ist eine nichtnegative Größe ($\Theta \geqslant 0$). Die Temperatur ist vom Standpunkt der Physik eine makroskopische Interpretation der mittleren mikroskopischen Bewegungsenergie, der „thermischen Schwingungen". Die Temperatur im Kontinuum kann örtliche und zeitliche Unterschiede aufweisen.

Die klassische Thermodynamik untersucht nur thermische Gleichgewichtszustände. Man spricht daher auch von einer Thermostatik. Durch die Erweiterung auf eine Untersuchung von Nichtgleichgewichtszuständen erhält man die Thermodynamik der Prozesse oder auch die irreversible Thermodynamik. Als Grundlage thermodynamischer Untersuchungen gelten der 1. und der 2. Hauptsatz der Thermodynamik. Diese Sätze enthalten Aussagen zur Energiebilanz bzw. zum Charakter und zur Richtung von Energieaustauschprozessen. Man kann die genannten Hauptsätze durch zwei weitere Aussagen zum thermodynamischen Gleichgewicht und zum Entropiewert am absoluten Temperaturnullpunkt ergänzen. Wegen ihrer Bedeutung werden diese Aussagen dem 1. und 2. Hauptsatz vor- bzw. nachgestellt und als 0. bzw. 3. Hauptsatz bezeichnet. Man hat dann die folgenden 4 Hauptsätze.

Satz 5.6 (0. Hauptsatz der Thermodynamik). *Alle Systeme, die mit einem System im thermodynamischen Gleichgewicht stehen, sind auch untereinander im Gleichgewicht.*

Satz 5.7 (1. Hauptsatz der Thermodynamik). *Bei der Energiebilanz eines Systems ergeben die ausgetauschte Arbeit und die Wärme zusammen die totale Energieänderung. Bei allen Energieaustauschprozessen bleibt die Summe der mechanischen und der thermischen Energie konstant.*

Satz 5.8 (2. Hauptsatz der Thermodynamik). *Wärme kann nie von selbst von einem System niederer Temperatur auf Systeme höherer Temperatur übergehen. Für* *abgeschlossene Systeme nimmt die Entropie bei irreversiblen Prozessen stets zu ($d\mathcal{S} > 0$), für Gleichgewichtszustände nimmt sie einen Extremwert an ($d\mathcal{S} = 0$).*

Satz 5.9 (3. Hauptsatz der Thermodynamik). *Jedes System besitzt am absoluten Nullpunkt ($\theta = 0$) die Entropie $\mathcal{S} = 0$.*

Die Hauptsätze der Thermodynamik sind auch für die Betrachtung von Kontinua von grundlegender Bedeutung. Mit dem 0. Hauptsatz wird die Tatsache begründet, dass Ausgleichprozesse im Kontinuum (sowie möglicherweise mit seiner Umgebung) stets bis zum Gleichgewichtszustand ablaufen. Der 1. Hauptsatz bilanziert die Energieänderung im Kontinuum. Mit Hilfe des 2. Hauptsatzes sind Aussagen zur Prozessrichtung möglich. Dabei sind reversible (vollständig umkehrbare) und irreversible Prozesse zu unterscheiden. Reale Prozessverläufe im Kontinuum sind stets irreversibel. In bestimmten Fällen kann man jedoch mit guter Näherung annehmen, dass die Prozesse reversibel ablaufen. Beispiele sind mit der Festigkeitslehre und der Elastizitätstheorie gegeben. Aus dem 3. Hauptsatz folgt, dass die Entropie eine nichtnegative Größe ist. Die Entropie kann als Maß der mikroskopischen Unordnung im Kontinuum interpretiert werden.

Im Rahmen der Kontinuumsthermodynamik sind zunächst geeignete Variable zur Beschreibung der makroskopischen Eigenschaften des Kontinuums zu definieren. Man bezeichnet makroskopisch messbare, voneinander unabhängige Parameter, die den Zustand eines Systems eindeutig beschreiben, als Zustandsvariablen. Eine ausführlichere Diskussion erfolgt dazu im Kapitel 6. Die phänomenologischen Variablen lassen sich in extensive (additive) und intensive Größen einteilen. Die additiven Größen sind proportional zur Stoffmenge im System, d.h. beispielsweise zur Masse im Kontinuum. Die innere Energie eines Systems ist ein Beispiel für eine extensive Zustandsgröße. Sie hängt nur von kinematischen Variablen und von der Temperatur ab, d.h. $\mathcal{U} = \mathcal{U}(\text{kinematische Variable}, \theta)$. Bei Teilung eines homogenen Systems der Gesamtmasse m in n homogene Teilsysteme mit den Massen m_i gilt

$$\mathcal{U}_i = \left(\frac{m_i}{m}\right)\mathcal{U}, \quad i = 1,\ldots,n, \qquad \sum_{i=1}^{n} \mathcal{U}_i = \mathcal{U}, \quad \sum_{i=1}^{n} m_i = m \tag{5.83}$$

Für inhomogene Systeme erhält man durch Einführung der inneren Massenenergiedichte

$$u = \frac{d\mathcal{U}}{dm}$$

für jedes inhomogene Teilsystem

$$\mathcal{U}_i = \int_{m_i} u \, dm = \int_{V_i} u\rho_i \, dV, \qquad \mathcal{U} = \int_{m} u \, dm = \int_{V} u\rho \, dV \tag{5.84}$$

Intensive Größen sind unabhängig von der Stoffmenge. Unterteilt man ein im Gleichgewicht befindliches System in n Teilsysteme, hat eine intensive Zustandsgröße für jedes Teilsystem den unverändert gleichen Wert. Als Beispiele kann man u.a. die Dichte oder die Temperatur anführen.

Zwischen den phänomenologischen Variablen bestehen verschiedene Zusammenhänge. Sie sind über allgemeine Bilanzen (Hauptsätze) und spezielle Konstitutivgleichungen verknüpft. Innerhalb dieses Kapitels werden nur die Bilanzen behandelt. Die Diskussion der Konstitutivgleichungen erfolgt im Kapitel 6. Diese Vorgehensweise ist dadurch gerechtfertigt, dass die Bilanzen Erfahrungssätze sind, die für alle Kontinua gleichermaßen gelten. Die Konstitutivgleichungen werden vielfach empirisch aufgestellt und haben daher einen eingeschränkten Gültigkeitsbereich. Eine Auswertung der Bilanzen für spezielle Kontinua ermöglicht jedoch Aussagen zur thermodynamischen Widerspruchsfreiheit der gewählten Konstitutivgleichungen.

Für den Abschn. 5.3 werden folgende Einschränkungen vorgenommen:

- Das im Volumen eingeschlossene Kontinuum sei homogen, d.h. jeder materielle Punkt besitzt die gleichen Eigenschaften. Die Eigenschaften sind ortsunabhängig.
- Es werden ausschließlich abgeschlossene und geschlossene Systeme betrachtet, d.h. ein Masseaustausch mit der Umgebung wird ausgeschlossen. Es gilt uneingeschränkt der Massenerhaltungssatz.
- Bei der Analyse des Kontinuums werden nur mechanische und thermische Felder einbezogen. Die Wirkung anderer physikalischer Felder wird als vernachlässigbar gering angesehen.

5.3.2 Bilanz der Energie: 1. Hauptsatz der Thermodynamik

Der 1. Hauptsatz der Thermodynamik stellt die energetische Bilanz für ein beliebiges Volumen eines Körpers dar.

Definition 5.6 (Thermomechanische Energiebilanz). Die zeitliche Änderung (materielle Zeitableitung) der Gesamtenergie $\mathcal{W}$ innerhalb des betrachteten Volumens ist gleich der Summe aus der Geschwindigkeit der Wärmezufuhr (Wärmezufuhrleistung) $\mathcal{Q}$ sowie der Leistung $\mathcal{P}_a$ aller äußeren Kräfte, d.h. die Änderungsgeschwindigkeit der Gesamtenergie $\mathcal{W}$ ist gleich der gesamten äußeren Energiezufuhr $\mathcal{P}_a + \mathcal{Q}$

$$\frac{\mathsf{D}}{\mathsf{D}t}\mathcal{W} = \mathcal{P}_a + \mathcal{Q} \tag{5.85}$$

Die Gesamtenergie $\mathcal{W}$ setzt sich aus der inneren Energie $\mathcal{U}$ und der kinetischen Energie $\mathcal{K}$ zusammen

$$\mathcal{W} = \mathcal{U} + \mathcal{K} \tag{5.86}$$

Für die kinetische Energie gilt Gl. (5.55)

$$\mathcal{K} = \frac{1}{2}\int\limits_V \boldsymbol{v}\cdot\boldsymbol{v}\rho \, \mathrm{d}V$$

Die innere Energie ist eine additive Funktion der Masse und aus den Gln. (5.83) und (5.84) folgt

$$\mathcal{U} = \int_m u \, dm = \int_V \rho u \, dV$$

mit u als innerer Energiedichte pro Masseeinheit (spezifische innere Energie). Entsprechend des eingeführten Kontinuummodells und der im Abschn. 4.1 vorgenommenen Klassifikation der äußeren Kräfte sind bei der Berechnung der Leistung $\mathcal{P}_a$ die Wirkungen möglicher Volumen- und Flächenkräfte zu berücksichtigen. Damit erhält man

$$\mathcal{P}_a = \int_A \mathbf{t} \cdot \boldsymbol{v} \, dA + \int_V \mathbf{k} \cdot \boldsymbol{v} \rho \, dV \tag{5.87}$$

Die Geschwindigkeit der Wärmezufuhr setzt sich aus zwei Teilen zusammen: der unmittelbaren Wärmezufuhr im Volumen infolge skalarer Wärmequellen r sowie der Wärmezufuhr über die das Kontinuum umhüllende Fläche A

$$\mathcal{Q} = \int_V \rho r \, dV - \int_A \mathbf{n} \cdot \mathbf{h} \, dA \tag{5.88}$$

$\mathbf{h}$ ist der Wärmestromvektor pro Einheitsfläche von A. Das Vorzeichen vor dem Flächenintegral wurde so gewählt, dass ein positiver Wärmestromvektor eine Wärmezufuhr in das Kontinuum über die Oberfläche bedeutet.

Damit lautet die Gl. (5.85)

$$\dot{\mathcal{U}} + \dot{\mathcal{K}} = \mathcal{P}_a + \mathcal{Q} \tag{5.89}$$

und nach Einsetzen der Ausdrücke für $\mathcal{U}, \mathcal{K}, \mathcal{P}_a$ und $\mathcal{Q}$

$$\frac{D}{Dt} \int_V \left(u + \frac{1}{2} \boldsymbol{v} \cdot \boldsymbol{v} \right) \rho \, dV = \int_A \mathbf{t} \cdot \boldsymbol{v} \, dA + \int_V \mathbf{k} \cdot \boldsymbol{v} \rho \, dV - \int_A \mathbf{n} \cdot \mathbf{h} \, dA + \int_V r \rho \, dV \tag{5.90}$$

Unter Beachtung von $\mathbf{t} = \mathbf{n} \cdot \mathbf{T}$ erhält man den 1. Hauptsatz auch wieder aus der allgemeinen Bilanzgleichung (5.12) mit

$$\boldsymbol{\Psi} \to u + \frac{1}{2} \boldsymbol{v} \cdot \boldsymbol{v}, \quad \boldsymbol{\Phi} = \mathbf{T} \cdot \boldsymbol{v} - \mathbf{h}, \quad \Xi \to \mathbf{k} \cdot \boldsymbol{v} + r$$

Schreibt man die Energiebilanzgleichung für die Referenzkonfiguration auf, gilt

$$\begin{aligned} \frac{\partial}{\partial t} \int_{V_0} \left(u + \frac{1}{2} \boldsymbol{v} \cdot \boldsymbol{v} \right) \rho_0 \, dV_0 = & \int_{A_0} {}^{\mathrm{I}}\mathbf{t} \cdot \boldsymbol{v} \, dA_0 + \int_{V_0} \mathbf{k}_0 \cdot \boldsymbol{v} \rho_0 \, dV_0 \\ & - \int_{A_0} \mathbf{n}_0 \cdot \mathbf{h}_0 \, dA_0 + \int_{V_0} r \rho_0 \, dV_0 \end{aligned} \tag{5.91}$$

Entsprechend Gl. (4.36) für die Beziehungen zwischen $\mathbf{t}$ und ${}^{\mathrm{I}}\mathbf{t}$ erhält man für den Zusammenhang von $\mathbf{h}$ und $\mathbf{h}_0$

$$\mathbf{h}_0 = (\det \mathbf{F})\mathbf{F}^{-1} \cdot \mathbf{h}, \quad \mathbf{h} = (\det \mathbf{F})^{-1}\mathbf{F} \cdot \mathbf{h}_0 \tag{5.92}$$

Beachtet man die folgenden Umformungen

$$\frac{\mathrm{D}}{\mathrm{Dt}} \int_V (\ldots) \rho \, \mathrm{d}V = \int_V \frac{\mathrm{D}}{\mathrm{Dt}} (\ldots) \rho \, \mathrm{d}V$$

$$\frac{\mathrm{D}}{\mathrm{Dt}} \left(\frac{1}{2} \boldsymbol{v} \cdot \boldsymbol{v} \right) = \frac{1}{2} \dot{\boldsymbol{v}} \cdot \boldsymbol{v} + \frac{1}{2} \boldsymbol{v} \cdot \dot{\boldsymbol{v}} = \dot{\boldsymbol{v}} \cdot \boldsymbol{v},$$

$$\int_A \boldsymbol{n} \cdot (\mathbf{T} \cdot \boldsymbol{v} - \mathbf{h}) \, \mathrm{d}A = \int_V [\boldsymbol{\nabla}_{\boldsymbol{x}} \cdot (\mathbf{T} \cdot \boldsymbol{v}) - \boldsymbol{\nabla}_{\boldsymbol{x}} \cdot \mathbf{h}] \, \mathrm{d}V$$

$$\boldsymbol{\nabla}_{\boldsymbol{x}} \cdot (\mathbf{T} \cdot \boldsymbol{v}) = (\boldsymbol{\nabla}_{\boldsymbol{x}} \cdot \mathbf{T}) \cdot \boldsymbol{v} + \mathbf{T} \cdot\cdot (\boldsymbol{\nabla}_{\boldsymbol{x}} \boldsymbol{v})^{\mathrm{T}} = (\boldsymbol{\nabla}_{\boldsymbol{x}} \cdot \mathbf{T}) \cdot \boldsymbol{v} + \mathbf{T} \cdot\cdot \mathbf{D}$$

folgt aus Gl. (5.90)

$$\int_V \left(\frac{\mathrm{D}u}{\mathrm{Dt}} + \underline{\dot{\boldsymbol{v}} \cdot \boldsymbol{v}} \right) \rho \, \mathrm{d}V = \int_V (\mathbf{T} \cdot\cdot \mathbf{D} - \boldsymbol{\nabla}_{\boldsymbol{x}} \cdot \mathbf{h} + \rho r) \, \mathrm{d}V + \int_V \underline{[(\boldsymbol{\nabla}_{\boldsymbol{x}} \cdot \mathbf{T}) \cdot \boldsymbol{v} + \rho \mathbf{k} \cdot \boldsymbol{v}]} \, \mathrm{d}V \tag{5.93}$$

Die unterstrichenen Terme entsprechen der Impulsbilanzgleichung. Damit kann Gl. (5.93) vereinfacht werden. Man erhält dann

$$\int_V \rho \frac{\mathrm{D}u}{\mathrm{Dt}} \, \mathrm{d}V = \int_V (\mathbf{T} \cdot\cdot \mathbf{D} - \boldsymbol{\nabla}_{\boldsymbol{x}} \cdot \mathbf{h} + \rho r) \, \mathrm{d}V \tag{5.94}$$

oder

$$\int_V (\rho \dot{u} - \mathbf{T} \cdot\cdot \mathbf{D} + \boldsymbol{\nabla}_{\boldsymbol{x}} \cdot \mathbf{h} - \rho r) \, \mathrm{d}V = 0 \tag{5.95}$$

Für stetige Felder erhält man damit die lokale Form der Energiebilanz

$$\rho \dot{u} = \mathbf{T} \cdot\cdot \mathbf{D} - \boldsymbol{\nabla}_{\boldsymbol{x}} \cdot \mathbf{h} + \rho r \tag{5.96}$$

Die Gln. (5.95) und (5.96) sind die Erweiterungen der rein mechanischen Energiebilanzgleichungen auf gekoppelte thermomechanische Energiebilanzen. Beim Verschwinden der thermischen Glieder gehen sie wieder in die mechanischen Energiebilanzen über.

Formuliert man die Bilanzaussagen für die Referenzkonfiguration, folgt die globale Gleichung

$$\int_{V_0} \rho_0 \frac{\partial u}{\partial t} \, dV_0 = \int_{V_0} ({}^{II}\mathbf{P} \cdot\cdot \dot{\mathbf{G}} - \boldsymbol{\nabla}_{\boldsymbol{a}} \cdot \boldsymbol{h}_0 + \rho_0 r) \, dV_0 \tag{5.97}$$

oder

$$\int_{V_0} \left(\rho_0 \frac{\partial u}{\partial t} - {}^{II}\mathbf{P} \cdot\cdot \dot{\mathbf{G}} + \boldsymbol{\nabla}_{\boldsymbol{a}} \cdot \boldsymbol{h}_0 - \rho_0 r \right) dV_0 = 0, \tag{5.98}$$

und die lokale Gleichung hat die Form

$$\rho_0 \frac{\partial u}{\partial t} = {}^{II}\mathbf{P} \cdot\cdot \dot{\mathbf{G}} - \boldsymbol{\nabla}_{\boldsymbol{a}} \cdot \boldsymbol{h}_0 + \rho_0 r \tag{5.99}$$

bzw.

$$\rho_0 \frac{\partial u}{\partial t} - {}^{II}\mathbf{P} \cdot\cdot \dot{\mathbf{G}} + \boldsymbol{\nabla}_{\boldsymbol{a}} \cdot \boldsymbol{h}_0 - \rho_0 r = 0 \tag{5.100}$$

In Gl. (5.100) kann das konjugierte Paar $({}^{II}\mathbf{P}, \dot{\mathbf{G}})$ auch durch $({}^{I}\mathbf{P}, \dot{\mathbf{F}})$ ersetzt werden.

Bilanz der Energie

$$\dot{\mathcal{U}} + \dot{\mathcal{K}} = \mathcal{P}_a + \mathcal{Q}$$

Aktuelle Konfiguration

$$\frac{D}{Dt} \int_V \left(u + \frac{1}{2} \boldsymbol{v} \cdot \boldsymbol{v} \right) \rho \, dV = \int_A \boldsymbol{t} \cdot \boldsymbol{v} \, dA + \int_V \boldsymbol{k} \cdot \boldsymbol{v} \rho \, dV - \int_A \boldsymbol{n} \cdot \boldsymbol{h} \, dA + \int_V r\rho \, dV$$

Referenzkonfiguration

$$\frac{\partial}{\partial t} \int_{V_0} \left(u + \frac{1}{2} \boldsymbol{v} \cdot \boldsymbol{v} \right) \rho_0 \, dV_0 = \int_{A_0} {}^{I}\boldsymbol{t} \cdot v \, dA_0 + \int_{V_0} \boldsymbol{k}_0 \cdot \boldsymbol{v} \rho_0 \, dV_0 - \int_{A_0} \boldsymbol{n}_0 \cdot \boldsymbol{h}_0 \, dA_0 + \int_{V_0} r\rho_0 \, dV_0$$

Lokale Formen

$$\rho \dot{u} = \mathbf{T} \cdot\cdot \mathbf{D} - \boldsymbol{\nabla}_{\boldsymbol{x}} \cdot \boldsymbol{h} + \rho r,$$

$$\rho_0 \frac{\partial u}{\partial t} = {}^{II}\mathbf{P} \cdot\cdot \dot{\mathbf{G}} - \boldsymbol{\nabla}_{\boldsymbol{a}} \cdot \boldsymbol{h}_0 + \rho_0 r$$

5.3.3 Bilanz der Entropie: 2. Hauptsatz der Thermodynamik

Für die weiteren Überlegungen ist das Entropiekonzept von grundsätzlicher Bedeutung. Der 1. Hauptsatz der Thermodynamik formulierte die Aussage, dass die Gesamtenergie eines materiellen Systems nicht vergrößert oder vermindert werden kann, sondern bei Erhalt der Gesamtenergie nur eine Transformation von einer in eine andere Energieform möglich ist. Der 1. Hauptsatz enthält aber keine genaueren Angaben über die Art und die Richtung solcher Energietransformationen. Man erhält auch keine Angaben, ob Energietransformationen reversibel oder irreversibel sind.

Diese fehlenden Aussagen liefert der 2. Hauptsatz der Thermodynamik auf der Grundlage des Entropiekonzepts. Die Entropie kann dabei als ein Maß dafür angesehen werden, wieviel Energie irreversibel von einer nutzbaren in nichtnutzbare, d.h nicht mehr in mechanische Arbeit umsetzbare Energie transformiert wird. Ein physikalisches System verliert infolge seiner Erwärmung, d.h. bei einer Transformation von verfügbarer in nichtverfügbare Energie, irreversibel seinen geordneten Anfangszustand. Die Umwandlung des geordneten Anfangszustandes in einen weniger geordneten Zustand kann somit als ein Entropiezuwachs angesehen werden. Entropieproduktion in physikalischen Systemen entsprechen somit irreversiblen Systemänderungen und umgekehrt. Eine Erhaltung des Entropiewertes entspricht dann reversiblen Zustandsänderungen. Der 2. Hauptsatz erfasst diese Aussagen in Form einer Bilanzaussage.

Für den 2. Hauptsatz der Thermodynamik sind zahlreiche Formulierungen bekannt. Für die nachfolgenden Betrachtungen wird folgende Aussage gewählt.

Satz 5.10 (Entropiebilanz). *Die zeitliche Änderung (materielle Ableitung) der Entropie $\mathcal{S}$ innerhalb des betrachteten Volumens ist nicht kleiner als die Geschwindigkeit der äußeren Entropiezufuhr.*

Die Entropie ist eine additive Funktion. Damit gilt

$$\mathcal{S} = \int_{m} s \, dm = \int_{V} \rho s \, dV \tag{5.101}$$

mit s als innerer Entropiedichte pro Masseneinheit (spezifische innere Entropie). Der 2. Hauptsatz der Thermodynamik lautet dann in globaler Form

$$\frac{D}{Dt}\int_{V} \rho s \, dV \geqslant \int_{V} \frac{r}{\theta}\rho \, dV - \int_{A} \frac{\mathbf{n} \cdot \mathbf{h}}{\theta} \, dA \tag{5.102}$$

Für alle realen Prozesse gilt in der Gl. (5.102) das Ungleichheitszeichen (>), d.h. reale Prozesse sind stets irreversibel. Das Gleichheitszeichen hat seine Berechtigung nur für idealisierte Prozesse, d.h. reversible Prozesse sind immer mit einer Idealisierung realer Prozesse verbunden. Gl. (5.102) wird auch als Clausius[3]-Duhem-

[3] Rudolf Julius Emanuel Clausius (1822-1888), Physiker, Thermodynamik

Ungleichung bezeichnet. θ ist die absolute (Kelvin[4]) Temperatur. Sie ist für reale Kontinua immer größer Null.

Beachtet man die Umformung

$$\int\limits_A \frac{\mathbf{n}\cdot\mathbf{h}}{\theta}\,\mathrm{d}A = \int\limits_V \nabla_{\mathbf{x}}\cdot\left(\frac{\mathbf{h}}{\theta}\right)\mathrm{d}V = \int\limits_V \left(\frac{\nabla_{\mathbf{x}}\cdot\mathbf{h}}{\theta} - \frac{\mathbf{h}\cdot\nabla_{\mathbf{x}}\theta}{\theta^2}\right)\mathrm{d}V, \tag{5.103}$$

folgt zunächst die lokale Formulierung der Ungleichung

$$\rho\theta\dot{s} \geqslant \rho r - \nabla_{\mathbf{x}}\cdot\mathbf{h} + \frac{1}{\theta}\mathbf{h}\cdot\nabla_{\mathbf{x}}\theta \tag{5.104}$$

und mit

$$\frac{1}{\theta}\mathbf{h}\cdot\nabla_{\mathbf{x}}\theta = \mathbf{h}\cdot\nabla_{\mathbf{x}}\ln\theta$$

abschließend die lokale Ungleichung

$$\rho\theta\dot{s} - (\rho r - \nabla_{\mathbf{x}}\cdot\mathbf{h}) - \mathbf{h}\cdot\nabla_{\mathbf{x}}\ln\theta \geqslant 0 \tag{5.105}$$

Der in Klammern gesetzte Ausdruck kann mit Hilfe von Gl. (5.96) ersetzt werden

$$\rho\theta\dot{s} + \mathbf{T}\cdot\cdot\,\mathbf{D} - \rho\dot{u} - \mathbf{h}\cdot\nabla_{\mathbf{x}}\ln\theta \geqslant 0 \tag{5.106}$$

Mit

$$\rho\theta\dot{s} = \rho(\theta s)^{\cdot} - \rho s\dot{\theta}$$

folgt auch

$$\rho\frac{\mathrm{D}}{\mathrm{D}t}(\theta s - u) - \rho s\frac{\mathrm{D}\theta}{\mathrm{D}t} + \mathbf{T}\cdot\cdot\,\mathbf{D} - \mathbf{h}\cdot\nabla_{\mathbf{x}}\ln\theta \geqslant 0 \tag{5.107}$$

Der Ausdruck

$$(u - \theta s) = f \tag{5.108}$$

heißt Helmholtz'sche[5] freie Energie. Damit lässt sich der 2. Hauptsatz als dissipative Ungleichung schreiben

$$\mathbf{T}\cdot\cdot\,\mathbf{D} - \rho\frac{\mathrm{D}f}{\mathrm{D}t} - \rho s\frac{\mathrm{D}\theta}{\mathrm{D}t} - \mathbf{h}\cdot\nabla_{\mathbf{x}}\ln\theta \geqslant 0 \tag{5.109}$$

Die Gleichung

$$\mathbf{T}\cdot\cdot\,\mathbf{D} - \rho(\dot{f} + s\dot{\theta}) = \phi \geqslant 0 \tag{5.110}$$

ist die spezifische Dissipationsfunktion, d.h. ϕ ist positiv definit. Die spezifische dissipative Funktion ϕ ist ein Maß für die Energiedissipation im Kontinuum. Ist $\phi = 0$, tritt keine Dissipation auf. Die Entropieungleichung hat dann die vereinfachte

---

[4] William Thomson, 1. Baron Kelvin of Largs (Lord Kelvin) (1824-1907), Physiker, Elektrizitätslehre, Thermodynamik

[5] Hermann Ludwig Ferdinand von Helmholtz (1821-1894), Physiologe und Physiker, bedeutende Beiträge u.a. zur Strömungsmechanik

Form

$$\mathbf{h} \cdot \nabla_{\mathbf{x}} \ln\theta \leqslant 0 \quad \text{oder} \quad \frac{\mathbf{h}}{\theta} \cdot \nabla_{\mathbf{x}}\theta \leqslant 0 \qquad \text{mit} \qquad \theta > 0 \tag{5.111}$$

Die Ungleichung (5.111) kann wie folgt interpretiert werden. Sie ist offensichtlich stets erfüllt, wenn $\mathbf{h} = \mathbf{0}$ (adiabater Prozess) oder $\nabla_{\mathbf{x}}\theta = \mathbf{0}$ (homogenes Temperaturfeld) gilt. Für alle anderen Fälle gilt die in Abb. 5.2 dargestellte Situation. Der Wärmestromvektor $\mathbf{h}$ und der Temperaturgradientenvektor $\nabla_{\mathbf{x}}\theta$ schließen bei nichtdissipativen Vorgängen einen stumpfen Winkel ein. Eine Ausnahme bildet die Orthogonalität zwischen Wärmestromvektor und Temperaturgradient.

Schlussfolgerung 5.7. Der Wärmestromvektor ist entgegen der Temperaturzunahme gerichtet, d.h. der Wärmestrom hat immer die Richtung von Punkten höherer zu Punkten niedrigerer Temperatur.

Unter Verwendung der dissipativen Funktion ϕ kann man auch den 1. Hauptsatz ausdrücken

$$\begin{aligned} \rho\theta\frac{\mathrm{D}s}{\mathrm{D}t} &= \mathbf{T}\cdot\cdot\mathbf{D} - \rho\left(\frac{\mathrm{D}f}{\mathrm{D}t} + s\frac{\mathrm{D}\theta}{\mathrm{D}t}\right) + (\rho r - \nabla_{\mathbf{x}}\cdot\mathbf{h}) \\ &= \phi + (\rho r - \nabla_{\mathbf{x}}\cdot\mathbf{h}) \end{aligned} \tag{5.112}$$

Für dissipationsfreie Kontinua folgt dann mit $\phi = 0$ die Wärmeleitungsgleichung

$$\rho\theta\frac{\mathrm{D}s}{\mathrm{D}t} = (\rho r - \nabla_{\mathbf{x}}\cdot\mathbf{h}) \tag{5.113}$$

Folgende Sonderfälle der Gl. (5.113) haben besondere Bedeutung

- Homogenes Temperaturfeld ($\theta = \theta_0 = \text{const.}$):
  An jeder Stelle des Körpers herrscht zu jedem Zeitpunkt die gleiche Temperatur θ_0. Voraussetzung dafür ist eine hohe Wärmeleitfähigkeit, d.h. jede Inhomogenität des Temperaturfeldes wird sofort ausgeglichen. Für isotherme Prozesse

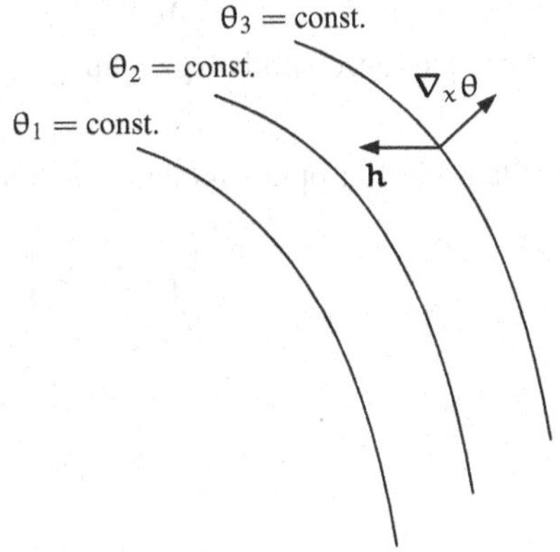

Abb. 5.2 Temperaturfeld (Isolinien $\theta_1 < \theta_2 < \theta_3$) und Richtung des Temperaturgradienten sowie des Wärmestromvektors

entfällt die Wärmeleitungsgleichung, die Temperatur θ_0 geht als konstante Größe in die Gleichungen ein. Dies führt zu einer Entkopplung thermischer und mechanischer Größen.
- Adiabate Prozesse ($\mathbf{h} = \mathbf{0}, r = 0$):
  Es gibt keinen Wärmeaustausch mit der Umgebung. Voraussetzung dafür ist eine sehr kleine Wärmeleitfähigkeit, die näherungsweise Null gesetzt werden kann. Für dissipationsfreie Kontinua gilt dann

$$\phi = 0, \quad \rho\theta \frac{Ds}{Dt} = 0 \quad \text{oder} \quad \frac{\partial s}{\partial t} + \mathbf{v} \cdot \nabla_{\mathbf{x}} s = 0$$

  Man erhält dann eine Konstanz der Entropie entlang der Bahnkurve eines materiellen Punktes. Der Prozess ist reversibel.

Die beiden Sonderfälle sind Grenzfälle realer Prozesse und ermöglichen somit eine Abschätzung thermomechanischer Aufgaben.

Alle angegebenen Gleichungen können auch für die Referenzkonfiguration formuliert werden. Man erhält dann z.B. die globale Entropieungleichung

$$\frac{\partial}{\partial t} \int\limits_{V_0} \rho_0 s \, dV_0 \geqslant \int\limits_{V_0} \frac{r}{\theta} \rho_0 \, dV_0 - \int\limits_{A_0} \frac{\mathbf{n}_0 \cdot \mathbf{h}_0}{\theta} \, dA_0$$

oder die lokale Formulierung

$$\rho_0 \theta \frac{\partial s}{\partial t} \geqslant (\rho_0 r - \nabla_{\mathbf{a}} \cdot \mathbf{h}_0) + \frac{1}{\theta} \mathbf{h}_0 \cdot \nabla_{\mathbf{a}} \theta$$

Eliminiert man auch hier den in Klammern stehenden Term mit Hilfe des 1. Hauptsatzes, erhält man

$$\rho_0 \theta \frac{\partial s}{\partial t} - \rho_0 \frac{\partial u}{\partial t} + {}^{II}\mathbf{P} \cdot\cdot \dot{\mathbf{G}} - \frac{1}{\theta} \mathbf{h}_0 \cdot \nabla_{\mathbf{a}} \theta \geqslant 0 \qquad (5.114)$$

oder

$$\rho_0 \theta \frac{\partial s}{\partial t} - \rho_0 \frac{\partial u}{\partial t} + {}^{I}\mathbf{P} \cdot\cdot \dot{\mathbf{F}} - \frac{1}{\theta} \mathbf{h}_0 \cdot \nabla_{\mathbf{a}} \theta \geqslant 0 \qquad (5.115)$$

Auch die Entropiebilanzgleichungen sollen noch einmal zusammengefasst werden.

Bilanz der Entropie - aktuelle Konfiguration

$$\frac{D}{Dt} \int\limits_{V} \rho s \, dV \geqslant \int\limits_{V} \frac{r}{\theta} \rho \, dV - \int\limits_{A} \frac{\mathbf{n} \cdot \mathbf{h}}{\theta} \, dA$$

Lokale Formen

$$\rho\theta\dot{s} - (\rho r - \nabla_{\mathbf{x}} \cdot \mathbf{h}) - \mathbf{h} \cdot \nabla_{\mathbf{x}} \ln\theta \geqslant 0,$$

$$\rho_0\theta\frac{\partial s}{\partial t} - (\rho_0 r - \nabla_{\mathbf{a}} \cdot \mathbf{h}_0) - \frac{1}{\theta}\mathbf{h}_0 \cdot \nabla_{\mathbf{a}}\theta \geqslant 0$$

bzw.

$$\rho_0\theta\frac{\partial s}{\partial t} - \rho_0\frac{\partial u}{\partial t} + {}^{\mathrm{II}}\mathbf{P} \cdot\cdot \dot{\mathbf{G}} - \frac{1}{\theta}\mathbf{h}_0 \cdot \nabla_{\mathbf{a}}\theta \geqslant 0,$$

$$\rho_0\theta\frac{\partial s}{\partial t} - \rho_0\frac{\partial u}{\partial t} + {}^{\mathrm{I}}\mathbf{P} \cdot\cdot \dot{\mathbf{F}} - \frac{1}{\theta}\mathbf{h}_0 \cdot \nabla_{\mathbf{a}}\theta \geqslant 0$$

Spezifische Dissipationsfunktion

$$\mathbf{T} \cdot\cdot \mathbf{D} - \rho(\dot{f} + s\dot{\theta}) = \phi \geqslant 0$$

Für thermomechanische Aufgaben der Kontinuumsmechanik stehen somit z.B. die folgenden lokalen Bilanzgleichungen für die aktuelle Konfiguration im Rahmen der angegebenen Modellgrenzen zur Verfügung. Auf die Angabe der globalen Gleichungen und der Gleichungen für die Referenzkonfiguration wird verzichtet.

Massenerhaltung, Kontinuitätsgleichung

$$\frac{\partial\rho}{\partial t} + \nabla_{\mathbf{x}} \cdot (\rho\mathbf{v}) = 0, \qquad \frac{\partial\rho}{\partial t} + (\rho v_k)_{,k} = 0$$

$$dm = \rho(\mathbf{x}, t)dV, \qquad \frac{Dm}{Dt} = 0,$$

$$\frac{D}{Dt}(\rho\det\mathbf{F}) = 0, \qquad \rho_0 = \rho\det\mathbf{F}$$

Bewegungsgleichungen (Impuls- und Drehimpulsbilanz)

$$\rho\frac{D\mathbf{v}}{Dt} = \nabla_{\mathbf{x}} \cdot \mathbf{T} + \rho\mathbf{k}, \qquad \rho\frac{Dv_j}{Dt} = T_{ij,i} + \rho k_j$$

$$\mathbf{T} = \mathbf{T}^{\mathrm{T}}, \qquad T_{ij} = T_{ji}$$

Energiebilanz

$$\rho \frac{Du}{Dt} = \mathbf{T} \cdot\cdot \mathbf{D} - \nabla_x \cdot \mathbf{h} + \rho r, \qquad \rho \frac{Du}{Dt} = T_{ij} D_{ji} - h_{i,i} + \rho r$$

Entropieungleichung

$$\rho\theta \frac{Ds}{Dt} \geqslant -\nabla_x \cdot \mathbf{h} + \mathbf{h} \cdot \nabla_x \ln\theta + \rho r, \qquad \rho\theta \frac{Ds}{Dt} \geqslant -h_{i,i} + h_i (\ln\theta)_{,i} + \rho r$$

Literaturverzeichnis

1. Altenbach H, Naumenko K, Zhilin P (2003) A micro-polar theory for binary media with application to phase-transitional flow of fiber suspensions. Continuum Mech Thermodyn 15:539 - 570
2. Altenbach H, Eremeyev VA, Lebedev LP, Rendón LA (2011) Acceleration waves and ellipticity in thermoelastic micropolar media. ZAMM 80(3):217–227
3. Altenbach H, Maugin GA, Erofeev V (eds) (2011) Mechanics of Generalized Continua, Advanced Structured Materials, vol 7. Springer, Heidelberg
4. Casey J (2011) On the derivation of jump conditions in continuum mechanics. International Journal of Structural Changes in Solids 3(2):61 – 84
5. Haupt P (2002) Continuum Mechanics and Theory of Materials, 2nd edn. Springer, Berlin
6. Hutter K, Jöhnk K (2004) Continuum Methods of Physikal Modeling - Continuum Mechanics, Dimensional Analysis, Turbulence. Springer, Berlin
7. Müller I (1973) Thermodynamik: die Grundlagen der Materialtheorie. Bertelsmann Universitätsverlag
8. Müller WH, Vilchevskay EN, Weiss W (2017). Micropolar theory with production of rotational inertia: A farewell to material description. Physical Mesomechanics, 20(3):250-262
9. Palmov VA (1998) Vibrations of Elasto-plastic Bodies. Foundations of Engineering Mechanics, Springer, Berlin
10. Rubin MB (2000) Cosserat Theories: Shells, Rods and Points. Kluwer, Dordrecht
11. Salençon J (2001) Handbook of Continuum Mechanics. Berlin, Springer
12. Šilhavý M (1997) The Mechanics and Thermodynamics of Continuous Media. Springer, Heidelberg
13. Willner K (2003) Kontinuums- und Kontaktmechanik: Synthetische und analytische Darstellung. Springer, Berlin

Teil III
Materialabhängige Gleichungen

Die bisher eingeführten Grundgleichungen der Kontinuumsmechanik sind weitestgehend unabhängig von den spezifischen Eigenschaften der Kontinua. Sie haben in diesem Sinne die Bedeutung von „Naturgesetzen“, da sie für alle Kontinua gleichermaßen gelten. Andererseits ist aus der täglichen Erfahrung bekannt, dass es deutliche Unterschiede im Verhalten spezieller Kontinua bei gleichen äußeren Beanspruchungen gibt. Die Besonderheiten des konkreten Kontinuumsverhaltens sind folglich noch zu analysieren.

Ferner gibt es ein formales mathematisches Problem. Die Anzahl der das Kontinuum beschreibenden unbekannten Größen liegt deutlich über der Anzahl der bisher zur Verfügung stehenden Gleichungen. Daher sind noch zusätzliche Gleichungen, sogenannte konstitutive Gleichungen, einzuführen, die diese Lücke schließen. Ziel dieses Kapitels ist die Darlegung der Methodik zur Formulierung solcher Gleichungen sowie die beispielhafte Behandlung einiger Grundmodelle des Materialverhaltens.

Ausgangspunkt der Formulierung von materialabhängigen Grundgleichungen ist das spezifische Antwortverhalten eines Materials auf äußere Einwirkungen. In diesem Sinne stellen die konstitutiven Gleichungen eine black-box dar, die ingenieurmäßig in Übereinstimmung mit der Mathematik zu konkretisieren ist. Das Wissenschaftsgebiet, welches sich mit dem Ziel der Begründung materialspezifischer Gleichungen herausgebildet hat, ist die Materialtheorie. In ihrer strengsten Form geht sie zunächst nur mathematisch-physikalisch vor und begründet die Strukturen der Konstitutivgleichungen. Hierbei spielen grundlegende Prinzipien und die Objektivität bestimmter Größen eine besondere Rolle, auf die zu Beginn dieses Teils eingegangen wird.

Nachfolgend werden dann drei Konzepte zur Formulierung von Konstitutivgleichungen angeboten: die deduktive und die induktive Vorgehensweise sowie die Methode der rheologischen Modelle. Das erste Verfahren ist top-down strukturiert, d.h. zunächst wird der allgemeine Fall mathematisch begründet und auf physikalische Konsistenz überprüft. Anschließend erfolgt die Diskussion von Sonderfällen. Dieses Verfahren ist mit beträchtlichem Aufwand verbunden, so dass es für klassische Ingenieuranwendungen sicher nicht besonders geeignet ist. Der Ingenieur geht bevorzugt induktiv vor, d.h. aus Sonderfällen heraus werden Verallgemeinerungen vorgeschlagen. Diese müssen jedoch mathematisch und physikalisch auf jeder Verallgemeinerungsstufe überprüft werden. Die Methode der rheologischen Modelle verbindet beide Konzepte. Einfache Grundmodelle werden deduktiv begründet und dann mit den bekannten Schaltungsregeln verbunden.

Kapitel 6
Materialverhalten und Konstitutivgleichungen

Zusammenfassung Die Ermittlung der spezifischen, materialabhängigen Eigenschaften von Kontinua ist eine experimentelle Aufgabe. Die aus experimentellen Untersuchungen abgeleiteten mathematischen Gleichungen haben aber im Allgemeinen nur eine eingeschränkte Gültigkeit. Ein allgemeines theoretisches Konzept zur Begründung einer universellen Konstitutivgleichung existiert nicht. Daher bietet sich folgende Vorgehensweise an:

- Formulierung plausibler Annahmen für Konstitutivgleichungen,
- Überprüfen der Widerspruchsfreiheit der Annahmen mit den materialunabhängigen Aussagen der Thermodynamik und
- Experimentelle Identifikation der konstitutiven Parameter

Alle weiteren Ausführungen beschränken sich auf die ersten beiden Punkte. Ferner werden auch deduktive Methoden der Formulierung von materialspezifischen Gleichungen im Kapitel 7, induktive Methoden im Kapitel 8 erläutert und rheologische Modelle des Konstitutivverhaltens im Kapitel 9 diskutiert.

6.1 Grundlegende Begriffe, Modelle und Methoden

Die Gleichungen zur Beschreibung der spezifischen Besonderheiten von Kontinua werden allgemein als Konstitutivgleichungen bezeichnet. Daneben treten auch die Begriffe Materialgleichungen, Stoffgleichungen, physikalische Gleichungen oder Zustandsgleichungen auf. In den nachfolgenden Ausführungen wird der Terminus Konstitutivgleichungen bevorzugt. Folgende Definition kann in Anlehnung an [6] gegeben werden.

Definition 6.1 (Konstitutivgleichungen). Konstitutivgleichungen verknüpfen alle das makroskopische Kontinuumsverhalten beschreibenden phänomenologischen Variablen.

H. Altenbach, *Kontinuumsmechanik*,
https://doi.org/10.1007/978-3-662-57504-8_6

Derartige phänomenologische Variablen, die in Anlehnung an die Physik Konstitutivgrößen genannt werden, wurden in den bisherigen Kapiteln eingeführt: Spannungen, Verzerrungen, Temperatur, Wärmestromvektor usw. Der Zusammenhang zwischen diesen Größen kann unterschiedliche mathematische Struktur haben, z.B. algebraische Beziehungen (Hooke'sches Gesetz), Differentialgleichungen (Newton'sches Fluid), Integralgleichungen (viskoelastische Modelle) u.a.m.

Die Anzahl der zu definierenden Konstitutivgleichungen ist abhängig vom konkreten Kontinuumsproblem. Für die im Abschn. 5.2 diskutierten rein mechanischen Aufgaben wurden folgende Bilanzgleichungen eingeführt: die Massenbilanz (1 skalare Gleichung), die Impulsbilanz (1 vektorielle Gleichung, d.h. für dreidimensionale Feldprobleme 3 skalare Gleichungen), die Drehimpulsbilanz (1 vektorielle Gleichung bzw. 3 skalare Gleichungen) und die Energiebilanz (1 skalare Gleichung). Damit stehen insgesamt 8 skalare Gleichungen zur Verfügung. Folgende 14 Variablen sind zu bestimmen: die Dichte ρ (1 skalare Variable), die Geschwindigkeit $\boldsymbol{v}$ (1 Vektor bzw. dessen 3 Koordinaten), der Spannungstensor $\mathbf{T}$ (1 Tensor 2. Stufe bzw. dessen 9 Koordinaten) und die innere Energie u (1 Variable). Um das zur Lösung notwendige Gleichungssystem bestimmt zu machen, müssen die Bilanzgleichungen durch 6 Konstitutivgleichungen ergänzt werden [14 (Variablenanzahl) - 8 (Anzahl der Gleichungen) = 6 (notwendige Anzahl der Konstitutivgleichungen)]. Für den in Abschn. 5.3 diskutierten allgemeineren Fall der Thermomechanik erhöht sich die Variablenanzahl. Es treten zu den bereits aufgelisteten Variablen die Entropie s (1 Variable), die Temperatur θ (1 Variable) und der Wärmestromvektor $\mathbf{h}$ (1 Vektor bzw. 3 Variablen) hinzu. Damit wären 19 Variablen zu bestimmen. Da weiterhin nur 8 Gleichungen zur Verfügung stehen, sind 11 Konstitutivgleichungen zu definieren. Die Bilanzgleichung für die Entropie liefert keine weitere Bestimmungsgleichung, sie definiert lediglich die Prozessrichtung.

Auch im Kapitel 6 wird nur das klassische Kontinuumsmodell betrachtet und es werden polare Kontinua ausgeschlossen. Die Aufstellung mathematischer Modelle für Konstitutivgleichungen, d.h. für das Verhalten materieller Körper mit unterschiedlichen stofflichen Eigenschaften unter definierten Belastungen, wird damit einfacher. Alle Modelle beschreiben wieder ausschließlich phänomenologische Materialeigenschaften. Ferner werden nur sogenannte einfache Körper 1. Grades [7] betrachtet.

Definition 6.2 (Einfachen Körper 1. Grades). Bei einfachen Körpern 1. Grades verknüpfen die konstitutiven Gleichungen nur lokale Größen, z.B. den lokalen Verzerrungstensor und den lokalen Wärmeflussvektor mit dem lokalen Spannungstensor und dem lokalen Temperaturgradienten. Alle Aussagen beziehen sich auf den gleichen materiellen Punkt und seine differentielle Umgebung ersten Grades.

Die Einschränkung auf einfache Körper 1. Grades entspricht den Voraussetzungen einer rein lokalen Theorie, nichtlokale Effekte werden vernachlässigt.

In den einführenden Ingenieurvorlesungen zur Technischen Mechanik und zur Strömungslehre werden bereits einfache Konstitutivgleichungen behandelt, die für viele technische Anwendungen ausreichend genaue Aussagen liefern. Bei Beschränkung auf rein mechanische, lineare Aufgaben ohne Temperatureinflüsse erhält man einfache funktionelle Beziehungen zwischen kinetischen Größen, z.B. dem Spannungstensor T, und kinematischen Größen, z.B. dem Tensor G der Verzerrungen oder dem Tensor $\dot{\mathsf{G}}$ der Verzerrungsgeschwindigkeiten. Die angewandte Ingenieurmechanik bezeichnet im Rahmen kleiner Verformungen im Allgemeinen $\mathsf{T} \equiv \boldsymbol{\sigma}$ und $\mathsf{G} \equiv \boldsymbol{\varepsilon}$ und formuliert für einen ideal elastischen (Hooke'schen) Körper eine Gleichung $\boldsymbol{\sigma} = \boldsymbol{\sigma}(\boldsymbol{\varepsilon})$ und für ein ideales (Newton'sches) Fluid eine Gleichung $\boldsymbol{\sigma} = \boldsymbol{\sigma}(\dot{\boldsymbol{\varepsilon}})$.

Neue Technologien und Werkstoffe, extreme Einsatzbedingungen und komplexe bzw. kombinierte Feldwirkungen verlangen zunehmend nach erweiterten Beschreibungsmöglichkeiten des Verhaltens von Kontinua. Es ist dann erforderlich, den zeitlichen Zusammenhang solcher phänomenologischen Größen wie Beanspruchung, Verformung, Temperatur, Temperaturgradient, Wärmeaufnahme, Wärmefluss, innere Energie, Entropie usw. genauer zu erfassen. Dabei geht man konzeptionell zunehmend von einer rein empirischen Formulierung zu einer mathematischen Modellierung über, wobei stets ingenieurmäßige Annahmen getroffen werden müssen, da eine universelle Konstitutivgleichung nicht begründet werden kann [1]. Folglich ist die Diskussion um Konstitutivgleichungen immer mit der Behandlung von Sonderfällen verbunden.

Die Ableitung von Konstitutivgleichungen für Materialmodelle kann auf induktivem Wege, gestützt auf Experimente, oder deduktiv, d.h. vorrangig auf theoretischem Wege, erfolgen. Bei der deduktiven Formulierung wird mit den Bilanzgleichungen und weiterer übergeordneter Prinzipien ein möglicher Rahmen für die Konstitutivgleichungen vorgegeben. Dieser wird schrittweise mit Hilfe der Axiome der Materialtheorie eingeengt. Für die so erhaltene Gleichungsstruktur, die mathematisch und physikalisch widerspruchsfrei ist, werden dann über konstitutive Annahmen die konkreten Gleichungen bestimmt. Die induktive Vorgehensweise, die mit den üblichen Konzepten der Ingenieurarbeit übereinstimmt, geht von einfachsten konstitutiven Annahmen (meist empirisch für einachsiges Materialverhalten aufgestellt) aus. Kompliziertere Materialgesetze werden dann durch induktive Schlussweisen gefunden. Ein derartiges Konzept führt zu Konstitutivgleichungen, deren physikalische Konsistenz nicht à priori gesichert ist. Neben diesen beiden Konzepten gibt es noch die Methode der rheologischen Modelle, die Elemente der induktiven und der deduktiven Schlussweisen enthält. Zunächst werden einfache, physikalisch konsistente Grundmodelle abgeleitet. Reales Materialverhalten wird dann durch Kombination von Grundmodellen approximiert.

Analysiert man den gegenwärtigen Erkenntnisstand, sind Konstitutivgleichungen für lineare Modelle der Kontinuumsmechanik bereits weitestgehend bekannt. Es gibt aber noch viele offene Fragen bei der Modellierung von Konstitutivgleichungen für nichtlineare Aufgaben, aber auch für neue Werkstoffe. Dies betrifft z.B. den Einsatz von Elastomeren, d.h. Materialien mit sehr großen elastischen Deformationen, die Betrachtung des plastischen Materialverhaltens bei großen Verzerrungen, Materialmodelle für Hochtemperaturkriechen, Modellierung granularer und/oder heterogener Kontinua und Materialmodelle, die Schädigungsprozesse erfassen können.

Für die Formulierung von Konstitutivgleichungen ist es als erstes notwendig, die in ihnen auftretenden Variablen zu ordnen. Das Materialverhalten muss für jeden materiellen Punkt und jeden Zeitpunkt beschrieben werden. Günstig ist es, diese

Beschreibung entsprechend den Ausführungen des Abschn. 3.2 mit den Koordinaten $\mathbf{x}$ oder $\mathbf{a}$ und der Zeit t vorzunehmen. Das Materialverhalten kann dann durch funktionale Beziehungen zwischen Konstitutivgrößen und konstitutiven Parametern gekennzeichnet werden. Im Rahmen der Thermomechanik kann u.a. die Temperatur θ als konstitutiver Parameter und der Wärmestromvektor $\mathbf{h}$ als Konstitutivgröße auftreten. Die Auswahl der konstitutiven Parameter und der Konstitutivgrößen ist subjektiv.

Für den Fall, dass man die im Kontinuum ablaufenden Prozesse in den materiellen Punkten beschreiben möchte, ist die Änderungsgeschichte der konstitutiven Parameter zu verfolgen.

Definition 6.3 (Prozess). Die zeitliche Änderung der konstitutiven Parameter in den materiellen Punkten wird als Prozess bezeichnet.

Für das Beispiel der Temperatur ist damit die folgende Funktion zu ermitteln

$$\theta^{\tau} = \theta[\mathbf{x}(\mathbf{a},\tau),\tau], \ t_0 < \tau < t$$

Die Änderungsgeschichten aller konstitutiven Parameter definieren die im Kontinuum ablaufenden Prozesse.

Abschließend ist hier noch zu klären, wann die materialabhängigen Eigenschaften des Kontinuums vollständig definiert sind.

Definition 6.4 (Konstitutivgröße). Das Verhalten des Kontinuums in jedem materiellen Punkt wird durch einen Satz von Konstitutivgrößen beschrieben, die Operatoren (bezüglich der Zeit t) der Prozesse in den Punkten sind.

Die entsprechenden funktionalen Beziehungen werden als Konstitutivgleichungen bezeichnet. Verschiedene Materialien unterscheiden sich durch unterschiedliche Formen der Funktionale. Die Definition eines konkreten Materials ist folglich gleichbedeutend mit der Angabe der Konstitutivgleichungen.

Die angewandte Kontinuumsmechanik unterscheidet in Bezug auf das Materialverhalten zwei Hauptmodellklassen, den Festkörper und das Fluid. Dabei geht sie von einfachen Definitionen aus, die eine Hilfe für die Abgrenzung der beiden Hauptmodelle sind.

Definition 6.5 (Festkörper). Der Körper kann bei definierten Belastungen im Spannungsdeviator von Null verschiedene Komponenten aufbauen, d.h. er setzt einer Gestaltänderung Widerstand entgegen.

Definition 6.6 (Fluid). Der Körper kann bei definierten Belastungen keine Deviatorspannungen aufbauen, d.h. er hat keine Tendenz zur Erhaltung der Gestalt.

In Abhängigkeit vom Einfluss der Kompressibilität auf das Materialverhalten werden Fluide häufig in die Modellklassen Flüssigkeiten und Gase unterteilt. Eine derartige Modellklassifizierung bezieht sich natürlich immer auf „ideale Körper“. Da nach dem 2. Axiom der Rheologie (s. Kapitel 9 bzw. [2; 8]) alle realen Körper sowohl Festkörper- als auch Fluideigenschaften aufweisen, die allerdings sehr unterschiedlich ausgeprägt sein können, und auch Inkompressibilität nur eine Idealisierung des realen Fluidverhaltens ist, bleiben solche Modellklassifizierungen immer subjektiv und auch von der Aufgabenstellung abhängig. Im Rahmen einer allgemeinen Einführung in die Kontinuumsmechanik ist eine Klassifizierung der Körper in Festkörper und Fluide nicht erforderlich. Die materialunabhängigen und die materialabhängigen Gleichungen beschreiben eindeutig das Verhalten eines Kontinuums, unabhängig davon, ob der Modellkörper der Klasse der Festkörper oder der Fluide zugeordnet wird.

Eine andere Möglichkeit der Klassifikation von Materialmodellen ist durch die unterschiedliche Abhängigkeit des Verhaltens von der Zeit gegeben. So unterscheidet man u.a. [4] skleronomes (zeitunabhängiges) und rheonomes (zeitabhängiges) Materialverhalten. Zur ersten Gruppe gehört das elastische und das plastische Materialverhalten, zur zweiten Gruppe wird das viskoelastische und das viskoplastische Materialverhalten zugerechnet.

Die Bestimmung des Materialverhaltens kann unterschiedlich erfolgen. Das einfachste Verfahren ist die Realisierung eines Experiments. Dabei wird der Zusammenhang zwischen äußeren Einflussfaktoren und den Veränderungen des inneren Zustandes des Kontinuums ermittelt, wobei letzteres vielfach nur durch Beobachtung äußerer Reaktionen erkennbar ist. Das Verfahren wird in Abb. 6.1 veranschaulicht. Aus dem Vergleich von Eingang und Ausgang lassen sich Rückschlüsse auf das Verhalten des Kontinuums ziehen. Analysiert man beispielsweise das Werkstoffverhalten, ist das Schema der Werkstoffversuch, wobei spannungs- und dehnungskontrollierte Versuche unterschieden werden. Die Klassifikation hängt von der gewählten Eingangsgröße ab. Die Modellierung des Materialverhaltens erfolgt dann durch Auswertung des Experiments unter Verwendung mathematisch-physikalisch begründeter Verfahren. Am häufigsten werden statistische Methoden zur Auswertung experimenteller Befunde angewendet. Die derart aufgestellten Konstitutivgleichungen haben nur einen stark eingeschränkten Einsatzbereich. Im Rahmen der Kontinuumsmechanik werden daher die induktive (ingenieurmäßige) oder deduktive Methode bevorzugt sowie rheologische Modelle für die Modellierung eingesetzt. Dabei ist das Materialverhalten zunächst eine „black-box", die schrittweise solange mit Annahmen gefüllt wird, bis die Identifizierung der Parameter in den Gleichungen hinreichend genau gelungen ist. Die somit gefundenen Gleichungen sind an unabhängigen Problemen zu testen, d.h. die Versuche zur Identifikation der Parameter dürfen nicht erneut herangezogen werden.

Abb. 6.1 Veranschaulichung der Ermittlung des Materialverhaltens

6.2 Einführung in die Materialtheorie

Die Entwicklung der Grundlagen der Kontinuumsmechanik hat auch zur Herausbildung einer allgemeinen Materialtheorie geführt, die heute oft als eigenständiges Teilgebiet der Kontinuumsmechanik betrachtet wird. Die Zielstellung einer solchen Materialtheorie ist es, auf deduktivem Wege systematische und rationale Methoden der mathematischen Modellierung des Materialverhaltens zu entwickeln sowie die Materialmodellgleichungen mit den Bilanzgleichungen zu verbinden. Die klassischen Materialmodellgleichungen der Kontinuumsmechanik, die lineare Elastizität, die Viskoelastizität und die ideale Plastizität fester Körper, elastische und linear viskose Fluide sowie ideale Gase sind aus der Sicht einer allgemeinen Theorie nur erste Approximationen allgemeiner Konstitutivgleichungen. Die Modellierung des Materialverhaltens bei komplexen Beanspruchungen, die z.B. durch die Einwirkung unterschiedlicher physikalischer Felder, aber auch durch das Auftreten unterschiedlicher Phasen des Materialzustandes gekennzeichnet sein können, erfordert zunehmend auch im Ingenieurbereich genauere Kenntnisse der Materialtheorie. Die folgenden Darstellungen sollen die Grundlagen dafür verdeutlichen und damit eine Einarbeitung in die Spezialliteratur anregen und erleichtern.

6.2.1 Grundlegende Prinzipien

Mit Hilfe der grundlegenden Prinzipien der Materialtheorie lassen sich systematisch mathematisch-physikalisch begründete Konstitutivgleichungen deduktiv entwickeln. Im Ergebnis dieser Ableitungen erhält man Gleichungen, die die spezifischen Besonderheiten konkreter Kontinua beinhalten. Dabei sind zunächst drei Fragestellungen zu klären [4]:

- Formulierung der Konstitutivgleichungen,
- Einarbeitung von Materialsymmetrien und
- Einbeziehung von kinematischen Einschränkungen (Zwangsbedingungen)

Dabei sind folgende Regeln zu beachten [5]:

- Die Konstitutivgleichungen müssen unabhängig vom Beobachter sein.
- Die Symmetrieeigenschaften müssen durch die Konstitutivgleichungen abgebildet werden.
- Die Konstitutivgleichungen müssen dem 2. Hauptsatz der Thermodynamik genügen.

Die Konstitutivgleichungen stellen die individuelle Antwort des Kontinuums auf eine äußere Beanspruchung dar (vgl. auch Abb. 6.1). In Abhängigkeit vom konkreten Kontinuumsmodell werden die entsprechenden Eingangs- und Ausgangsvariablen definiert. Im einfachsten Fall sind dies die Spannungen und die Deformationen, die zur Beschreibung des mechanischen Verhaltens eines Modellkörpers genügen. Ist eine Erweiterung auf andere, z.B. thermische Effekte notwendig, nehmen die

Konstitutivgleichungen komplexere Ausdrücke an. Es treten verstärkt Kopplungseffekte auf, da die in den Gleichungen auftretenden Kennwerte auch Abhängigkeiten von den nichtmechanischen Effekten zeigen. So ist beispielsweise bei der Hinzunahme thermischer Einflüsse zu klären, ob die Temperaturabhängigkeit des Elastizitätsmoduls für die Beschreibung des Konstitutivverhaltens signifikant ist und daher in das Modell einbezogen werden muss.

Die Einarbeitung von Materialsymmetrien kann zu wesentlichen Vereinfachungen der Konstitutivgleichungen führen. Grundlage dafür bildet die experimentelle Erfahrung, dass man bei zahlreichen Kontinua eine Richtungsabhängigkeit (Anisotropie) des Konstitutivverhaltens feststellen kann. Ursache dafür ist die jeweilige Mikrostruktur des Kontinuums. Das Curie-Neumann'sche Prinzip (Satz 1.1) bildet dann die Grundlage der Analyse von Symmetrien, wobei neben den Kristalle auch andere Werkstoffe bertrachtet werden können.

Die Anwendung von Aussagen zur Materialsymmetrie führt im Allgemeinen zu Vereinfachungen der mathematischen Modellgleichungen. Es können dann Invarianzaussagen für das Materialverhalten formuliert werden, die z.B. für isotrope, transversal-isotrope, orthotrope oder andere Materialsymmetrien gelten. Ein Beispiel eines isotropen Kontinuums ist ein polykristalliner Werkstoff (statistischer Ausgleich der Orientierungen der Einzelkristalle). Anisotropien treten dagegen bei Einkristallen oder faser- bzw. partikelverstärkten Werkstoffen auf.

Die Einarbeitung kinematischer Einschränkungen führt gleichfalls zu Vereinfachungen der Materialmodellgleichungen. Ein Beispiel aus der Festkörpermechanik ist die plastische Inkompressibilität, d.h. die Annahme, dass Volumenänderungen rein elastisch sind. Damit werden bestimmte Deformationen für das Kontinuum ausgeschlossen. Derartige Vereinfachungen der Konstitutivgleichungen verlangen allerdings vielfach eine besondere Sorgfalt bei der Auswahl numerischer Lösungsverfahren.

Die systematische Ableitung von Konstitutivgleichungen erfolgt auf der Basis grundlegender Axiome (konstitutiver Prinzipien), die u.a. die mathematische und physikalische Widerspruchsfreiheit sichern [3]. Zu diesen konstitutiven Axiomen der Materialtheorie gehören:

- Kausalität,
- Determinismus,
- Äquipräsenz,
- Materielle Objektivität,
- Lokale Wirkung,
- Gedächtnis und
- Physikalische Konsistenz

Nachfolgend werden die Axiome der Materialtheorie kurz diskutiert.

Kausalitätsaxiom: Die Auswahl der abhängigen und der unabhängigen Variablen wird aus Überlegungen zu Ursache und Wirkung (Kausalitätsprinzip) bestimmt.

Für thermomechanische Kontinua können als unabhängige Variable die Bewegung und die Temperatur eingeführt werden. In Abhängigkeit von diesen Variablen ändern sich die Spannungen, die Wärmeströme, die freie Energie und die Entropie. Sie sind das Antwortverhalten des Kontinuums auf Änderungen der unabhängigen Variablen im Sinne des in Abb. 6.1 dargestellten Schemas.

Determinismusaxiom: Der aktuelle Zustand des Kontinuums wird durch die aktuelle Beanspruchung sowie die gesamte Vorgeschichte bestimmt (Prinzip der Determiniertheit).

Dies schließt ein, dass das Verhalten im betrachteten materiellen Punkt durch das Verhalten aller anderen materiellen Punkte beeinflusst wird. Damit sind die abhängigen Variablen Zeitfunktionale der unabhängigen Variablen bzw. genauer der Geschichte der unabhängigen Variablen.

Äquipräsenzaxiom: Der Satz der unabhängigen Variablen, der in eine Konstitutivgleichung eingeht, muss auch in allen übrigen Konstitutivgleichungen für das gegebene Kontinuumsmodell enthalten sein (Prinzip der Äquipräsenz).

Dies bedeutet, dass sämtliche konstitutiven Variablen immer in allen Gleichungen erfasst sein müssen, um mögliche Wechselwirkungen zu erkennen. Dies gilt bis zum Auftreten weiterer einschränkender Annahmen, die sich auf spezielle Konstitutivgleichungen beziehen.

Axiom der materiellen Objektivität (Beobachterindifferenz): Die Konstitutivgleichungen dürfen nicht von der Wahl des Bezugssystems bzw. von Bewegungen des Beobachtersystems im Raum abhängen.

Betrachtet man beispielsweise zwei Bewegungen $\mathbf{x}$ und $\bar{\mathbf{x}}$, die durch eine Starrkörperbewegung und eine Zeittransformation miteinander verbunden sind, gilt allgemein

$$\bar{\mathbf{x}}(\mathbf{a},\bar{t}) = \mathbf{Q}(t)\mathbf{x}(\mathbf{a},t) + \mathbf{c}(t), \quad \bar{t} = t - t_0, \quad \mathbf{Q}\cdot\mathbf{Q}^{\mathrm{T}} = \mathbf{I}, \quad \det\mathbf{Q} = 1 \tag{6.1}$$

Dabei ist t_0 = const., $\mathbf{Q}(t)$ ist ein beliebiger, zeitabhängiger eigentlich orthogonaler Tensor, der Starrkörperrotationen beschreibt, und $\mathbf{c}(t)$ ist ein beliebiger, zeitabhängiger Vektor, der eine Translation kennzeichnet. Die beiden Bewegungen, die über die Transformationsgleichung (6.1) verbunden sind, werden als objektiv äquivalent bezeichnet. Die Konstitutivgleichungen dürfen sich nach dem Objektivitätsprinzip bei Transformationen entsprechend den Gln. (6.1) nicht verändern. Die Gln. (6.1) enthalten 3 Sonderfälle:

a) konstante Zeitverschiebung,
b) Starrkörpertranslation und
c) Starrkörperrotation

Für die hier analysierten Probleme ist vor allem die Beobachterunabhängigkeit bei Starrkörperrotationen zu prüfen. Die Translationen sind für den Fall bedeutsam, dass Referenz- und Momentankonfiguration durch eine Translation miteinander verknüpft sind. Zeitverschiebungen werden u.a. bei relativistischen Aufgabenstellungen bedeutsam. Auf weitere Fragen im Zusammenhang mit der materiellen Objektivität wird im Abschn. 6.2.2 eingegangen.

Axiom der lokalen Wirkung: Der Zustand in den materiellen Punkten wird einzig durch die unmittelbare Umgebung des materiellen Punktes beeinflusst.

Anmerkung 6.1. Die hier angeführte Formulierung ist in Übereinstimmung mit Abschn. 5.2.

Fernwirkungen werden entsprechend diesem Axiom vernachlässigt. Für hinreichend glatte Funktionen kann man dann Taylor[1]-Reihenentwicklungen bezüglich der Differenz zwischen dem betrachteten materiellen Punkt $\mathbf{a}$ und einem benachbarten materiellen Punkt $\tilde{\mathbf{a}}$ vornehmen. Beispielsweise gilt dann für die Temperatur im Punkt $\tilde{\mathbf{a}}$

$$\theta(\tilde{\mathbf{a}},t) = \theta(\mathbf{a},t) + (\tilde{\mathbf{a}} - \mathbf{a}) \cdot \nabla_{\mathbf{a}} \theta(\mathbf{a},t) + \frac{1}{2}(\tilde{\mathbf{a}} - \mathbf{a}) \cdot \nabla_{\mathbf{a}} \nabla_{\mathbf{a}} \theta(\mathbf{a},t) \cdot (\tilde{\mathbf{a}} - \mathbf{a}) + \ldots$$

Damit können die Funktionen mit beliebiger Genauigkeit durch Reihenentwicklungen dargestellt werden. Mit entsprechenden Abbruchbedingungen lassen sich die Materialien weiter klassifizieren. Bricht man beispielsweise die Reihenentwicklung nach der 1. Ableitung ab, erhält man sogenannte einfache Materialien. Das entspricht einer Verschärfung des Axioms für den Fall, dass die Umgebung differentiell klein ist. Für diesen Fall genügt die Kenntnis der Originalgrößen und ihrer ersten Ableitungen nach dem Ort. Dies ist der Gradient und das entsprechende einfache Material kann folglich auch als Material 1. Grades bezeichnet werden. Für die überwiegende Anzahl der praktisch wichtigen Fälle genügt eine solche Approximation.

Gedächtnisaxiom: Ein Material hat ein „Gedächtnis" und reflektiert somit zurückliegende Ereignisse unterschiedlich.

Das Gedächtnisaxiom ermöglicht Vereinfachungen bezüglich der zeitlichen Beschreibungen. Dabei sind zwei Modifikationen zu unterscheiden: das glatte Gedächtnis und das schwindende Gedächtnis (fading memory). Im ersten Fall kann eine Taylor-Reihenentwicklung für differentiell kleine Zeitintervalle $\tilde{t} - t$ unter der Voraussetzung der hinreichenden Glattheit der Funktionen vorgenommen werden. Für das Beispiel der Temperatur gilt dann beispielsweise

$$\theta(\mathbf{a},\tilde{t}) = \theta(\mathbf{a},t) + (\tilde{t} - t)\dot{\theta}(\mathbf{a},t) + \frac{1}{2}(\tilde{t} - t)^2 \ddot{\theta}(\mathbf{a},\tilde{t}) + \ldots$$

Somit kann die Temperatur mit beliebiger Genauigkeit approximiert werden. Im zweiten Fall wird davon ausgegangen, dass im Falle der Berücksichtigung der Zustandsgeschichte des Kontinuums auf den aktuellen Zustand weiter zurückliegende Ereignisse einen geringeren Einfluss als kürzer zurückliegende haben. Damit ist die Möglichkeit zur Darstellung der konstitutiven Beziehungen über eine Reihe von Gedächtnisintegralen und dem Abbruch dieser Reihe im Sinne einer endlichen Approximation gegeben. Dieses Konzept hat große Bedeutung für die Beschreibung viskoelastischen Materialverhaltens.

[1] Brook Taylor (1685-1731), Mathematiker, Reihenentwicklung

Axiom der physikalischen Konsistenz: Konstitutivgleichungen dürfen nicht den materialunabhängigen Bilanzen widersprechen (Prinzip der physikalischen Verträglichkeit).

Damit ist stets die Erfüllung der im Kapitel 5 abgeleiteten Bilanzen zu prüfen, wobei die Hauptsätze der Thermodynamik bzw. die dissipative Ungleichung von besonderer Bedeutung sind.

6.2.2 Objektive Tensoren und objektive Zeitableitungen

Die Unabhängigkeit der Konstitutivgleichungen von der Wahl des Bezugssystems zur Beschreibung der Deformationen eines Körpers (Beobachterindifferenz, materielle Objektivität) ist für die weiteren Aussagen von grundsätzlicher Bedeutung. Es sollen daher im Folgenden notwendige Aussagen zur Objektivität mechanischer Größen und ihrer Zeitableitungen zusammengefasst werden.

Für die Bewegung eines starren Körpers gelten folgende Gleichungen:

- Translation

$$\mathbf{x}(\mathbf{a},t) = \mathbf{a} + \mathbf{c}(t), \quad \mathbf{c}(t=0) = \mathbf{0}$$

  Der Verschiebungsvektor $\mathbf{u} = \mathbf{x} - \mathbf{a} \equiv \mathbf{c}(t)$ ist unabhängig von $\mathbf{a}$, d.h. jeder materielle Punkt des starren Körpers verschiebt sich in der Zeit t um den gleichen Betrag und in die gleiche Richtung.
- Rotation um einen festen Punkt $\mathbf{x} = \mathbf{d}$

$$\mathbf{x}(\mathbf{a},t) = \mathbf{R}(t) \cdot (\mathbf{a} - \mathbf{d})$$

  $\mathbf{R}$ ist ein eigentlich orthogonaler Drehtensor mit $\mathbf{R}(t=0) = \mathbf{I}$, $\mathbf{R} \cdot \mathbf{R}^{\mathrm{T}} = \mathbf{I}, \det \mathbf{R} = 1$, $\mathbf{d}$ ist ein konstanter Positionsvektor. Der materielle Punkt $\mathbf{a}$ hat zu jeder Zeit t immer die Position $\mathbf{x} = \mathbf{d}$, d.h. die Rotation erfolgt um den festen Punkt $\mathbf{x} = \mathbf{d}$. Für $\mathbf{d} = \mathbf{0}$ ist $\mathbf{x} = \mathbf{R}(t) \cdot \mathbf{a}$, d.h. die Rotation erfolgt um den Bezugspunkt 0.
- Allgemeine Starrkörperbewegung

$$\mathbf{x}(\mathbf{a},t) = \mathbf{R}(t) \cdot (\mathbf{a} - \mathbf{d}) + \mathbf{c}(t)$$

  mit $\mathbf{R}(t=0) = \mathbf{I}$ und $\mathbf{c}(t=0) = \mathbf{d}$. Die Gleichung beschreibt die Translation $\mathbf{c}(t)$ eines beliebig gewählten materiellen Bezugspunktes $\mathbf{a} = \mathbf{d}$ und eine Rotation $\mathbf{R}(t)$ um diesen Punkt. Für die materielle Ableitung gilt dann

$$\dot{\mathbf{x}} \equiv \mathbf{v} = \dot{\mathbf{R}} \cdot (\mathbf{a} - \mathbf{d}) + \dot{\mathbf{c}}$$

  und mit $(\mathbf{a} - \mathbf{d}) = \mathbf{R}^{\mathrm{T}} \cdot (\mathbf{x} - \mathbf{c})$ folgt

$$\mathbf{v} = \dot{\mathbf{R}} \cdot \mathbf{R}^{\mathrm{T}} \cdot (\mathbf{x} - \mathbf{c}) + \dot{\mathbf{c}}$$

  Da aufgrund der Orthogonalität $\mathbf{R} \cdot \mathbf{R}^{\mathrm{T}} = \mathbf{I}$ gilt, folgt $\dot{\mathbf{R}} \cdot \mathbf{R}^{\mathrm{T}} + \mathbf{R} \cdot \dot{\mathbf{R}}^{\mathrm{T}} = \mathbf{0}$, d.h. $\dot{\mathbf{R}} \cdot \mathbf{R}^{\mathrm{T}} = -(\dot{\mathbf{R}} \cdot \mathbf{R}^{\mathrm{T}})^{\mathrm{T}}$. $\dot{\mathbf{R}} \cdot \mathbf{R}^{\mathrm{T}}$ ist daher ein antisymmetrischer Tensor, dem ein dualer

Vektor $\boldsymbol{\omega}$ zugeordnet werden kann

$$\mathbf{v} = \boldsymbol{\omega} \times (\mathbf{x} - \mathbf{c}) + \dot{\mathbf{c}}$$

Man betrachtet jetzt zwei gegeneinander bewegte Bezugssysteme $\mathbf{x}(t)$ und $\bar{\mathbf{x}}(t)$. Das System $\mathbf{x}$ sei raumfest, das System $\bar{\mathbf{x}}(t)$ ein bewegtes System. Ferner gelte $\bar{t} = t$, es gibt keine konstante Zeitverschiebung, und beide Systeme fallen zur Referenzzeit $t_0 = 0$ zusammen. Es gilt dann

$$\bar{\mathbf{x}}(\mathbf{a}, t) = \mathbf{Q}(t) \cdot (\mathbf{x} - \mathbf{x}_0) + \mathbf{c}(t)$$

$\mathbf{x}_0$ ist der Positionsvektor des Basispunktes, $\mathbf{c}(t)$ die relative Verschiebung des Bezugspunktes und $\mathbf{Q}$ ein zeitabhängiger orthogonaler Tensor

$$\mathbf{Q} \cdot \mathbf{Q}^{\mathrm{T}} = \mathbf{I}, \qquad \mathbf{Q}^{\mathrm{T}} = \mathbf{Q}^{-1},$$

der eine Drehung (det$\mathbf{Q}$ = +1), aber auch eine Spiegelung (det$\mathbf{Q}$ = -1) darstellen kann. Man denkt sich nun einen „ruhenden Beobachter“ mit dem System $\mathbf{x}$ und einen „bewegten Beobachter“ mit dem System $\bar{\mathbf{x}}$ verbunden. Eine Größe oder Gleichung heißt objektiv, d.h. invariant gegenüber Starrkörpertranslationen und - rotationen, wenn beide Beobachter zu gleichen Aussagen bei ihrer Beobachtung oder Messung kommen.

Für Vektoren gilt folgende Überlegung. Sind $\mathbf{x}_1, \mathbf{x}_2$ die Lagevektoren zweier materieller Punkte im ruhenden, $\bar{\mathbf{x}}_1, \bar{\mathbf{x}}_2$ im bewegten Bezugssystem, unterscheiden sich zwar die Lagevektoren $\mathbf{x}_i$ und $\bar{\mathbf{x}}_i$, der Differenzvektor $\mathbf{x}_1 - \mathbf{x}_2$ bzw. $\bar{\mathbf{x}}_1 - \bar{\mathbf{x}}_2$, der den Abstand der beiden materiellen Punkte P_1, P_2 angibt, hat für beide Beobachter den gleichen Wert

$$\begin{aligned} \bar{\mathbf{x}}_1 &= \mathbf{Q}(t) \cdot (\mathbf{x}_1 - \mathbf{x}_0) + \mathbf{c}(t), & \bar{\mathbf{x}}_2 &= \mathbf{Q}(t) \cdot (\mathbf{x}_2 - \mathbf{x}_0) + \mathbf{c}(t), \\ \bar{\mathbf{x}}_1 - \bar{\mathbf{x}}_2 &= \mathbf{Q}(t) \cdot (\mathbf{x}_1 - \mathbf{x}_2), & \bar{\mathbf{x}}_1 - \bar{\mathbf{x}}_2 &= \bar{\mathbf{y}}, \qquad \mathbf{x}_1 - \mathbf{x}_2 = \mathbf{y} \end{aligned}$$

Für die Verbindungsvektoren $\bar{\mathbf{y}}, \mathbf{y}$ der Punkte P_1, P_2 im System $\bar{\mathbf{x}}$ bzw. $\mathbf{x}$ folgt

$$\bar{\mathbf{y}} = \mathbf{Q}(t) \cdot \mathbf{y}$$

Betrachtet wird nun ein Tensor $\mathbf{T}$, der im System $\mathbf{x}$ einen beobachterinvarianten Vektor $\mathbf{y}$ in einen beobachterinvarianten Vektor $\mathbf{z}$ transformiert

$$\mathbf{z} = \mathbf{T} \cdot \mathbf{y}$$

Für das System $\bar{\mathbf{x}}$ gilt dann analog

$$\bar{\mathbf{z}} = \bar{\mathbf{T}} \cdot \bar{\mathbf{y}}$$

und da nach Voraussetzung $\bar{\mathbf{z}} = \mathbf{Q} \cdot \mathbf{z}, \bar{\mathbf{y}} = \mathbf{Q} \cdot \mathbf{y}$ ist, folgt

$$\bar{\mathbf{z}} = \mathbf{Q} \cdot \mathbf{z} = \mathbf{Q} \cdot \mathbf{T} \cdot \mathbf{y} = \mathbf{Q} \cdot \mathbf{T} \cdot \mathbf{Q}^{\mathrm{T}} \cdot \bar{\mathbf{y}},$$

d.h.

$$\overline{\mathbf{T}} \cdot \overline{\mathbf{y}} = \mathbf{Q} \cdot \mathbf{T} \cdot \mathbf{Q}^{\mathrm{T}} \cdot \overline{\mathbf{y}} \quad \text{und} \quad \overline{\mathbf{T}} = \mathbf{Q} \cdot \mathbf{T} \cdot \mathbf{Q}^{\mathrm{T}}$$

Die Gleichungen $\overline{\mathbf{y}} = \mathbf{Q} \cdot \mathbf{y}$ und $\overline{\mathbf{T}} = \mathbf{Q} \cdot \mathbf{T} \cdot \mathbf{Q}^{\mathrm{T}}$ sind so zu interpretieren, dass ein Beobachter im raumfesten und ein Beobachter im bewegten Bezugssystem den gleichen Vektor bzw. den gleichen Tensor 2. Stufe feststellt, die Koordinaten der Vektoren bzw. Tensoren natürlich im jeweiligen System anzugeben sind. Zwischen den 3 Vektor- bzw. den 9 Tensorkoordinaten gelten somit die Beziehungen wie bei einer Drehung des Koordinatensystems.

Definition 6.7 (Objektive räumliche Größen). Skalare, Vektoren und Tensoren sind objektive räumliche Größen, falls für die Bezugssysteme $\overline{\mathbf{x}}$ und $\mathbf{x}$ folgende Aussagen gelten

$$\begin{aligned}
\overline{\alpha} &= \alpha && \text{Skalare,} \\
\overline{\mathbf{a}} &= \mathbf{Q}(t) \cdot \mathbf{a} && \text{Vektoren,} \\
\overline{\mathbf{A}} &= \mathbf{Q}(t) \cdot \mathbf{A} \cdot \mathbf{Q}^{\mathrm{T}}(t) && \text{Dyaden,} \\
{}^{(3)}\overline{\mathbf{B}} &= \mathbf{Q}(t) \cdot {}^{(3)}\mathbf{B} \cdot \mathbf{Q}^{\mathrm{T}}(t) \cdot \mathbf{Q}^{\mathrm{T}}(t) && \text{Tensoren 3. Stufe,} \\
&\dots && \dots
\end{aligned} \tag{6.2}$$

Damit kann die Objektivität kinematischer und kinetischer Grundgrößen überprüft werden. Die folgenden ausgewählten Beispiele zeigen, dass das meist einfach möglich ist.

- Linienelementvektor $\mathrm{d}\mathbf{x}$:

$$\begin{aligned}
\overline{\mathbf{x}} &= \mathbf{Q}(t) \cdot (\mathbf{x} - \mathbf{x}_0) + \mathbf{c}(t), \\
\overline{\mathbf{x}} + \mathrm{d}\overline{\mathbf{x}} &= \mathbf{Q}(t) \cdot (\mathbf{x} + \mathrm{d}\mathbf{x} - \mathbf{x}_0) + \mathbf{c}(t), \\
\mathrm{d}\overline{\mathbf{x}} &= \mathbf{Q}(t) \cdot \mathrm{d}\mathbf{x},
\end{aligned} \tag{6.3}$$

$$\begin{aligned}
\mathrm{d}\overline{\mathbf{x}} \cdot \mathrm{d}\overline{\mathbf{x}} = \mathrm{d}\overline{s}^2 &= \mathbf{Q}(t) \cdot \mathrm{d}\mathbf{x} \cdot \mathbf{Q}(t) \cdot \mathrm{d}\mathbf{x} \\
&= \mathrm{d}\mathbf{x} \cdot \mathbf{Q}^{\mathrm{T}}(t) \cdot \mathbf{Q}(t) \cdot \mathrm{d}\mathbf{x} = \mathrm{d}\mathbf{x} \cdot \mathrm{d}\mathbf{x} = \mathrm{d}s^2,
\end{aligned}$$

$$\mathrm{d}\overline{s}^2 = \mathrm{d}s^2 \tag{6.4}$$

Schlussfolgerung 6.1. Der Linienelementvektor $\mathrm{d}\mathbf{x}$ ist ein objektiver Vektor.

- Deformationsgradient $\mathbf{F}$:

$$\mathrm{d}\overline{\mathbf{x}} = \overline{\mathbf{F}} \cdot \mathrm{d}\overline{\mathbf{a}}, \qquad \mathrm{d}\mathbf{x} = \mathbf{F} \cdot \mathrm{d}\mathbf{a}, \qquad \mathrm{d}\overline{\mathbf{x}} = \mathbf{Q}(t) \cdot \mathrm{d}\mathbf{x},$$

$$\mathbf{Q}(t) \cdot \mathrm{d}\mathbf{x} = \mathrm{d}\overline{\mathbf{x}} = \overline{\mathbf{F}} \cdot \mathrm{d}\overline{\mathbf{a}}, \qquad \mathbf{Q}(t) \cdot \mathbf{F} \cdot \mathrm{d}\mathbf{a} = \overline{\mathbf{F}} \cdot \mathrm{d}\overline{\mathbf{a}}$$

Da $\mathrm{d}\overline{\mathbf{a}} = \mathrm{d}\mathbf{a}$ ist (gleiches materielles Linienelement zur festen Referenzzeit $t_0 = 0$, $\mathbf{Q}(t_0 = 0) = \mathbf{I}$), folgt

$$\overline{\mathbf{F}} = \mathbf{Q} \cdot \mathbf{F} \tag{6.5}$$

Schlussfolgerung 6.2. Der Deformationsgradiententensor $\mathbf{F} = (\boldsymbol{\nabla}_{\mathbf{a}}\mathbf{x})^{\mathrm{T}}$ ist kein objektiver Tensor.

- Geschwindigkeitsvektor $\boldsymbol{v}$:

$$\overline{\mathbf{x}} = \mathbf{Q}(t) \cdot (\mathbf{x} - \mathbf{x}_0) + \mathbf{c}(t),$$

$$\dot{\overline{\mathbf{x}}} \equiv \overline{\boldsymbol{v}} = \dot{\mathbf{Q}}(t) \cdot (\mathbf{x} - \mathbf{x}_0) + \mathbf{Q}(t) \cdot \boldsymbol{v} + \dot{\mathbf{c}}(t) \tag{6.6}$$

Schlussfolgerung 6.3. Der Geschwindigkeitsvektor $\boldsymbol{v}$ ist kein objektiver Vektor.

- Geschwindigkeitsgradient $\mathbf{L} = (\nabla_{\mathbf{x}}\boldsymbol{v})^{\mathrm{T}}$:

$$\begin{aligned} \overline{\boldsymbol{v}}(\overline{\mathbf{x}}, t) &= \dot{\mathbf{Q}}(t) \cdot (\mathbf{x} - \mathbf{x}_0) + \mathbf{Q}(t) \cdot \boldsymbol{v}(\mathbf{x}, t) + \mathbf{c}, \\ \overline{\boldsymbol{v}}(\overline{\mathbf{x}} + \mathrm{d}\overline{\mathbf{x}}, t) &= \dot{\mathbf{Q}}(t) \cdot (\mathbf{x} + \mathrm{d}\mathbf{x} - \mathbf{x}_0) + \mathbf{Q}(t) \cdot \boldsymbol{v}(\mathbf{x} + \mathrm{d}\mathbf{x}, t) + \mathbf{c} \end{aligned}$$

Subtrahiert man die 1. von der 2. Gleichung, folgt

$$(\nabla_{\mathbf{x}}\overline{\boldsymbol{v}})^{\mathrm{T}} \cdot \mathrm{d}\overline{\mathbf{x}} = \mathbf{Q}(t) \cdot (\nabla_{\mathbf{x}}\boldsymbol{v})^{\mathrm{T}} \cdot \mathrm{d}\mathbf{x} + \dot{\mathbf{Q}}(t) \cdot \mathrm{d}\mathbf{x}$$

und mit $\mathrm{d}\overline{\mathbf{x}} = \mathbf{Q} \cdot \mathrm{d}\mathbf{x}$

$$[(\nabla_{\mathbf{x}}\overline{\boldsymbol{v}})^{\mathrm{T}} \cdot \mathbf{Q}(t) - \mathbf{Q}(t) \cdot (\nabla_{\mathbf{x}}\boldsymbol{v})^{\mathrm{T}} - \dot{\mathbf{Q}}(t)] \cdot \mathrm{d}\mathbf{x} = \mathbf{0},$$

$$(\nabla_{\mathbf{x}}\overline{\boldsymbol{v}})^{\mathrm{T}} = \mathbf{Q}(t) \cdot (\nabla_{\mathbf{x}}\boldsymbol{v})^{\mathrm{T}} \cdot \mathbf{Q}^{\mathrm{T}}(t) + \dot{\mathbf{Q}}(t) \cdot \mathbf{Q}^{\mathrm{T}}(t),$$

$$\overline{\mathbf{L}} = \mathbf{Q}(t) \cdot \mathbf{L} \cdot \mathbf{Q}^{\mathrm{T}}(t) + \dot{\mathbf{Q}}(t) \cdot \mathbf{Q}^{\mathrm{T}}(t) \tag{6.7}$$

Da $\mathbf{L} = \frac{1}{2}(\mathbf{L} + \mathbf{L}^{\mathrm{T}}) + \frac{1}{2}(\mathbf{L} - \mathbf{L}^{\mathrm{T}}) = \mathbf{D} + \boldsymbol{W}$ folgt auch

$$\overline{\mathbf{D}} = \mathbf{Q}(t) \cdot \mathbf{D} \cdot \mathbf{Q}^{\mathrm{T}}(t), \qquad \overline{\boldsymbol{W}} = \mathbf{Q}(t) \cdot \boldsymbol{W} \cdot \mathbf{Q}^{\mathrm{T}}(t) + \dot{\mathbf{Q}}(t) \cdot \mathbf{Q}^{\mathrm{T}}(t) \tag{6.8}$$

Schlussfolgerung 6.4. Der Geschwindigkeitsgradient und der Spintensor sind keine objektiven Tensoren, der Deformations- oder Streckgeschwindigkeitstensor $\mathbf{D}$ ist objektiv.

- Verzerrungstensoren:

$$\begin{aligned} \mathbf{C} &= \mathbf{F}^{\mathrm{T}} \cdot \mathbf{F}, \\ \overline{\mathbf{C}} &= \overline{\mathbf{F}}^{\mathrm{T}} \cdot \overline{\mathbf{F}} = [\mathbf{Q}(t) \cdot \mathbf{F}]^{\mathrm{T}} \cdot [\mathbf{Q}(t) \cdot \mathbf{F}] = [\mathbf{F}^{\mathrm{T}} \cdot \mathbf{Q}^{\mathrm{T}}(t) \cdot \mathbf{Q}(t) \cdot \mathbf{F} = \mathbf{F}^{\mathrm{T}} \cdot \mathbf{F}, \\ \overline{\mathbf{C}} &= \mathbf{C}, \end{aligned} \tag{6.9}$$

$$\begin{aligned} \mathbf{B} &= \mathbf{F} \cdot \mathbf{F}^{\mathrm{T}}, \\ \overline{\mathbf{B}} &= \overline{\mathbf{F}} \cdot \overline{\mathbf{F}}^{\mathrm{T}} = [\mathbf{Q}(t) \cdot \mathbf{F}] \cdot [\mathbf{Q}(t) \cdot \mathbf{F}]^{\mathrm{T}} = \mathbf{Q}(t) \cdot \mathbf{F} \cdot \mathbf{F}^{\mathrm{T}} \cdot \mathbf{Q}^{\mathrm{T}}(t), \\ \overline{\mathbf{B}} &= \mathbf{Q}(t) \cdot \mathbf{B} \cdot \mathbf{Q}^{\mathrm{T}}(t) \end{aligned} \tag{6.10}$$

Damit gilt auch unter Beachtung, dass der Einheitstensor immer objektiv ist und der inverse Tensor eines objektiven Tensors gleichfalls objektiv wird

$$\begin{aligned}
\mathsf{G} &= \frac{1}{2}(\mathsf{C}-\mathsf{I}),\\
\overline{\mathsf{G}} &= \frac{1}{2}(\overline{\mathsf{C}}-\overline{\mathsf{I}}) = \frac{1}{2}(\mathsf{C}-\mathsf{I}),\\
\overline{\mathsf{G}} &= \mathsf{G},
\end{aligned} \tag{6.11}$$

$$\begin{aligned}
\mathsf{A} &= \frac{1}{2}\left(\mathsf{I}-\mathsf{B}^{-1}\right),\\
\overline{\mathsf{A}} &= \frac{1}{2}\left(\overline{\mathsf{I}}-\overline{\mathsf{B}}^{-1}\right),\\
\overline{\mathsf{A}} &= \overline{\mathsf{Q}}(t)\cdot\mathsf{A}\cdot\overline{\mathsf{Q}}^{\mathrm{T}}(t)
\end{aligned} \tag{6.12}$$

Schlussfolgerung 6.5. Die Verzerrungstensoren $\mathsf{B},\mathsf{B}^{-1}$ und A erfüllen das Kriterium der räumlichen Objektivität, die Tensoren C und G erfüllen dieses Kriterium nicht. Als körperbezogene, materielle Verzerrungstensoren werden aber $\mathsf{C}(\mathbf{a},t),\mathsf{G}(\mathbf{a},t)$ durch Starrkörperbewegungen nicht beeinflusst, d.h. es gilt

$$\overline{\mathsf{C}}(\mathbf{a},t)=\mathsf{C}(\mathbf{a},t),\qquad \overline{\mathsf{G}}(\mathbf{a},t)=\mathsf{G}(\mathbf{a},t)$$

Sie sind somit als körperbezogene Verzerrungstensoren objektiv.

- Spannungstensoren
  Für die wahren Spannungen (Cauchy'scher Spannungstensor T) und die zugehörigen Kraftvektoren wird Objektivität vorausgesetzt

$$\overline{\mathsf{T}}=\mathsf{Q}(t)\cdot\mathsf{T}\cdot\mathsf{Q}^{\mathrm{T}}(t)$$

  Für die Piola-Kirchhoff-Tensoren erhält man folgende Aussagen unter Beachtung der Beziehungen für den inversen Deformationsgradienten

$$\begin{aligned}
\overline{\mathsf{F}}^{-1} &= \mathsf{Q}^{-1}\cdot\mathsf{F}^{-1}=\mathsf{Q}^{\mathrm{T}}\cdot\mathsf{F}^{-1},\\
{}^{\mathrm{II}}\mathsf{P} &= \frac{\rho_0}{\rho}\mathsf{F}^{-1}\cdot\mathsf{T}\cdot(\mathsf{F}^{-1})^{\mathrm{T}},\\
{}^{\mathrm{II}}\overline{\mathsf{P}} &= \frac{\rho_0}{\rho}\overline{\mathsf{F}}^{-1}\cdot\overline{\mathsf{T}}\cdot\left(\overline{\mathsf{F}}^{-1}\right)^{\mathrm{T}} = \frac{\rho_0}{\rho}\mathsf{F}^{-1}\cdot\mathsf{T}\cdot(\mathsf{F}^{-1})^{\mathrm{T}},\\
{}^{\mathrm{II}}\overline{\mathsf{P}}(\mathbf{a},t) &= {}^{\mathrm{II}}\mathsf{P}(\mathbf{a},t),
\end{aligned} \tag{6.13}$$

$$\begin{aligned}
{}^{\mathrm{I}}\mathsf{P} &= {}^{\mathrm{II}}\mathsf{P}\cdot\mathsf{F}^{\mathrm{T}},\\
{}^{\mathrm{I}}\overline{\mathsf{P}} &= {}^{\mathrm{II}}\overline{\mathsf{P}}\cdot\overline{\mathsf{F}}^{\mathrm{T}} = {}^{\mathrm{I}}\mathsf{P}\cdot\mathsf{Q}^{\mathrm{T}}
\end{aligned} \tag{6.14}$$

Schlussfolgerung 6.6. Der 1. Piola-Kirchhoff'sche Tensor ${}^{\mathrm{I}}\mathsf{P}$ ist nicht objektiv. Der 2. Piola-Kirchhoff'sche Tensor ${}^{\mathrm{II}}\mathsf{P}$ ist als körperbezogener Tensor objektiv.

- Spannungsgeschwindigkeitstensor $\dot{\mathsf{T}}$:
  Die materielle Zeitableitung objektiver Tensoren beliebiger Stufe führt nicht zwangsläufig auf objektive Tensorraten. Betrachtet man z.B. den objektiven

Spannungstensor T, erhält man die Transformationsgleichungen für die Spannungsgeschwindigkeiten $\dot{\mathsf{T}}$ und $\dot{\overline{\mathsf{T}}}$ aus

$$\overline{\mathsf{T}} = \mathbf{Q}(t) \cdot \mathsf{T} \cdot \mathbf{Q}^T(t)$$

zu

$$\frac{D\overline{\mathsf{T}}}{Dt} = \dot{\mathbf{Q}}(t) \cdot \mathsf{T} \cdot \mathbf{Q}^T(t) + \mathbf{Q}(t) \cdot \dot{\mathsf{T}} \cdot \mathbf{Q}^T(t) + \mathbf{Q}(t) \cdot \mathsf{T} \cdot \dot{\mathbf{Q}}^T(t)$$

Schlussfolgerung 6.7. Die materielle Zeitableitung des Cauchy'schen Span - nungstensor ist nicht objektiv.

Aus der letzten Schlussfolgerung kann man ableiten, dass es notwendig ist, objektive Spannungsgeschwindigkeiten zu formulieren. Dass dies auch möglich ist, zeigen die nachfolgenden Ableitungen. Besondere Bedeutung für die Anwendung in der Kontinuumsmechanik haben die Jaumann'sche[2] und die konvektive Spannungsgeschwindigkeit. Die Jaumann'sche Ableitung wird hier als Beispiel genauer betrachtet.

Zunächst werden sogenannte relative Tensoren eingeführt, für die die aktuelle Konfiguration als Bezugskonfiguration definiert wird. Ist z.B. $\mathbf{x}$ der aktuelle Lagevektor zur Zeit t und $\tilde{\mathbf{x}}$ der Lagevektor des gleichen materiellen Punktes zur Zeit τ, dann gilt

$$\tilde{\mathbf{x}} = \tilde{\mathbf{x}}_t(\mathbf{x}, \tau) \qquad \text{mit} \qquad \mathbf{x} = \tilde{\mathbf{x}}_t(\mathbf{x}, t)$$

$\tilde{\mathbf{x}}_t(\mathbf{x}, \tau)$ ist die Bewegungsgleichung des materiellen Punktes mit t als Referenzzeit. Der untere Index t zeigt an, dass die variable aktuelle Zeit t als Referenzzeit gewählt wurde, d.h. $\tilde{\mathbf{x}}_t(\mathbf{x}, \tau)$ ist auch eine Funktion von t. Die differentiellen Vektoren $d\mathbf{x}$ und $d\tilde{\mathbf{x}}$ eines materiellen Elementes zur aktuellen Zeit t und zur Zeit τ sind wie folgt verbunden

$$d\tilde{\mathbf{x}} = \tilde{\mathbf{x}}_t(\mathbf{x} + d\mathbf{x}, \tau) - \tilde{\mathbf{x}}_t(\mathbf{x}, \tau) = (\nabla_x \tilde{\mathbf{x}}_t)^T \cdot d\mathbf{x} = \mathbf{F}_t \cdot d\mathbf{x} \tag{6.15}$$

$\mathbf{F}_t(\mathbf{x}, \tau)$ heißt relativer Deformationsgradient. Da für

$$\tau = t, d\tilde{\mathbf{x}} = d\mathbf{x}$$

ist, gilt $\mathbf{F}_t(\mathbf{x}, t) = \mathbf{I}$. Die polare Zerlegung von $\mathbf{F}_t$ entspricht der Zerlegung für $\mathbf{F}$

$$\mathbf{F}_t = \mathbf{R}_t \cdot \mathbf{U}_t = \mathbf{V}_t \cdot \mathbf{R}_t, \qquad \mathbf{F}_t = \mathbf{R}_t = \mathbf{U}_t = \mathbf{V}_t = \mathbf{I} \quad \text{für} \qquad \tau = t$$

$\mathbf{U}_t, \mathbf{V}_t$ sind der relative Rechts- bzw. Linksstrecktensor, $\mathbf{R}_t$ der relative Drehtensor. Damit können auch die relativen Deformationsmaßtensoren $\mathbf{C}_t, \mathbf{B}_t, \mathbf{C}_t^{-1}, \mathbf{B}_t^{-1}$ analog zum Abschn. 3.5 definiert werden. Bei Änderung des Bezugssystems gelten für relative kinematische Größen folgende Transformationsgesetze

$$d\overline{\mathbf{x}}(t) = \mathbf{Q}(t) \cdot d\mathbf{x}(t), \qquad d\overline{\tilde{\mathbf{x}}}(\tau) = \mathbf{Q}(\tau) \cdot d\tilde{\mathbf{x}}(\tau) \tag{6.16}$$

[2] Gustav Jaumann (1863-1924), Physiker, Kontinuumsmechanik sowie Vektor- und Tensorrechnung

Mit

$$\mathrm{d}\tilde{\mathbf{x}}(\tau) = \mathbf{F}_t(\mathbf{x},\tau)\cdot\mathrm{d}\mathbf{x}(t), \qquad \mathrm{d}\bar{\tilde{\mathbf{x}}}(\tau) = \bar{\mathbf{F}}_t(\bar{\mathbf{x}},\tau)\cdot\mathrm{d}\bar{\mathbf{x}}(t) \tag{6.17}$$

erhält man (es wird nur die Zeitabhängigkeit angegeben)

$$\begin{aligned}
\bar{\mathbf{F}}_t(\tau)\cdot\mathrm{d}\bar{\mathbf{x}}(t) &= \mathrm{d}\bar{\tilde{\mathbf{x}}}(\tau) = \mathbf{Q}(\tau)\cdot\mathrm{d}\tilde{\mathbf{x}}(\tau) = \mathbf{Q}(\tau)\cdot\mathbf{F}_t(\tau)\cdot\mathrm{d}\mathbf{x}(t)\\
&= \mathbf{Q}(\tau)\cdot\mathbf{F}_t(\tau)\cdot\mathbf{Q}^{\mathrm{T}}(t)\cdot\mathrm{d}\bar{\mathbf{x}}(t),\\
\bar{\mathbf{F}}_t(\tau) &= \mathbf{Q}(\tau)\cdot\mathbf{F}_t(\tau)\cdot\mathbf{Q}^{\mathrm{T}}(t)
\end{aligned} \tag{6.18}$$

Schlussfolgerung 6.8. Auch der relative Deformationsgradiententensor $\mathbf{F}_t(\mathbf{x},\tau)$ ist nicht objektiv. Außerdem sind die Transformationsgesetze für $\mathbf{F}$ und $\mathbf{F}_t$ unterschiedlich

$$\bar{\mathbf{F}}(\mathbf{x},t) = \mathbf{Q}(t)\cdot\mathbf{F}(\mathbf{x},t), \qquad \bar{\mathbf{F}}_t(\mathbf{x},\tau) = \mathbf{Q}(\tau)\cdot\mathbf{F}_t(\mathbf{x},\tau)\cdot\mathbf{Q}^{\mathrm{T}}(t)$$

Diese Aussage gilt aber nicht allgemein für alle im Abschn. 3.5 definierten Deformations- und Verzerrungstensoren. Im Einzelnen lassen sich folgende Gleichungen ableiten

$$\begin{aligned}
\bar{\mathbf{R}}_t &= \mathbf{Q}(\tau)\cdot\mathbf{R}_t\cdot\mathbf{Q}^{\mathrm{T}}(t),\\
\bar{\mathbf{U}}_t &= \mathbf{Q}(t)\cdot\mathbf{U}_t\cdot\mathbf{Q}^{\mathrm{T}}(t),\\
\bar{\mathbf{V}}_t &= \mathbf{Q}(\tau)\cdot\mathbf{V}_t\cdot\mathbf{Q}^{\mathrm{T}}(\tau),\\
\bar{\mathbf{C}}_t &= \mathbf{Q}(t)\cdot\mathbf{C}_t\cdot\mathbf{Q}^{\mathrm{T}}(t),\\
\bar{\mathbf{C}}_t^{-1} &= \mathbf{Q}(t)\cdot\mathbf{C}_t^{-1}\cdot\mathbf{Q}^{\mathrm{T}}(t),\\
\bar{\mathbf{B}}_t &= \mathbf{Q}(\tau)\cdot\mathbf{B}_t\cdot\mathbf{Q}^{\mathrm{T}}(\tau),\\
\bar{\mathbf{B}}_t^{-1} &= \mathbf{Q}(\tau)\cdot\mathbf{B}_t^{-1}\cdot\mathbf{Q}^{\mathrm{T}}(\tau)
\end{aligned} \tag{6.19}$$

Für den relativen Geschwindigkeitsgradienten $\mathbf{L}_t(\mathbf{x},\tau)$ erhält man folgende Ableitung

$$\begin{aligned}
\mathrm{d}\tilde{\mathbf{x}}(\tau) &= \tilde{\mathbf{x}}_t(\mathbf{x}+\mathrm{d}\mathbf{x},\tau) - \tilde{\mathbf{x}}_t(\mathbf{x},\tau)\\
&= (\nabla_{\mathbf{x}}\tilde{\mathbf{x}}_t)^{\mathrm{T}}\cdot\mathrm{d}\mathbf{x},\\
\mathrm{d}\tilde{\mathbf{x}}(\tau) &= \mathbf{F}_t(\mathbf{x},\tau)\cdot\mathrm{d}\mathbf{x},\\
\frac{\mathrm{D}\tilde{\mathbf{x}}(\tau)}{\mathrm{D}\tau} &= \tilde{\mathbf{v}}_t(\mathbf{x}+\mathrm{d}\mathbf{x},\tau) - \tilde{\mathbf{v}}_t(\mathbf{x},\tau)\\
&= [\nabla_{\mathbf{x}}\tilde{\mathbf{v}}_t(\mathbf{x},\tau)]^{\mathrm{T}}\cdot\mathrm{d}\mathbf{x},\\
\frac{\mathrm{D}\tilde{\mathbf{x}}(\tau)}{\mathrm{D}\tau} &= \frac{\mathrm{D}\mathbf{F}_t}{\mathrm{D}\tau}\cdot\mathrm{d}\mathbf{x}
\end{aligned}$$

Damit gilt auch

$$\frac{\mathrm{D}\mathbf{F}_t(\mathbf{x},\tau)}{\mathrm{D}\tau} = [\nabla_{\mathbf{x}}\tilde{\mathbf{v}}_t(\mathbf{x},\tau)]^{\mathrm{T}} = \mathbf{L}_t(\mathbf{x},\tau) \tag{6.20}$$

bzw.

$$\left.\frac{\mathrm{D}\mathbf{F}_t(\mathbf{x},\tau)}{\mathrm{D}\tau}\right|_{\tau=t} = [\nabla_{\mathbf{x}}\tilde{\mathbf{v}}_t(\mathbf{x},t)]^{\mathrm{T}} = \mathbf{L}_t(\mathbf{x},t) \tag{6.21}$$

Mit der polaren Zerlegung

$$\frac{\mathrm{D}\mathbf{F}_t}{\mathrm{D}\tau} = \frac{\mathrm{D}\mathbf{R}_t}{\mathrm{D}\tau} \cdot \mathbf{U}_t + \mathbf{R}_t \cdot \frac{\mathrm{D}\mathbf{U}_t}{\mathrm{D}\tau}$$

und unter Beachtung, dass $\mathbf{U}_t = \mathbf{R}_t = \mathbf{I}$ für $\tau = t$ gilt, erhält man

$$\mathbf{L}_t(\mathbf{x},t) = [\nabla_{\mathbf{x}} \mathbf{v}(\mathbf{x},t)]^{\mathrm{T}} = \left.\frac{\mathrm{D}\mathbf{U}_t}{\mathrm{D}\tau}\right|_{\tau=t} + \left.\frac{\mathrm{D}\mathbf{R}_t}{\mathrm{D}\tau}\right|_{\tau=t} \tag{6.22}$$

Da

$$\left.\frac{\mathrm{D}\mathbf{U}_t(\tau)}{\mathrm{D}\tau}\right|_{\tau=t} = \left[\left.\frac{\mathrm{D}\mathbf{U}_t(\tau)}{\mathrm{D}\tau}\right|_{\tau=t}\right]^{\mathrm{T}} \qquad \text{(Symmetriebedingung)},$$

$$\left.\frac{\mathrm{D}\mathbf{R}_t(\tau)}{\mathrm{D}\tau}\right|_{\tau=t} = -\left[\left.\frac{\mathrm{D}\mathbf{R}_t(\tau)}{\mathrm{D}\tau}\right|_{\tau=t}\right]^{\mathrm{T}} \qquad \text{(Antimetriebedingung)}$$

erhält man wegen der Eindeutigkeit der Zerlegung eines Tensors in einen symmetrischen und einen antisymmetrischen Tensor

$$\mathbf{L}_t(\mathbf{x},t) = \mathbf{D}_t(\mathbf{x},t) + \mathbf{W}_t(\mathbf{x},t) = \left.\frac{\mathrm{D}\mathbf{U}_t(\tau)}{\mathrm{D}\tau}\right|_{\tau=t} + \left.\frac{\mathrm{D}\mathbf{R}_t(\tau)}{\mathrm{D}\tau}\right|_{\tau=t},$$

$$\mathbf{D}_t(\mathbf{x},t) = \left.\frac{\mathrm{D}\mathbf{U}_t(\tau)}{\mathrm{D}\tau}\right|_{\tau=t}, \qquad \mathbf{W}_t(\mathbf{x},t) = \left.\frac{\mathrm{D}\mathbf{R}_t(\tau)}{\mathrm{D}\tau}\right|_{\tau=t} \tag{6.23}$$

Der Spintensor $\mathbf{W}$ ist nicht objektiv, denn es gilt

$$\begin{aligned}
\overline{\mathbf{R}}_t &= \mathbf{Q}(\tau) \cdot \mathbf{R}_t \cdot \mathbf{Q}^{\mathrm{T}}(t),\\
\frac{\mathrm{D}\overline{\mathbf{R}}_t}{\mathrm{D}\tau} &= \frac{\mathrm{D}\mathbf{Q}(\tau)}{\mathrm{D}\tau} \cdot \mathbf{R}_t \cdot \mathbf{Q}^{\mathrm{T}}(t) + \mathbf{Q}(\tau) \cdot \frac{\mathrm{D}\mathbf{R}_t}{\mathrm{D}\tau} \cdot \mathbf{Q}^{\mathrm{T}}(t),\\
\left.\frac{\mathrm{D}\overline{\mathbf{R}}_t}{\mathrm{D}\tau}\right|_{\tau=t} &\equiv \overline{\mathbf{W}} = \mathbf{Q}(t) \cdot \mathbf{W} \cdot \mathbf{Q}^{\mathrm{T}}(t) + \frac{\mathrm{D}\mathbf{Q}(t)}{\mathrm{D}t} \cdot \mathbf{Q}^{\mathrm{T}}(t)
\end{aligned} \tag{6.24}$$

Für den Tensor $\mathbf{D}$ ist das Objektivitätskriterium erfüllt

$$\begin{aligned}
\overline{\mathbf{U}}_t &= \mathbf{Q}(t) \cdot \mathbf{U}_t \cdot \mathbf{Q}^{\mathrm{T}}(t),\\
\frac{\mathrm{D}\overline{\mathbf{U}}_t}{\mathrm{D}\tau} &= \mathbf{Q}(t) \cdot \frac{\mathrm{D}\mathbf{U}_t}{\mathrm{D}\tau} \cdot \mathbf{Q}^{\mathrm{T}}(t),\\
\left.\frac{\mathrm{D}\overline{\mathbf{U}}_t}{\mathrm{D}\tau}\right|_{\tau=t} &\equiv \overline{\mathbf{D}} = \mathbf{Q}(t) \cdot \mathbf{D} \cdot \mathbf{Q}^{\mathrm{T}}(t)
\end{aligned} \tag{6.25}$$

Ausgangspunkt der Überlegungen über relative Tensoren war die Tatsache, dass die materielle Ableitung des objektiven Spannungstensors $\mathbf{T}$ nicht mehr objektiv ist. Betrachtet man dagegen den erweiterten Ausdruck

$$\frac{\mathrm{D}\mathbf{T}}{\mathrm{D}t}+\mathbf{T}\cdot\mathbf{W}-\mathbf{W}\cdot\mathbf{T},$$

ist dieser objektiv, denn es gilt

$$\begin{aligned}\frac{\mathrm{D}\overline{\mathbf{T}}}{\mathrm{D}t}+\overline{\mathbf{T}}\cdot\overline{\mathbf{W}}-\overline{\mathbf{W}}\cdot\overline{\mathbf{T}} &= \dot{\mathbf{Q}}(t)\cdot\mathbf{T}\cdot\mathbf{Q}^{\mathrm{T}}(t)+\mathbf{Q}(t)\cdot\dot{\mathbf{T}}\cdot\mathbf{Q}^{\mathrm{T}}(t)+\mathbf{Q}(t)\cdot\mathbf{T}\cdot\dot{\mathbf{Q}}^{\mathrm{T}}(t)\\ &\quad+\mathbf{Q}(t)\cdot\mathbf{T}\cdot\mathbf{Q}^{\mathrm{T}}(t)\cdot\overline{\mathbf{W}}-\overline{\mathbf{W}}\cdot\mathbf{Q}(t)\cdot\mathbf{T}\cdot\mathbf{Q}^{\mathrm{T}}(t),\end{aligned}$$

$$\frac{\mathrm{D}\overline{\mathbf{T}}}{\mathrm{D}t}+\overline{\mathbf{T}}\cdot\overline{\mathbf{W}}-\overline{\mathbf{W}}\cdot\overline{\mathbf{T}}=\mathbf{Q}(t)\cdot\left[\frac{\mathrm{D}\mathbf{T}}{\mathrm{D}t}+\mathbf{T}\cdot\mathbf{W}-\mathbf{W}\cdot\mathbf{T}\right]\cdot\mathbf{Q}^{\mathrm{T}}(t) \tag{6.26}$$

Schlussfolgerung 6.9. Für jeden objektiven Tensor $\overline{\mathbf{A}}=\mathbf{Q}\cdot\mathbf{A}\cdot\mathbf{Q}^{\mathrm{T}}$ ist die materielle Ableitung

$$\mathbf{A}^{\nabla}=\frac{\mathrm{D}\mathbf{A}}{\mathrm{D}t}+\mathbf{A}\cdot\mathbf{W}-\mathbf{W}\cdot\mathbf{A}$$

auch objektiv. Für einen objektiven Vektor $\overline{\mathbf{a}}=\mathbf{Q}\cdot\mathbf{a}$ ist die materielle Ableitung

$$\mathbf{a}^{\nabla}=\frac{\mathrm{D}\mathbf{a}}{\mathrm{D}t}-\mathbf{W}\cdot\mathbf{a}$$

objektiv.

Man kann diese Überlegungen einfach verallgemeinern. Definiert man einen Tensor

$$\mathbf{J}_t(\tau)=\mathbf{R}_t^{\mathrm{T}}(\tau)\cdot\mathbf{T}_t(\tau)\cdot\mathbf{R}_t(\tau)$$

mit dem Cauchy'schen Spannungstensor $\mathbf{T}$ und dem orthogonalen Drehtensor $\mathbf{R}$, gilt für $\tau=t$ mit $\mathbf{R}_t(t)=\mathbf{R}_t^{\mathrm{T}}(t)=\mathbf{I}$

$$\mathbf{J}_t(t)=\mathbf{T}_t(t)$$

Es lässt sich zeigen, dass die materielle Ableitung

$$\left.\frac{\mathrm{D}\mathbf{J}_t(\tau)}{\mathrm{D}\tau}\right|_{\tau=t}$$

eine objektive Spannungsableitung ist. Aus

$$\mathbf{J}_t(\tau)=\mathbf{R}_t^{\mathrm{T}}(\tau)\cdot\mathbf{T}_t(\tau)\cdot\mathbf{R}_t(\tau)$$

folgt mit

$$\begin{aligned}\overline{\mathbf{R}}_t(\tau)&=\mathbf{Q}(\tau)\cdot\mathbf{R}_t(\tau)\cdot\mathbf{Q}^{\mathrm{T}}(\tau),\\ \overline{\mathbf{J}}_t(\tau)&=\overline{\mathbf{R}}_t^{\mathrm{T}}(\tau)\cdot\overline{\mathbf{T}}(\tau)\cdot\overline{\mathbf{R}}_t(\tau)\\ &=\mathbf{Q}(t)\cdot\mathbf{R}_t^{\mathrm{T}}(\tau)\cdot\mathbf{T}^{\mathrm{T}}(\tau)\cdot\mathbf{R}_t(\tau)\cdot\mathbf{Q}^{\mathrm{T}}(t)\\ &=\mathbf{Q}(t)\cdot\mathbf{J}_t(\tau)\cdot\mathbf{Q}^{\mathrm{T}}(t)\end{aligned} \tag{6.27}$$

Definition 6.8 (Jaumann'sche Ableitung). Die Ableitung

$$\left.\frac{\mathrm{D}\mathbf{J}(\tau)}{\mathrm{D}\tau}\right|_{\tau=t} = \left.\frac{\mathrm{D}[\mathbf{R}_t(\tau)\cdot\mathbf{T}(\tau)\cdot\mathbf{R}_t^T(\tau)]}{\mathrm{D}\tau}\right|_{\tau=t} = \frac{\mathrm{D}_j}{\mathrm{D}\tau}\mathbf{T} \equiv \mathbf{T}^{\nabla}$$

heißt Jaumann'sche Ableitung des Spannungstensors $\mathbf{T}$.

Mit

$$\frac{\mathrm{D}[\mathbf{R}_t\cdot\mathbf{T}_t\cdot\mathbf{R}_t^T]}{\mathrm{D}\tau} = \frac{\mathrm{D}\mathbf{R}_t}{\mathrm{D}\tau}\cdot\mathbf{T}_t\cdot\mathbf{R}_t^T + \mathbf{R}_t\cdot\frac{\mathrm{D}\mathbf{T}_t}{\mathrm{D}\tau}\cdot\mathbf{R}_t^T + \mathbf{R}_t\cdot\mathbf{T}_t\cdot\frac{\mathrm{D}\mathbf{R}_t^T}{\mathrm{D}\tau},$$

$$\mathbf{R}_t(\tau=t) = \mathbf{R}_t^T(\tau=t) = \mathbf{I}$$

und

$$\left.\frac{\mathrm{D}\mathbf{R}_t}{\mathrm{D}\tau}\right|_{\tau=t} = \mathbf{W}(t), \qquad \left.\frac{\mathrm{D}\mathbf{R}_t^T}{\mathrm{D}\tau}\right|_{\tau=t} = \mathbf{W}^T(t) = -\mathbf{W}(t)$$

erhält man

$$\left.\frac{\mathrm{D}\mathbf{J}(\tau)}{\mathrm{D}\tau}\right|_{\tau=t} \equiv \mathbf{T}^{\nabla} = \dot{\mathbf{T}}(t) + \mathbf{T}(t)\cdot\mathbf{W}(t) - \mathbf{W}(t)\cdot\mathbf{T}(t) \tag{6.28}$$

bzw.

$$T_{ij}^{\nabla} = \dot{T}_{ij} + T_{ik}W_{kj} - W_{ik}T_{kj}$$

Schlussfolgerung 6.10. Die Jaumann'sche Spannungsgeschwindigkeit gibt die zeitliche Änderung von $\mathbf{T}$ im bewegten Bezugssystem an. Ein Beobachter, der mit dem materiellen Element rotiert, stellt die zeitliche Änderung $\mathbf{T}^{\nabla}$ von $\mathbf{T}$ fest. Für $\mathbf{T}^{\nabla} = \mathbf{0}$ erhält man aus Gl. (6.28) die Änderung von $\mathbf{T}$ infolge einer Starrkörperdrehung.

Anmerkung 6.2. Die Nten Ableitungen des objektiven symmetrischen Tensors

$$\mathbf{J}_t(\tau) = \mathbf{R}_t^T(\tau)\cdot\mathbf{T}_t(\tau)\cdot\mathbf{R}_t(\tau)$$

zum Zeitpunkt $\tau = t$

$$\left.\frac{\mathrm{D}^N\mathbf{J}(\tau)}{\mathrm{D}\tau^N}\right|_{\tau=t} = \frac{\mathrm{D}_j^N}{\mathrm{D}\tau^N}\mathbf{T}, \qquad N = 1, 2, \ldots \tag{6.29}$$

heißen Nte Jaumann'sche Ableitungen des Spannungstensors $\mathbf{T}$ und es gilt

$$\left.\frac{\mathrm{D}^N\bar{\mathbf{J}}(\tau)}{\mathrm{D}\tau^N}\right|_{\tau=t} = \mathbf{Q}(t)\cdot\left.\frac{\mathrm{D}^N\mathbf{J}(\tau)}{\mathrm{D}\tau^N}\right|_{\tau=t}\cdot\mathbf{Q}(t)$$

Auf die Ableitung weiterer objektiver Spannungsgeschwindigkeiten wird hier verzichtet und auf die Spezialliteratur verwiesen. Besondere Bedeutung haben die sogenannten konvektiven oder Oldroyd'schen Ableitungen. Sie sind in der Klasse aller objektiven Zeitableitungen enthalten, die sich in der Form

$$\mathbf{T}^{\nabla} + \alpha(\mathbf{T}\cdot\mathbf{D} + \mathbf{D}\cdot\mathbf{T}) \qquad (\alpha \text{ beliebig}) \tag{6.30}$$

darstellen lassen. Für die Oldroyd'sche Ableitung $\mathbf{T}^{\bigcirc}$ gilt dann z.B. folgende Definitionsgleichung

$$\mathbf{T}^{\bigcirc} = \dot{\mathbf{T}} + \mathbf{T} \cdot \mathbf{L} + \mathbf{L}^{\mathrm{T}} \cdot \mathbf{T} \tag{6.31}$$

$$= \mathbf{T}^{\nabla} + \mathbf{T} \cdot \mathbf{D} + \mathbf{D} \cdot \mathbf{T} \tag{6.32}$$

Ausgangspunkt ist auch hier, wie bei der Jaumann'schen Ableitung, die Einführung eines objektiven relativen Tensors

$$\begin{aligned}
\mathbf{K}_t(\tau) &= \mathbf{F}_t^{\mathrm{T}}(\tau) \cdot \mathbf{T}_t(\tau) \cdot \mathbf{F}_t(\tau), \\
\mathbf{K}_t(\tau = t) &= \mathbf{T}(t), \\
\overline{\mathbf{K}}_t(\tau) &= \mathbf{Q}(\tau) \cdot \mathbf{K}_t(\tau) \cdot, \mathbf{Q}^{\mathrm{T}}(\tau), \\
\left.\frac{\mathrm{D}\mathbf{K}_t(\tau)}{\mathrm{D}\tau}\right|_{\tau=t} &= \mathbf{T}^{\bigcirc}(t), \\
\overline{\mathbf{T}}^{\bigcirc}(t) &= \mathbf{Q}(t) \cdot \mathbf{T}^{\bigcirc}(t) \cdot \mathbf{Q}^{\mathrm{T}}(t)
\end{aligned}$$

In die Berechnung der Spannungsleistung für die aktuelle Konfiguration $\rho \dot{u} = \mathbf{T} \cdot\cdot \mathbf{D}$ gehen die objektiven Tensoren $\mathbf{T}$ und $\mathbf{D}$ ein. Für die Referenzkonfiguration gilt entsprechend $\rho \dot{u} = {}^{\mathrm{II}}\mathbf{P} \cdot\cdot \dot{\mathbf{G}}$. Für ${}^{\mathrm{II}}\mathbf{P}$ als körperbezogener Tensor wurde die Indifferenz gegenüber Starrkörperbewegung bereits überprüft. Für den körperbezogenen Verzerrungstensor $\mathbf{G}$ gilt die gleiche Aussage. Die materielle Zeitableitung von $\mathbf{G}$ ist entsprechend Abschn. 3.6

$$\dot{\mathbf{G}} = \mathbf{F}^{\mathrm{T}} \cdot \mathbf{D} \cdot \mathbf{F},$$

d.h. $\dot{G}_{ij} = F_{ik}^{\mathrm{T}} D_{kl} F_{lj} = F_{ki} F_{lj} D_{kl}$. Die Überlagerung einer Starrkörperbewegung ergibt

$$\begin{aligned}
\overline{\dot{\mathbf{G}}} &= \overline{\mathbf{F}}^{\mathrm{T}} \cdot \overline{\mathbf{D}} \cdot \overline{\mathbf{F}} \\
&= (\mathbf{Q} \cdot \mathbf{F})^{\mathrm{T}} \cdot (\mathbf{Q} \cdot \mathbf{D} \cdot \mathbf{Q}^{\mathrm{T}}) \cdot (\mathbf{Q} \cdot \mathbf{F}) \\
&= \mathbf{F}^{\mathrm{T}} \cdot \mathbf{Q}^{\mathrm{T}} \cdot \mathbf{Q} \cdot \mathbf{D} \cdot \mathbf{Q}^{\mathrm{T}} \cdot \mathbf{Q} \cdot \mathbf{F} \\
&= \mathbf{F}^{\mathrm{T}} \cdot \mathbf{D} \cdot \mathbf{F} \\
&= \dot{\mathbf{G}}
\end{aligned}$$

Schlussfolgerung 6.11. Der körperbezogene Green-Lagrange'sche Verzerrungsgeschwindigkeitstensor $\dot{\mathbf{G}}$ ist invariant gegenüber Starrkörperbewegungen, d.h. $\overline{\dot{\mathbf{G}}} = \dot{\mathbf{G}}$. Er ist somit objektiv.

Prüft man die materielle Ableitung des objektiven Almansi-Euler'schen Verzerrungstensors $\mathbf{A}$ auf Objektivität, erhält man

$$\dot{\mathbf{A}} = \mathbf{D} - \mathbf{A} \cdot \mathbf{L} - \mathbf{L}^{\mathrm{T}} \cdot \mathbf{A}, \qquad \overline{\dot{\mathbf{A}}} = \overline{\mathbf{D}} - \overline{\mathbf{A}} \cdot \overline{\mathbf{L}} - \overline{\mathbf{L}}^{\mathrm{T}} \cdot \overline{\mathbf{A}}$$

und mit

$$\overline{\mathbf{D}} = \mathbf{Q} \cdot \mathbf{D} \cdot \mathbf{Q}^{\mathrm{T}}, \qquad \overline{\mathbf{A}} = \mathbf{Q} \cdot \mathbf{A} \cdot \mathbf{Q}^{\mathrm{T}}, \qquad \overline{\mathbf{L}} = \mathbf{Q} \cdot \mathbf{L} \cdot \mathbf{Q}^{\mathrm{T}} + \dot{\mathbf{Q}} \cdot \mathbf{Q}^{\mathrm{T}}$$

folgt

$$\overline{\dot{\mathbf{A}}} = \mathbf{Q} \cdot \dot{\mathbf{A}} \cdot \mathbf{Q}^{\mathrm{T}} - \mathbf{Q} \cdot (\mathbf{A} \cdot \mathbf{Q}^{\mathrm{T}} \cdot \dot{\mathbf{Q}}) \cdot \mathbf{Q}^{\mathrm{T}} - \mathbf{Q} \cdot (\dot{\mathbf{Q}}^{\mathrm{T}} \cdot \mathbf{Q} \cdot \mathbf{A}) \cdot \mathbf{Q}^{\mathrm{T}}$$

Schlussfolgerung 6.12. Der Almansi-Euler'sche Verzerrungsgeschwindigkeitstensor ist nicht objektiv.

Aus Gl. (3.70) kann man aber direkt ablesen, dass die Oldroyd'sche Zeitableitung von $\mathbf{A}$ den Streckgeschwindigkeitstensor $\mathbf{D}$ ergibt

$$\mathbf{A}^{\bigcirc} = \mathbf{D}$$

Die wichtigsten Ergebnisse dieses Abschnittes sind in Tabelle 6.1 übersichtlich zusammengefasst.

Tabelle 6.1 Materielle Objektivität kinematischer und kinetischer Tensoren

	Materielle Objektivität		
	$\overline{\mathbf{S}} = \mathbf{Q} \cdot \mathbf{S} \cdot \mathbf{Q}^{\mathrm{T}}$	$\overline{\mathbf{S}} = \mathbf{S}$	keine
Deformationsgradiententensor $\mathbf{F}$			×
Geschwindigkeitsgradient $\mathbf{L}$			×
Verzerrungstensor $\mathbf{B}$	×		
$\mathbf{B}^{-1}$	×		
$\mathbf{C}$		×	
$\mathbf{C}^{-1}$		×	
$\mathbf{A}$	×		
$\mathbf{G}$		×	
Verzerrungsgeschwindigkeitstensor $\dot{\mathbf{G}}$		×	
$\dot{\mathbf{A}}$			×
Streckgeschwindigkeitstensor $\mathbf{D}$	×		
Spintensor $\mathbf{W}$			×
Spannungstensor $\mathbf{T}$	×		
${}^{\mathrm{I}}\mathbf{P}$			×
${}^{\mathrm{II}}\mathbf{P}$		×	
Spannungsgeschwindigkeitstensor $\dot{\mathbf{T}}$			×
$\mathbf{T}^{\nabla}$	×		
$\mathbf{T}^{\bigcirc}$	×		

Literaturverzeichnis

1. Bertram A (1994) What is the general constitutive equation? In: Beiträge Festschrift zum 65. Geburtstag von Rudolf Trostel, TU Berlin, Berlin, pp 28 – 37
2. Giesekus H (1994) Phänomenologische Rheologie: eine Einführung. Springer, Berlin
3. Haupt P (1996) Konzepte der materialtheorie. Technische Mechanik 16(1):13 – 22
4. Haupt P (2002) Continuum Mechanics and Theory of Materials, 2nd edn. Springer, Berlin
5. Hutter K, Jöhnk K (2004) Continuum Methods of Physikal Modeling - Continuum Mechanics, Dimensional Analysis, Turbulence. Springer, Berlin
6. Krawietz A (1986) Materialtheorie. Springer, Berlin
7. Noll W (1974) The Foundations of Mechanics and Thermodynamics. Springer, Berlin
8. Reiner M (1968) Rheologie. Fachbuchverlag, Leipzig

Kapitel 7
Deduktiv abgeleitete Konstitutivgleichungen

Zusammenfassung Ausgangspunkt für die deduktive Ableitung der materialabhängigen Gleichungen für ausgewählte Festkörper- oder Fluidmodelle ist die Formulierung allgemeiner Konstitutivgleichungen. Dabei erfolgt eine Beschränkung auf mechanische und thermische Feldgrößen, um die nachfolgenden Ableitungen der Methoden der Materialtheorie nicht zu erschweren. Aus dem gleichen Grund werden im Rahmen der Beispiele auch nur einfache Materialien 1. Grades betrachtet.

7.1 Allgemeine Konstitutivgleichungen thermomechanischer Materialien

Der thermodynamische Zustand wird durch die Bewegung $\mathbf{x} = \mathbf{x}(\mathbf{a}, t)$ und die Temperatur $\theta = \theta(\mathbf{a}, t)$ der materiellen Punkte $\mathbf{a}$ zur Zeit t des Kontinuums bestimmt. $\mathbf{x}$ und θ sind unabhängige Variablen. Als abhängige Variablen, d.h. konstitutive Größen, werden der Spannungstensor, der Wärmestromvektor, die freie Energie und die Entropie postuliert.

Für allgemeine Materialmodelle muss angenommen werden, dass der gegenwärtige Zustand nicht nur von der momentanen Belastung, sondern von der gesamten Belastungsgeschichte $t_0 < \tau \leqslant t$ abhängt und dass das Verhalten eines ausgewählten materiellen Punktes $\mathbf{a}$ auch durch das Verhalten aller anderen Punkte $\tilde{\mathbf{a}}$ des Körpers beeinflusst wird. Setzt man für die Funktionen $\mathbf{x}(\tilde{\mathbf{a}}, \tau)$ und $\theta(\tilde{\mathbf{a}}, \tau)$ Stetigkeit für $\tilde{\mathbf{a}}$ und τ voraus, ist ihre Darstellung durch Taylorreihen für die Punkte $\mathbf{a}$ nach Potenzen von $(\tilde{\mathbf{a}} - \mathbf{a})$ und für die Zeit τ nach Potenzen von $(\tau - t)$ möglich. Die Anwendung des Axioms der lokalen Wirkung und des Gedächtnisaxioms (hier insbesondere des Axioms des schwindenden Gedächtnisses oder auch fading memory) berechtigt dazu, die Reihenentwicklungen für $\mathbf{x}(\tilde{\mathbf{a}}, \tau)$ und $\theta(\tilde{\mathbf{a}}, \tau)$ jeweils nach der ersten Ableitung nach $\tilde{\mathbf{a}}$ bzw. τ abzubrechen. Die konstitutiven Größen hängen dann außer von $\mathbf{a}$ und θ auch noch von $\nabla_{\mathbf{a}}\mathbf{x}$, $\nabla_{\mathbf{a}}\theta$ und $\dot{\theta}$ ab. Dies muss nicht so sein - derzeit werden insbesondere Materialmodelle unter Einbeziehung des zweiten Gradienten (s. z.B. [2; 3; 9]) diskutiert.

H. Altenbach, *Kontinuumsmechanik*,
https://doi.org/10.1007/978-3-662-57504-8_7

Die explizite Abhängigkeit von $\mathbf{x}$ bzw. $\dot{\mathbf{x}}$ entfällt unter der Voraussetzung der Gültigkeit des Prinzips der materiellen Objektivität, da nur die Verzerrungen bzw. die Verzerrungsgeschwindigkeiten und nicht Starrkörperbewegungen das Materialverhalten beeinflussen. Für viele reale Materialien muss auch für die Gradienten $\nabla_a \mathbf{x}$ und $\nabla_a \theta$ die Belastungsgeschichte erfasst werden. Der Abbruch der entsprechenden Reihenentwicklungen nach der ersten Zeitableitung führt dann dazu, dass auch $\nabla_a \dot{\mathbf{x}}$ und $\nabla_a \dot{\theta}$ als konstitutive Parameter auftreten.

Die Konstitutivgleichungen für ein einfaches thermomechanisches Material haben somit folgende allgemeine Form

$$\begin{aligned}
\mathbf{P}(\mathbf{a},t) &= \mathbf{P}\ \{\mathbf{a},\theta(\mathbf{a},t),\dot{\theta}(\mathbf{a},t),\nabla_a\theta(\mathbf{a},t),\nabla_a\dot{\theta}(\mathbf{a},t),\mathbf{\Gamma}(\mathbf{a},t)\},\\
\mathbf{h}_0(\mathbf{a},t) &= \mathbf{h}_0\ \{\mathbf{a},\theta(\mathbf{a},t),\dot{\theta}(\mathbf{a},t),\nabla_a\theta(\mathbf{a},t),\nabla_a\dot{\theta}(\mathbf{a},t),\mathbf{\Gamma}(\mathbf{a},t)\},\\
f(\mathbf{a},t) &= f\ \{\mathbf{a},\theta(\mathbf{a},t),\dot{\theta}(\mathbf{a},t),\nabla_a\theta(\mathbf{a},t),\nabla_a\dot{\theta}(\mathbf{a},t),\mathbf{\Gamma}(\mathbf{a},t)\},\\
s(\mathbf{a},t) &= s\ \{\mathbf{a},\theta(\mathbf{a},t),\dot{\theta}(\mathbf{a},t),\nabla_a\theta(\mathbf{a},t),\nabla_a\dot{\theta}(\mathbf{a},t),\mathbf{\Gamma}(\mathbf{a},t)\}
\end{aligned} \tag{7.1}$$

Der Parametersatz $\mathbf{\Gamma}$ umfasst die Deformationen kennzeichnenden mechanischen Parameter $\nabla_a \mathbf{x}(\mathbf{a},t), \nabla_a \dot{\mathbf{x}}(\mathbf{a},t)$. Der Spannungstensor $\mathbf{P}$ kann der 1. oder der 2. Piola-Kirchhoff-Tensor sein. Die explizite Abhängigkeit der konstitutiven Gleichungen von der materiellen Koordinate $\mathbf{a}$ sagt aus, dass jedem Punkt des Körpers prinzipiell ein anderes Materialverhalten zugeordnet werden kann. Für homogene Körper entfällt die explizite Abhängigkeit von $\mathbf{a}$. Allgemein können Konstitutivgleichungen Funktionale (Operatoren) der Zeit sein. Dies ist durch das Symbol $\{\ldots\}$ gekennzeichnet. Hat die Belastungsgeschichte keinen Einfluss auf das aktuelle Materialverhalten, sind die Konstitutivgleichungen Funktionen der konstitutiven Parameter. Es wird dann das Symbol $(\ldots)$ verwendet. Es kann auch gezeigt werden, dass für einfaches thermomechanisches Material der Parametersatz $\mathbf{\Gamma}$ aus Gl. (7.1) gleichwertig durch die Variablen $\mathbf{C}, \dot{\mathbf{C}}, \rho^{-1}, \dot{\rho}$ ersetzt werden kann

$$\begin{aligned}
\mathbf{P}(\mathbf{a},t) &= \mathbf{P}\ \{\mathbf{a},\theta,\dot{\theta},\nabla_a\theta,\nabla_a\dot{\theta},\mathbf{C},\dot{\mathbf{C}},\rho^{-1},\dot{\rho}\},\\
\mathbf{h}_0(\mathbf{a},t) &= \mathbf{h}\ \{\mathbf{a},\theta,\dot{\theta},\nabla_a\theta,\nabla_a\dot{\theta},\mathbf{C},\dot{\mathbf{C}},\rho^{-1},\dot{\rho}\},\\
f(\mathbf{a},t) &= f\ \{\mathbf{a},\theta,\dot{\theta},\nabla_a\theta,\nabla_a\dot{\theta},\mathbf{C},\dot{\mathbf{C}},\rho^{-1},\dot{\rho}\},\\
s(\mathbf{a},t) &= s\ \{\mathbf{a},\theta,\dot{\theta},\nabla_a\theta,\nabla_a\dot{\theta},\mathbf{C},\dot{\mathbf{C}},\rho^{-1},\dot{\rho}\}
\end{aligned} \tag{7.2}$$

Man erkennt, dass die Konstitutivgleichungen (7.2) sowohl ein elastisches als auch ein viskoses Antwortverhalten des Kontinuums wiedergeben können. Die Konstitutivgleichungen für den einfachen thermoelastischen Festkörper oder das einfache thermoviskose Fluid sind somit in den Gln. (7.2) als Spezialfälle enthalten. Die Gln. (7.1) und (7.2) sind so postuliert, dass dem Äquipräsenzaxiom nicht widersprochen wird.

Das Prinzip der physikalischen Konsistenz, d.h. Widerspruchsfreiheit der Konstitutivgleichungen zu den allgemeinen Bilanzgleichungen und der Entropieungleichung, führt in Abhängigkeit von speziellen Materialmodellen zur weiteren Konkretisierung der allgemeinen Konstitutivgleichungen (7.1) bzw. (7.2). Für einfaches thermoviskoelastisches Materialverhalten, dessen Zeitabhängigkeit nur vom Anfangszustand und nicht von der Vorgeschichte abhängt, können die elastischen Verzerrungen und die Verzerrungsgeschwindigkeiten durch $\mathbf{C}$ und $\dot{\mathbf{C}}$ als Parameter erfasst werden. Ein davon abhängiger Zusammenhang von den Parametern $\rho, \dot{\rho}$ ist nicht gegeben, so dass diese Parameter unterdrückt werden können.

Für thermoviskoelastische Festkörper oder Fluide mit einfachem Materialverhalten ohne Einfluss der Belastungsgeschichte kann somit von folgenden allgemeinen Konstitutivgleichungen ausgegangen werden

$$
\begin{aligned}
\mathbf{P}(\mathbf{a},t) &= \mathbf{P}\left\{\mathbf{a},\theta,\dot{\theta},\nabla_{\mathbf{a}}\theta,\nabla_{\mathbf{a}}\dot{\theta},\mathbf{C},\dot{\mathbf{C}}\right\}, \\
\mathbf{h}_0(\mathbf{a},t) &= \mathbf{h}\left\{\mathbf{a},\theta,\dot{\theta},\nabla_{\mathbf{a}}\theta,\nabla_{\mathbf{a}}\dot{\theta},\mathbf{C},\dot{\mathbf{C}}\right\}, \\
f(\mathbf{a},t) &= f\left\{\mathbf{a},\theta,\dot{\theta},\nabla_{\mathbf{a}}\theta,\nabla_{\mathbf{a}}\dot{\theta},\mathbf{C},\dot{\mathbf{C}}\right\}, \\
s(\mathbf{a},t) &= s\left\{\mathbf{a},\theta,\dot{\theta},\nabla_{\mathbf{a}}\theta,\nabla_{\mathbf{a}}\dot{\theta},\mathbf{C},\dot{\mathbf{C}}\right\}
\end{aligned}
\tag{7.3}
$$

Bei Fluiden ohne elastisches Materialverhalten kann noch die Abhängigkeit von $\mathbf{C}$ unterdrückt werden. Es gibt keine Bezugskonfiguration, zu der Verzerrungen angegeben werden können. Ein solches Fluid hat keine „Erinnerung" an vorhergehende Konfigurationen, es ist nur durch den Momentanzustand bestimmt. Für nichtelastische Fluide wird daher im Allgemeinen die aktuelle Konfiguration als Bezugskonfiguration gewählt. Mit $\mathbf{a} \to \mathbf{x}, \mathbf{P} \to \mathbf{T}, \dot{\mathbf{C}} \to \mathbf{D}$ erhält man

$$
\begin{aligned}
\mathbf{T}(\mathbf{x},t) &= \mathbf{T}\left\{\mathbf{x},\theta,\dot{\theta},\nabla_{\mathbf{x}}\theta,\nabla_{\mathbf{x}}\dot{\theta},\mathbf{D},\rho^{-1}\right\}, \\
\mathbf{h}_0(\mathbf{x},t) &= \mathbf{h}\left\{\mathbf{x},\theta,\dot{\theta},\nabla_{\mathbf{x}}\theta,\nabla_{\mathbf{x}}\dot{\theta},\mathbf{D},\rho^{-1}\right\}, \\
f(\mathbf{x},t) &= f\left\{\mathbf{x},\theta,\dot{\theta},\nabla_{\mathbf{x}}\theta,\nabla_{\mathbf{x}}\dot{\theta},\mathbf{D},\rho^{-1}\right\}, \\
s(\mathbf{x},t) &= s\left\{\mathbf{x},\theta,\dot{\theta},\nabla_{\mathbf{x}}\theta,\nabla_{\mathbf{x}}\dot{\theta},\mathbf{D},\rho^{-1}\right\}
\end{aligned}
\tag{7.4}
$$

Für rein thermoelastische Festkörper ohne Viskosität können dagegen alle materiellen Zeitableitungen vernachlässigt werden

$$
\begin{aligned}
\mathbf{P}(\mathbf{a},t) &= \mathbf{P}\left\{\mathbf{a},\theta,\nabla_{\mathbf{a}}\theta,\mathbf{C}\right\}, \\
\mathbf{h}_0(\mathbf{a},t) &= \mathbf{h}\left\{\mathbf{a},\theta,\nabla_{\mathbf{a}}\theta,\mathbf{C}\right\}, \\
f(\mathbf{a},t) &= f\left\{\mathbf{a},\theta,\nabla_{\mathbf{a}}\theta,\mathbf{C}\right\}, \\
s(\mathbf{a},t) &= s\left\{\mathbf{a},\theta,\nabla_{\mathbf{a}}\theta,\mathbf{C}\right\}
\end{aligned}
\tag{7.5}
$$

Die allgemeinen Konstitutivgleichungen (7.1) bis (7.5) sind Ausgangspunkt für die deduktive Ableitung spezieller Konstitutivgleichungen für Festkörper und Fluide. Die Gln. (7.1) bis (7.5) erfüllen die Axiome der Materialtheorie bis auf die vollständige physikalische Konsistenz. Letzteres muss separat geprüft werden.

7.2 Beispiele deduktiv abgeleiteter Konstitutivgleichungen

Nachfolgend werden ausgewählte Beispiele deduktiv begründeter Konstitutivgleichungen vorgestellt. Dies betrifft Festkörper- und Fluidmodelle. Dabei wird die deduktive Methode konsequent eingesetzt, die Möglichkeiten und Grenzen sind erkennbar. Weitere Modelle sind in der Spezialliteratur (z.B. [4; 8]) angegeben.

7.2.1 Thermoelastisches einfaches Material

Als erstes Beispiel wird ideal-elastisches Materialverhalten ohne thermische Einflüsse betrachtet (rein mechanische Konstitutivgleichung). Die Konstitutivgleichungen sind dann Funktionen und nicht Funktionale. Sie reduzieren sich im rein mechanischen Fall auf eine funktionelle Abhängigkeit der Spannungs- und Verzerrungstensoren. Unter Beachtung der materiellen Objektivität muss diese die folgende Form haben

$$^{II}\mathbf{P}(\mathbf{a},t) = \mathbf{f}(\mathbf{C},\mathbf{a},t) \qquad \text{bzw.} \qquad ^{II}\mathbf{P}(\mathbf{a},t) = \mathbf{g}(\mathbf{G},\mathbf{a},t),$$

denn es gilt

$$^{II}\overline{\mathbf{P}} = \mathbf{f}(\overline{\mathbf{C}}), \quad \overline{\mathbf{C}} = \mathbf{C}, \qquad \text{bzw.} \qquad ^{II}\overline{\mathbf{P}} = \mathbf{f}(\overline{\mathbf{G}}), \quad \overline{\mathbf{G}} = \mathbf{G}, \quad ^{II}\overline{\mathbf{P}} = ^{II}\mathbf{P}$$

Für die deduktive Ableitung wird vorausgesetzt, dass entsprechend der Definition eines einfachen Materials der Deformationszustand allein durch den Gradienten von $\mathbf{x}(\mathbf{a},t)$, d.h. den Deformationsgradiententensor $\mathbf{F}(\mathbf{a},t)$ erfasst wird.

Ausgangspunkt der deduktiven Ableitung ist die auf die Volumeneinheit der Referenzkonfiguration bezogene Elementararbeit. Die Konstitutivgleichungen (7.5) reduzieren sich unter den getroffenen Annahmen auf

$$^{I}\mathbf{P}(\mathbf{a},t) = {}^{I}\mathbf{P}(\mathbf{F}),$$

und man erhält die Elementararbeit (δ ist das Variationssymbol)

$$\delta W_i = \frac{1}{\rho_0}\, {}^{I}\mathbf{P} \cdot\cdot\, \delta\mathbf{F}$$

Die Arbeit hängt nur von den Deformationen zur aktuellen Zeit t ab. Die aufgewendete Verformungsarbeit wird vollständig im Körper als Verzerrungsenergie gespeichert. Unter Beachtung von Gl. (5.82) gilt dann auch

$$\delta W_i = \delta u = \frac{1}{\rho_0}\, {}^{I}\mathbf{P} \cdot\cdot\, \delta\mathbf{F}$$

mit $u = u(\mathbf{F})$ als spezifische Energiedichtefunktion. Die Energiedichtefunktion darf nicht von Starrkörperbewegungen abhängen. Die Forderung der materiellen Objektivität führt damit auf $\mathsf{u}(\mathsf{F}) = \mathsf{u}(\overline{\mathsf{F}})$. Für alle orthogonalen Transformationen $\mathbf{Q}$ gilt somit

$$\begin{aligned}
\mathsf{u}(\mathsf{F}) &= \mathsf{u}(\mathbf{Q}\cdot\mathsf{F}) \\
&= \mathsf{u}\left(\sqrt{(\mathbf{Q}\cdot\mathsf{F})^{\mathrm{T}}\cdot(\mathbf{Q}\cdot\mathsf{F})}\right) \\
&= \mathsf{u}\left(\sqrt{\mathsf{F}^{\mathrm{T}}\cdot\mathbf{Q}^{\mathrm{T}}\cdot\mathbf{Q}\cdot\mathsf{F}}\right) \\
&= \mathsf{u}\left(\sqrt{\mathsf{F}^{\mathrm{T}}\cdot\mathsf{F}}\right) \\
&= \mathsf{u}(\mathbf{U})
\end{aligned}$$

Mit $\mathbf{U}^2 = \mathbf{C}$ und $\mathbf{G} = \frac{1}{2}(\mathbf{C}-\mathbf{I})$ gilt auch $\mathsf{u}(\mathbf{U}) = \hat{\mathsf{u}}(\mathbf{C})$ bzw. $\mathsf{u}(\mathbf{U}) = \check{\mathsf{u}}(\mathbf{G})$. Aus

$$\delta\mathsf{u}(\mathsf{F}) = \frac{\partial\mathsf{u}(\mathsf{F})}{\partial\mathsf{F}}\cdot\cdot\,\delta\mathsf{F}^{\mathrm{T}} = \left[\frac{\partial\mathsf{u}(\mathsf{F})}{\partial\mathsf{F}}\right]^{\mathrm{T}}\cdot\cdot\,\delta\mathsf{F} = [\mathsf{u}(\mathsf{F})_{,\mathsf{F}}]^{\mathrm{T}}\cdot\cdot\,\delta\mathsf{F}$$

folgt zunächst

$$\frac{1}{\rho_0}\,{}^{\mathrm{I}}\mathbf{P} = \left[\frac{\partial\mathsf{u}(\mathsf{F})}{\partial\mathsf{F}}\right]^{\mathrm{T}} = \left[\frac{\partial\hat{\mathsf{u}}(\mathbf{C})}{\partial\mathsf{F}}\right]^{\mathrm{T}} \tag{7.6}$$

Die letzte Ableitung lässt sich prinzipiell nach der Kettenregel berechnen

$$\frac{\partial\hat{\mathsf{u}}(\mathbf{C})}{\partial\mathsf{F}} = \frac{\partial\hat{\mathsf{u}}(\mathbf{C})}{\partial\mathbf{C}}\cdot\cdot\left(\frac{\partial\mathbf{C}}{\partial\mathsf{F}}\right)^{\mathrm{T}}$$

Einfacher kommt man jedoch auf das gesuchte Ergebnis, wenn man den Zusammenhang zwischen $\mathbf{C}$ und F beachtet. Dann gilt nach Abschn. 2.4.3

$$\frac{\partial\hat{\mathsf{u}}(\mathsf{F}^{\mathrm{T}}\cdot\mathsf{F})}{\partial\mathsf{F}} = 2\mathsf{F}\cdot\left[\frac{\partial\hat{\mathsf{u}}(\mathsf{F}^{\mathrm{T}}\cdot\mathsf{F})}{\partial(\mathsf{F}^{\mathrm{T}}\cdot\mathsf{F})}\right]^{\mathrm{T}} = 2\mathsf{F}\cdot\left[\frac{\partial\hat{\mathsf{u}}(\mathbf{C})}{\partial\mathbf{C}}\right]^{\mathrm{T}}$$

Nach Einsetzen in Gl. (7.6) folgt aufgrund der Symmetriebedingung

$$\frac{\partial\hat{\mathsf{u}}(\mathbf{C})}{\partial\mathbf{C}} = \left[\frac{\partial\hat{\mathsf{u}}(\mathbf{C})}{\partial\mathbf{C}}\right]^{\mathrm{T}}$$

der 1. Piola-Kirchhoff'sche Spannungstensor als

$${}^{\mathrm{I}}\mathbf{P} = \left\{2\rho_0\mathsf{F}\cdot\left[\frac{\partial\hat{\mathsf{u}}(\mathbf{C})}{\partial\mathbf{C}}\right]^{\mathrm{T}}\right\}^{\mathrm{T}} = 2\rho_0\frac{\partial\hat{\mathsf{u}}(\mathbf{C})}{\partial\mathbf{C}}\cdot\mathsf{F}^{\mathrm{T}} = 2\rho_0\mathsf{F}\cdot\frac{\partial\hat{\mathsf{u}}(\mathbf{C})}{\partial\mathbf{C}} \tag{7.7}$$

Unter Beachtung der Transformationsbeziehungen

$$\mathsf{T} = (\det\mathsf{F})^{-1}\,{}^{\mathrm{I}}\mathbf{P}\cdot\mathsf{F}^{\mathrm{T}}, \qquad {}^{\mathrm{II}}\mathbf{P} = \mathsf{F}^{-1}\cdot{}^{\mathrm{I}}\mathbf{P}$$

kann man die Konstitutivgleichung auch für den Cauchy'schen Spannungstensor $\mathbf{T}$ und den 2. Piola-Kirchhoff-Tensor ${}^{II}\mathbf{P}$ schreiben

$$\mathbf{T} = 2\rho\mathbf{F}\cdot\frac{\partial\hat{u}}{\partial\mathbf{C}}\cdot\mathbf{F}^{\mathrm{T}},$$

$${}^{II}\mathbf{P} = 2\rho_0\frac{\partial\hat{u}(\mathbf{C})}{\partial\mathbf{C}} = \mathbf{f}(\mathbf{C}) \qquad \text{bzw.} \qquad {}^{II}\mathbf{P} = 2\rho_0\frac{\partial\check{u}(\mathbf{G})}{\partial\mathbf{G}} = \mathbf{g}(\mathbf{G})$$

Damit ist eine allgemeine Konstitutivgleichung der Elastizitätstheorie großer Deformationen für ein spezielles isothermes Materialmodell gefunden. Besonders einfach wird die Konstitutivgleichung mit Hilfe des 2. Piola-Kirchhoff'schen Spannungstensors ${}^{II}\mathbf{P}$ und des Green-Lagrange'schen Verzerrungstensors $\mathbf{G}$ ausgedrückt, für die auch die Unabhängigkeit vom Bezugssystem besonders deutlich wird

$${}^{II}\mathbf{P} = \mathbf{f}(\mathbf{G}) \quad \Longleftrightarrow \quad {}^{II}\overline{\mathbf{P}} = \mathbf{f}(\overline{\mathbf{G}})$$

Erhält man ${}^{II}\mathbf{P}$ wie im vorliegenden Fall durch Ableitung der Verzerrungsenergiedichtefunktion $\rho_0 u(\mathbf{G},\mathbf{a})$ (auch Spannungspotentialfunktion) nach $\mathbf{G}$, liegt hyperelastisches Materialverhalten vor. Gl. (7.7) gilt für nichtlinear elastisches, anisotropes und isothermes Material. Für die meisten Anwendungen liegen aber Sonderfälle der Anisotropie vor. Im einfachsten Fall ist das Material richtungsunabhängig. Die Energiedichtefunktion $u = u(\mathbf{C})$ kann dann wesentlich vereinfacht werden. Sie hängt im isotropen Fall nur von den Invarianten des Tensors $\mathbf{C}$ ab

$$u = \hat{u}(\mathbf{C}) = \hat{u}[I_1(\mathbf{C}), I_2(\mathbf{C}), I_3(\mathbf{C})]$$

Unter Berücksichtigung der Kettenregeln gilt

$$\frac{\partial\hat{u}(\mathbf{C})}{\partial\mathbf{C}} = \frac{\partial\hat{u}}{\partial I_1}\frac{\partial I_1}{\partial\mathbf{C}} + \frac{\partial\hat{u}}{\partial I_2}\frac{\partial I_2}{\partial\mathbf{C}} + \frac{\partial\hat{u}}{\partial I_3}\frac{\partial I_3}{\partial\mathbf{C}}$$

Mit

$$\begin{aligned} I_1(\mathbf{C}) &= \mathrm{Sp}\,\mathbf{C}, \\ I_2(\mathbf{C}) &= \frac{1}{2}\left[I_1^2(\mathbf{C}) - I_1(\mathbf{C}^2)\right], \\ I_3(\mathbf{C}) &= \frac{1}{3}\left[I_1(\mathbf{C}^3) + 3I_1(\mathbf{C})I_2(\mathbf{C}) - I_1^3(\mathbf{C})\right] \end{aligned}$$

folgt

$$\begin{aligned} \frac{\partial I_1}{\partial\mathbf{C}} &= \mathbf{I}, \\ \frac{\partial I_2}{\partial\mathbf{C}} &= I_1\mathbf{I} - \mathbf{C}, \\ \frac{\partial I_3}{\partial\mathbf{C}} &= \mathbf{C}^2 + \mathbf{I}I_2(\mathbf{C}) + I_1(\mathbf{C})[I_1(\mathbf{C})\mathbf{I} - \mathbf{C}] - I_1^2(\mathbf{C})\mathbf{C} \end{aligned}$$

und damit

$$\begin{aligned}\hat{u}_{,\mathbf{C}} &= \left(\frac{\partial \hat{u}}{\partial I_1} + I_1 \frac{\partial \hat{u}}{\partial I_2} + I_2 \frac{\partial \hat{u}}{\partial I_3}\right)\mathbf{I} - \left(\frac{\partial \hat{u}}{\partial I_2} + I_1 \frac{\partial \hat{u}}{\partial I_3}\right)\mathbf{C} + \frac{\partial \hat{u}}{\partial I_3}\mathbf{C}^2 \\ &= \phi_0 \mathbf{I} + \phi_1 \mathbf{C} + \phi_2 \mathbf{C}^2, \qquad \phi_i = \phi_i(I_1, I_2, I_3)\end{aligned}$$

sowie

$$^{I}\mathbf{P} = 2\rho_0 \mathbf{F} \cdot (\phi_0 \mathbf{I} + \phi_1 \mathbf{C} + \phi_2 \mathbf{C}^2)$$

Für jede isotrope Tensorfunktion $\mathbf{f}(\mathbf{A})$ gilt für alle orthogonalen Tensoren $\mathbf{Q}$ die Beziehung

$$\mathbf{Q} \cdot \mathbf{f}(\mathbf{A}) \cdot \mathbf{Q}^{\mathrm{T}} = \mathbf{f}(\mathbf{Q} \cdot \mathbf{A} \cdot \mathbf{Q}^{\mathrm{T}})$$

und eine Darstellung

$$\mathbf{f}(\mathbf{A}) = \phi_0 \mathbf{I} + \phi_1 \mathbf{A} + \phi_2 \mathbf{A}^2$$

Für den isotropen, elastischen Körper kann die konstitutive Gleichung daher auch in der Form

$$^{II}\mathbf{P} = \psi_0 \mathbf{I} + \psi_1 \mathbf{G} + \psi_2 \mathbf{G}^2$$

geschrieben werden, wobei jetzt die ψ_i Funktionen der Invarianten von $\mathbf{G}$ sind.

Führt man auch noch kinematische Restriktionen ein, ergeben sich weitere Sonderfälle der Konstitutivgleichung. Als Beispiel wird die Inkompressibilität betrachtet. Es gibt dann nur isochore Bewegungen, und es gilt die Bedingung

$$\det \mathbf{F} = 1 \qquad \det \mathbf{C} = 1 \qquad \text{oder} \qquad \sqrt{\det(2\mathbf{G} - \mathbf{I})} - 1 = 0,$$

d.h. die kinematische Zwangsbedingung hat die Form

$$\lambda(\mathbf{C}) = \det \mathbf{C} - 1 = 0$$

Damit wird auch $I_3(\mathbf{C}) = 1$, d.h. statt $\hat{u} = \hat{u}(I_1, I_2, I_3)$ erhält man $\hat{u} = \hat{u}(I_1, I_2)$ bzw.

$$\frac{\partial \hat{u}}{\partial I_3} = 0$$

Mit Hilfe der Lagrange'schen Multiplikatorenmethode folgt die Konstitutivgleichung zu

$$\begin{aligned}^{I}\mathbf{P} &= 2\rho_0 \mathbf{F} \cdot \left[\left(\frac{\partial \hat{u}}{\partial I_1} + I_1 \frac{\partial \hat{u}}{\partial I_2}\right)\mathbf{I} - \frac{\partial \hat{u}}{\partial I_2}\mathbf{C}\right] - p\mathbf{I} \cdot \mathbf{C}^{-1} \\ &= 2\rho_0 \mathbf{F} \cdot \left[\left(\frac{\partial \hat{u}}{\partial I_1} + I_1 \frac{\partial \hat{u}}{\partial I_2}\right)\mathbf{I} - \frac{\partial \hat{u}}{\partial I_2}\mathbf{C}\right] - p\mathbf{C}^{-1},\end{aligned}$$

wobei p der hydrostatische Druck ist. Für ihn gibt es keine konstitutive Beziehung, so dass zu seiner Bestimmung die Gleichgewichtsgleichungen herangezogen werden müssen.

Zusammenfassend gelten für ideal-elastisches einfaches isothermes Materialverhalten nachfolgende Konstitutivgleichungen.

Nichtlinear, elastisch, anisotrop

$$
\begin{aligned}
{}^{\mathrm{I}}\mathbf{P}(\mathbf{F}) &= 2\rho_0 \mathbf{F} \cdot \hat{u}_{,\mathbf{C}}(\mathbf{C}),\\
{}^{\mathrm{II}}\mathbf{P}(\mathbf{F}) &= 2\rho_0 \hat{u}_{,\mathbf{C}}(\mathbf{C}) = \rho_0 \check{u}_{,\mathbf{G}}(\mathbf{G}),\\
\mathbf{T}(\mathbf{F}) &= 2\rho \mathbf{F} \cdot \hat{u}_{,\mathbf{C}}(\mathbf{C}) \cdot \mathbf{F}^{\mathrm{T}}
\end{aligned}
$$

Nichtlinear, elastisch, isotrop

$$
\begin{aligned}
{}^{\mathrm{I}}\mathbf{P}(\mathbf{F}) &= 2\rho_0 \mathbf{F} \cdot \left(\phi_0 \mathbf{I} + \phi_1 \mathbf{C} + \phi_2 \mathbf{C}^2\right),\\
{}^{\mathrm{II}}\mathbf{P}(\mathbf{F}) &= 2\rho_0 \left(\phi_0 \mathbf{I} + \phi_1 \mathbf{C} + \phi_2 \mathbf{C}^2\right) = \psi_0 \mathbf{I} + \psi_1 \mathbf{G} + \psi_2 \mathbf{G}^2,\\
\mathbf{T}(\mathbf{F}) &= 2\rho \mathbf{F} \cdot \left(\phi_0 \mathbf{I} + \phi_1 \mathbf{C} + \phi_2 \mathbf{C}^2\right) \cdot \mathbf{F}^{\mathrm{T}}
\end{aligned}
$$

Nichtlinear, elastisch, isotrop und inkompressibel

$$
\begin{aligned}
{}^{\mathrm{I}}\mathbf{P} &= 2\rho_0 \mathbf{F} \cdot \left[\left(\frac{\partial \hat{u}}{\partial I_1} + I_1 \frac{\partial \hat{u}}{\partial I_2}\right)\mathbf{I} - \frac{\partial \hat{u}}{\partial I_2}\mathbf{C}\right] - p\mathbf{C}^{-1},\\
{}^{\mathrm{II}}\mathbf{P} &= 2\rho_0 \left[\left(\frac{\partial \hat{u}}{\partial I_1} + I_1 \frac{\partial \hat{u}}{\partial I_2}\right)\mathbf{I} - \frac{\partial \hat{u}}{\partial I_2}\mathbf{C}\right] - p\mathbf{F}^{-1} \cdot \mathbf{C}^{-1},\\
\mathbf{T} &= 2\rho \mathbf{F} \cdot \left[\left(\frac{\partial \hat{u}}{\partial I_1} + I_1 \frac{\partial \hat{u}}{\partial I_2}\right)\mathbf{I} - \frac{\partial \hat{u}}{\partial I_2}\mathbf{C}\right] \cdot \mathbf{F}^{\mathrm{T}} - p\mathbf{I}
\end{aligned}
$$

7.2.2 Thermoviskoses Materialverhalten

Für ein thermoviskoses Fluid gelten die allgemeinen Konstitutivgleichungen (7.4). Wie für den thermoelastischen Körper muss die dissipative Ungleichung erfüllt sein, wobei sie jetzt für die momentane Konfiguration formuliert wird (Gl. (5.109)

$$
\mathbf{T} \cdot\cdot \mathbf{D} - \rho(\dot{f} + s\dot{\theta}) - \frac{1}{\theta}\mathbf{h} \cdot \nabla_{\mathbf{x}}\theta \geqslant 0 \tag{7.8}
$$

Entsprechend der konstitutiven Annahmen gilt für die materielle Zeitableitung unter Beachtung von $\dot{\mathbf{D}}^{\mathrm{T}} = \dot{\mathbf{D}}$

$$\dot{f} = \frac{\partial f}{\partial \theta}\dot{\theta} + \frac{\partial f}{\partial \nabla_{\mathbf{x}}\theta} \cdot (\nabla_{\mathbf{x}}\theta)^{\cdot} + \frac{\partial f}{\partial \mathbf{D}} \cdot\cdot \dot{\mathbf{D}} + \frac{\partial f}{\partial \rho^{-1}}(\rho^{-1})^{\cdot} \tag{7.9}$$

Gleichung (7.9) kann auch umgeformt werden

$$\dot{f} = \frac{\partial f}{\partial \theta}\dot{\theta} + \frac{\partial f}{\partial \nabla_{\mathbf{x}}\theta} \cdot (\nabla_{\mathbf{x}}\theta)^{\cdot} + \frac{\partial f}{\partial \mathbf{D}} \cdot\cdot \dot{\mathbf{D}} + \frac{\partial f}{\partial \rho^{-1}}\rho^{-1}\mathbf{D} \cdot\cdot \mathbf{I}$$

Einsetzen in die Ungleichung (7.8) führt auf

$$-\rho\left(s + \frac{\partial f}{\partial \theta}\right)\dot{\theta} - \rho\frac{\partial f}{\partial \mathbf{D}} \cdot\cdot \dot{\mathbf{D}} - \frac{\partial f}{\partial \nabla_{\mathbf{x}}\theta} \cdot (\nabla_{\mathbf{x}}\theta)^{\cdot} + \left(\mathbf{T} - \frac{\partial f}{\partial \rho^{-1}}\mathbf{I}\right) \cdot\cdot \mathbf{D}$$
$$+ \frac{1}{\theta}\mathbf{h} \cdot \nabla_{\mathbf{x}}\theta \geqslant 0$$

Die Ungleichung ist linear in $\dot{\theta}, \dot{\mathbf{D}}$ und $(\nabla_{\mathbf{x}}\theta)^{\cdot}$. Wie im thermoelastischen Fall folgt

$$s = -\frac{\partial f}{\partial \theta}, \qquad \frac{\partial f}{\partial \mathbf{D}} = \mathbf{0}, \qquad \frac{\partial f}{\partial \nabla_{\mathbf{x}}\theta} = \mathbf{0},$$

d.h. $f = f\left(\theta, \rho^{-1}, \mathbf{x}\right)$.

Schlussfolgerung 7.1. Die freie Energie f ist unabhängig von $\mathbf{D}$ und von $\nabla_{\mathbf{x}}\theta$. Sie ist allein eine Funktion des Ortes $\mathbf{x}$, der Temperatur θ und des spezifischen Volumens $\rho^{-1} = V/m$.

Die Ungleichung reduziert sich daher auf

$$\left(\mathbf{T} - \frac{\partial f}{\partial \rho^{-1}}\mathbf{I}\right) \cdot\cdot \mathbf{D} + \frac{1}{\theta}\mathbf{h} \cdot \nabla_{\mathbf{x}}\theta \geqslant 0$$

Dabei ist

$$p = p(\theta, \rho^{-1}, \mathbf{x}) = -\frac{\partial f}{\partial \rho^{-1}}$$

der Druck. Damit kann man die Ungleichung in folgender Form darstellen

$$(\mathbf{T} + p\mathbf{I}) \cdot\cdot \mathbf{D} + \frac{1}{\theta}\mathbf{h} \cdot \nabla_{\mathbf{x}}\theta \geqslant 0 \tag{7.10}$$

bzw.

$$\mathbf{T}^{\mathrm{V}} \cdot\cdot \mathbf{D} + \frac{1}{\theta}\mathbf{h} \cdot \nabla_{\mathbf{x}}\theta \geqslant 0$$

Der Tensor

$$\left(\mathbf{T} - \frac{\partial f}{\partial \rho^{-1}}\mathbf{I}\right) = (\mathbf{T} + p\mathbf{I}) = \mathbf{T}^{\mathrm{V}}\left(\theta, \nabla_{\mathbf{x}}\theta, \mathbf{D}, \rho^{-1}, \mathbf{x}\right)$$

heißt dissipativer Spannungstensor oder Tensor der viskosen Spannungen. Für den Spannungstensor gilt

$$\mathsf{T} = -p\mathbf{I} + \mathsf{T}^{\mathrm{V}}$$

Der Deformationsgeschwindigkeitstensor D (auch Flusstensor) und der Temperaturgradient $\nabla_{\mathbf{x}}\theta$ sind unabhängige Prozessgrößen, die absolute Temperatur θ ist immer nichtnegativ. Die Ungleichung (7.10) ergibt daher

$$\mathsf{T}^{\mathrm{V}} \cdot\cdot\, \mathsf{D} \geqslant 0, \quad \mathbf{h} \cdot \nabla_{\mathbf{x}}\theta \geqslant 0$$

Beachtet man $\mathsf{T}^{\mathrm{V}} \cdot\cdot\, \mathsf{D} = \Phi(\mathsf{D})$ folgt $\Phi(\mathsf{D}) \geqslant 0, \Phi(\mathbf{0}) = 0$.

Schlussfolgerung 7.2. Die Funktion $\Phi(\mathsf{D})$ hat für $\mathsf{D} = \mathbf{0}$ ein Minimum, d.h.

$$\frac{\partial \Phi}{\partial \mathsf{D}} = \mathbf{0}$$

für $\mathsf{D} = \mathbf{0}$. Aus $\mathsf{D} = \mathbf{0}$ folgt $\mathsf{T}^{\mathrm{V}} = \mathbf{0}$, d.h. T^{V} ist nur von Null verschieden, falls eine Strömung des Fluids stattfindet.

Zusammenfassend gelten für ein thermoviskoses, inhomogenes, anisotropes, nichtlineares Fluid folgende allgemeine Konstitutivgleichungen.

Thermoviskoses, inhomogenes, anisotropes, nichtlineares Fluid

$$\mathsf{T} = -p\mathbf{I} + \mathsf{T}^{\mathrm{V}}, \qquad p = p\left(\theta, \rho^{-1}, \mathbf{x}\right), \qquad \mathsf{T}^{\mathrm{V}} = \mathsf{T}^{\mathrm{V}}\left(\theta, \nabla_{\mathbf{x}}\theta, \mathsf{D}, \rho^{-1}, \mathbf{x}\right),$$

$$\mathbf{h} = \mathbf{h}\left(\theta, \nabla_{\mathbf{x}}\theta, \mathsf{D}, \rho^{-1}, \mathbf{x}\right), \qquad \mathbf{h} \cdot \nabla_{\mathbf{x}}\theta \geqslant 0,$$

$$s = -\frac{\partial f}{\partial \theta}, \qquad f = f\left(\theta, \rho^{-1}, \mathbf{x}\right), \qquad s = s\left(\theta, \nabla_{\mathbf{x}}\theta, \mathsf{D}, \rho^{-1}, \mathbf{x}\right),$$

$$\mathsf{T}^{\mathrm{V}} = \mathbf{0} \quad \text{für} \quad \mathsf{D} = \mathbf{0}$$

Die durch diese Konstitutivgleichungen gekennzeichneten Körper heißen Stokes'sche Fluide.

Aus den allgemeinen, nichtlinearen, inhomogenen, anisotropen, thermoviskosen Konstitutivgleichungen ergeben sich in einfacher Weise wichtige Sonderfälle für lineare Stokes'sche und Newton'sche Fluide.

- Anisotropes und inhomogenes Fluid (Stokes)
  Der Deformationsgeschwindigkeitstensor D und der Temperaturgradient $\nabla_{\mathbf{x}}\theta$ gehen nur linear in die Konstitutivgleichungen ein

$$\mathsf{T} = -p\mathbf{I} + \mathsf{T}^{\mathrm{V}}, \qquad p = p\left(\theta, \rho^{-1}, \mathbf{x}\right), \quad \mathsf{T}^{\mathrm{V}} = {}^{(4)}\mathbf{\Lambda} \cdot\cdot\, \mathsf{D},$$

$$\mathbf{h} = \kappa \cdot \nabla_{\mathbf{x}}\theta, \qquad \mathsf{D} \cdot\cdot\, {}^{(4)}\mathbf{\Lambda} \cdot\cdot\, \mathsf{D} \geqslant 0, \qquad \nabla_{\mathbf{x}}\theta \cdot \kappa \cdot \nabla_{\mathbf{x}}\theta \geqslant 0,$$

$$s = -\frac{\partial f}{\partial \theta}, \qquad {}^{(4)}\mathbf{\Lambda} = {}^{(4)}\mathbf{\Lambda}\left(\theta, \rho^{-1}, \mathbf{x}\right), \boldsymbol{\kappa} = \boldsymbol{\kappa}\left(\theta, \rho^{-1}, \mathbf{x}\right)$$

${}^{(4)}\mathbf{\Lambda}$ ist der Viskositätstensor.

- Isotropes und inhomogenes Fluid (Stokes)
  Der Tensor der Viskositätskoeffizienten ${}^{(4)}\mathbf{\Lambda}$ hat bezüglich der Sonderfälle der Anisotropie die gleichen Eigenschaften wie der Elastizitätstensor ${}^{(4)}\mathbf{E}$. Im isotropen Fall gilt daher

  $$\mathbf{T} = -p\mathbf{I} + \lambda^V(\mathbf{I} \cdot\cdot \mathbf{D})\mathbf{I} + 2\mu^V\mathbf{D} \qquad \text{isotrop bezüglich der Spannungen,}$$
  $$\mathbf{h} = \kappa \cdot \nabla_{\mathbf{x}}\theta \qquad \text{isotrop bezüglich des Wärmestroms}$$

  λ^V, μ^V sind Viskositätskoeffizienten, κ ist der Wärmeleitfähigkeitskoeffizient.
- Isotropes, isothermes, viskoses Fluid (Newton)
  Alle Temperaturabhängigkeiten mit $\nabla_{\mathbf{x}}\theta$ verschwinden. Es verbleibt die Konstitutivgleichung

  $$\mathbf{T} = -p\mathbf{I} + \lambda^V(\mathbf{I} \cdot\cdot \mathbf{D})\mathbf{I} + 2\mu^V\mathbf{D}, \qquad 3\lambda^V + 2\mu^V \geqslant 0, \quad \mu^V \geqslant 0$$

  Für Inkompressibilität wird

  $$\mathbf{T} = -p_0\mathbf{I} + 2\mu^V\mathbf{D}, \qquad 2\mu^V \geqslant 0$$

  p_0 ist der hydrostatische Druck, der nicht über eine Konstitutivgleichung bestimmt werden kann.

7.2.3 Ideales Gas

Ein weiteres einfaches Beispiel für materialtheoretisch formulierte Konstitutivgleichungen sind die Gleichungen für ideale Gase. Ausgangspunkt ist in diesem Fall die Zustandsgleichung für ideale Gase

$$pV = mR_i\theta$$

Dabei sind p der Druck, θ die Temperatur, V das Volumen, m die Gesamtmasse und R_i die spezifische Gaskonstante. Letztere hängt mit der Molmasse μ und der universellen Gaskonstanten R wie folgt zusammen

$$R_i = \frac{R}{\mu}$$

Berücksichtigt man weiterhin die Bestimmungsgleichung für die Dichte

$$\rho = \frac{m}{V},$$

erhält man den Druck zu

$$p = \frac{\rho R \theta}{\mu} \tag{7.11}$$

Diese Gleichung enthält ausschließlich intensive Größen (ρ, p, θ), die extensive Variable V wurde ersetzt. Aus der Zustandsgleichung folgt der Spannungstensor T für den hydrostatischen Spannungszustand

$$\mathsf{T} = -p\mathbf{I} = -\frac{\rho R \theta}{\mu}\mathbf{I}$$

Die auf die Momentankonfiguration bezogene dissipative Ungleichung

$$\mathsf{T} \cdot\cdot \mathsf{D} - \rho \dot{f} - \rho s \dot{\theta} - \frac{1}{\theta}\boldsymbol{h} \cdot \boldsymbol{\nabla}_{\boldsymbol{a}}\theta \geqslant 0$$

wird zunächst umgeformt (der hochgestellte Index S bedeutet symmetrischer Teil des Tensors)

$$\mathsf{D} = (\boldsymbol{\nabla}_{\boldsymbol{a}}\boldsymbol{v})^S \implies -\frac{1}{p}\mathsf{T} \cdot\cdot \mathsf{D} = \mathbf{I} \cdot\cdot (\boldsymbol{\nabla}_{\boldsymbol{a}}\boldsymbol{v})^S = \boldsymbol{\nabla}_{\boldsymbol{a}} \cdot \boldsymbol{v}$$

Damit folgt

$$-\frac{\rho R \theta}{\mu}\mathbf{I} \cdot\cdot \mathsf{D} - \rho \dot{f} - \rho s \dot{\theta} - \frac{1}{\theta}\boldsymbol{h} \cdot \boldsymbol{\nabla}_{\boldsymbol{a}}\theta \geqslant 0$$

bzw.

$$-\frac{\rho R \theta}{\mu}\boldsymbol{\nabla}_{\boldsymbol{a}} \cdot \boldsymbol{v} - \rho \dot{f} - \rho s \dot{\theta} - \frac{1}{\theta}\boldsymbol{h} \cdot \boldsymbol{\nabla}_{\boldsymbol{a}}\theta \geqslant 0$$

Aus der Massenbilanz

$$\dot{\rho} + \rho(\boldsymbol{\nabla}_{\boldsymbol{a}} \cdot \boldsymbol{v}) = 0$$

erhält man

$$\boldsymbol{\nabla}_{\boldsymbol{a}} \cdot \boldsymbol{v} = -\frac{\dot{\rho}}{\rho}$$

Damit nimmt die dissipative Ungleichung folgende Form an

$$\dot{\rho}\frac{R\theta}{\mu} - \rho \dot{f} - \rho s \dot{\theta} - \frac{1}{\theta}\boldsymbol{h} \cdot \boldsymbol{\nabla}_{\boldsymbol{a}}\theta \geqslant 0$$

Mit der konstitutiven Annahme

$$f = f(\rho, \theta, \boldsymbol{\nabla}_{\boldsymbol{a}}\theta)$$

ergibt sich

$$\dot{f} = \frac{\partial f}{\partial \rho}\dot{\rho} + \frac{\partial f}{\partial \theta}\dot{\theta} + \frac{\partial f}{\partial \boldsymbol{\nabla}_{\boldsymbol{a}}\theta} \cdot (\boldsymbol{\nabla}_{\boldsymbol{a}}\theta)^{\cdot}$$

und nach Einsetzen in die dissipative Ungleichung

$$\left(\frac{R\theta}{\mu}-\rho\frac{\partial f}{\partial \rho}\right)\dot{\rho}-\rho\left(\frac{\partial f}{\partial \theta}+s\right)\dot{\theta}-\frac{\partial f}{\partial \boldsymbol{\nabla}_a\theta}\cdot(\boldsymbol{\nabla}_a\theta)^{\cdot}-\frac{1}{\theta}\boldsymbol{h}\cdot\boldsymbol{\nabla}_a\theta\geqslant 0$$

Entsprechend der Lösungsbedingung für diese Ungleichung erhält man

$$\begin{aligned}\rho\frac{\partial f}{\partial \rho}&=\frac{R\theta}{\mu},\\ s&=-\frac{\partial f}{\partial \theta},\\ \frac{\partial f}{\partial \boldsymbol{\nabla}_a\theta}&=\mathbf{0},\\ -\frac{1}{\theta}\boldsymbol{h}\cdot\boldsymbol{\nabla}_a\theta&\geqslant 0\end{aligned} \tag{7.12}$$

Folglich ist die freie Energie ausschließlich eine Funktion der Dichte und der Temperatur

$$f=f(\rho,\theta)$$

Die Integration der ersten Gleichung von (7.12) führt auf

$$f=\frac{R\theta}{\mu}\ln\rho+f_1(\theta)$$

Für die Entropie erhält man

$$s=-\frac{R\ln\rho}{m}-f_1'(\theta)=s(\rho,\theta)$$

Als zusätzliche Annahme wird die Fourier'sche[1] Wärmeleitung für isotrope Kontinua postuliert

$$\boldsymbol{h}=-\kappa\boldsymbol{\nabla}_a\theta$$

Abschließend soll noch der 1. Hauptsatz für ideale Gase analysiert werden. Es gilt

$$\rho\theta\dot{s}=\underline{\mathbf{T}\cdot\cdot\mathbf{D}-\rho\dot{f}-\rho s\dot{\theta}}+\rho r-\boldsymbol{\nabla}_a\cdot\boldsymbol{h}$$

Der unterstrichene Term stellt die dissipative Funktion dar. Die Prozesse im Gas werden als dissipationsfrei angenommen, daher ist dieser Term identisch Null. Damit ergibt sich

$$\rho\theta\dot{s}=\rho r-\boldsymbol{\nabla}_a\cdot\boldsymbol{h}$$

und nach Einsetzen der Konstitutivgleichungen für die Entropie und den Wärmestromvektor erhält man

$$-\rho\theta\underline{\frac{\partial^2 f_1(\theta)}{\partial\theta^2}}\dot{\theta}-\frac{R\theta\dot{\rho}}{\mu}=\rho r+\boldsymbol{\nabla}_a\cdot(\kappa\boldsymbol{\nabla}_a\theta)$$

---

[1] Jean Baptiste Joseph Fourier (1768-1830), Mathematiker und Physiker, Wärmeausbreitung, Integraltransformationen

Der unterstrichene Term entspricht der negativen Wärmekapazität $-c_V$ bei konstantem Volumen. Folglich gilt

$$\rho c_V \dot{\theta} - \frac{R\theta\dot{\rho}}{\mu} = \rho r + \boldsymbol{\nabla}_{\boldsymbol{a}} \cdot (\kappa \boldsymbol{\nabla}_{\boldsymbol{a}} \theta)$$

Ist κ=const., vereinfacht sich dieser Ausdruck nochmals

$$\rho c_V \dot{\theta} - \frac{R\theta\dot{\rho}}{\mu} = \rho r + \kappa \triangle \theta$$

mit dem Laplace[2]-Operator $\triangle = \boldsymbol{\nabla}_{\boldsymbol{a}} \cdot \boldsymbol{\nabla}_{\boldsymbol{a}}$. Weitere Vereinfachungen sind möglich. Für $\dot{\rho} \approx 0$ folgt

$$\rho c_V \dot{\theta} = \rho r + \kappa \triangle \theta$$

und für sehr schnelle adiabate Prozesse

$$\rho c_V \dot{\theta} = \frac{R\theta\dot{\rho}}{m}$$

Die Definitionsgleichung für die Wärmekapazität (experimentell bestimmbar) ermöglicht noch die Bestimmung der 1. Ableitung der Funktion f_1. Mit

$$f_1''(\theta) = -\frac{c_V}{\theta}$$

folgt durch Integration

$$-f_1'(\theta) = \int\limits_0^{\theta} \frac{c_V}{\theta}\, d\theta + C$$

Die untere Integrationsgrenze entspricht dabei dem 3. Hauptsatz der Thermodynamik.

7.2.4 Newton'sche Fluide

Wegen ihrer besonderen Bedeutung sollen Newton'sche Fluide noch einmal gesondert diskutiert werden, obwohl sie bereits als Sonderfall im Abschn. 7.2.2 enthalten sind. Abweichend von Abschn. 7.2.2 wird hier die Ausgangskonfiguration als Bezugsbasis genommen. Es wird vorausgesetzt, dass

- das Fluid kein Gedächtnis hat (keine viskoelastische Phase),
- die Spannungen Funktionen der Deformationsgeschwindigkeiten sind und
- eine Zustandsgleichung existiert, die die Dichte, die Temperatur und den Druck miteinander verbindet.

[2] Pierre-Simon Laplace (1749-1827), Mathematiker und Astronom, Wahrscheinlichkeitstheorie und Differentialgleichungen

Nach Abschn. 7.2.2 wird eine Konstitutivgleichung daher in folgender Form angesetzt

$$\mathsf{T}(\mathbf{a},t) = -p\mathbf{I} + \mathbf{f}(\mathbf{D},\rho^{-1},\theta),$$
$$\mathbf{f}(\mathbf{0},\rho^{-1},\theta) = \mathbf{0}$$

Der thermodynamische Druck p ist nicht aus dem Deformationszustand bestimmbar. Befindet sich das Fluid im Zustand der Ruhe, gilt

$$\mathsf{T} = -p_0\mathbf{I}$$

mit dem hydrostatischen Druck p_0. Im allgemeinen Fall des strömenden Fluids schreibt man wieder entsprechend Abschn. 7.2.2

$$\mathsf{T} = -p\mathbf{I} + \mathsf{T}^V$$

mit dem Tensor der viskosen Spannungen T^V, der für ideale (reibungsfreie) Fluide und für Fluide im Zustand der Ruhe oder bei allgemeiner Starrkörperbewegung verschwindet.

Im Folgenden wird im Sinne einfacher, isothermer Körper vorausgesetzt, dass der Tensor der viskosen Spannungen nur vom Deformationsgeschwindigkeitstensor und von $\mathbf{a}$ abhängt

$$\mathsf{T}^V = \mathsf{T}^V(\mathbf{D},\mathbf{a})$$

Bei Homogenität entfällt auch noch die explizite Abhängigkeit von $\mathbf{a}$. Ist die Abhängigkeit von $\mathbf{D}$ nichtlinear, liegt ein nicht-Newton'sches oder Stokes'sches Fluid vor. Bei linearer Abhängigkeit ist es ein Newton'sches Fluid. Nach Abschn. 7.2.2 erhält man für anisotrope Fluide die Gleichung

$$\mathsf{T}^V =^{(4)} \boldsymbol{\Lambda}\cdot\cdot\mathbf{D},$$

die im isotropen Fall folgende Form annimmt

$$\mathsf{T}^V = \lambda^V(\mathbf{I}\cdot\cdot\mathbf{D})\mathbf{I} + 2\mu^V\mathbf{D} \tag{7.13}$$

Nach dem Darstellungssatz für isotrope Funktionen tensorieller Argumente (s. Satz 2.9) gilt

$$\mathsf{T} = -p\mathbf{I} + \alpha_1\mathbf{I} + \alpha_2\mathbf{D} + \alpha_3\mathbf{D}^2,$$

mit

$$\alpha_i = \alpha_i[\rho,\theta,I_j(\mathbf{D})]$$

Für $\alpha_3 = 0$ folgt dann wieder die Konstitutivgleichung (7.13). Wird die 1. Invariante von T

$$I_1(\mathsf{T}) = -3p + (3\lambda^V + 2\mu^V)(\mathbf{I}\cdot\cdot\mathbf{D}) = -3p + K^V(\mathbf{I}\cdot\cdot\mathbf{D})$$

mit K^V als viskoser Kompressionskoeffizient berechnet, erhält man für inkompressible Newton'sche Fluide

$$\mathsf{T} = -p\mathbf{I} + 2\mu^{\mathrm{V}}\left[\mathsf{D} - \frac{1}{3}\mathrm{I}_1(\mathsf{D})\mathrm{I}\right] = -p\mathbf{I} + 2\mu^{\mathrm{V}}\mathsf{D}^{\mathrm{D}}$$

Dabei ist D^{D} der Deviator von D.

Zusammenfassend kann man feststellen, dass aus dem allgemeinen Fluidmodell für ein viskoses, kompressibles nichtlineares Fluidverhalten, d.h. der allgemeinen Modellklasse nicht-Newton'scher oder Stokes'scher Fluide viele Sonderfälle ableitbar sind. Besondere Bedeutung für die Anwendung haben die linearen, isotropen thermoviskosen Modelle, die sogenannten linearen Stokes'schen Fluide bzw. die entsprechenden linear-viskosen Newton'schen Fluide. Sind die Modellgleichungen homogen und isotrop und ist der Tensor der viskosen Spannungen T^{V} eine lineare Funktion des Verzerrungsgeschwindigkeitstensors D, spricht man auch von Navier-Stokes'schen Fluiden. Alle Modellgleichungen können für die Annahme einer näherungsweisen Inkompressibilität erheblich vereinfacht werden. Ideale Fluide sind reibungsfrei.

7.2.5 Einbeziehung von inneren Variablen

Dissipative Effekte lassen sich mit unterschiedlichen Konzepten in materialtheoretisch begründete Konstitutivgleichungen einbauen. Eine Möglichkeit wurde bereits im Abschn. 7.2.2 behandelt - sie beruhte auf der Einführung einer viskosen Spannung, die von den Verzerrungsgeschwindigkeiten abhängt. Daneben können solche Effekte in Übereinstimmung mit dem Prinzip des schwindenden Gedächtnisses (fading memory) mit Hilfe von Gedächtnisintegralen Eingang finden. In diesem Abschnitt wird ein dritter Weg gewählt. Dazu wird zunächst die Existenz von sogenannten inneren Variablen postuliert, die ihrerseits die freie Energie beeinflussen und selbst durch Evolutionsgleichungen definiert sind. Diese Evolutionsgleichungen (meist gewöhnliche Differentialgleichungen) kennzeichnen damit die innere Entwicklung von irreversiblen (dissipativen) Prozessen im Material. Als Beispiele derartiger Entwicklungen im Material kann man Kriechverzerrungen, Plastifizierungen, Schädigungen usw. ansehen.

Ausgangspunkt der weiteren Betrachtungen sind wiederum die im Kapitel 5 abgeleiteten Bilanzen sowie die Konstitutivgleichungen für homogene Materialien. Letztere sollen zusätzlich von $\Upsilon_i(\mathbf{a},t)$ $(i = 1,\ldots,n)$, den inneren Variablen, abhängen. Dabei können die inneren Variablen Tensoren unterschiedlicher Stufe sein. Beispiele sind mit der isotropen Schädigung (skalare Größe), der isotropen Verfestigung (skalare Größe), der kinematischen Verfestigung (Tensor 2. Stufe), den plastischen Verzerrungen (Tensor 2. Stufe) und dem anisotropen Schädigungstensor (Tensor 4. Stufe) bekannt. Für diese inneren Variablen sind Evolutionsgleichungen zu formulieren. Es ist naheliegend, dass in die Evolutionsgleichungen die konstitutiven Parameter, die inneren Variablen selbst und möglicherweise noch weitere Größen eingehen. Damit gilt

$$\frac{D\boldsymbol{\Upsilon}_i}{Dt} = \mathbf{Y}_i(\theta, \nabla_{\mathbf{x}}\theta, \mathbf{g}, \boldsymbol{\Upsilon}_1, \ldots, \boldsymbol{\Upsilon}_n) \tag{7.14}$$

Dissipative Materialien werden durch folgenden Satz von Konstitutiv- und Evolutionsgleichungen beschrieben

$$\begin{aligned} {}^{I}\mathbf{P}(\mathbf{a},t) &= {}^{I}\mathbf{P}\,(\theta, \nabla_{\mathbf{x}}\theta, \mathbf{g}, \boldsymbol{\Upsilon}_i), \\ \mathbf{h}_0(\mathbf{a},t) &= \mathbf{h}_0\,(\theta, \nabla_{\mathbf{x}}\theta, \mathbf{g}, \boldsymbol{\Upsilon}_i), \\ f(\mathbf{a},t) &= f\,(\theta, \nabla_{\mathbf{x}}\theta, \mathbf{g}, \boldsymbol{\Upsilon}_i), \\ s(\mathbf{a},t) &= s\,(\theta, \nabla_{\mathbf{x}}\theta, \mathbf{g}, \boldsymbol{\Upsilon}_i), \\ \dot{\boldsymbol{\Upsilon}}_i(\mathbf{a},t) &= \mathbf{Y}_i\,(\theta, \nabla_{\mathbf{x}}\theta, \mathbf{g}, \boldsymbol{\Upsilon}_1, \ldots, \boldsymbol{\Upsilon}_n) \end{aligned} \tag{7.15}$$

Diese sind durch die Anfangswerte zu ergänzen

$$\boldsymbol{\Upsilon}_i(\mathbf{a}, t_0) = \boldsymbol{\Upsilon}_i^0(\mathbf{a}) \tag{7.16}$$

Bei der Formulierung der allgemeinen Annahmen (7.15) ist zu beachten, dass der Deformationszustand durch einen elastischen und einen inelastischen Bestandteil gekennzeichnet ist. Der inelastische Anteil kann unterschiedliche Bestandteile aufweisen: plastische Anteile, Kriechanteile usw. Da diese zu dissipativen Effekten führen, können sie mindestens einer inneren Variablen zugeordnet werden. Damit ist eine Aufspaltung der elastischen und inelastischen Anteile in allen den Verzerrungszustand kennzeichnenden Größen notwendig. Im Falle großer Verzerrungen ist dies wie folgt möglich. Für den Variablensatz $\mathbf{g}$ in den konstitutiven Gleichungen bietet sich als Variable der Deformationsgradient $\mathbf{F}$ an. Nach Lee [6] lässt sich dieser multiplikativ aufspalten[3]

$$\mathbf{F} = \mathbf{F}^{\mathrm{el}} \cdot \mathbf{F}^{\mathrm{inel}} \tag{7.17}$$

Diese Operation kann man anschaulich interpretieren. Der Deformationsgradient $\mathbf{F}$ transformiert ein Linienelement der Referenzkonfiguration in ein Linienelement der Momentankonfiguration. Diese direkte Transformation wird mit Hilfe einer „entspannten" Zwischenkonfiguration, für die einzig die bleibenden Verzerrungen kennzeichnend sind, in zwei Abschnitte zerlegt. Zunächst transformiert $\mathbf{F}^{\mathrm{inel}}$ das Linienelement aus der Referenzkonfiguration in die Zwischenkonfiguration. Im zweiten Schritt erfolgt mit Hilfe $\mathbf{F}^{\mathrm{el}}$ die Transformation aus der Zwischenkonfiguration in die Momentankonfiguration. Die multiplikative Aufspaltung von $\mathbf{F}$ hat sich bei der numerischen Analyse großer plastischer Deformationen bewährt, obwohl sie physikalisch nicht einsichtig ist, da nach diesem Modell der elastische Verformungsprozess erst nach der plastischen Deformation folgt. Das Aufsplitten hat für die auf dem Deformationsgradienten beruhenden Größen starke Auswirkungen. Berechnet man beispielsweise den Geschwindigkeitsgradienten entsprechend Gleichung

[3] Für diese Aufspaltung spricht auch eine Argumentation aus der Theorie der Versetzungen, die in [5] angeführt wird.

$$\mathsf{L} = \dot{\mathsf{F}} \cdot \mathsf{F}^{-1},$$

ergibt sich nach Einsetzen der multiplikativen Aufspaltung (7.17)

$$\mathsf{L} = \dot{\mathsf{F}}^{\text{el}} \cdot \mathsf{F}^{\text{el}^{-1}} + \mathsf{F}^{\text{el}} \cdot \dot{\mathsf{F}}^{\text{inel}} \cdot \mathsf{F}^{\text{inel}^{-1}} \cdot \mathsf{F}^{\text{el}^{-1}}$$

Der erste Summand lässt sich rein elastischen Deformationen zuordnen, der inelastische Anteil im zweiten Summanden wird allerdings auch durch elastische Anteile beeinflusst. Die formale Aufspaltung in einen elastischen und einen elastisch beeinflussten inelastischen Anteil hat natürlich auch Auswirkungen auf die Energie.

Die Probleme der Formulierung allgemeiner Konstitutivgleichungen unter Einbeziehung interner Variablen bei großen Verzerrungen, die durch die notwendige Auswahl einer objektiven Zeitableitung noch erschwert wird, ist Gegenstand breiter wissenschaftlicher Diskussionen. Einen Einblick dazu gibt die ergänzende Literatur [1]. Die Darstellung der grundlegenden Methodik bei der Anwendung von inneren Variablen wird hier auf geometrische Linearität beschränkt. Der Verzerrungszustand wird durch den Tensor $\boldsymbol{\varepsilon}$ und der Spannungszustand durch den Tensor $\boldsymbol{\sigma}$ gekennzeichnet. Es verschwindet der Unterschied zwischen den Konfigurationen. Außerdem werden nur solche Materialien betrachtet, für die in Analogie zu Abschn. 7.2.2 für den Wärmestromvektor das anisotrope Fourier'sche Gesetz postuliert werden kann. Die übrigen Konstitutivgleichen sollen in vereinfachter Form unabhängig vom Temperaturgradienten angenommen werden. Damit gehen die Konstitutiv- und die Evolutionsgleichungen (7.15) über in

$$\begin{aligned}
\boldsymbol{\sigma} &= \boldsymbol{\sigma}(\theta, \boldsymbol{\varepsilon}, \boldsymbol{\Upsilon}_i),\\
\boldsymbol{h} &= -\boldsymbol{\kappa} \cdot \boldsymbol{\nabla}\theta,\\
f &= f(\theta, \boldsymbol{\varepsilon}, \boldsymbol{\Upsilon}_i),\\
s &= s(\theta, \boldsymbol{\varepsilon}, \boldsymbol{\Upsilon}_i),\\
\dot{\boldsymbol{\Upsilon}}_i &= \mathbf{Y}_i(\theta, \boldsymbol{\nabla}_a\theta, \boldsymbol{\varepsilon}, \boldsymbol{\Upsilon}_i)
\end{aligned} \tag{7.18}$$

Die weitere Analyse wird in Analogie zum Abschn. 7.2.2 vorgenommen. Ausgangspunkt ist die freie Energie f. Es ist jedoch zu beachten, dass die Verzerrungen aus einem elastischen und einem inelastischen Anteil bestehen. Für kleine Verzerrungen gilt die additive Aufspaltung

$$\boldsymbol{\varepsilon} = \boldsymbol{\varepsilon}^{\text{el}} + \boldsymbol{\varepsilon}^{\text{inel}} = \boldsymbol{\varepsilon}^{\text{el}} + \boldsymbol{\varepsilon}^{\text{pl}} \tag{7.19}$$

mit $\boldsymbol{\varepsilon}^{\text{el}}$ als thermoelastische Verzerrungen, $\boldsymbol{\varepsilon}^{\text{inel}}$ als inelastische Verzerrungen und $\boldsymbol{\varepsilon}^{\text{pl}}$ als plastische Verzerrungen. Als inelastische Verzerrungen werden hier nur plastische Verzerrungen zugelassen. Offensichtlich ist die plastische Verzerrung eine innere Variable. Sie stellt jedoch aufgrund der Kopplung mit den messbaren Gesamtverzerrungen über (7.19) eine spezielle Form dar und soll daher nicht in die übrige Menge möglicher innerer Variabler, die der Kennzeichnung von Verfestigung, Entfestigung, Schädigung usw. dienen, integriert werden.

Anmerkung 7.1. Die Entscheidung, welche Variable eine innere Variable ist, hängt stets von subjektiven Faktoren ab. Die Entscheidung über die Zuordnung folgt aus den konkreten Messmöglichkeiten sowie den Anwendungsbelangen. Eine Diskussion hierzu kann man beispielsweise [7] entnehmen.

Die freie Energie kann jetzt entsprechend (7.19) in folgender Form angenommen werden

$$f = f(\theta, \boldsymbol{\varepsilon}, \boldsymbol{\varepsilon}^{el}, \boldsymbol{\varepsilon}^{pl}, \boldsymbol{\Upsilon}_i) \tag{7.20}$$

Da die Gesamtverzerrungen $\boldsymbol{\varepsilon}$, die elastischen Verzerrungen $\boldsymbol{\varepsilon}^{el}$ und die plastischen Verzerrungen $\boldsymbol{\varepsilon}^{pl}$ miteinander verbunden sind, kann man nach [7] folgende Form der freien Energie bei Beachtung der Dekomposition der Gesamtverzerrungen annehmen

$$f = f(\theta, \boldsymbol{\varepsilon} - \boldsymbol{\varepsilon}^{pl}, \boldsymbol{\Upsilon}_i) = (\theta, \boldsymbol{\varepsilon}^{el}, \boldsymbol{\Upsilon}_i)$$

Leitet man die freie Energie nach der Zeit ab

$$\dot{f} = \frac{\partial f}{\partial \boldsymbol{\varepsilon}^{el}} \cdot\cdot\, \dot{\boldsymbol{\varepsilon}}^{el} + \frac{\partial f}{\partial \theta}\dot{\theta} + \frac{\partial f}{\partial \boldsymbol{\Upsilon}_i} \odot \dot{\boldsymbol{\Upsilon}}_i$$

und setzt das Ergebnis in die dissipative Ungleichung ein, erhält man

$$\underline{\left(\boldsymbol{\sigma} - \rho\frac{\partial f}{\partial \boldsymbol{\varepsilon}^{el}}\right) \cdot\cdot\, \dot{\boldsymbol{\varepsilon}}^{el}} + \boldsymbol{\sigma} \cdot\cdot\, \dot{\boldsymbol{\varepsilon}}^{pl} - \underline{\rho\left(s + \frac{\partial f}{\partial \theta}\right)\dot{\theta}} - \rho\frac{\partial f}{\partial \boldsymbol{\Upsilon}_i} \odot \dot{\boldsymbol{\Upsilon}}_i + \frac{1}{\theta}(\boldsymbol{\kappa} \cdot \nabla\theta) \cdot \nabla\theta \geqslant 0 \tag{7.21}$$

Dabei wurde $\odot$ als Symbol für eine (noch) unbestimmte Multiplikationsoperation eingeführt. Ist die innere Variable ein Skalar, wird das Zeichen $\odot$ durch die gewöhnliche Multiplikation ersetzt. Steht ein Vektor oder ein Tensor als innere Variable, wird $\odot$ durch das einfache bzw. das doppelte Skalarprodukt ersetzt usw.

Die unterstrichenen Terme in der Ungleichung (7.21) sind bereits bei der Diskussion in Abschn. 7.2.2 aufgetreten. Für den Fall, dass die thermoelastischen Verzerrungen als vollständig unabhängig angesehen werden können, gilt zunächst für die Spannungen

$$\boldsymbol{\sigma} = \rho\frac{\partial f}{\partial \boldsymbol{\varepsilon}^{el}} \tag{7.22}$$

Diese Annahme führt auf

$$s = -\frac{\partial f}{\partial \theta} \tag{7.23}$$

Die Gln. (7.22) und (7.23) beschreiben den thermoelastischen Zustand des Materials. Dieser ist dissipationsfrei. Damit folgt aus der dissipativen Ungleichung für die mit dissipativen Vorgängen verbundenen Terme

$$\boldsymbol{\sigma} \cdot\cdot\, \dot{\boldsymbol{\varepsilon}}^{pl} - \rho\frac{\partial f}{\partial \boldsymbol{\Upsilon}_i} \odot \dot{\boldsymbol{\Upsilon}}_i + \frac{1}{\theta}(\boldsymbol{\kappa} \cdot \nabla\theta) \cdot \nabla\theta \geqslant 0 \tag{7.24}$$

Die beiden ersten Terme entsprechen der mechanischen, der letzte Term der thermischen Dissipation.

Eine weitere Konkretisierung ist bei Annahme der Existenz eines skalaren Dissipationspotentials möglich. Dabei kann davon ausgegangen werden, dass thermische und mechanische Dissipation entkoppelt werden können. Für das Dissipationspotential muss weiterhin gefordert werden, dass es konvex ist. Für die mechanische Dissipation ergibt sich im hier betrachteten Fall eine Funktion der zeitlichen Ableitungen der plastischen Verzerrungen und der inneren Variablen als mechanisches Dissipationspotential

$$\chi = \chi(\dot{\boldsymbol{\varepsilon}}^{\mathrm{pl}}, \dot{\Upsilon}_i)$$

Unter der Voraussetzung assoziierter Gesetze (Normalenregel) gilt

$$\boldsymbol{\sigma} = \frac{\partial \chi}{\partial \dot{\boldsymbol{\varepsilon}}^{\mathrm{pl}}}$$

und

$$\Lambda_i = \frac{\partial \chi}{\partial \dot{\Upsilon}_i}$$

Dabei stellen die Λ_i die zu den inneren Variablen assoziierten Größen dar. Das Dissipationspotential ist eine Fläche im Raum der plastischen Verzerrungen und der inneren Variablen. Damit ist dieses Konzept eine Verallgemeinerung der aus der Plastizitätstheorie bekannten Fließflächen. Im allgemeinen Fall geht in das Dissipationspotential auch noch der Temperaturgradient ein.

7.3 Übungsbeispiel

Aufgabe 7.1 (Elastisch-plastisches Material). Man formuliere die konstitutiven Gleichungen für ein elastisch-plastisches Material mit Verfestigung unter Einbeziehung von inneren Variablen. Das Materialverhalten soll dabei isotrop und geometrisch linear sein.

7.4 Lösung

Lösung zur Aufgabe 7.1. Ausgangspunkt der Betrachtung sind die bekannten Konstitutivgleichungen für das thermoelastische isotrope Kontinuum

$$\boldsymbol{\sigma} = \rho \frac{\partial f}{\partial \boldsymbol{\varepsilon}^{\mathrm{el}}},$$
$$s = -\frac{\partial f}{\partial \theta}$$

sowie die dissipative Ungleichung

$$\boldsymbol{\sigma} \cdot\cdot \dot{\boldsymbol{\varepsilon}}^{\text{pl}} - \rho \frac{\partial f}{\partial \boldsymbol{\Upsilon}_i} \odot \dot{\boldsymbol{\Upsilon}}_i + \frac{\kappa \nabla\theta \cdot \nabla\theta}{\theta} \geqslant 0$$

Für die Verfestigung werden zwei Modelle betrachtet:
Eine isotrope Verfestigung, die über eine skalare innere Variable, die plastische Vergleichsdehnungsgeschwindigkeit, einbezogen wird

$$\Upsilon_1 = \dot{\varepsilon}_V = \sqrt{\frac{2}{3} \dot{\boldsymbol{\varepsilon}}^{\text{pl}} \cdot\cdot \dot{\boldsymbol{\varepsilon}}^{\text{pl}}}$$

Eine kinematische Verfestigung, die über eine tensorielle innere Variable, beispielsweise die plastischen Verzerrungen, einbezogen wird

$$\boldsymbol{\Upsilon}_2 = \boldsymbol{\varepsilon}^{\text{pl}}$$

Das elastische Materialverhalten und die Verfestigungseffekte sollen entkoppelt sein, womit für die freie Energie

$$f = f^{\text{el}}(\boldsymbol{\varepsilon}^{\text{el}}, \theta) + f^{\text{pl}}(\dot{\varepsilon}_V, \boldsymbol{\varepsilon}^{\text{pl}}, \theta)$$

folgt. Die assoziierten, verallgemeinerten, thermodynamischen Kraftgrößen lassen sich dann als partielle Ableitungen des den dissipativen Effekten zugeordneten Anteils der freien Energie darstellen

$$R = \rho \frac{\partial f}{\partial \varepsilon_V},$$

$$\mathbf{X} = \rho \frac{\partial f}{\partial \boldsymbol{\varepsilon}^{\text{pl}}}$$

R charakterisiert die gleichmäßige (isotrope) Erweiterung der Fließfläche, $\mathbf{X}$ stellt eine Translation der Fließfläche im Spannungsraum dar. Die Fließfläche selbst ist eine Funktion der Spannungen, der zu den inneren Variablen assoziierten Kraftgrößen und der Temperatur, d.h.

$$f = f(\boldsymbol{\sigma}, R, \mathbf{X}, \theta)$$

Diese hängt von den gleichen Variablen wie das konjugierte Dissipationspotential ab

$$\chi^* = \chi^*(\boldsymbol{\sigma}, R, \mathbf{X}, \theta)$$

Für die Überprüfung der Bedingung für das Erreichen des plastischen Zustands ist noch die Ableitung der Fließfläche bedeutsam. Diese lässt sich formal wie folgt ableiten

$$\dot{f} = \frac{\partial f}{\partial \boldsymbol{\sigma}} \cdot\cdot \dot{\boldsymbol{\sigma}} + \frac{\partial f}{\partial R} \dot{R} + \frac{\partial f}{\partial \mathbf{X}} \cdot\cdot \dot{\mathbf{X}} + \frac{\partial f}{\partial \theta} \dot{\theta}$$

Literaturverzeichnis

1. Backhaus G (1992) Zum Evolutionsgesetz der kinematischen Verfestigung in objektiver Darstellung. ZAMM 72(9):397 – 406
2. dell'Isola F, Sciarra G, Vidoli S (2009) Generalized Hooke's law for isotropic second gradient materials. Proc R Soc A 495:2177 – 2196
3. Forest S, Trinh DK (2011) Generalized continua and non-homogeneous boundary conditions in homogenisation methods. ZAMM 91(2):90 – 109
4. Giesekus H (1994) Phänomenologische Rheologie: eine Einführung. Springer, Berlin
5. Kröner E (1959/60) Allgemeine Kontinuumstheorie der Versetzungen und Eigenspannungen. Archive for Rational Mechanics and Analysis 4(1):273–334
6. Lee EH (1969) Elastic-plastic deformation at finite strains. Trans ASME Journal of Applied Mechanics 36(1):1 – 6
7. Lemaitre J, Chaboche JL (2002) Mechanics of Solid Materials. Cambridge University Press, Cambridge
8. Palmov VA (1998) Vibrations of Elasto-plastic Bodies. Foundations of Engineering Mechanics, Springer, Berlin
9. Podio-Guidugli P, Vianello M (2010) Hypertractions and hyperstresses convey the same mechanical information. Continuum Mech Thermodyn 22:163 – 176

Kapitel 8
Induktiv abgeleitete Konstitutivgleichungen

Zusammenfassung Die deduktive Ableitung von Konstitutivgleichungen ist meist sehr aufwendig, da stets die getroffenen konstitutiven Annahmen mit Hilfe der dissipativen Ungleichung auf ihre physikalische Konsistenz überprüft werden müssen. Daher werden in der Ingenieurpraxis vielfach induktiv formulierte Konstitutivgleichungen eingesetzt. Die Grundidee dieses Konzeptes besteht darin, dass einfachste experimentelle Erfahrungen, die meist in einachsigen Versuchen gewonnen wurden, induktiv verallgemeinert werden. Derartige Modelle werden u.a. für die Beschreibung elastischen und plastischen Materialverhaltens sowie des Materialkriechens eingesetzt. Dabei sei noch einmal besonders hervorgehoben, dass die aus experimentellen Ergebnissen abgeleiteten Materialmodelle nur Idealisierungen des realen Materialverhaltens sein können. Reales Materialverhalten hat stets sowohl elastische als auch inelastische Eigenschaften, die allerdings unterschiedlich ausgeprägt sein können und daher das Materialverhalten signifikant beeinflussen oder vernachlässigt werden. Auch eine Zeit- oder Geschwindigkeitsabhängigkeit ist mit der Verbesserung der Messmethoden immer nachzuweisen. Ihr Einfluss auf das Antwortverhalten von Kontinua kann aber bei vielen realen Materialien vernachlässigt werden. Die induktive Ableitung von Konstitutivgleichungen für vereinfachte idealelastische oder elastisch-plastische Materialmodelle und ihre näherungsweise Einordnung in die Modellklassen rheonome oder skleronome Konstitutivgleichungen hat sich daher besonders für Ingenieuranwendungen bewährt.

8.1 Elastizität

Elastizität gehört zur Klasse der skleronomen (zeitunabhängigen) Materialmodelle. Elastisches Materialverhalten ist durch folgende Eigenschaften charakterisiert, die sich experimentell ableiten lassen:

- Im einachsigen Spannungszustand erfolgen Be- und Entlastung stets entlang des gleichen Weges.

H. Altenbach, *Kontinuumsmechanik*,
https://doi.org/10.1007/978-3-662-57504-8_8

- Alle in Folge äußerer Wirkungen entstandenen Verzerrungen verschwinden vollständig bei Wiederherstellung des spannungslosen Ausgangszustandes.
- Die aufgewendete Verformungsarbeit wird vollständig als Verzerrungsenergie im Körper gespeichert. Die Abeit ist somit reversibel.
- Die Verformung ist nur abhängig von der Belastungsgröße und nicht von der Belastungsgeschwindigkeit.

Es gibt damit eine eindeutige Zuordnung von Spannung und Dehnung, die im nichtlinearen einachsigen Fall bei vorausgesetzter Monotonie durch

$$\varepsilon = \mathsf{F}(\sigma) \iff \sigma = \tilde{\mathsf{F}}(\varepsilon)$$

gegeben ist (s. Abb. 8.1) Es gelten dabei folgende Zusammenhänge für den Elastizitäts- oder Tangentenmodul

$$\left.\frac{d\tilde{\mathsf{F}}(\varepsilon)}{d\varepsilon}\right|_{\varepsilon=0} = \mathsf{E} > 0,$$

$$\varepsilon = \frac{\sigma}{\mathsf{E}}\mathsf{f}(\sigma) \iff \sigma = \mathsf{E}\varepsilon\tilde{\mathsf{f}}(\varepsilon)$$

Für sehr kleine Werte von ε und σ gehen die dimensionslosen Funktionen $\mathsf{f}(\sigma)$ und $\tilde{\mathsf{f}}(\varepsilon)$ gegen den Wert 1 und der Zusammenhang von Spannung und Verformung ist linear.

Ausgangspunkt der dreidimensionalen Beschreibung elastischen Materialverhaltens sei das Hooke'sche Gesetz (auch als Elastizitätsgesetz bezeichnet)

$$\sigma = \mathsf{E}\varepsilon \tag{8.1}$$

Es postuliert den linearen Zusammenhang zwischen den Nennspannungen σ und den in Richtung der Spannungen auftretenden kleinen Dehnungen ε, wobei der Proportionalitätsfaktor E die einzige materialspezifische Kenngröße ist und als Elastizitätsmodul (Young'scher[1] Modul) bezeichnet wird. Eine induktive Verallgemei-

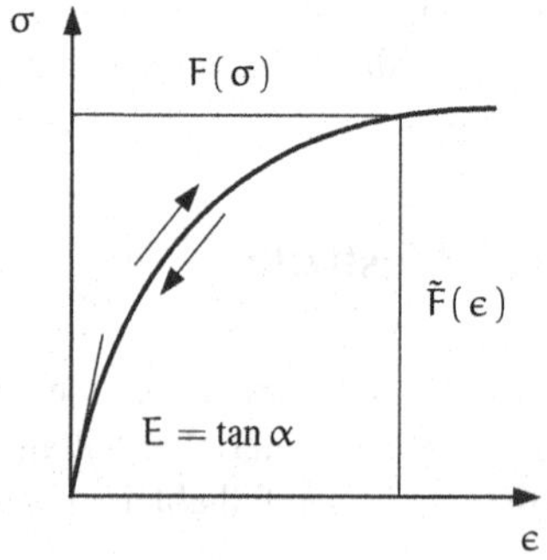

Abb. 8.1 Nichtlineare Beziehung von σ und ε im einachsigen Zugversuch

[1] Thomas Young (1773-1829), Augenarzt und Physiker, Wellentheorie des Lichtes

nerung ist dann in folgender Weise denkbar. Ersetzt man die Nennspannungen σ durch den Tensor der Nennspannungen $\boldsymbol{\sigma}$ und die Dehnung ε durch den Tensor der kleinen Verzerrungen $\boldsymbol{\varepsilon}$, dann ist ein linearer Zusammenhang allgemeinster Art zwischen diesen beiden Tensoren 2. Stufe nur über einen Tensor 4. Stufe möglich, d.h. aus $\boldsymbol{\sigma} = \boldsymbol{\sigma}(\boldsymbol{\varepsilon})$ mit $\boldsymbol{\sigma}(\mathbf{0}) = \mathbf{0}$ folgt

$$\boldsymbol{\sigma} = {}^{(4)}\mathsf{E} \cdot\cdot\, \boldsymbol{\varepsilon}, \qquad \sigma_{ij} = \mathsf{E}_{ijkl}\varepsilon_{kl} \tag{8.2}$$

Gleichung (8.2) ist das verallgemeinerte Hooke'sche Gesetz für anisotropes, linear-elastisches Materialverhalten. Es setzt geometrische und physikalische Linearität voraus. Damit entfallen die Unterschiede zwischen den einzelnen Konfigurationen. Der Tensor ${}^{(4)}\mathsf{E}$ ist der Hooke'sche Tensor oder Elastizitätstensor. Gleichung (8.2) wird auch als Elastizitätsgesetz in tensorieller Schreibweise bezeichnet. Er enthält 81 Komponenten, die experimentell zu bestimmen sind. Man kann sehr schnell erkennen, dass es nicht möglich ist, diese Komponenten zu bestimmen, da es nicht genügend Grundversuche der mechanischen Werkstoffprüfung [5] gibt. Die 81 Komponenten sind nicht alle unabhängig voneinander, was zu einer ersten Reduktion des experimentellen Aufwands führt. Außerdem werden der Spannungstensor und der Verzerrungstensor als symmetrische Tensoren vorausgesetzt. Entsprechend folgt damit eine Reduktion auf 36 linear-unabhängige Koordinaten. Die entsprechende Koordinatenmatrix ist eine $(6,6)$-Matrix. Ein derartiges Elastizitätsgesetz wird auch als Cauchy'sche Elastizität [4] bezeichnet. Eine weitere Reduktion der Anzahl der Koordinaten erhält man unter der Voraussetzung, dass elastische Formänderungen mit der Speicherung von Formänderungsenergie verbunden sind. Die spezifische volumenbezogene Formänderungsenergie lässt sich wie folgt berechnen

$$W = \frac{1}{2}\boldsymbol{\sigma} \cdot\cdot\, \boldsymbol{\varepsilon},$$

und es gilt

$$\boldsymbol{\sigma} = \frac{\partial W}{\partial \boldsymbol{\varepsilon}}$$

Ersetzt man darin den Spannungstensor entsprechend (8.2), erhält man

$$W = \frac{1}{2}\left({}^{(4)}\mathsf{E} \cdot\cdot\, \boldsymbol{\varepsilon}\right) \cdot\cdot\, \boldsymbol{\varepsilon} = \frac{1}{2}\mathsf{E}_{ijkl}\varepsilon_{ij}\varepsilon_{kl} \tag{8.3}$$

Die 2. Ableitung nach dem Verzerrungstensor führt auf den Elastizitätstensor

$$\frac{\partial^2 W}{\partial \boldsymbol{\varepsilon}\partial \boldsymbol{\varepsilon}} = {}^{(4)}\mathsf{E}, \qquad \frac{\partial^2 W}{\partial \varepsilon_{ij}\partial \varepsilon_{kl}} = \mathsf{E}_{ijkl}$$

Da die Reihenfolge der Differentiation vertauscht werden kann, reduziert sich die Anzahl der linear-unabhängigen Koordinaten auf 21. Das entsprechende Elastizitätsgesetz wird auch als Green'sche Elastizität [4] bezeichnet.

Eine weitere Reduktion der Koordinaten ist durch die Berücksichtigung von Materialsymmetrien nach dem Curie-Neumann'schen Prinzip aus der Kristallphysik

(Satz 1.1) möglich. Für Materialien mit kristalliner Struktur können beispielsweise die Symmetrien der 32 Kristallklassen Einfluss auf die makroskopischen Anisotropieeigenschaften haben. Zur Darstellung der Symmetrien gibt es umfangreiche Ausführungen in Tensor- und Matrizendarstellung u.a. in [10; 11].

Eine Untersuchung der Sonderfälle der Anisotropie und ihrer Auswirkungen auf den Elastizitätstensor kann man wie folgt vornehmen. Eine Rotation des Koordinatensystems mit einem Winkel ω um eine beliebige Achse, deren Lage durch den Einheitsvektor $\boldsymbol{e}$ gekennzeichnet ist, lässt sich durch folgenden orthogonalen Tensor darstellen

$$\mathbf{Q} = \mathbf{I}\cos\omega + \boldsymbol{ee}(1-\cos\omega) - \mathbf{I}\times\boldsymbol{e}\sin\omega$$

Für $\omega = 180°$ erhält man

$$\mathbf{Q} = 2\boldsymbol{ee} - \mathbf{I},$$

für $\omega = 90°$

$$\mathbf{Q} = \boldsymbol{ee} - \mathbf{I}\times\boldsymbol{e}$$

Eine mögliche Reduktion der Anzahl der unabhängigen Koordinaten erhält man dann durch Überprüfung folgender Gleichung

$$^{(4)}\overline{\mathsf{E}} = \mathbf{Q}^{\mathsf{T}}\cdot\left(\mathbf{Q}^{\mathsf{T}}\cdot{}^{(4)}\mathsf{E}\cdot\mathbf{Q}\right)\cdot\mathbf{Q} = \mathsf{E}_{ijkl}\mathbf{Q}\cdot\boldsymbol{e}_i\mathbf{Q}\cdot\boldsymbol{e}_j\mathbf{Q}\cdot\boldsymbol{e}_k\mathbf{Q}\cdot\boldsymbol{e}_l$$

mit

$$\mathsf{E}_{ijkl} = {}^{(4)}\mathsf{E}\cdot\cdot\cdot\cdot\boldsymbol{e}_i\boldsymbol{e}_j\boldsymbol{e}_k\boldsymbol{e}_l$$

Sie stellt den Zusammenhang zwischen den Materialeigenschaften in zwei Koordinatensystemen dar, die sich durch eine Drehung um den Winkel ω um eine beliebige Achse $\boldsymbol{e}$ unterscheiden. Diese Vorgehensweise lässt sich am besten an einem Beispiel erläutern. Der Elastizitätstensor wird für das Koordinatensystem $\boldsymbol{e}_1, \boldsymbol{e}_2, \boldsymbol{e}_3$ eingeführt. Das gedrehte System $\boldsymbol{e}_1', \boldsymbol{e}_2', \boldsymbol{e}_3'$ wird durch Drehung um $\boldsymbol{e}_3$ um 180° gebildet. Damit existiert folgender Zusammenhang zwischen den beiden Koordinatensystemen: $\boldsymbol{e}_1' = -\boldsymbol{e}_1, \boldsymbol{e}_2' = -\boldsymbol{e}_2, \boldsymbol{e}_3' = \boldsymbol{e}_3$. Zwischen den Koordinaten der Elastizitätstensoren in den beiden Koordinatensystemen erhält man folgende Zusammenhänge:

$$\mathsf{E}_{\overline{1111}} = \mathsf{E}_{1111}, \quad \mathsf{E}_{\overline{1122}} = \mathsf{E}_{1122}, \quad \mathsf{E}_{\overline{1133}} = \mathsf{E}_{1133}, \quad \mathsf{E}_{\overline{1123}} = -\mathsf{E}_{1123}, \quad \ldots$$

Für den Fall einer vorausgesetzten Symmetrie müssen die Werte der Materialtensoren in den beiden Koordinatensystemen übereinstimmen. Damit sind folgende Koordinaten identisch Null

$$\mathsf{E}_{1123} = \mathsf{E}_{1131} = \mathsf{E}_{2223} = \mathsf{E}_{2231} = \mathsf{E}_{3323} = \mathsf{E}_{3331} = \mathsf{E}_{2312} = \mathsf{E}_{3112} = 0$$

Die Anzahl der linear-unabhängigen Koordinaten reduziert sich auf 13. Die so beschriebene Drehung ist durch den orthogonalen Tensor

$$\mathbf{Q} = 2\boldsymbol{e}_3\boldsymbol{e}_3 - \mathbf{I} = \boldsymbol{e}_3\boldsymbol{e}_3 - \boldsymbol{e}_1\boldsymbol{e}_1 - \boldsymbol{e}_2\boldsymbol{e}_2$$

gekennzeichnet. Die entsprechende Determinante ist $\det\mathbf{Q} = 1$. Führt man eine orthogonale Transformation mit

$$\mathbf{Q} = -\mathbf{e}_1\mathbf{e}_1 + \mathbf{e}_2\mathbf{e}_2 + \mathbf{e}_3\mathbf{e}_3$$

durch, ist der Wert der Determinanten gleich -1. Dies entspricht einer Spiegelung bezüglich der Ebene $\mathbf{e}_2\mathbf{e}_3$. Für die Spiegelung erhält man folgende Koordinaten zu Null

$$E_{1131} = E_{1112} = E_{2231} = E_{2212} = E_{3331} = E_{3312} = E_{2331} = E_{2312} = 0$$

Auch die Spiegelung führt auf eine Koordinatenanzahl von 13. Die Sonderfälle der Materialanisotropie lassen sich damit durch Drehungen und Spiegelungen beschreiben:

- Material mit einer Ebene der elastischen Symmetrie
  Für die elastischen Materialeigenschaften existiert im Material eine Symmetrieebene. Die orthogonale Transformation stellt dabei eine Spiegelung an dieser Ebene dar. Die Anzahl der von Null verschiedenen Koordinaten reduziert sich auf 13 (monoklines Materialverhalten).
- Material mit zwei oder drei zueinander orthogonalen Ebenen der elastischen Symmetrie
  Für die elastischen Materialeigenschaften existieren im Material mindestens zwei zueinander orthogonale Symmetrieebenen. Die orthogonalen Transformationen lassen sich dabei durch zwei Spiegelungen darstellen. Die Anzahl der von Null verschiedenen Koordinaten reduziert sich auf 9. Man kann zeigen, dass bei Existenz von zwei zueinander orthogonalen Symmetrieebenen die zu beiden Ebenen orthogonale Ebene gleichfalls Symmetrieebene ist. Eine weitere Reduktion der von Null verschiedenen Koordinaten ergibt sich daraus nicht. Der entsprechende Sonderfall wird als Orthotropie bezeichnet.
- Material mit einer Symmetrieachse
  Für die elastischen Materialeigenschaften existiert im Material eine Symmetrieachse bezüglich der alle elastischen Eigenschaften gleichberechtigt sind. Die Anzahl der von Null verschiedenen Koordinaten ist in diesem Fall 5. Der entsprechende Sonnderfall wird als transversale Isotropie bezeichnet.
- Material mit zwei oder drei Symmetrieachsen
  Für die elastischen Materialeigenschaften existieren im Material mindestens zwei Symmetrieachsen bezüglich der alle elastischen Eigenschaften gleichberechtigt sind. Die Anzahl der von Null verschiedenen Koordinaten ist in diesem Fall 2. Der entsprechende Sonderfall wird als Isotropie bezeichnet.

Weitere Sonderfälle sind denkbar. Entsprechende Hinweise können der ergänzenden Literatur entnommen werden. Die für die Anwendung besonders wichtigen Fälle der Materialanisotropie sind noch einmal übersichtlich zusammengefasst. Isotropie folgt aus dem 3. Sonderfall, wenn z.B. auch noch die x_1-Achse Symmetrieachse ist. Dann gilt noch $E_{2222} = E_{3333}, E_{1122} = E_{1133}, E_{1313} = E_{1212}$ und es bleiben nur

2 unabhängige Materialkennwerte. Die Ingenieurkonstanten für anisotrope, linear-elastische Körper enthält Anlage A.

Für die zusammenfassende Darstellung sind x_i und x_i' die Koordinaten in den gegeneinander gedrehten kartesischen Koordinatensystemen mit den Basiseinheitsvektoren $\mathbf{e}_i$ und $\mathbf{e}_i'$ und die Q_{ij} sind die Koordinaten der (3×3)-Transformationsmatrix $\mathbf{Q}$. Der Hooke'sche Tensor mit den Koordinaten E_{ijkl} wird als (6×6)-Matrix geschrieben. Die in diesem Zusammenhang stehende Notation wird vielfach auch als Voigt'sche Notation bezeichnet. Sie beruht auf einer Hauptsymmetrie, die aus der Vertauschbarkeit der 2. Ableitung beruht, und zwei Subsymmetrien (jeweils für die Spannungen und die Verzerrungen). Der Spannungs- und der Verzerrungstensor kann dann jeweils unter Beachtung der Symmetrie als Spaltenvektor geschrieben werden. Mann erhält zunächst durch Anwendung des Schemas $11 \to 1$, $22 \to 2, 33 \to 3, 23 \to 4, 13 \to 5, 12 \to 6$ auf die vierfache Indizierung $ijkl$

$$\sigma_i = E_{ij}\varepsilon_j \qquad \Longleftrightarrow \qquad \begin{bmatrix} \sigma_1 \\ \sigma_2 \\ \sigma_3 \\ \sigma_4 \\ \sigma_5 \\ \sigma_6 \end{bmatrix} = \begin{bmatrix} E_{11} & E_{12} & E_{13} & E_{14} & E_{15} & E_{16} \\ & E_{22} & E_{23} & E_{24} & E_{25} & E_{26} \\ & & E_{33} & E_{34} & E_{35} & E_{36} \\ & & & E_{44} & E_{45} & E_{46} \\ & \text{SYM.} & & & E_{55} & E_{56} \\ & & & & & E_{66} \end{bmatrix} \begin{bmatrix} \varepsilon_1 \\ \varepsilon_2 \\ \varepsilon_3 \\ \varepsilon_4 \\ \varepsilon_5 \\ \varepsilon_6 \end{bmatrix}$$

Damit kann man die nachfolgenden Matrizen problemlos zuordnen, auch wenn zunächst die Schreibweise mit den 4 Indices beibehalten wird.

1. Monoklines Materialverhalten

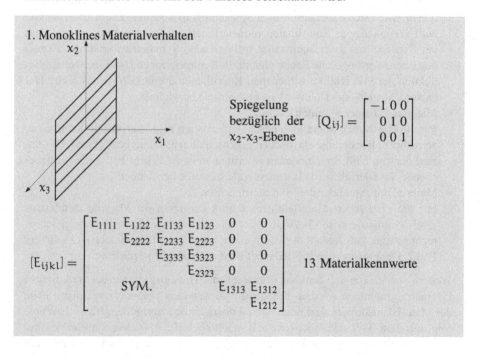

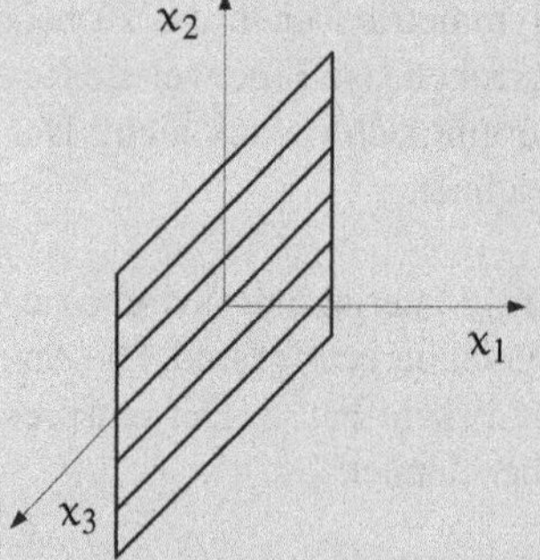

Spiegelung bezüglich der x_2-x_3-Ebene $\quad [Q_{ij}] = \begin{bmatrix} -1 & 0 & 0 \\ 0 & 1 & 0 \\ 0 & 0 & 1 \end{bmatrix}$

$$[E_{ijkl}] = \begin{bmatrix} E_{1111} & E_{1122} & E_{1133} & E_{1123} & 0 & 0 \\ & E_{2222} & E_{2233} & E_{2223} & 0 & 0 \\ & & E_{3333} & E_{3323} & 0 & 0 \\ & & & E_{2323} & 0 & 0 \\ & \text{SYM.} & & & E_{1313} & E_{1312} \\ & & & & & E_{1212} \end{bmatrix}$$

13 Materialkennwerte

Das monokline Materialverhalten ist folglich durch eine Symmetrieebene gekennzeichnet. In unserem Fall geht sie durch die Achsen x_2 und x_3. Gleichzeitig ist sie orthogonal zu x_1. Derartige Symmetrien sind stets in dünnen Laminatschichten anzutreffen.

2. Orthotropie - Orthogonal-anisotropes Materialverhalten

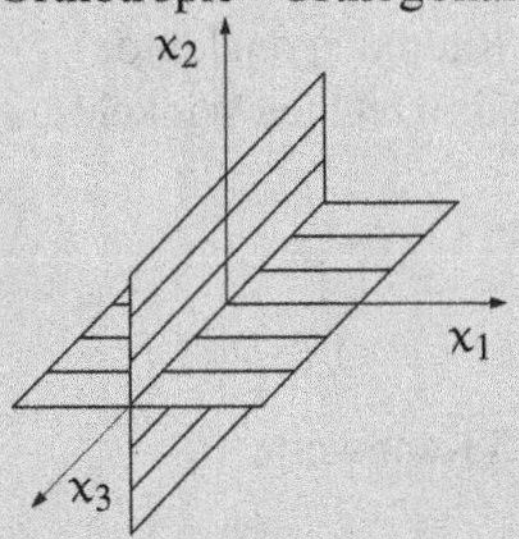

Spiegelung bezüglich der Ebenen x_2-x_3 und x_1-x_3 $[Q_{ij}] = \begin{bmatrix} -1 & 0 & 0 \\ 0 & -1 & 0 \\ 0 & 0 & 1 \end{bmatrix}$

$$[E_{ijkl}] = \begin{bmatrix} E_{1111} & E_{1122} & E_{1133} & 0 & 0 & 0 \\ & E_{2222} & E_{2233} & 0 & 0 & 0 \\ & & E_{3333} & 0 & 0 & 0 \\ & & & E_{2323} & 0 & 0 \\ & \text{SYM.} & & & E_{1313} & 0 \\ & & & & & E_{1212} \end{bmatrix}$$ 9 Materialkennwerte

In diesem Fall gibt es mindestens zwei, zueinander orthogonale Symmetrienebenen, die durch die Koordinatenachsen gehen. Dieser Fall ist in gewalzten Blechen anzutreffen.

3. Transversale Isotropie - Materialsymmetrie bezüglich der Achse x_3

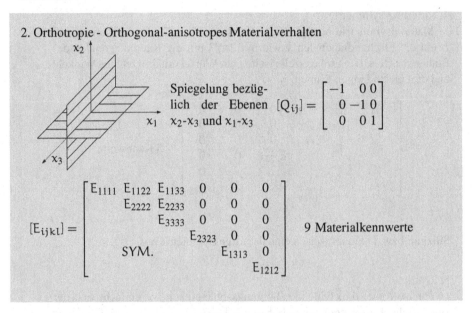

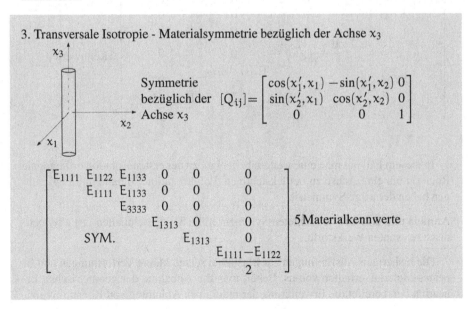

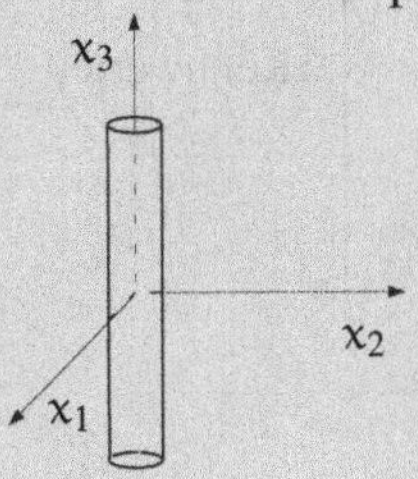

Symmetrie bezüglich der Achse x_3 $[Q_{ij}] = \begin{bmatrix} \cos(x_1', x_1) & -\sin(x_1', x_2) & 0 \\ \sin(x_2', x_1) & \cos(x_2', x_2) & 0 \\ 0 & 0 & 1 \end{bmatrix}$

$$\begin{bmatrix} E_{1111} & E_{1122} & E_{1133} & 0 & 0 & 0 \\ & E_{1111} & E_{1133} & 0 & 0 & 0 \\ & & E_{3333} & 0 & 0 & 0 \\ & & & E_{1313} & 0 & 0 \\ & \text{SYM.} & & & E_{1313} & 0 \\ & & & & & \frac{E_{1111}-E_{1122}}{2} \end{bmatrix}$$ 5 Materialkennwerte

Neben den Symmetrien der Orthotropie kommt eine beliebige Rotation um eine Achse (hier die x_2-Achse) hinzu. Dieser Fall tritt in der Praxis bei unidirektionalen Endlosfasern auf.

4. Kubische Symmetrie

Materialsymmetrie bezüglich der Rotation mit $\pi/2$ um die Kanten, mit π um die Flächendiagonalen sowie mit $2\pi/3$ um die Raumdiagonalen des Einheitswürfels. Die Einheitszelle ist hier ein Würfel mit drei rechten Winkeln und drei gleich langen Kanten.

$$\begin{bmatrix} E_{1111} & E_{1122} & E_{1122} & 0 & 0 & 0 \\ & E_{1111} & E_{1122} & 0 & 0 & 0 \\ & & E_{1111} & 0 & 0 & 0 \\ & & & E_{2323} & 0 & 0 \\ & & & & E_{2323} & 0 \\ \text{SYM.} & & & & & E_{2323} \end{bmatrix} \quad \text{3 Kennwerte}$$

Silizium bzw. Diamant weisen eine derartige Symmetrie auf.

5. Isotropie

Für Isotropie, d.h. fehlende Richtungsabhängigkeit, vereinfacht sich der Hooke'sche Tensor nochmals, da $E_{1122} = E_{1133}$ und $2E_{1313} = E_{1111} - E_{1122}$ gilt.

$$\begin{bmatrix} E_{1111} & E_{1122} & E_{1122} & 0 & 0 & 0 \\ & E_{1111} & E_{1122} & 0 & 0 & 0 \\ & & E_{1111} & 0 & 0 & 0 \\ & & & \frac{E_{1111}-E_{1122}}{2} & 0 & 0 \\ & \text{SYM.} & & & \frac{E_{1111}-E_{1122}}{2} & 0 \\ & & & & & \frac{E_{1111}-E_{1122}}{2} \end{bmatrix} \quad \text{2 Kennwerte}$$

In diesem Fall hat man eine weitere beliebige, zu der ersten Rotation orthogonale Rotation um eine Achse zu berücksichtigen. Polykristalline Metalle und Legierungen haben derartige Symmetrie.

Anmerkung 8.1. Die betrachteten Symmetriefälle 3. - 5. beinhalten fast alle technisch relevanten Werkstoffe.

Die bisherigen Ausführungen zur Elastizität setzen kleine Verformungen und lineares Materialverhalten voraus. Behält man die Annahme der geometrischen Linearität bei, bereitet die Erweiterung der induktiven Ableitung von Konstitutivgleichungen auf nichtlineares, elastisches Materialverhalten keine besonderen Schwierigkeiten. Die für den einachsigen Fall formulierten Beziehungen zwischen der Spannung σ und der Dehnung ε werden zunächst als Tensorgleichungen geschrieben

$$\begin{aligned} \boldsymbol{\sigma} &= \tilde{\mathsf{F}}(\boldsymbol{\varepsilon}), & \boldsymbol{\varepsilon} &= \mathsf{F}(\boldsymbol{\sigma}), \\ \sigma_{ij} &= \tilde{\mathsf{F}}_{ij}(\varepsilon_{kl}), & \varepsilon_{ij} &= \mathsf{F}_{ij}(\sigma_{kl}) \end{aligned} \tag{8.4}$$

An die Tensorfunktionen sind nun bestimmte Anforderungen zu stellen:

- Zu jedem Spannungszustand muss sich ein umkehrbarer eindeutiger Verzerrungszustand ergeben.
- Die am Körper durch die Spannungen geleistete spezifische Verzerrungsarbeit (Verzerrungsenergiedichte)

$$W(\boldsymbol{\varepsilon}) = \int_0^{\boldsymbol{\varepsilon}} \boldsymbol{\sigma} \cdot\cdot \, \mathrm{d}\boldsymbol{\varepsilon}$$

  darf nur vom Anfangs- und Endzustand und nicht vom Deformationsweg abhängen.

Die mathematische Folgerung aus dieser Anforderung ist, dass gilt

$$\boldsymbol{\sigma} = \tilde{\mathsf{F}}(\boldsymbol{\varepsilon}) = \frac{\partial W(\boldsymbol{\varepsilon})}{\partial \boldsymbol{\varepsilon}} \tag{8.5}$$

Gleichung (8.5) ist die allgemeinste Form eines nichtlinearen Elastizitätsgesetzes für kleine Verformungen. Die Verzerrungsenergiedichtefunktion $W(\boldsymbol{\varepsilon})$ wird nun um den Anfangszustand $\boldsymbol{\varepsilon}_0$ in eine Taylorreihe entwickelt

$$\begin{aligned} W &= W_0(\boldsymbol{\varepsilon}_0) + \boldsymbol{\varepsilon}_0 \cdot\cdot \boldsymbol{\varepsilon} + \frac{1}{2!}\boldsymbol{\varepsilon} \cdot\cdot {}^{(4)}\mathsf{E} \cdot\cdot \boldsymbol{\varepsilon} \\ &+ \frac{1}{3!}\left(\boldsymbol{\varepsilon} \cdot\cdot {}^{(6)}\mathsf{E} \cdot\cdot \boldsymbol{\varepsilon}\right) \cdot\cdot \boldsymbol{\varepsilon} + \frac{1}{4!}\boldsymbol{\varepsilon} \cdot\cdot \left(\boldsymbol{\varepsilon} \cdot\cdot {}^{(8)}\mathsf{E} \cdot\cdot \boldsymbol{\varepsilon}\right) \cdot\cdot \boldsymbol{\varepsilon} + \ldots \end{aligned} \tag{8.6}$$

Der vollständige Reihenansatz für W lässt wie im Abschn. 7.2.1 folgende Interpretation zu. Das Reihenglied W_0 kann Null gesetzt werden, da nur das Potential interessiert und der Bezugspunkt willkürlich sein kann. Das Reihenglied $\boldsymbol{\varepsilon}_0 \cdot\cdot \boldsymbol{\varepsilon}$ wird immer Null gesetzt, wenn im spannungslosen Anfangszustand keine Verzerrungen (Eigenverzerrungen) auftreten. Das Reihenglied $(1/2)\boldsymbol{\varepsilon} \cdot\cdot {}^{(4)}\mathsf{E} \cdot\cdot \boldsymbol{\varepsilon}$ entspricht der linearen Theorie. Für eine nichtlineare Elastizitätstheorie muss mindestens das 4. Reihenglied ungleich Null sein, d.h. die Materialtensoren ${}^{(2n)}\mathsf{E}$ mit $n > 2$ bestimmen die Nichtlinearität in der Konstitutivgleichung. Bei Berücksichtigung von Materialtensoren $n > 2$ steigt die Anzahl der erforderlichen Materialkennwerte rasch an. Für Sonderfälle der Anisotropie ergeben sich wieder Vereinfachungen. Im Ergebnis erhält man die in der Tabelle 8.1 aufgelistete Anzahl der von Null verschiedenen, linear-unabhängigen Koordinaten.

Statt durch die Gl. (8.5) kann die allgemeine Konstitutivgleichung für nichtlineares anisotropes Materialverhalten bei kleinen Deformationen auch durch

$$\boldsymbol{\varepsilon} = \mathsf{F}(\boldsymbol{\sigma}) = \frac{\partial W^*(\boldsymbol{\sigma})}{\partial \boldsymbol{\sigma}} \tag{8.7}$$

angegeben werden. W^* ist dann die spezifische konjugierte oder komplementäre Verzerrungsarbeit (konjugierte Verzerrungsenergiedichtefunktion). Die Reihenentwicklung liefert für diesen Fall die Gl. (8.8)

$$W^*(\boldsymbol{\sigma}) = W_0(\boldsymbol{\sigma}_0) + \boldsymbol{\sigma}_0 \cdot\cdot \boldsymbol{\sigma} + \frac{1}{2!}\boldsymbol{\sigma} \cdot\cdot {}^{(4)}\mathbf{N} \cdot\cdot \boldsymbol{\sigma} + \frac{1}{3!}\left(\boldsymbol{\sigma} \cdot\cdot {}^{(6)}\mathbf{N} \cdot\cdot \boldsymbol{\sigma}\right) \cdot\cdot \boldsymbol{\sigma} + \ldots \tag{8.8}$$

für die eine analoge Interpretation wie zur Reihenentwicklung (8.6) gilt. Das Glied $\boldsymbol{\sigma}_0 \cdot\cdot \boldsymbol{\sigma}$ erfasst jetzt mögliche Anfangsspannungen und kann meist Null gesetzt werden. Die Materialtensoren ${}^{(2n)}\mathbf{N}$ stellen Nachgiebigkeitstensoren dar.

Im isotropen Fall hängen die Funktionen W bzw. W^* nur von den Invarianten des Verzerrungstensors $\boldsymbol{\varepsilon}$ bzw. des Spannungstensors $\boldsymbol{\sigma}$ ab

$$W = W[\mathrm{I}_1(\boldsymbol{\varepsilon}), \mathrm{I}_2(\boldsymbol{\varepsilon}), \mathrm{I}_3(\boldsymbol{\varepsilon})], \qquad W^* = W^*[\mathrm{I}_1(\boldsymbol{\sigma}), \mathrm{I}_2(\boldsymbol{\sigma}), \mathrm{I}_3(\boldsymbol{\sigma})] \tag{8.9}$$

Zerlegt man den Verzerrungstensor und den Spannungstensor in einen Kugeltensor und einen Deviator

$$\begin{aligned}
\boldsymbol{\varepsilon} &= \boldsymbol{\varepsilon}^{\mathrm{D}} + \frac{1}{3}\boldsymbol{\varepsilon} \cdot\cdot \mathbf{II}, &\quad \varepsilon_{ij} &= \varepsilon_{ij}^{\mathrm{D}} + \frac{1}{3}e\delta_{ij}, &\quad e &= \varepsilon_{kk},\\
\boldsymbol{\sigma} &= \boldsymbol{\sigma}^{\mathrm{D}} + \frac{1}{3}\boldsymbol{\sigma} \cdot\cdot \mathbf{II}, &\quad \sigma_{ij} &= \sigma_{ij}^{\mathrm{D}} + \frac{1}{3}s\delta_{ij}, &\quad s &= \sigma_{kk}
\end{aligned}$$

und beachtet, dass für jeden Tensor 2. Stufe $\mathbf{T}$ die Invarianten $\mathrm{I}_i(\mathbf{T}),\ i = 1,2,3$ umkehrbar eindeutig durch die beiden von Null verschiedenen Invarianten $\mathrm{I}_2\left(\mathbf{T}^{\mathrm{D}}\right)$, $\mathrm{I}_3\left(\mathbf{T}^{\mathrm{D}}\right)$ und die Spur $\mathbf{T} \cdot\cdot \mathbf{I}$ ausgedrückt werden können, erhält man z.B. für W^*

$$W^* = W^*[\mathrm{I}_1(\boldsymbol{\sigma}), \mathrm{I}_2(\boldsymbol{\sigma}), \mathrm{I}_3(\boldsymbol{\sigma})] \iff W^* = W^*\left[s, \mathrm{I}_2\left(\mathbf{T}^{\mathrm{D}}\right), \mathrm{I}_3\left(\mathbf{T}^{\mathrm{D}}\right)\right]$$

Damit folgt

Tabelle 8.1 Anzahl der von Null verschiedenen Koordinaten der Materialtensoren

Sonderfall der Anisotropie	$\boldsymbol{\varepsilon}_0$	${}^{(4)}\mathbf{E}$	${}^{(6)}\tilde{\mathbf{E}}$	${}^{(8)}\tilde{\tilde{\mathbf{E}}}$
Allgemeine Anisotropie	6	21	56	126
Orthotropie	3	9	20	42
Transversale Isotropie	1	5	9	16
Isotropie	1	2	3	4

$$\begin{aligned}\varepsilon &= \frac{\partial W^*(\sigma)}{\partial \sigma} = \frac{\partial \hat{W}^*\left[s, I_2\left(T^D\right), I_3\left(T^D\right)\right]}{\partial \sigma},\\ &= \frac{\partial \hat{W}^*}{\partial s}\frac{\partial s}{\partial \sigma} + \frac{\partial \hat{W}^*}{\partial I_2\left(T^D\right)}\frac{\partial I_2\left(T^D\right)}{\partial \sigma} + \frac{\partial \hat{W}^*}{\partial I_3\left(T^D\right)}\frac{\partial I_3\left(T^D\right)}{\partial \sigma}\end{aligned} \tag{8.10}$$

$$I_1(\boldsymbol{\sigma}) = \boldsymbol{\sigma} \cdot\cdot \mathbf{I}, \qquad I_2\left(\boldsymbol{\sigma}^D\right) = -\frac{1}{2}\boldsymbol{\sigma}^D \cdot\cdot \boldsymbol{\sigma}^D, \qquad I_3\left(\boldsymbol{\sigma}^D\right) = \det \boldsymbol{\sigma}^D$$

Mit

$$\frac{\partial I_1(\boldsymbol{\sigma})}{\partial \boldsymbol{\sigma}} = \mathbf{I}, \qquad \frac{\partial I_2\left(\boldsymbol{\sigma}^D\right)}{\partial \boldsymbol{\sigma}} = -\boldsymbol{\sigma}^D, \qquad \frac{\partial I_3\left(\boldsymbol{\sigma}^D\right)}{\partial \boldsymbol{\sigma}} = \boldsymbol{\sigma}^D \cdot \boldsymbol{\sigma}^D + \frac{2}{3} I_2\left(\boldsymbol{\sigma}^D\right)\mathbf{I}$$

erhält man

$$\boldsymbol{\varepsilon} = \frac{\partial \hat{W}^*}{\partial I_1(\boldsymbol{\sigma})}\mathbf{I} - \frac{\partial \hat{W}^*}{\partial I_2\left(\boldsymbol{\sigma}^D\right)}\boldsymbol{\sigma}^D + \frac{\partial \hat{W}^*}{\partial I_3\left(\boldsymbol{\sigma}^D\right)}\left[\underline{\boldsymbol{\sigma}^D \cdot \boldsymbol{\sigma}^D} + \frac{2}{3} I_2\left(\boldsymbol{\sigma}^D\right)\mathbf{I}\right], \tag{8.11}$$

d.h.

$$e = \varepsilon_{kk} = 3\frac{\partial \hat{W}^*}{\partial I_1(\boldsymbol{\sigma})},$$

$$\varepsilon_{ij}^D = -\frac{\partial \hat{W}^*}{\partial I_2\left(\boldsymbol{\sigma}^D\right)}\sigma_{ij}^D + \left[\underline{\sigma_{ik}^D \sigma_{kj}^D} + \frac{2}{3} I_2\left(\boldsymbol{\sigma}^D\right)\delta_{ij}\right]\frac{\partial \hat{W}^*}{\partial I_3\left(\boldsymbol{\sigma}^D\right)}$$

Die Gln. (8.11) formulieren die allgemeinsten, nichtlinear, elastischen Konstitutivgleichungen bei kleinen Verzerrungen für den Sonderfall der Isotropie. Die unterstrichenen Terme in den Gln. (8.11) lassen folgende Interpretation zu.

Schlussfolgerung 8.1. Infolge der Nichtlinearität können auch im isotropen Fall bei reiner Schubbeanspruchung Dehnungen auftreten. Diese Besonderheit heißt Poynting[2]-Effekt.

Die experimentelle Überprüfung zeigt jedoch, dass der Poynting-Effekt bei kleinen Verzerrungen auch sehr klein ist und im Allgemeinen vernachlässigt werden kann. Streicht man die tensoriell-nichtlinearen Terme in den Gln. (8.11), kann man $\hat{W}^*$ weiter vereinfachen

$$\hat{W}^* = \hat{W}^*\left[I_1(\boldsymbol{\sigma}), I_2\left(\mathbf{T}^D\right), I_3\left(\mathbf{T}^D\right)\right] \Longrightarrow \check{W}^* = \check{W}^*\left[I_1(\boldsymbol{\sigma}), I_2\left(\mathbf{T}^D\right)\right]$$

Die spezifische komplementäre Verzerrungsenergiedichtefunktion $\check{W}^*$ hängt nur noch von s und $I_2(\mathbf{T}^D)$ ab. Aus den Gln. (8.11) folgt dann das tensoriell-lineare Materialgesetz für nichtlineares, isotropes Materialverhalten bei kleinen Verformungen

$$e = 3\frac{\partial \check{W}^*}{\partial \operatorname{Sp}\boldsymbol{\sigma}} = 3\frac{\partial \check{W}^*}{\partial I_1(\boldsymbol{\sigma})}, \qquad \boldsymbol{\varepsilon}^D = -\frac{\partial \check{W}^*}{\partial I_2\left(\boldsymbol{\sigma}^D\right)}\boldsymbol{\sigma}^D \tag{8.12}$$

[2] John Henry Poynting (1852-1914), Physiker, Elektrodynamik

Aus den Gln. (8.12) können weitere für die Anwendung wichtige Sonderfälle abgeleitet werden.

- Das Volumenverhalten ist linear, d.h. proportional zu s

$$\mathrm{e} = \mathrm{k}\mathrm{I}_1(\boldsymbol{\sigma}), \qquad \boldsymbol{\varepsilon}^{\mathrm{D}} = -\frac{\partial \check{W}^*_{\mathrm{G}}}{\partial \mathrm{I}_2\left(\boldsymbol{\sigma}^{\mathrm{D}}\right)}\boldsymbol{\sigma}^{\mathrm{D}} = \varphi\left[\mathrm{I}_2\left(\boldsymbol{\sigma}^{\mathrm{D}}\right)\right]\boldsymbol{\sigma}^{\mathrm{D}}, \tag{8.13}$$

$$\check{W}^*\left[\mathrm{I}_1(\boldsymbol{\sigma}), \mathrm{I}_2\left(\boldsymbol{\sigma}^{\mathrm{D}}\right)\right] \Longrightarrow \frac{1}{2}\mathrm{k}\mathrm{I}_1(\boldsymbol{\sigma})^2 + \check{W}^*_{\mathrm{G}}\left[\mathrm{I}_2\left(\boldsymbol{\sigma}^{\mathrm{D}}\right)\right]$$

k ist ein Proportionalitätsfaktor, $\check{W}^*_{\mathrm{G}}$ ist der Gestaltsänderungsanteil von $\check{W}^*$. Mit

$$\sigma_{\mathrm{V}}^2 = -3\mathrm{I}_2(\boldsymbol{\sigma}^{\mathrm{D}})$$

und

$$\mathrm{K} = (3\mathrm{k})^{-1}, \qquad \mathrm{G} = [2\varphi(0)]^{-1}$$

sowie

$$\mathrm{f}(\sigma_{\mathrm{V}}) = \frac{1}{\varphi(0)}\varphi\left(-\frac{1}{3}\sigma_{\mathrm{V}}^2\right)$$

erhält man das besonders einfache, nichtlinear isotrope Materialgesetz in der Form

$$\mathrm{e} = \frac{\mathrm{I}_1(\boldsymbol{\sigma})}{3\mathrm{K}}, \qquad \boldsymbol{\varepsilon}^{\mathrm{D}} = \frac{1}{2\mathrm{G}}\mathrm{f}(\sigma_{\mathrm{V}})\boldsymbol{\sigma}^{\mathrm{D}}$$

- Isotropes, lineares Materialverhalten
Mit $\varphi = \varphi(0) = \text{const.}$ folgt $\mathrm{f}(\sigma_{\mathrm{V}}) \equiv 1$ und man erhält

$$\mathrm{e} = \frac{\mathrm{I}_1(\boldsymbol{\sigma})}{3\mathrm{K}}, \qquad \boldsymbol{\varepsilon}^{\mathrm{D}} = \frac{\boldsymbol{\sigma}^{\mathrm{D}}}{2\mathrm{G}}$$

Durch Vergleich mit dem einachsigen, linearen Spannungs-Dehnungsverhalten erhält man noch die Beziehungen

$$\mathrm{K} = \frac{\mathrm{E}}{3(1-2\nu)}, \qquad \mathrm{G} = \frac{\mathrm{E}}{2(1+\nu)},$$

d.h. K und G sind der Kompressionsmodul und der Schubmodul der klassischen linearen Elastizitätstheorie.

Anmerkung 8.2. Im isotropen Fall erhält man zwei, voneinander unabhängige elastische Kennwerte. In der mathematischen Elastizitätstheorie werden die Lamé'schen Parameter

$$\lambda = \frac{\nu\mathrm{E}}{(1+\nu)(1-2\nu)}, \qquad \mu = \frac{\mathrm{E}}{2(1+\nu)} \equiv \mathrm{G}$$

bevorzugt, E und ν sind die Ingenieurparameter und K und G haben Vorteile bei rheologischen Modellen. In jedem Fall sind aber immer nur zwei unabhängig.

Die Beziehungen zwischen den unterschiedlichen Parametern sind u.a. in [2] angegeben.

Die induktiv abgeleiteten elastischen Konstitutivgleichungen bei kleinen Verzerrungen lassen sich in der nachfolgenden Form zusammenfassen.

Allgemeiner, nichtlinear-elastischer Körper

$$\varepsilon = \mathsf{F}(\sigma), \qquad \sigma = \frac{\partial W(\varepsilon)}{\partial \varepsilon},$$

$$\sigma = \tilde{\mathsf{F}}(\varepsilon), \qquad \varepsilon = \frac{\partial W^*(\sigma)}{\partial \sigma}$$

$W(\varepsilon), W^*(\sigma)$ Taylorreihenentwicklungen bis mindestens zum 4. Glied der Reihe

Linearer Sonderfall

$$\varepsilon = {}^{(4)}\mathbf{N} \cdot\cdot\, \sigma, \qquad \sigma = \frac{\partial W(\varepsilon)}{\partial \varepsilon}$$

$$\sigma = {}^{(4)}\mathsf{E} \cdot\cdot\, \varepsilon, \qquad \varepsilon = \frac{\partial W^*(\sigma)}{\partial \sigma}$$

$W(\varepsilon), W^*(\sigma)$ Taylorreihenentwicklungen bis zum 3. Glied der Reihe

Für den isotropen Sonderfall erhält man die nachfolgenden Beziehungen.

Allgemeiner, nichtlinear-elastischer, isotroper Körper

$$\varepsilon = \frac{\partial \hat{W}^*}{\partial \mathrm{I}_1(\sigma)}\mathbf{I} - \frac{\partial \hat{W}^*}{\partial \mathrm{I}_2(\sigma^{\mathrm{D}})}\sigma^{\mathrm{D}} + \frac{\partial \hat{W}^*}{\partial \mathrm{I}_3(\sigma^{\mathrm{D}})}\left[\sigma^{\mathrm{D}} \cdot\cdot\, \sigma^{\mathrm{D}} + \frac{2}{3}\mathrm{I}_2(\sigma^{\mathrm{D}})\mathbf{I}\right],$$

$$\hat{W}^* = \hat{W}^*\left[\mathrm{I}_1(\sigma), \mathrm{I}_2(\sigma^{\mathrm{D}}), \mathrm{I}_3(\sigma^{\mathrm{D}})\right], \qquad s = \mathrm{I}_1(\sigma) = \sigma \cdot\cdot\, \mathbf{I}$$

Sonderfall: Tensoriell, lineares Gesetz

$$e = 3\frac{\partial \check{W}^*}{\partial \mathrm{Sp}\,\sigma} = 3\frac{\partial \check{W}^*}{\partial \mathrm{I}_1(\sigma)}, \qquad \varepsilon^{\mathrm{D}} = -\frac{\partial \check{W}^*_{\mathrm{G}}}{\partial \mathrm{I}_2(\sigma^{\mathrm{D}})}\sigma^{\mathrm{D}},$$

$$\check{W}^* = \check{W}^*\left[\mathrm{I}_1(\sigma), \mathrm{I}_2(\mathbf{T}^{\mathrm{D}})\right]$$

Sonderfall: Tensoriell, lineares Gesetz und lineares Volumenänderungsverhalten

$$\mathrm{Sp}\,\boldsymbol{\varepsilon} = k\,\mathrm{Sp}\,\boldsymbol{\sigma}, \qquad \boldsymbol{\varepsilon}^{\mathrm{D}} = -\frac{\partial \check{W}_{\mathrm{G}}^{*}}{\partial I_2(\boldsymbol{\sigma}^{\mathrm{D}})}\boldsymbol{\sigma}^{\mathrm{D}}$$

$$\check{W}^{*} = \frac{1}{2} k I_1(\boldsymbol{\sigma})^2 + \check{W}_{\mathrm{G}}^{*}\left[I_2(\boldsymbol{\sigma}^{\mathrm{D}})\right] = \check{W}_{\mathrm{V}}^{*}(I_1(\boldsymbol{\sigma})) + \check{W}_{\mathrm{G}}^{*}\left[I_2(\boldsymbol{\sigma}^{\mathrm{D}})\right]$$

Linearer Sonderfall

$$e = \frac{I_1(\boldsymbol{\sigma})}{3K}, \qquad \boldsymbol{\varepsilon}^{\mathrm{D}} = \frac{\boldsymbol{\sigma}^{\mathrm{D}}}{2G}, \qquad K = \frac{E}{3(1-2\nu)}, \qquad G = \frac{E}{2(1+\nu)}$$

Anmerkung 8.3. In der Literatur werden bei Diskussionen um elastisches Materialverhalten zwei weitere Begriffe eingeführt: Hyperelastizität und Hypoelastizität. Als hyperelastisch wird ein Material bezeichnet, für das eine Deformationsenergie W existiert, deren materielle Zeitableitung gleich der Leistung der Spannungen je Volumeneinheit ist. Die entsprechenden Konstitutivgleichungen müssen folglich der Gl. (5.78) genügen. Im Abschn. 7.2.1 wurde dieses Materialmodell betrachtet. Zu den hyperelastischen Materialien gehören beispielsweise die gummiähnlichen Werkstoffe.

Als hypoelastisches Material wird ein Material bezeichnet, für das die Spannungsgeschwindigkeiten lineare Funktionen der Deformationsgeschwindigkeiten sind $\mathbf{T}^{\nabla} = {}^{(4)}\mathbf{E} \cdot\cdot\, \mathbf{D}$. Dabei stellt $\mathbf{T}^{\nabla}$ eine objektive Zeitableitung des Spannungstensors dar. Der Materialtensor ${}^{(4)}\mathbf{E}$ ist in diesem Fall nicht unbedingt eine konstante Größe. Er kann u.a. von den Spannungen, Verzerrungen usw. abhängen. Das entsprechende Konzept entspricht einer inkrementellen Beschreibung des Materialverhaltens. Einzelheiten zu den hypoelastischen Konstitutivgleichungen sowie den objektiven Ableitungen können der Spezialliteratur entnommen werden.

8.2 Plastizität

Neben der Elastizität gibt es eine zweite Form des skleronomen, d.h. zeit- bzw. geschwindigkeitsunabhängigen, Materialverhaltens, die Plastizität. Im Unterschied zur Elastizität stellt man fest

- Plastische Beanspruchungsvorgänge sind nicht mehr reversibel, es tritt Dissipation auf.
- Die plastische Beanspruchung ist keine Zustandsgröße, sondern abhängig vom Belastungsweg.

- Die Belastungsgeschichte hat Einfluss auf das Antwortverhalten plastischer Materialien.

Bei sehr spröden Werkstoffen können keine plastischen Verformungen beobachtet werden oder sie sind vernachlässigbar klein. Bei duktilen Werkstoffen treten plastische Verformungen im Allgemeinen nach Überschreitung eines bestimmten Spannungsniveaus auf. Im einachsigen Zugversuch ist das die Fließgrenze. Ausgangspunkt der induktiven Ableitung isothermer, konstitutiver Gleichungen sind die experimentell ermittelten Abhängigkeiten von Spannungen und Dehnungen bei einachsiger Beanspruchung. Typisch sind die folgenden experimentellen Ergebnisse.

- Quasistatische Be- und Entlastung (Abb. 8.2) Folgende Situationen können auftreten (σ^* maximale Spannung am Ende des Belastungszyklus)
  - $\sigma^* < \sigma_F : \sigma = \sigma(\varepsilon) \Longleftrightarrow \varepsilon = \varepsilon(\sigma)$
    Die Belastung ist rein-elastisch.
  - $\sigma^* \geqslant \sigma_F$:
    $d\sigma > 0$ (Belastung)
    $\varepsilon = \varepsilon_{el}$ falls $\sigma < \sigma_F$
    $\varepsilon = \varepsilon_{el} + \varepsilon_{pl}$ falls $\sigma \geqslant \sigma_F$
    $d\sigma < 0$ (Entlastung)
    $\varepsilon = \varepsilon_{el} + \varepsilon_{pl}(\sigma^*)$

  Die additive Aufspaltung der Gesamtdehnung in der Form $\varepsilon = \varepsilon_{el} + \varepsilon_{pl}$ kann man nur unter der Voraussetzung kleiner Verformungen feststellen. Ferner weisen die Experimente aus, dass ein Material im plastischen Zustand meist nahezu inkompressibel ist.
- Zyklische Be- und Entlastung (Abb. 8.3)
  - $\sigma_i^* > \sigma_F$: Die elastische Verformungsgrenze erhöht sich, d.h. es kommt durch plastische Verformungen zu einer Materialverfestigung.
  - elastischer Bereich: $\varepsilon = \varepsilon(\sigma, \sigma_i^*), \sigma < \sigma_{F_i} = \sigma_i^*$

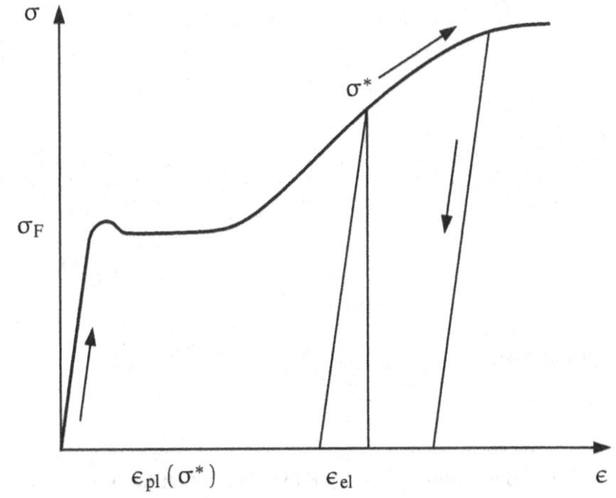

Abb. 8.2 Einachsiger Zugversuch

– plastischer Bereich: $\varepsilon = \varepsilon(\sigma), \sigma > \sigma_{F_i}$

- Belastungsumkehr (Abb. 8.4)
Die Gesetze des elastischen Bereiches hängen jetzt vom gesamten Prozessverlauf ab. Es überlagern sich Verfestigung und Bauschinger[3]-Effekt. Letzterer ist die Änderung der Elastizitätsgrenze eines (polykristallinen) Metalls oder Legierung nach einer primären plastischen Verformung in Abhängigkeit von Zug- oder Druckbeanspruchung. Verformt man ein Metall unter Zugbeanspruchung, so dass es sich plastisch verformt, und verformt es anschließend durch Druckbeanspruchung, ist die Elastizitätsgrenze in die entgegengesetzte Richtung niedriger. Grund dafür sind Summation und gegenseitige Blockierungen von Versetzungen. Im Sinne der rheologischen Modelle 9 entspricht der Bauschinger-Effekt einem elastisch-plastischen Modell eines parallelgeschaltetem Elements aus Fe-

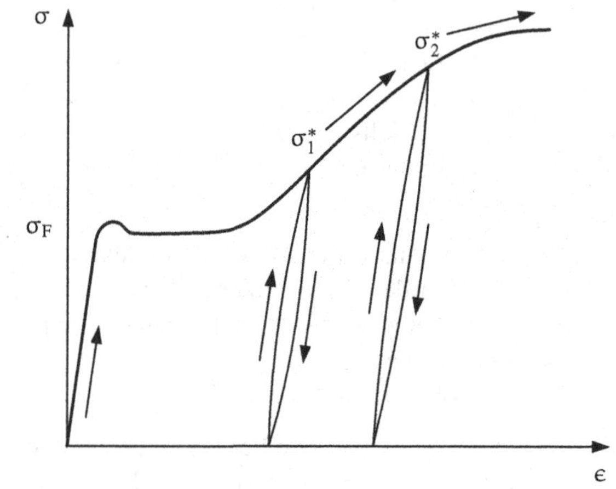

Abb. 8.3 Be- und Entlastung bei plastischem Verhalten

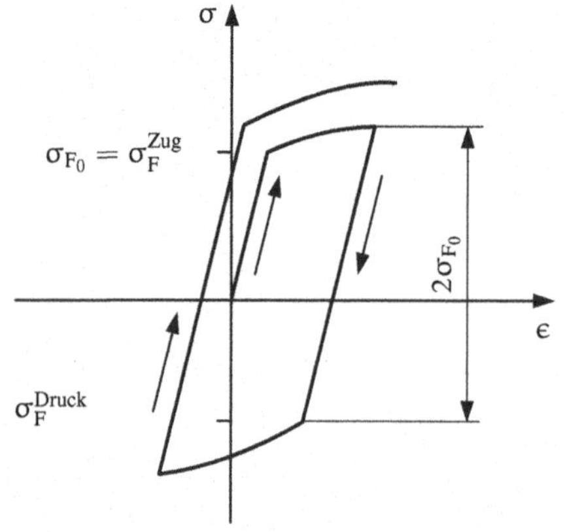

Abb. 8.4 Belastungsumkehr

[3] Johann Bauschinger (1834-1893), Mathematiker und Bautechniker, Werkstoffprüfung

der und Reibungselement sowie einer weiteren Feder, die dazu in Reihe geschaltet ist.

Die dargestellten experimentellen Ergebnisse sind Grundlage für die Aufstellung von Materialmodellen. Dabei wird zunächst nur homogenes und isotropes Werkstoffverhalten einbezogen. Die Experimente sowie Anwendungsaspekte lassen unterschiedliche Approximationen sinnvoll erscheinen. Das einfachste Modell der Plastizität ist das ideal-plastische (auch perfekt-plastische) Material. Dieses ist wie folgt beschreibbar

$$\begin{aligned} \sigma < \sigma_F : &\quad \varepsilon = 0, \\ \sigma = \sigma_F : &\quad \varepsilon \to \infty \end{aligned}$$

Bis zum Erreichen eines Grenzwertes der Spannungen treten keine Dehnungen auf, wird dieser Grenzwert erreicht, nehmen die Dehnungen uneingeschränkt zu. Der Grenzwert der Spannungen wird in der kontinuumsmechanisch orientierten Literatur als Fließspannung bezeichnet. Seine experimentelle Identifikation ist allerdings mit Schwierigkeiten verbunden. Das ideal-plastische Modell vernachlässigt jegliche elastische Dehnungen (die bei jedem Material auftreten) und berücksichtigt nicht die Tatsache, dass Verfestigung, Entfestigung sowie Bruch bei realen Materialien auftreten. Das Spannungs-Dehnungsverhalten für das ideal-plastische Materialverhalten ist in Abb. 8.5 a) dargestellt.

Erweiterungen des einfachsten plastischen Modells sind prinzipiell in zwei Richtungen möglich: Berücksichtigung der Verfestigung, der Entfestigung sowie des Bruchs und Einbeziehung des elastischen Anfangsstadiums. Letzteres ist besonders einfach als linear-elastisches-ideal-plastisches Modell möglich

$$\begin{aligned} \sigma < \sigma_F : &\quad \varepsilon = \sigma/E \\ \sigma = \sigma_F : &\quad \varepsilon \to \infty \end{aligned}$$

Damit lässt sich das reale Spannungs-Dehnungsdiagramm durch zwei lineare Abschnitte approximieren. Das Spannungs-Dehnungsverhalten für das linear-elastisch-plastische Materialverhalten ist in Abb. 8.5 b) dargestellt. Für die Verfestigung ist

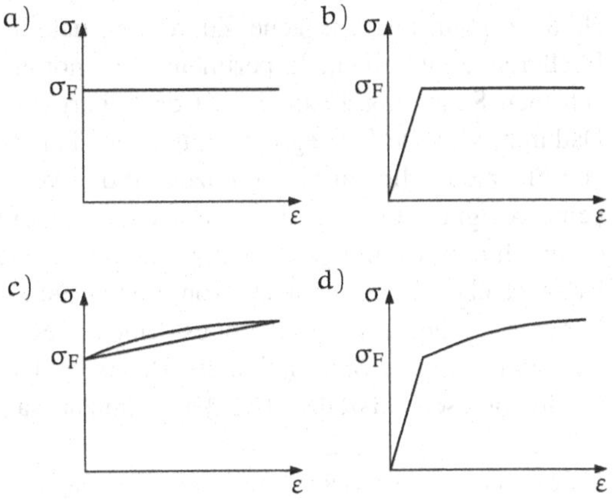

Abb. 8.5 Verschiedene Idealisierungen plastischen Materialverhaltens:
a) (starr) ideal-plastisches Materialverhalten,
b) linear-elastisch-ideal-plastisches Materialverhalten,
c) plastisches Materialverhalten mit Verfestigung (linear, nichtlinear),
d) linear-elastisch-plastisches Materialverhalten mit Verfestigung (linear, nichtlinear)

zu beachten, dass zwei unterschiedliche Formen möglich sind: die isotrope und die kinematische Verfestigung. Die isotrope Verfestigung ist dadurch gekennzeichnet, dass ein plastisch beanspruchtes Material nach einer Zwischenentlastung den plastischen Bereich bei einer höherer Fließgrenze erreicht. Dies bedeutet, dass die Fließgrenze eine Funktion des plastischen Beanspruchungszustandes ist, d.h.

$$\sigma_F = \sigma_F(\varepsilon^{pl}) \geqslant \sigma_{F_0} = \text{const.}$$

σ_{F_0} ist die ursprüngliche Fließgrenze bei Erstbelastung. Die kinematische Verfestigung (Bauschinger-Effekt) entspricht der experimentellen Tatsache, dass nach Plastifizierung im Zugbereich, vollständiger Entlastung und anschließender Druckbelastung unterschiedliche Fließgrenzen bei Zug und Druck auftreten. Diese Aussage wird durch das Experiment bestätigt und führt zunächst zu

$$\sigma_F^{\text{Zug}} \neq |\sigma_F^{\text{Druck}}| \qquad \text{bzw.} \qquad \sigma_F^{\text{Zug}} - |\sigma_F^{\text{Druck}}| = 2\sigma_{F_0} = \text{const.}$$

Die Verfestigungsmodelle selbst können noch linear bzw. nichtlinear sein. Außerdem kann jedes plastische Modell mit Verfestigung mit den elastischen Anfangsdehnungen in Verbindung gebracht werden. Beispiele für das Spannungs-Dehnungsverhalten bei unterschiedlichen Verfestigungsmodellen sind in Abb. 8.5 c) und d) dargestellt. Neben diesen Modellen, die sich durch abschnittsweise lineare (nichtlineare) Formulierungen mit singulären Punkten auszeichnen, sind auch stetige nichtlineare Funktionen ohne singuläre Punkte zur Beschreibung eines elastisch-plastischen Materialverhaltens üblich. Die bekannteste Formulierung stammt von Ramberg[4] und Osgood

$$\varepsilon = \frac{\sigma}{E} + k\left(\frac{\sigma}{E}\right)^m$$

Sie enthält drei materialspezifische Kennwerte E, k, m.

Eine mehrachsige Verallgemeinerung einfacher Konstitutivgleichungen unter Einschluss der Plastizität ist mit zwei Problemen verbunden: es müssen Spannungs-Verzerrungsbeziehungen für alle Koordinaten der entsprechenden Tensoren sowie eine Fließfunktion eingeführt werden. Ob ein Material sich im plastischen Zustand befindet, ist vom Erreichen der Fließgrenze abhängig. Bei einachsigen Beanspruchungen kann eine einfache Zuordnung des einzigen Spannungswertes zu einer Fließgrenze aus einem Experiment vorgenommen werden. Im Falle eines mehrachsigen Spannungszustandes ist der Übergang zum Spannungstensor zwingend. Dadurch wird die Festlegung geeigneter Fließgrenzen erschwert. Eine Zuordnung von unterschiedlichen Fließgrenzen zu den verschiedenen Tensorkomponenten ist keine geeignete Lösung, da dann unendlich viele Versuche für alle denkbaren Beanspruchungszustände notwendig wären. Ein Ausweg stellt das ingenieurmäßige Konzept über die Äquivalenz von einachsigen und mehrachsigen Zuständen dar. Für eine solche Äquivalenz gibt es keine allgemeingültigen Aussagen, jedoch kann man für bestimmte Materialien und Beanspruchungszustände verschiedene Äquivalenzhypothesen aufstellen. Die Äquivalenzaussagen können dabei für Spannungen,

[4] Walter Gustave Charles Ramberg (1904-1985), Physiker, Werkstoffprüfung

Verzerrungen und für energetische Aussagen getroffen werden. Bei den nachfolgenden Ausführungen erfolgt eine Beschränkung auf Spannungen und auf energetische Aussagen. Somit wird beispielsweise einer Fließgrenze (skalarwertig) eine skalarwertige Funktion des Spannungszustandes zugeordnet.

Beschränkt man sich zunächst auf isotrope Materialien, ist diese Funktion des Spannungszustandes eine Funktion der Invarianten des Spannungstensors. Meist sind weitere Vereinfachungen möglich. Beispielsweise basiert die Hypothese von Huber[5]-von Mises[6]-Hencky auf der ausschließlichen Einbeziehung der 2. Invarianten des Spannungsdeviators. Es gilt

$$\sigma_{\text{Vergleich}} = \sqrt{\frac{3}{2}\boldsymbol{\sigma}^{\text{D}} \cdot\cdot\, \boldsymbol{\sigma}^{\text{D}}} \leqslant \sigma_{\text{F}} \quad \text{mit} \quad \boldsymbol{\sigma}^{\text{D}} = \boldsymbol{\sigma} - \frac{1}{3}\boldsymbol{\sigma} \cdot\cdot\, \mathbf{I}\,\mathbf{I} \tag{8.14}$$

$\sigma_{\text{Vergleich}}$ ist die Vergleichsspannung[7]. Entsprechend diesem Modell wird der Übergang des Materials in den plastischen Zustand als Erreichen einer Grenzfläche im Spannungsraum definiert, wobei im Falle des speziellen Kriteriums die Fläche durch die 2. Invariante des Spannungsdeviators und einen Materialkennwert (Fließgrenze aus dem Zugversuch) bestimmt wird. Setzt man jetzt ideal-plastisches Materialverhalten voraus, sind Spannungszustände, die zu Punkten innerhalb der Grenzfläche führen, mit verzerrungsfreien Zuständen gekoppelt. Wird in einem Punkt die Grenzfläche erreicht, erhält man uneingeschränktes Fließen, welches mit einer uneingeschränkten Zunahme der Verzerrungen verbunden ist. Wird weiterhin die Fließgrenze als konstant gegenüber dem Beanspruchungszustand angesehen, tritt keine Verfestigung ein. Eine Erweiterung auf linear-elastisches-ideal-plastisches Materialverhalten hat lediglich die Konsequenz, dass Spannungszustände innerhalb der Fließfläche linear-elastische Verzerrungen zugeordnet werden. Weitere Hypothesen zur Äquivalenz sind denkbar und können der ergänzenden Literatur entnommen werden.

Die Spannungs-Verzerrungsbeziehungen für plastisches Materialverhalten können mit Hilfe der Deformationstheorie[8] nach Hencky-Ilyushin[9] oder nach der Fließtheorie in den Varianten von von Mises-Lévy[10] bzw. Prandtl[11]-Reuss[12] abgeleitet werden. Die Deformationstheorie verknüpft die Spannungen und die Verzerrungen

---

[5] Tytus Maksymilian Huber (1872-1950), Maschinenbauer, Fließfunktion

[6] Richard Edler von Mises (1883-1953), Mathematiker, Hydrodynamik, Plastizitätstheorie, Gründer der Zeitschrift für Angewandte Mathematik und Mechanik

[7] Es gibt zahlreiche Vergleichsspannungshypothesen, die alle auf Hypothesen zu den Belastungszuständen, dem Werkstoffverhalten u.a.m. beruhen. Näheres kann man u.a. in [1; 2; 3] nachlesen.

[8] Die Theorie geht auf Hencky zurück. Dieser kam in den 30er Jahren bei seinem Sowjetunionaufenthalt mit Ilyushin zusammen, der später angab, dass er durch Hencky beeinflusst wurde. Bezüglich der Deformationsthorie und dem Beitrag von Hencky kann man u.a. in [6; 7; 8].

[9] Alexey Antonovich Ilyushin (1911-1998), Festkörpermechanik, Plastizitätstheorie

[10] Maurice Lévy (1838-1910), Mathematiker, Physiker und Ingenieur, Mathematische Elastizitätstheorie

[11] Ludwig Prandtl (1875-1953), Physiker, Strömungslehre, Plastizitätstheorie

[12] Endre Reuss (1900-1968), Maschinenbauingenieur, Plastizitätstheorie

direkt, nach der Fließtheorie werden die Inkremente der Verzerrungen einbezogen. Für bestimmte Situationen lässt sich eine Übereinstimmung der Fließtheorie und der Deformationstheorie zeigen. Aufgrund der größeren Anwendungsbreite wird hier nachfolgend nur auf die Fließtheorie eingangen.

Die Grundannahmen der Fließtheorie beruhen auf der Aussage zur Verknüpfung der Spannungen mit den Geschwindigkeiten der Verzerrungen und dem 1. Axiom der Rheologie (Volumenverzerrungen sind rein elastisch). Damit erhält man

$$\dot{\varepsilon}^{\mathrm{D}^{\mathrm{pl}}} = \lambda \boldsymbol{\sigma}^{\mathrm{D}} \quad \text{mit} \quad \boldsymbol{\varepsilon}^{\mathrm{D}} = \boldsymbol{\varepsilon} - \frac{1}{3}\boldsymbol{\varepsilon} \cdot\cdot \mathbf{I}\,\mathbf{I} \tag{8.15}$$

Die Gl. (8.15) gilt ausschließlich für kleine Verzerrungen und

$$\boldsymbol{\varepsilon}^{\mathrm{D}} = \varepsilon^{\mathrm{D}^{\mathrm{el}}} + \varepsilon^{\mathrm{D}^{\mathrm{pl}}}$$

Dabei ist der Sonderfall $\varepsilon^{\mathrm{D}^{\mathrm{el}}} = \mathbf{0}$ eingeschlossen. Dieser beschreibt den aktiven Prozess (Belastung) und folgt aus dem Drucker'schen[13] Stabilitätspostulat

Drucker'sches Stabilitätspostulat: Von allen plastischen Spannungszuständen, für die die Fließbedingung erfüllt ist, überführt nur der wirkliche Spannungszustand die plastische Arbeit in einen Extremwert.

Daraus folgt das assoziierte Fließgesetz

$$\dot{\varepsilon}^{\mathrm{D}^{\mathrm{pl}}} = \lambda \frac{\partial \Omega}{\partial \boldsymbol{\sigma}} \tag{8.16}$$

$\Omega = \Omega(\boldsymbol{\sigma}, \sigma_{\mathrm{F}})$ ist die Fließfläche.

Mit der Fließbedingung (8.14) folgt dann (8.15). Multipliziert man Gl. (8.15) mit sich selbst und beachtet die Fließbedingung (8.14) und einen analogen Ausdruck für die Geschwindigkeit der Vergleichsdehnung

$$\dot{\varepsilon}_{\mathrm{Vergleich}} = \dot{\varepsilon}^{\mathrm{pl}} = \sqrt{\frac{2}{3}\dot{\varepsilon}^{\mathrm{D}^{\mathrm{pl}}} \cdot\cdot\, \dot{\varepsilon}^{\mathrm{D}^{\mathrm{pl}}}},$$

ergibt sich für den unbekannten Faktor λ der folgende Term

$$\lambda = \frac{3}{2}\frac{\dot{\varepsilon}^{\mathrm{pl}}}{\sigma_{\mathrm{F}}}$$

Um weitere Fälle des plastischen Verhaltens zu behandeln, wird die Fließtheorie nachfolgend modifiziert. In Analogie zum einachsigen Experiment geht man davon aus, dass bei Erreichen der Fließfläche Ω eine Plastifizierung möglich ist. Setzt man weiter voraus, dass das Material ideal-plastisch ist, wird ein weiterer Zuwachs ausgeschlossen. Während der plastischen Verzerrungen gilt $\Omega = 0$. Eine Situation, die mit $\mathrm{d}\Omega < 0$ verbunden ist, entspricht dann einer Entlastung. Damit kann man folgende Zusammenfassung geben:

---

[13] Daniel Charles Drucker (1918-2001), Angewandte Mechanik, Plastizitätstheorie

$\Omega < 0$	$d\Omega \neq 0$ oder $d\Omega = 0$	elastische Verzerrungen,
$\Omega = 0$	$d\Omega < 0$ (Entlastung)	elastische Verzerrungen,
$\Omega = 0$	$d\Omega = 0$	plastische Verzerrungen

Wenn Aussagen über die Fließfläche Ω aus dem Drucker'schen Stabilitätspostulat folgen, wird die Theorie als assoziierte Plastizitätstheorie bezeichnet. Dieses Konzept lässt sich auf Fließflächen ohne singuläre Punkte problemlos anwenden. Fließflächen mit singulären Punkten erfordern zusätzliche Überlegungen.

Zahlreiche Anwendungen verlangen nach einer Einbeziehung des elastischen Anteils der Verzerrungen. Für diesen Fall wird überwiegend die Fließtheorie nach Prandtl-Reuss eingesetzt. Diese beruht auf folgenden Annahmen:

- die Gesamtverzerrungen lassen sich additiv aufspalten

$$\boldsymbol{\varepsilon} = \boldsymbol{\varepsilon}^{\mathrm{el}} + \boldsymbol{\varepsilon}^{\mathrm{pl}}$$

- die Volumenverzerrungen sind rein elastisch

$$\varepsilon_{\mathrm{V}} = \boldsymbol{\varepsilon}^{\mathrm{pl}} \cdot\cdot\, \mathbf{I} = 0$$

- es gilt die Huber-von Mises-Hencky-Fließbedingung

$$\mathsf{f} = \frac{3}{2}\boldsymbol{\sigma}^{\mathrm{D}} \cdot\cdot\, \boldsymbol{\sigma}^{\mathrm{D}} - \sigma_{\mathrm{F}}^2$$

- der Zusammenhang zwischen den Geschwindigkeiten der plastischen Verzerrungen und dem Spannungsdeviator ist linear

$$\dot{\boldsymbol{\varepsilon}}^{\mathrm{pl}} = \lambda \boldsymbol{\sigma}^{\mathrm{D}}$$

Aufgrund der 2. Annahme gilt

$$\boldsymbol{\varepsilon}^{\mathrm{Dpl}} = \boldsymbol{\varepsilon}^{\mathrm{pl}} - \frac{1}{3}\mathrm{I}_1\left(\boldsymbol{\varepsilon}^{\mathrm{pl}}\right)\mathbf{I} = \boldsymbol{\varepsilon}^{\mathrm{pl}}$$

und damit auch

$$\dot{\boldsymbol{\varepsilon}}^{\mathrm{Dpl}} = \dot{\boldsymbol{\varepsilon}}^{\mathrm{pl}} = \lambda \boldsymbol{\sigma}^{\mathrm{D}}$$

Es kann gezeigt werden, dass damit die Prandtl-Reuss-Theorie im Einklang mit dem Drucker'schen Stabilitätspostulat steht.

Um das isotrope linear-elastische-ideal-plastische Materialverhalten vollständig beschreiben zu können, ist noch das Hooke'sche Gesetz in inkrementeller Form für die Deviatoren einzubeziehen

$$\dot{\boldsymbol{\sigma}}^{\mathrm{D}} = 2\mathrm{G}\dot{\boldsymbol{\varepsilon}}^{\mathrm{D}}$$

Außerdem gilt für die Volumendehnungen

$$\mathrm{I}_1(\dot{\boldsymbol{\sigma}}) = 3\mathrm{K}\mathrm{I}_1(\dot{\boldsymbol{\varepsilon}})$$

Damit folgt

$$\dot{\boldsymbol{\varepsilon}} = \frac{\mathrm{I}_1(\dot{\boldsymbol{\sigma}})}{9K}\mathbf{I} + \frac{\dot{\boldsymbol{\sigma}}^D}{2G} + \lambda\boldsymbol{\sigma}^D$$

Diese Konstitutivgleichungen sind inkrementelle Gleichungen. Der Faktor λ entscheidet über die Mitnahme der plastischen Anteile. Für $K, G \longrightarrow \infty$ gehen diese Gleichungen in die spezielle Form (8.15) über.

Der Faktor λ kann über die Plastizitätsbedingung bestimmt werden. Bei eintretender Plastifizierung ist $\Omega = 0$ und $d\Omega = 0$. Da die Fließfläche eine Funktion der Spannungen ist, gilt weiterhin

$$d\Omega = \frac{\partial\Omega}{\partial\boldsymbol{\sigma}} \cdot\cdot\, d\boldsymbol{\sigma} = 0$$

Die weitere Ableitung basiert auf dem Hooke'schen Gesetz für die Inkremente

$$\dot{\boldsymbol{\sigma}} = K\mathrm{I}_1(\dot{\boldsymbol{\varepsilon}}^{el})\mathbf{I} + 2G\dot{\boldsymbol{\varepsilon}}^{el^D} = \left(K - \frac{2}{3}G\right)\mathrm{I}_1\left(\dot{\boldsymbol{\varepsilon}}^{el}\right)\mathbf{I} + 2G\dot{\boldsymbol{\varepsilon}}^{el}$$

Ersetzt man die elastischen Verzerrungsinkremente in der Form

$$\boldsymbol{\varepsilon}^{el} = \boldsymbol{\varepsilon} - \boldsymbol{\varepsilon}^{pl},$$

folgt

$$\dot{\boldsymbol{\sigma}} = \left(K - \frac{2}{3}G\right)\mathrm{I}_1\left(\dot{\boldsymbol{\varepsilon}} - \dot{\boldsymbol{\varepsilon}}^{pl}\right)\mathbf{I} + 2G\left(\dot{\boldsymbol{\varepsilon}} - \dot{\boldsymbol{\varepsilon}}^{pl}\right)$$

Nach der Fließregel gilt

$$\dot{\boldsymbol{\varepsilon}}^{pl} = \lambda\frac{\partial\Omega}{\partial\boldsymbol{\sigma}}$$

Nach dem Einsetzen erhält man

$$\dot{\boldsymbol{\sigma}} = \left(K - \frac{2}{3}G\right)\mathrm{I}_1\left(\dot{\boldsymbol{\varepsilon}} - \lambda\frac{\partial\Omega}{\partial\boldsymbol{\sigma}}\right)\mathbf{I} + 2G\left(\dot{\boldsymbol{\varepsilon}} - \lambda\frac{\partial\Omega}{\partial\boldsymbol{\sigma}}\right) \tag{8.17}$$

Multipliziert man jetzt diesen Ausdruck mit der Ableitung der Fließfunktion nach der Spannung von links, erhält man zunächst

$$\frac{\partial\Omega}{\partial\boldsymbol{\sigma}} \cdot\cdot\, \dot{\boldsymbol{\sigma}} = 0 = \frac{\partial\Omega}{\partial\boldsymbol{\sigma}} \cdot\cdot \left\{\left(K - \frac{2}{3}G\right)\mathrm{I}_1\left(\dot{\boldsymbol{\varepsilon}} - \lambda\frac{\partial\Omega}{\partial\boldsymbol{\sigma}}\right)\mathbf{I} + 2G\left(\dot{\boldsymbol{\varepsilon}} - \lambda\frac{\partial\Omega}{\partial\boldsymbol{\sigma}}\right)\right\}$$

und nach einigen Rechenschritten den Faktor λ in der folgenden Form

$$\lambda = \frac{\dfrac{\partial\Omega}{\partial\boldsymbol{\sigma}} \cdot\cdot \left[\left(K - \dfrac{2}{3}G\right)\mathrm{I}_1(\dot{\boldsymbol{\varepsilon}})\mathbf{I} + 2G\dot{\boldsymbol{\varepsilon}}\right]}{\dfrac{\partial\Omega}{\partial\boldsymbol{\sigma}} \cdot\cdot \left[\left(K - \dfrac{2}{3}G\right)\mathbf{I} \cdot\cdot \dfrac{\partial\Omega}{\partial\boldsymbol{\sigma}}\mathbf{I} + 2G\dfrac{\partial\Omega}{\partial\boldsymbol{\sigma}}\right]}$$

Mit diesem Faktor kann man jetzt in die Gl. (8.17) gehen. Das Ergebnis lässt sich dann in der folgenden Form darstellen

$$\dot{\sigma} = {}^{(4)}\mathbf{A} \cdot\cdot \dot{\varepsilon}$$

${}^{(4)}\mathbf{A}$ ist der elastisch-plastische Tangentenmodul für linear-elastisches-ideal-plastisches Materialverhalten. Das vorgestellte Konzept ist für verschiedene Fälle der Anisotropie sowie der Verfestigung leicht erweiterbar. In diesen Fällen nimmt der Tangentenmodul entsprechend modifizierte Ausdrücke an. Einzelheiten sind der Spezialliteratur zu entnehmen.

8.3 Viskosität

Viskosität gehört zur Klasse der rheonomen (zeitabhängigen) Materialmodelle. Sie entspricht vorrangig dem Antwortverhalten solcher Kontinua, die den Fluiden zuzuordnen sind. Für rein viskose Fluide ergeben sich experimentell signifikante Unterschiede im Vergleich zum elastischen Festkörper

- Das Fluid hat keinerlei Widerstand gegenüber Schubspannungen. Auch noch so kleine Schubspannungen rufen ein Fließen hervor.
- Das Fluid hat keine definierte Gestalt und kein Gedächtnis für vorangegangene Zustände.
- Fluidspannungen sind abhängig von Verzerrungsgeschwindigkeiten.
- Jede Strömung ist dissipativ.

Ausgangspunkt für die Beschreibung linear-viskoser Fluide ist die von Newton im Jahre 1687 formulierte Aussage, dass für die laminare Strömung eines Fluids eine Proportionalität zwischen der Schubspannung τ und der Gleitungsgeschwindigkeit (Schergeschwindigkeit) $\dot{\gamma}$ gegeben ist. Zur Erleichterung der Verallgemeinerung wird die Proportionalität in der Form

$$T_{12} = 2\mu^V D_{12}, \qquad \mu^V \quad \text{Viskositätsmodul, dynamische Zähigkeit}$$

angegeben. μ^V ist im eindimensionalen Fall der einzige materialspezifische Parameter. Eine induktive Verallgemeinerung kann wie bei der Elastizität einfach vorgenommen werden, wenn man die Spannungen und die Schergeschwindigkeiten durch die entsprechenden Tensoren $\mathbf{T}$ und $\mathbf{D}$ ausgedrückt und ihren Zusammenhang wieder durch einen vierstufigen Materialtensor herstellt

$$\mathbf{T} = -p\mathbf{I} + {}^{(4)}\mathbf{C} \cdot\cdot \mathbf{D} = -p\mathbf{I} + \mathbf{T}^V,$$

$$T_{ij} = -p\delta_{ij} + C_{ijkl}D_{kl} = -p\delta_{ij} + T_{ij}^V$$

$\mathbf{T}^V$ ist der Tensor der viskosen Spannungen. Der Spannungsanteil $-p\mathbf{I}$ entspricht dem sogenannten hydrostatischen Druck einer Flüssigkeit im Zustand der Ruhe oder einer Starrkörperbewegung. Der Tensor $\mathbf{T}^V$ ist für diesen Zustand $\mathbf{0}$. Ein allgemeiner, anisotroper Materialtensor C_{ijkl} hat für Fluide nicht die gleiche praktische Bedeutung wie der Tensor E_{ijkl} in der Elastizitätstheorie, da „übliche" Flüssigkeiten im Allgemeinen eine isotrope Struktur haben. Damit reduziert sich der Tensor $\mathbf{C}$ auf 2 unabhängige Materialwerte und die lineare Konstitutivgleichung lautet vereinfacht (Cauchy-Poisson-Gesetz)

$$\begin{aligned} \mathbf{T} &= \left(-p+\lambda^V \mathrm{Sp}\,\mathbf{D}\right)\mathbf{I}+2\mu^V\mathbf{D}, \\ T_{ij} &= \left(-p+\lambda^V D_{kk}\right)\delta_{ij}+2\mu^V D_{ij} \end{aligned} \tag{8.18}$$

λ^V und μ^V sind skalare Materialkennwerte, die Funktionen des thermodynamischen Zustandes sein können. Der Tensor der viskosen Spannungen $\mathbf{T}^V$ ist jetzt

$$\mathbf{T}^V = \lambda^V \mathrm{Sp}\,\mathbf{D}\mathbf{I}+2\mu^V\mathbf{D}$$

Die Konstitutivgleichung in der Form des Cauchy-Poisson-Gesetzes erfüllt die Axiome der Materialtheorie. Es charakterisiert die Newton'schen Fluide, die für die Mehrzahl technischer Anwendungen der Fluidmechanik die Grundlage bilden. Für kompressible Fluide wird p durch eine Zustandsgleichung $p = p(\rho,\theta)$ bestimmt. Für inkompressible Fluide hat der thermodynamische Zustand keinen Einfluss auf p. p ist eine Größe, die nur bis auf eine additive Konstante bestimmt ist, falls sie nicht durch Randbedingungen festgelegt wird. Für inkompressible Fluide lassen sich somit meist nur Druckdifferenzen berechnen. Bezeichnet man die mittlere Spannungssumme $\frac{1}{3}T_{kk} = \overline{p}$, erhält man aus Gl. (8.18)

$$\overline{p}+p = \frac{1}{3}\mathrm{Sp}\,\mathbf{T}+p = \left(\lambda^V+\frac{2}{3}\mu^V\right)\mathrm{Sp}\,\mathbf{D} = K^V \mathrm{Sp}\,\mathbf{D}$$

Für inkompressible Fluide ist $\nabla_{\mathbf{x}}\cdot\mathbf{v} = \mathrm{Sp}\,\mathbf{D} = 0$ und damit $\overline{p} = -p$. Die mittlere Normalspannungssumme ist gleich dem negativen Druck. Für kompressible Fluide gilt diese Aussage nur, wenn $K^V \approx 0$ gesetzt werden kann. K^V ist die Druckzähigkeit oder der Kompressionsviskositätskoeffizient. Für die Annahme $K^V \approx 0$ sprechen zwei Erfahrungssätze

- Der Einfluss von K^V ist bei vielen Aufgabenstellungen von untergeordneter Bedeutung (Ausnahme: z.B. Stoßwellen).
- Für den 2. Viskositätskoeffizienten λ^V (viskose Dilatation) stehen im Allgemeinen keine Messwerte zur Verfügung.

Man führt daher die Stokes'sche Hypothese

$$K^V = 0 \Longrightarrow \lambda^V = -\frac{2}{3}\mu^V$$

ein und erhält die folgenden vereinfachten Konstitutivgleichungen :

- Kompressible Fluide (Navier-Stokes-Fluide)

$$\begin{aligned} \mathbf{T} &= -\left(p+\frac{2}{3}\mu^V \mathrm{Sp}\,\mathbf{D}\right)\mathbf{I}+2\mu^V\mathbf{D}, \qquad & \mathbf{T}^V &= \lambda^V \mathrm{Sp}\,\mathbf{D}\mathbf{I}+2\mu^V\mathbf{D}, \\ T_{ij} &= -\left(p+\frac{2}{3}\mu^V D_{kk}\right)\delta_{ij}+2\mu^V D_{ij}, & T_{ij}^V &= \lambda^V D_{kk}\delta_{ij}+2\mu^V D_{ij} \end{aligned}$$

- Inkompressible Fluide

$$\mathsf{T} = -p\mathbf{I} + 2\mu^V \mathbf{D}, \qquad T_{ij} = -p\delta_{ij} + 2\mu^V D_{ij},$$
$$\mathsf{T}^V = 2\mu^V \mathbf{D}, \qquad T_{ij}^V = 2\mu^V D_{ij}$$

Für die viskose Dissipationsleistung gilt allgemein

$$\mathsf{T}^V \cdot\cdot\, \mathbf{D} = \lambda^V (\mathrm{Sp}\,\mathbf{D})^2 + 2\mu^V \mathrm{Sp}\left(\mathbf{D}^2\right),$$
$$T_{ij}^V Dji = \lambda^V D_{ii} D_{kk} + 2\mu^V D_{ij} D_{ji}$$

Im Grenzfall $\lambda^V = \mu^V = 0$ folgt aus dem Cauchy-Poisson-Gesetz die Konstitutivgleichung für reibungsfreie Fluide

$$\mathsf{T} = -p\mathbf{I}, \qquad T_{ij} = -p\delta_{ij}$$

Eine induktive Erweiterung der Cauchy-Poisson-Gleichung ergibt sich z.B. durch

$$\mathsf{T} = -p\mathbf{I} + \mathsf{T}^V(\mathbf{D}), \qquad \mathsf{T}(0) = 0$$

Ist die Funktion $\mathsf{T}^V(\mathbf{D})$ nicht-linear, beschreibt die Konstitutivgleichung die Modellklasse der Stokes'schen Fluide. Es lassen sich auch zahlreiche Modelle nicht-Newton'scher Fluide auf induktivem Wege aufstellen.

Besondere Bedeutung für die Anwendung haben die linear-viskoelastischen Fluide (z.B. das Maxwell[14]-Fluid) und die nichtlinear-viskoelastischen Fluide (z.B. Rivlin-Ericksen-Fluide). Hierzu muss auf die Spezialliteratur verwiesen werden.

8.4 Kriechen

Verschiedene Materialien neigen ab einem bestimmten Temperaturniveau (0,3 bis 0,4 der Schmelztemperatur in Kelvin) zum Kriechen, d.h. bei einem konstanten Beanspruchungsniveau nehmen die Verzerrungen ständig zu. Das Kriechen gehört wie die Plastizität zu den irreversiblen Deformationen, entspricht jedoch einem rheonomen Materialverhalten. Dabei wird im einachsigen Experiment beobachtet, dass Kriechvorgänge formal in 3 Etappen eingeteilt werden können: einen Primärbereich, der durch ein Überwiegen der Verfestigungsvorgänge gegenüber Entfestigungsvorgängen im Material gekennzeichnet ist, einen Sekundärbereich, der durch ein Gleichgewicht zwischen Entfestigung und Verfestigung gekennzeichnet ist, und einen Tertiärbereich, der durch ein Überwiegen der Entfestigung charakterisiert werden kann. Die drei Bereiche sind bei verschiedenen Materialien unterschiedlich ausgeprägt und können teilweise auch völlig fehlen. Für ein Material mit allen drei Bereichen ist das Diagramm der Kriechdehnungen über der Zeit in Abb. 8.6 dargestellt. Trägt man die Geschwindigkeiten der Kriechdehnungen über der Zeit auf, ergibt

[14] James Clerk Maxwell (1831-1879), Physiker, Elektrizitätslehre und Magnetismus

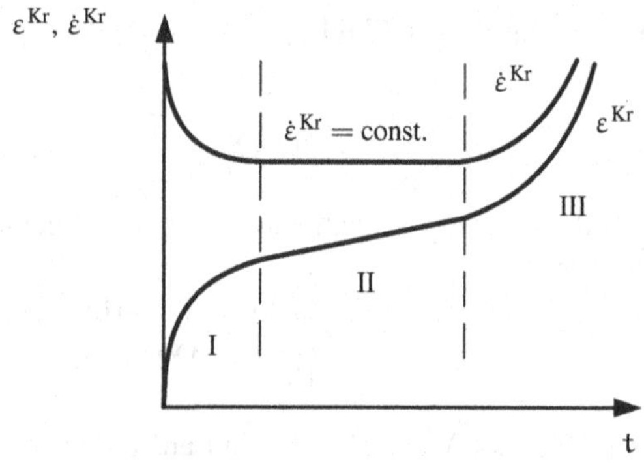

Abb. 8.6 Kriechbereiche: I Primärkriechen, II Sekundärkriechen, III Tertiärkriechen

sich für den Primärbereich eine Abnahme der Geschwindigkeit, im Sekundärbereich bleibt der Wert konstant und im Tertiärbereich nimmt er zu. Diesen experimentellen Befunden muss bei einer phänomenologischen Beschreibung in den Gleichungen Rechnung getragen werden.

Die Beschreibung des Kriechens durch Konstitutivgleichungen ist kompliziert und es gibt daher zahlreiche Ansätze. Sie haben jedoch oftmals nur einen sehr speziellen Einsatzbereich. Außerdem lassen sich Kriecherscheinungen in der Regel nur mit nichtlinearen Gleichungen beschreiben.

Allgemein wird für die Kriechdehnungen folgender Ansatz gemacht

$$f(\varepsilon^{Kr}, \sigma, t, \theta) = 0$$

Dabei können bei Vernachlässigung anderer elastischer und inelastischer Dehnungsanteile die Kriechdehnungen ε^{Kr} mit den Gesamtdehnungen übereinstimmen. In allen anderen Fällen stellen sich die Gesamtdehnungen als Summe der einzelnen Dehnungsanteile dar. Es kann weiterhin gezeigt werden, dass oftmals eine Aufspaltung der funktionellen Abhängigkeiten von σ, θ und t in der Form eines Produktansatzes vorgenommen werden kann. Es gilt dann

$$\varepsilon^{Kr} = f_1(\sigma) f_2(t) f_3(\theta)$$

Ein besonders einfacher Ansatz für die Funktionen f_1 und f_2 stammt von Norton und Bailey. Danach wird für die Kriechdehnungs-Zeit-Kurve

$$\varepsilon^{Kr} = F t^m \qquad (0 < m < \infty)$$

gesetzt, für die Kriechdehnungsgeschwindigkeit-Spannungsbeziehung gilt

$$\dot{\varepsilon}^{Kr} = K \sigma^n \quad (3 < n < 7)$$

Für die Temperaturabhängigkeit werden weitere spezielle Ansätze gemacht. Da sie für verschiedene Temperaturbereiche aufgrund unterschiedlicher Deformationsmechanismen verschieden sein können, ist die Auswahl einer Gleichung zur Beschreibung der Temperaturabhängigkeit schwer. Zusammenfassend lässt sich feststellen, dass die Kriechtheorien unterschiedlichen Konzepten zugeordnet werden können, wobei die Fließtheorie (Davenport, Kachanov[15]), die Dehnungsverfestigungstheorie (Ludwik[16], Nadai[17], Rabotnov[18]) sowie die Gedächtnistheorie (Rabotnov) eine herausragende Stellung einnehmen. Zusätzliche Aussagen zu den unterschiedlichen Vorgehensweisen kann man der ergänzenden Literatur entnehmen.

Die mehrachsige Verallgemeinerung der Kriechtheorien lässt sich für jede Theorienvariante vornehmen. Besonders einfach ist dies für die Fließtheorie. Dabei wird in Analogie zur Plastizitätstheorie vorgegangen (s. Abschn. 8.2). Voraussetzung ist die Existenz eines Kriechpotentials $\Phi(\boldsymbol{\sigma})$. Für isotropes, geometrisch-lineares Materialverhalten gehen in diesen Potentialausdruck lediglich die Invarianten des Spannungstensors ein. Für die Äquivalenz des mehrachsigen und des einachsigen Zustandes wird postuliert, dass das Potential eine Funktion der äquivalenten Spannung ist. Nimmt man einen Ansatz nach von Mises, gilt

$$\Phi = \sigma^2_{\text{Vergleich}} = \frac{1}{2}\boldsymbol{\sigma}^{\text{D}} \cdot\cdot\, \boldsymbol{\sigma}^{\text{D}} = \frac{\sigma_{\text{F}}^2}{3} \tag{8.19}$$

mit σ_{F} als Fließspannung im Zugversuch. Andere Ansätze sind möglich, sollen hier jedoch nicht weiter diskutiert werden. Der Kriechdeformationsgeschwindigkeitstensor lässt sich dann aus einem assoziierten Fließgesetz bestimmen

$$\dot{\boldsymbol{\varepsilon}}^{\text{Kr}} = \lambda \frac{\partial \Phi}{\partial \boldsymbol{\sigma}} \tag{8.20}$$

Beachtet man den Zusammenhang zwischen dem Spannungstensor und dem Deviator, folgt

$$\begin{aligned}\Phi &= \frac{1}{2}\left[\boldsymbol{\sigma}\cdot\cdot\,\boldsymbol{\sigma} + \frac{1}{9}(\boldsymbol{\sigma}\cdot\cdot\,\mathbf{I})^2\mathbf{I}\cdot\cdot\,\mathbf{I} - \frac{2}{3}(\boldsymbol{\sigma}\cdot\cdot\,\mathbf{I})^2\right]\\ &= \frac{1}{2}\left[\boldsymbol{\sigma}\cdot\cdot\,\boldsymbol{\sigma} - \frac{1}{3}(\boldsymbol{\sigma}\cdot\cdot\,\mathbf{I})^2\right] = \frac{1}{6}\left[3\boldsymbol{\sigma}\cdot\cdot\,\boldsymbol{\sigma} - \mathrm{I}_1^2(\boldsymbol{\sigma})\right]\end{aligned}$$

Weiterhin gilt

$$\frac{\partial \Phi}{\partial \boldsymbol{\sigma}} = \frac{\partial}{\partial \boldsymbol{\sigma}}\left[\frac{1}{2}\boldsymbol{\sigma}\cdot\cdot\,\boldsymbol{\sigma} - \frac{1}{6}\mathrm{I}_1^2(\boldsymbol{\sigma})\right] = \boldsymbol{\sigma} - \frac{1}{3}\mathrm{I}_1(\boldsymbol{\sigma})\mathbf{I} = \boldsymbol{\sigma}^{\text{D}}$$

Damit erhält man das mehrachsige Kriechgesetz in der folgenden Form

$$\dot{\boldsymbol{\varepsilon}}^{\text{Kr}} = \lambda \boldsymbol{\sigma}^{\text{D}} \tag{8.21}$$

---

[15] Lazar M. Kachanov (1914-1993), Mathematiker, Plastizitätstheorie, Kriechmechanik

[16] Paul Ludwik (1878-1934), Technologie und Werkstoffprüfung, Technologische Mechanik

[17] Arpad Ludwig Nadai (1883-1963), Mechanik, Plastizitätstheorie

[18] Yuri N. Rabotnov (1914-1985), Festkörpermechanik, Plastizitätstheorie, Viskoelastizitätstheorie

Das Kriechgesetz (8.21) erfüllt automatisch die Forderung, dass die Volumendeformationen elastisch sein müssen. Der Faktor λ wird wie folgt bestimmt. Ausgangspunkt ist die Äquivalenz des einachsigen und des mehrachsigen Zustandes. Multipliziert man Gl. (8.21) mit dem Spannungsdeviator, folgt die spezifische dissipierte Spannungsleistung

$$W = \boldsymbol{\sigma}^{\mathrm{D}} \cdot\cdot\, \dot{\boldsymbol{\varepsilon}}^{\mathrm{Kr}} = \lambda \boldsymbol{\sigma}^{\mathrm{D}} \cdot\cdot\, \boldsymbol{\sigma}^{\mathrm{D}}$$

Mit Gl. (8.19) geht diese Gleichung in den Ausdruck

$$W = \boldsymbol{\sigma}^{\mathrm{D}} \cdot\cdot\, \dot{\boldsymbol{\varepsilon}}^{\mathrm{Kr}} = \frac{2}{3}\lambda \sigma_{\mathrm{F}}^2 \tag{8.22}$$

über. Gleichzeitig gilt diese Aussage auch für das Produkt aus äquivalenter Spannung und Kriechdehngeschwindigkeit

$$W = \sigma_{\mathrm{Vergleich}}\, \dot{\varepsilon}^{\mathrm{Kr}}_{\mathrm{Vergleich}} \tag{8.23}$$

Der Vergleich der Gln. (8.22) und (8.23) führt zu

$$\dot{\varepsilon}^{\mathrm{Kr}} = \frac{2}{3}\lambda \sigma_{\mathrm{Vergleich}} \Longrightarrow \frac{2}{3}\lambda = \frac{\dot{\varepsilon}^{\mathrm{Kr}}}{\sigma_{\mathrm{Vergleich}}}$$

Damit gilt abschließend

$$\dot{\boldsymbol{\varepsilon}}^{\mathrm{Kr}} = \frac{3}{2}\frac{\dot{\varepsilon}^{\mathrm{Kr}}}{\sigma_{\mathrm{Vergleich}}}\boldsymbol{\sigma}^{\mathrm{D}} \tag{8.24}$$

Für die Vergleichskriechdehngeschwindigkeit müssen experimentelle Befunde herangezogen werden, d.h., es sind entsprechende einachsige Grundversuche durchzuführen. Dabei sind unterschiedliche Approximationen für die drei Kriechstadien üblich. Für praktische Anwendungen sind Aussagen für das Sekundärkriechen und das Tertiärkriechen bedeutsam. Für das Sekundärkriechen kann vielfach von Zustandsgleichungen der Form

$$\dot{\boldsymbol{\varepsilon}}^{\mathrm{Kr}} = \phi(\sigma_{\mathrm{Vergleich}})$$

ausgegangen werden, wobei als Approximation das bereits diskutierte Norton-Bailey-Gesetz, aber auch andere (einfache) nichtlineare Funktionen verwendet werden. Für den Bereich des Tertiärkriechens wird vielfach ein Schädigungsparameter eingearbeitet, so dass das beschleunigte Kriechverhalten in das Modell eingeht. Im einfachsten Fall einer isotropen Kriechschädigung kann beispielsweise der Schädigungsparameter nach Rabotnov ω $(0 \leqslant \omega \leqslant 1)$ verwendet werden. Damit sind die Spannungen wie folgt zu ersetzen

$$\sigma_{\mathrm{Vergleich}} \Longrightarrow \tilde{\sigma}_{\mathrm{Vergleich}} = \frac{\sigma_{\mathrm{Vergleich}}}{1-\omega}$$

Für die Schädigung ist dann noch ein Evolutionsgesetz zu formulieren

$$\dot{\omega} = \dot{\omega}(\sigma_{\mathrm{Vergleich}}, \theta, \omega, \ldots),$$

wobei vielfach ein vereinfachter Ansatz in Analogie zum Kriechgesetz genügt

$$\dot{\omega} = B \left(\frac{\sigma_{\text{Vergleich}}}{1 - \omega} \right)^m$$

B und m sind materialspezifische Parameter. Derartige Schädigungsmodelle werden derzeit in der Spezialliteratur diskutiert. Weitere Hinweise können der ergänzenden Literatur entnommen werden.

Für das Norton-Bailey-Gesetz

$$\dot{\varepsilon}^{\text{Kr}}_{\text{Vergleich}} = K \sigma^n_{\text{Vergleich}}$$

folgt abschließend

$$\dot{\boldsymbol{\varepsilon}}^{\text{Kr}} = \frac{3}{2} \frac{K \sigma^n_{\text{Vergleich}}}{\sigma_{\text{Vergleich}}} \boldsymbol{\sigma}^{\text{D}} = \frac{3}{2} K \sigma^{n-1}_{\text{Vergleich}} \boldsymbol{\sigma}^{\text{D}} \tag{8.25}$$

Aus dem Grundversuch sind lediglich die materialspezifischen Kenngrößen K und n zu bestimmen.

Das mehrachsige Kriechgesetz (8.25) kann in verschiedene Richtungen erweitert werden. Besonders wichtig sind die Einbeziehung der Anisotropie sowie analog zur Elastizität die Formulierung tensoriell-nichtlinearer Gleichungen. Die anisotrope Erweiterung kann, wie im Abschn. 8.2 für plastisches Materialverhalten gezeigt, vorgenommen werden. Ausgangspunkt der tensoriell-nichtlinearen Formulierung ist der Darstellungssatz für isotrope Funktionen (s. Satz 2.9). Danach gilt

$$\dot{\boldsymbol{\varepsilon}}^{\text{Kr}} = H_0 \mathbf{I} + H_1 \boldsymbol{\sigma} + H_2 \boldsymbol{\sigma} \cdot \boldsymbol{\sigma},$$

wobei H_0, H_1, H_2 Funktionen der Invarianten des Spannungstensors sind. Bezieht man die drei Invarianten in den Ausdruck für die äquivalente Spannung ein, lassen sich die unbekannten Funktionen H_i identifizieren. Entsprechende Lösungsbeispiele können der ergänzenden Literatur (z.B. [9]) entnommen werden.

8.5 Übungsbeispiele

Aufgabe 8.1 (Materialsymmetrien). Der Tensor der Anfangsverzerrungen $\boldsymbol{\varepsilon}_0$ im allgemeinen Elastizitätsgesetz hat im Fall der allgemeinen Anisotropie 6 linearunabhängige Komponenten ($\boldsymbol{\varepsilon}_0 = \boldsymbol{\varepsilon}_0^{\text{T}}$). Man zeige, dass die Anzahl der von Null verschiedenen Komponenten sich

a) bei einer Symmetrieebene auf 4,
b) bei Orthotropie auf 3 und
c) bei transversaler Isotropie auf 1 reduziert.

Aufgabe 8.2 (Kriechen). Ein Probestab habe zum Zeitpunkt $t_0 = 0$ h in Folge einer Belastung von 50 MPa eine Gesamtdehnung $\varepsilon = 0{,}01$. Unter der konstanten

Belastung kriecht der Stab entsprechend dem Norton'schen Kriechgesetz mit folgenden Parametern $A = 3 \cdot 10^{-8}$ (MPa)$^{-n}$/h, $n = 3$. Wie groß ist die Dehnung zum Zeitpunkt $t_1 = 10$ h?

8.6 Lösungen

Lösung zur Aufgabe 8.1. Die Lösungen ergeben sich aus den jeweiligen Darstellungen für die Transformationstensoren $\mathbf{Q}$ und den dazugehörigen Transformationsregeln.

a) Die Materialeigenschaften sollen symmetrisch bezüglich einer Spiegelung an der $\mathbf{e}_2\mathbf{e}_3$-Ebene sein, d.h. ein Vorzeichenwechsel bei $\mathbf{e}_1$ darf keinen Einfluss haben. Es gilt

$$\overline{\varepsilon}_0 = \mathbf{Q}^{\mathrm{T}} \cdot \varepsilon_0 \cdot \mathbf{Q} \qquad \text{mit} \qquad \mathbf{Q} = -\mathbf{e}_1\mathbf{e}_1 + \mathbf{e}_2\mathbf{e}_2 + \mathbf{e}_3\mathbf{e}_3$$

Damit gilt

$$\begin{aligned} \overline{\varepsilon}_{11_0} &= \varepsilon_{11_0}, \quad \overline{\varepsilon}_{12_0} = -\varepsilon_{12_0}, \quad \overline{\varepsilon}_{13_0} = -\varepsilon_{13_0}, \\ \overline{\varepsilon}_{22_0} &= \varepsilon_{22_0}, \quad \overline{\varepsilon}_{23_0} = \varepsilon_{23_0}, \quad \overline{\varepsilon}_{33_0} = \varepsilon_{33_0} \end{aligned}$$

Die Auswertung führt auf

$$\varepsilon_{12_0} = \varepsilon_{13_0} = 0,$$

d.h. die Anzahl der von Null verschiedenen Komponenten beträgt 4.

b) Führt man die unter a) beschriebene Operation für jede Richtung $\mathbf{e}_1, \mathbf{e}_2$ und $\mathbf{e}_3$ durch, erhält man zusätzlich

$$\varepsilon_{23_0} = 0$$

Die Anzahl der von Null verschiedenen Komponenten beträgt damit 3.

c) In diesem Fall darf eine Drehung um eine Hauptachse der Orthotropie um einen beliebigen Winkel ω keinen Einfluss haben. Betrachtet man beispielsweise die Drehung um $\mathbf{e}_1$, ist diese zunächst durch den orthogonalen Tensor

$$\begin{aligned} \mathbf{Q} &= \mathbf{I}\cos\omega + \mathbf{e}_1\mathbf{e}_1(1-\cos\omega) - \mathbf{I} \times \mathbf{e}_1 \sin\omega \\ &= \mathbf{e}_1\mathbf{e}_1 + (\mathbf{e}_2\mathbf{e}_2 + \mathbf{e}_3\mathbf{e}_3)\cos\omega + (\mathbf{e}_2\mathbf{e}_3 - \mathbf{e}_3\mathbf{e}_2)\sin\omega \end{aligned}$$

Damit ist

$$\overline{\varepsilon}_0 = \mathbf{Q}^{\mathrm{T}} \cdot \varepsilon_0 \cdot \mathbf{Q}$$

für den Tensor

$$\varepsilon_0 = \varepsilon_{11_0}\mathbf{e}_1\mathbf{e}_1 + \varepsilon_{22_0}\mathbf{e}_2\mathbf{e}_2 + \varepsilon_{33_0}\mathbf{e}_3\mathbf{e}_3$$

zu prüfen. Es gilt

$$\begin{aligned} \varepsilon_0 \cdot \mathbf{Q} = \varepsilon_{11_0}\mathbf{e}_1\mathbf{e}_1 &+ \varepsilon_{22_0}\cos\omega\mathbf{e}_2\mathbf{e}_2 + \varepsilon_{33_0}\cos\omega\mathbf{e}_3\mathbf{e}_3 \\ &+ \varepsilon_{22_0}\sin\omega\mathbf{e}_2\mathbf{e}_3 - \varepsilon_{33_0}\sin\omega\mathbf{e}_3\mathbf{e}_2 \end{aligned}$$

$$\begin{aligned}\mathbf{Q}^{\mathrm{T}}\cdot\boldsymbol{\varepsilon}_0\cdot\mathbf{Q} = {}& \varepsilon_{11_0}\mathbf{e}_1\mathbf{e}_1 + \varepsilon_{22_0}\cos^2\omega\mathbf{e}_2\mathbf{e}_2 + \varepsilon_{22_0}\cos\omega\sin\omega\mathbf{e}_2\mathbf{e}_3 \\ &+ \varepsilon_{33_0}\cos^2\omega\mathbf{e}_3\mathbf{e}_3 - \varepsilon_{33_0}\sin\omega\cos\omega\mathbf{e}_3\mathbf{e}_2 + \varepsilon_{22_0}\cos\omega\sin\omega\mathbf{e}_3\mathbf{e}_2 \\ &+ \varepsilon_{33_0}\sin^2\omega\mathbf{e}_2\mathbf{e}_2 + \varepsilon_{22_0}\sin^2\omega\mathbf{e}_3\mathbf{e}_3 - \varepsilon_{33_0}\sin\omega\cos\omega\mathbf{e}_2\mathbf{e}_3\end{aligned}$$

Damit ergibt sich für die Komponenten

$$\begin{aligned}\overline{\varepsilon}_{11_0} &= \varepsilon_{11_0}, \\ \overline{\varepsilon}_{22_0} &= \varepsilon_{22_0}\cos^2\omega + \varepsilon_{33_0}\sin^2\omega, \\ \overline{\varepsilon}_{33_0} &= \varepsilon_{22_0}\sin^2\omega + \varepsilon_{33_0}\cos^2\omega, \\ \overline{\varepsilon}_{23_0} &= (\varepsilon_{22_0} - \varepsilon_{33_0})\sin\omega\cos\omega, \\ \overline{\varepsilon}_{32_0} &= (\varepsilon_{22_0} - \varepsilon_{33_0})\sin\omega\cos\omega\end{aligned}$$

Aus dem Komponentenvergleich erhält man zwei Aussagen. Der Tensor $\overline{\boldsymbol{\varepsilon}}$ ist gleichfalls symmetrisch. Außerdem sind die Gleichungen für beliebige ω-Werte nur dann erfüllt, wenn

$$\varepsilon_{22_0} = \varepsilon_{33_0}$$

gilt. Damit reduziert sich die Anzahl der von Null verschiedenen Komponenten auf 1.

Lösung zur Aufgabe 8.2. Das Norton'sche Kriechgesetz lautet

$$\dot{\varepsilon}^{\mathrm{Kr}} = \mathrm{A}\sigma_0^{\mathrm{n}}$$

Diese Gleichung ist direkt zu integrieren. Mit

$$\mathrm{d}\varepsilon^{\mathrm{Kr}} = \mathrm{A}\sigma_0^{\mathrm{n}}\mathrm{d}t$$

folgt

$$\int\limits_{\varepsilon^{\mathrm{Kr}}(t_0)}^{\varepsilon^{\mathrm{Kr}}(t_1)} \mathrm{d}\varepsilon^{\mathrm{Kr}} = \int\limits_0^{t_1} \mathrm{A}\sigma_0^{\mathrm{n}}\mathrm{d}t$$

Nach Einsetzen ergibt sich

$$\varepsilon^{\mathrm{Kr}}(t_1) - 0{,}01 = 3\cdot 10^{-8}\,\mathrm{MPa}^{-3}\mathrm{h}^{-1}\cdot 50^3\,\mathrm{MPa}\cdot 10\mathrm{h} = 0{,}0375$$

bzw.

$$\varepsilon^{\mathrm{Kr}}(t_1) = 0{,}0475$$

Literaturverzeichnis

1. Altenbach H, Kolupaev VA (2014) Classical and non-classical failure criteria. In: Altenbach H, Sadowski T (eds) Failure and Damage Analysis of Advanced Materials, Springer, Wien,

Heidelberg, Int. Centre for Mechanical Sciences CISM, Courses and Lectures Vol. 560, pp 1–66
2. Altenbach H, Altenbach J, Zolochevsky A (1995) Erweiterte Deformationsmodelle und Versagenskriterien der Werkstoffmechanik. Deutscher Verlag für Grundstoffindustrie, Stuttgart
3. Altenbach H, Bolshoun A, Kolupaev VA (2014) Phenomenological yield and failure criteria. In: Altenbach H, Öchsner A (eds) Plasticity of Pressure-Sensitive Materials, Springer, Berlin, Heidelberg, Engineering Materials, pp 49–152
4. Backhaus G (1983) Deformationsgesetze. Akademie-Verlag, Berlin
5. Blumenauer H (Hrsg) (2003) Werkstoffprüfung, 6. Aufl. Wiley, Weinheim
6. Bruhns OT (2014) The Prandtl-Rreuss equations revisited. ZAMM 94:187–202
7. Bruhns OT (2014) Some remarks on the history of plasticity - Heinrich Hencky, a pioneer of the early years. In: Stein E (ed) The History of Theoretical, Material and Computational Mechanics - Mathematics Meets Mechanics and Engineering, Lecture Notes in Applied Mathematics and Mechanics, vol 1, Springer, Heidelberg, pp 133 – 152
8. Bruhns OT (2015) The multiplicative decomposition of the deformation gradient in plasticity - origin and limitations. In: Altenbach H, Matsuda T, Okumura D (eds) From Creep Damage Mechanics to Homogenization Methods - A Liber Amicorum to celebrate the birthday of Nobutada Ohno, Advanced Structured Materials, vol 64, Springer, Heidelberg, chap 3, pp 37 - 66
9. Naumenko K, Altenbach H (2007) Modeling of Creep for Structural Analysis. Springer, Berlin
10. Nye JF (2012) Physical Properties of Crystals. Oxford University Press, Oxford
11. Voigt W (2007) Die fundamentalen physikalischen Eigenschaften der Kristalle in elementarer Darstellung. VDM Verlag Dr. Müller, Saarbrücken

Kapitel 9
Methode der rheologischen Modelle

Zusammenfassung Rheologische Modelle haben eine breite Anwendung in der Kontinuumsmechanik beim Formulieren von Konstitutivgleichungen gefunden. Die Grundidee besteht dabei in einer phänomenologischen Formulierung von Konstitutivgleichungen für Grundmodelle, wobei deren thermodynamische Konsistenz geprüft wird. Auf der Basis der Grundmodelle wird dann reales Materialverhalten durch Zusammenschalten verschiedener Grundmodelle approximiert. Die derart erhaltenen Gleichungen sind gleichfalls thermodynamisch konsistent. Weitere Informationen zu rheologischen Modellen kann man u.a. [2; 4; 5; 6; 7].

9.1 Grundlagen der Modellierung mit rheologischen Modellen

Die rheologische Modellierung basiert somit auf der Idee der Ableitung konstitutiver Gleichungen mit Hilfe einfacher analoger Modelle für die Spannungs-Verzerrungs-Beziehungen. Von Reiner wurden einfache Modellelemente für einachsige Beanspruchungen angegeben [6]. Sie beruhen auf der Analogie des mechanischen Verhaltens einer Feder, eines Dämpfers oder eines Reibelementes mit den Materialeigenschaften Elastizität, Viskosität und Plastizität. Wesentliche Erweiterungen der rheologischen Modellierung wurden von Palmov vorgenommen [5]. Gleichzeitig kann für ein vertieftes Studium auch auf das Buch von Giesekus [2] verwiesen werden.

Bei der Methode der rheologischen Modellierung werden allgemein 2 Annahmen [6] getroffen

- Für alle Konstitutivgleichungen gilt eine elastische Volumendilatation (1. Axiom der Rheologie).
- Unterschiede in den Konstitutivgleichungen für ausgewählte Materialmodelle treten signifikant nur in den Gleichungstermen auf, die für eine Gestaltänderung verantwortlich sind (2. Axiom der Rheologie).

H. Altenbach, *Kontinuumsmechanik*,
https://doi.org/10.1007/978-3-662-57504-8_9

Ferner werden im Allgemeinen eine monotone Belastung, kleine Deformationen und homogenes, isotropes Materialverhalten vorausgesetzt, wobei die Einschränkung auf monotone Belastung nicht zwingend ist. Die Methode der rheologischen Modellierung berücksichtigt die experimentelle Erfahrung, dass ein Körper sehr unterschiedlich auf Volumen- und auf Gestaltänderungen reagiert. Sie betrachtet in erster Näherung beide Anteile als voneinander unabhängig. Betrachtet man beispielsweise linear viskoelastisches Materialverhalten, können die rheologischen Grundgesetze wie folgt formuliert werden:

- Rheologisches Grundgesetz für elastische Volumenänderungen

  $$\sigma_{ii} = 3K\varepsilon_{ii} \qquad \text{bzw.} \qquad \sigma_m = Ke$$

  mit

  $$e = \varepsilon_{ii} = \boldsymbol{\varepsilon} \cdot\cdot \mathbf{I}, \qquad \sigma_m = \frac{1}{3}\sigma_{ii} = \frac{1}{3}\boldsymbol{\sigma} \cdot\cdot \mathbf{I}$$

  K ist der Kompressionsmodul.
- Rheologisches Grundgesetz für die deviatorischen Anteile

  $$a_0\varepsilon_{ij}^D + a_1\dot{\varepsilon}_{ij}^D + a_2\ddot{\varepsilon}_{ij}^D + \ldots = b_0\sigma_{ij}^D + b_1\dot{\sigma}_{ij}^D + b_3\ddot{\sigma}^D + \ldots$$

  In Abhängigkeit von der Wahl der Koeffizienten a_i, b_j erhält man unterschiedliche Konstitutivgleichungen, z.B.

  a) Mit $a_1 = a_2 = a_3 = \ldots = 0, b_1 = b_2 = b_3 = \ldots = 0, a_0/b_0 = 2G$ erhält man ein elastisches Gesetz

  $$\sigma_{ij}^D = 2G\varepsilon_{ij}^D$$

  b) Mit $a_0 = a_2 = \ldots = 0, b_1 = b_2 = \ldots = 0, a_1/b_0 = 2\eta$ erhält man ein viskoses Gesetz

  $$\sigma_{ij}^D = 2\eta\dot{\varepsilon}_{ij}^D = 2\mu^V\dot{\varepsilon}_{ij}^D$$

  Die Beispiele a) und b) führen somit auf den Hooke'schen Festkörper und das Newton'sche Fluid.

Die Methode der rheologischen Modellierung zeichnet sich durch ihre Anschaulichkeit aus, die besonders für einachsige Beanspruchungen zutrifft. Die rheologischen Grundmodelle erfassen dann immer nur eine Phase des realen Materialverhaltens. Durch unterschiedliche Kombination der Grundmodelle wird eine Anpassung an das reale Materialverhalten vorgenommen. Zum besseren Verständnis der Methode der rheologischen Modellierung werden zunächst exemplarisch die anschaulichen eindimensionalen elementaren Grundmodelle und ihre Schaltungskombinationen erläutert und dann eine Erweiterung auf dreidimensionale Grundmodelle vorgenommen. Dabei erfolgt eine Beschränkung auf geometrisch lineare Gleichungen und isotropes Materialverhalten. Hinweise zur Erweiterung auf große Deformationen findet man in der angegebenen ergänzenden Literatur.

9.2 Elementare rheologische Grundmodelle

Die elementaren rheologischen Grundmodelle und ihre Schaltungen sind die anschauliche Abbildung mathematischer Gleichungen für mechanische Sachverhalte, die sich durch lineare Differentialgleichungen der Form

$$a_0 E + a_1 \frac{dE}{dt} + a_2 \frac{d^2E}{dt^2} + \ldots + a_n \frac{d^nE}{dt^n} = b_0 A + b_1 \frac{dA}{dt} + b_2 \frac{d^2A}{dt^2} + \ldots + b_m \frac{d^mA}{dt^m} \tag{9.1}$$

darstellen lassen. Dabei sind a_i, b_j konstante Koeffizienten. Entsprechend Abb. 6.1 ist E die Eingangsgröße (Erregungsfunktion), z.B. Kräfte und ihre Verallgemeinerung, und A die Ausgangsgröße (Antwortfunktion), z.B. Dehnungen und deren Verallgemeinerungen. Dabei ist die Festlegung, welche Größe Eingangsgröße und welche Ausgangsgröße ist, willkürlich.

Mit

$$\frac{d^0}{dt^0} = 1, \frac{d^k}{dt^k} = D^K$$

gelten für lineare Differentialgleichungen die folgenden Eigenschaften

$$D^k(E_1 + E_2) = D^k E_1 + D^k E_2,$$

$$D^k(\alpha E) = \alpha D^k E,$$

$$D^{k+l} E = D^k D^l E$$

Schreibt man die lineare Differentialgleichung mit Hilfe von Polynomen $R(D)$ und $Q(D)$ linearer Differentialoperatoren gilt auch

$$R(D)E = Q(D)A \Longrightarrow \frac{R(D)}{Q(D)} = \frac{A}{E} = S(D)$$

$S(D)$ ist die Übertragungsfunktion zwischen der Erregung E und der Antwort A. Schließt man Trägheitswirkungen bzw. Massenbeschleunigungen aus, kann man das eindimensionale mechanische Übertragungsverhalten von verallgemeinerten Kräften und verallgemeinerten Deformationen mit 3 elementaren rheologischen Grundmodellen beschreiben.

9.2.1 Hooke'sches (elastisches) Element

Zwischen Erregung und Antwort besteht Proportionalität: $E = kA$. Dieser Sachverhalt kann durch ein linear-elastisches Federelement abgebildet werden. In der linearen Differentialgleichung (9.1) ist dann $a_0 = 1, b_0 = k, a_i = b_j = 0, i, j \geqslant 1$, $m = n = 0$. Abbildung 9.1 zeigt die symbolische Darstellung des Federelementes und die Beziehungen zwischen E und A. Für das Symbol H kann eine beliebige lineare Beziehung zwischen Spannungs- und Verzerrungsgrößen stehen, z.B.

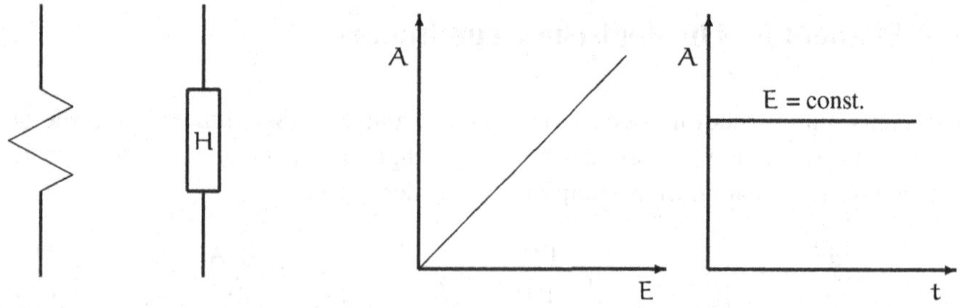

Abb. 9.1 Hooke'sches Element (Feder)

$$\begin{aligned}\sigma &= E\varepsilon,\\ \tau &= G\gamma,\\ \sigma_{kk} &= 3K\varepsilon_{kk}\end{aligned}$$

9.2.2 Newton'sches (viskoses) Element

Dieses Element bildet eine Proportionalität der Erregung und der Antwortgeschwindigkeit ab: $E = \eta\dot{A}$. Es folgt aus der allgemeinen Differentialgleichung (9.1) mit $a_0 = 1, b_0 = 0, b_1 = \eta, a_i = b_j = 0, i \geqslant 2, j \geqslant 1$. Der mechanische Sachverhalt kann durch ein Dämpfungselement abgebildet werden. Abbildung 9.2 zeigt die symbolische Darstellung des Dämpfungselementes und die Beziehungen zwischen E und A. N kann wieder unterschiedliche lineare Sachverhalte ausdrücken, z.B.

$$\begin{aligned}\sigma &= \eta\dot{\varepsilon},\\ \tau &= \tilde{\eta}\dot{\gamma},\\ \sigma_{kk} &= 3\bar{\eta}\dot{\varepsilon}_{kk}\end{aligned}$$

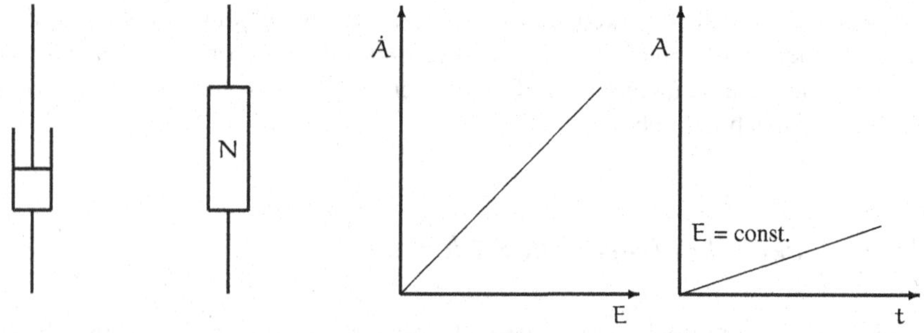

Abb. 9.2 Newton'sches Element (Dämpfer)

9.2.3 *Saint-Venant'sches (plastisches) Element*

Das Saint-Venant'sche[1] Element bildet ein starr-idealplastisches Materialverhalten ab. Das Element dissipiert einen Teil der durch eine äußere Erregung aufgebrachten Energie durch einen inneren Widerstand $f(t)$, der sich mit der Zeit ändern kann. Die Größe des plastischen Widerstandes $f(t)$ wird durch einen Materialparameter E_0 kontrolliert. Dieses Element wird symbolisch durch ein Reibklotzelement dargestellt. Da es nur den plastischen Widerstand verkörpert, existiert es nicht für sich allein, sondern im Zusammenhang mit einer äußeren Erregung E_a

$$E = E_a - E_0 f(t), f(0) = 0, df \geqslant 0, f(t \to \infty) = 1$$

Abbildung 9.3 zeigt das Saint-Venant'sche Element symbolisch und seine Übertragungswirkung (E entspricht der Kraftwirkung, A - der Verformung). Für SV kann z.B. stehen

$$\sigma < \sigma_F \Longrightarrow \varepsilon = 0,$$
$$\sigma = \sigma_F \Longrightarrow \varepsilon \to \infty$$

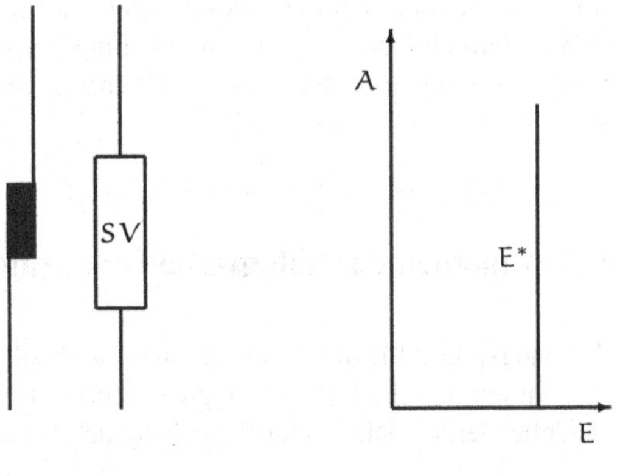

Abb. 9.3 Saint-Venant'sches Element (Reibklotz)

9.2.4 *Kopplung elementarer rheologischer Grundmodelle*

Die Kopplung rheologischer Modelle erfolgt immer in folgender Weise

a) Reihenschaltung
Die Erregung auf den Modellkörper muss durch jedes Element übertragen werden. Die Antwort des Modellkörpers auf eine Erregung ist somit die Summe der individuellen Antworten der Elemente

[1] Adhémar Jean Claude Barré de Saint-Venant (1797-1886), Mathematiker und Physiker, Elastizitätstheorie, Plastizitätstheorie, Hydrodynamik

$$\mathsf{E} = \mathsf{E}_1 = \mathsf{E}_2 = \ldots = \mathsf{E}_n, \qquad \mathsf{A} = \sum_{i=1}^{n} \mathsf{A}_i$$

b) Parallelschaltung
Die Erregung des Modellkörpers wird auf die individuellen Elemente so aufgeteilt, dass ihre Antworten gleich sind

$$\mathsf{E} = \sum_{i=1}^{n} \mathsf{E}_i, \qquad \mathsf{A} = \mathsf{A}_1 = \mathsf{A}_2 = \ldots = \mathsf{A}_n$$

c) Alle komplexen Schaltungen werden aus Reihen- und Parallelschaltungsgruppen kombiniert.

Durch Kopplung elementarer Modelle erhält man die in der Spezialliteratur ausführlich beschriebenen rheologischen Modellkörper, z.B. Maxwell-Körper (Reihenschaltung eines H- und eines N-Elementes), Kelvin-Voigt-Körper (Parallelschaltung eines H- und eines N-Elementes), Burgers[2]-Körper (Reihenschaltung eines Maxwell- und eines Kelvin-Elementes), Prandtl-Körper (Reihenschaltung eines N- und eines SV-Elementes), Bingham[3]-Körper (Reihenschaltung eines H-Elementes mit einer Parallelschaltung eines N- und eines SV-Elementes) usw. In der Spezialliteratur wird eine große Zahl von Kombinationsmodellen diskutiert. Kombinationsmodelle mit einem N-Element in Reihenschaltung geben primär ein Fluidverhalten wieder.

9.3 Allgemeine rheologische Grundmodelle

Ausgangspunkt für die Formulierung der rheologischen Modelle sind konstitutive Annahmen und die Überprüfung der thermodynamischen Konsistenz. Die Grundmodelle werden dabei unter Beachtung des 1. Axioms der Rheologie formuliert.

1. Axiom der Rheologie: Unter isotropem Druck verhalten sich alle Materialien gleichartig; sie sind rein elastisch.

Dieses Axiom stellt eine Einschränkung dar, die aber bei zahlreichen Ingenieuranwendungen akzeptiert werden kann. Damit können nachfolgend 4 rheologische Modelle formuliert werden: das elastische Modell für Volumenverzerrungen sowie ein elastisches, ein viskoses und ein plastisches Modell für die deviatorischen Verzerrungen. Bei Beschränkung auf geometrisch lineare Beziehungen ist es nicht notwendig zwischen aktueller und Referenzkonfiguration zu unterscheiden. Damit genügt es, den Nennspannungstensor $\boldsymbol{\sigma}$ und den Tensor kleiner Verzerrungen $\boldsymbol{\varepsilon}$ zu betrach-

---

[2] Johannes Martinus Burgers (1895-1981), Physiker, Theorie der Versetzungen, Viskoelastizitätstheorie

[3] Eugene Cook Bingham (1878-1945), Chemiker, Beiträge zur Rheologie

ten. Die Überprüfung der thermodynamischen Konsistenz erfolgt mit Hilfe der dissipativen Ungleichung (5.109). Diese lautet für die geometrisch lineare Theorie

$$\frac{1}{3}\boldsymbol{\sigma}\cdot\cdot\dot{\boldsymbol{\varepsilon}} - \rho\dot{f} - \rho s\dot{\theta} - \boldsymbol{h}\cdot\boldsymbol{\nabla}\ln\theta \geqslant 0 \tag{9.2}$$

Die Konsequenzen aus dem 1. Axiom der Rheologie lassen eine Aufspaltung des Spannungstensors und des Verzerrungstensors in Kugeltensor und Deviator sinnvoll erscheinen. Es gilt dann

$$\boldsymbol{\sigma} = \left(\frac{1}{3}\boldsymbol{\sigma}\cdot\cdot\mathbf{I}\right)\mathbf{I} + \boldsymbol{\sigma}^{\mathrm{D}}, \qquad \boldsymbol{\varepsilon} = \left(\frac{1}{3}\boldsymbol{\varepsilon}\cdot\cdot\mathbf{I}\right)\mathbf{I} + \boldsymbol{\varepsilon}^{\mathrm{D}}$$

mit $\boldsymbol{\sigma}^{\mathrm{D}}$ und $\boldsymbol{\varepsilon}^{\mathrm{D}}$ als Spannungs- bzw. Verzerrungsdeviator.

9.3.1 Elastische Volumenänderungen

Zwischen den Kugeltensoren wird folgende konstitutive Gleichung postuliert

$$\boldsymbol{\sigma}\cdot\cdot\mathbf{I} = K[\boldsymbol{\varepsilon}\cdot\cdot\mathbf{I} - 3\alpha(\theta - \theta_0)]$$

bzw.

$$\sigma_{\mathrm{h}} = K[\varepsilon_{\mathrm{V}} - 3\alpha(\theta - \theta_0)] \tag{9.3}$$

σ_{h} ist der hydrostatische (isotrope) Druck, ε_{V} - die Volumendeformation bei kleinen Verzerrungen, K - der Kompressionsmodul, α - der lineare Wärmeausdehnungskoeffizient und $(\theta - \theta_0)$ die Temperaturdifferenz. Die konstitutive Annahme (9.3), die auch durch das Experiment für zahlreiche Materialien bestätigt wird, soll für alle Materialmodelle des Abschn. 9.3 gültig sein. Damit genügt es dem 1. Axiom der Rheologie, da nur rein elastische Volumendeformationen zugelassen sind.

Die weiteren konstitutiven Annahmen gehen dann von der Aufspaltung des Spannungstensors in folgender Form aus

$$\boldsymbol{\sigma} = \sigma_{\mathrm{h}}\mathbf{I} + \boldsymbol{\sigma}^{\mathrm{D}}$$

Es wird postuliert, dass alle Konstitutivgleichungen sich in einen dem Kugeltensor und einen dem Deviator zuzuordnenden Anteil aufspalten lassen, wobei die mit dem Deviator verbundenen Anteile im Allgemeinen Funktionale der Zeit sind. Unter Beachtung der Ausführungen des Abschn. 7.2.1 über die Konstitutivgleichungen thermoelastischer Materialien gilt

$$
\begin{array}{lll}
\boldsymbol{\sigma} = \mathsf{K}[\varepsilon_\mathsf{V} - 3\alpha(\theta-\theta_0)]\mathbf{I} & + \boldsymbol{\sigma}^\mathsf{D}\left\{\theta^\tau, \boldsymbol{\varepsilon}^{\mathsf{D}\tau}\right\}, & \\
\mathbf{h} = -\kappa\nabla\theta, & & \\
\mathsf{f} = \mathsf{f}_\mathsf{V}(\varepsilon_\mathsf{V},\theta) & + \mathsf{f}_*\left\{\theta^\tau, \boldsymbol{\varepsilon}^{\mathsf{D}\tau}\right\}, & \\
\mathsf{s} = \mathsf{s}_\mathsf{V}(\varepsilon_\mathsf{V},\theta) & + \mathsf{s}_*\left\{\theta^\tau, \boldsymbol{\varepsilon}^{\mathsf{D}\tau}\right\} & \\
\quad\text{Volumenänderung} & \text{Gestaltänderung} & \\
\quad\text{rein elastisch} & \text{beliebig} &
\end{array}
\qquad (9.4)
$$

Die Aufspaltung der freien Energie und der Entropie ist willkürlich vorgenommen worden. Daher wird für $\boldsymbol{\varepsilon}^{\mathsf{D}\tau} = \mathbf{0}$ gefordert, dass $\mathsf{f}_* = \mathsf{s}_* = 0$ gilt. Der mit Volumenänderungen verbundene Anteil ist entsprechend den hier getroffenen konstitutiven Annahmen für alle Materialien gleich (die Materialkennwerte können unterschiedlich sein) und lässt sich aus der Elastizitätstheorie vollständig bestimmen. Die spezifischen Eigenschaften der Materialien werden durch die der Gestaltänderung zuzuordnenden Anteile ausgedrückt.

Setzt man jetzt die konstitutiven Annahmen für den Spannungstensor in die dissipative Ungleichung (9.2) ein, und beachtet

$$
\mathbf{I}\cdot\cdot\mathbf{I} = 3, \qquad \boldsymbol{\varepsilon}^\mathsf{D}\cdot\cdot\mathbf{I} = 0, \qquad \boldsymbol{\sigma}^\mathsf{D}\cdot\cdot\mathbf{I} = 0,
$$

erhält man

$$
\left\{\mathsf{K}[\varepsilon_\mathsf{V} - 3\alpha(\theta-\theta_0)] - \rho\frac{\partial \mathsf{f}_\mathsf{V}}{\partial\varepsilon_\mathsf{V}}\right\}\dot{\varepsilon}_\mathsf{V} - \rho\left(\mathsf{s}_\mathsf{V} + \frac{\partial \mathsf{f}_\mathsf{V}}{\partial\theta}\right)\dot{\theta} + \frac{\kappa}{\theta}(\nabla\theta)^2
$$
$$
+\boldsymbol{\sigma}^\mathsf{D}\cdot\cdot\dot{\boldsymbol{\varepsilon}}^\mathsf{D} - \rho\mathsf{f}_* - \rho\mathsf{s}_*\dot{\theta} \geqslant 0 \qquad (9.5)
$$

Die dissipative Ungleichung in der Form (9.5) muss für jeden thermodynamischen Prozess gültig sein, folglich auch für $\boldsymbol{\varepsilon}^\mathsf{D} = \mathbf{0}$. Damit gilt

$$
\dot{\boldsymbol{\varepsilon}}^\mathsf{D} = \mathbf{0}, \qquad \mathsf{f}_* = 0, \qquad \mathsf{s}_* = 0
$$

Die dissipative Ungleichung (9.5) vereinfacht sich und man erhält

$$
\rho\frac{\partial \mathsf{f}_\mathsf{V}}{\partial\varepsilon_\mathsf{V}} = \mathsf{K}[\varepsilon_\mathsf{V} - 3\alpha(\theta-\theta_0)], \qquad \mathsf{s}_\mathsf{V} = -\frac{\partial \mathsf{f}_\mathsf{V}}{\partial\theta}, \qquad \kappa \geqslant 0 \qquad (9.6)
$$

Die erste Gleichung aus (9.6) lässt sich direkt integrieren

$$
\rho\mathsf{f}_\mathsf{V} = \mathsf{K}\frac{\varepsilon_\mathsf{V}^2}{2} - 3\alpha\mathsf{K}(\theta-\theta_0)\varepsilon_\mathsf{V} + \mathsf{f}(\theta) \qquad (9.7)
$$

Damit folgt für die 2. Gleichung aus (9.6)

$$
\rho\mathsf{s}_\mathsf{V} = 3\alpha\mathsf{K}\varepsilon_\mathsf{V} - \mathsf{f}'(\theta) \qquad (9.8)
$$

Die Funktion $\mathsf{f}(\theta)$ lässt sich mit Hilfe des 1. Hauptsatzes interpretieren. Für verzerrungsfreie Zustände ist sie mit der Wärmekapazität bei konstantem Volumen verbunden.

9.3.2 Elastische Gestaltänderungen

Es wird postuliert, dass der Spannungsdeviator, die freie Energie und die Entropie Funktionen des Verzerrungsdeviators und der Temperatur sind. Damit gilt

$$\boldsymbol{\sigma}^D = \boldsymbol{\sigma}^D(\boldsymbol{\varepsilon}^D, \theta), \qquad f_* = f_*(\boldsymbol{\varepsilon}^D, \theta), \qquad s_* = s_*(\boldsymbol{\varepsilon}^D, \theta) \tag{9.9}$$

Im einfachsten Fall linear elastischen Materials lässt sich die Verbindung zwischen dem Spannungsdeviator und dem Verzerrungsdeviator mit einer linearen Gleichung beschreiben

$$\boldsymbol{\sigma}^D = 2G(\theta)\boldsymbol{\varepsilon}^D \tag{9.10}$$

mit G als Schub- oder Gleitmodul (materialspezifischer Kennwert, der temperaturabhängig ist). Die Auswertung der dissipativen Gleichung führt auf

$$\boldsymbol{\sigma}^D = 2G\boldsymbol{\varepsilon}^D = \rho\frac{\partial f_*}{\partial \boldsymbol{\varepsilon}^D}, \qquad s_* = -\frac{\partial s_*}{\partial \theta}$$

Die erste Gleichung kann man elementar integrieren

$$f_* = G\boldsymbol{\varepsilon}^D \cdot\cdot\, \boldsymbol{\varepsilon}^D + f(\theta)$$

Die Funktion f_* kann man aus der Bedingung für die freie Energie bei verzerrungsfreien Zuständen ermitteln

$$f_*(\mathbf{0}, \theta) = 0 \Longrightarrow f_* \equiv 0$$

Setzt man die freie Energie in die Gleichung für die Entropie ein, erhält man abschließend

$$s_* = -\frac{\partial G(\theta)}{\partial \theta}\boldsymbol{\varepsilon}^D \cdot\cdot\, \boldsymbol{\varepsilon}^D$$

Schlussfolgerung 9.1. Für den Fall, dass die Temperaturänderung $(\theta - \theta_0) = 0$ ist, erhält man für den Gesamtspannungstensor bei vorausgesetztem elastischen Materialverhalten

$$\boldsymbol{\sigma} = \sigma_h \mathbf{I} + \boldsymbol{\sigma}^D = K\varepsilon_V \mathbf{I} + 2G\boldsymbol{\varepsilon}^D$$

Beachtet man weiterhin die Aufspaltung der Verzerrungen, ergibt sich daraus

$$\boldsymbol{\sigma} = \lambda\varepsilon_V \mathbf{I} + 2\mu\boldsymbol{\varepsilon}$$

Dies ist das lineare Elastizitätsgesetz in der Lamé'schen[4] Form mit

$$\mu \equiv G, \qquad \lambda = K - \frac{2G}{3} = \frac{\nu E}{(1+\nu)(1-2\nu)}$$

[4] Gabriel Lamé (1795-1870), Mathematiker und Physiker, Elastizitätstheorie

9.3.3 Viskose Gestaltänderungen

Es wird postuliert, dass der Spannungsdeviator eine Funktion des Deviators der Verzerrungsgeschwindigkeiten und der Temperatur ist. Außerdem wird für die freie Energie und die Entropie angenommen, dass sie Null sind. Damit erhält man im einfachsten Fall linear viskosen Materialverhaltens

$$\boldsymbol{\sigma}^{\mathrm{D}} = 2\eta\dot{\boldsymbol{\varepsilon}}^{\mathrm{D}}, \quad \mathrm{f}_* = 0, \quad \mathrm{s}_* = 0 \tag{9.11}$$

mit η als Schub- oder Scherviskosität (materialspezifischer Kennwert). Die Auswertung der dissipativen Gleichung führt auf

$$\boldsymbol{\sigma}^{\mathrm{D}} \cdot\cdot\, \dot{\boldsymbol{\varepsilon}}^{\mathrm{D}} = 2\eta\dot{\boldsymbol{\varepsilon}}^{\mathrm{D}} \cdot\cdot\, \dot{\boldsymbol{\varepsilon}}^{\mathrm{D}}$$

Daraus folgt, dass die Schubviskosität nicht negativ sein darf.

Schlussfolgerung 9.2. Für den Fall, dass das viskose Modell für die Gestaltänderung mit dem elastischen Modell für die Volumenänderung kombiniert wird, erhält man als Gesamtspannungstensor

$$\boldsymbol{\sigma} = \sigma_{\mathrm{h}}\mathbf{I} + 2\eta\dot{\boldsymbol{\varepsilon}}^{\mathrm{D}} = \mathrm{K}\varepsilon_{\mathrm{V}}\mathbf{I} + 2\eta\dot{\boldsymbol{\varepsilon}}^{\mathrm{D}}$$

Diese Gleichung ist der Gleichung für viskose Fluide, die bereits im Abschn. 7.2.4 behandelt wurde, ähnlich.

9.3.4 Plastische Gestaltänderungen

Für das rheologische Grundmodell „plastische Gestaltänderungen“ wird postuliert, dass für den Fall, dass das Beanspruchungsniveau gering ist, keine Verzerrungen auftreten. Wenn ein bestimmtes Niveau erreicht ist, ist das Materialverhalten dem viskosen Materialverhalten ähnlich. Damit erhält man

$$\begin{aligned} \mathrm{N}(\boldsymbol{\sigma}^{\mathrm{D}}) &< \sigma_{\mathrm{F}},\ \dot{\boldsymbol{\varepsilon}}^{\mathrm{D}} = \mathbf{0} \\ \mathrm{N}(\boldsymbol{\sigma}^{\mathrm{D}}) &= \sigma_{\mathrm{F}},\ \boldsymbol{\sigma}^{\mathrm{D}} = \lambda\dot{\boldsymbol{\varepsilon}}^{\mathrm{D}} \end{aligned} \tag{9.12}$$

Das mit (9.12) gekennzeichnete Materialverhalten entspricht dem ideal-plastischen Modell. Dabei ist $\mathrm{N}(\boldsymbol{\sigma}^{\mathrm{D}})$ eine Norm des Spannungstensors, σ_{F} die Fließgrenze (materialspezifische Kenngröße, die beispielsweise aus dem Zugversuch bestimmt werden kann) und λ ein skalarer Faktor. Für die freie Energie und die Entropie wird im Fall des viskosen Materialverhaltens angenommen, dass sie Null werden. Damit führt die dissipative Ungleichung zu der Forderung, dass λ eine nichtnegative Größe sein muss. Für die praktische Anwendung dieses Modells ist noch die Norm zu definieren. Eine universelle Norm kann nicht definiert werden, so dass entsprechende Plastizitätshypothesen zu formulieren sind. Die Auswahl hängt vom konkreten Werkstoff sowie den zu erwartenden Beanspruchungszuständen ab. Eine spezielle Diskussion zu den Plastizitätshypothesen wird hier nicht geführt und auf die ergänzende Literatur[1; 3; 8; 9] verwiesen.

Die Gl. (9.12) kann noch umgeformt werden. Für den Fall, dass das Materialverhalten plastisch ist, gilt bei Beachtung der Eigenschaften der Norm

$$\mathrm{N}(\boldsymbol{\sigma}^{\mathrm{D}}) = \mathrm{N}(\lambda\dot{\boldsymbol{\varepsilon}}^{\mathrm{D}}) = \lambda\mathrm{N}(\dot{\boldsymbol{\varepsilon}}^{\mathrm{D}}) = \sigma_{\mathrm{F}}$$

Dies ist die Bestimmungsgleichung für den skalaren Faktor λ

$$\lambda = \frac{\sigma_{\mathrm{F}}}{\mathrm{N}(\dot{\boldsymbol{\varepsilon}}^{\mathrm{D}})}$$

Damit kann das ideal-plastische Grundmodell auch wie folgt beschrieben werden

$$\begin{aligned} \boldsymbol{\varepsilon}^{\mathrm{D}} &= \mathbf{0}, \qquad \mathrm{N}(\boldsymbol{\sigma}^{\mathrm{D}}) < \sigma_{\mathrm{F}}, \\ \boldsymbol{\varepsilon}^{\mathrm{D}} &\neq \mathbf{0}, \qquad \boldsymbol{\sigma}^{\mathrm{D}} = \frac{\sigma_{\mathrm{F}}}{\mathrm{N}(\dot{\boldsymbol{\varepsilon}}^{\mathrm{D}})}\dot{\boldsymbol{\varepsilon}}^{\mathrm{D}} \end{aligned} \tag{9.13}$$

9.3.5 Kopplung allgemeiner rheologischer Grundmodelle

Im Abschn. 9.3.2 wurden rheologische Grundmodelle, d.h. Konstitutivgleichungen für die Spannungen, die freie Energie und die Entropie postuliert. Die Kombination des Modells „elastische Volumendeformation" mit Modellen des Gestaltänderungsverhaltens wurde bereits in den Abschn. 9.3.3 und 9.3.4 demonstriert. Nachfolgend sollen unterschiedliche Modelle des Gestaltänderungsverhaltens kombiniert werden. Ausgangspunkt dabei ist das in Abb. 9.4 dargestellte Analogiemodell zur Beschreibung der Gestaltänderung. Für α kann man dann eines der drei eingeführten Modelle für das Materialverhalten bei Gestaltänderung einsetzen. Die Kombination von zwei rheologischen Modellen lässt sich dann wieder wie bei den elementaren Modellen als Reihenschaltung oder Parallelschaltung vorstellen (s. Abb. 9.5).

- Parallelschaltung
$$\boldsymbol{\sigma}^{\mathrm{D}} = \boldsymbol{\sigma}^{\mathrm{D}}_{\alpha} + \boldsymbol{\sigma}^{\mathrm{D}}_{\beta}, \quad \boldsymbol{\varepsilon}^{\mathrm{D}} = \boldsymbol{\varepsilon}^{\mathrm{D}}_{\alpha} = \boldsymbol{\varepsilon}^{\mathrm{D}}_{\beta}$$
- Reihenschaltung
$$\boldsymbol{\sigma}^{\mathrm{D}} = \boldsymbol{\sigma}^{\mathrm{D}}_{\alpha} = \boldsymbol{\sigma}^{\mathrm{D}}_{\beta}, \quad \boldsymbol{\varepsilon}^{\mathrm{D}} = \boldsymbol{\varepsilon}^{\mathrm{D}}_{\alpha} + \boldsymbol{\varepsilon}^{\mathrm{D}}_{\beta}$$

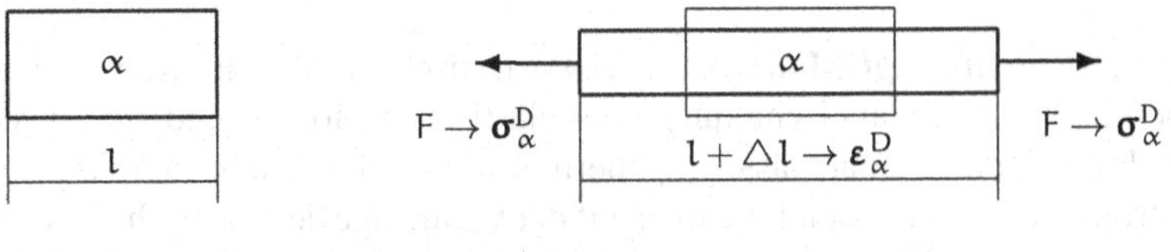

Abb. 9.4 Analogiemodell für die Gestaltänderung

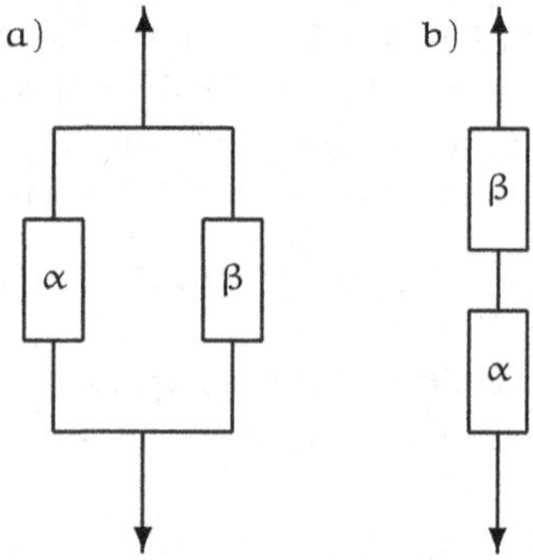

Abb. 9.5 Kombinationsmöglichkeiten für rheologische Modelle:
a) Parallelschaltung,
b) Reihenschaltung

Für beide Schaltungsarten gelten folgende Beziehungen für die freie Energie und die Entropie

$$f_* = f_{*\alpha} + f_{*\beta}, \qquad s_* = s_{*\alpha} + s_{*\beta}$$

Satz 9.1 (physikalische Konsistenz rheologischer Schaltungen). *Konstitutivgleichungen, die aus beliebig kombinierten rheologischen Grundmodellen gebildet werden, genügen der dissipativen Ungleichung.*

Mit Hilfe der Kombinationsregeln können unterschiedliche Modelle des Materialverhaltens approximiert werden. Die Kombination von elastischen und viskosen Modellen führt auf viskoelastisches Materialverhalten, die Kombination von elastischen und plastischen Grundmodellen beschreibt elastisch-plastisches Materialverhalten, die Kombination von viskosen und plastischen Grundmodellen viskoplastisches Materialverhalten. Exemplarisch wird im nächsten Abschnitt ein elastoviskoplastisches Materialverhalten approximiert.

9.4 Übungsbeispiele

Aufgabe 9.1 (Elastoviskoplastisches Materialverhalten). Das in Abb. 9.6 dargestellte Schaltungsmodell ist zu analysieren. Es entspricht einem elastoviskoplastischen Materialverhalten und wurde erstmals von Bingham (1919) vorgeschlagen.

Aufgabe 9.2 (Rheologische Schaltungen). Man zeige die mechanische Äquivalenz der in Abb. 9.7 dargestellten rheologischen Schaltungen.

Aufgabe 9.3 (Kelvin-Voigt-Modell). Das viskoelastische Modell des Kelvin-Voigt-Festkörpers stellt eine Parallelschaltung eines elastischen Modells und eines viskosen Modells dar. Unter Vernachlässigung thermischer Effekte und bei vorausgesetzter Anisotropie sowie Linearität leite man auf der Grundlage der elastischen Verzerrungsenergie und eines Dissipationspotentials die Spannungs-Verzerrungsbeziehungen ab. Wie ändern sich die Modellgleichungen beim Übergang zu isotropen Materialeigenschaften und Berücksichtigung des 1. Axioms der Rheologie?

Aufgabe 9.4 (Verallgemeinertes Kelvin-Voigt-Modell). Man analysiere ein aus n in Reihe geschalteten Kelvin-Voigt-Modellen, wobei jedes Kelvin-Voigt-Modell eine Parallelschaltung eines elastischen und eines viskosen Elementes darstellt.

9.5 Lösungen

Lösung zur Aufgabe 9.1. Das 3-Elemente-Modell lässt sich auf der Grundlage der Kombinationsregeln betrachten: es stellt eine Reihenschaltung aus elastischem Grundmodell und einer Parallelschaltung, welche aus dem viskosen und dem plastischen Grundmodell gebildet wird, dar. Folglich gilt

$$\boldsymbol{\sigma}^{\mathrm{D}} = \boldsymbol{\sigma}_1^{\mathrm{D}} = \boldsymbol{\sigma}_{2/3}^{\mathrm{D}} = \boldsymbol{\sigma}_2^{\mathrm{D}} + \boldsymbol{\sigma}_3^{\mathrm{D}},$$

$$\boldsymbol{\varepsilon}^{\mathrm{D}} = \boldsymbol{\varepsilon}_1^{\mathrm{D}} + \boldsymbol{\varepsilon}_{2/3}^{\mathrm{D}} = \boldsymbol{\varepsilon}_1^{\mathrm{D}} + \boldsymbol{\varepsilon}_2^{\mathrm{D}} = \boldsymbol{\varepsilon}_1^{\mathrm{D}} + \boldsymbol{\varepsilon}_3^{\mathrm{D}}$$

In diese Gleichungen sind die in Abb. 9.6 dargestellten Konstitutivgleichungen einzuarbeiten. Dabei wird ausgenutzt, dass alle Beziehungen linear sind, so dass die Ableitungen nach der Zeit elementar gebildet werden können. Es sind zwei Fälle zu unterscheiden

$$1.\ \mathrm{N}(\boldsymbol{\sigma}_3^{\mathrm{D}}) < \sigma_{\mathrm{F}} \qquad \text{und} \qquad 2.\ \mathrm{N}(\boldsymbol{\sigma}_3^{\mathrm{D}}) = \sigma_{\mathrm{F}}$$

Im ersten Fall gilt

$$\mathrm{N}(\boldsymbol{\sigma}_3^{\mathrm{D}}) < \sigma_{\mathrm{F}} \Rightarrow \dot{\boldsymbol{\varepsilon}}_3^{\mathrm{D}} = \mathbf{0} \Rightarrow \dot{\boldsymbol{\varepsilon}}_2^{\mathrm{D}} = \mathbf{0} \Rightarrow \dot{\boldsymbol{\sigma}}^{\mathrm{D}} = 2\mathrm{G}\dot{\boldsymbol{\varepsilon}}^{\mathrm{D}}$$

bzw.

$$\boldsymbol{\sigma}^{\mathrm{D}} = 2\mathrm{G}\boldsymbol{\varepsilon}^{\mathrm{D}}$$

Damit verhält sich die Schaltung wie ein rein elastisches Modell.

Im zweiten Fall folgt aus der Erfüllung der Fließbedingung

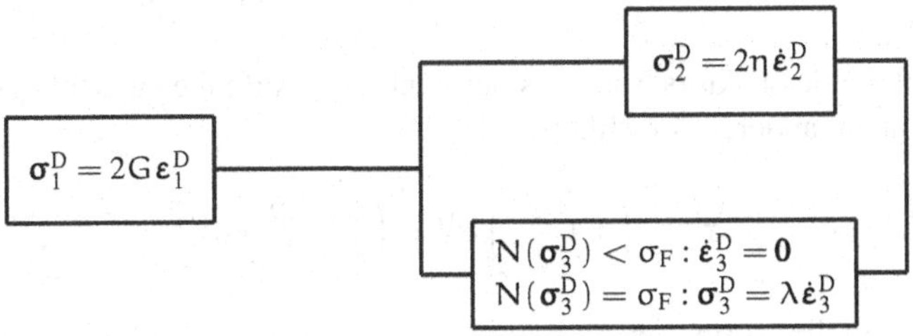

Abb. 9.6 Rheologische Schaltung des Bingham-Materials

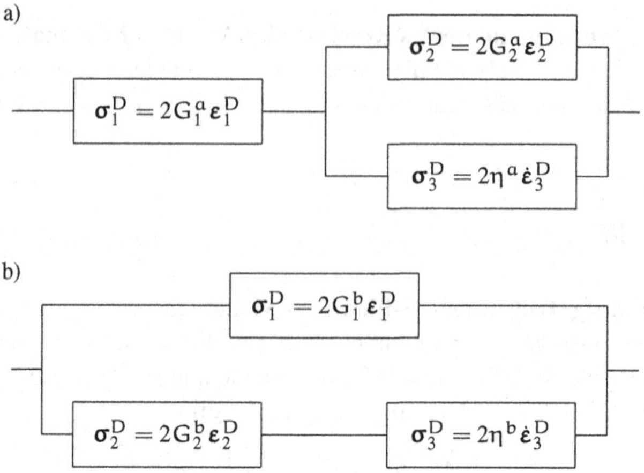

Abb. 9.7 Rheologische Schaltungen des viskoelastischen Standardmodells: a) erste Schaltungsvariante, b) zweite Schaltungsvariante

$$\dot{\varepsilon}_2^D = \frac{\sigma_3^D}{\lambda} = \frac{\sigma_2^D}{2\eta} \Rightarrow \sigma_3^D = \sigma_2^D \frac{\lambda}{2\eta}$$

Für die Spannungen folgt damit

$$\sigma^D = \sigma_2^D \left(1 + \frac{\lambda}{2\eta}\right)$$

Weiterhin gilt

$$\dot{\varepsilon}^D = \dot{\varepsilon}_1^D + \dot{\varepsilon}_2^D = \frac{\dot{\sigma}_1^D}{2G} + \frac{\sigma_2^D}{2\eta} = \frac{\dot{\sigma}^D}{2G} + \frac{\sigma^D}{2\eta\left(1 + \frac{\lambda}{2\eta}\right)}$$

Die Ermittlung des Faktors λ hat aus der konkreten Aufgabe zu erfolgen. Von Palmov stammt ein anderer Vorschlag:

$$\sigma^D = \left(1 + \frac{\lambda}{2\eta}\right)\sigma_2^D = \left(1 + \frac{2\eta}{\lambda}\right)\sigma_3^D$$

Berechnet man die Norm, gilt

$$N(\sigma^D) = \left(1 + \frac{2\eta}{\lambda}\right) N(\sigma_3^D) = \left(1 + \frac{2\eta}{\lambda}\right)\sigma_F \Rightarrow \lambda = 2\eta \frac{\sigma_F}{N(\sigma^D) - \sigma_F}$$

Damit erhält man für das Bingham-Modell abschließend

$$N(\sigma^D) < \sigma_F : \dot{\varepsilon}^D = \frac{\dot{\sigma}^D}{2G},$$

$$N(\sigma^D) > \sigma_F : \dot{\varepsilon}^D = \frac{\dot{\sigma}^D}{2G} + \frac{[N(\sigma^D) - \sigma_F]\sigma^D}{2\eta N(\sigma^D)}$$

Lösung zur Aufgabe 9.2. Modell a): Dieses Modell besteht aus einer Reihenschaltung eines elastischen Elements mit einer Parallelschaltung, die ihrerseits aus einem elastischen und einem viskosen Element besteht. Damit gilt:

$$\varepsilon^D = \varepsilon_1^D + \varepsilon_{2/3}^D = \varepsilon_1^D + \varepsilon_2^D = \varepsilon_1^D + \varepsilon_3^D,$$

$$\sigma^D = \sigma_1^D = \sigma_{2/3}^D = \sigma_2^D + \sigma_3^D$$

In diese Gleichungen sind die in Abb. 9.7 a) dargestellten Konstitutivgleichungen einzuarbeiten. Dabei erhält man zunächst

$$\sigma^D = \sigma_{2/3}^D = 2G_2^a \varepsilon_{2/3}^D + 2\eta^a \dot{\varepsilon}_{2/3}^D,$$

und es folgt

$$\varepsilon_{2/3}^D = \varepsilon^D - \varepsilon_1^D = \varepsilon^D - \frac{\sigma_1^D}{2G_1^a} = \varepsilon^D - \frac{\sigma^D}{2G_1^a}$$

Fasst man die Teilergebnisse zusammen und formt die Endgleichung so um, dass bei σ^D der Faktor 1 steht, erhält man

$$\sigma^D + \frac{\eta^a}{G_1^a + G_2^a}\dot{\sigma}^D = \frac{2G_2^a G_1^a}{G_1^a + G_2^a}\varepsilon^D + \frac{2\eta^a G_1^a}{G_1^a + G_2^a}\dot{\varepsilon}^D$$

Modell b): Dieses Modell besteht aus einer Reihenschaltung eines elastischen Elements und eines viskosen Elements, die parallel zu einem weiteren elastischen Element liegt. Damit gilt:

$$\varepsilon^D = \varepsilon_1^D = \varepsilon_{2/3}^D = \varepsilon_2^D + \varepsilon_3^D,$$

$$\sigma^D = \sigma_1^D + \sigma_{2/3}^D = \sigma_1^D + \sigma_2^D = \sigma_1^D + \sigma_3^D$$

In diese Gleichungen sind die in Abb. 9.7 b) dargestellten Konstitutivgleichungen einzuarbeiten. Es gilt

$$\dot{\varepsilon}_{2/3}^D = \dot{\varepsilon}_2^D + \dot{\varepsilon}_3^D = \frac{\dot{\sigma}_2^D}{2G_2^b} + \frac{\sigma_3^D}{2\eta^b} = \frac{\dot{\sigma}_{2/3}^D}{2G_2^b} + \frac{\sigma_{2/3}^D}{2\eta^b} = \dot{\varepsilon}_1^D = \dot{\varepsilon}^D$$

Andererseits gilt

$$\sigma_{2/3}^D = \sigma^D - \sigma_1^D$$

Fasst man wiederum die Teilergebnisse zusammen und formt die Endgleichung so um, dass bei σ^D der Faktor 1 steht, erhält man

$$\sigma^D + \frac{\eta^b}{G_2^b}\dot{\sigma}^D = 2G_1^b \varepsilon^D + 2\eta^b \left(1 + \frac{G_1^b}{G_2^b}\right) \dot{\varepsilon}^D$$

Beide Modelle lassen sich durch Konstitutivgleichungen beschreiben. Durch einfachen Koeffizientenvergleich erhält man die Bedingungen für die vollständige mechanische Äquivalenz beider Modelle. Allgemein lautet damit die Gleichung für den viskoelastischen Standardkörper

$$\sigma^D + n\dot{\sigma}^D = H\varepsilon^D + E\dot{\varepsilon}^D$$

mit H als Langzeitschubmodul, E als momentanen Schubmodul und n als Relaxationszeit. Für die einzelnen Modelle lassen sich diese Größen wie in Tabelle 9.1 angeben. Die Koeffizienten der Konstitutivgleichung lassen sich einfach interpretieren: Bei sehr langsamen Prozessen sind die Zeitableitungen vernachlässigbar und man erhält das Hooke'sche Gesetz für die Deviatoren mit dem Langzeitmodul. Bei schnellen Prozessen sind die Zeitableitungen dominant und das elastische Verhalten ist durch seinen Momentanzustand gekennzeichnet. Die Relaxationszeit ist ein Maß für die Erholung des Materials.

Tabelle 9.1 Beziehung zwischen den Kenngrößen für zwei rheologische Schaltungen

Kenngröße	H	E	n
Modell a)	$\frac{2G_2^a G_1^a}{G_1^a + G_2^a}$	$\frac{2\eta^a G_1^a}{G_1^a + G_2^a}$	$\frac{\eta^a}{G_1^a + G_2^a}$
Modell b)	$2G_1^b$	$2\eta^b \left(1 + \frac{G_1^b}{G_2^b}\right)$	$\frac{\eta^b}{G_2^b}$

Lösung zur Aufgabe 9.3. Für das Kelvin-Voigt-Modell sind die beobachtbaren Verzerrungen die Komponenten des Tensors der Gesamtverzerrungen $\boldsymbol{\varepsilon}$. Spaltet man $\boldsymbol{\sigma}$ in einen elastischen Anteil $\boldsymbol{\sigma}^{el}$ und einen inelastischen Anteil $\boldsymbol{\sigma}^{inel}$ auf, folgt

$$\boldsymbol{\sigma} = \boldsymbol{\sigma}^{el} + \boldsymbol{\sigma}^{inel}$$

Multipliziert man diese Gleichung mit $\dot{\boldsymbol{\varepsilon}}$, erhält man die Spannungsleistung

$$P = \boldsymbol{\sigma} \cdot\cdot\, \dot{\boldsymbol{\varepsilon}} = \left(\boldsymbol{\sigma}^{el} + \boldsymbol{\sigma}^{inel}\right) \cdot\cdot\, \dot{\boldsymbol{\varepsilon}}$$

mit einem reversiblen und einem dissipativen Anteil. Führt man die Verzerrungsenergie eines anisotropen linear-elastischen Materials in der Form

$$\rho f = \frac{1}{2}\boldsymbol{\varepsilon} \cdot\cdot\, {}^{(4)}\mathbf{E} \cdot\cdot\, \boldsymbol{\varepsilon}$$

ein, folgt die elastische Spannung zu

$$\sigma^{el} = {}^{(4)}\mathsf{E} \cdot\cdot\, \varepsilon$$

Die inelastischen Spannungen können aus einem Dissipationspotential berechnet werden

$$\sigma^{\text{inel}} = \frac{\partial \chi}{\partial \dot{\varepsilon}}$$

Postuliert man dieses als positiv definite quadratische Form

$$\chi = \chi(\dot{\varepsilon}) = \frac{1}{2}\dot{\varepsilon} \cdot\cdot\, {}^{(4)}\mathsf{H} \cdot\cdot\, \dot{\varepsilon},$$

erhält man

$$\sigma^{\text{inel}} = {}^{(4)}\mathsf{H} \cdot\cdot\, \dot{\varepsilon}$$

Addiert man beide Spannungsanteile, folgen die allgemeinen Spannungs-Verzerrungsbeziehungen

$$\sigma = \sigma^{\text{el}} + \sigma^{\text{inel}} = {}^{(4)}\mathsf{E} \cdot\cdot\, \varepsilon + {}^{(4)}\mathsf{H} \cdot\cdot\, \dot{\varepsilon}$$

Im Falle isotropen Materialverhaltens vereinfacht sich diese Gleichung

$$\sigma = \lambda(\mathbf{I} \cdot\cdot\, \varepsilon)\mathbf{I} + 2\mu\varepsilon + \lambda^{v}(\mathbf{I} \cdot\cdot\, \dot{\varepsilon})\mathbf{I} + 2\mu^{v}\dot{\varepsilon}$$

Nach dem 1. Axiom der Rheologie sind die Volumenänderungen rein elastisch, d.h. $\lambda^{v} = 0$. Damit gilt abschließend

$$\sigma = \lambda(\mathbf{I} \cdot\cdot\, \varepsilon)\mathbf{I} + 2(\mu\varepsilon + \mu^{v}\dot{\varepsilon})$$

Lösung zur Aufgabe 9.4. Das entsprechende Modell (auch als verallgemeinertes Kelvin-Voigt-Modell bezeichnet) wird durch folgende Gleichungen beschrieben:

- Konstitutivgleichungen der kten Parallelschaltung

$$\sigma_k^D = 2G_k{\varepsilon^D}_k + 2\eta_k\dot{\varepsilon}_k^D, \qquad k = 1, \ldots, n$$

- Reihenschaltung der n Parallelschaltungen

$$\sigma^D = \sigma_1^D = \cdots = \sigma_k^D = \cdots = \sigma_n^D,$$

$$\varepsilon^D = \varepsilon_1^D + \ldots + \varepsilon_k^D + \ldots + \varepsilon_n^D$$

Eine Analyse dieser Gleichungen ist bei Anfangsbedingungen gleich Null besonders einfach. Dazu werden alle Gleichungen mit Hilfe der Laplace-Transformation umgeformt. Beispielsweise gilt dann

$$\overline{\sigma}^D = \int_0^\infty e^{-pt}\sigma^D(t)dt$$

Damit kann man die Konstitutivgleichung für die kte Parallelschaltung nach dem transformierten Verzerrungsdeviator auflösen

$$\bar{\varepsilon}_k^D = \frac{1}{2G_k(1+T_k p)}\bar{\sigma}^D$$

Dabei ist $T_k = \eta_k/G_k$ die Relaxationszeit des kten Elements. Das Aufsummieren der Verzerrungsdeviatoren führt damit auf

$$\bar{\varepsilon}^D = \sum_{k=1}^{n} \frac{\bar{\sigma}^D}{2G_k(1+T_k p)}$$

Für praktische Anwendungen ist diese Gleichung vom Raum der Laplace-Variablen p in den Originalraum rückzutransformieren. Dies soll jedoch nicht Gegenstand der Diskussionen in diesem Buch sein.

Literaturverzeichnis

1. Chen WF, Han DJ (1988) Plasticity for Structural Engineers. Springer, Berlin
2. Giesekus H (1994) Phänomenologische Rheologie: eine Einführung. Springer, Berlin
3. Kaliszky S (1984) Plastizitätslehre. VDI-Verlag, Düsseldorf
4. Krawietz A (1986) Materialtheorie. Springer, Berlin
5. Palmov VA (1998) Vibrations of Elasto-plastic Bodies. Foundations of Engineering Mechanics, Springer, Berlin
6. Reiner M (1968) Rheologie. Fachbuchverlag, Leipzig
7. Tanner RI (1985) Engineering Rheology. Claredon, Oxford
8. Yu MH, Ma GW, Qiang HF, Zhang YQ (2006) Generalized Plasticity. Springer, Berlin
9. Zyczkowski M (1981) Combined Loadings in the Theory of Plasticity. PWN, Warszawa

Teil IV
Anfangs-Randwertprobleme der Kontinuumsmechanik

Mit den Bilanzgleichungen und den Konstitutivgleichungen können die allgemeinen Feldgleichungen abgeleitet und Anfangs-Randwertaufgaben formuliert werden. Dies erfolgt zweckmäßig im Rahmen der durch die Konstitutivgleichungen gegebenen Modellklassen. Nachfolgend wird die Vorgehensweise beispielhaft für linear elastische Festkörper und linear viskose Fluide erläutert. Die mit den Namen Navier-Cauchy, Beltrami, Duhamel und Navier-Stokes verbundenen Grundgleichungen der linearen Elastizitätstheorie, der linearen Thermoelastizitätstheorie und der linearen Theorie Newton'scher Fluide haben für technische Anwendungen besondere Bedeutung.

Im Kap. 10 werden zunächst die allgemeinen Grundgleichungen nochmals zusammengestellt. Es gibt dann in der Elastizitätstheorie zwei Möglichkeiten die Grundgleichungen zusammenzufassen:

- in den Verschiebungen und
- in den Spannungen

Im Anschluss daran werden die Randbedingungen aus mathematischer Sicht diskutiert. Den Abschluss bilden die Gleichungen der linearen Thermoelastizität.

Kapitel 11 stellt gleichfalls zunächst die Grundgleichungen zusammen. Im Gegensatz zur Elastizität treten jetzt an Stelle der Verschiebungen die Geschwindigkeiten auf. Außerdem steht die Kontinuitätsgleichung im Fokus. Den Abschluss des Kapitels bilden ausgewählte Lösungsmöglichkeiten.

Kapitel 10
Grundgleichungen der linearen Elastizitätstheorie

Zusammenfassung In der linearen Elastizitätstheorie gibt es keine Unterscheidung von Lagrange'scher und Euler'scher Darstellung. Die Grundgleichungen werden als Feldgleichungen in Abhängigkeit vom räumlichen Positionsvektor $\mathbf{x}$ formuliert. Es gelten generell die linearisierten kinematischen Gleichungen, und es wird hier isotropes Materialverhalten vorausgesetzt. In Anlehnung an die in der Ingenieurliteratur üblichen Bezeichnungen $\mathbf{T} \equiv \boldsymbol{\sigma}, \mathbf{A}^* \equiv \boldsymbol{\varepsilon}$ werden der Spannungs- und der Verzerrungstensor mit $\boldsymbol{\sigma}$ und $\boldsymbol{\varepsilon}$ bezeichnet. Es gilt weiterhin $\nabla_{\mathbf{x}} = \nabla_{\mathbf{a}} \equiv \nabla$. Ausgangspunkt für die allgemeinen Gleichungen der Thermoelastizität sind die im Abschn. 10.3 formulierten thermoelastischen Konstitutivgleichungen. Die Thermoelastizität betrachtet die innere Energie eines Körpers als Funktion der Deformation und der Temperatur. Deformationen und Temperaturänderungen sind stets miteinander verbunden. Folglich verallgemeinert die Thermoelastizität damit die klassische Theorie der Wärmespannungen, die die Temperaturverteilung in einem Körper mit Hilfe der ungekoppelten Fourier'schen Wärmeleitungsgleichungen ermittelt und dann die Wärmespannungen für ein bekanntes Temperaturfeld angibt, aber auch die klassische Elastodynamik, die Bewegungen stets als adiabat voraussetzt, d.h. Wärmeänderungen laufen so langsam ab, dass sie keine Trägheitskräfte wecken.

10.1 Feldgleichungen der Elastizitätstheorie

Die Ableitung der Feldgleichungen der Elastizitätstheorie erfolgt zunächst für die rein mechanischen Gleichungen, die Grundgleichungen der Thermoelastizität werden im Abschn. 10.3 ergänzend behandelt. Bei Beschränkung auf linear-elastisches isotropes Materialverhalten und kleine Verzerrungen sowie kleine Verformungen basieren die weiteren Ableitungen auf den folgenden Gleichungen

- Cauchy-Euler'sche Bewegungsgleichungen

$$\nabla \cdot \boldsymbol{\sigma} + \rho \mathbf{k} = \rho \ddot{\mathbf{u}}, \quad \boldsymbol{\sigma} = \boldsymbol{\sigma}^{\mathrm{T}}$$

H. Altenbach, *Kontinuumsmechanik*,
https://doi.org/10.1007/978-3-662-57504-8_10

- Linearisierte Verzerrungs-Verschiebungsgleichungen

$$\boldsymbol{\varepsilon} = \frac{1}{2}\left[\nabla\mathbf{u} + (\nabla\mathbf{u})^{\mathrm{T}}\right]$$

- Linearisierte Konstitutivgleichungen (Hooke'sches Gesetz)

$$\boldsymbol{\sigma} = \lambda(\boldsymbol{\varepsilon}\cdot\cdot\mathbf{I})\mathbf{I} + 2\mu\boldsymbol{\varepsilon} = 2G\left(\frac{\nu}{1-2\nu}(\boldsymbol{\varepsilon}\cdot\cdot\mathbf{I})\mathbf{I} + \boldsymbol{\varepsilon}\right)$$

oder nach $\boldsymbol{\varepsilon}$ aufgelöst

$$\boldsymbol{\varepsilon} = \frac{1}{2\mu}\left(\boldsymbol{\sigma} - \frac{\lambda}{3\lambda+2\mu}(\boldsymbol{\sigma}\cdot\cdot\mathbf{I})\mathbf{I}\right) = \frac{1}{2G}\left(\boldsymbol{\sigma} - \frac{\nu}{1+\nu}(\boldsymbol{\sigma}\cdot\cdot\mathbf{I})\mathbf{I}\right)$$

Berücksichtigt man die Symmetrie des Spannungstensors $\boldsymbol{\sigma}$ verbleiben als Unbekannte 6 Spannungs-, 6 Verzerrungs- und 3 Verschiebungskoordinatenfunktionen. Für die 15 Unbekannten stehen genau 15 Gleichungen zur Verfügung, d.h. das System ist bestimmt. Die weiteren Ausführungen beruhen hauptsächlich auf [1; 2; 3; 4; 6; 7; 8; 9].

10.1.1 Darstellung in den Verschiebungen

Man kann die 15 Gleichungen entweder nach den Verschiebungen oder nach den Spannungen auflösen. Im ersten Fall setzt man das Hooke'sche Gesetz in die erste Bewegungsgleichung ein und erhält

$$\begin{aligned}
\rho\ddot{\mathbf{u}} &= \nabla\cdot[\lambda(\boldsymbol{\varepsilon}\cdot\cdot\mathbf{I})\mathbf{I} + 2\mu\boldsymbol{\varepsilon}] + \rho\mathbf{k}\\
&= \nabla\cdot[\lambda(\nabla\cdot\mathbf{u})\mathbf{I} + \boldsymbol{\varepsilon}] + \rho\mathbf{k}\\
&= \nabla\cdot\left\{2G\left[\frac{\nu}{1-2\nu}(\nabla\cdot\mathbf{u})\mathbf{I} + 2\mu\boldsymbol{\varepsilon}\right]\right\} + \rho\mathbf{k}
\end{aligned}$$

Dabei wurde die Beziehung $\boldsymbol{\varepsilon}\cdot\cdot\mathbf{I} = \operatorname{Sp}\boldsymbol{\varepsilon} = \nabla\cdot\mathbf{u}$ berücksichtigt. Da ferner für jeden Tensor 2. Stufe der Form $\mathsf{T} = \Phi\mathbf{I}$ ($\Phi(\mathbf{x})$ ist eine beliebige, differenzierbare, skalare Feldfunktion), gilt

$$\nabla\cdot\mathsf{T} = \nabla\cdot(\Phi\mathbf{I}) = \nabla\Phi,$$

folgt mit $\Phi \equiv (\lambda\nabla\cdot\mathbf{u})$ auch

$$\nabla\cdot[(\lambda\nabla\cdot\mathbf{u})\mathbf{I}] = \nabla(\lambda\nabla\cdot\mathbf{u})$$

und man erhält

$$\begin{aligned}
\rho(\mathbf{x})\ddot{\mathbf{u}}(\mathbf{x},t) &= \nabla[\lambda(\mathbf{x})\nabla\cdot\mathbf{u}(\mathbf{x},t)]\\
&\quad + \nabla\cdot\left\{\mu(\mathbf{x})\left[\nabla\mathbf{u}(\mathbf{x},t) + (\nabla\mathbf{u}(\mathbf{x},t))^{\mathrm{T}}\right]\right\} + \rho(\mathbf{x})\mathbf{k}(\mathbf{x},t) \qquad (10.1)
\end{aligned}$$

Für homogene, linear elastische Körper vereinfacht sich die partielle Differentialgleichung für den Verschiebungsvektor wegen der Konstanz von ρ, λ und μ. Mit

$$\nabla \cdot \varepsilon = \nabla \cdot \frac{1}{2}\left[\nabla \mathbf{u} + (\nabla \mathbf{u})^{\mathrm{T}}\right] = \frac{1}{2}\left[\nabla^2 \mathbf{u} + \nabla(\nabla \cdot \mathbf{u})\right]$$

gilt dann

$$\rho \ddot{\mathbf{u}}(\mathbf{x}, t) = (\lambda + \mu)\nabla[\nabla \cdot \mathbf{u}(\mathbf{x}, t)] + \mu \nabla^2 \mathbf{u}(\mathbf{x}, t) + \rho \mathbf{k}(\mathbf{x}, t) \tag{10.2}$$

oder

$$\rho \ddot{\mathbf{u}}(\mathbf{x}, t) = (\lambda + 2\mu)\nabla[\nabla \cdot \mathbf{u}(\mathbf{x}, t)] - \mu \nabla \times \nabla \times \mathbf{u}(\mathbf{x}, t) + \rho \mathbf{k}(\mathbf{x}, t) \tag{10.3}$$

Dabei wurden die Identitäten

$$\begin{aligned} \nabla^2 \mathbf{u} &= \nabla(\nabla \cdot \mathbf{u}) - \nabla \times \nabla \times \mathbf{u}, \\ \nabla \cdot (\nabla \mathbf{u})^{\mathrm{T}} &= \nabla(\nabla \cdot \mathbf{u}), \\ \nabla \cdot \nabla \mathbf{u} &= \nabla^2 \cdot \mathbf{u} = \Delta \mathbf{u} \end{aligned}$$

berücksichtigt.

Zusammenfassend werden die Navier-Cauchy'schen Gleichungen der linearen Elastizitätstheorie sowohl mit den Lamé'schen Konstanten λ und μ und unter Beachtung der Gleichungen

$$\nu = \frac{\lambda}{2(\lambda + \mu)}, \qquad E = \frac{\mu(3\lambda + 2\mu)}{\lambda + \mu}, \qquad G = \mu$$

mit den elastischen Moduli E, G und der Querkontraktionszahl ν formuliert.

Elastodynamik

$$(\lambda + \mu)\nabla(\nabla \cdot \mathbf{u}) + \mu \nabla^2 \mathbf{u} + \rho \mathbf{k} = \rho \ddot{\mathbf{u}},$$

$$G\left[\frac{1}{1 - 2\nu}\nabla(\nabla \cdot \mathbf{u}) + \nabla^2 \mathbf{u}\right] + \rho \mathbf{k} = \rho \ddot{\mathbf{u}}$$

Elastostatik

$$(\lambda + \mu)\nabla(\nabla \cdot \mathbf{u}) + \mu \nabla^2 \mathbf{u} + \rho \mathbf{k} = \mathbf{0},$$

$$G\left[\frac{1}{1 - 2\nu}\nabla(\nabla \cdot \mathbf{u}) + \nabla^2 \mathbf{u}\right] + \rho \mathbf{k} = \mathbf{0}$$

In Indexschreibweise lauten die Navier-Cauchy'schen Gleichungen

Elastodynamik

$$(\lambda+\mu)u_{j,ij}+\mu u_{i,jj}+\rho k_i=\rho\ddot{u}_i,$$
$$G\left[\frac{1}{1-2\nu}u_{j,ij}+u_{i,jj}\right]+\rho k_i=\rho\ddot{u}_i$$

Elastostatik

$$(\lambda+\mu)u_{j,ij}+\mu u_{i,jj}+\rho k_i=0,$$
$$G\left[\frac{1}{1-2\nu}u_{j,ij}+u_{i,jj}\right]+\rho k_i=0$$

Für fehlende Volumenkräfte wird die elastostatische Aufgabe homogen und man erhält

$$\nabla^2\mathbf{u}+\frac{\lambda+\mu}{\mu}\nabla(\nabla\cdot\mathbf{u})=\mathbf{0},\qquad \nabla^2\mathbf{u}+\frac{1}{1-2\nu}\nabla(\nabla\cdot\mathbf{u})=\mathbf{0} \tag{10.4}$$

Durch Divergenzbildung folgt dann mit

$$\nabla\cdot\nabla^2=\nabla^2\nabla\cdot\mathbf{u},\qquad \nabla\cdot\nabla(\nabla\cdot\mathbf{u})=\nabla^2\nabla\cdot\mathbf{u}$$

und $\nabla\cdot\mathbf{u}=\mathrm{Sp}\,\boldsymbol{\varepsilon}=I_1(\boldsymbol{\varepsilon})$ (Volumendehnung)

$$\nabla^2\nabla\cdot\mathbf{u}=0\quad\text{oder}\quad\nabla^2 I_1(\boldsymbol{\varepsilon})=0 \tag{10.5}$$

Statt in der symbolischen oder der indizierten Schreibweise werden die Elastizitätsgleichungen häufig auch in speziellen Koordinaten angegeben. So erhält man als Beispiel mit

$$\Delta\equiv\frac{\partial^2}{\partial x_i\partial x_i}$$

eine sehr kompakte Darstellung der elastostatischen Gleichungen in kartesischen Koordinaten

$$\left[(1-2\nu)\delta_{ij}\Delta+\frac{\partial^2}{\partial x_i\partial x_j}\right]u_j+\frac{1-2\nu}{G}\rho k_i=0 \tag{10.6}$$

10.1.2 Darstellung in den Spannungen

Für die Auflösung der Gleichungen nach den Spannungen bietet sich folgender Weg an. Ausgangspunkt sind die Kompatibilitätsbedingungen für den linearen Verzerrungstensor, die bereits von Saint-Venant (1864) aufgestellt wurden, und die die Verträglichkeit zwischen den Koordinaten des Verschiebungsvektors und des Verzerrungstensors, d.h. die Integrabilität der Verzerrungs-Verschiebungsgradientengleichung, und damit ein eindeutiges stetiges Verschiebungsfeld gewährleisten

$$\boldsymbol{\nabla} \times (\boldsymbol{\nabla} \times \boldsymbol{\varepsilon})^{\mathrm{T}} = \mathbf{0}, \tag{10.7}$$

d.h. $\varepsilon_{ijk}\varepsilon_{lmn}\varepsilon_{jm,kn} = 0$ bzw.

$$\varepsilon_{jm,kn} + \varepsilon_{kn,jm} - \varepsilon_{km,jn} - \varepsilon_{jn,km} = 0$$

Das Einsetzen des Hooke'schen Gesetzes für $\boldsymbol{\varepsilon}$ ergibt

$$\boldsymbol{\nabla} \times \left[\boldsymbol{\nabla} \times \frac{1}{2G}\left(\boldsymbol{\sigma} - \frac{\nu}{1+\nu}(\boldsymbol{\sigma} \cdot\cdot \mathbf{I})\mathbf{I}\right)\right]^{\mathrm{T}} = \mathbf{0} \tag{10.8}$$

Betrachtet man im Folgenden nur den homogenen, isotropen elastostatischen Fall, erhält man mit $\boldsymbol{\nabla} \times \boldsymbol{\nabla} \times \boldsymbol{\sigma} = \boldsymbol{\nabla}^2\boldsymbol{\sigma}, \boldsymbol{\sigma} \cdot\cdot \mathbf{I} = I_1(\boldsymbol{\sigma})$ und $\boldsymbol{\nabla} \cdot \boldsymbol{\sigma} + \rho\mathbf{k} = \mathbf{0}$

$$\boldsymbol{\nabla}^2\boldsymbol{\sigma} + \frac{1}{1+\nu}\boldsymbol{\nabla}\boldsymbol{\nabla}I_1(\boldsymbol{\sigma}) + \rho\boldsymbol{\nabla}\mathbf{k} + \rho(\boldsymbol{\nabla}\mathbf{k})^{\mathrm{T}} + \frac{\nu\rho}{1-\nu}\boldsymbol{\nabla} \cdot \mathbf{k}\mathbf{I} = \mathbf{0}$$

bzw.

$$\sigma_{ij,kk} + \frac{1}{1+\nu}\sigma_{kk,ij} + \rho(k_{i,j} + k_{j,i}) + \frac{\nu\rho}{1-\nu}k_{k,k}\delta_{ij} = 0$$

Für verschwindende Volumenkräfte vereinfachen sich diese Gleichungen zu

$$\boldsymbol{\nabla}^2\boldsymbol{\sigma} + \frac{1}{1+\nu}\boldsymbol{\nabla}\boldsymbol{\nabla}I_1(\boldsymbol{\sigma}) = \mathbf{0}$$

bzw.

$$\sigma_{ij,kk} + \frac{1}{1+\nu}\sigma_{kk,ij} = 0$$

Die homogenen Gleichungen wurden 1892 von Beltrami[1], die inhomogenen Gleichungen 1900 von Michell[2] angegeben. Die Erweiterung der Beltrami-Michell-Gleichungen auf die Elastodynamik bereitet keine Schwierigkeiten.

Schreibt man die homogenen Gleichungen in kartesischen Koordinaten, erhält man

$$\Delta\sigma_{ij} + \frac{1}{1+\nu}\frac{\partial^2 I_1(\boldsymbol{\sigma})}{\partial x_i \partial x_j} = 0 \tag{10.9}$$

---

[1] Eugenio Beltrami (1835-1900), Mathematiker, Thermodynamik, Elastizitätstheorie, Potentialtheorie

[2] John Henry Michell (1863-1940), Mathematiker, Elastizitätstheorie

Aus $\nabla^2 I_1(\boldsymbol{\varepsilon}) = 0$ und $I_1(\boldsymbol{\sigma}) = (3\lambda + 2\mu) I_1(\boldsymbol{\varepsilon})$ folgt auch $\nabla^2 I_1(\boldsymbol{\sigma}) = 0$ und damit auch $\nabla^4 \boldsymbol{\sigma} \equiv \Delta\Delta\boldsymbol{\sigma} = \mathbf{0}$, $\nabla^4 \boldsymbol{\varepsilon} \equiv \Delta\Delta\boldsymbol{\varepsilon} = \mathbf{0}$.

Schlussfolgerung 10.1. Für fehlende oder konstante Massenkräfte $\mathbf{k}$ erfüllen die Invarianten $I_1(\boldsymbol{\sigma})$ und $I_1(\boldsymbol{\varepsilon})$ die Potentialgleichung (Laplace-Gleichung)

$$\nabla^2 I_1 \equiv \Delta I_1 = 0$$

und der Spannungstensor sowie der Verzerrungstensor die Bipotentialgleichung (biharmonische Gleichung)

$$\nabla^4 \boldsymbol{\sigma} \equiv \Delta\Delta\boldsymbol{\sigma} = \mathbf{0},$$
$$\nabla^4 \boldsymbol{\varepsilon} \equiv \Delta\Delta\boldsymbol{\varepsilon} = \mathbf{0}$$

10.2 Anfangs- und Randbedingungen

Die allgemeinen Feldgleichungen müssen noch durch Anfangs- und Randbedingungen ergänzt werden:

- Anfangswertaufgabe - die Anfangsbedingungen werden im Allgemeinen in den Verschiebungen und den Geschwindigkeiten formuliert

$$\mathbf{u}(\mathbf{x}, t_0) = \mathbf{u}_0(\mathbf{x}),$$
$$\dot{\mathbf{u}}(\mathbf{x}, t_0) \equiv \mathbf{v}(\mathbf{x}, t_0) = \mathbf{v}_0(\mathbf{x})$$

  für alle $\mathbf{x} \in \mathcal{K}$.

Bei den Randbedingungen sind folgende Fälle aus der Sicht der Mathematik zu unterscheiden

- erste Randwertaufgabe - nur Oberflächenverschiebungen sind vorgegeben

$$\mathbf{u}(\mathbf{x}, t) = \mathbf{u}_0(\mathbf{x}, t)$$

  für alle $\mathbf{x} \in A$. Diese Randbedingung wird auch als Dirichlet'sche[3] Randbedingung bezeichnet.
- zweite Randwertaufgabe - nur Oberflächenkräfte sind vorgegeben

$$\mathbf{t}(\mathbf{x}, t) \equiv \mathbf{n}(\mathbf{x}, t) \cdot \boldsymbol{\sigma}(\mathbf{x}, t) = \mathbf{t}_0(\mathbf{x}, t)$$

  für alle $\mathbf{x} \in A$. Diese Randbedingung wird auch als Neumann'sche[4] Randbedingung bezeichnet, da die Spannungen eine Funktion der Verzerrungen sind und letztere mit den ersten Ableitungen der Verschiebungen zusammenhängen.

[3] Johann Peter Gustav Lejeune Dirichlet (1805-1859), Mathematiker, Analysis und Zahlentheorie

[4] Carl Gottfried Neumann (1832-1925), Mathematiker, Mathematische Physik

- gemischte Randwertaufgabe - eine Summe aus Oberflächenverschiebungen und Oberflächenkräften ist vorgegeben

$$a\mathbf{u}(\mathbf{x},t) + b\mathbf{t}(\mathbf{x},t) = \mathbf{g}_0(\mathbf{x},t)$$

bei vorgegebenen a, b und $\mathbf{g}_0$. Diese Randbedingung ist eine Linearkombination aus Dirichlet'scher und Neumann'scher Randbedingung und wird auch als Robin'sche[5] Randbedingung bezeichnet.

- Randwertaufgabe (gemischte Randwertaufgabe)

$$\mathbf{u}(\mathbf{x},t) = \mathbf{u}_0(\mathbf{x},t), \quad \mathbf{x} \in A_1,$$

und

$$\mathbf{t}(\mathbf{x},t) = \mathbf{t}_0(\mathbf{x},t), \quad \mathbf{x} \in A_2$$

mit

$$A_1 \cup A_2 = A \quad \text{oder} \quad A_1 \cap A_2 = 0$$

Obwohl die Navier-Cauchy- und die Beltrami-Michell-Gleichungen eine recht übersichtliche Struktur haben, gibt es keine allgemeine Lösung. Durch Einführung geeignet gewählter Verschiebungs- oder Spannungsfunktionen gelingt es, für ausgewählte Probleme Lösungen zu konstruieren. Klassische Lösungen stammen von Galerkin[6], Papkovich[7] und Neuber[8]. Wesentliche Vereinfachungen ergeben sich für rotationssymmetrische oder ebene Aufgaben. Hierüber existiert eine umfangreiche Spezialliteratur. Mit Hilfe leistungsfähiger numerischer Verfahren, z.B. der Finite-Elemente-Methode, sind bei korrekter Aufgabenstellung die Gleichungen der linearen Elastizitätstheorie mit vertretbarem Aufwand lösbar.

10.3 Lineare Thermoelastizität

Einfaches thermoelastisches Material ist nach Abschn. 7.2.1 nicht dissipativ. Aus Gl. (5.110)

$$\phi = \boldsymbol{\sigma} \cdot\cdot \dot{\boldsymbol{\varepsilon}} - \rho(\dot{f} + s\dot{\theta}) = 0$$

und dem 1. Hauptsatz der Thermodynamik in der Form

$$\rho\dot{u} = \boldsymbol{\sigma} \cdot\cdot \dot{\boldsymbol{\varepsilon}} - \boldsymbol{\nabla} \cdot \mathbf{h} + \rho r$$

folgt

$$\theta\rho\dot{s} = -\boldsymbol{\nabla} \cdot \mathbf{h} + \rho r \tag{10.10}$$

[5] Victor Gustave Robin (1855-1897), Mathematiker, Mathematische Physik, Thermodynamik

[6] Boris Grigorjewitsch Galjorkin/Galerkin (1871-1945), Mathematiker, Numerische Lösungsverfahren

[7] Petr F. Papkovich (1887-1946), Mathematiker, Elastizitätstheorie

[8] Heinz Neuber (1906-1989), Mechaniker, Kerbspannungslehre

Einsetzen in die lineare Wärmeleitungsgleichung $\mathbf{h} = -\kappa\nabla\theta$ und die Konstitutivgleichung für die Entropie $\rho s = \alpha\boldsymbol{\varepsilon} \cdot\cdot \mathbf{I} + c(\theta - \theta_0)$ liefert

$$\theta[\alpha\dot{\boldsymbol{\varepsilon}} \cdot\cdot \mathbf{I} + c(\theta - \theta_0)^{\cdot}] = \kappa\nabla^2(\theta - \theta_0) + \rho r \tag{10.11}$$

Diese Gleichung ist nichtlinear. Setzt man kleine Temperaturänderungen voraus, kann man die Gleichung mit

$$\left|\frac{\theta - \theta_0}{\theta_0}\right| \ll 1$$

linearisieren. Es gilt dann $\theta \approx \theta_0$ und mit $\theta - \theta_0 = \tilde{\theta}$ folgt

$$\nabla^2\tilde{\theta} - \frac{c\theta_0}{\kappa}\dot{\tilde{\theta}} - \frac{\alpha\theta_0}{\kappa}\dot{\boldsymbol{\varepsilon}} \cdot\cdot \mathbf{I} = -\frac{\rho r}{\kappa}$$

bzw.

$$\nabla^2\tilde{\theta} - a\dot{\tilde{\theta}} - b\dot{\boldsymbol{\varepsilon}} \cdot\cdot \mathbf{I} = -\frac{\rho r}{\kappa}$$

mit

$$a = \frac{c\theta_0}{\kappa}, \qquad b = \frac{\alpha\theta_0}{\kappa},$$

Diese Gleichung kann man wie folgt schreiben

$$\left(\nabla^2 - a\frac{\partial}{\partial t}\right)\tilde{\theta}(\mathbf{x}, t) - bI_1(\dot{\boldsymbol{\varepsilon}}) = -\frac{\rho r}{\kappa} \tag{10.12}$$

Damit ist die erweiterte lineare Wärmeleitungsgleichung gefunden. Sie enthält den Kopplungsterm $bI_1(\dot{\boldsymbol{\varepsilon}})$, der die Temperaturänderungen mit der Geschwindigkeit der Dilatation des Körpers verbindet.

Während die zweite Bewegungsgleichung, die eine Symmetrieaussage für die Spannungen vornimmt, unverändert bleibt, erhält man die erste Bewegungsgleichung im Falle der Thermoelastizität durch Verknüpfung der Gleichungen

$$\nabla \cdot \boldsymbol{\sigma} + \rho\mathbf{k} = \rho\ddot{\mathbf{u}}$$

und

$$\boldsymbol{\varepsilon} = \frac{1}{2}\left[\nabla\mathbf{u} + (\nabla\mathbf{u})^{\mathrm{T}}\right]$$

mit der Duhamel[9]-Neumann'schen Konstitutivgleichung

$$\boldsymbol{\sigma} = [\lambda(\boldsymbol{\varepsilon} \cdot\cdot \mathbf{I}) - \alpha\tilde{\theta}]\mathbf{I} + 2\mu\boldsymbol{\varepsilon} \tag{10.13}$$

Die Bewegungsgleichung hat dann auch ein Temperaturglied

$$\rho\ddot{\mathbf{u}}(\mathbf{x}, t) + \alpha\nabla\tilde{\theta}(\mathbf{x}, t) = (\lambda + \mu)\nabla[\nabla \cdot \mathbf{u}(\mathbf{x}, t)] + \mu\nabla^2\mathbf{u}(\mathbf{x}, t) + \rho\mathbf{k}(\mathbf{x}, t) \tag{10.14}$$

[9] Jean-Marie Constant Duhamel (1797-1872), französischer Mathematiker und Physiker

Die beiden gekoppelten partiellen Differentialgleichungen (10.12) und (10.14) beschreiben das gekoppelte Deformations- und Temperaturfeld infolge äußerer Oberflächenkräfte und Wärmeaustausch des Körpers mit seiner Umgebung sowie infolge von Volumenkräften und Wärmequellen.

Die Anfangs- und Randbedingungen der isothermen Gleichung der linearen Elastizitätstheorie sind durch Temperaturanfangs- und Temperaturrandbedingungen zu ergänzen:

- Thermische Anfangsbedingungen

$$\tilde{\theta}(\mathbf{x}, t_0) = \tilde{\theta}_0(\mathbf{x}) \quad \mathbf{x} \in \mathcal{K}$$

- Thermische Randbedingungen
  - Temperaturwerte sind für die Oberfläche gegeben (Dirichlet'sche Randbedingungen)

$$\tilde{\theta}(\mathbf{x}, t) = \tilde{\theta}_0(\mathbf{x}, t) \quad \mathbf{x} \in \mathcal{K}$$

  - Temperaturgradienten in Richtung zur Normalen für die Oberfläche sind gegeben (Neumann'sche Randbedingungen)

$$\frac{\partial \tilde{\theta}(\mathbf{x}, t)}{\partial n} = \frac{\partial \tilde{\theta}_0(\mathbf{x}, t)}{\partial n} \quad \mathbf{x} \in \text{ Körper}$$

  - Gemischte Randbedingung (Robin'sche Randbedingungen)

$$\left(\alpha \frac{\partial}{\partial n} + \beta\right) \tilde{\theta}(\mathbf{x}, t) = f(\mathbf{x}, t)$$

    Für $\alpha = 1$ stellt die gemischte Randbedingung einen freien Wärmeaustausch über die Oberfläche mit der Umgebung dar, für $\alpha = 1$ und $\beta = 0$ auf O_1 sowie für $\alpha = 0$ und $\beta = 1$ auf O_2 ($O_1 \cup O_2 = O$) stellt die Randbedingung eine analoge Form der 3. Randbedingung für die mechanischen Größen dar.

Für interessierte Leser, die weitere Randwertprobleme kennenlernen wollen, sei auf [5] verwiesen.

Abschließend sind die wichtigsten Gleichungen noch einmal zusammengestellt.

Instationäre Gleichungen der Thermoelastizität

$$(\lambda + \mu)\nabla[\nabla \cdot \mathbf{u}(\mathbf{x}, t)] + \mu \nabla^2 \mathbf{u}(\mathbf{x}, t) + \rho \mathbf{k}(\mathbf{x}, t) = \rho \ddot{\mathbf{u}}(\mathbf{x}, t) + \alpha \nabla \tilde{\theta}(\mathbf{x}, t),$$

$$\nabla^2 \tilde{\theta} - a \dot{\tilde{\theta}} - b I_1(\dot{\boldsymbol{\varepsilon}}) = -\frac{\rho r}{\kappa}$$

mit

$$a = \frac{c\theta_0}{\kappa}, \qquad b = \frac{\alpha\theta_0}{\kappa},$$

$$(\lambda+\mu)u_{j,ji}+\mu u_{i,jj}+\rho k_i=\rho\ddot{u}_i+\alpha\tilde{\theta}_{,i},$$

$$\tilde{\theta}_{,ii}-a\dot{\tilde{\theta}}-b\dot{\varepsilon}_{kk}=-\frac{\rho r}{\kappa}$$

Stationäre Gleichungen der Thermoelastizität

$$(\lambda+\mu)\nabla[\nabla\cdot\mathbf{u}(\mathbf{x},t)]+\mu\nabla^2\mathbf{u}(\mathbf{x},t)+\rho\mathbf{k}(\mathbf{x},t)=\alpha\nabla\tilde{\theta}(\mathbf{x},t),$$

$$\nabla^2\tilde{\theta}=-\frac{\rho r}{\kappa},$$

$$(\lambda+\mu)u_{j,ji}+\mu u_{i,jj}+\rho k_i=\alpha\tilde{\theta}_{,i},$$

$$\tilde{\theta}_{,ii}=-\frac{\rho r}{\kappa}$$

Literaturverzeichnis

1. Becker W, Gross D (2013) Mechanik elastischer Körper und Strukturen. Springer, Berlin
2. Eschenauer H, Schnell W (1993) Elastizitätstheorie. BI-Wiss.-Verl., Mannheim
3. Göldner H (Hrsg) (1991) Lehrbuch höhere Festigkeitslehre, Bd 1 - Grundlagen der Elastizitätstheorie, 3. Aufl. Fachbuchverl, Leipzig
4. Hahn HG (1985) Elastizitätstheorie, Leitfäden der angewandten Mathematik und Mechanik, Bd 62. B.G. Teubner, Stuttgart
5. Iesan D (2004) Thermoelastic Models of Continua, Solid Mechanics and Its Applications, Vol 118. Springer, Dordrecht
6. Kienzler R, Schröder R (2009) Einführung in die Höhere Festigkeitslehre. Springer, Berlin
7. Lai WM, Rubin D, Krempl E (2010) Introduction to Continuum Mechanics, 4th edn. Butterworth-Heinemann, Amsterdam
8. Lurie AI (2005) Theory of Elasticity. Foundations of Engineering Mechanics, Springer, Berlin
9. Müller WH (2011) Streifzüge durch die Kontinuumstheorie. Springer, Berlin, Heidelberg

Kapitel 11
Grundgleichungen linearer viskoser Fluide

Zusammenfassung Die für technische Anwendungen wichtigsten Fluidmodelle sind die Newton'schen Fluide und die reibungsfreien Fluide. Zu den Newton'schen Fluiden gehören Wasser, Luft, viele Öle und Gase. Die Viskosität wird dabei als unabhängig von der Fließgeschwindigkeit vorausgesetzt. Ausgangspunkt für die Ableitung der Navier-Stokes-Gleichung für linear-viskose isotrope Fluide und der Euler'schen Gleichungen für reibungsfreie Fluide sind die Konstitutivgleichungen nach Abschn. 7.2.2, die Cauchy-Euler'schen Bewegungsgleichungen oder die Impulsbilanzgleichung sowie die kinematischen Beziehungen zwischen dem Deformationsgeschwindigkeits- und dem Geschwindigkeitsgradienten. Die Ableitungen erfolgen hier für den isothermen Fall. Weiterführende Diskussionen sind u.a. in [1; 2; 3; 4; 5] gegeben.

11.1 Grundgleichungen

Betrachtet wird zunächst das thermoviskose Fluid (*lineares Stoke'sches Fluid*), welches dadurch gekennzeichnet ist, dass die Deformationsgeschwindigkeit $\mathbf{D}$ linear eingeht. Setzt man weiter voraus, dass das Fluid bezüglich der Spannungen isotrop ist, gelten die Gleichungen für das *isotrope inhomogene Stokes'sche Fluid* in folgender Form

$$\mathbf{T} = \left(-p + \lambda^{\mathrm{V}} \operatorname{Sp}\mathbf{D}\right)\mathbf{I} + 2\mu^{\mathrm{V}}\mathbf{D} = \left(-p + \lambda^{\mathrm{V}} \nabla \cdot \boldsymbol{v}\right)\mathbf{I} + 2\mu^{\mathrm{V}}\mathbf{D}, \tag{11.1}$$

$$\rho \frac{\mathrm{D}\boldsymbol{v}}{\mathrm{D}t} = \nabla \cdot \mathbf{T} + \rho \mathbf{k}, \tag{11.2}$$

$$\mathbf{D} = \frac{1}{2}\left[\nabla\boldsymbol{v} + (\nabla\boldsymbol{v})^{\mathrm{T}}\right] \tag{11.3}$$

Nach Einsetzen der Konstitutivgleichung in die Bewegungsgleichung und unter Beachtung von

$$\nabla \cdot \mathbf{D} = \frac{1}{2}\left[\nabla^2\boldsymbol{v} + \nabla(\nabla \cdot \boldsymbol{v})\right]$$

H. Altenbach, *Kontinuumsmechanik*,
https://doi.org/10.1007/978-3-662-57504-8_11

erhält man

$$\rho \frac{D\boldsymbol{v}}{Dt} = -\nabla p + \nabla\left(\lambda^V \nabla \cdot \boldsymbol{v}\right) + \nabla \cdot \left(2\mu^V \mathbf{D}\right) + \rho \mathbf{k} \tag{11.4}$$

Dies ist die Navier-Stokes-Gleichung mit den inhomogenen Viskositätskoeffizienten λ^V und μ^V. Diese werden auch als Lamé'sche Viskositätskoeffizienten in Analogie zu den Lamé'schen Koeffizienten in der Elastizitätstheorie bezeichnet. Sie hängen im allgemeinen Fall von der Dichte ρ und der Temperatur θ ab.

Aus der allgemeinen Gleichung (11.4) folgen zwei Sonderfälle der Navier-Stokes-Gleichung:

- λ^V und μ^V sind konstant

$$\begin{aligned}\rho \frac{D\boldsymbol{v}}{Dt} &= -\nabla p + \left(\lambda^V + \mu^V\right) \nabla(\nabla \cdot \boldsymbol{v}) + \mu^V \nabla^2 \boldsymbol{v} + \rho \mathbf{k} \\ &= -\nabla p + \left(\lambda^V + \mu^V\right) \nabla(\nabla \cdot \boldsymbol{v}) + \mu^V \Delta \boldsymbol{v} + \rho \mathbf{k}\end{aligned} \tag{11.5}$$

- Es gilt die Stokes'sche Bedingung für die konstanten Viskositätskoeffizienten λ^V und μ^V:

$$3\lambda^V + 2\mu^V = 0, \qquad \lambda^V = -\frac{2}{3}\mu^V$$

$$\rho \frac{D\boldsymbol{v}}{Dt} = -\nabla p + \mu^V \left[\nabla^2 \boldsymbol{v} + \frac{1}{3} \nabla(\nabla \cdot \boldsymbol{v})\right] + \rho \mathbf{k} \tag{11.6}$$

Die Kontinuitätsgleichung

$$\frac{\partial \rho}{\partial t} = -\nabla \cdot (\rho \boldsymbol{v})$$

liefert für inkompressible Kontinua die Gleichung $\nabla \cdot \boldsymbol{v} = 0$. Die Navier-Stokes-Gleichung (11.4) vereinfacht sich damit für Inkompressibilität und inhomogene Viskositätskoeffizienten

$$\begin{aligned}\rho \frac{D\boldsymbol{v}}{Dt} &= -\nabla p + \nabla \cdot \left(2\mu^V \mathbf{D}\right) + \rho \mathbf{k} \\ &= -\nabla p + \nabla \cdot \left\{\mu^V \left[\nabla \boldsymbol{v} + (\nabla \boldsymbol{v})^T\right]\right\} + \rho \mathbf{k}\end{aligned} \tag{11.7}$$

und für den 1. und 2. Sonderfall auf

$$\begin{aligned}\rho \frac{D\boldsymbol{v}}{Dt} &= -\nabla p + \mu^V \nabla^2 \boldsymbol{v} + \rho \mathbf{k} \\ &= -\nabla p + \mu^V \Delta \boldsymbol{v} + \rho \mathbf{k}\end{aligned} \tag{11.8}$$

Die Navier-Stokes-Gleichung lässt eine anschauliche physikalische Interpretation zu. Sie bilanziert für ein Fluidpartikel die Trägheitskräfte mit den Druckgradientenkräften, den viskosen (dissipativen) Kräften und den Volumenkräften. Die bisher angeführten Gleichungen gelten bei variabler Dichte. Alternative Darstellungen sind für den Fall konstanter Dichte bekannt, sollen jedoch hier nicht diskutiert werden.

Für reibungsfreie Fluide verschwindet noch der Term $\mu^V \nabla^2 \boldsymbol{v}$ und die Navier-Stokes-Gleichung geht in die Euler'sche Gleichung über

$$\rho \frac{D\boldsymbol{v}}{Dt} = -\nabla p + \rho \mathbf{k} \tag{11.9}$$

Alternativ wird in der Literatur auch

$$\frac{\partial \boldsymbol{v}}{\partial t} + \boldsymbol{v} \cdot \nabla \boldsymbol{v} + \frac{1}{\rho} \nabla p = 0 \tag{11.10}$$

angegeben, wobei die Volumenkraft $\rho\mathbf{k}$ ignoriert wird.

Für nichtisotherme Strömungen wird noch die Energiebilanzgleichung dem Materialmodell *Newton'sches Fluid* angepasst. Mit der linearen Gleichung

$$\mathbf{T}^V = \left(\lambda^V \nabla \cdot \boldsymbol{v}\right) \mathbf{I} + 2\mu^V \mathbf{D}$$

für den Reibspannungstensor und der linearen Wärmeleitungsgleichung

$$\mathbf{h} = -\kappa \nabla \theta$$

erhält man für die Energiebilanz

$$\begin{aligned} \rho \frac{Du}{Dt} &= \mathbf{T} \cdot\cdot \mathbf{D} - \nabla \cdot \mathbf{h} + \rho r \\ &= \left(-p\mathbf{I} + \mathbf{T}^V\right) \cdot\cdot \mathbf{D} + \kappa \nabla^2 \theta + \rho r \\ &= -p \operatorname{Sp} \mathbf{D} + \lambda^V (\operatorname{Sp} \mathbf{D})^2 + 2\mu^V \operatorname{Sp} \mathbf{D}^2 + \kappa \nabla^2 \theta + \rho r \end{aligned} \tag{11.11}$$

Mit der Dissipationsfunktion

$$\phi = \lambda^V (\operatorname{Sp} \mathbf{D})^2 + 2\mu^V \operatorname{Sp} \mathbf{D}^2 = \mathbf{T}^V \cdot\cdot \mathbf{D}$$

folgt die Energiebilanzgleichung in der Form

$$\rho \frac{Du}{Dt} = -p \operatorname{Sp} \mathbf{D} + \phi + \kappa \nabla^2 \theta + \rho r \tag{11.12}$$

Beachtet man die Kontinuitätsgleichung

$$\frac{D\rho}{Dt} = -\rho \nabla \cdot \boldsymbol{v} = -\rho \operatorname{Sp} \mathbf{D}$$

gilt auch

$$\operatorname{Sp} \mathbf{D} = -\frac{1}{\rho} \frac{D\rho}{Dt}$$

und die Energiegleichung lautet

$$\rho\frac{\mathrm{D}u}{\mathrm{D}t}=\frac{p}{\rho}\frac{\mathrm{D}\rho}{\mathrm{D}t}+\phi+\kappa\boldsymbol{\nabla}^2\theta+\rho r \tag{11.13}$$

Führt man weiterhin die freie Energie $f=u-\theta s$ ein, kann man die Energiegleichung für Newton'sche Fluide auch in eine Entropiebilanz umformen. Aus

$$f=f\left(\rho^{-1},\theta\right),\qquad \dot{f}=\frac{\partial f}{\partial\rho^{-1}}\left(\rho^{-1}\right)^{\cdot}+\frac{\partial f}{\partial\theta}\dot{\theta},\qquad \dot{u}=\dot{f}+s\dot{\theta}+\dot{s}\theta$$

folgt dann mit

$$\left(\rho^{-1}\right)^{\cdot}=\rho^{-1}\mathrm{Sp}\mathbf{D},\qquad \frac{\partial f}{\partial\rho^{-1}}=-p,\qquad \frac{\partial f}{\partial\theta}=-s$$

$$\rho\theta\dot{s}=\phi+\kappa\boldsymbol{\nabla}^2\theta+\rho r \tag{11.14}$$

Mit den Gln. (11.11) bis (11.14) sind unterschiedliche Formulierungen für die allgemeine Wärmeleitungsgleichung für Newton'sche Fluide gegeben. Liegt für ein Fluid eine spezielle Zustandsgleichung $p=p(\rho^{-1},\theta)$ vor, kann $\partial f/\partial\rho^{-1}$ explizit berechnet werden und s erhält man durch Integration von $\partial f/\partial\theta$ für $\rho^{-1}=\text{const.}$ Dies wurde z.B. für den Sonderfall des idealen Gases im Abschn. 7.2.3 erläutert.

Fordert man die Gültigkeit der Stokes'schen Bedingung $\lambda^V=-(2/3)\mu^V$, d.h. setzt man voraus, dass der hydrostatische Druck $-p_0=(1/3)\sigma_{kk}$ und der thermodynamische Druck $p(\rho^{-1},\theta)$ näherungsweise gleich sind, kann man die Gleichungen für $\dot{u}$ bzw. $\dot{s}$ weiter vereinfachen. Es gilt dann

$$\mathbf{T}^V=\mu^V\left[-\frac{2}{3}(\boldsymbol{\nabla}\cdot\boldsymbol{v})\mathbf{I}+2\mathbf{D}\right],\qquad \phi=\mu^V\left[2\mathrm{Sp}\mathbf{D}^2-\frac{2}{3}(\mathrm{Sp}\mathbf{D})^2\right] \tag{11.15}$$

Für inkompressible Newton'sche Fluide gilt immer

$$\mathbf{T}^V=2\mu^V\mathbf{D},\qquad \phi=2\mu^V\mathrm{Sp}\mathbf{D}^2 \tag{11.16}$$

Unter Beachtung der jeweils gültigen Definition für die Dissipationsfunktion ϕ haben die Energiebilanzgleichung und Entropiebilanzgleichung formal das gleiche Aussehen wie im allgemeinen Fall.

Für inkompressible Fluide kann die allgemeine Wärmeleitungsgleichung umgeformt werden. Es gilt dann auch $\dot{u}=\theta\dot{s}$ (Gibbs'sche[1] Gleichung) und $\dot{u}=c\dot{\theta}$, so dass man die folgende Gleichung erhält

$$\rho c\dot{\theta}=\phi+\kappa\boldsymbol{\nabla}^2\theta+\rho r \tag{11.17}$$

Die genauere Ableitung und Begründung kann der ergänzenden Literatur entnommen werden.

Für reibungsfreie Fluide folgt aus der Vernachlässigung der Reibung auch die Vernachlässigung der Wärmeleitung. Die Konstitutivgleichung für den Wärme-

[1] Josiah Willard Gibbs (1839-1903), Physiker, Tensorrechnung, Thermodynamik

stromvektor $\mathbf{h}$ lautet dann $\mathbf{h} = \mathbf{0}$ und da auch $\phi = 0$ gilt, vereinfachen sich die Gln. (11.12) und (11.14) zu

$$\rho\dot{u} = -p\,\mathrm{Sp}\,\mathbf{D}; \qquad \rho\theta\dot{s} = 0 \tag{11.18}$$

Für reibungsfreie, inkompressible Fluide wird mit $\mathrm{Sp}\mathbf{D} = 0$

$$\rho\dot{u} = 0 \tag{11.19}$$

11.2 Lösungsmöglichkeiten

Die Lösung des Systems partieller Differentialgleichungen für Newton'sche Fluide bereitet erhebliche Schwierigkeiten. Das hat folgende Ursachen:

- Die konvektiven Terme $\boldsymbol{v} \cdot \nabla\boldsymbol{v}$ und $\boldsymbol{v} \cdot \nabla u$, $\boldsymbol{v} \cdot \nabla s$ oder $\boldsymbol{v} \cdot \nabla\theta$ der materiellen Ableitungen $\dot{\boldsymbol{v}}$ und $\dot{u}$, $\dot{s}$ oder $\dot{\theta}$ und die thermoviskose Dissipation $\mathbf{T}^{\mathrm{V}} \cdot\cdot\, \mathbf{D}$ machen die Systemgleichungen nichtlinear.
- Die Systemgleichungen haben eine ausgeprägte Kopplung.
- Die Systemgleichungen enthalten infolge der Reibungsterme höhere Ableitungen.

Die Aufstellung vereinfachter spezieller Modellgleichungen spielt daher bei der Anwendung linearer Fluidmodelle zur Lösung technischer Aufgaben eine wesentlich größere Rolle als bei der Anwendung linearer Festkörpermodelle. Das wird bei der Durchsicht der Literatur zur Angewandten Strömungsmechanik und zur Angewandten Elastizitätstheorie deutlich sichtbar. Analytische Lösungen für die Navier-Stokes-Gleichung existieren nur für Sonderfälle und auch die numerische Lösung komplexer Aufgabenstellungen der linearen Fluidmodelle ist keine Standardaufgabe, sondern erfordert zum Teil umfangreiche Forschungsarbeit.

Für die Lösung der Systemgleichungen müssen noch die Rand- und Anfangsbedingungen formuliert werden. Man unterscheidet folgende Randbedingungen:

- Festkörper-Fluid-Kontakt
  Viskose Fluide haften an Festkörperflächen. Die Relativgeschwindigkeit ist somit in jedem Kontaktpunkt Null

  $$\boldsymbol{v}_{\mathrm{F}} - \boldsymbol{v}_{\mathrm{S}} = \mathbf{0}$$

  ($\boldsymbol{v}_{\mathrm{F}}$ - Fluidgeschwindigkeit, $\boldsymbol{v}_{\mathrm{S}}$ - Festkörpergeschwindigkeit)
  Für reibungsfreie Fluide gilt die Aussage nur für die Normalkomponenten

  $$(\boldsymbol{v}_{\mathrm{F}} - \boldsymbol{v}_{\mathrm{S}}) \cdot \boldsymbol{n} = \mathbf{0}$$

  Hierbei ist $\boldsymbol{n}$ die äußere Flächennormale.
- Fluid-Fluid-Interface
  Für die Grenzfläche Fluid 1 - Fluid 2 müssen in jedem Interfacepunkt die Ge-

schwindigkeiten und Oberflächenkräfte übereinstimmen

$$\boldsymbol{v}_1 - \boldsymbol{v}_2 = \mathbf{0}, \qquad (\mathsf{T}_1 - \mathsf{T}_2)\cdot \boldsymbol{n} = \mathbf{0}, \qquad \boldsymbol{n}_1 = -\boldsymbol{n}_2 = \boldsymbol{n}$$

- Freie Oberfläche

$$\boldsymbol{n}\cdot \mathsf{T} = \mathbf{0}$$

Da die freie Oberfläche im Allgemeinen nicht von vornherein gegeben ist, erfordert die Lösung für Aufgaben mit freien Oberflächen zusätzliche Überlegungen.

Anfangsbedingungen legen die Geschwindigkeit $\boldsymbol{v}$ und die Dichte ρ für jeden Punkt des Fluids für eine Bezugszeit t_0 fest

$$\boldsymbol{v}(\boldsymbol{x}, t_0) = \boldsymbol{v}_0(\boldsymbol{x}), \qquad \rho(\boldsymbol{x}, t_0) = \rho(\boldsymbol{x})$$

Die abgeleiteten Gleichungen werden abschließend noch einmal zusammengefasst.

Isotropes lineares Stokes'sches Fluid

$$\rho\dot{\boldsymbol{v}} = -\nabla p + \nabla\left(\lambda^V \nabla\cdot\boldsymbol{v}\right) + \nabla\cdot\left(2\mu^V \nabla\cdot\boldsymbol{v}\right) + \rho\mathbf{k}$$

Konstante Viskositätskoeffizienten

$$\rho\dot{\boldsymbol{v}} = -\nabla p + \left(\lambda^V + \mu^V\right)\nabla(\nabla\cdot\boldsymbol{v}) + \mu^V\nabla^2\boldsymbol{v} + \rho\mathbf{k}$$

Kontinuitätsgleichung

$$\dot{\rho} = -\rho\nabla\cdot\boldsymbol{v}$$

$$f(p, \rho) = 0$$

Gültigkeit der Stokes'schen Bedingung $\lambda^V = -(2/3)\mu^V$

$$\rho\dot{\boldsymbol{v}} = -\nabla p + \mu^V\left[\nabla^2\boldsymbol{v} + \frac{1}{3}\nabla(\nabla\cdot\boldsymbol{v})\right] + \rho\mathbf{k}$$

Inkompressibles Fluid

a) Allgemeiner Fall

$$\rho\dot{\mathbf{v}} = -\nabla p + \nabla\left\{\mu^V\left[\nabla\mathbf{v} + (\nabla\mathbf{v})^T\right]\right\} + \rho\mathbf{k}$$

b) Konstante λ^V, μ^V-Werte und $\lambda^V = -(2/3)\mu^V$

$$\rho\dot{\mathbf{v}} = -\nabla p + \mu^V\nabla\nabla\mathbf{v} + \rho\mathbf{k}$$

$$\nabla\cdot\mathbf{v} = 0 \quad (\text{oder} \quad \rho = \text{const.})$$

Sonderfall - Reibungsfreies Fluid $\rho\dot{\mathbf{v}} = -\nabla p + \rho\mathbf{k}$
Inkompressibilität: ρ = const.

Das allgemeine System der vier partiellen Differentialgleichungen wird durch eine Zustandsgleichung ergänzt. Es sind dann 5 Gleichungen zur Ermittlung der 5 unbekannten Größen $(\mathbf{v}, \rho, p)$ gegeben.

Die Systemgleichungen für isotherme Fluide werden für die Modellierung thermovisko-linearer Fluide um eine Energiebilanzgleichung oder eine Entropiebilanzgleichung sowie gegebenenfalls durch weitere Zustandsgleichungen ergänzt.

Thermovisko-lineare Strömungen

- Allgemeiner Fall und konstante Viskositätskoeffizienten

$$\rho\dot{u} = -p\nabla\cdot\mathbf{v} + \phi + \kappa\nabla^2\theta + \rho r, \Phi = \lambda^V(\nabla\cdot\mathbf{v})^2 + 2\mu^V \mathrm{Sp}\,\mathbf{D}^2$$

oder

$$\rho\theta\dot{s} = \phi + \kappa\nabla^2\theta + \rho r$$

- Gültigkeit der Stokes'schen Bedingung

$$\Phi = \mu^V\left[2\mathrm{Sp}\,\mathbf{D}^2 - \frac{2}{3}(\nabla\cdot\mathbf{v})^2\right]$$

- Inkompressibilität

$$\rho\dot{u} = \phi + \kappa\nabla^2\theta + \rho r, \Phi = 2\mu^V \mathrm{Sp}\,\mathbf{D}^2$$

oder

$$\rho\theta\dot{s} = \phi + \kappa\nabla^2\theta + \rho r$$

Sonderfall - Reibungsfreies Fluid: $\rho\dot{u} = -p\mathrm{Sp}\,\mathbf{D}$ oder $\rho\theta\dot{s} = 0$
Inkompressibilität: $\rho\dot{u} = 0$

Im allgemeinen Fall müssen sieben unbekannte Größen (z.B. $\mathbf{v}, \rho, p, u, \theta$) aus einem gekoppelten System von fünf partiellen Differentialgleichungen und zwei Zustandsgleichungen berechnet werden.

Literaturverzeichnis

1. Betten J (2001) Kontinuumsmechanik: Elastisches und inelastisches Verhalten isotroper und anisotroper Stoffe, 2. Aufl. Springer, Berlin
2. Capaldi FM (2012) Continuum Mechanics - Constitutive Modeling of Structural and Biological Materials. Cambridge University Press, Cambridge
3. Freed AD (2014) Soft Solids - A primer to the Theoretical Mechanics of Materials. Birkhäuser, Zürich
4. Hutter K, Jöhnk K (2004) Continuum Methods of Physikal Modeling - Continuum Mechanics, Dimensional Analysis, Turbulence. Springer, Berlin
5. Narasimhan MNL (1993) Principles of Continuum Mechanics. Wiley, New York

Teil V
Anhang

Im Anhang werden exemplarisch für linear-elastisches Materialverhalten die Elastizitäts- und Nachgiebigkeitsmatrizen diskutiert, wobei fünf Sonderfälle der Anisotropie betrachtet werden:

- monoklines Materialverhalten,
- orthotropes Materialverhalten,
- transversal-isotropes Materialverhalten,
- kubisches Materialverhalten und
- isotropes Materialverhalten

Der Übergang von den bisherigen tensoriellen Beziehungen erfolgt durch Anwendung der Voigt'schen Notation.

Die allgemeinen Elastizitäts- und Nachgiebigkeitsmatrizen werden konkretisiert durch den Übergang zu den sogenannten Ingenieurkonstanten. Einschränkende Bedingungen aus der Forderung nach der positiven Definitheit der Verzerrungsenergie bzw. der komplementären Größe für die Spannungen werden behandelt.

Anhang A
Elastizitäts- und Nachgiebigkeitsmatrizen

Zusammenfassung Im Abschn. 8.1 wurden auf induktivem Wege Sonderfälle der Anisotropie bezüglich ihrer Auswirkungen auf die Anzahl der linear-unabhängigen Koordinaten des Elastizitätstensors $^{(4)}\mathsf{E}$ diskutiert. Die dabei gewählten Darstellungen sind jedoch für die Ingenieurpraxis insbesondere beim Lösen von Aufgaben mit numerischen Verfahren nicht immer geeignet. Nachfolgend werden daher die entsprechenden Matrizenbeziehungen für das anisotrope, linear-elastische Materialverhalten einschließlich entsprechender Sonderfälle zusammengestellt, wobei in den Fällen, wo es sinnvoll erscheint, zu Darstellungen in den Ingenieurkonstanten übergegangen wird. Gleichzeitig wird eine mögliche Verbindung zu den Ursachen der Sonderfälle der Anisotropie aufgezeigt. Weitere Details können [4] entnommen werden.

A.1 Elastizitätsgesetz in Vektor-Matrix-Darstellung

Unter der Voraussetzung kleiner Verzerrungen kann man das Hooke'sche Gesetz in folgender Form schreiben

$$\boldsymbol{\sigma} =^{(4)} \mathsf{E} \cdot\cdot \boldsymbol{\varepsilon}$$

In Indexschreibweise folgt daraus

$$\sigma_{ij} = \mathsf{E}_{ijkl}\varepsilon_{kl} \tag{A.1}$$

bzw.

$$\varepsilon_{ij} = \mathsf{N}_{ijkl}\sigma_{kl} \tag{A.2}$$

Dabei sind E_{ijkl} und N_{ijkl} die Komponenten des Elastizitäts- bzw. des Nachgiebigkeitstensors mit den Symmetrien

$$\mathsf{E}_{ijkl} = \mathsf{E}_{jikl} = \mathsf{E}_{ijlk} = \mathsf{E}_{klij}, \qquad \mathsf{N}_{ijkl} = \mathsf{N}_{jikl} = \mathsf{N}_{ijlk} = \mathsf{N}_{klij},$$

H. Altenbach, *Kontinuumsmechanik*,
https://doi.org/10.1007/978-3-662-57504-8

d.h. diese Tensoren haben im Falle anisotropen, linear-elastischen Materialverhaltens jeweils 21 linear-unabhängige Koordinaten (Green'sche Elastizität). Für den Fall des Elastizitätstensors E_{ijkl} folgt die sogenannte linke Subsymmetrie

$$E_{ijkl} = E_{jikl}$$

aus der Symmetrie des Spannungstensors σ_{ij}, die rechte Subsymmetrie

$$E_{ijkl} = E_{ijlk}$$

ergibt sich aus der Symmetrie des Verzerrungstensors ε_{kl} und die Hauptsymmetrie

$$E_{ijkl} = E_{klij}$$

erhält man aus der Vertauschbarkeit der zweiten Ableitung der Verzerrungsenergie. Fehlt die Hauptsymmetrie, hat man die Cauchy'sche Elastizität. Ähnliche Ausführungen lassen sich auch für die Nachgiebigkeitsmatrix machen. Außerdem gilt zwischen den Tensoren die Beziehung

$$^{(4)}\mathbf{E} = ^{(4)}\mathbf{N}^{-1},$$

was formal auch bei Vorhandensein der beiden Subsymmetrien und der Hauptsymmetrie auf

$$^{(4)}\mathbf{E} \cdot\cdot ^{(4)}\mathbf{N}^{-1} = ^{(4)}\mathbf{I} = ^{(4)}\mathbf{N} \cdot\cdot ^{(4)}\mathbf{E}^{-1}$$

führt. $^{(4)}\mathbf{I}$ ist hierbei der Einheitstensor vierter Stufe. Weitere Deteils hierzu können beispielsweise [3] entnommen werden.

Der Übergang zur Vektor-Matrix-Darstellung des elastischen Gesetzes, die auf Voigt zurückgeht, wird auch als Voigt'sche Notation bezeichnet [2; 5; 6]. Sie ist eine abkürzende Schreibweise für symmetrische Tensoren, die in folgender Form realisiert werden kann. Ersetzt man die Indizes in der tensoriellen Darstellung nach dem Schema $11 \to 1$, $22 \to 2$, $33 \to 3$, $23 \to 4$, $13 \to 5$, $12 \to 6$, nehmen die Gleichungen (A.1) und (A.2) den Ausdruck

$$\sigma_i = E_{ij}\varepsilon_j, \qquad \varepsilon_i = N_{ij}\sigma_j \tag{A.3}$$

an. Dabei gilt

$$[\varepsilon_i] = \begin{bmatrix} \varepsilon_1 \\ \varepsilon_2 \\ \varepsilon_3 \\ \varepsilon_4 \\ \varepsilon_5 \\ \varepsilon_6 \end{bmatrix} = \begin{bmatrix} \varepsilon_{11} \\ \varepsilon_{22} \\ \varepsilon_{33} \\ 2\varepsilon_{23} \\ 2\varepsilon_{13} \\ 2\varepsilon_{12} \end{bmatrix} = \begin{bmatrix} \varepsilon_{11} \\ \varepsilon_{22} \\ \varepsilon_{33} \\ \gamma_{23} \\ \gamma_{13} \\ \gamma_{12} \end{bmatrix}, \quad [\sigma_i] = \begin{bmatrix} \sigma_1 \\ \sigma_2 \\ \sigma_3 \\ \sigma_4 \\ \sigma_5 \\ \sigma_6 \end{bmatrix} = \begin{bmatrix} \sigma_{11} \\ \sigma_{22} \\ \sigma_{33} \\ \sigma_{23} \\ \sigma_{13} \\ \sigma_{12} \end{bmatrix} = \begin{bmatrix} \sigma_{11} \\ \sigma_{22} \\ \sigma_{33} \\ \tau_{23} \\ \tau_{13} \\ \tau_{12} \end{bmatrix}$$

Anmerkung A.1. Die Anordnung der einzelnen Elemente in den Spaltenvektoren ist willkürlich. Die hier gewählte Anordnung entspricht den Lehrbüchern zur Kompositmechanik [1].

Mit dem Einführen der Zahl 2 in einigen Termen wird sichergestellt, dass

$$\sigma_a \varepsilon_a = \sigma_{ij}\varepsilon_{ij} = 2f$$

mit f als freier Energie ist

$$\begin{aligned} \sigma_{ij}\varepsilon_{ij} &= \sigma_{11}\varepsilon_{11} + \sigma_{22}\varepsilon_{22} + \sigma_{33}\varepsilon_{33} + 2\sigma_{23}\varepsilon_{23} + 2\sigma_{13}\varepsilon_{13} + 2\sigma_{12}\varepsilon_{12}, \\ \sigma_a\varepsilon_a &= \sigma_1\varepsilon_1 + \sigma_2\varepsilon_2 + \sigma_3\varepsilon_3 + \sigma_4\varepsilon_4 + \sigma_5\varepsilon_5 + \sigma_6\varepsilon_6 \end{aligned}$$

Außerdem gelten für die Elastizitäts- bzw. Nachgiebigkeitsmatrix die Symmetriebedingungen

$$E_{ij} = E_{ji}, \qquad N_{ij} = N_{ji}$$

sowie der Zusammenhang

$$N_{ij} = \frac{(-1)^{i+j}|U(E_{ij})|}{|E_{ij}|}, \qquad E_{ij} = \frac{(-1)^{i+j}|U(N_{ij})|}{|N_{ij}|},$$

wobei mit $U(\ldots)$ bzw. $|\ldots|$ die entsprechenden Untermatrizen bzw. Determinanten bezeichnet sind. Die Untermatrizen ergeben sich aus dem Streichen der $i$ten Zeile und $j$ten Spalte.

Aus dem Vergleich der Gl. (A.2) mit der zweiten Gl. (A.3) folgen die allgemeinen Regeln für die Umrechnung der Komponenten des Nachgiebigkeitstensors in Koeffizienten der Nachgiebigkeitsmatrix $N_{ijkl} \Longleftrightarrow N_{mn}$ mit [1]

$$\begin{aligned} ij:&\ 11,22,33 \leftrightarrow m: 1,2,3, \\ &\ 23,31,12 \leftrightarrow \quad\ \ 4,5,6, \\ kl:&\ 11,22,33 \leftrightarrow n: 1,2,3, \\ &\ 23,31,12 \leftrightarrow \quad\ \ 4,5,6, \end{aligned}$$

Bei allgemeiner Anisotropie (diese wird in der Kristallphysik auch als triklines Kristallsystem bezeichnet) kann das Hooke'sche Gesetz damit in Vektor-Matrix-Schreibweise wie folgt geschrieben werden

$$\begin{bmatrix} \sigma_1 \\ \sigma_2 \\ \sigma_3 \\ \sigma_4 \\ \sigma_5 \\ \sigma_6 \end{bmatrix} = \begin{bmatrix} E_{11} & E_{12} & E_{13} & E_{14} & E_{15} & E_{16} \\ & E_{22} & E_{23} & E_{24} & E_{25} & E_{26} \\ & & E_{33} & E_{34} & E_{35} & E_{36} \\ & & & E_{44} & E_{45} & E_{46} \\ & \text{SYM.} & & & E_{55} & E_{56} \\ & & & & & E_{66} \end{bmatrix} \begin{bmatrix} \varepsilon_1 \\ \varepsilon_2 \\ \varepsilon_3 \\ \varepsilon_4 \\ \varepsilon_5 \\ \varepsilon_6 \end{bmatrix} \tag{A.4}$$

bzw.

$$\begin{bmatrix} \varepsilon_1 \\ \varepsilon_2 \\ \varepsilon_3 \\ \varepsilon_4 \\ \varepsilon_5 \\ \varepsilon_6 \end{bmatrix} = \begin{bmatrix} N_{11} & N_{12} & N_{13} & N_{14} & N_{15} & N_{16} \\ & N_{22} & N_{23} & N_{24} & N_{25} & N_{26} \\ & & N_{33} & N_{34} & N_{35} & N_{36} \\ & & & N_{44} & N_{45} & N_{46} \\ & \text{SYM.} & & & N_{55} & N_{56} \\ & & & & & N_{66} \end{bmatrix} \begin{bmatrix} \sigma_1 \\ \sigma_2 \\ \sigma_3 \\ \sigma_4 \\ \sigma_5 \\ \sigma_6 \end{bmatrix} \tag{A.5}$$

Die Verzerrungsenergie W lässt sich im allgemeinen Fall linear-elastischen Materialverhaltens wie folgt angeben

$$W = \frac{1}{2} [\varepsilon_1\, \varepsilon_2\, \varepsilon_3\, \varepsilon_4\, \varepsilon_5\, \varepsilon_6] \begin{bmatrix} E_{11} & E_{12} & E_{13} & E_{14} & E_{15} & E_{16} \\ & E_{22} & E_{23} & E_{24} & E_{25} & E_{26} \\ & & E_{33} & E_{34} & E_{35} & E_{36} \\ & & & E_{44} & E_{45} & E_{46} \\ & \text{SYM.} & & & E_{55} & E_{56} \\ & & & & & E_{66} \end{bmatrix} \begin{bmatrix} \varepsilon_1 \\ \varepsilon_2 \\ \varepsilon_3 \\ \varepsilon_4 \\ \varepsilon_5 \\ \varepsilon_6 \end{bmatrix} \tag{A.6}$$

Die Verzerrungsenergie sollte positiv definit bezüglich der Verzerrungen sein. Den Wert Null kann sie nur annehmen, wenn alle Verzerrungen Null sind. In allen übrigen Fällen ist sie positiv unter der Bedingung, dass die Elastizitätsmatrix positiv definit ist. Letzteres führt auf folgende Bedingungen:

- Alle Unterdeterminaten der Form

$$|E_{11}|, \quad \begin{vmatrix} E_{11} & E_{12} \\ \text{SYM} & E_{22} \end{vmatrix}, \quad \begin{vmatrix} E_{11} & E_{12} & E_{13} \\ & E_{22} & E_{23} \\ \text{SYM} & & E_{33} \end{vmatrix}, \ldots$$

  müssen positiv sein.
- Alle Diagonalelemente E_{ii} müssen positiv-definit sein (nicht über i summieren, $i = 1, \ldots, 6$).
- Die Determinante $\det [E_{ij}]$ muss positiv sein.
- Die Inverse $[N_{ij}] = [E_{ij}]^{-1}$ existiert und ist gleichfalls symmetrisch und positiv definit.

Die Matrix $[N_{ij}]$ ist die Nachgiebigkeitsmatrix.

Die Voigt'sche Notation ist kompakter als die Tensornotation in indizierter Schreibweise. Steifigkeits- bzw. Nachgiebigkeitsmatrix lassen sich leicht invertieren. Man sieht auch, dass ein lineares Materialgesetz mit den Haupt- und Subsymmetrien im Allgemeinen 21 unabhängige Werte (Materialparameter) enthält. Weitere Bedingungen (Spiegelung, Drehung) bzw. Symmetrien reduzieren die Anzahl teilweise erheblich. Voigt selbst untersuchte insgesamt 32 Klassen [6]. Nachfolgend werden fünf Fälle analysiert.

A.2 Monoklines Materialverhalten

Für den Fall, dass die x_2-x_3-Ebene eine Symmetrieebene des elastischen Materialverhaltens ist, folgt für das Hooke'sche Gesetz

$$\begin{bmatrix}\varepsilon_1\\ \varepsilon_2\\ \varepsilon_3\\ \varepsilon_4\\ \varepsilon_5\\ \varepsilon_6\end{bmatrix} = \begin{bmatrix} N_{11} & N_{12} & N_{13} & N_{14} & 0 & 0\\ & N_{22} & N_{23} & N_{24} & 0 & 0\\ & & N_{33} & N_{34} & 0 & 0\\ & & & N_{44} & 0 & 0\\ & \mathrm{SYM.} & & & N_{55} & N_{56}\\ & & & & & N_{66}\end{bmatrix} \begin{bmatrix}\sigma_1\\ \sigma_2\\ \sigma_3\\ \sigma_4\\ \sigma_5\\ \sigma_6\end{bmatrix} \qquad (A.7)$$

In den Ingenieurkonstanten erhält man die Nachgiebigkeitsmatrix wie folgt

$$[N_{ij}] = \begin{bmatrix} \frac{1}{E_1} & -\frac{\nu_{21}}{E_2} & -\frac{\nu_{31}}{E_3} & \frac{\eta_{41}}{G_{23}} & 0 & 0\\ -\frac{\nu_{12}}{E_1} & \frac{1}{E_2} & -\frac{\nu_{32}}{E_3} & \frac{\eta_{42}}{G_{23}} & 0 & 0\\ -\frac{\nu_{13}}{E_1} & -\frac{\nu_{23}}{E_2} & \frac{1}{E_3} & \frac{\eta_{43}}{G_{23}} & 0 & 0\\ \frac{\eta_{14}}{E_1} & \frac{\eta_{24}}{E_2} & \frac{\eta_{34}}{E_3} & \frac{1}{G_{23}} & 0 & 0\\ 0 & 0 & 0 & 0 & \frac{1}{G_{31}} & \frac{\mu_{65}}{G_{12}}\\ 0 & 0 & 0 & 0 & \frac{\mu_{56}}{G_{31}} & \frac{1}{G_{12}} \end{bmatrix} \qquad (A.8)$$

Aufgrund der Symmetrie der Nachgiebigkeitsmatrix gilt

$$E_1\nu_{21} = E_2\nu_{12}, \qquad E_2\nu_{32} = E_3\nu_{23}, \qquad E_3\nu_{13} = E_1\nu_{31}$$

sowie

$$E_1\eta_{41} = G_{23}\eta_{14}, \quad E_2\eta_{42} = G_{23}\eta_{24}, \quad E_3\eta_{43} = G_{23}\eta_{34}, \quad \mu_{56}G_{12} = \mu_{65}G_{31}$$

Anmerkung A.2. Die Indizierung für die ν_{ij} und ν_{ij} kann auch formal eingeführt werden: erster Index - Zeile, zweiter Index - Spalte. Hier wurden die Indizes entsprechend [1] eingeführt.

A.3 Orthotropes Materialverhalten

Für den Fall, dass drei zueinander orthogonale Symmetrieebenen im Material existieren, reduziert sich Gl. (A.5) wie folgt

$$\begin{bmatrix}\varepsilon_1\\ \varepsilon_2\\ \varepsilon_3\\ \varepsilon_4\\ \varepsilon_5\\ \varepsilon_6\end{bmatrix} = \begin{bmatrix} N_{11} & N_{12} & N_{13} & 0 & 0 & 0\\ & N_{22} & N_{23} & 0 & 0 & 0\\ & & N_{33} & 0 & 0 & 0\\ & & & N_{44} & 0 & 0\\ & \mathrm{SYM.} & & & N_{55} & 0\\ & & & & & N_{66}\end{bmatrix} \begin{bmatrix}\sigma_1\\ \sigma_2\\ \sigma_3\\ \sigma_4\\ \sigma_5\\ \sigma_6\end{bmatrix} \qquad (A.9)$$

In den Ingenieurkonstanten erhält man die folgende Form der Nachgiebigkeitsmatrix

$$[N_{ij}] = \begin{bmatrix} \frac{1}{E_1} & -\frac{\nu_{21}}{E_2} & -\frac{\nu_{31}}{E_3} & 0 & 0 & 0 \\ -\frac{\nu_{12}}{E_1} & \frac{1}{E_2} & -\frac{\nu_{32}}{E_3} & 0 & 0 & 0 \\ -\frac{\nu_{13}}{E_1} & -\frac{\nu_{23}}{E_2} & \frac{1}{E_3} & 0 & 0 & 0 \\ 0 & 0 & 0 & \frac{1}{G_{23}} & 0 & 0 \\ 0 & 0 & 0 & 0 & \frac{1}{G_{31}} & 0 \\ 0 & 0 & 0 & 0 & 0 & \frac{1}{G_{12}} \end{bmatrix} \tag{A.10}$$

Dabei sind E_i die Elastizitätsmoduln in Richtung der Achsen x_i, ν_{ij} die Querkontraktionszahlen zur Kennzeichnung der Querkontraktionswirkungen zwischen den Richtungen i (Beanspruchungsrichtung) und j (Querdehnungsrichtung) sowie G_{ij} die Gleitmoduln zur Beschreibung der Gleitungen in der x_i-x_j-Ebene. Aufgrund der Symmetrie $N_{ij} = N_{ji}$ gilt weiterhin

$$E_1\nu_{21} = E_2\nu_{12}, \qquad E_2\nu_{32} = E_3\nu_{23}, \qquad E_3\nu_{13} = E_1\nu_{31},$$

woraus

$$\nu_{21}\nu_{13}\nu_{32} = \nu_{12}\nu_{23}\nu_{31}$$

folgt. Invertiert man die Nachgiebigkeitsmatrix, erhält man die Elastizitätsmatrix

$$[E_{ij}] = \begin{bmatrix} \frac{1-\nu_{23}\nu_{32}}{E_2E_3\square} & \frac{\nu_{21}+\nu_{31}\nu_{23}}{E_2E_3\square} & \frac{\nu_{31}+\nu_{21}\nu_{32}}{E_2E_3\square} & 0 & 0 & 0 \\ & \frac{1-\nu_{13}\nu_{31}}{E_1E_3\square} & \frac{\nu_{32}+\nu_{12}\nu_{31}}{E_1E_3\square} & 0 & 0 & 0 \\ & & \frac{1-\nu_{12}\nu_{21}}{E_1E_2\square} & 0 & 0 & 0 \\ & & & G_{23} & 0 & 0 \\ & \text{SYM.} & & & G_{31} & 0 \\ & & & & & G_{12} \end{bmatrix} \tag{A.11}$$

mit

$$\square = \frac{1-\nu_{12}\nu_{21}-\nu_{23}\nu_{32}-\nu_{13}\nu_{31}-2\nu_{21}\nu_{32}\nu_{13}}{E_1E_2E_3}$$

Ausführliche Untersuchungen zu den Eigenschaften der Elastizitäts- bzw. Nachgiebigkeitsmatrix sowie Überlegungen zur Verzerrungsenergie führen zu folgenden Einschränkungen für den Wertebereich der Werkstoffkennwerte

$$E_1 > 0, \quad E_2 > 0, \quad E_3 > 0, \quad G_{23} > 0, \quad G_{31} > 0, \quad G_{12} > 0,$$

$$\nu_{21}^2 < \frac{E_2}{E_1}, \quad \nu_{12}^2 < \frac{E_1}{E_2}, \quad \nu_{32}^2 < \frac{E_3}{E_2}, \quad \nu_{23}^2 < \frac{E_2}{E_3}, \quad \nu_{13}^2 < \frac{E_1}{E_3}, \quad \nu_{31}^2 < \frac{E_3}{E_1},$$

$$1 - \nu_{12}\nu_{21} - \nu_{23}\nu_{32} - \nu_{13}\nu_{31} - 2\nu_{21}\nu_{32}\nu_{13} > 0$$

A.4 Transversal-isotropes Materialverhalten

Für den Fall, dass zusätzlich die zu x_3 orthogonale Ebene Isotropieebene ist, reduziert sich Gl. (A.9) weiter

$$\begin{bmatrix} \varepsilon_1 \\ \varepsilon_2 \\ \varepsilon_3 \\ \varepsilon_4 \\ \varepsilon_5 \\ \varepsilon_6 \end{bmatrix} = \begin{bmatrix} N_{11} & N_{12} & N_{13} & 0 & 0 & 0 \\ & N_{11} & N_{13} & 0 & 0 & 0 \\ & & N_{33} & 0 & 0 & 0 \\ & & & N_{44} & 0 & 0 \\ & \mathrm{SYM.} & & & N_{44} & 0 \\ & & & & & 2(N_{11} - N_{12}) \end{bmatrix} \begin{bmatrix} \sigma_1 \\ \sigma_2 \\ \sigma_3 \\ \sigma_4 \\ \sigma_5 \\ \sigma_6 \end{bmatrix} \tag{A.12}$$

Ausgehend von den Ingenieurkonstanten des orthotropen Materialverhaltens ergeben sich folgende Identitäten

$$E_1 = E_2, \quad G_{23} = G_{31}, \quad \frac{\nu_{12}}{E_1} = \frac{\nu_{21}}{E_2}, \quad \frac{\nu_{13}}{E_1} = \frac{\nu_{23}}{E_2}, \quad G_{12} = \frac{E_1}{2(1 + \nu_{21})}$$

In den Ingenieurkonstanten erhält man die Nachgiebigkeitsmatrix als

$$[N_{ij}] = \begin{bmatrix} \frac{1}{E_1} & -\frac{\nu_{12}}{E_1} & -\frac{\nu_{31}}{E_3} & 0 & 0 & 0 \\ -\frac{\nu_{12}}{E_1} & \frac{1}{E_1} & -\frac{\nu_{31}}{E_3} & 0 & 0 & 0 \\ -\frac{\nu_{13}}{E_1} & -\frac{\nu_{13}}{E_1} & \frac{1}{E_3} & 0 & 0 & 0 \\ 0 & 0 & 0 & \frac{1}{G_{31}} & 0 & 0 \\ 0 & 0 & 0 & 0 & \frac{1}{G_{31}} & 0 \\ 0 & 0 & 0 & 0 & 0 & \frac{2(1 + \nu_{12})}{E_1} \end{bmatrix} \tag{A.13}$$

Die invertierte Nachgiebigkeitsmatrix führt dann wieder auf die Elastizitätsmatrix

$$[E_{ij}] = \begin{bmatrix} C_2 & C_1 & -E_1\nu_{31}C_3^{-1} & 0 & 0 & 0 \\ C_1 & C_2 & -E_1\nu_{31}C_3^{-1} & 0 & 0 & 0 \\ -E_3\nu_{13}C_3^{-1} & -E_3\nu_{13}C_3^{-1} & -E_3(\nu_{12} - 1)C_3^{-1} & 0 & 0 & 0 \\ 0 & 0 & 0 & G_{31} & 0 & 0 \\ 0 & 0 & 0 & 0 & G_{31} & 0 \\ 0 & 0 & 0 & 0 & 0 & G_{12} \end{bmatrix} \tag{A.14}$$

mit

$$C_1 = -E_1 \left(\frac{1}{2C_3} + \frac{1}{2(\nu_{12}+1)} \right)$$
$$C_2 = \frac{E_1(\nu_{13}\nu_{31}-1)}{(\nu_{12}+1)C_3}$$
$$C_3 = \nu_{12} + 2\nu_{13}\nu_{31} - 1$$

Für die Werkstoffkennwerte sind folgende Bedingungen einzuhalten:

$$E_1 > 0, \quad E_3 > 0, \quad G_{12} > 0, \quad G_{31} > 0,$$

$$-1 < \nu_{21} < 1, \quad \nu_{31}^2 < \frac{E_3}{E_1}, \quad 1 - 2\nu_{31}^2 \frac{E_1}{E_3} > \nu_{21}$$

Die letzten beiden Relationen lassen sich unter Beachtung der Symmetrie der Nachgiebigkeitsmatrix, aus der u.a.

$$-\frac{\nu_{31}}{E_3} = -\frac{\nu_{13}}{E_1}$$

folgt, auch in der nachfolgenden Form angeben

$$\nu_{13}\nu_{31} < 1, \qquad 1 - 2\nu_{31}\nu_{13} > \nu_{21}$$

A.5 Kubisches Materialverhalten

In diesem Fall gibt es lediglich drei Einträge in der Nachgiebigkeitsmatrix. Damit gilt

$$\begin{bmatrix} \varepsilon_1 \\ \varepsilon_2 \\ \varepsilon_3 \\ \varepsilon_4 \\ \varepsilon_5 \\ \varepsilon_6 \end{bmatrix} = \begin{bmatrix} N_{11} & N_{12} & N_{12} & 0 & 0 & 0 \\ N_{12} & N_{11} & N_{12} & 0 & 0 & 0 \\ N_{12} & N_{12} & N_{11} & 0 & 0 & 0 \\ 0 & 0 & 0 & N_{44} & 0 & 0 \\ 0 & 0 & 0 & 0 & N_{44} & 0 \\ 0 & 0 & 0 & 0 & 0 & N_{44} \end{bmatrix} \begin{bmatrix} \sigma_1 \\ \sigma_2 \\ \sigma_3 \\ \sigma_4 \\ \sigma_5 \\ \sigma_6 \end{bmatrix} \tag{A.15}$$

Damit erhält man für die Nachgiebigkeitsmatrix

$$[N_{ij}] = \begin{bmatrix} 1/E & -\nu/E & -\nu/E & 0 & 0 & 0 \\ -\nu/E & 1/E & -\nu/E & 0 & 0 & 0 \\ -\nu/E & -\nu/E & 1/E & 0 & 0 & 0 \\ 0 & 0 & 0 & 1/G & 0 & 0 \\ 0 & 0 & 0 & 0 & 1/G & 0 \\ 0 & 0 & 0 & 0 & 0 & 1/G \end{bmatrix} \tag{A.16}$$

Durch Invertieren der Nachgiebigkeitsmatrix erhält man die Elastizitätsmatrix

$$[E_{ij}] = \begin{bmatrix} \frac{E(1-\nu)}{(1-2\nu)(1+\nu)} & \frac{E\nu}{(1-2\nu)(1+\nu)} & \frac{E\nu}{(1-2\nu)(1+\nu)} & 0 & 0 & 0 \\ & \frac{E(1-\nu)}{(1-2\nu)(1+\nu)} & \frac{E\nu}{(1-2\nu)(1+\nu)} & 0 & 0 & 0 \\ & & \frac{E(1-\nu)}{(1-2\nu)(1+\nu)} & 0 & 0 & 0 \\ & & & G & 0 & 0 \\ & \text{SYM.} & & & G & 0 \\ & & & & & G \end{bmatrix} \quad \text{(A.17)}$$

Die Werkstoffkennwerte E, G, ν liegen aus theoretischer Sicht in folgenden Wertebereichen

$$E > 0, \qquad G > 0, \qquad -1 < \nu < \frac{1}{2}$$

A.6 Isotropes Materialverhalten

In diesem Fall sind alle Richtungen im Material bezüglich der elastischen Eigenschaften gleichberechtigt. Damit gilt

$$\begin{bmatrix} \varepsilon_1 \\ \varepsilon_2 \\ \varepsilon_3 \\ \varepsilon_4 \\ \varepsilon_5 \\ \varepsilon_6 \end{bmatrix} = \begin{bmatrix} N_{11} & N_{12} & N_{12} & 0 & 0 & 0 \\ N_{12} & N_{11} & N_{12} & 0 & 0 & 0 \\ N_{12} & N_{12} & N_{11} & 0 & 0 & 0 \\ 0 & 0 & 0 & N_{44} & 0 & 0 \\ 0 & 0 & 0 & 0 & N_{44} & 0 \\ 0 & 0 & 0 & 0 & 0 & N_{44} \end{bmatrix} \begin{bmatrix} \sigma_1 \\ \sigma_2 \\ \sigma_3 \\ \sigma_4 \\ \sigma_5 \\ \sigma_6 \end{bmatrix} \quad \text{(A.18)}$$

mit $N_{44} = 2(N_{11} - N_{12})$. Damit erhält man für die Nachgiebigkeitsmatrix

$$[N_{ij}] = \begin{bmatrix} \frac{1}{E} & -\frac{\nu}{E} & -\frac{\nu}{E} & 0 & 0 & 0 \\ -\frac{\nu}{E} & \frac{1}{E} & -\frac{\nu}{E} & 0 & 0 & 0 \\ -\frac{\nu}{E} & -\frac{\nu}{E} & \frac{1}{E} & 0 & 0 & 0 \\ 0 & 0 & 0 & \frac{1}{G} & 0 & 0 \\ 0 & 0 & 0 & 0 & \frac{1}{G} & 0 \\ 0 & 0 & 0 & 0 & 0 & \frac{1}{G} \end{bmatrix}, \quad \text{(A.19)}$$

wobei zusätzlich die Bedingung $E = 2(1+\nu)G$ gilt. Durch Invertieren der Nachgiebigkeitsmatrix erhält man die Elastizitätsmatrix

$$
[E_{ij}] = \begin{bmatrix}
\frac{E(1-\nu)}{(1-2\nu)(1+\nu)} & \frac{E\nu}{(1-2\nu)(1+\nu)} & \frac{E\nu}{(1-2\nu)(1+\nu)} & 0 & 0 & 0 \\
 & \frac{E(1-\nu)}{(1-2\nu)(1+\nu)} & \frac{E\nu}{(1-2\nu)(1+\nu)} & 0 & 0 & 0 \\
 & & \frac{E(1-\nu)}{(1-2\nu)(1+\nu)} & 0 & 0 & 0 \\
 & & & G & 0 & 0 \\
 & \text{SYM.} & & & G & 0 \\
 & & & & & G
\end{bmatrix} \qquad (A.20)
$$

Die Werkstoffkennwerte E, G, ν liegen aus theoretischer Sicht in folgenden Wertebereichen

$$
E > 0, \qquad G > 0, \qquad -1 < \nu < \frac{1}{2}
$$

und es gilt $K = E/[3(1-2\nu)]$. Der Wert $\nu = -1$ würde für den Schubmodul G den Wert ∞ liefern, bei $\nu = 1/2$ erhält man für den Kompressionsmodul K den Wert ∞. Für typische Konstruktionswerkstoffe ist $\nu \geqslant 0$. Im Bauingenieurwesen wird auch 0 zugelassen, da Beton eine recht kleine Querkontraktionszahl aufweist. Kunststoffe liegen bei $\nu \approx 0,4$, bei gummiähnliche Materialien geht ν gegen 0,5. Negative Querkontraktionszahlen werden in letzter Zeit im Zusammenhang mit auxektischen Materialien intensiv diskutiert. Diese haben eine ausgeprägte Mikrostruktur und die negativen Werte erhält man bei der Homogenisierung der Mikrostruktur.

Literaturverzeichnis

1. Altenbach H, Altenbach J, Kissing W (2018) Mechanics of Composite Structural Elements, 2nd edn., Springer Nature, Singapore
2. Brannon R (2018) Rotation, Reflection and Frame Changes: Orthogonal Tensors in Computational Engineering Mechanics, Institute of Physics Publishing, Bristol
3. Itskov M (2015) Tensoralgebra and Tensor Analysis for Engineers With Applications to Continuum Mechanics, 4th edn., Mathematical Engineering, Springer, Berlin
4. Lai WM, Rubin D, Krempl E (2010) Introduction to Continuum Mechanics, 4th edn. Butterworth-Heinemann, Amsterdam
5. Nye JF (2012) Physical Properties of Crystals. Oxford University Press, Oxford
6. Voigt W (2007) Die fundamentalen physikalischen Eigenschaften der Kristalle in elementarer Darstellung. VDM Verlag Dr. Müller, Saarbrücken

Sachverzeichnis

H. Altenbach, *Kontinuumsmechanik*,
https://doi.org/10.1007/978-3-662-57504-8

Printed in the United States
By Bookmasters